南京大学金陵学院

Linear Algebra

线性代数解题方法与技巧

马传渔　马　荣　袁明霞　章丽霞　庄凯丽　编著

南京大学出版社

前　　言

本书依据教育部对大学高等数学制定的教学规范和教学安排编写而成的.它是2013年出版的《线性代数》(见[1])的配套教材,也是南京大学金陵学院教学改革的又一成果.

本书第1章为行列式,第2章为矩阵,第3章为线性方程组,第4章为特征值理论和二次型,共4章.每章设若干节,每节含10道题目,全书共有400余道题目.

通过本书系统的训练,能牢固掌握线性代数的重要知识,能熟练运用解题方法,能增强分析问题的能力,能提高各类应试水平.

1. 本书每节由基础题、提高题和考研题组成.知识覆盖面广,内容丰富,有利于打好扎实的数学基础.

2. 本书每道题目突出解题方法的归纳和运用.内容由浅入深,铺垫知识到位,有助于解题方法的理解、掌握和运用.

3. 本书中线性代数应用范例会激发人们学习的兴趣,明了学科知识的彼此之间的联系和应用,有利于提高解决实际问题的能力.

本书可作为线性代数教学的配套教材,也可作为各类层次读者的教学或数学参考书.

由于水平有限,不当之处在所难免,恳请专家、同行和读者不吝赐教.

目 录

第 1 章　行列式

1.1　利用行列式的定义计算行列式

1. 行列式自成体系，可构成一门基础学科.行列式的知识贯穿在整个线性代数各章内容之中，它是强有力的计算工具.

2. 二阶行列式：

$$\begin{vmatrix} a_{11} & a_{12} \\ a_{21} & a_{22} \end{vmatrix} = a_{11}a_{22} - a_{12}a_{21}$$

是两项的代数和，每项都是不同行不同列元素的乘积.主对角线两元素相乘取正号，另一项取负号.

a_{11}的代数余子式是 a_{22}；a_{22}的代数余子式是 a_{11}；a_{12}的代数余子式是$-a_{21}$；a_{21}的代数余子式是$-a_{12}$.

3. 三阶行列式

$$\begin{vmatrix} a_{11} & a_{12} & a_{13} \\ a_{21} & a_{22} & a_{23} \\ a_{31} & a_{32} & a_{33} \end{vmatrix} = a_{11}a_{22}a_{33} + a_{21}a_{32}a_{13} + a_{12}a_{23}a_{31} - a_{13}a_{22}a_{31}$$

$$-a_{12}a_{21}a_{33} - a_{23}a_{32}a_{11}$$

是 6 项的代数和，每项都是不同行不同列元素的乘积.三项取正号，三项取负号，可用对角线法则加以记忆和计算.

二阶、三阶行列式分别与二元、三元一次方程组的求解有关.

引入三阶行列式的代数余子式，行列式可按任意一行或任意一列展开，为行列式的计算提供了方便.

4. 将三阶行列式代数余子式的概念推广到 n 阶列行式，给出 n 阶行列式 D 的定义.

$$D = \begin{vmatrix} a_{11} & a_{12} & \cdots & a_{1n} \\ a_{21} & a_{22} & \cdots & a_{2n} \\ \vdots & \vdots & \cdots & \vdots \\ a_{n1} & a_{n2} & \cdots & a_{nn} \end{vmatrix} = a_{11}A_{11} + a_{12}A_{12} + \cdots a_{1n}A_{1n} = \sum_{j=1}^{n} a_{1j}A_{1j},$$

其中 A_{1j} 是 $a_{1j}(j=1,2,\cdots,n)$ 的代数余子式，即一个 n 阶行列式等于它的第一行诸元素与其对应的代数余子式乘积之和.

借助于行列式的性质，得

$$D = a_{i1}A_{i1} + a_{i2}A_{i2} + \cdots + a_{in}A_{in} (i=1,2,\cdots,n),$$

这表明行列式 D 可按任意一行展开.

同样

$$D=a_{1j}A_{1j}+a_{2j}A_{2j}+\cdots+a_{nj}A_{nj}\ (j=1,2,\cdots,n),$$

这表明行列式 D 可按任意一列展开.

题1　计算下列行列式

(1) $\begin{vmatrix} 2 & 3 \\ 5 & 7 \end{vmatrix}$；　(2) $\begin{vmatrix} x-1 & 1 \\ x^2 & x^2+x+1 \end{vmatrix}$；

(3) $\begin{vmatrix} 1 & 2 & 3 \\ 2 & 3 & 1 \\ 3 & 1 & 2 \end{vmatrix}$；　(4) $\begin{vmatrix} 0 & 4 & 1 \\ 1 & 0 & -1 \\ 3 & 5 & 0 \end{vmatrix}$；

(5) $\begin{vmatrix} 0 & a & 0 \\ b & 0 & c \\ 0 & d & 0 \end{vmatrix}$；　(6) $\begin{vmatrix} x & x & 2 \\ 0 & -1 & 0 \\ 1 & 2 & x \end{vmatrix}$.

解:(1) $\begin{vmatrix} 2 & 3 \\ 5 & 7 \end{vmatrix}=2\times7-3\times5=-1.$

(2) $\begin{vmatrix} x-1 & 1 \\ x^2 & x^2+x+1 \end{vmatrix}=(x-1)(x^2+x+1)-x^2=x^3-x^2-1.$

(3) $\begin{vmatrix} 1 & 2 & 3 \\ 2 & 3 & 1 \\ 3 & 1 & 2 \end{vmatrix}=1\times3\times2+2\times1\times3+3\times2\times1-3\times3\times3-2\times2\times2-1\times1\times1$

$=-18.$

(4) $\begin{vmatrix} 0 & 4 & 1 \\ 1 & 0 & -1 \\ 3 & 5 & 0 \end{vmatrix}=0+4\times(-1)\times3+1\times1\times5-0\times1\times3-0\times(-1)\times5$

$-4\times1\times0=-7.$

(5) $\begin{vmatrix} 0 & a & 0 \\ b & 0 & c \\ 0 & d & 0 \end{vmatrix}=0\times0\times0+a\times c\times0+0\times b\times d-0\times0\times0-a\times b\times0$

$-0\times c\times d=0.$

(6) $\begin{vmatrix} x & x & 2 \\ 0 & -1 & 0 \\ 1 & 2 & x \end{vmatrix}=x\times(-1)\times x+x\times0\times1+2\times0\times2-2\times(-1)\times1$

$-0\times2\times x-x\times0\times x=-x^2+2.$

评注:本题采用对角线法则求解,此法仅适用于二、三阶行列式.

题 2 证明 $\begin{vmatrix} a_{11} & a_{12} & 0 & 0 \\ a_{21} & a_{22} & 0 & 0 \\ c_{11} & c_{12} & b_{11} & b_{12} \\ c_{21} & c_{22} & b_{21} & b_{22} \end{vmatrix} = \begin{vmatrix} a_{11} & a_{12} \\ a_{21} & a_{22} \end{vmatrix} \cdot \begin{vmatrix} b_{11} & b_{12} \\ b_{21} & b_{22} \end{vmatrix}$.

证明:将等式左端的行列式按第一行展开,得

$$\begin{vmatrix} a_{11} & a_{12} & 0 & 0 \\ a_{21} & a_{22} & 0 & 0 \\ c_{11} & c_{12} & b_{11} & b_{12} \\ c_{21} & c_{22} & b_{21} & b_{22} \end{vmatrix} = a_{11} \begin{vmatrix} a_{22} & 0 & 0 \\ c_{12} & b_{11} & b_{12} \\ c_{22} & b_{21} & b_{22} \end{vmatrix} - a_{12} \begin{vmatrix} a_{21} & 0 & 0 \\ c_{11} & b_{11} & b_{12} \\ c_{21} & b_{21} & b_{22} \end{vmatrix}$$

$$= a_{11}a_{22} \begin{vmatrix} b_{11} & b_{12} \\ b_{21} & b_{22} \end{vmatrix} - a_{12}a_{21} \begin{vmatrix} b_{11} & b_{12} \\ b_{21} & b_{22} \end{vmatrix}$$

$$= \begin{vmatrix} a_{11} & a_{12} \\ a_{21} & a_{22} \end{vmatrix} \cdot \begin{vmatrix} b_{11} & b_{12} \\ b_{21} & b_{22} \end{vmatrix}.$$

题 3 行列式 $\begin{vmatrix} a & 1 & 0 \\ 1 & a & 0 \\ 4 & 1 & 1 \end{vmatrix} > 0$ 的充分必要条件是什么?

解:$\begin{vmatrix} a & 1 & 0 \\ 1 & a & 0 \\ 4 & 1 & 1 \end{vmatrix} = a\times a\times 1+1\times 0\times 4+0\times 1\times 1-0\times a\times 4-0\times 1\times a$

$-1\times 1\times 1=a^2-1.$

由题意,知 $a^2-1>0$,即得 $|a|>1$.

题 4 当 k 为何值时,$\begin{vmatrix} k & 3 & 4 \\ -1 & k & 0 \\ 0 & k & 1 \end{vmatrix} = 0$.

解:$\begin{vmatrix} k & 3 & 4 \\ -1 & k & 0 \\ 0 & k & 1 \end{vmatrix} = k\times k\times 1+3\times 0\times 0+4\times(-1)\times k-4\times k\times 0$

$-0\times k\times k-1\times 3\times(-1)=k^2-4k+3.$

由题意,知 $k^2-4k+3=0$,得 $k=1$ 或 3.

题 5 求解下列方程

(1) $\begin{vmatrix} 1 & 0 & 2 \\ x & 3 & 1 \\ 4 & x & 5 \end{vmatrix} = -3$;　　(2) $\begin{vmatrix} x+1 & 2 & -1 \\ 2 & x+1 & 1 \\ -1 & 1 & x+1 \end{vmatrix} = 0$.

解:(1) $\begin{vmatrix} 1 & 0 & 2 \\ x & 3 & 1 \\ 4 & x & 5 \end{vmatrix}=15+2x^2-24-x=-3$,

即 $2x^2-x-6=0$.

故 $x=2$ 或 $-\dfrac{3}{2}$.

(2) $\begin{vmatrix} x+1 & 2 & -1 \\ 2 & x+1 & 1 \\ -1 & 1 & x+1 \end{vmatrix}=(x+1)^3+2\times1\times(-1)+(-1)\times2\times1-(-1)$

$\times(-1)\times(x+1)-(x+1)-4(x+1)=0$,

即 $(x+1)^3-6(x+1)-4=0$.

故 $x=-3$ 或 $x=\pm\sqrt{3}$.

评注:三阶行列式采用对角线法则求解较直接,但有时略显繁琐,故也可采用降阶展开法.

题 6 证明:如果 n 阶行列式中等于零的元素个数大于 n^2-n,则此行列式的值为零.

解:因 n 阶行列式中零元素个数大于 n^2-n,故其中作零元素的个数小于 n,于是行列式中必有零行,从而行列式的值为零.

例 7 计算 n 阶行列式 $D_n=\begin{vmatrix} x & y & 0 & \cdots & 0 & 0 \\ 0 & x & y & \cdots & 0 & 0 \\ 0 & 0 & x & \cdots & 0 & 0 \\ \vdots & \vdots & \vdots & & \vdots & \vdots \\ 0 & 0 & 0 & \cdots & x & y \\ y & 0 & 0 & \cdots & 0 & x \end{vmatrix}$.

解:将其按第 1 列展开,得

$$D_n=x\begin{vmatrix} x & y & \cdots & 0 & 0 \\ 0 & x & \cdots & 0 & 0 \\ \vdots & \vdots & & \vdots & \vdots \\ 0 & 0 & \cdots & x & y \\ 0 & 0 & \cdots & 0 & x \end{vmatrix}+(-1)^{n+1}y\begin{vmatrix} y & 0 & \cdots & 0 & 0 \\ x & y & \cdots & 0 & 0 \\ \vdots & \vdots & & \vdots & \vdots \\ 0 & 0 & \cdots & y & 0 \\ 0 & 0 & \cdots & x & y \end{vmatrix}$$

$$=x^{n+1}+(-1)^{n+1}y^{n+1}.$$

题 8 如果 n 阶行列式 $D=|a_{ij}|$ 中的元素满足 $a_{ij}=-a_{ji}$,$i,j=1,2,\cdots,n$,则称 D 为反对称行列式.证明:奇数阶反对称行列式 $D=0$.

证明:因 D 为反对称行列式,故 $a_{ii}=-a_{ii}$,$i=1,2,\cdots,n$.从而 $a_{ii}=0$,$i=1,2,\cdots,n$,即主对角线上的元素全为零.

设 $D=\begin{vmatrix} 0 & a_{12} & \cdots & a_{1n} \\ -a_{12} & 0 & \cdots & a_{2n} \\ \vdots & \vdots & & \vdots \\ -a_{1n} & -a_{2n} & \cdots & 0 \end{vmatrix}$,

则 $D^T=\begin{vmatrix} 0 & -a_{12} & \cdots & -a_{1n} \\ a_{12} & 0 & \cdots & -a_{2n} \\ \vdots & \vdots & & \vdots \\ a_{1n} & a_{2n} & \cdots & 0 \end{vmatrix}$.

因 $D^T=D$,将 D^T 中每行提出公因数(-1),

则 $D=(-1)^n D$.

由于 n 是奇数,得 $D=-D$,故 $D=0$.

题 9　计算五阶行列式

$$D=\begin{vmatrix} 0 & a & b & c & d \\ -a & 0 & e & f & g \\ -b & -e & 0 & h & l \\ -c & -f & -h & 0 & k \\ -d & -g & -l & -k & 0 \end{vmatrix}.$$

解:因 D 为 5 阶反对称行列式,故 $D=0$.

题 10　计算五阶行列式

$$D=\begin{vmatrix} 1 & -1 & 0 & -6 & 0 \\ 3 & 1 & 0 & 2 & 0 \\ 4 & 9 & 2 & 10 & 8 \\ 1 & 3 & 0 & 4 & 7 \\ 0 & 5 & 0 & 0 & 0 \end{vmatrix}.$$

解:注意到第 5 行有 4 个零元素,故可按第 5 行展开,

$$D=5\cdot(-1)^{5+2}\begin{vmatrix} 1 & 0 & -6 & 0 \\ 3 & 0 & 2 & 0 \\ 4 & 2 & 10 & 8 \\ 1 & 0 & 4 & 7 \end{vmatrix}.$$

对于上面的四阶行列式按第 2 列展开,得

$$D=(-5)\cdot 2\cdot(-1)^{3+2}\begin{vmatrix} 1 & -6 & 0 \\ 3 & 2 & 0 \\ 1 & 4 & 7 \end{vmatrix},$$

再按第 3 列展开,得

$$D=(-5)\cdot(-2)\cdot 7\cdot(-1)^{3+3}\begin{vmatrix}1 & -6\\ 3 & 2\end{vmatrix}=1400.$$

评注:计算行列式时,应按零元素较多的行(列)展开,变为低阶的行列式.

1.2 利用行列式的性质,计算或证明行列式

从行列式的定义可看出,当行列式的阶数较高时,直接用定义计算 n 阶行列式的值相当麻烦,为此介绍行列式的一些性质.利用这些性质可简化行列式的计算.

将行列式 D 的行与列互换后得到的新的行列式,称为 D 的转置行列式,记为 D'或D^{T},即若

$$D=\begin{vmatrix}a_{11} & a_{12} & \cdots & a_{1n}\\ a_{21} & a_{22} & \cdots & a_{2n}\\ \vdots & \vdots & \cdots & \vdots\\ a_{n1} & a_{n2} & \cdots & a_{nn}\end{vmatrix},\text{则 } D'=\begin{vmatrix}a_{11} & a_{21} & \cdots & a_{n1}\\ a_{12} & a_{22} & \cdots & a_{n2}\\ \vdots & \vdots & \cdots & \vdots\\ a_{1n} & a_{2n} & \cdots & a_{nn}\end{vmatrix}.$$

性质 1 行列式 D 与它的转置行列式 D^{T} 相等,即 $D^{\mathrm{T}}=D$.

性质 2 互换行列式的两行(列),行列式的值变号,即

$$\begin{vmatrix}a_{11} & a_{12} & \cdots & a_{1n}\\ \vdots & \vdots & & \vdots\\ a_{i1} & a_{i2} & \cdots & a_{in}\\ \vdots & \vdots & & \vdots\\ a_{j1} & a_{j2} & \cdots & a_{jn}\\ \vdots & \vdots & & \vdots\\ a_{n1} & a_{n2} & \cdots & a_{nn}\end{vmatrix}\xlongequal{(i)\leftrightarrow(j)}-\begin{vmatrix}a_{11} & a_{12} & \cdots & a_{1n}\\ \vdots & \vdots & & \vdots\\ a_{j1} & a_{j2} & \cdots & a_{jn}\\ \vdots & \vdots & & \vdots\\ a_{i1} & a_{i2} & \cdots & a_{in}\\ \vdots & \vdots & & \vdots\\ a_{n1} & a_{n2} & \cdots & a_{nn}\end{vmatrix}$$

评注:以(i)表示行列式的第 i 行,以$\widehat{j}$表示行列式的第 j 列,交换 i,j 两行记作$(i)\leftrightarrow(j)$,交换 i,j 两列记作$\widehat{i}\leftrightarrow\widehat{j}$.

推论 如果行列式中有两行(列)的对应元素相同,则行列式为 0.

性质 3 n 阶行列式的值等于它的任意一行(列)各元素与其对应的代数余子式的乘积之和,即

$$D=a_{i1}A_{i1}+a_{i2}A_{i2}+a_{i3}A_{i3}+\cdots+a_{in}A_{in}\,(i=1,2,\cdots,n),$$

或

$$D=a_{1j}A_{1j}+a_{2j}A_{2j}+a_{3j}A_{3j}+\cdots+a_{nj}A_{nj}\,(j=1,2,\cdots,n).$$

简言之,即行列式可按任意一行(列)展开.

性质 4 行列式的某一行(列)所有元素的公因子可提到行列式符号的外面,即

$$\begin{vmatrix} a_{11} & a_{12} & \cdots & a_{1n} \\ \vdots & \vdots & & \vdots \\ ka_{i1} & ka_{i2} & \cdots & ka_{in} \\ \vdots & \vdots & & \vdots \\ a_{n1} & a_{n2} & \cdots & a_{nn} \end{vmatrix} = k\begin{vmatrix} a_{11} & a_{12} & \cdots & a_{1n} \\ \vdots & \vdots & & \vdots \\ a_{i1} & a_{i2} & \cdots & a_{in} \\ \vdots & \vdots & & \vdots \\ a_{n1} & a_{n2} & \cdots & a_{nn} \end{vmatrix}.$$

推论 1 若行列式中某一行(列)的元素全为零,则此行列式的值为零.

推论 2 若行列式中有两行(列)的元素对应成比例,则此行列式的值为零.

性质 5 如果行列式的某一行(列)的各元素都是两个数的和,则此行列式等于两个相应的行列式的和,即

$$\begin{vmatrix} a_{11} & a_{12} & \cdots & a_{1n} \\ \vdots & \vdots & & \vdots \\ b_{i1}+c_{i1} & a_{i2}+b_{i2} & \cdots & b_{in}+c_{in} \\ \vdots & \vdots & & \vdots \\ a_{n1} & a_{n2} & \cdots & a_{nn} \end{vmatrix} = \begin{vmatrix} a_{11} & a_{12} & \cdots & a_{1n} \\ \vdots & \vdots & & \vdots \\ b_{i1} & b_{i2} & \cdots & b_{in} \\ \vdots & \vdots & & \vdots \\ a_{n1} & a_{n2} & \cdots & a_{nn} \end{vmatrix} + \begin{vmatrix} a_{11} & a_{12} & \cdots & a_{1n} \\ \vdots & \vdots & & \vdots \\ c_{i1} & c_{i2} & \cdots & c_{in} \\ \vdots & \vdots & & \vdots \\ a_{n1} & a_{n2} & \cdots & a_{nn} \end{vmatrix}.$$

性质 6 把行列式的某一行(列)的所有元素乘以数 k 加到另一行(列)的相应元素上,行列式的值不变,即

$$\begin{vmatrix} a_{11} & a_{12} & \cdots & a_{1n} \\ \vdots & \vdots & & \vdots \\ a_{i1} & a_{i2} & \cdots & a_{in} \\ \vdots & \vdots & & \vdots \\ a_{j1} & a_{j2} & \cdots & a_{jn} \\ \vdots & \vdots & & \vdots \\ a_{n1} & a_{n2} & \cdots & a_{nn} \end{vmatrix} = \begin{vmatrix} a_{11} & a_{12} & \cdots & a_{1n} \\ \vdots & \vdots & & \vdots \\ a_{i1}+ka_{j1} & a_{i2}+ka_{j2} & \cdots & a_{in}+ka_{jn} \\ \vdots & \vdots & & \vdots \\ a_{j1} & a_{j2} & \cdots & a_{jn} \\ \vdots & \vdots & & \vdots \\ a_{n1} & a_{n2} & \cdots & a_{nn} \end{vmatrix}$$

证明:由性质 5 和性质 4 的推论 2 易得.

评注:数 k 乘以第 j 行(列)加到第 i 行(列)上,记作 $(i)+k(j)$(或 $\overset{\frown}{i}+k\overset{\frown}{j}$).

题 1 计算下列行列式

(1) $\begin{vmatrix} 34215 & 35215 \\ 28092 & 29092 \end{vmatrix}$; (2) $\begin{vmatrix} 103 & 100 & 204 \\ 199 & 200 & 395 \\ 301 & 300 & 600 \end{vmatrix}$.

解:(1) $\begin{vmatrix} 34215 & 35215 \\ 28092 & 29092 \end{vmatrix} \xlongequal{\overset{\frown}{2}-\overset{\frown}{1}} \begin{vmatrix} 34215 & 1000 \\ 28092 & 1000 \end{vmatrix} \xlongequal{(1)-(2)} \begin{vmatrix} 6123 & 0 \\ 28092 & 1000 \end{vmatrix}$

$=6123000.$

(2) $\begin{vmatrix} 103 & 100 & 204 \\ 199 & 200 & 395 \\ 301 & 300 & 600 \end{vmatrix}$

$$\xlongequal[\textcircled{3}-2\textcircled{2}]{\textcircled{1}-\textcircled{2}}\begin{vmatrix} 3 & 100 & 4 \\ -1 & 200 & -5 \\ 1 & 300 & 0 \end{vmatrix}$$

$$=100\begin{vmatrix} 3 & 1 & 4 \\ -1 & 2 & -5 \\ 1 & 3 & 0 \end{vmatrix}$$

$=2000.$

评注:若行列式中元素数值较大,要注意各行(列)之间的关系,利用性质简化行列式.

题2　已知五阶行列式 $D=4$,依照下列次序将 D 作变换:先交换第 1 列和 5 列,再转置,接着用 3 乘所有元素,再用 -7 乘第 2 行后加到第 1 行上,最后用 18 除第 2 行所有元素,将经过 5 次变换后的行列式记为 D_5,则 $D_5=$________.

解:先交换第 1 列与第 5 列,行列式的值变为 -4.

再转置,值不变.

用 3 乘所有元素,行列式的值是原来的 3^5 倍,即 $-4\cdot 3^5$.

用 -7 乘第 2 行加到第 1 行,行列式的值不变.

用 18 除第 2 行所有元素,值变为原来的 $\frac{1}{18}$ 倍,得 -54.

题3　计算 $D=\begin{vmatrix} 3 & 4 & 5 & 11 \\ 2 & 5 & 4 & 9 \\ 5 & 3 & 2 & 12 \\ 14 & -11 & 21 & 29 \end{vmatrix}$.

解:$D\xlongequal{(1)-(2)}\begin{vmatrix} 1 & -1 & 1 & 2 \\ 2 & 5 & 4 & 9 \\ 5 & 3 & 2 & 12 \\ 14 & -11 & 21 & 29 \end{vmatrix}\xlongequal[\substack{\textcircled{2}+\textcircled{1}\\ \textcircled{3}-\textcircled{1}\\ \textcircled{4}-2\textcircled{1}}]{}\begin{vmatrix} 1 & 0 & 0 & 0 \\ 2 & 7 & 2 & 5 \\ 5 & 8 & -3 & 2 \\ 14 & 3 & 7 & 1 \end{vmatrix}$

$$=\begin{vmatrix} 7 & 2 & 5 \\ 8 & -3 & 2 \\ 3 & 7 & 1 \end{vmatrix}\xlongequal{\substack{(1)-5(3)\\ (2)-2(3)}}\begin{vmatrix} -8 & -33 & 0 \\ 2 & -17 & 0 \\ 3 & 7 & 1 \end{vmatrix}=202.$$

评注:本行列式元素中没有 ±1,若直接用性质消零计算会较麻烦,故可先用性质化一个元素为 1 或 -1,然后再化零,降阶展开求值.

题 4 利用行列式的性质计算下列行列式

(1) $\begin{vmatrix} 1 & -1 & 3 \\ 2 & -1 & 1 \\ 1 & 2 & 0 \end{vmatrix}$;　　(2) $\begin{vmatrix} 5 & -1 & 3 \\ 2 & 2 & 2 \\ 196 & 203 & 199 \end{vmatrix}$;

(3) $\begin{vmatrix} 1 & 2 & 3 & 4 \\ 2 & 3 & 4 & 1 \\ 3 & 4 & 1 & 2 \\ 4 & 1 & 2 & 3 \end{vmatrix}$;　　(4) $\begin{vmatrix} 1 & 1 & \lambda \\ 1 & \lambda & 1 \\ \lambda & 1 & 1 \end{vmatrix}$;

(5) $\begin{vmatrix} a+1 & a+2 & a+3 \\ b+1 & b+2 & b+3 \\ c+1 & c+2 & c+3 \end{vmatrix}$;　　(6) $\begin{vmatrix} x & y & x+y \\ y & x+y & x \\ x+y & x & y \end{vmatrix}$.

解:(1) $$\begin{vmatrix} 1 & -1 & 3 \\ 2 & -1 & 1 \\ 1 & 2 & 0 \end{vmatrix} \xlongequal{\widehat{2}-2\widehat{1}} \begin{vmatrix} 1 & -3 & 3 \\ 2 & -5 & 1 \\ 1 & 0 & 0 \end{vmatrix} = (-1)^{3+1}\begin{vmatrix} -3 & 3 \\ -5 & 1 \end{vmatrix} = 12.$$

(2) $$\begin{vmatrix} 5 & -1 & 3 \\ 2 & 2 & 2 \\ 196 & 203 & 199 \end{vmatrix} \xlongequal[\widehat{3}-\widehat{1}]{\widehat{2}-\widehat{1}} \begin{vmatrix} 5 & -6 & -2 \\ 2 & 0 & 0 \\ 196 & 7 & 3 \end{vmatrix}$$
$$= (-1)^{2+1}\cdot 2\begin{vmatrix} -6 & -2 \\ 7 & 3 \end{vmatrix} = 8.$$

(3) $$\begin{vmatrix} 1 & 2 & 3 & 4 \\ 2 & 3 & 4 & 1 \\ 3 & 4 & 1 & 2 \\ 4 & 1 & 2 & 3 \end{vmatrix} \xlongequal[i=2,3,4]{\widehat{1}+\widehat{i}} \begin{vmatrix} 10 & 2 & 3 & 4 \\ 10 & 3 & 4 & 1 \\ 10 & 4 & 1 & 2 \\ 10 & 1 & 2 & 3 \end{vmatrix} = 10\begin{vmatrix} 1 & 2 & 3 & 4 \\ 1 & 3 & 4 & 1 \\ 1 & 4 & 1 & 2 \\ 1 & 1 & 2 & 3 \end{vmatrix}$$
$$\xlongequal{\substack{(i)-(1)\\ i=2,3,4}} 10\begin{vmatrix} 1 & 2 & 3 & 4 \\ 0 & 1 & 1 & -3 \\ 0 & 2 & -2 & -2 \\ 0 & -1 & -1 & -1 \end{vmatrix} = 10\begin{vmatrix} 1 & 1 & -3 \\ 2 & -2 & -2 \\ -1 & -1 & -1 \end{vmatrix}$$
$$\xlongequal{\substack{(2)-2(1)\\ (3)+(1)}} 10\begin{vmatrix} 1 & 1 & -3 \\ 0 & -4 & 4 \\ 0 & 0 & -4 \end{vmatrix} = 160.$$

(4) $$\begin{vmatrix} 1 & 1 & \lambda \\ 1 & \lambda & 1 \\ \lambda & 1 & 1 \end{vmatrix} \xlongequal[i=2,3]{\widehat{1}+\widehat{i}} \begin{vmatrix} \lambda+2 & 1 & \lambda \\ \lambda+2 & \lambda & 1 \\ \lambda+2 & 1 & 1 \end{vmatrix} = (\lambda+2)\begin{vmatrix} 1 & 1 & \lambda \\ 1 & \lambda & 1 \\ 1 & 1 & 1 \end{vmatrix}$$

$$\xlongequal[(2)-(3)]{(1)-(3)}(\lambda+2)\begin{vmatrix}0 & 0 & \lambda-1\\0 & \lambda-1 & 0\\1 & 1 & 1\end{vmatrix}=(\lambda+2)\begin{vmatrix}0 & \lambda-1\\\lambda-1 & 0\end{vmatrix}$$

$$=-(\lambda+2)(\lambda-1)^2.$$

(5) $$\begin{vmatrix}a+1 & a+2 & a+3\\b+1 & b+2 & b+3\\c+1 & c+2 & c+3\end{vmatrix}=\begin{vmatrix}a & a+2 & a+3\\b & b+2 & b+3\\c & c+2 & c+3\end{vmatrix}+\begin{vmatrix}1 & a+2 & a+3\\1 & b+2 & b+3\\1 & c+2 & c+3\end{vmatrix}$$

$$=\begin{vmatrix}a & 2 & 3\\b & 2 & 3\\c & 2 & 3\end{vmatrix}+\begin{vmatrix}1 & a & a\\1 & b & b\\1 & c & c\end{vmatrix}=0.$$

(6) $$\begin{vmatrix}x & y & x+y\\y & x+y & x\\x+y & x & y\end{vmatrix}=2(x+y)\begin{vmatrix}1 & y & x+y\\1 & x+y & x\\1 & x & y\end{vmatrix}$$

$$\xlongequal[(3)-(1)]{(2)-(1)}2(x+y)\begin{vmatrix}1 & y & x+y\\0 & x & -y\\0 & x-y & -x\end{vmatrix}=2(x+y)\begin{vmatrix}x & -y\\x-y & -x\end{vmatrix}$$

$$=-2(x^3+y^3).$$

评注:本题利用了行列式的性质求解行列式,这是将行列式简化的一种有效的常用的方法.先利用行列式的性质将某行(或列)尽可能多的元素化为零,再按该行(列)展开.

若行列式的每一行(列)元素之和相同,则将各列(行)加到第1列(行),再提取公因式.

题5 设 $xyz\neq0$,计算行列式

$$D=\begin{vmatrix}1+x & 2 & 3\\1 & 2+y & 3\\1 & 2 & 3+z\end{vmatrix}$$

解:方法一:$$D\xlongequal[(3)-(1)]{(2)-(1)}\begin{vmatrix}1+x & 2 & 3\\-x & y & 0\\-x & 0 & z\end{vmatrix}$$

$$\xlongequal[\textcircled{1}+\frac{x}{z}\textcircled{3}]{\textcircled{1}+\frac{x}{y}\textcircled{2}}\begin{vmatrix}1+x+\dfrac{2x}{y}+\dfrac{3x}{z} & 2 & 3\\0 & y & 0\\0 & 0 & z\end{vmatrix}$$

$$=\left(1+x+\frac{2x}{y}+\frac{3x}{z}\right)yz=yz+2zx+3xy+xyz.$$

方法二:将 D 中 1,2,3 分别写成 1+0,2+0,3+0,利用行列式性质 5,D 可化为 2^3 个行列式,其中有 4 个为 0,从而

$$D=\begin{vmatrix}1+x & 2+0 & 3+0\\ 1+0 & 2+y & 3+0\\ 1+0 & 2+0 & 3+z\end{vmatrix}$$

$$=\begin{vmatrix}1 & 0 & 0\\ 1 & y & 0\\ 1 & 0 & z\end{vmatrix}+\begin{vmatrix}x & 2 & 0\\ 0 & 2 & 0\\ 0 & 0 & z\end{vmatrix}+\begin{vmatrix}x & 0 & 3\\ 0 & y & 3\\ 0 & 0 & 3\end{vmatrix}+\begin{vmatrix}x & 0 & 0\\ 0 & y & 0\\ 0 & 0 & z\end{vmatrix}$$

$$=yz+2zx+3xy+xyz.$$

题 6 用行列式的性质证明

(1) $\begin{vmatrix}a-b & b-c & c-a\\ b-c & c-a & a-b\\ c-a & a-b & b-c\end{vmatrix}=0$;

(2) $\begin{vmatrix}y+z & z+x & x+y\\ x+y & y+z & z+x\\ z+x & x+y & y+z\end{vmatrix}=2\begin{vmatrix}x & y & z\\ z & x & y\\ y & z & x\end{vmatrix}$;

(3) $\begin{vmatrix}a_1-b_1 & a_1-b_2 & \cdots & a_1-b_n\\ a_2-b_1 & a_2-b_2 & \cdots & a_2-b_n\\ \vdots & \vdots & & \vdots\\ a_n-b_1 & a_n-b_2 & \cdots & a_n-b_n\end{vmatrix}=0(n>2)$;

(4) $\begin{vmatrix}a^2 & (a+1)^2 & (a+2)^2 & (a+3)^2\\ b^2 & (b+1)^2 & (b+2)^2 & (b+3)^2\\ c^2 & (c+1)^2 & (c+2)^2 & (c+3)^2\\ d^2 & (d+1)^2 & (d+2)^2 & (d+3)^2\end{vmatrix}=0$.

证明:(1) 左边$=\begin{vmatrix}a-b & b-c & c-a\\ b-c & c-a & a-b\\ c-a & a-b & b-c\end{vmatrix}\xlongequal[i=2,3]{\textcircled{1}+\textcircled{i}}\begin{vmatrix}0 & b-c & c-a\\ 0 & c-a & a-b\\ 0 & a-b & b-c\end{vmatrix}$

$=0=$右边.

(2) 左边$=\begin{vmatrix}y+z & z+x & x+y\\ x+y & y+z & z+x\\ z+x & x+y & y+z\end{vmatrix}=\begin{vmatrix}y & z+x & x+y\\ x & y+z & z+x\\ z & x+y & y+z\end{vmatrix}+\begin{vmatrix}z & z+x & x\\ y & y+z & z\\ x & x+y & y\end{vmatrix}$

$$=\begin{vmatrix}y & z+x & x\\ x & y+z & z\\ z & x+y & y\end{vmatrix}+\begin{vmatrix}z & x & x+y\\ y & z & z+x\\ x & y & y+z\end{vmatrix}$$

$$=\begin{vmatrix} y & z & x \\ x & y & z \\ z & x & y \end{vmatrix}+\begin{vmatrix} z & x & y \\ y & z & x \\ x & y & z \end{vmatrix}=2\begin{vmatrix} x & y & z \\ z & x & y \\ y & z & x \end{vmatrix}=\text{右边}.$$

(3) $\text{左边}=\begin{vmatrix} a_1 & a_1-b_2 & \cdots & a_1-b_n \\ a_2 & a_2-b_2 & \cdots & a_2-b_n \\ \vdots & \vdots & & \vdots \\ a_n & a_n-b_2 & \cdots & a_n-b_n \end{vmatrix}-\begin{vmatrix} b_1 & a_1-b_2 & \cdots & a_1-b_n \\ b_1 & a_2-b_2 & \cdots & a_2-b_n \\ \vdots & \vdots & & \vdots \\ b_1 & a_n-b_2 & \cdots & a_n-b_n \end{vmatrix}$

$$=\begin{vmatrix} a_1 & -b_2 & \cdots & -b_n \\ a_2 & -b_2 & \cdots & -b_n \\ \vdots & \vdots & & \vdots \\ a_n & -b_2 & \cdots & -b_n \end{vmatrix}-\begin{vmatrix} b_1 & a_1 & \cdots & a_1 \\ b_1 & a_2 & \cdots & a_2 \\ \vdots & \vdots & & \vdots \\ b_1 & a_n & \cdots & a_n \end{vmatrix}$$

$=0=\text{右边}.$

(4) $\text{左边}=\begin{vmatrix} a^2 & 2a+1 & 4a+4 & 6a+9 \\ b^2 & 2b+1 & 4b+4 & 6b+9 \\ c^2 & 2c+1 & 4c+4 & 6c+9 \\ d^2 & 2d+1 & 4d+4 & 6d+9 \end{vmatrix}\xlongequal[\textcircled{4}-3\textcircled{2}]{\textcircled{3}-2\textcircled{2}}\begin{vmatrix} a^2 & 2a+1 & 2 & 6 \\ b^2 & 2b+1 & 2 & 6 \\ c^2 & 2c+1 & 2 & 6 \\ d^2 & 2d+1 & 2 & 6 \end{vmatrix}=0$

$=\text{右边}.$

评注:此类证明题依然考察行列式的计算,可利用行列式的性质加以证明.

题 7 计算 $n(n\geqslant 2)$ 阶行列式

$$D_n=\begin{vmatrix} 1 & 3 & 3 & \cdots & 3 \\ 3 & 2 & 3 & \cdots & 3 \\ 3 & 3 & 3 & \cdots & 3 \\ \vdots & \vdots & \vdots & & \vdots \\ 3 & 3 & 3 & \cdots & n \end{vmatrix}.$$

解:当 $n=2$ 时,$D_2=\begin{vmatrix} 1 & 3 \\ 3 & 2 \end{vmatrix}=-7$;

当 $n\geqslant 3$ 时,将 D_n 的第 3 行乘 -1 加到其余各行,得

$$D_n=\begin{vmatrix} -2 & 0 & 0 & 0 & \cdots & 0 \\ 0 & -1 & 0 & 0 & \cdots & 0 \\ 3 & 3 & 3 & 3 & \cdots & 3 \\ 0 & 0 & 0 & 1 & \cdots & 0 \\ \vdots & \vdots & \vdots & \vdots & & \vdots \\ 0 & 0 & 0 & 0 & \cdots & n-3 \end{vmatrix}.$$

再将第 3 列乘 -1 加到其余各列,得

$$D_n=\begin{vmatrix}-2 & 0 & 0 & 0 & \cdots & 0\\ 0 & -1 & 0 & 0 & \cdots & 0\\ 0 & 0 & 3 & 0 & \cdots & 0\\ 0 & 0 & 0 & 1 & \cdots & 0\\ \vdots & \vdots & \vdots & \vdots & & \vdots\\ 0 & 0 & 0 & 0 & \cdots & n-3\end{vmatrix}$$

$$=(-2)(-1)\cdot 3\cdot(n-3)!=6\cdot(n-3)!$$

评注:注意到第3行的特殊性本题便可迎刃而解.另外,应考虑 $n=2$ 时的特殊情况.

题8　设 $a_0,a_1,\cdots,a_n$ 全不为零,计算 $n+1$ 阶行列式

$$D=\begin{vmatrix}a_0 & 1 & 1 & \cdots & 1 & 1\\ 1 & a_1 & 0 & \cdots & 0 & 0\\ 1 & 0 & a_2 & \cdots & 0 & 0\\ \vdots & \vdots & \vdots & & \vdots & \vdots\\ 1 & 0 & 0 & \cdots & a_{n-1} & 0\\ 1 & 0 & 0 & \cdots & 0 & a_n\end{vmatrix}$$

解:将第 j 列乘 $-\dfrac{1}{a_{j-1}}$ 加到第1列($j=2,\cdots,n+1$),得

$$D=\begin{vmatrix}a_0-\sum\limits_{i=1}^{n}\dfrac{1}{a_i} & 1 & 1 & \cdots & 1 & 1\\ 0 & a_1 & 0 & \cdots & 0 & 0\\ 0 & 0 & a_2 & \cdots & 0 & 0\\ \vdots & \vdots & \vdots & & \vdots & \vdots\\ 0 & 0 & 0 & \cdots & a_{n-1} & 0\\ 0 & 0 & 0 & \cdots & 0 & a_n\end{vmatrix}$$

$$=\left(a_0-\sum_{i=1}^{n}\frac{1}{a_i}\right)a_1a_2\cdots a_n.$$

题9　计算 $n+1$ 阶行列式 $D=\begin{vmatrix}-a_1 & a_1 & 0 & \cdots & 0 & 0\\ 0 & -a_2 & a_2 & \cdots & 0 & 0\\ 0 & 0 & -a_3 & \cdots & 0 & 0\\ \vdots & \vdots & \vdots & & \vdots & \vdots\\ 0 & 0 & 0 & \cdots & -a_n & a_n\\ 1 & 1 & 1 & \cdots & 1 & 1\end{vmatrix}$.

解:该行列式前 n 行元素之和均为零,故可将各列均加到第 1 列,得

$$D=\begin{vmatrix} 0 & a_1 & 0 & \cdots & 0 & 0 \\ 0 & -a_2 & a_2 & \cdots & 0 & 0 \\ 0 & 0 & -a_3 & \cdots & 0 & 0 \\ \vdots & \vdots & \vdots & & \vdots & \vdots \\ 0 & 0 & 0 & \cdots & -a_n & a_n \\ n+1 & 1 & 1 & \cdots & 1 & 1 \end{vmatrix}.$$

再按第 1 列展开,得

$$D=(-1)^{n+1+1}(n+1)\begin{vmatrix} a_1 & 0 & \cdots & 0 & 0 \\ -a_2 & a_2 & \cdots & 0 & 0 \\ 0 & -a_3 & \cdots & 0 & 0 \\ \vdots & \vdots & & \vdots & \vdots \\ 0 & 0 & \cdots & -a_n & a_n \end{vmatrix}$$

$$=(-1)^n(n+1)a_1a_2\cdots a_n.$$

题 10 计算 n 阶行列式 $D=\begin{vmatrix} 1 & 2 & 3 & 4 & \cdots & n \\ 1 & 1 & 2 & 3 & \cdots & n-1 \\ 1 & x & 1 & 2 & \cdots & n-2 \\ 1 & x & x & 1 & \cdots & n-3 \\ \vdots & \vdots & \vdots & \vdots & & \vdots \\ 1 & x & x & x & \cdots & 1 \end{vmatrix}$.

解:从 D 的第 2 行开始,每行乘(-1)往上一行加,然后再按第 1 列展开,得

$$D=\begin{vmatrix} 0 & 1 & 1 & 1 & \cdots & 1 & 1 \\ 0 & 1-x & 1 & 1 & \cdots & 1 & 1 \\ 0 & 0 & 1-x & 1 & \cdots & 1 & 1 \\ \vdots & \vdots & \vdots & \vdots & & \vdots & \vdots \\ 0 & 0 & 0 & 0 & \cdots & 1-x & 1 \\ 1 & x & x & x & \cdots & x & 1 \end{vmatrix}$$

$$=(-1)^{n+1}\begin{vmatrix} 1 & 1 & 1 & \cdots & 1 & 1 \\ 1-x & 1 & 1 & \cdots & 1 & 1 \\ 0 & 1-x & 1 & \cdots & 1 & 1 \\ \vdots & \vdots & \vdots & & \vdots & \vdots \\ 0 & 0 & 0 & \cdots & 1-x & 1 \end{vmatrix}.$$

从第 1 行开始,每行都减下一行,得

$$D=(-1)^{n+1}\begin{vmatrix} x & 0 & 0 & \cdots & 0 & 0 \\ 1-x & x & 0 & \cdots & 0 & 0 \\ 0 & 1-x & x & \cdots & 0 & 0 \\ \vdots & \vdots & \vdots & & & \vdots \\ 0 & 0 & 0 & \cdots & x & 0 \\ 0 & 0 & 0 & \cdots & 1-x & 1 \end{vmatrix}=(-1)^{n+1}x^{n-2}.$$

1.3 化三角形法求行列式

化三角形法是利用行列式的性质将行列式化为三角形行列式，利用三角形行列式的结果进行计算的方法.这是最基本的方法，难点在于怎样化为三角形行列式.

1. 形如 $\begin{vmatrix} a_{11} & a_{12} & \cdots & a_{1n} \\ 0 & a_{22} & \cdots & a_{2n} \\ \vdots & \vdots & & \vdots \\ 0 & 0 & \cdots & a_{nn} \end{vmatrix}$ 的行列式称为上三角形行列式；

形如 $\begin{vmatrix} a_{11} & 0 & \cdots & 0 \\ a_{21} & a_{22} & \cdots & 0 \\ \vdots & \vdots & & \vdots \\ a_{n1} & a_{n2} & \cdots & a_{nn} \end{vmatrix}$ 的行列式称为下三角形行列式.

2. 形如 $\begin{vmatrix} a_{11} & 0 & \cdots & 0 \\ 0 & a_{22} & \cdots & 0 \\ \vdots & \vdots & & \vdots \\ 0 & 0 & \cdots & a_{nn} \end{vmatrix}$ 的行列式称为对角形行列式，简记为

$$\begin{vmatrix} a_{11} & & & \\ & a_{22} & & \\ & & \ddots & \\ & & & a_{nn} \end{vmatrix}.$$

三角形行列式和对角形行列式，均等于主对角线上各元素的乘积.

3. 形如 $D=\begin{vmatrix} 0 & \cdots & 0 & a_{1n} \\ 0 & \cdots & a_{2(n-1)} & 0 \\ \vdots & & \vdots & \vdots \\ a_{n1} & \cdots & 0 & 0 \end{vmatrix}$ 的行列式之值计算如下.

$$\begin{vmatrix} 0 & \cdots & 0 & a_{1n} \\ 0 & \cdots & a_{2(n-1)} & 0 \\ \vdots & & \vdots & \vdots \\ a_{n1} & \cdots & 0 & 0 \end{vmatrix}$$

$$=a_{1n}(-1)^{1+n}\begin{vmatrix} 0 & \cdots & 0 & a_{2(n-1)} \\ 0 & \cdots & a_{3(n-2)} & 0 \\ \vdots & & \vdots & \vdots \\ a_{n1} & \cdots & 0 & 0 \end{vmatrix}$$

$$=a_{1n}(-1)^{1+n}a_{2(n-1)}(-1)^{1+(n-1)}\begin{vmatrix} 0 & \cdots & 0 & a_{3(n-2)} \\ 0 & \cdots & a_{4(n-3)} & 0 \\ \vdots & & \vdots & \vdots \\ a_{n1} & \cdots & 0 & 0 \end{vmatrix}$$

$$=\cdots$$

$$=a_{1n}(-1)^{1+n}a_{2(n-1)}(-1)^{1+(n-1)}\cdots a_{(n-1)2}(-1)^{1+2}a_{n1}(-1)^{1+1}$$

$$=(-1)^{1+n+[1+(n-1)]+\cdots+(1+1)}a_{1n}a_{2(n-1)}\cdots a_{n1}$$

$$=(-1)^{\frac{n(n+3)}{2}}a_{1n}a_{2(n-1)}\cdots a_{n1}$$

$$=(-1)^{\frac{n(n-1)}{2}}(-1)^{2n}a_{1n}a_{2(n-1)}\cdots a_{n1}$$

$$=(-1)^{\frac{n(n-1)}{2}}a_{1n}a_{2(n-1)}\cdots a_{n1}.$$

评注:$a_{2(n-1)}$在原行列式的第2行第$n-1$列,但在$\begin{vmatrix} 0 & \cdots & 0 & a_{2(n-1)} \\ 0 & \cdots & a_{3(n-2)} & 0 \\ \vdots & & \vdots & \vdots \\ a_{n1} & \cdots & 0 & 0 \end{vmatrix}$中,$a_{2(n-1)}$在第1行第$n-1$列,所以$\begin{vmatrix} 0 & \cdots & 0 & a_{2(n-1)} \\ 0 & \cdots & a_{3(n-2)} & 0 \\ \vdots & & \vdots & \vdots \\ a_{n1} & \cdots & 0 & 0 \end{vmatrix}$

$$=a_{2(n-1)}(-1)^{1+(n-1)}\begin{vmatrix} 0 & \cdots & 0 & a_{3(n-2)} \\ 0 & \cdots & a_{4(n-3)} & 0 \\ \vdots & & \vdots & \vdots \\ a_{n1} & \cdots & 0 & 0 \end{vmatrix}$$

题 1 计算行列式 $D=\begin{vmatrix}1 & 2 & 0 & 1\\ 1 & \frac{3}{2} & 5 & 0\\ 0 & 1 & \frac{5}{3} & 6\\ 1 & 2 & 3 & \frac{4}{5}\end{vmatrix}$.

解:方法一:$D=\begin{vmatrix}1 & 2 & 0 & 1\\ 1 & \frac{3}{2} & 5 & 0\\ 0 & 1 & \frac{5}{3} & 6\\ 1 & 2 & 3 & \frac{4}{5}\end{vmatrix}\xlongequal[(4)-(1)]{(2)-(1)}\begin{vmatrix}1 & 2 & 0 & 1\\ 0 & -\frac{1}{2} & 5 & -1\\ 0 & 1 & \frac{5}{3} & 6\\ 0 & 0 & 3 & -\frac{1}{5}\end{vmatrix}$

$\xlongequal{(3)+2(2)}\begin{vmatrix}1 & 2 & 0 & 1\\ 0 & -\frac{1}{2} & 5 & -1\\ 0 & 0 & \frac{35}{3} & 4\\ 0 & 0 & 3 & -\frac{1}{5}\end{vmatrix}\xlongequal{(4)-\frac{9}{35}(3)}\begin{vmatrix}1 & 2 & 0 & 1\\ 0 & -\frac{1}{2} & 5 & -1\\ 0 & 0 & \frac{35}{3} & 4\\ 0 & 0 & 0 & -\frac{43}{35}\end{vmatrix}$

$=1\times\left(-\frac{1}{2}\right)\times\frac{35}{3}\times\left(-\frac{43}{35}\right)=\frac{43}{6}$.

方法二:$D=\begin{vmatrix}1 & 2 & 0 & 1\\ 1 & \frac{3}{2} & 5 & 0\\ 0 & 1 & \frac{5}{3} & 6\\ 1 & 2 & 3 & \frac{4}{5}\end{vmatrix}\xlongequal[(4)-(1)]{(2)-(1)}\begin{vmatrix}1 & 2 & 0 & 1\\ 0 & -\frac{1}{2} & 5 & -1\\ 0 & 1 & \frac{5}{3} & 6\\ 0 & 0 & 3 & -\frac{1}{5}\end{vmatrix}$

$=\begin{vmatrix}-\frac{1}{2} & 5 & -1\\ 1 & \frac{5}{3} & 6\\ 0 & 3 & -\frac{1}{5}\end{vmatrix}\xlongequal{(2)+2(1)}\begin{vmatrix}-\frac{1}{2} & 5 & -1\\ 0 & \frac{35}{3} & 4\\ 0 & 3 & -\frac{1}{5}\end{vmatrix}$

$$=-\frac{1}{2}\begin{vmatrix} \frac{35}{3} & 4 \\ 3 & -\frac{1}{5} \end{vmatrix}=\frac{43}{6}.$$

评注：方法一采用化三角形法，即利用行列式的性质将其化为上(或下)三角形行列式，进而求出行列式的值，这是求行列式的常用方法.方法二采用的是降阶展开法，读者可从中体会两种方法的优缺点，对于不同的题目可采用更简便的方法.

题2　计算行列式 $D=\begin{vmatrix} 1 & -1 & 1 & x-1 \\ 1 & -1 & x+1 & -1 \\ 1 & x-1 & 1 & -1 \\ x+1 & -1 & 1 & -1 \end{vmatrix}$.

解：注意到该行列式各行元素之和均为 x，故将各列加到第1列，得

$$D=\begin{vmatrix} x & -1 & 1 & x-1 \\ x & -1 & x+1 & -1 \\ x & x-1 & 1 & -1 \\ x & -1 & 1 & -1 \end{vmatrix}=x\begin{vmatrix} 1 & -1 & 1 & x-1 \\ 1 & -1 & x+1 & -1 \\ 1 & x-1 & 1 & -1 \\ 1 & -1 & 1 & -1 \end{vmatrix}$$

$$\xlongequal[i=1,2,3]{(i)-(4)}x\begin{vmatrix} 0 & 0 & 0 & x \\ 0 & 0 & x & 0 \\ 0 & x & 0 & 0 \\ 1 & -1 & 1 & -1 \end{vmatrix}=x\cdot(-1)^{4+1}\begin{vmatrix} 0 & 0 & x \\ 0 & x & 0 \\ x & 0 & 0 \end{vmatrix}=x^4.$$

题3　计算 $n+1$ 阶行列式

$$D=\begin{vmatrix} x & a_1 & a_2 & \cdots & a_{n-1} & 1 \\ a_1 & x & a_2 & \cdots & a_{n-1} & 1 \\ a_1 & a_2 & x & \cdots & a_{n-1} & 1 \\ \vdots & \vdots & \vdots & & \vdots & \vdots \\ a_1 & a_2 & a_3 & \cdots & x & 1 \\ a_1 & a_2 & a_3 & \cdots & a_n & 1 \end{vmatrix}.$$

解：注意到该行列式最后一列的元素均为1，故可通过行之间相减将最后一列化出 n 个零元素.

从第1行开始，每行减下一行，得

$$D=\begin{vmatrix} x-a_1 & a_1-x & 0 & \cdots & 0 & 0 \\ 0 & x-a_2 & a_2-x & \cdots & 0 & 0 \\ 0 & 0 & x-a_3 & \cdots & 0 & 0 \\ \vdots & \vdots & \vdots & & \vdots & \vdots \\ 0 & 0 & 0 & \cdots & x-a_n & 0 \\ a_1 & a_2 & a_3 & \cdots & a_n & 1 \end{vmatrix}.$$

再按最后一列展开,得

$$D=\begin{vmatrix} x-a_1 & a_1-x & 0 & \cdots & 0 \\ 0 & x-a_2 & a_2-x & \cdots & 0 \\ 0 & 0 & x-a_3 & \cdots & 0 \\ \vdots & \vdots & \vdots & & \vdots \\ 0 & 0 & 0 & \cdots & x-a_n \end{vmatrix}$$

$$=(x-a_1)(x-a_2)\cdots(x-a_n).$$

评注:计算高阶行列式通常要将其转化为三角形行列式进而得解.

题 4 计算 n 阶行列式

$$D=\begin{vmatrix} 1 & 1 & 1 & \cdots & 1 & 1 \\ 1 & 2 & 2 & \cdots & 2 & 2 \\ 1 & 2 & 3 & \cdots & 3 & 3 \\ \vdots & \vdots & \vdots & & \vdots & \vdots \\ 1 & 2 & 3 & \cdots & n-1 & n-1 \\ 1 & 2 & 3 & \cdots & n-1 & n \end{vmatrix}.$$

解:$D=\begin{vmatrix} 1 & 1 & 1 & \cdots & 1 & 1 \\ 1 & 2 & 2 & \cdots & 2 & 2 \\ 1 & 2 & 3 & \cdots & 3 & 3 \\ \vdots & \vdots & \vdots & & \vdots & \vdots \\ 1 & 2 & 3 & \cdots & n-1 & n-1 \\ 1 & 2 & 3 & \cdots & n-1 & n \end{vmatrix}$

$$\xlongequal[i=2,3,\cdots,n]{(i)-i(1)}\begin{vmatrix} 1 & 1 & 1 & \cdots & 1 & 1 \\ -1 & 0 & 0 & \cdots & 0 & 0 \\ -2 & -1 & 0 & \cdots & 0 & 0 \\ \vdots & \vdots & \vdots & & \vdots & \vdots \\ -n+2 & -n+3 & -n+4 & \cdots & 0 & 0 \\ 1-n & 2-n & 3-n & \cdots & -1 & 0 \end{vmatrix}$$

$$=(-1)^{n+1}\begin{vmatrix} -1 & 0 & 0 & \cdots & 0 \\ -2 & -1 & 0 & \cdots & 0 \\ & \vdots & \vdots & & \vdots \\ -n+2 & -n+3 & -n+4 & \cdots & 0 \\ -n+1 & -n+2 & -n+3 & \cdots & -1 \end{vmatrix}$$

$$=(-1)^{n+1}\cdot(-1)^{n-1}=1.$$

题 5　计算 $n+1$ 阶行列式

$$D_{n+1}=\begin{vmatrix} a_0 & -1 & 0 & \cdots & 0 & 0 \\ a_1 & x & -1 & \cdots & 0 & 0 \\ a_2 & 0 & x & \cdots & 0 & 0 \\ \vdots & \vdots & \vdots & & \vdots & \vdots \\ a_{n-1} & 0 & 0 & \cdots & x & -1 \\ a_n & 0 & 0 & \cdots & 0 & x \end{vmatrix}.$$

解:将 D_{n+1} 按第 $n+1$ 行展开,得

$$D_{n+1}=a_n(-1)^{n+1+1}\begin{vmatrix} -1 & 0 & 0 & \cdots & 0 \\ x & -1 & 0 & \cdots & 0 \\ 0 & x & -1 & \cdots & 0 \\ \vdots & \vdots & \vdots & & \vdots \\ 0 & 0 & 0 & \cdots & -1 \end{vmatrix}+x\begin{vmatrix} a_0 & -1 & 0 & \cdots & 0 \\ a_1 & x & -1 & \cdots & 0 \\ a_2 & 0 & x & \cdots & 0 \\ \vdots & \vdots & \vdots & & \vdots \\ a_{n-1} & 0 & 0 & \cdots & x \end{vmatrix}$$

$$=a_n(-1)^{n+2}(-1)^n+x\begin{vmatrix} a_0 & -1 & 0 & \cdots & 0 \\ a_0x+a_1 & 0 & -1 & \cdots & 0 \\ a_0x^2+a_1x+a_2 & 0 & 0 & \cdots & 0 \\ \vdots & & \vdots & \vdots & \vdots \\ a_0x^{n-1}+a_1x^{n-2}+\cdots+a_{n-1} & 0 & 0 & \cdots & 0 \end{vmatrix}$$

$$=a_n+(-1)^{n+1}x(a_0x^{n-1}+a_1x^{n-2}+\cdots+a_{n-1})\begin{vmatrix} -1 & 0 & \cdots & 0 \\ 0 & -1 & \cdots & 0 \\ \vdots & \vdots & & \vdots \\ 0 & 0 & \cdots & -1 \end{vmatrix}$$

$$=a_n+(a_0x^n+a_1x^{n-1}+\cdots+a_{n-1}x)(-1)^{n+1+n-1}$$

$$=a_n+a_{n-1}x+\cdots+a_1x^{n-1}+a_0x^n.$$

题 6　计算 n 阶行列式

$$D=\begin{vmatrix} x_1-m & x_2 & \cdots & x_n \\ x_1 & x_2-m & \cdots & x_n \\ \vdots & \vdots & & \vdots \\ x_1 & x_2 & \cdots & x_n-m \end{vmatrix}.$$

解:易看出该行列式每行元素之和是相同的,故可将各列均加到第 1 列,得

$$D=\begin{vmatrix} \sum_{i=1}^{n}x_i-m & x_2 & \cdots & x_n \\ \sum_{i=1}^{n}x_i-m & x_2-m & \cdots & x_n \\ \vdots & \vdots & & \vdots \\ \sum_{i=1}^{n}x_i-m & x_2 & \cdots & x_n-m \end{vmatrix}$$

$$=(\sum_{i=1}^{n}x_i-m)\begin{vmatrix} 1 & x_2 & \cdots & x_n \\ 1 & x_2-m & \cdots & x_n \\ \vdots & \vdots & & \vdots \\ 1 & x_2 & \cdots & x_n-m \end{vmatrix}$$

上面行列式中,第 2,…,n 行均减去第一行,得

$$D=(\sum_{i=1}^{n}x_i-m)\begin{vmatrix} 1 & x_2 & \cdots & x_n \\ 0 & -m & \cdots & 0 \\ \vdots & \vdots & & \vdots \\ 0 & 0 & \cdots & -m \end{vmatrix}=(\sum_{i=1}^{n}x_i-m)(-m)^{n-1}$$

$$=(-1)^{n-1}m^{n-1}(\sum_{i=1}^{n}x_i-m).$$

题 7 解下列方程

$$\begin{vmatrix} x & a_1 & a_2 & \cdots & a_{n-1} & 1 \\ a_1 & x & a_2 & \cdots & a_{n-1} & 1 \\ a_1 & a_2 & x & \cdots & a_{n-1} & 1 \\ \vdots & \vdots & \vdots & & \vdots & \vdots \\ a_1 & a_2 & a_3 & \cdots & x & 1 \\ a_1 & a_2 & a_3 & \cdots & a_n & 1 \end{vmatrix}=0.$$

解:

$$\begin{vmatrix} x & a_1 & a_2 & \cdots & a_{n-1} & 1 \\ a_1 & x & a_2 & \cdots & a_{n-1} & 1 \\ a_1 & a_2 & x & \cdots & a_{n-1} & 1 \\ \vdots & \vdots & \vdots & & \vdots & \vdots \\ a_1 & a_2 & a_3 & \cdots & x & 1 \\ a_1 & a_2 & a_3 & \cdots & a_n & 1 \end{vmatrix}$$

$$\xlongequal[i=n+1,\cdots,2]{(i)-(i-1)}\begin{vmatrix} x & a_1 & a_2 & \cdots & a_{n-1} & 1 \\ a_1-x & x-a_1 & 0 & \cdots & 0 & 0 \\ 0 & a_2-x & x-a_2 & \cdots & 0 & 0 \\ \vdots & \vdots & \vdots & & \vdots & \vdots \\ 0 & 0 & 0 & \cdots & x-a_{n-1} & 0 \\ 0 & 0 & 0 & \cdots & a_n-x & 0 \end{vmatrix}$$

$$\xlongequal{\text{按最后一列展开}}(-1)^{n+2}\begin{vmatrix} a_1-x & x-a_1 & 0 & \cdots & 0 & 0 \\ 0 & a_2-x & x-a_2 & \cdots & 0 & 0 \\ \vdots & \vdots & \vdots & & \vdots & \vdots \\ 0 & 0 & 0 & \cdots & a_{n-1}-x & x-a_{n-1} \\ 0 & 0 & 0 & \cdots & 0 & a_n-x \end{vmatrix}$$

$=(-1)^{n+2}(a_1-x)(a_2-x)\cdots(a_n-x)$.

故由$(-1)^{n+2}(a_1-x)(a_2-x)\cdots(a_n-x)=0$，知 $x_1=a_1,x_2=a_2,\cdots,x_n=a_n$为所求.

题 8 计算 n 阶行列式

$$D=\begin{vmatrix} 0 & 1 & 1 & \cdots & 1 \\ 1 & 0 & 1 & \cdots & 1 \\ 1 & 1 & 0 & \cdots & 1 \\ \vdots & \vdots & \vdots & & \vdots \\ 1 & 1 & 1 & \cdots & 0 \end{vmatrix}.$$

解:该行列式每行的和均为 $n-1$，故将各列加到第一列，再将公因子$(n-1)$提出，得

$$D=(n-1)\begin{vmatrix} 1 & 1 & 1 & \cdots & 1 & 1 \\ 1 & 0 & 1 & \cdots & 1 & 1 \\ 1 & 1 & 0 & \cdots & 1 & 1 \\ \vdots & \vdots & \vdots & & \vdots & \vdots \\ 1 & 1 & 1 & \cdots & 1 & 0 \end{vmatrix}$$

$$\xlongequal[i=2,\cdots,n]{(i)-(1)}(n-1)\begin{vmatrix} 1 & 1 & 1 & \cdots & 1 & 1 \\ 0 & -1 & 0 & \cdots & 0 & 0 \\ 0 & 0 & -1 & \cdots & 0 & 0 \\ \vdots & \vdots & \vdots & & \vdots & \vdots \\ 0 & 0 & 0 & \cdots & 0 & -1 \end{vmatrix}$$

$=(-1)^{n-1}(n-1)$.

评注:当行列式的各行(列)元素之和相同时，常将各列(行)加到第 1 列(行)，再提取公因式，将行列式化简后再计算.

题 9　计算 n 阶行列式

$$D_n=\begin{vmatrix} a & a & \cdots & a & b \\ a & a & \cdots & b & a \\ \vdots & \vdots & & \vdots & \vdots \\ a & b & \cdots & a & a \\ b & a & \cdots & a & a \end{vmatrix}$$

解:通过观察,D_n 的每一行元素之和均为$(n-1)a+b$,故可先将各列加到第一列,再提出公因式$(n-1)a+b$,得

$$D_n=[(n-1)a+b]\begin{vmatrix} 1 & a & \cdots & a & b \\ 1 & a & \cdots & b & a \\ \vdots & \vdots & & \vdots & \vdots \\ 1 & b & \cdots & a & a \\ 1 & a & \cdots & a & a \end{vmatrix}.$$

注意到上面行列式中最后一行较特别,与其他各行比较仅有一个元素不同,故可将各行减去最后一行,得

$$D_n=[(n-1)a+b]\begin{vmatrix} 0 & 0 & \cdots & 0 & b-a \\ 0 & 0 & \cdots & b-a & 0 \\ \vdots & \vdots & & \vdots & \vdots \\ 0 & b-a & \cdots & 0 & 0 \\ 1 & a & \cdots & a & a \end{vmatrix}$$

$$=(-1)^{n+1}[(n-1)a+b]\begin{vmatrix} 0 & \cdots & 0 & b-a \\ 0 & \cdots & b-a & 0 \\ \vdots & & \vdots & \vdots \\ b-a & \cdots & 0 & 0 \end{vmatrix}$$

$$=(-1)^{n+1}[(n-1)a+b](-1)^{n+(n-1)+\cdots+3+2}(b-a)^{n-1}$$

$$=[(n-1)a+b](-1)^{n+n+(n-1)+\cdots+3+2+1}(b-a)^{n-1}$$

$$=(-1)^{(n-1)+(n-2)+\cdots+1}[(n-1)a+b](b-a)^{n-1}$$

$$=(-1)^{\frac{n(n-1)}{2}}[(n-1)a+b](b-a)^{n-1}.$$

评注:解本题过程中应注意行列式的阶数.

题 10　解方程

$$\begin{vmatrix} 1 & 1 & 1 & \cdots & 1 & 1 \\ 1 & 1-x & 1 & \cdots & 1 & 1 \\ 1 & 1 & 2-x & \cdots & 1 & 1 \\ \vdots & \vdots & \vdots & & \vdots & \vdots \\ 1 & 1 & 1 & \cdots & (n-2)-x & 1 \\ 1 & 1 & 1 & \cdots & 1 & (n-1)-x \end{vmatrix}=0.$$

解:此行列式特点显著,第一行元素全为 1,其余各行除一个非零元素不是 1 外其他元素均为 1.于是可将第一行的(−1)倍加到其余各行,得

$$D=\begin{vmatrix} 1 & 1 & 1 & \cdots & 1 & 1 \\ 0 & -x & 0 & \cdots & 0 & 0 \\ 0 & 0 & 1-x & \cdots & 0 & 0 \\ \vdots & \vdots & \vdots & & \vdots & \vdots \\ 0 & 0 & 0 & \cdots & (n-3)-x & 0 \\ 0 & 0 & 0 & \cdots & 0 & (n-2)-x \end{vmatrix}$$

$$=-x(1-x)\cdots(n-3-x)(n-2-x).$$

由题意,得

$$-x(1-x)\cdots(n-3-x)(n-2-x)=0.$$

故 $x_1=0,x_2=1,\cdots,x_{n-2}=n-3,x_{n-1}=n-2$.

1.4 余子式与代数余子式

1. 设 n 阶行列式

$$D=\begin{vmatrix} a_{11} & a_{12} & \cdots & a_{1n} \\ a_{21} & a_{22} & \cdots & a_{2n} \\ \vdots & \vdots & & \vdots \\ a_{n1} & a_{n2} & \cdots & a_{nn} \end{vmatrix}.$$

在行列式 D 中划去元素 a_{ij} 所在的第 i 行,第 j 列元素,剩下的 $(n-1)^2$ 个元素按原来排列顺序所组成的 $n-1$ 阶行列式,称为元素 a_{ij} 的余子式,记作 M_{ij}.

记

$$A_{ij}=(-1)^{i+j}M_{ij},$$

称 A_{ij} 为 a_{ij} 的代数余子式.

2. 一个 n 阶行列式等于它的第一行诸元素与其对应的代数余子式乘积之和.这就是行列式按第一行展开,即

$$D=a_{11}A_{11}+a_{12}A_{12}+\cdots+a_{1n}A_{1n}=\sum_{j=1}^{n}a_{1j}A_{1j},$$

其中 A_{1j} 为 $a_{1j}(j=1,2,\cdots,n)$ 的代数余子式.

3. $$a_{i1}A_{s1}+a_{i2}A_{s2}+a_{i3}A_{s3}+\cdots+a_{in}A_{sn}=\begin{cases} D, i=s, & ① \\ 0, i\neq s. & ② \end{cases}$$

$$a_{1j}A_{1t}+a_{2j}A_{2t}+a_{3j}A_{3t}+\cdots+a_{nj}A_{nt}=\begin{cases} D, j=t, & ③ \\ 0, j\neq t. & ④ \end{cases}$$

式②、④表明:n 阶行列式的某一行(列)的各元素与另一行(列)对应元素的代数余子式的乘积之和等于零.

式①、③表明：行列式 D 可按任意一行（列）展开.

题 1　求行列式 $\begin{vmatrix} 3 & 2 & 1 \\ -1 & 0 & 4 \\ 2 & 5 & -3 \end{vmatrix}$ 中第三行各元素的代数余子式.

解：由代数余子式的定义，得

2 的代数余子式为 $(-1)^{3+1}\begin{vmatrix} 2 & 1 \\ 0 & 4 \end{vmatrix}=8$.

5 的代数余子式为 $(-1)^{3+2}\begin{vmatrix} 3 & 1 \\ -1 & 4 \end{vmatrix}=-13$.

-3 的代数余子式为 $(-1)^{3+3}\begin{vmatrix} 3 & 2 \\ -1 & 0 \end{vmatrix}=2$.

评注：本题考察代数余子式的定义，应注意与余子式相区别.

题 2　已知某三阶行列式 D_3 的第 1 行元素的代数余子式的值依次为 -3，0，1. 将 D_3 的第一行元素依次换为 1，2，3 得到另一个三阶行列式 Δ_3，求 Δ_3.

解：将 Δ 按第一行展开，$\Delta_3=1\cdot A_{11}+2\cdot A_{12}+3\cdot A_{13}$ 又 Δ_3 的第一行各元素的代数余子式与 D_3 第一行各元素的代数余子式对应相同.

故 $\Delta_3=1\cdot(-3)+2\cdot 0+3\cdot 1=0$.

评注：本题考察按行（列）展开定理.

题 3　计算下列各题

(1) 已知 $D=\begin{vmatrix} 3 & -1 & 2 \\ -2 & -3 & 1 \\ 0 & 1 & -4 \end{vmatrix}$，求 $2A_{13}+A_{23}-4A_{33}$，$-2A_{21}-3A_{22}+A_{23}$，$3A_{21}-A_{22}+2A_{23}$；

(2) 已知 $D=\begin{vmatrix} 3 & -1 & 0 \\ 1 & 2 & -2 \\ -2 & 0 & 1 \end{vmatrix}$，求 $\begin{vmatrix} A_{11} & A_{12} & A_{13} \\ A_{21} & A_{22} & A_{23} \\ A_{31} & A_{32} & A_{33} \end{vmatrix}$.

解：(1) $3A_{13}+A_{23}-4A_{33}$ 是行列式的第三列各元素与其代数余子式的乘积之和，其值为行列式 D 的值.

$$因\ D=\begin{vmatrix} 3 & -1 & 2 \\ -2 & -3 & 1 \\ 0 & 1 & -4 \end{vmatrix}=\begin{vmatrix} 3 & -1 & -2 \\ -2 & -3 & -11 \\ 0 & 1 & 0 \end{vmatrix}=-\begin{vmatrix} 3 & -2 \\ -2 & -11 \end{vmatrix}=37.$$

故 $2A_{13}+A_{23}-4A_{33}=D=37$.

$-2A_{21}-3A_{22}+A_{23}$ 是行列式的第二行各元素与其代数余子式的乘积之和，其值也为行列式 D 的值.

所以 $-2A_{21}-3A_{22}+A_{23}=D=37$.

又 $3A_{21}-A_{22}+2A_{23}$ 为行列式的第一行各元素与第二行元素对应的代数余子式的乘积之和，其值为零.

评注:本题考察关于行列式的结论：

$$a_{i1}A_{s1}+a_{i2}A_{s2}+\cdots+a_{in}A_{sn}=\begin{cases}D, i=s,\\0, i\neq s.\end{cases}$$

$$a_{1j}A_{1t}+a_{2j}A_{2t}+\cdots+a_{nj}A_{nt}=\begin{cases}D, j=t,\\0, j\neq t.\end{cases}$$

(2) 本题一般思路为：先求出 $A_{ij}(i,j=1,2,3)$，

再计算 $\begin{vmatrix}A_{11}&A_{12}&A_{13}\\A_{21}&A_{22}&A_{23}\\A_{31}&A_{32}&A_{33}\end{vmatrix}$，但此法略显复杂.

事实上，$\begin{vmatrix}3&-1&0\\1&2&-2\\-2&0&1\end{vmatrix}\begin{vmatrix}A_{11}&A_{12}&A_{13}\\A_{21}&A_{22}&A_{23}\\A_{31}&A_{32}&A_{33}\end{vmatrix}=\begin{vmatrix}D&0&0\\0&D&0\\0&0&D\end{vmatrix}=D^3$，

故 $\begin{vmatrix}A_{11}&A_{12}&A_{13}\\A_{21}&A_{22}&A_{23}\\A_{31}&A_{32}&A_{33}\end{vmatrix}=D^2=3^2=9.$

评注:本解法利用了行列式的性质，有一定的技巧性.

题 4 计算下列各题

(1) 设 $D=\begin{vmatrix}1&2&3&4\\5&6&7&8\\2&3&4&5\\6&7&8&9\end{vmatrix}$，求 $3A_{12}+7A_{22}+4A_{32}+8A_{42}$；

(2) 设行列式 $D=\begin{vmatrix}3&0&4&0\\2&2&2&2\\0&-7&0&0\\5&3&-2&2\end{vmatrix}$，求第四行各元素余子式之和；

(3) 设 $D=\begin{vmatrix}3&-5&2&1\\1&1&0&-5\\-1&3&1&3\\2&-4&-1&-3\end{vmatrix}$，$D$ 中元素 a_{ij} 的余子式和代数余子式依次记作 M_{ij} 和 A_{ij}，求 $A_{11}+A_{12}+A_{13}+A_{14}$ 及 $M_{11}+M_{21}+M_{31}+M_{41}$；

(4) 设 $D_4=\begin{vmatrix}1&-1&2&-1\\1&1&1&1\\0&1&2&1\\2&0&0&4\end{vmatrix}$，求(i) $A_{41}+A_{42}+A_{43}+A_{44}$；(ii) $A_{41}+2A_{42}+3A_{43}+4A_{44}$.

解：(1) $3A_{12}+7A_{22}+4A_{32}+8A_{42}$ 为 D 的第 3 列各元素与第 2 列元素的代数余子式的乘积之和，故为零.

(2) 第四行各元素余子式之和为 $M_{41}+M_{42}+M_{43}+M_{44}$，由余子式与代数余子式的关系，得

$$A_{41}=(-1)^{4+1}M_{41}=-M_{41},A_{42}=(-1)^{4+2}M_{42}=M_{42}.$$
$$A_{43}=(-1)^{4+3}M_{43}=-M_{43},A_{44}=(-1)^{4+4}M_{44}=M_{44}.$$

于是 $M_{41}+M_{42}+M_{43}+M_{44}=-A_{41}+A_{42}-A_{43}+A_{44}$.

将 D 的最后一行元素换为 $-1,1,-1,1$，得

$$D_1=\begin{vmatrix}3&0&4&0\\2&2&2&2\\0&-7&0&0\\-1&1&-1&1\end{vmatrix}.$$

将 D_1 按第四行展开，得 $-A_{41}+A_{42}-A_{43}+A_{44}$.

故

$$-A_{41}+A_{42}-A_{43}+A_{44}=D_1=(-1)^{3+2}(-7)\begin{vmatrix}3&4&0\\2&2&2\\-1&-1&1\end{vmatrix}=-28.$$

评注：解本题直接的想法是把 $M_{41},M_{42},M_{43},M_{44}$ 依次求出，但运算量较大，较繁琐，解决此类题的技巧是利用按行(列)展开定理.必要时可将行列式的某行(列)换掉变为另一行列式，将新行列式按该行(列)展开.

(3) 将 D 的第一行元素全部换为 1 得 D_1，再将 D_1 按第一行展开，得 $D_1=A_{11}+A_{12}+A_{13}+A_{14}$.

于是 $A_{11}+A_{12}+A_{13}+A_{14}=\begin{vmatrix}1&1&1&1\\1&1&0&-5\\-1&3&1&3\\2&-4&-1&-3\end{vmatrix}$

$$\xlongequal[(4)-2(1)]{\substack{(2)-(1)\\(3)+(1)}}\begin{vmatrix}1&1&1&1\\0&0&-1&-6\\0&4&2&4\\0&-6&-1&7\end{vmatrix}=\begin{vmatrix}0&-1&-6\\4&2&4\\-6&-1&7\end{vmatrix}=4.$$

$M_{11}+M_{21}+M_{31}+M_{41}$

$=A_{11}-A_{21}+A_{31}-A_{41}$

$$=\begin{vmatrix}1&-5&2&1\\-1&1&0&-5\\1&3&1&3\\-1&-4&-1&-3\end{vmatrix}\xlongequal[(4)+(1)]{(2)+(1)\atop(3)-(1)}\begin{vmatrix}1&-5&2&1\\0&-4&2&-4\\0&8&-1&2\\0&-9&1&-2\end{vmatrix}$$

$$=\begin{vmatrix}-4&2&-4\\8&-1&2\\-9&1&-2\end{vmatrix}=0.$$

(4) (i) $A_{41}+A_{42}+A_{43}+A_{44}=1\cdot A_{41}+1\cdot A_{42}+1\cdot A_{43}+1\cdot A_{44}$.

将 D_4 的第四行元素换成 1,1,1,1 变为 D_4^*,则

$$A_{41}+A_{42}+A_{43}+A_{44}=D_4^*=\begin{vmatrix}1&-1&2&-1\\1&1&1&1\\0&1&2&1\\1&1&1&1\end{vmatrix}=0.$$

$$\text{(ii) } A_{41}+2A_{42}+3A_{43}+4A_{44}=\begin{vmatrix}1&-1&2&-1\\1&1&1&1\\0&1&2&1\\1&2&3&4\end{vmatrix}$$

$$\xlongequal[(4)-(1)]{(2)-(1)}\begin{vmatrix}1&-1&2&-1\\0&2&-1&2\\0&1&2&1\\0&3&1&5\end{vmatrix}\xlongequal[(4)-3(3)]{(2)-2(3)}\begin{vmatrix}1&-1&2&-1\\0&0&-5&0\\0&1&2&1\\0&0&-5&2\end{vmatrix}$$

$$\xlongequal[(1)\leftrightarrow(2)]{(4)-(2)}-\begin{vmatrix}1&-1&2&-1\\0&1&2&1\\0&0&-5&0\\0&0&0&2\end{vmatrix}=10.$$

题 5 设四阶行列式 D 中第四行元素为 1,2,0,−4,第三行元素的余子式为 6,x,19,2,求 x.

解:由行列式的性质,知 D 的第四行元素与第三行元素的代数余子式乘积之和为零.

故 $1\cdot A_{31}+2\cdot A_{32}+0\cdot A_{33}+(-4)A_{34}$

$=1\cdot(-1)^{3+1}M_{31}+2\cdot(-1)^{3+2}M_{32}+(-4)\times(-1)^{3+4}M_{34}$

$=M_{31}+(-2)M_{32}+4M_{34}$

$=6-2x+8$

$=0.$

于是 $x=7$.

题 6 已知四阶行列式 D 中第三列元素依次为 $-1,2,0,1$,它们的余子式依次分别为 $5,3,-7,4$,求 D.

解:设 $D=|a_{ij}|$,将 D 按第三列展开.

$$D=a_{13}A_{13}+a_{23}A_{23}+a_{33}A_{33}+a_{43}A_{43}$$
$$=a_{13}(-1)^{1+3}M_{13}+a_{23}(-1)^{2+3}M_{23}+a_{33}(-1)^{3+3}M_{33}+a_{43}(-1)^{4+3}M_{43}.$$

由题意,知 $a_{13}=-1,a_{23}=2,a_{33}=0,a_{43}=1$,

$M_{13}=5,M_{23}=3,M_{33}=-7,M_{43}=4$.

故 $D=(-1)\times(-1)^{1+3}\times5+2\times(-1)^{2+3}\times3+0\times(-1)^{3+3}\times(-7)$
$+1\times(-1)^{4+3}\times4=-5-6-4=-15$.

评注:本题考察行列式的按行(列)展开定理:行列式的值等于它的任一行(列)各元素与其对应的代数余子式的乘积之和.

题 7 设 $D_5=\begin{vmatrix}1&2&3&4&5\\1&1&1&3&3\\3&2&5&4&2\\2&2&2&1&1\\4&6&5&2&3\end{vmatrix}$,求 $A_{31}+A_{32}+A_{33}$ 以及 $A_{34}+A_{35}$.

解:将 D_5 中第三行换成 $1,1,1,3,3$,行列式的值等于零,行列式按第三行展开,则有

$$(A_{31}+A_{32}+A_{33})+3(A_{34}+A_{35})=0. \quad ①$$

将 D_5 中第三行元素换成第 4 行对应元素,按第 3 行展开,得

$$2(A_{31}+A_{32}+A_{33})+(A_{34}+A_{35})=0. \quad ②$$

联立①②,得
$$A_{31}+A_{32}+A_{33}=0,$$
$$A_{34}+A_{35}=0.$$

评注:本题考察按行(列)展开定理,有一定的技巧.

题 8 设四阶行列式 D_4 的第三行元素为 $-1,0,2,4$.

(1) 当 $D_4=4$ 时,设第三行元素所对应的代数余子式分别为 $5,10,a,4$,求 a;

(2) 设第四行元素所对应的余子式分别为 $5,10,a,4$,求 a.

解:(1) 将 D_4 按第 3 行展开,得

$$D_4=(-1)\cdot5+0\cdot10+2a+4\cdot4=4.$$

故 $a=-\dfrac{7}{2}$.

(2) 因行列式的第 3 行元素与第 4 行元素的代数余子式乘积之和为零,故

$$(-1)\cdot(-1)^{4+1}\cdot5+0\cdot(-1)^{4+2}\cdot10+2\cdot(-1)^{4+3}a+4\cdot(-1)^{4+4}\cdot4$$
$$=5-2a+16=0.$$

于是 $a=\dfrac{21}{2}$.

题9 设 A_j 表示四阶行列式 $|a_{ij}|(i,j=1,2,3,4)$ 的第 j 列.已知 $|a_{ij}|=-2$,那么 $|A_3-2A_1,3A_2,A_1,-A_4|=$________.

解:因 $|A_3-2A_1,3A_2,A_1,-A_4|$

$=|A_3,3A_2,A_1,-A_4|$

$=-3|A_3,A_2,A_1,A_4|$

$=3|A_1,A_2,A_3,A_4|$

$=3|a_{ij}|$.

又 $|a_{ij}|=-2$.

故 $|A_3-2A_1,3A_2,A_1,-A_4|=-6$.

评注:设 $A_j(j=1,2,3,4)$ 代表行列式的第 j 列,则行列式可采用上述记法,列之间以","隔开.利用行列式的性质便可将所求行列式转化为与已知行列式相关的算式,从而得解.

题10 设 n 阶行列式

$$D=\begin{vmatrix} 1 & 2 & 3 & \cdots & n \\ 1 & 2 & 0 & \cdots & 0 \\ 1 & 0 & 3 & \cdots & 0 \\ \vdots & \vdots & \vdots & & \vdots \\ 1 & 0 & 0 & \cdots & n \end{vmatrix},$$

求 D 的第一行各元素的代数余子式之和 $A_{11}+A_{12}+\cdots+A_{1n}$.

解:将 D 的第1行元素全部换为1,记 D_1.再将 D_1 按第一行展开,得

$$D_1=A_{11}+A_{12}+\cdots+A_{1n}.$$

于是只需求出 D_1.

$$D_1=\begin{vmatrix} 1 & 1 & 1 & \cdots & 1 \\ 1 & 2 & 0 & \cdots & 0 \\ 1 & 0 & 3 & \cdots & 0 \\ \vdots & \vdots & \vdots & & \vdots \\ 1 & 0 & 0 & \cdots & n \end{vmatrix}$$

$$\xlongequal{\textcircled{1}-\frac{1}{i}\textcircled{i}}\begin{vmatrix} 1-\frac{1}{2}-\frac{1}{3}\cdots-\frac{1}{n} & 1 & 1 & \cdots & 1 \\ 0 & 2 & 0 & \cdots & 0 \\ 0 & 0 & 3 & \cdots & 0 \\ \vdots & \vdots & \vdots & & \vdots \\ 0 & 0 & 0 & \cdots & n \end{vmatrix}$$

$$=\left(1-\frac{1}{2}-\cdots-\frac{1}{n}\right)n!.$$

1.5 行列式的降阶计算法

降阶展开法是利用行列式的性质将某一行(列)尽可能多的元素化为零,然后按该行(列)展开,将行列式化为较低阶的行列式进行计算的方法,这是常用的计算方法.

题 1 计算行列式

$$\begin{vmatrix}1&0&a&0\\1&0&0&a\\1&0&0&0\\1&a&0&0\end{vmatrix}.$$

解: $$\begin{vmatrix}1&0&a&0\\1&0&0&a\\1&0&0&0\\1&a&0&0\end{vmatrix}=(-1)^{3+1}\begin{vmatrix}0&a&0\\0&0&a\\a&0&0\end{vmatrix}$$

$$=(-1)^{3+1}\cdot a\cdot\begin{vmatrix}a&0\\0&a\end{vmatrix}=a^3.$$

题 2 计算行列式

$$\begin{vmatrix}a&0&0&e\\0&b&f&0\\0&g&c&0\\h&0&0&d\end{vmatrix}.$$

解: $$\begin{vmatrix}a&0&0&e\\0&b&f&0\\0&g&c&0\\h&0&0&d\end{vmatrix}=(-1)^{1+1}a\begin{vmatrix}b&f&0\\g&c&0\\0&0&d\end{vmatrix}+(-1)^{1+4}e\begin{vmatrix}0&b&f\\0&g&c\\h&0&0\end{vmatrix}$$

$$=a\cdot(-1)^{3+3}d\begin{vmatrix}b&f\\g&c\end{vmatrix}+(-e)(-1)^{3+1}h\begin{vmatrix}b&f\\g&c\end{vmatrix}$$

$$=ad(bc-gf)-he(bc-fg)$$

$$=abcd-adfg-bceh+efgh.$$

题 3 计算行列式

$$D=\begin{vmatrix}a-b-c&2a&2a\\2b&b-c-a&2b\\2c&2c&c-a-b\end{vmatrix}.$$

解：$D \xlongequal[(1)+(3)]{(1)+(2)} \begin{vmatrix} a-b-c & a+b+c & a+b+c \\ 2b & b-c-a & 2b \\ 2c & 2c & c-a-b \end{vmatrix}$

$=(a+b+c)\begin{vmatrix} 1 & 1 & 1 \\ 2b & b-c-a & 2b \\ 2c & 2c & c-a-b \end{vmatrix}$

$\xlongequal{\textcircled{1}-\textcircled{3}}(a+b+c)\begin{vmatrix} 1 & 1 & 0 \\ 2b & b-c-a & 0 \\ 2c & 2c & -a-b-c \end{vmatrix}$

$=-(a+b+c)^2\begin{vmatrix} 1 & 1 \\ 2b & b-c-a \end{vmatrix}=(a+b+c)^3.$

题4 求方程 $f(x)=0$ 的根，其中

$$f(x)=\begin{vmatrix} x-1 & x-2 & x-1 & x \\ x-2 & x-4 & x-2 & x \\ x-3 & x-6 & x-4 & x-1 \\ x-4 & x-8 & 2x-5 & x-2 \end{vmatrix}.$$

解：$\begin{vmatrix} x-1 & x-2 & x-1 & x \\ x-2 & x-4 & x-2 & x \\ x-3 & x-6 & x-4 & x-1 \\ x-4 & x-8 & 2x-5 & x-2 \end{vmatrix}$

$\xlongequal{\substack{\textcircled{2}-\textcircled{1} \\ \textcircled{3}-\textcircled{1} \\ \textcircled{4}-\textcircled{1}}}\begin{vmatrix} x-1 & -1 & 0 & 1 \\ x-2 & -2 & 0 & 2 \\ x-3 & -3 & -1 & 2 \\ x-4 & -4 & x-1 & 2 \end{vmatrix}\xlongequal[\substack{\textcircled{1}-\textcircled{2} \\ \textcircled{4}+\textcircled{2}}]{}\begin{vmatrix} x & -1 & 0 & 0 \\ x & -2 & 0 & 0 \\ x & -3 & -1 & -1 \\ x & -4 & x-1 & -2 \end{vmatrix}$

$\xlongequal[\textcircled{3}-\textcircled{4}]{}x\begin{vmatrix} 1 & -1 & 0 & 0 \\ 1 & -2 & 0 & 0 \\ 1 & -3 & 0 & -1 \\ 1 & -4 & x+1 & -2 \end{vmatrix}=-x(x+1)\begin{vmatrix} 1 & -1 & 0 \\ 1 & -2 & 0 \\ 1 & -3 & -1 \end{vmatrix}$

$=-x(x+1).$

于是 $f(x)=0$ 的根为 $x=0$ 或 $x=-1$.

题5 计算行列式 $D=\begin{vmatrix} 1+x & 1 & 1 & 1 \\ 1 & 1-x & 1 & 1 \\ 1 & 1 & 1+y & 1 \\ 1 & 1 & 1 & 1-y \end{vmatrix}$，$xy\neq 0$.

$$\text{解}:D\xlongequal[(4)-(1)]{\substack{(2)-(1)\\(3)-(1)}}\begin{vmatrix}1+x & 1 & 1 & 1\\ -x & -x & 0 & 0\\ -x & 0 & y & 0\\ -x & 0 & 0 & -y\end{vmatrix}$$

$$\xlongequal{\text{按第 4 行展开}}(-1)^{1+4}(-x)\begin{vmatrix}1 & 1 & 1\\ -x & 0 & 0\\ 0 & y & 0\end{vmatrix}$$

$$+(-1)^{4+4}(-y)\begin{vmatrix}1+x & 1 & 1\\ -x & -x & 0\\ -x & 0 & y\end{vmatrix}$$

$$=-x^2y-y\{-x^2+y[(1+x)(-x)+x]\}$$

$$=x^2y^2.$$

题 6 计算行列式

$$D_5=\begin{vmatrix}a & b & 0 & 0 & 0\\ c & a & b & 0 & 0\\ 0 & c & a & b & 0\\ 0 & 0 & c & a & b\\ 0 & 0 & 0 & c & a\end{vmatrix}.$$

解:方法一:将行列式按第一行展开,得

$$D_5=a\begin{vmatrix}a & b & 0 & 0\\ c & a & b & 0\\ 0 & c & a & b\\ 0 & 0 & c & a\end{vmatrix}-b\begin{vmatrix}c & b & 0 & 0\\ 0 & a & b & 0\\ 0 & c & a & b\\ 0 & 0 & c & a\end{vmatrix}$$

$$=aD_4-bcD_3.$$

由此递推,$D_4=aD_3-bcD_2$,

$$D_3=aD_2-bcD_1=a(a^2-bc)-bca=a^3-2abc.$$

把 D_2、D_3 代入 D_4,得

$$D_4=a(a^3-2abc)-bc(a^2-bc)=a^4-3a^2bc+b^2c^2.$$

把 D_3、D_4 代入 D_5,得

$$D_5=a(a^4-3a^2bc+b^2c^2)-bc(a^3-2abc)=a^5-4a^3bc+3ab^2c^2.$$

方法二:将行列式按第一行展开,得

$$D_5=a\begin{vmatrix}a & b & 0 & 0\\ c & a & b & 0\\ 0 & c & a & b\\ 0 & 0 & c & a\end{vmatrix}-b\begin{vmatrix}c & b & 0 & 0\\ 0 & a & b & 0\\ 0 & c & a & b\\ 0 & 0 & c & a\end{vmatrix}$$

$$=a\left\{a\begin{vmatrix}a&b&0\\c&a&b\\0&c&a\end{vmatrix}-b\begin{vmatrix}c&b&0\\0&a&b\\0&c&a\end{vmatrix}\right\}-bc\begin{vmatrix}a&b&0\\c&a&b\\0&c&a\end{vmatrix}$$

$$=a^2(a^3-2abc)-abc(a^2-bc)-bc(a^3-2abc)$$

$$=a^5-4a^3bc+3ab^2c^2.$$

题7 计算行列式

$$D_4=\begin{vmatrix}a+x&a&a&a\\a&a+x&a&a\\a&a&a+x&a\\a&a&a&a+x\end{vmatrix}.$$

解:方法一:

$$D_4\xlongequal[i=4,3,2]{(i)-(i-1)}\begin{vmatrix}a+x&a&a&a\\-x&x&0&0\\0&-x&x&0\\0&0&-x&x\end{vmatrix}$$

$$\xlongequal{\text{各列加到第一列}}\begin{vmatrix}4a+x&a&a&a\\0&x&0&0\\0&-x&x&0\\0&0&-x&x\end{vmatrix}$$

$$=(4a+x)\begin{vmatrix}x&0&0\\-x&x&0\\0&-x&x\end{vmatrix}=x^3(4a+x).$$

方法二:本题也可采用递推法.

$$D_4=\begin{vmatrix}a&a&a&a\\a&a+x&a&a\\a&a&a+x&a\\a&a&a&a+x\end{vmatrix}+\begin{vmatrix}x&a&a&a\\0&a+x&a&a\\0&a&a+x&a\\0&a&a&a+x\end{vmatrix}$$

$$=\begin{vmatrix}a&a&a&a\\0&x&0&0\\0&0&x&0\\0&0&0&x\end{vmatrix}+x\begin{vmatrix}a+x&a&a\\a&a+x&a\\a&a&a+x\end{vmatrix}$$

$$=ax^3+xD_3.$$

同法可得

$$D_3=ax^2+xD_2=ax^2+x\begin{vmatrix}a+x&a\\a&a+x\end{vmatrix}=x^3+3ax^2.$$

故

$$D_4=ax^3+x(x^3+3ax^2)=x^4+4ax^3=x^3(4a+x).$$

评注:递推法在 n 阶行列式的计算中也常用到.针对元素排列有规律的行列式,将行列式由高阶向低阶变形,找出递推公式,便可进一步求出.

题 8 记行列式 $\begin{vmatrix} x-2 & x-1 & x-2 & x-3 \\ 2x-2 & 2x-1 & 2x-2 & 2x-3 \\ 3x-3 & 3x-2 & 4x-5 & 3x-5 \\ 4x & 4x-3 & 5x-7 & 4x-3 \end{vmatrix}$ 为 $f(x)$,则方程 $f(x)=0$ 的根的个数有______个.

解:$f(x)=\begin{vmatrix} x-2 & x-1 & x-2 & x-3 \\ 2x-2 & 2x-1 & 2x-2 & 2x-3 \\ 3x-3 & 3x-2 & 4x-5 & 3x-5 \\ 4x & 4x-3 & 5x-7 & 4x-3 \end{vmatrix}$

$$\xlongequal[i=2,3,4]{\text{ⓘ}-\text{①}} \begin{vmatrix} x-2 & 1 & 0 & -1 \\ 2x-2 & 1 & 0 & -1 \\ 3x-3 & 1 & x-2 & -2 \\ 4x & -3 & x-7 & -3 \end{vmatrix}$$

$$\xlongequal{\text{④}+\text{②}} \begin{vmatrix} x-2 & 1 & 0 & 0 \\ 2x-2 & 1 & 0 & 0 \\ 3x-3 & 1 & x-2 & -1 \\ 4x & -3 & x-7 & -6 \end{vmatrix}$$

$$\xlongequal{(1)-(2)} \begin{vmatrix} -x & 0 & 0 & 0 \\ 2x-2 & 1 & 0 & 0 \\ 3x-3 & 1 & x-2 & -1 \\ 4x & -3 & x-7 & -6 \end{vmatrix}$$

$$=-x\begin{vmatrix} x-2 & -1 \\ x-7 & -6 \end{vmatrix}$$

$$=5x(x-1).$$

于是 $f(x)=0$ 的根有为 1 和 0,共 2 个.

题 9 计算 $D=\begin{vmatrix} a_1-b & a_1 & a_1 & a_1 \\ a_2 & a_2-b & a_2 & a_2 \\ a_3 & a_3 & a_3-b & a_3 \\ a_4 & a_4 & a_4 & a_4-b \end{vmatrix}$.

解:方法一:从最后一列开始,后一列减去前一列,得

$$D=\begin{vmatrix} a_1-b & b & 0 & 0 \\ a_2 & -b & b & 0 \\ a_3 & 0 & -b & b \\ a_4 & 0 & 0 & -b \end{vmatrix}.$$

注意到第二,三,四列的列和均为零,于是将第二,三,四行加到第一行,故

$$D=\begin{vmatrix} \sum_{i=1}^{4}a_i-b & 0 & 0 & 0 \\ a_2 & -b & b & 0 \\ a_3 & 0 & -b & b \\ a_4 & 0 & 0 & -b \end{vmatrix}=(\sum_{i=1}^{4}a_i-b)\begin{vmatrix} -b & b & 0 \\ 0 & -b & b \\ 0 & 0 & -b \end{vmatrix}$$

$$=-b^3(\sum_{i=1}^{4}a_i-b).$$

方法二:采用加边法

$$D=\begin{vmatrix} 1 & 0 & 0 & 0 & 0 \\ a_1 & a_1-b & a_1 & a_1 & a_1 \\ a_2 & a_2 & a_2-b & a_2 & a_2 \\ a_3 & a_3 & a_3 & a_3-b & a_3 \\ a_4 & a_4 & a_4 & a_4 & a_4-b \end{vmatrix}$$

$$\xlongequal[i=2,3,4,5]{\textcircled{i}-\textcircled{1}}\begin{vmatrix} 1 & -1 & -1 & -1 & -1 \\ a_1 & -b & 0 & 0 & 0 \\ a_2 & 0 & -b & 0 & 0 \\ a_3 & 0 & 0 & -b & 0 \\ a_4 & 0 & 0 & 0 & -b \end{vmatrix}$$

$$\xlongequal[i=2,3,4,5]{(1)-\frac{1}{b}(i)}\begin{vmatrix} 1-\frac{a_1}{b}-\frac{a_2}{b}-\frac{a_3}{b}-\frac{a_4}{b} & 0 & 0 & 0 & 0 \\ a_1 & -b & 0 & 0 & 0 \\ a_2 & 0 & -b & 0 & 0 \\ a_3 & 0 & 0 & -b & 0 \\ a_4 & 0 & 0 & 0 & -b \end{vmatrix}$$

$$=\left(1-\frac{\sum_{i=1}^{4}a_i}{b}\right)(-b)^4=b^4-b^3\sum_{i=1}^{4}a_i.$$

评注:此类行列式的元素具有规律性,一般采用化三角形法或降阶法.有时,也可根据其特点选用其他方法.

题 10 计算 n 阶行列式

$$D=\begin{vmatrix} 1 & 2 & 3 & \cdots & n-1 & n \\ 2 & 3 & 4 & \cdots & n & 1 \\ 3 & 4 & 5 & \cdots & 1 & 2 \\ \vdots & \vdots & \vdots & & \vdots & \vdots \\ n-1 & n & 1 & \cdots & n-3 & n-2 \\ n & 1 & 2 & \cdots & n-2 & n-1 \end{vmatrix}.$$

解:将 D 的各列加到第一列,提出公因子$\frac{1}{2}n(n+1)$,得

$$D=\frac{1}{2}n(n+1)\begin{vmatrix} 1 & 2 & 3 & \cdots & n-1 & n \\ 1 & 3 & 4 & \cdots & n & 1 \\ 1 & 4 & 5 & \cdots & 1 & 2 \\ \vdots & \vdots & \vdots & & \vdots & \vdots \\ 1 & n & 1 & \cdots & n-3 & n-2 \\ 1 & 1 & 2 & \cdots & n-2 & n-1 \end{vmatrix}$$

$$\xlongequal[i=n,\cdots,2]{(i)-(i-1)}\frac{1}{2}n(n+1)\begin{vmatrix} 1 & 2 & 3 & \cdots & n-1 & n \\ 0 & 1 & 1 & \cdots & 1 & 1-n \\ 0 & 1 & 1 & \cdots & 1-n & 1 \\ \vdots & \vdots & \vdots & & \vdots & \vdots \\ 0 & 1 & 1-n & \cdots & 1 & 1 \\ 0 & 1-n & 1 & \cdots & 1 & 1 \end{vmatrix}$$

$$=\frac{1}{2}n(n+1)\begin{vmatrix} 1 & 1 & \cdots & 1 & 1-n \\ 1 & 1 & \cdots & 1-n & 1 \\ \vdots & \vdots & & \vdots & \vdots \\ 1 & 1-n & \cdots & 1 & 1 \\ 1-n & 1 & \cdots & 1 & 1 \end{vmatrix}$$

$$\xlongequal[i=n-1,\cdots,2]{(i)-(i-1)}\frac{1}{2}n(n+1)\begin{vmatrix} 1 & 1 & \cdots & 1 & 1-n \\ 0 & 0 & \cdots & -n & n \\ \vdots & \vdots & & \vdots & \vdots \\ 0 & -n & \cdots & 0 & 0 \\ -n & n & \cdots & 0 & 0 \end{vmatrix}$$

$$=\frac{1}{2}n(n+1)\begin{vmatrix} -1 & 1 & \cdots & 1 & 1-n \\ 0 & 0 & \cdots & -n & n \\ \vdots & \vdots & & \vdots & \vdots \\ 0 & -n & \cdots & 0 & 0 \\ 0 & n & \cdots & 0 & 0 \end{vmatrix}$$

$$=-\frac{1}{2}n(n+1)\begin{vmatrix} 0 & 0 & \cdots & -n & n \\ 0 & 0 & \cdots & n & 0 \\ \vdots & \vdots & & \vdots & \vdots \\ 0 & n & \cdots & 0 & 0 \\ n & 0 & \cdots & 0 & 0 \end{vmatrix}$$

$$=-\frac{1}{2}n(n+1)\cdot(-1)^{(n-1)+(n-2)+\cdots+2}n^{n-2}$$

$$=(-1)^{\frac{n(n-1)}{2}}\frac{n+1}{2}n^{n-1}.$$

1.6 递推法与归纳法

1. 递推法是将行列式从高阶向低价变形，找出递推公式，利用递推公式将行列式降阶进行计算的方法.

2. 归纳法首先通过对二阶、三阶或四阶行列式的计算，找出其中的规律，归纳导出 n 阶行列式的计算公式.有时需用数学归纳法证实公式的准确性.

题 1 计算 $2n$ 阶行列式

$$D_{2n}=\begin{vmatrix} a & & & & & b \\ & \ddots & & & \iddots & \\ & & a & b & & \\ & & c & d & & \\ & \iddots & & & \ddots & \\ c & & & & & d \end{vmatrix}.$$

解:将行列式按第一行展开，得

$$D_{2n}=a\begin{vmatrix} a & & & & & b & 0 \\ & \ddots & & & \iddots & & \\ & & a & b & & & \\ & & c & d & & & \\ & \iddots & & & \ddots & & \\ c & & & & & d & 0 \\ 0 & & & & & 0 & d \end{vmatrix}-b\begin{vmatrix} 0 & a & & & & & b \\ & \ddots & & & & \iddots & \\ & & & a & b & & \\ & & & c & d & & \\ & & & \iddots & \ddots & & \\ 0 & c & & & & & d \\ 0 & & & & & & 0 \end{vmatrix}$$

$$=adD_{2(n-1)}-bcD_{2(n-1)}$$

$$=(ad-bc)D_{2(n-1)}.$$

据此递推下去，可得

$$D_{2n}=(ad-bc)D_{2(n-1)}=(ad-bc)^2D_{2(n-2)}=\cdots=(ad-bc)^{n-1}D_2$$

$$=(ad-bc)^{n-1}(ad-bc)=(ad-bc)^n.$$

题 2 证明:n 阶行列式

$$D_n=\begin{vmatrix} a & b & b & \cdots & b & b \\ c & a & b & \cdots & b & b \\ c & c & a & \cdots & b & b \\ \vdots & \vdots & \vdots & & \vdots & \vdots \\ c & c & c & \cdots & a & b \\ c & c & c & \cdots & c & a \end{vmatrix}=\frac{c(a-b)^n-b(a-c)^n}{c-b}(c\neq b).$$

证明:采用数学归纳法.

当 $n=1$ 时,$D_1=a=\dfrac{c(a-b)-b(a-c)}{c-b}$,结论成立.

当 $n=2$ 时,$D_2=\begin{vmatrix} a & b \\ c & a \end{vmatrix}=a^2-bc=\dfrac{c(a-b)^2-b(a-c)^2}{c-b}$,结论成立.

假设 $n=k-1$ 时,结论成立,即 $D_{k-1}=\dfrac{c(a-b)^{k-1}-b(a-c)^{k-1}}{c-b}$,

$$\text{则 } D_k=\begin{vmatrix} a & b & b & \cdots & b & b \\ c & a & b & \cdots & b & b \\ c & c & a & \cdots & b & b \\ \vdots & \vdots & \vdots & & \vdots & \vdots \\ c & c & c & \cdots & a & b \\ c & c & c & \cdots & c & c \end{vmatrix}+\begin{vmatrix} a & b & b & \cdots & b & b \\ c & a & b & \cdots & b & b \\ c & c & a & \cdots & b & b \\ \vdots & \vdots & \vdots & & \vdots & \vdots \\ c & c & c & \cdots & a & b \\ 0 & 0 & 0 & \cdots & 0 & a-c \end{vmatrix}$$

$$=c\begin{vmatrix} a-b & 0 & 0 & \cdots & 0 & 0 \\ c-b & a-b & 0 & \cdots & 0 & 0 \\ \vdots & \vdots & \vdots & & \vdots & \vdots \\ c-b & c-b & c-b & \cdots & a-b & 0 \\ 1 & 1 & 1 & \cdots & 1 & 1 \end{vmatrix}+(a-c)D_{k-1}$$

$$=c(a-b)^{k-1}+(a-c)D_{k-1}$$

$$=c(a-b)^{k-1}+(a-c)\frac{c(a-b)^{k-1}-b(a-c)^{k-1}}{c-b}$$

$$=\frac{c(a-b)^k-b(a-c)^k}{c-b}.$$

因此对一切 $n\geqslant 1$,结论成立.

题3 证明:n 阶行列式

$$D_n=\begin{vmatrix} 2a & 1 & & & & \\ a^2 & 2a & 1 & & & \\ & a^2 & 2a & \ddots & & \\ & & a^2 & \ddots & \ddots & \\ & & & \ddots & \ddots & \\ & & & a^2 & 2a & 1 \\ & & & & a^2 & 2a \end{vmatrix}=(n+1)a^n.$$

证明:采用归纳法.

当 $n=1$ 时,$D_1=2a=(1+1)a^1$,结论成立.

当 $n=2$ 时,$D_2=\begin{vmatrix} 2a & 1 \\ a^2 & 2a \end{vmatrix}=3a^2=(2+1)a^2$,结论成立.

设 $n<k$ 时,结论成立.

则当 $n=k$ 时,按第一列展开,得

$$D_k=2a\begin{vmatrix} 2a & 1 & & & & \\ a^2 & 2a & 1 & & & \\ & a^2 & 2a & & & \\ & & \ddots & \ddots & & \\ & & & a^2 & 2a & 1 \\ & & & & a^2 & 2a \end{vmatrix}+a^2(-1)^{2+1}\begin{vmatrix} 1 & 0 & & & \\ a^2 & 2a & 1 & & \\ & a^2 & 2a & \ddots & \\ & & \ddots & \ddots & 1 \\ & & & a^2 & 2a \end{vmatrix}$$

$$=2aD_{k-1}-a^2D_{k-2}$$

$$=2aka^{k-1}-a^2(k-1)a^{k-2}$$

$$=(k+1)a^k.$$

故结论对于所有 $n\geqslant 1$ 成立.

题4 证明:n 阶行列式

$$D_n=\begin{vmatrix} 2 & -1 & 0 & \cdots & 0 & 0 \\ -1 & 2 & -1 & \cdots & 0 & 0 \\ 0 & -1 & 2 & \cdots & 0 & 0 \\ \vdots & \vdots & \vdots & & \vdots & \vdots \\ 0 & 0 & 0 & \cdots & 2 & -1 \\ 0 & 0 & 0 & \cdots & -1 & 2 \end{vmatrix}=n+1.$$

证明:当 $n=1$ 时,$D_1=2=1+1$,结论成立.

假设结论对 $n-1$ 阶行列式成立,即 $D_{n-1}=(n-1)+1=n$.下证结论对 n 阶行列式也成立.

事实上,将 D_n 中各列加到第一列,再按第一列展开,得

$$D_n=\begin{vmatrix}1 & -1 & 0 & \cdots & 0 & 0\\ 0 & 2 & -1 & \cdots & 0 & 0\\ 0 & -1 & 2 & \cdots & 0 & 0\\ \vdots & \vdots & \vdots & & \vdots & \vdots\\ 0 & 0 & 0 & \cdots & 2 & -1\\ 1 & 0 & 0 & \cdots & -1 & 2\end{vmatrix}$$

$$=D_{n-1}+(-1)^{n+1}\begin{vmatrix}-1 & 0 & 0 & \cdots & 0 & 0\\ 2 & -1 & 0 & \cdots & 0 & 0\\ -1 & 2 & -1 & \cdots & 0 & 0\\ \vdots & \vdots & \vdots & & \vdots & \vdots\\ 0 & 0 & 0 & \cdots & -1 & 0\\ 0 & 0 & 0 & \cdots & 2 & -1\end{vmatrix}$$

$$=D_{n-1}+(-1)^{n+1}(-1)^{n-1}=D_{n-1}+1$$

$$=n+1.$$

故结论对一切 $n\geqslant 1$ 成立.

题 5 用数学归纳法证明 n 阶行列式

$$D_n=\begin{vmatrix}1 & 1 & 1 & \cdots & 1\\ x_1 & x_2 & x_3 & \cdots & x_n\\ x_1^2 & x_2^2 & x_3^2 & \cdots & x_n^2\\ & & & & \\ x_1^{n-2} & x_2^{n-2} & x_3^{n-2} & \cdots & x_n^{n-2}\\ x_1^n & x_2^n & x_3^n & \cdots & x_n^n\end{vmatrix}$$

$$=(x_1+x_2+\cdots+x_n)\prod_{1\leqslant j<i\leqslant n}(x_i-x_j)\ (n\geqslant 2).$$

证明:当 $n=2$ 时,

$$D_2=\begin{vmatrix}1 & 1\\ x_1^2 & x_2^2\end{vmatrix}=x_2^2-x_1^2=(x_1+x_2)(x_2-x_1)$$

$$=(x_1+x_2)\prod_{1\leqslant j<i\leqslant 2}(x_i-x_j)$$,结论成立.

归纳假设 $n=k$ 时,结论成立,即

$$D_k=\begin{vmatrix}1 & 1 & 1 & \cdots & 1\\ x_1 & x_2 & x_3 & \cdots & x_k\\ x_1^2 & x_2^2 & x_3^2 & \cdots & x_k^2\\ \vdots & \vdots & \vdots & & \vdots\\ x_1^{k-2} & x_2^{k-2} & x_3^{k-2} & \cdots & x_k^{k-2}\\ x_1^k & x_2^k & x_3^k & \cdots & x^k\end{vmatrix}=(x_1+x_2+\cdots+x_k)\prod_{1\leqslant j<i\leqslant k}(x_i-x_j).$$

则当 $n=k+1$ 时，

$$D_{k+1}=\begin{vmatrix} 1 & 1 & 1 & \cdots & 1 \\ x_1 & x_2 & x_3 & \cdots & x_{k+1} \\ x_1^2 & x_2^2 & x_3^2 & \cdots & x_{k+1}^2 \\ \vdots & \vdots & \vdots & & \vdots \\ x_1^{k-1} & x_2^{k-1} & x_3^{k-1} & \cdots & x_{k+1}^{k-1} \\ x_1^{k+1} & x_2^{k+1} & x_3^{k+1} & \cdots & x_{k+1}^{k+1} \end{vmatrix}$$

$$\xlongequal[\substack{(k)-x_1(k-1)\\ \cdots\cdots \\ (2)-x_1(1)}]{(k+1)-x_1^2(k)}\begin{vmatrix} 1 & 1 & 1 & \cdots & 1 \\ 0 & x_2-x_1 & x_3-x_j & \cdots & x_{k+1}-x_1 \\ 0 & x_2(x_2-x_1) & x_3(x_3-x_1) & \cdots & x_{k+1}(x_{k+1}-x_1) \\ \vdots & \vdots & \vdots & & \vdots \\ 0 & x_2^{k-2}(x_2-x_1) & x_3^{k-2}(x_3-x_1) & \cdots & x_{k+1}^{k-2}(x_{k+1}-x_1) \\ 0 & x_2^{k-1}(x_2^2-x_1^2) & x_3^{k-1}(x_3^2-x_1^2) & \cdots & x_{k+1}^{k-1}(x_{k+1}^2-x_1^2) \end{vmatrix}$$

$$=(x_2-x_1)(x_3-x_1)\cdots(x_{k+1}-x_1)\cdot$$

$$\begin{vmatrix} 1 & 1 & 1 & \cdots & 1 \\ x_2 & x_3 & x_4 & \cdots & x_{k+1} \\ \vdots & \vdots & \vdots & & \vdots \\ x_2^{k-2} & x_3^{k-2} & x_4^{k-2} & \cdots & x_{k+1}^{k-2} \\ x_2^{k-1}(x_2+x_1) & x_3^{k-1}(x_3+x_1) & x_4^{k-1}(x_4+x_1) & \cdots & x_{k+1}^{k-1}(x_{k+1}+x_1) \end{vmatrix}$$

$$=(x_2-x_1)(x_3-x_1)\cdots(x_{k+1}-x_1)\left(\begin{vmatrix} 1 & 1 & 1 & \cdots & 1 \\ x_2 & x_3 & x_4 & \cdots & x_{k+1} \\ \vdots & \vdots & \vdots & & \vdots \\ x_2^{k-2} & x_3^{k-2} & x_4^{k-2} & \cdots & x_{k+1}^{k-2} \\ x_2^{k} & x_3^{k} & x_4^{k} & \cdots & x_{k+1}^{k} \end{vmatrix}\right.$$

$$\left.+x_1\begin{vmatrix} 1 & 1 & 1 & \cdots & 1 \\ x_2 & x_3 & x_4 & \cdots & x_{k+1} \\ \vdots & \vdots & \vdots & & \vdots \\ x_2^{k-2} & x_3^{k-2} & x_4^{k-2} & \cdots & x_{k+1}^{k-2} \\ x_2^{k-1} & x_3^{k-1} & x_4^{k-1} & \cdots & x_{k+1}^{k-1} \end{vmatrix}\right).$$

上式括号中第一个行列式利用归纳假设，第二个行列式利用范德蒙行列式的计算公式，得

$$D_{k+1}=(x_2-x_1)(x_3-x_1)\cdots(x_{k+1}-x_1)\Big((x_2+\cdots+x_{k+1})\prod_{2\leqslant j<i\leqslant k+1}(x_i-x_j)$$

$$+x_1\prod_{2\leqslant j<i\leqslant k+1}(x_i-x_j)\Big)$$

$$=(x_2+\cdots+x_{k+1})\prod_{1\leqslant j<i\leqslant k+1}(x_i-x_j)+x_1\prod_{1\leqslant j<i\leqslant k+1}(x_i-x_j)$$
$$=(x_1+x_2+\cdots+x_{k+1})\prod_{1\leqslant j<i\leqslant k+1}(x_i-x_j).$$

用归纳法得证.

题 6 计算 $2n$ 阶行列式

$$D_{2n}=\begin{vmatrix} a+b & & & & & & & a-b \\ & a+b & & & & & a-b & \\ & & \ddots & & & \iddots & & \\ & & & a+b & a-b & & & \\ & & & a-b & a+b & & & \\ & & \iddots & & & \ddots & & \\ & a-b & & & & & a+b & \\ a-b & & & & & & & a+b \end{vmatrix}.$$

解:方法一:按第一行展开,得

$$D_{2n}=(a+b)\begin{vmatrix} a+b & & & & & a-b & 0 \\ & \ddots & & & \iddots & & \\ & & a+b & a-b & & & \\ & & a-b & a+b & & & \\ & \iddots & & & \ddots & & \\ a-b & & & & & a+b & 0 \\ 0 & & & \cdots & & 0 & a+b \end{vmatrix}$$

$$+(a-b)(-1)^{2n+1}\begin{vmatrix} 0 & a+b & & & & & a-b \\ & & \ddots & & & \iddots & \\ & & & a+b & a-b & & \\ & & & a-b & a+b & & \\ & & \iddots & & & \ddots & \\ 0 & a-b & & & & & a+b \\ a-b & 0 & & & & & 0 \end{vmatrix}$$

$$=(a+b)^2D_{2(n-1)}-(a-b)^2D_{2(n-1)}$$
$$=4abD_{2(n-1)}.$$

递推,得 $D_{2n}=4abD_{2(n-1)}=(4ab)^2D_{2(n-2)}=(4ab)^{n-1}D_2=(4ab)^n$.

方法二:分别将第 $1,2,\cdots,n$ 行加到第 $2n,2n-1,\cdots,n+1$ 行,有

$$D_{2n}=\begin{vmatrix} a+b & & & & & & & a-b \\ & a+b & & & & & a-b & \\ & & \ddots & & & \iddots & & \\ & & & a+b & a-b & & & \\ & & & 2a & 2a & & & \\ & & \iddots & & & \ddots & & \\ & 2a & & & & & 2a & \\ 2a & & & & & & & 2a \end{vmatrix}.$$

第1列减第 $2n$ 列，第2列减第 $2n-1$ 列，…，第 n 列减第 $n+1$ 列，得

$$D_{2n}=\begin{vmatrix} 2b & & & & & & & a-b \\ & 2b & & & & & a-b & \\ & & \ddots & & & \iddots & & \\ & & & 2b & a-b & & & \\ & & & & 2a & & & \\ & & & & & \ddots & & \\ & & & & & & 2a & \\ & & & & & & & 2a \end{vmatrix}=(4ab)^n.$$

题7 计算 n 阶行列式

$$D_n=\begin{vmatrix} 2 & 1 & 0 & \cdots & 0 & 0 \\ 1 & 2 & 1 & \cdots & 0 & 0 \\ 0 & 1 & 2 & \cdots & 0 & 0 \\ \vdots & \vdots & \vdots & & \vdots & \vdots \\ 0 & 0 & 0 & \cdots & 2 & 1 \\ 0 & 0 & 0 & \cdots & 1 & 2 \end{vmatrix}.$$

解：$D_1=2, D_2=3$.

D_n 按第一列展开，得

$$D_n=2\begin{vmatrix} 2 & 1 & \cdots & 0 & 0 \\ 1 & 2 & \cdots & 0 & 0 \\ \vdots & \vdots & & \vdots & \vdots \\ 0 & 0 & \cdots & 2 & 1 \end{vmatrix}-\begin{vmatrix} 1 & 0 & \cdots & 0 & 0 \\ 1 & 2 & \cdots & 0 & 0 \\ \vdots & \vdots & & \vdots & \vdots \\ 0 & 0 & \cdots & 2 & 1 \\ 0 & 0 & \cdots & 1 & 2 \end{vmatrix}$$

$$=2D_{n-1}-D_{n-2}.$$

故 $D_n-D_{n-1}=D_{n-1}-D_{n-2}=D_{n-2}-D_{n-3}=\cdots=D_2-D_1=1.$

于是 $D_n=1+D_{n-1}=1+(1+D_{n-2})=2+D_{n-2}=\cdots=n-1+D_1=n+1.$

题 8 计算 n 阶行列式

$$D_n=\begin{vmatrix} x & -1 & 0 & \cdots & 0 & 0 \\ 0 & x & -1 & \cdots & 0 & 0 \\ 0 & 0 & x & \cdots & 0 & 0 \\ \vdots & \vdots & \vdots & & \vdots & \vdots \\ 0 & 0 & 0 & \cdots & x & -1 \\ a_n & a_{n-1} & a_{n-2} & \cdots & a_2 & x+a_1 \end{vmatrix}.$$

解:将行列式按第 1 列展开,得

$$\begin{aligned} D_n &= xD_{n-1}+(-1)^{n+1}a_n\begin{vmatrix} -1 & 0 & \cdots & 0 & 0 \\ x & -1 & \cdots & 0 & 0 \\ \vdots & \vdots & & \vdots & \vdots \\ 0 & 0 & \cdots & x & -1 \end{vmatrix} \\ &= xD_{n-1}+(-1)^{n+1}(-1)^{n-1}a_n \\ &= xD_{n-1}+a_n. \end{aligned}$$

由递推式,知
$$D_{n-1}=xD_{n-2}+a_{n-1},$$
$$\cdots\cdots$$
$$D_2=xD_1+a_2.$$

故
$$\begin{aligned} D_n &= xD_{n-1}+a_n=x(xD_{n-2}+a_{n-1})+a_n \\ &= \cdots=x^n+a_1x^{n-1}+\cdots+a_{n-1}x+a_n. \end{aligned}$$

题 9 计算 n 阶行列式

$$D_n=\begin{vmatrix} 5 & 3 & 0 & \cdots & 0 & 0 \\ 2 & 5 & 3 & \cdots & 0 & 0 \\ 0 & 2 & 5 & \cdots & 0 & 0 \\ \vdots & \vdots & \vdots & & \vdots & \vdots \\ 0 & 0 & 0 & \cdots & 5 & 3 \\ 0 & 0 & 0 & \cdots & 2 & 5 \end{vmatrix}.$$

解:称此类行列式为三对角线型行列式.一般采用递推法进行求解.

将 D_n 按第一列展开,得

$$D_n=5\begin{vmatrix} 5 & 3 & \cdots & 0 & 0 \\ 2 & 5 & \cdots & 0 & 0 \\ \vdots & \vdots & & \vdots & \vdots \\ 0 & 0 & \cdots & 5 & 3 \\ 0 & 0 & \cdots & 2 & 5 \end{vmatrix}-2\begin{vmatrix} 3 & 0 & \cdots & 0 & 0 \\ 2 & 5 & \cdots & 0 & 0 \\ \vdots & \vdots & & \vdots & \vdots \\ 0 & 0 & \cdots & 5 & 3 \\ 0 & 0 & \cdots & 2 & 5 \end{vmatrix}$$

$$=5D_{n-1}-6\begin{vmatrix}5 & 3 & \cdots & 0 & 0\\2 & 5 & \cdots & 0 & 0\\\vdots & \vdots & & \vdots & \vdots\\0 & 0 & \cdots & 5 & 3\\0 & 0 & \cdots & 2 & 5\end{vmatrix}=5D_{n-1}-6D_{n-2},$$

即

$$D_n=5D_{n-1}-6D_{n-2}. \qquad ①$$

由①,得

$$D_n-2D_{n-1}=3(D_{n-1}-2D_{n-2}).$$

由此递推,得

$$D_{n-1}-2D_{n-2}=3(D_{n-2}-3D_{n-3}),$$
$$D_3-2D_2=3(D_2-3D_1).$$

于是 $D_n-2D_{n-1}=3(D_{n-1}-2D_{n-2})=3^2(D_{n-2}-3D_{n-3})$

$$=\cdots=3^{n-2}(D_2-2D_1)=3^{n-2}\times 9=3^n. \qquad ②$$

由①又得

$$\begin{aligned}D_n-3D_{n-1}&=2(D_{n-1}-3D_{n-2})\\&=2^2(D_{n-2}-3D_{n-3})\\&=\cdots\\&=2^{n-2}(D_2-3D_1)=2^{n-2}\times 2^2=2^n.\end{aligned} \qquad ③$$

②−③,得

$$D_{n-1}=3^n-2^n.$$

故

$$D_n=3^{n+1}-2^{n+1}.$$

题 10 计算 n 阶行列式

$$D_n=\begin{vmatrix}a+b & ab & 0 & \cdots & 0 & 0\\1 & a+b & ab & \cdots & 0 & 0\\0 & 1 & a+b & \cdots & 0 & 0\\\vdots & \vdots & \vdots & & \vdots & \vdots\\0 & 0 & 0 & \cdots & a+b & ab\\0 & 0 & 0 & \cdots & 1 & a+b\end{vmatrix}.$$

解:按第一行展开,有 $D_n=(a+b)D_{n-1}-abD_{n-2}$.

由此可得

$$\begin{cases}D_n-aD_{n-1}=b(D_{n-1}-aD_{n-2}),\\D_n-bD_{n-1}=a(D_{n-1}-bD_{n-2}),\end{cases}$$

即

$$\begin{cases}D_{n-1}-aD_{n-2}=b(D_{n-2}-aD_{n-3}),\\D_{n-1}-bD_{n-2}=a(D_{n-2}-bD_{n-3}),\end{cases}$$

……

$$\begin{cases}D_3-aD_2=b(D_2-aD_1),\\D_3-bD_2=a(D_2-bD_1).\end{cases}$$

故有

$$\begin{cases}D_n-aD_{n-1}=b^{n-2}(D_2-aD_1)=b^n,\\D_n-bD_{n-1}=a^{n-2}(D_2-bD_1)=a^n.\end{cases}$$

于是若 $a\neq b$，则 $D_n=\dfrac{a^{n+1}-b^{n+1}}{a-b}$.

若 $a=b$，则 $D_n=(n+1)a^n$.

1.7 分裂法、因式法与加边法

1. 分裂法是利用行列式性质，将行列式拆成若干个同阶行列式之和，再逐个算出各个行列式之值.

2. 若行列式 D 中含有文字参数 a、b、c 等，当 $a=b$ 时，若 $D=0$，则 D 中含有因式 $a-b$.借助于字母轮换的性质，列出 D 中所含的全部因式，然后，用待定系数法确定行列式之值的计算方法称为因式法.

3. 加边法就是把行列式添加一行和一列，使升阶后的行列式的值保持不变，且使升阶后的行列式计算较为方便.

4. 计算行列式首先要仔细观察行列式在构造上的特点.其次利用行列式的性质进行变换.从中选择合适的方法进行计算.要注意多种计算方法的综合运用.

题 1 计算下面填空题：

(1) 如果 $D=\begin{vmatrix}a_{11}&a_{12}&a_{13}\\a_{21}&a_{22}&a_{23}\\a_{31}&a_{32}&a_{33}\end{vmatrix}=1$，那么 $D_1=\begin{vmatrix}4a_{11}&2a_{11}-3a_{12}&a_{13}\\4a_{21}&2a_{21}-3a_{22}&a_{23}\\4a_{31}&2a_{31}-3a_{32}&a_{33}\end{vmatrix}=$ ________；

(2) 若三阶行列式 $\begin{vmatrix}a_1&a_2&a_3\\2b_1-a_1&2b_2-a_2&2b_3-a_3\\c_1&c_2&c_3\end{vmatrix}=6$，则行列式 $\begin{vmatrix}a_1&a_2&a_3\\b_1&b_2&b_3\\c_1&c_2&c_3\end{vmatrix}=$ ________.

解:(1) $D_1=\begin{vmatrix}4a_{11} & 2a_{11} & a_{13}\\4a_{21} & 2a_{21} & a_{23}\\4a_{31} & 2a_{31} & a_{33}\end{vmatrix}-\begin{vmatrix}4a_{11} & 3a_{12} & a_{13}\\4a_{21} & 3a_{22} & a_{23}\\4a_{31} & 3a_{32} & a_{33}\end{vmatrix}$

$=0-12\begin{vmatrix}a_{11} & a_{12} & a_{13}\\a_{21} & a_{22} & a_{23}\\a_{31} & a_{32} & a_{33}\end{vmatrix}$

$=-12D.$

因 $D=1$,

故 $D_1=-12.$

(2) 由题意,得

$$\begin{vmatrix}a_1 & a_2 & a_3\\2b_1-a_1 & 2b_2-a_2 & 2b_3-a_3\\c_1 & c_2 & c_3\end{vmatrix}\xlongequal{(2)+2(1)}\begin{vmatrix}a_1 & a_2 & a_3\\2b_1 & 2b_2 & 2b_3\\c_1 & c_2 & c_3\end{vmatrix}$$

$$=2\begin{vmatrix}a_1 & a_2 & a_3\\b_1 & b_2 & b_3\\c_1 & c_2 & c_3\end{vmatrix}=6,$$

故 $\begin{vmatrix}a_1 & a_2 & a_3\\b_1 & b_2 & b_3\\c_1 & c_2 & c_3\end{vmatrix}=3.$

题2 计算下列各式:

(1) 若行列式 $\begin{vmatrix}a_1 & a_2 & a_3\\b_1 & b_2 & b_3\\c_1 & c_2 & c_3\end{vmatrix}=k$,求 $\begin{vmatrix}a_1 & 3(a_1+a_3) & \frac{1}{2}a_2\\b_1 & 3(b_1+b_3) & \frac{1}{2}b_2\\c_1 & 3(c_1+c_3) & \frac{1}{2}c_2\end{vmatrix}$;

(2) 求 $\begin{vmatrix}a & b & c & d\\a & a+b & a+b+c & a+b+c+d\\a & 2a+b & 3a+2b+c & 4a+3b+2c+d\\a & 3a+b & 6a+3b+c & 10a+6b+3c+d\end{vmatrix}$.

解:(1) $\begin{vmatrix}a_1 & 3(a_1+a_3) & \frac{1}{2}a_2\\b_1 & 3(b_1+b_3) & \frac{1}{2}b_2\\c_1 & 3(c_1+c_3) & \frac{1}{2}c_2\end{vmatrix}=\frac{3}{2}\begin{vmatrix}a_1 & a_1+a_3 & a_2\\b_1 & b_1+b_3 & b_2\\c_1 & c_1+c_3 & c_2\end{vmatrix}$

$$\xlongequal{\text{②}-\text{①}}\frac{3}{2}\begin{vmatrix} a_1 & a_3 & a_2 \\ b_1 & b_3 & b_2 \\ c_1 & c_3 & c_2 \end{vmatrix}=-\frac{3}{2}\begin{vmatrix} a_1 & a_2 & a_3 \\ b_1 & b_2 & b_3 \\ c_1 & c_2 & c_3 \end{vmatrix}=-\frac{3}{2}k.$$

评注：由已知行列式的值求与其相关的行列式的值，只需将所求行列式利用性质进行变换，这与直接计算行列式的过程无异.

(2) 原式$\xlongequal[i=4,3,2]{(i)-(i-1)}\begin{vmatrix} a & b & c & d \\ 0 & a & a+b & a+b+c \\ 0 & a & 2a+b & 3a+2b+c \\ 0 & a & 3a+b & 6a+3b+c \end{vmatrix}$

$$\xlongequal[(3)-(2)]{(4)-(3)}\begin{vmatrix} a & b & c & d \\ 0 & a & a+b & a+b+c \\ 0 & 0 & a & 2a+b \\ 0 & 0 & a & 3a+b \end{vmatrix}$$

$$\xlongequal{(4)-(3)}\begin{vmatrix} a & b & c & d \\ 0 & a & a+b & a+b+c \\ 0 & 0 & a & 2a+b \\ 0 & 0 & 0 & a \end{vmatrix}$$

$=a^4$.

题 3 计算行列式

$$D_5=\begin{vmatrix} 1-a & a & 0 & 0 & 0 \\ -1 & 1-a & a & 0 & 0 \\ 0 & -1 & 1-a & a & 0 \\ 0 & 0 & -1 & 1-a & a \\ 0 & 0 & 0 & -1 & 1-a \end{vmatrix}.$$

解：根据第一列的可加性，将其拆成两个行列式之和：

$$D_5=\begin{vmatrix} -a & a & 0 & 0 & 0 \\ 0 & 1-a & a & 0 & 0 \\ 0 & -1 & 1-a & a & 0 \\ 0 & 0 & -1 & 1-a & a \\ 0 & 0 & 0 & -1 & 1-a \end{vmatrix}+\begin{vmatrix} 1 & a & 0 & 0 & 0 \\ -1 & 1-a & a & 0 & 0 \\ 0 & -1 & 1-a & a & 0 \\ 0 & 0 & -1 & 1-a & a \\ 0 & 0 & 0 & -1 & 1-a \end{vmatrix}$$

$$=-aD_4+\begin{vmatrix} 1 & a & 0 & 0 & 0 \\ 0 & 1 & a & 0 & 0 \\ 0 & 0 & 1 & a & 0 \\ 0 & 0 & 0 & 1 & a \\ 0 & 0 & 0 & 0 & 1 \end{vmatrix}=-aD_4+1.$$

据此推理，$D_4=-aD_3+1$，

$$D_3=-aD_2+1=-a\begin{vmatrix}1-a & a\\ -1 & 1-a\end{vmatrix}+1=1-a+a^2-a^3.$$

将 D_3 代入 D_4，得

$$D_4=-a(1-a+a^2-a^3)+1=1-a+a^2-a^3+a^4,$$

将 D_4 代入 D_5，得

$$D_5=-a(1-a+a^2-a^3+a^4)+1=1-a+a^2-a^3+a^4-a^5.$$

评注：利用分裂法就是利用行列式的单行(列)可加性，把行列式拆成若干个同阶行列式之和，然后求出各行列式的值，进而计算原行列式的一种方法.

题4 设 $abcd=1$，计算 $D=\begin{vmatrix}a^2+\frac{1}{a^2} & a & \frac{1}{a} & 1\\ b^2+\frac{1}{b^2} & b & \frac{1}{b} & 1\\ c^2+\frac{1}{c^2} & c & \frac{1}{c} & 1\\ d^2+\frac{1}{d^2} & d & \frac{1}{d} & 1\end{vmatrix}$.

解：由行列式的性质，知

$$D=\begin{vmatrix}a^2 & a & \frac{1}{a} & 1\\ b^2 & b & \frac{1}{b} & 1\\ c^2 & c & \frac{1}{c} & 1\\ d^2 & d & \frac{1}{d} & 1\end{vmatrix}+\begin{vmatrix}\frac{1}{a^2} & a & \frac{1}{a} & 1\\ \frac{1}{b^2} & b & \frac{1}{b} & 1\\ \frac{1}{c^2} & c & \frac{1}{c} & 1\\ \frac{1}{d^2} & d & \frac{1}{d} & 1\end{vmatrix}$$

$$=abcd\begin{vmatrix}a & 1 & \frac{1}{a^2} & \frac{1}{a}\\ b & 1 & \frac{1}{b^2} & \frac{1}{b}\\ c & 1 & \frac{1}{c^2} & \frac{1}{c}\\ d & 1 & \frac{1}{d^2} & \frac{1}{d}\end{vmatrix}+(-1)^3\begin{vmatrix}a & 1 & \frac{1}{a^2} & \frac{1}{a}\\ b & 1 & \frac{1}{b^2} & \frac{1}{b}\\ c & 1 & \frac{1}{c^2} & \frac{1}{c}\\ d & 1 & \frac{1}{d^2} & \frac{1}{d}\end{vmatrix}$$

$$=0.$$

评注：本题主要考察行列式的性质.

题 5 计算

$$D=\begin{vmatrix} a+x_1 & a & a & a \\ a & a+x_2 & a & a \\ a & a & a+x_3 & a \\ a & a & a & a+x_4 \end{vmatrix}, x_1x_2x_3x_4\neq 0.$$

解:方法一:拆分法

$$D=\begin{vmatrix} a & a & a & a \\ a & a+x_2 & a & a \\ a & a & a+x_3 & a \\ a & a & a & a+x_4 \end{vmatrix}+\begin{vmatrix} x_1 & a & a & a \\ 0 & a+x_2 & a & a \\ 0 & a & a+x_3 & a \\ 0 & a & a & a+x_4 \end{vmatrix}$$

$$=\begin{vmatrix} a & a & a & a \\ 0 & x_2 & 0 & 0 \\ 0 & 0 & x_3 & 0 \\ 0 & 0 & 0 & x_4 \end{vmatrix}+x_1\begin{vmatrix} a+x_2 & a & a \\ a & a+x_3 & a \\ a & a & a+x_4 \end{vmatrix}$$

$$=ax_2x_3x_4+x_1\left(\begin{vmatrix} a & a & a \\ a & a+x_3 & a \\ a & a & a+x_4 \end{vmatrix}+\begin{vmatrix} x_2 & a & a \\ 0 & a+x_3 & a \\ 0 & a & a+x_4 \end{vmatrix}\right)$$

$$=ax_2x_3x_4+x_1\left(\begin{vmatrix} a & a & a \\ 0 & x_3 & 0 \\ 0 & 0 & x_4 \end{vmatrix}+x_2\begin{vmatrix} a+x_3 & a \\ a & a+x_4 \end{vmatrix}\right)$$

$$=ax_2x_3x_4+ax_1x_3x_4+x_1x_2\begin{vmatrix} a+x_3 & a \\ a & a+x_4 \end{vmatrix}$$

$$=ax_2x_3x_4+ax_1x_3x_4+x_1x_2(ax_3+ax_4+x_3x_4)$$

$$=x_1x_2x_3x_4+ax_2x_3x_4+ax_1x_3x_4+ax_1x_2x_3+ax_1x_2x_4.$$

方法二:加边法

$$D=\begin{vmatrix} 1 & 0 & 0 & 0 & 0 \\ 1 & a+x_1 & a & a & a \\ 1 & a & a+x_2 & a & a \\ 1 & a & a & a+x_3 & a \\ 1 & a & a & a & a+x_4 \end{vmatrix}$$

$$\xlongequal[i=2,\cdots,5]{\widehat{i}-a\times\widehat{1}}\begin{vmatrix} 1 & -a & -a & -a & -a \\ 1 & x_1 & 0 & 0 & 0 \\ 1 & 0 & x_2 & 0 & 0 \\ 1 & 0 & 0 & x_3 & 0 \\ 1 & 0 & 0 & 0 & x_4 \end{vmatrix}$$

$$\xlongequal[\substack{\textcircled{1}-\frac{1}{x_2}\textcircled{3}\\ \textcircled{1}-\frac{1}{x_3}\textcircled{4}\\ \textcircled{1}-\frac{1}{x_4}\textcircled{5}}]{\textcircled{1}-\frac{1}{x_1}\textcircled{2}}\begin{vmatrix} 1+\frac{a}{x_1}+\frac{a}{x_2}+\frac{a}{x_3}+\frac{a}{x_4} & -a & -a & -a & -a \\ 0 & x_1 & 0 & 0 & 0 \\ 0 & 0 & x_2 & 0 & 0 \\ 0 & 0 & 0 & x_3 & 0 \\ 0 & 0 & 0 & 0 & x_4 \end{vmatrix}$$

$$=x_1x_2x_3x_4\left(1+\frac{a}{x_1}+\frac{a}{x_2}+\frac{a}{x_3}+\frac{a}{x_4}\right).$$

题 6 计算

$$D_n=\begin{vmatrix} 1+x_1y_1 & 1+x_1y_2 & \cdots & 1+x_1y_n \\ 1+x_2y_1 & 1+x_2y_2 & \cdots & 1+x_2y_n \\ \vdots & \vdots & & \vdots \\ 1+x_ny_1 & 1+x_ny_2 & \cdots & 1+x_ny_n \end{vmatrix}.$$

解:当 $n=2$ 时,

$$D_2=\begin{vmatrix} 1+x_1y_1 & 1+x_1y_2 \\ 1+x_2y_1 & 1+x_2y_2 \end{vmatrix}=\begin{vmatrix} 1 & 1+x_1y_2 \\ 1 & 1+x_2y_2 \end{vmatrix}+\begin{vmatrix} x_1y_1 & 1+x_1y_2 \\ x_2y_1 & 1+x_2y_2 \end{vmatrix}$$

$$=(x_2-x_1)y_2+y_1\begin{vmatrix} x_1 & 1 \\ x_2 & 1 \end{vmatrix}=(x_2-x_1)(y_2-y_1).$$

当 $n=3$ 时,

$$D_3=\begin{vmatrix} 1+x_1y_1 & 1+x_1y_2 & 1+x_1y_3 \\ 1+x_2y_1 & 1+x_2y_2 & 1+x_2y_3 \\ 1+x_3y_1 & 1+x_3y_2 & 1+x_3y_3 \end{vmatrix}$$

$$=\begin{vmatrix} 1 & 1+x_1y_2 & 1+x_1y_3 \\ 1 & 1+x_2y_2 & 1+x_2y_3 \\ 1 & 1+x_3y_2 & 1+x_3y_3 \end{vmatrix}+\begin{vmatrix} x_1y_1 & 1+x_1y_2 & 1+x_1y_3 \\ x_2y_1 & 1+x_2y_2 & 1+x_2y_3 \\ x_3y_1 & 1+x_3y_2 & 1+x_3y_3 \end{vmatrix}$$

$$=\begin{vmatrix} 1 & x_1y_2 & x_1y_3 \\ 1 & x_2y_2 & x_2y_3 \\ 1 & x_3y_2 & x_3y_3 \end{vmatrix}+\begin{vmatrix} x_1y_1 & 1+x_1(y_2-y_1) & x_1(y_3-y_2) \\ x_2y_1 & 1+x_2(y_2-y_1) & x_2(y_3-y_2) \\ x_3y_1 & 1+x_3(y_2-y_1) & x_3(y_3-y_2) \end{vmatrix}$$

$$=y_2y_3\begin{vmatrix} 1 & x_1 & x_1 \\ 1 & x_2 & x_2 \\ 1 & x_3 & x_3 \end{vmatrix}+y_1(y_3-y_2)\begin{vmatrix} x_1 & 1+x_1(y_2-y_1) & x_1 \\ x_2 & 1+x_2(y_2-y_1) & x_2 \\ x_3 & 1+x_3(y_2-y_1) & x_3 \end{vmatrix}$$

$$=0.$$

当 $n>3$ 时,

$$D_n=\begin{vmatrix}1 & 1+x_1y_2 & \cdots & 1+x_1y_n\\ 1 & 1+x_2y_2 & \cdots & 1+x_2y_n\\ \vdots & \vdots & & \vdots\\ 1 & 1+x_ny_2 & \cdots & 1+x_ny_n\end{vmatrix}+\begin{vmatrix}x_1y_1 & 1+x_1y_2 & \cdots & 1+x_1y_n\\ x_2y_1 & 1+x_2y_2 & \cdots & 1+x_2y_n\\ \vdots & \vdots & & \vdots\\ x_ny_1 & 1+x_ny_2 & \cdots & 1+x_ny_n\end{vmatrix}$$

$=0+0=0$.

题 7 计算

$$D=\begin{vmatrix}1 & 1 & 2 & 3\\ 1 & 2-x^2 & 2 & 3\\ 2 & 3 & 1 & 5\\ 2 & 3 & 1 & 9-x^2\end{vmatrix}.$$

解:注意到,当 $x=\pm1$ 时,第一,二行对应元素相同,$D=0$.可见 D 中含有因式 $(x-1)(x+1)$.

当 $x=\pm2$ 时,第三,四行对应元素相同,$D=0$.可见 D 中含有因式 $(x-2)(x+2)$.

由于 D 是 x 的四次多项式,故可设

$$D=c(x-1)(x+1)(x-2)(x+2). \qquad ①$$

而 D 中含有 x^4 的项为

$$1\cdot(2-x^2)\cdot1\cdot(9-x^2)-2\cdot(2-x^2)\cdot2(9-x^2). \qquad ②$$

比较①②中 x^4 的系数,得 $c=-3$.

故 $D=-3(x-1)(x+1)(x-2)(x+2)$.

评注:本题采用的是因式法,若 D 中有些元素是 x 的多项式,可将 D 当作多项式 $f(x)$,将 $f(x)$进行因式分解,然后比较 x 的某些次方的系数来求解多项式.

题 8 计算 n 阶行列式

$$D_n=\begin{vmatrix}1 & 2 & 3 & \cdots & n\\ 1 & x+1 & 3 & \cdots & n\\ 1 & 2 & x+1 & \cdots & n\\ \vdots & \vdots & \vdots & & \vdots\\ 1 & 2 & 3 & \cdots & x+1\end{vmatrix}.$$

解:采用因式法.

显然,当 $x=1,2,\cdots,n-1$ 时,$D=0$.

故 D 的值含有因式 $(x-1)(x-2)\cdots(x-n+1)$.

又 D 的展开式含 x 的最高次为 $n-1$ 次,且 x^{n-1}的系数为 1.

故 $D=(x-1)(x-2)\cdots(x-n+1)$.

题 9　计算行列式

$$D=\begin{vmatrix}1+x & 1 & 1 & 1\\ 1 & 1-x & 1 & 1\\ 1 & 1 & 1+y & 1\\ 1 & 1 & 1 & 1-y\end{vmatrix}.$$

解:当 $x=0$ 或 $y=0$ 时,显然 $D=0$.为此,可设 $xy\neq 0$.

将 4 阶行列式 D 分别添加一行和一列,变为五阶行列式,并保持行列式的值不变,即

$$D=\begin{vmatrix}1 & 1 & 1 & 1 & 1\\ 0 & 1+x & 1 & 1 & 1\\ 0 & 1 & 1-x & 1 & 1\\ 0 & 1 & 1 & 1+y & 1\\ 0 & 1 & 1 & 1 & 1-y\end{vmatrix}$$

$$\xlongequal[(5)-(1)]{\substack{(2)-(1)\\(3)-(1)\\(4)-(1)}}\begin{vmatrix}1 & 1 & 1 & 1 & 1\\ -1 & x & 0 & 0 & 0\\ -1 & 0 & -x & 0 & 0\\ -1 & 0 & 0 & y & 0\\ -1 & 0 & 0 & 0 & -y\end{vmatrix}$$

$$\xlongequal[\substack{\textcircled{1}+\frac{1}{x}\textcircled{2}\\ \textcircled{1}-\frac{1}{x}\textcircled{3}\\ \textcircled{1}+\frac{1}{y}\textcircled{4}\\ \textcircled{1}-\frac{1}{y}\textcircled{5}}]{}\begin{vmatrix}1 & 1 & 1 & 1 & 1\\ 0 & x & 0 & 0 & 0\\ 0 & 0 & -x & 0 & 0\\ 0 & 0 & 0 & y & 0\\ 0 & 0 & 0 & 0 & -y\end{vmatrix}=x^2y^2.$$

注:从 4 阶行列式转化为五阶行列式的方法即为加边法.

题 10　计算 n 阶行列式

$$D_n=\begin{vmatrix}1+a_1 & 1 & 1 & \cdots & 1\\ 1 & 1+a_2 & 1 & \cdots & 1\\ 1 & 1 & 1+a_3 & \cdots & 1\\ \vdots & \vdots & \vdots & & \vdots\\ 1 & 1 & 1 & \cdots & 1+a_n\end{vmatrix},$$

其中 $a_i\neq 0, i=1,2,\cdots,n$.

解:采用加边法,

$$D_n=\begin{vmatrix}1&1&1&1&\cdots&1\\0&1+a_1&1&1&\cdots&1\\0&1&1+a_2&1&\cdots&1\\0&1&1&1+a_3&\cdots&1\\\vdots&\vdots&\vdots&\vdots&&\vdots\\0&1&1&1&\cdots&1+a_n\end{vmatrix}$$

$$\xlongequal[\substack{(2)-(1)\\(3)-(1)\\\cdots\\(n)-(1)}]{}\begin{vmatrix}1&1&1&1&\cdots&1\\-1&a_1&0&0&\cdots&0\\-1&0&a_2&0&\cdots&0\\-1&0&0&a_3&\cdots&0\\\vdots&\vdots&\vdots&\vdots&&\vdots\\-1&0&0&0&\cdots&a_n\end{vmatrix}$$

$$\xlongequal[\substack{\textcircled{1}+\frac{1}{a_1}\textcircled{2}\\\textcircled{1}+\frac{1}{a_2}\textcircled{3}\\\cdots\\\textcircled{1}+\frac{1}{a_n}\textcircled{n+1}}]{}\begin{vmatrix}1+\frac{1}{a_1}+\frac{1}{a_2}+\cdots+\frac{1}{a_n}&1&1&\cdots&1\\0&a_1&0&\cdots&0\\0&0&a_2&\cdots&0\\\vdots&\vdots&\vdots&&\vdots\\0&0&0&\cdots&a_n\end{vmatrix}$$

$$=a_1a_2\cdots a_n\left(1+\sum_{i=1}^{n}\frac{1}{a_i}\right).$$

1.8 范德蒙(Vandermonde)行列式

1. 称形如 $D_n=\begin{vmatrix}1&1&1&\cdots&1\\a_1&a_2&a_3&\cdots&a_n\\a_1^2&a_2^2&a_3^2&\cdots&a_n^2\\\vdots&\vdots&\vdots&&\vdots\\a_1^{n-1}&a_2^{n-1}&a_3^{n-1}&\cdots&a_n^{n-1}\end{vmatrix}$ 的行列式为范德蒙(Vandermonde)行列式.

$$D_n=\prod_{1\leqslant j<i\leqslant n}(a_i-a_j)\,(n\geqslant 2).$$

2. 对于已给行列式,能发现其是范德蒙行列式,或者经过变形后能将此行列式化为范德蒙行列式,然后利用范德蒙行列式的结论加以计算.

题 1 证明范德蒙行列式

$$D_n=\begin{vmatrix}1 & 1 & 1 & \cdots & 1\\ a_1 & a_2 & a_3 & \cdots & a_n\\ a_1^2 & a_2^2 & a_3^2 & \cdots & a_n^2\\ \cdots & \cdots & \cdots & & \cdots\\ a_1^{n-1} & a_2^{n-1} & a_3^{n-1} & \cdots & a_n^{n-1}\end{vmatrix}=\prod_{1\leqslant j<i\leqslant n}(a_i-a_j)(n\geqslant 2).$$

证明:利用数学归纳法.

当 $n=2$ 时,$D_2=\begin{vmatrix}1 & 1\\ a_1 & a_2\end{vmatrix}=a_2-a_1$,结论成立.

归纳假设对于 $n-1$ 阶范德蒙行列式结论成立,下证对 n 阶范德蒙行列式结论也成立.

把 D_n 从第 n 行起,依次将前一行乘以 $(-a_1)$ 加到后一行,得

$$D_n=\begin{vmatrix}1 & 1 & 1 & \cdots & 1\\ 0 & a_2-a_1 & a_3-a_1 & \cdots & a_n-a_1\\ 0 & a_2^2-a_1a_2 & a_3^2-a_1a_3 & \cdots & a_n^2-a_1a_n\\ \vdots & \vdots & \vdots & & \vdots\\ 0 & a_2^{n-1}-a_1a_2^{n-2} & a_3^{n-1}-a_1a_3^{n-2} & \cdots & a_n^{n-1}-a_1a_n^{n-2}\end{vmatrix}$$

$$=\begin{vmatrix}a_2-a_1 & a_3-a_1 & \cdots & a_n-a_1\\ a_2(a_2-a_1) & a_3(a_3-a_1) & \cdots & a_n(a_n-a_1)\\ \vdots & \vdots & & \vdots\\ a_2^{n-2}(a_2-a_1) & a_3^{n-2}(a_3-a_1) & \cdots & a_n^{n-2}(a_n-a_1)\end{vmatrix}$$

$$=(a_2-a_1)(a_3-a_1)\cdots(a_n-a_1)\begin{vmatrix}1 & 1 & \cdots & 1\\ a_2 & a_3 & \cdots & a_n\\ \vdots & \vdots & & \vdots\\ a_2^{n-2} & a_3^{n-2} & \cdots & a_n^{n-2}\end{vmatrix}$$

$$=(a_2-a_1)(a_3-a_1)\cdots(a_n-a_1)\prod_{2\leqslant j<i\leqslant n}(a_i-a_j)$$

$$=\prod_{1\leqslant j<i\leqslant n}(a_i-a_j).$$

题 2 计算行列式

$$D=\begin{vmatrix}1 & 1 & 1 & 1\\ 1 & 3 & 5 & 7\\ 1 & 9 & 25 & 49\\ 1 & 27 & 125 & 343\end{vmatrix}.$$

解:因

$$D=\begin{vmatrix}1&1&1&1\\1&3&5&7\\1^2&3^2&5^2&7^2\\1^3&3^3&5^3&7^3\end{vmatrix}$$

故由范德蒙行列式的结论,有

$$D=(3-1)(5-1)(7-1)(5-3)(7-3)(7-5)=768.$$

题 3 计算 n 阶行列式

$$D_n=\begin{vmatrix}1&1&1&\cdots&1\\2&2^2&2^3&\cdots&2^n\\3&3^2&3^3&\cdots&3^n\\\vdots&\vdots&\vdots&&\vdots\\n&n^2&n^3&\cdots&n^n\end{vmatrix}.$$

解:先将 D_n 的各行公因子提出,得

$$D_n=n!\begin{vmatrix}1&1&1&\cdots&1\\1&2&2^2&\cdots&2^{n-1}\\1&3&3^2&\cdots&3^{n-1}\\\vdots&\vdots&\vdots&&\vdots\\1&n&n^2&\cdots&n^{n-1}\end{vmatrix}.$$

再利用范德蒙行列式的结论,得

$$\begin{aligned}D_n&=n!\,(2-1)(3-1)\cdots(n-1)\cdot(3-2)(4-2)\cdots(n-2)\cdots(n-(n-1))\\&=n!\,(n-1)!\,(n-2)!\,\cdots2!1!.\end{aligned}$$

题 4 计算行列式

$$D=\begin{vmatrix}a&b&c\\a^2&b^2&c^2\\b+c&c+a&a+b\end{vmatrix}.$$

解:方法一:利用范德蒙行列式.

$$D\xlongequal{(3)+(1)}\begin{vmatrix}a&b&c\\a^2&b^2&c^2\\a+b+c&a+b+c&a+b+c\end{vmatrix}=(a+b+c)\begin{vmatrix}a&b&c\\a^2&b^2&c^2\\1&1&1\end{vmatrix}$$

$$=(a+b+c)\begin{vmatrix}1&1&1\\a&b&c\\a^2&b^2&c^2\end{vmatrix}=(a-b)(b-c)(c-a)(a+b+c).$$

方法二:利用因式法

因 $a=b$ 时,$D=0$,故 D 的值含有因式 $a-b$.同理当 $b=c$ 或 $c=a$ 或 $a=$

$-(b+c)$时，行列式 $D=0$.因此，D 中含有因式$(a-b)(b-c)(c-a)(a+b+c)$.

行列式 D 的展开式含 a 的最高次为三次，而$(a-b)(b-c)(c-a)(a+b+c)$中含 a 的最高次也为三次，从而 $D=k(a-b)(b-c)(c-a)(a+b+c)$，这里 k 为待定常数.

行列式 D 中 a^3 的系数为 $c-b$，由$(a-b)(b-c)(c-a)(a+b+c)$中 a^3 的系数也为 $c-b$，得 $k=1$.故

$$D=(a-b)(b-c)(c-a)(a+b+c).$$

评注:利用因式法解题思路是:若在行列式中含有文字 a,b,c 等.如果 $a=b$ 时，行列式为零，则行列式的值中含有因式 $a-b$.先求出所有因式，然后借助于待定系数法求得行列式的值，这就是计算行列式的因式法.

题5 证明 $n+1$ 阶行列式

$$D_{n+1}=\begin{vmatrix} a^n & (a-1)^n & (a-2)^n & \cdots & (a-n)^n \\ a^{n-1} & (a-1)^{n-1} & (a-2)^{n-1} & \cdots & (a-n)^{n-1} \\ \vdots & \vdots & \vdots & & \vdots \\ a & a-1 & a-2 & \cdots & a-n \\ 1 & 1 & 1 & \cdots & 1 \end{vmatrix}=n!\ (n-1)!\cdots 2!1!.$$

证明:先将 D_{n+1} 的最后一行与前面各行交换，依次换到第一行，共交换 n 次，则

$$D_{n+1}=(-1)^n\begin{vmatrix} 1 & 1 & 1 & \cdots & 1 \\ a^n & (a-1)^n & (a-1)^n & \cdots & (a-n)^n \\ \vdots & \vdots & \vdots & & \vdots \\ a & a-1 & a-2 & \cdots & a-n \end{vmatrix}.$$

继续将上面行列式的最后一行依次与前面各行交换，换到第二行，共交换 $n-1$ 次.

依此做下去，可将 D_{n+1}变为范德蒙行列式.

于是

$$\begin{aligned} D_{n+1}&=(-1)^{n+(n-1)+\cdots+1}\begin{vmatrix} 1 & 1 & 1 & \cdots & 1 \\ a & a-1 & a-2 & \cdots & a-n \\ \vdots & \vdots & \vdots & & \vdots \\ a^{n-1} & (a-1)^{n-1} & (a-2)^{n-1} & \cdots & (a-n)^{n-1} \\ a^n & (a-1)^n & (a-2)^n & \cdots & (a-n)^n \end{vmatrix} \\ &=(-1)^{n+(n-1)+\cdots+1}(-1)(-2)\cdots(-n)\cdot(-1)(-2)\cdots[-(n-1)] \\ &\quad \cdot\cdots\cdot(-1)(-2)\cdot(-1)^1 \\ &=(-1)^{n+(n-1)+\cdots+1}(-1)^n\cdot n!\cdot(-1)^{n-1}\cdot(n-1)!\cdots(-1)^2 \\ &\quad \cdot 2!\cdot(-1)^1 \\ &=(-1)^{2[n+(n-1)+\cdots+1]}n!(n-1)!\cdots 2! \\ &=n!(n-1)!\cdots 2!1!. \end{aligned}$$

评注:本题形式上类似于范德蒙行列式,故先将其转化为范德蒙行列式,然后利用范德蒙行列式的结论而得证.

题 6 已知 a_i, b_j 均不为零$(i,j=1,2,3,4)$

求

$$D=\begin{vmatrix} a_1^3 & a_1^2b_1 & a_1b_1^2 & b_1^3 \\ a_2^3 & a_2^2b_2 & a_2b_2^2 & b_2^3 \\ a_3^3 & a_3^2b_3 & a_3b_3^2 & b_3^3 \\ a_4^3 & a_4^2b_4 & a_4b_4^2 & b_4^3 \end{vmatrix}.$$

解:第 i 行可提公因子 $a_i^3(i=1,2,3,4)$,提出公因子后,得

$$D=a_1^3a_2^3a_3^3a_4^3\begin{vmatrix} 1 & \frac{b_1}{a_1} & \left(\frac{b_1}{a_1}\right)^2 & \left(\frac{b_1}{a_1}\right)^3 \\ 1 & \frac{b_2}{a_2} & \left(\frac{b_2}{a_2}\right)^2 & \left(\frac{b_2}{a_2}\right)^3 \\ 1 & \frac{b_3}{a_3} & \left(\frac{b_3}{a_3}\right)^2 & \left(\frac{b_3}{a_3}\right)^3 \\ 1 & \frac{b_4}{a_4} & \left(\frac{b_4}{a_4}\right)^2 & \left(\frac{b_4}{a_4}\right)^3 \end{vmatrix}$$

$$=(a_1a_2a_3a_4)^3\prod_{1\leqslant j<i\leqslant 4}\left(\frac{b_i}{a_i}-\frac{b_j}{a_j}\right).$$

评注:本题利用范德蒙行列式求解.

题 7 计算行列式

$$D=\begin{vmatrix} 1 & 1 & 1 & 1 \\ 1 & -1 & 1 & -1 \\ 1 & 3 & 9 & 27 \\ 1 & -2 & 4 & -8 \end{vmatrix}.$$

解:$D=D^T=\begin{vmatrix} 1 & 1 & 1 & 1 \\ 1 & -1 & 3 & -2 \\ 1^2 & (-1)^2 & 3^2 & (-2)^2 \\ 1^3 & (-1)^3 & 3^3 & (-2)^3 \end{vmatrix}$

$=(-1-1)(3-1)(-2-1)\cdot(3+1)(-2+1)(-2-3)$

$=240.$

评注:本题利用范德蒙行列式,较简便.若未发现 D^T 是范德蒙行列式,采用化三角形法或降阶展开法也可求得.

题 8 设 a,b,c 互不相同,$D=\begin{vmatrix} a & b & c \\ a^2 & b^2 & c^2 \\ b+c & c+a & a+b \end{vmatrix}$,

则 $D=0$ 的充要条件是 $a+b+c=0$.

证明: $D \xlongequal{(3)+(1)} \begin{vmatrix} a & b & c \\ a^2 & b^2 & c^2 \\ a+b+c & a+b+c & a+b+c \end{vmatrix}$

$$=(a+b+c)\begin{vmatrix} 1 & 1 & 1 \\ a & b & c \\ a^2 & b^2 & c^2 \end{vmatrix}.$$

因 a,b,c 互异,故 $\begin{vmatrix} 1 & 1 & 1 \\ a & b & c \\ a^2 & b^2 & c \end{vmatrix}=(b-a)(c-a)(c-b)\neq 0.$

于是 $D=0$,当且仅当 $a+b+c=0$.

评注: 本题利用初等变换将 D 化为范德蒙行列式.

题 9 解关于 x 的方程

$\begin{vmatrix} 1 & 1 & 1 & \cdots & 1 \\ x & a_1 & a_2 & \cdots & a_{n-1} \\ x^2 & a_1^2 & a_2^2 & \cdots & a_{n-1}^2 \\ \vdots & \vdots & & & \vdots \\ x^{n-1} & a_n^{n-1} & a_2^{n-1} & \cdots & a_{n-1}^{n-1} \end{vmatrix}=0$,其中 $a_1,a_2,\cdots,a_{n-1}$ 互异.

解: 易看出,左端行列式为 n 阶范德蒙行列式,故有

$(a_1-x)(a_2-x)\cdots(a_{n-1}-x)(a_2-a_1)(a_3-a_1)\cdots(a_{n-1}-a_{n-2})=0.$

又 $a_1,\cdots,a_{n-1}$ 互异,

于是

$$(a_2-a_1)(a_3-a_1)\cdots(a_{n-1}-a_{n-2})\neq 0.$$

故由 $(a_1-x)(a_2-x)\cdots(a_{n-1}-x)=0$,得

$$x_1=a_1,x_2=a_2,\cdots,x_{n-1}=a_{n-1}.$$

题 10 计算 n 阶行列式

$$D_n=\begin{vmatrix} 1 & 1 & \cdots & 1 & 1 \\ x_1+1 & x_2+1 & \cdots & x_{n-1}+1 & x_n+1 \\ x_1^2+x_1 & x_2^2+x_2 & \cdots & x_{n-1}^2+x_{n-1} & x_n^2+x_n \\ \vdots & \vdots & & \vdots & \vdots \\ x_1^{n-1}+x_1^{n-2} & x_2^{n-1}+x_2^{n-2} & \cdots & x_{n-1}^{n-1}+x_{n-1}^{n-2} & x_n^{n-1}+x_n^{n-2} \end{vmatrix}$$

解: 从第二行开始,每行减去上一行,得

$$D_n=\begin{vmatrix} 1 & 1 & \cdots & 1 \\ x_1 & x_2 & \cdots & x_n \\ x_1^2 & x_2^2 & \cdots & x_n^2 \\ \vdots & \vdots & & \vdots \\ x_1^{n-1} & x_2^{n-1} & \cdots & x_n^{n-1} \end{vmatrix}=\prod_{1\leqslant j<i\leqslant n}(x_i-x_j).$$

评注:上面的行列式为范德蒙行列式,可直接利用范德蒙行列式的结论.

1.9 用克拉默法则求解线性方程组

1. 设含有 n 个未知量,n 个方程的线性方程组为

$$\begin{cases} a_{11}x_1+a_{12}x_2+\cdots+a_{1n}x_n=b_1, \\ a_{21}x_1+a_{22}x_2+\cdots+a_{2n}x_n=b_2, \\ \cdots\cdots \\ a_{n1}x_1+a_{n2}x_2+\cdots+a_{nn}x_n=b_n, \end{cases} \qquad (*)$$

由未知量的系数构成的行列式

$$D=\begin{vmatrix} a_{11} & a_{12} & \cdots & a_{1n} \\ a_{21} & a_{22} & \cdots & a_{2n} \\ \vdots & \vdots & \cdots & \vdots \\ a_{n1} & a_{n2} & \cdots & a_{nn} \end{vmatrix}$$

称为该方程组的系数行列式.

克拉默(Cramer)法则 如果线性方程组($*$)的系数行列式 $D\neq0$,则方程组($*$)有唯一解

$$x_j=\frac{D_j}{D}(j=1,2,3,\cdots,n),$$

其中 $D_j(j=1,2,\cdots,n)$是将 D 中第 j 列元素替换成($*$)式右边常数列所得行列式,即

$$D_j=\begin{vmatrix} a_{11} & \cdots & a_{1(j-1)} & b_1 & a_{1(j+1)} & \cdots & a_{1n} \\ a_{21} & \cdots & a_{2(j-1)} & b_2 & a_{2(j+1)} & \cdots & a_{2n} \\ \vdots & & \vdots & \vdots & \vdots & & \vdots \\ a_{n1} & \cdots & a_{n(j-1)} & b_n & a_{n(j+1)} & \cdots & a_{nn} \end{vmatrix}=b_1A_{1j}+b_2A_{2j}+\cdots+b_nA_{nj}.$$

2. 用 Cramer 法则求解线性方程组必须满足两个条件:(i) 未知量的个数与方程个数相等;(ii) 系数行列式 $D\neq0$.

3. 如果线性方程组($*$)右边的常数都为零,即

$$\begin{cases}a_{11}x_1+a_{12}x_2+\cdots+a_{1n}x_n=0,\\a_{21}x_1+a_{22}x_2+\cdots+a_{2n}x_n=0,\\\cdots\cdots\\a_{n1}x_1+a_{n2}x_2+\cdots+a_{nn}x_n=0,\end{cases}\tag{**}$$

则称它为齐次线性方程组.而把(*)称为非齐次线性方程组.

显然,齐次线性方程组总有解,$x_1=x_2=\cdots=x_n=0$ 便是一组解,称它为零解.

4. 如果齐次线性方程组(**)的系数行列式 $D\neq0$,则它仅有零解.

5. 如果齐次线性方组有(**)有非零解,那么它的系数行列式 $D=0$.

题1 用克拉默法则求解下列方程组

(1) $\begin{cases}4x_1+5x_2=0,\\3x_1-7x_2=0.\end{cases}$

(2) $\begin{cases}x+y-2z=-3,\\5x-2y+7z=22,\\2x-5y+4z=4.\end{cases}$

(3) $\begin{cases}x_2-3x_3+4x_4=-5,\\x_1-2x_3+3x_4=-4,\\3x_1+2x_2-5x_4=12,\\4x_1+3x_2-5x_3=5.\end{cases}$

(4) $\begin{cases}2x_1+3x_2+11x_3+5x_4=6,\\x_1+x_2+5x_3+2x_4=2,\\2x_1+x_2+3x_3+4x_4=2,\\x_1+x_2+3x_3+4x_4=2,\end{cases}$

解:(1) 系数行列式 $D=\begin{vmatrix}4&5\\3&-7\end{vmatrix}=-43\neq0$,

故该方程组仅有零解,$x_1=x_2=0$.

(2) 系数行列式 $D=\begin{vmatrix}1&1&-2\\5&-2&7\\2&-5&4\end{vmatrix}=63.$

$D_1=\begin{vmatrix}-3&1&-2\\22&-2&7\\4&-5&4\end{vmatrix}=63$,$D_2=\begin{vmatrix}1&-3&-2\\5&22&7\\2&4&4\end{vmatrix}=126$,

$D_3=\begin{vmatrix}1&1&-3\\5&-2&22\\2&-5&4\end{vmatrix}=189.$

由克拉默法则,得 $x=\frac{D_1}{D}=1, y=\frac{D_2}{D}=2, z=\frac{D_3}{D}=3$.

(3) 系数行列式 $D=\begin{vmatrix}0&1&-3&4\\1&0&-2&3\\3&2&0&-5\\4&3&-5&0\end{vmatrix}=\begin{vmatrix}0&1&-3&4\\1&0&-2&3\\0&2&6&-14\\0&3&3&-12\end{vmatrix}=24$.

$$D_1=\begin{vmatrix}-5&1&-3&4\\-4&0&-2&3\\12&2&0&-5\\5&3&-5&0\end{vmatrix}=24, D_2=\begin{vmatrix}0&-5&-3&4\\1&-4&-2&3\\3&12&0&-5\\4&5&-5&0\end{vmatrix}=48,$$

$$D_3=\begin{vmatrix}0&1&-5&4\\1&0&-4&3\\3&2&12&-5\\4&3&5&0\end{vmatrix}=24, D_4=\begin{vmatrix}0&1&-3&-5\\1&0&-2&-4\\3&2&0&12\\4&3&-5&5\end{vmatrix}=-24.$$

由克拉默法则,知方程组有唯一解 $x_1=\frac{D_1}{D}=1, x_2=\frac{D_2}{D}=2, x_3=\frac{D_3}{D}=1$,
$x_4=\frac{D_4}{D}=-1$.

(4) 系数行列式 $D=\begin{vmatrix}2&3&11&5\\1&1&5&2\\2&1&3&4\\1&1&3&4\end{vmatrix}\xlongequal{(3)-(4)}\begin{vmatrix}2&3&11&5\\1&1&5&2\\1&0&0&0\\1&1&3&4\end{vmatrix}$

$$=\begin{vmatrix}3&11&5\\1&5&2\\1&3&4\end{vmatrix}=10.$$

$$D_1=\begin{vmatrix}6&3&11&5\\2&1&5&2\\2&1&3&4\\2&1&3&4\end{vmatrix}=0, D_2=\begin{vmatrix}2&6&11&5\\1&2&5&2\\2&2&3&4\\1&2&3&4\end{vmatrix}=20,$$

$$D_3=\begin{vmatrix}2&3&6&5\\1&1&2&2\\2&1&2&4\\1&1&2&4\end{vmatrix}=0, D_4=\begin{vmatrix}2&3&11&6\\1&1&5&2\\2&1&3&2\\1&1&3&2\end{vmatrix}=0.$$

由克拉默法则,知方程组的唯一解为 $x_1=0, x_2=2, x_3=0, x_4=0$.

评注:本题考察利用克拉默法则求解线性方程组.需注意满足条件:(1)系数

行列式≠0;(2) 方程个数与未知量个数相同时,方可采用此法则.

题 2 用克拉默法则,求解方程组

$$\begin{cases}2x_1-3x_2+x_3=-1,\\x_1+x_2+x_3=6,\\3x_1+x_2-2x_3=-1.\end{cases}$$

解:系数行列式 $D=\begin{vmatrix}2&-3&1\\1&1&1\\3&1&-2\end{vmatrix}=-23.$

而 $D_1=\begin{vmatrix}-1&-3&1\\6&1&1\\-1&1&-2\end{vmatrix}=-23$, $D_2=\begin{vmatrix}2&-1&1\\1&6&1\\3&-1&-2\end{vmatrix}=-46$,

$D_3=\begin{vmatrix}2&-3&-1\\1&1&6\\3&1&-1\end{vmatrix}=-69.$

于是 $x_1=\dfrac{D_1}{D}=1$, $x_2=\dfrac{D_2}{D}=2$, $x_3=\dfrac{D_3}{D}=3$.

题 3 求经过点 $A(1,1,2)$, $B(3,-2,0)$ 和 $C(0,5,5)$ 三点的平面方程.

解:可设平面方程为

$$ax+by+cz+d=0.$$

由于 A,B,C 三点在此平面上,故

$$\begin{cases}a+b+2c+d=0,\\3a-2b+d=0,\\5b-5c+d=0.\end{cases}$$

设(x,y,z)为平面上任一点,则有

$$\begin{cases}ax+by+cz+d=0,\\a+b+2c+d=0,\\3a-2b+d=0,\\5b-5c+d=0.\end{cases}$$

因 a,b,c 不全为零,即上述齐次线性方程组有非零解,所以系数行列式为零,即

$$\begin{vmatrix}x&y&z&1\\1&1&2&1\\3&-2&0&1\\0&5&-5&1\end{vmatrix}=0.$$

整理可得 $29x+16y+5z-55=0$,此即为所求平面的方程.

评注:此类题可根据条件构造方程组,再利用克拉默法则转化为行列式的计算.

题4 有甲、乙、丙三种化肥,甲种化肥每千克含氮70克,磷8克,钾2克;乙种化肥每千克含氮64克,磷10克,钾0.6克,丙种化肥每千克含氮70克,磷5克,钾1.4克,若把此三种化肥混合,要求总重量23千克且含磷149克,钾30克,同三种化肥各需多少千克?

解:设三种化肥各需 x_1, x_2, x_3 千克.

由题意,$\begin{cases} x_1+x_2+x_3=23, \\ 8x_1+10x_2+5x_3=149, \\ 2x_1+0.6x_2+1.4x_3=30. \end{cases}$

用克拉默法则解此方程组.

系数行列式 $D=\begin{vmatrix} 1 & 1 & 1 \\ 8 & 10 & 5 \\ 2 & 0.6 & 1.4 \end{vmatrix}=-5.4.$

$$D_1=\begin{vmatrix} 23 & 1 & 1 \\ 149 & 10 & 5 \\ 30 & 0.6 & 1.4 \end{vmatrix}=-16.2, D_2=\begin{vmatrix} 1 & 23 & 1 \\ 8 & 149 & 5 \\ 2 & 30 & 1.4 \end{vmatrix}=-27,$$

$$D_3=\begin{vmatrix} 1 & 1 & 23 \\ 8 & 10 & 149 \\ 2 & 0.6 & 30 \end{vmatrix}=-81.$$

于是 $x_1=\frac{D_1}{D}=3, x_2=\frac{D_2}{D}=5, x_3=\frac{D_3}{D}=15.$

评注:本题属应用题,重在考察方程组的解法之一:利用克拉默法则求解.

题5 求三次多项式 $f(x)=a_0+a_1x+a_2x^2+a_3x^3$,使得

$$f(-1)=0, f(1)=4, f(2)=3, f(3)=16.$$

解:由题意,得

$$\begin{cases} a_0-a_1+a_2-a_3=0, \\ a_0+a_1+a_2+a_3=4, \\ a_0+2a_1+2^2a_2+2^3a_3=3, \\ a_0+3a_1+3^2a_2+3^3a_3=16. \end{cases}$$

此方程组系数行列式 $D=\begin{vmatrix} 1 & -1 & 1 & -1 \\ 1 & 1 & 1 & 1 \\ 1 & 2 & 4 & 8 \\ 1 & 3 & 9 & 27 \end{vmatrix}=48.$

$$D_1=\begin{vmatrix}0&-1&1&-1\\4&1&1&1\\3&2&4&8\\16&3&9&27\end{vmatrix}=336,\quad D_2=\begin{vmatrix}1&0&1&-1\\1&4&1&1\\1&3&4&8\\1&16&9&27\end{vmatrix}=0,$$

$$D_3=\begin{vmatrix}1&-1&0&-1\\1&1&4&1\\1&2&3&8\\1&3&16&27\end{vmatrix}=-240,D_4=\begin{vmatrix}1&-1&1&0\\1&1&1&4\\1&2&4&3\\1&3&9&16\end{vmatrix}=96.$$

由克拉默法则,得 $a_0=\frac{D_1}{D}=7,a_1=\frac{D_2}{D}=0,a_2=\frac{D_3}{D}=-5,a_3=\frac{D_4}{D}=2.$

故所求的三次多项式为

$$f(x)=7-5x^2+2x^3.$$

题 6 求解下列各题:

(1) 判断齐次线性方程组

$$\begin{cases}2x_1+2x_2-x_3=0,\\x_1-2x_2+4x_3=0,\\5x_1+8x_2-2x_3=0\end{cases}$$

是否仅有零解?

(2) 已知齐次线性方程组

$$\begin{cases}(3-\lambda)x_1+x_2+x_3=0,\\(2-\lambda)x_2-x_3=0,\\4x_1-2x_2+(1-\lambda)x_3=0\end{cases}$$

有非零解,求 λ.

(3) 如果齐次线性方程组

$$\begin{cases}\lambda x_1+x_2+x_3=0,\\x_1+\lambda x_2+x_3=0,\\x_1+x_2+\lambda x_3=0\end{cases}$$

有非零解,求 λ.

(4) 当 λ 取何值时,方程组

$$\begin{cases}\lambda x+y-z=0,\\x+\lambda y-z=0,\\2x-y+\lambda z=0\end{cases}$$

有非零解?

(5) 问 λ 取何值时,下列齐次线性方程组有非零解?

$$\begin{cases}(1-\lambda)x_1-2x_2+4x_3=0,\\2x_1+(3-\lambda)x_2+x_3=0,\\x_1+x_2+(1-\lambda)x_3=0.\end{cases}$$

解:(1) 因系数行列式 $D=\begin{vmatrix}2&2&-1\\1&-2&4\\5&8&-2\end{vmatrix}=\begin{vmatrix}0&6&-9\\1&-2&4\\0&18&-22\end{vmatrix}$

$$=-30\neq0.$$

故该方程组仅有零解.

(2) 系数行列式 $D=\begin{vmatrix}3-\lambda&1&1\\0&2-\lambda&-1\\4&-2&1-\lambda\end{vmatrix}\xlongequal{(1)+(2)}\begin{vmatrix}3-\lambda&3-\lambda&0\\0&2-\lambda&-1\\4&-2&1-\lambda\end{vmatrix}$

$$=\begin{vmatrix}3-\lambda&0&0\\0&2-\lambda&-1\\4&-6&1-\lambda\end{vmatrix}=(3-\lambda)(\lambda+1)(\lambda-4).$$

因方程组有非零解,故 $D=0$.

因此 $\lambda=3$,或 4,或 -1.

(3) 系数行列式 $D=\begin{vmatrix}\lambda&1&1\\1&\lambda&1\\1&1&\lambda\end{vmatrix}=(\lambda+2)\begin{vmatrix}1&1&1\\1&\lambda&1\\1&1&\lambda\end{vmatrix}$

$$=(\lambda+2)\begin{vmatrix}1&1&1\\0&\lambda-1&0\\0&0&\lambda-1\end{vmatrix}=(\lambda+2)(\lambda-1)^2.$$

因方程组有非零解,故 $D=0$,

因此 $\lambda=-2$,或 1.

(4) 题设有非零解,故方程组系数行列式

$$D=\begin{vmatrix}\lambda&1&-1\\1&\lambda&-1\\2&-1&\lambda\end{vmatrix}=0,$$

即

$$D=\lambda^3-1=0.$$

故当 $\lambda=1$ 时,方程组有非零解.

(5) 系数行列式

$$D=\begin{vmatrix}1-\lambda&-2&4\\2&3-\lambda&1\\1&1&1-\lambda\end{vmatrix}=(\lambda-3)\begin{vmatrix}-1&0&0\\2&3-\lambda&-3\\1&1&-(\lambda+1)\end{vmatrix}$$

$$=(-1)(\lambda-3)[-(3-\lambda)(\lambda+1)+3]$$
$$=-\lambda(\lambda-3)(\lambda-2)=0.$$

故当 $\lambda=0,2$,或 3 时,方程组有非零解.

题7 问 λ,μ 取何值时,齐次线性方程组

$$\begin{cases}\lambda x_1+x_2+x_3=0,\\ x_1+\mu x_2+x_3=0,\\ x_1+2\mu x_2+x_3=0.\end{cases}$$

有非零解?

解:系数行列式 $D=\begin{vmatrix}\lambda & 1 & 1\\ 1 & \mu & 1\\ 1 & 2\mu & 1\end{vmatrix}=\begin{vmatrix}\lambda & 1 & 1\\ 1 & \mu & 1\\ 0 & \mu & 0\end{vmatrix}$

$$=-\mu\begin{vmatrix}\lambda & 1\\ 1 & 1\end{vmatrix}=-\mu(\lambda-1)=0.$$

故 $\mu=0$,或 $\lambda=1$ 时,方程组有非零解.

题8 已知三次曲线 $y=f(x)=a_0+a_1x+a_2x^2+a_3x^3$ 在四个点 $x=\pm1$, $x=\pm2$ 处的函数值:$f(1)=f(-1)=f(2)=6$, $f(-2)=-6$.试求其系数 a_0, a_1,a_2,a_3 之值.

解:将 4 个点处的值代入 $f(x)$,得

$$\begin{cases}a_0+a_1+a_2+a_3=6,\\ a_0+(-1)a_1+(-1)^2a_2+(-1)^3a_3=6,\\ a_0+2a_1+2^2a_2+2^3a_3=6,\\ a_0+(-2)a_1+(-2)^2a_2+(-2)^3a_3=-6,\end{cases}$$

这是关于变量 a_0,a_1,a_2,a_3 的非齐次线性方程组,其系数行列式 D 为范德蒙行列式,故

$$D=\begin{vmatrix}1 & 1 & 1 & 1\\ 1 & -1 & (-1)^2 & (-1)^3\\ 1 & 2 & 2^2 & 2^3\\ 1 & -2 & (-2)^2 & (-2)^3\end{vmatrix}$$
$$=(-1-1)(2-1)(-2-1)(2+1)(-2+1)(-2-2)$$
$$=72.$$

由克拉默法则,知三次曲线方程的系数

$$a_j=\frac{D_j}{D}(j=0,1,2,3),$$

这里

$$D_0=\begin{vmatrix} 6 & 1 & 1 & 1 \\ 6 & -1 & (-1)^2 & (-1)^3 \\ 6 & 2 & 2^2 & 2^3 \\ -6 & -2 & (-2)^2 & (-2)^3 \end{vmatrix}=576.$$

$$D_1=\begin{vmatrix} 1 & 6 & 1 & 1 \\ 1 & 6 & (-1)^2 & (-1)^3 \\ 1 & 6 & 2^2 & 2^3 \\ 1 & -6 & (-2)^2 & (-2)^3 \end{vmatrix}=-72.$$

$$D_2=\begin{vmatrix} 1 & 1 & 6 & 1 \\ 1 & -1 & 6 & (-1)^3 \\ 1 & 2 & 6 & 2^3 \\ 1 & -2 & -6 & (-2)^3 \end{vmatrix}=-144.$$

$$D_3=\begin{vmatrix} 1 & 1 & 1 & 6 \\ 1 & -1 & (-1)^2 & 6 \\ 1 & 2 & 2^2 & 6 \\ 1 & -2 & (-2)^2 & -6 \end{vmatrix}=72.$$

因此，$a_0=8,a_1=-1,a_2=-2,a_3=1$，这是唯一解.

最后，由上述 4 点唯一确定的三次曲线的方程为

$$f(x)=8-x-2x^2+x^3.$$

题 9 求 4 个平面 $a_ix+b_iy+c_iz+d_i=0, i=1,2,3,4$ 相交于一点 $P_0(x_0,y_0,z_0)$ 的必要条件.

解：把 4 个平面方程写成关于变量 x,y,z,t 的齐次线性方程组

$$\begin{cases} a_1x+b_1y+c_1z+d_1t=0, \\ a_2x+b_2y+c_2z+d_2t=0, \\ a_3x+b_3y+c_3z+d_3t=0, \\ a_4x+b_4y+c_4z+d_4t=0, \end{cases}$$

其中 $t=1$.

4 个平面相交于唯一点 $P_0(x_0,y_0,z_0)$，表示此方程组有非零解.

于是系数行列式

$$\begin{vmatrix} a_1 & b_1 & c_1 & d_1 \\ a_2 & b_2 & c_2 & d_2 \\ a_3 & b_3 & c_3 & d_3 \\ a_4 & b_4 & c_4 & d_4 \end{vmatrix}=0,$$

这就是所求的必要条件.

题 10 设 $P_1(x_1,y_1)$,$P_2(x_2,y_2)$,$P_3(x_3,y_3)$为不共线三点,求过 P_1,P_2,P_3 三点的圆的方程.

解:设圆的方程为

$$a(x^2+y^2)+bx+cy+d=0.$$

将三点坐标代入方程,得

$$a(x_1^2+y_1^2)+bx_1+cy_1+d=0,$$
$$a(x_2^2+y_2^2)+bx_2+cy_2+d=0,$$
$$a(x_3^2+y_3^2)+bx_3+cy_3+d=0.$$

关于 a,b,c,d 的四元齐次线性方程组

$$\begin{cases}a(x^2+y^2)+bx+cy+d=0,\\a(x_1^2+y_1^2)+bx_1+cy_1+d=0,\\a(x_2^2+y_2^2)+bx_2+cy_2+d=0,\\a(x_3^2+y_3^2)+bx_3+cy_3+d=0\end{cases}$$

有非零解($a\neq 0$)的充分必要条件是系数行列式

$$\begin{vmatrix}x^2+y^2 & x & y & 1\\x_1^2+y_1^2 & x_1 & y_1 & 1\\x_2^2+y_2^2 & x_2 & y_2 & 1\\x_3^2+y_3^2 & x_3 & y_3 & 1\end{vmatrix}=0,$$

这就是圆上动点 $P(x,y)$所满足的方程,即为所求.

第2章 矩 阵

2.1 矩阵的运算

1. 矩阵的线性运算

(1) 数乘矩阵.

以数 k 乘矩阵 $\boldsymbol{A}=(a_{ij})_{m\times n}$ 的每一个元素所得到的矩阵,称为数 k 与矩阵 $\boldsymbol{A}$ 的积,记作 $k\boldsymbol{A}$,即

$$k\boldsymbol{A}=k(a_{ij})_{m\times n}=(ka_{ij})_{m\times n}.$$

(2) 矩阵的加法.

两个 m 行 n 列矩阵 $\boldsymbol{A}=(a_{ij})$,$\boldsymbol{B}=(b_{ij})$ 对应位置元素相加所得到的 m 行 n 列矩阵,称为矩阵 $\boldsymbol{A}$ 与矩阵 $\boldsymbol{B}$ 的和,记为 $\boldsymbol{A}+\boldsymbol{B}$,即

$$\boldsymbol{A}+\boldsymbol{B}=(a_{ij})_{m\times n}+(b_{ij})_{m\times n}=(a_{ij}+b_{ij})_{m\times n}.$$

(3) 矩阵的减法.

$$\boldsymbol{A}-\boldsymbol{B}=(a_{ij})_{m\times n}+(-b_{ij})_{m\times n}=(a_{ij}-b_{ij})_{m\times n}.$$

2. 矩阵的线性运算满足下列运算规律.

设 $\boldsymbol{A},\boldsymbol{B},\boldsymbol{C}$ 都是 $m\times n$ 矩阵,k,l 为实数,则

(1) $\boldsymbol{A}+\boldsymbol{B}=\boldsymbol{B}+\boldsymbol{A}$;(加法交换律)

(2) $(\boldsymbol{A}+\boldsymbol{B})+\boldsymbol{C}=\boldsymbol{A}+(\boldsymbol{B}+\boldsymbol{C})$;(加法结合律)

(3) $\boldsymbol{A}+\boldsymbol{O}_{m\times n}=\boldsymbol{A}$;

(4) $\boldsymbol{A}+(-\boldsymbol{A})=\boldsymbol{O}_{m\times n}$;

(5) $k(\boldsymbol{A}+\boldsymbol{B})=k\boldsymbol{A}+k\boldsymbol{B}$;

(6) $(k+l)\boldsymbol{A}=k\boldsymbol{A}+l\boldsymbol{A}$;

(7) $k(l\boldsymbol{A})=(kl)\boldsymbol{A}$;

3. 矩阵的乘法.

设矩阵 $\boldsymbol{A}=(a_{ik})_{m\times l}$ 的列数与矩阵 $\boldsymbol{B}=(b_{kj})_{l\times n}$ 的行数相同,则由元素

$$c_{ij}=a_{i1}b_{1j}+a_{i2}b_{2j}+\cdots+a_{il}b_{lj}=\sum_{k=1}^{l}a_{ik}b_{kj}\quad(i=1,2,\cdots,m;j=1,2,\cdots,n)$$

所构成的 m 行 n 列矩阵

$$\boldsymbol{C}=(c_{ij})_{m\times n}=\left(\sum_{k=1}^{l}a_{ik}b_{kj}\right)_{m\times n}$$

称为矩阵 $\boldsymbol{A}$ 与矩阵 $\boldsymbol{B}$ 的乘积,记为 $\boldsymbol{C}=\boldsymbol{A}\cdot\boldsymbol{B}$ 或 $\boldsymbol{C}=\boldsymbol{A}\boldsymbol{B}$.

乘积 $\boldsymbol{C}$ 中的 (i,j) 元等于矩阵 $\boldsymbol{A}$ 的第 i 行元素与矩阵 $\boldsymbol{B}$ 的第 j 列对应元素乘积之和;矩阵 $\boldsymbol{C}$ 的行数等于矩阵 $\boldsymbol{A}$ 的行数,矩阵 $\boldsymbol{C}$ 的列数等于矩阵 $\boldsymbol{B}$ 的列数.

4. 矩阵的乘法满足下列运算规律.

(1) $(\boldsymbol{AB})\boldsymbol{C}=\boldsymbol{A}(\boldsymbol{BC})$;(乘法结合律)

(2) $(\boldsymbol{A}+\boldsymbol{B})\boldsymbol{C}=\boldsymbol{AC}+\boldsymbol{BC}$,

$\boldsymbol{C}(\boldsymbol{A}+\boldsymbol{B})=\boldsymbol{CA}+\boldsymbol{CB}$;(乘法分配律)

(3) $k(\boldsymbol{AB})=(k\boldsymbol{A})\boldsymbol{B}=\boldsymbol{A}(k\boldsymbol{B})$;

(4) $(\boldsymbol{AB})^T=\boldsymbol{B}^T\boldsymbol{A}^T$,

$(\boldsymbol{A}_1\boldsymbol{A}_2\cdots\boldsymbol{A}_n)^T=\boldsymbol{A}_n^T\boldsymbol{A}_{n-1}^T\cdots\boldsymbol{A}_2^T\boldsymbol{A}_1^T$;

(5) $(k\boldsymbol{I})\boldsymbol{A}=\boldsymbol{A}(k\boldsymbol{I})=k\boldsymbol{A}$($k$ 为实数).

5. 矩阵运算中注意事项.

(1) $\boldsymbol{AB}=\boldsymbol{BA}$ 未必成立,即矩阵乘法不满足交换律.

(2) $\boldsymbol{AB}=\boldsymbol{O}$ 不能断言 $\boldsymbol{A}=\boldsymbol{O}$ 或 $\boldsymbol{B}=\boldsymbol{O}$.

(3) $\boldsymbol{A}^2-\boldsymbol{B}^2=(\boldsymbol{A}-\boldsymbol{B})(\boldsymbol{A}+\boldsymbol{B})$仅当 $\boldsymbol{AB}=\boldsymbol{BA}$ 时成立.

(4) $\boldsymbol{A}^2-\boldsymbol{I}=(\boldsymbol{A}-\boldsymbol{I})(\boldsymbol{A}+\boldsymbol{I})$.

(5) $\boldsymbol{A}^3-\boldsymbol{I}=(\boldsymbol{A}-\boldsymbol{I})(\boldsymbol{A}^2+\boldsymbol{A}+\boldsymbol{I})$;

$\boldsymbol{A}^3+\boldsymbol{I}=(\boldsymbol{A}+\boldsymbol{I})(\boldsymbol{A}^2-\boldsymbol{A}+\boldsymbol{I})$.

题 1 已知

$$\boldsymbol{A}=\begin{pmatrix}1&1&2&-1\\0&3&1&2\\2&1&0&-1\end{pmatrix},\boldsymbol{B}=\begin{pmatrix}-2&1&1&1\\1&2&2&1\\0&2&1&3\end{pmatrix},$$

求 $4\boldsymbol{A}+2\boldsymbol{B}$.

解:由于

$$4\boldsymbol{A}=\begin{pmatrix}4&4&8&-4\\0&12&4&8\\8&4&0&-4\end{pmatrix},2\boldsymbol{B}=\begin{pmatrix}-4&2&2&2\\2&4&4&2\\0&4&2&6\end{pmatrix},$$

所以

$$4\boldsymbol{A}+2\boldsymbol{B}=\begin{pmatrix}0&16&10&-2\\2&16&8&10\\8&8&2&2\end{pmatrix}.$$

评注:矩阵有两种线性运算:矩阵的加法与矩阵的数乘运算,只有当两个矩阵同型,即两个矩阵的行、列数分别相等时,才能相加.

题 2 设矩阵

$$\boldsymbol{A}=\begin{pmatrix}3&2\\0&8\\-1&3\\2&1\end{pmatrix},\boldsymbol{B}=\begin{pmatrix}3&1\\1&3\\4&6\\6&2\end{pmatrix},$$

且有 $\boldsymbol{A}+2\boldsymbol{X}=\boldsymbol{B}$，求矩阵 $\boldsymbol{X}$.

解：由 $\boldsymbol{A}+2\boldsymbol{X}=\boldsymbol{B}$，知

$$\boldsymbol{X}=\frac{1}{2}(\boldsymbol{B}-\boldsymbol{A})=\frac{1}{2}\begin{pmatrix}0&-1\\1&-5\\5&3\\4&1\end{pmatrix}=\begin{pmatrix}0&-\frac{1}{2}\\\frac{1}{2}&-\frac{5}{2}\\\frac{5}{2}&\frac{3}{2}\\2&\frac{1}{2}\end{pmatrix}.$$

评注：利用线性运算求解矩阵方程 $\boldsymbol{A}+2\boldsymbol{X}=\boldsymbol{B}$.

题 3　设 $\boldsymbol{A}=\begin{pmatrix}-2&4\\1&-2\end{pmatrix}$，$\boldsymbol{B}=\begin{pmatrix}2&1\\-3&-6\end{pmatrix}$，求 $\boldsymbol{AB}$ 和 $\boldsymbol{BA}$.

解：$\boldsymbol{AB}=\begin{pmatrix}-2&4\\1&-2\end{pmatrix}\begin{pmatrix}2&4\\-3&-6\end{pmatrix}=\begin{pmatrix}-16&-32\\8&16\end{pmatrix}$.

$\boldsymbol{BA}=\begin{pmatrix}2&4\\-3&-6\end{pmatrix}\begin{pmatrix}-2&4\\1&-2\end{pmatrix}=\begin{pmatrix}0&0\\0&0\end{pmatrix}$.

评注：矩阵的乘法不满足交换律，即 $\boldsymbol{AB}=\boldsymbol{BA}$ 未必成立，本题中，$\boldsymbol{AB}$ 不是零矩阵，但 $\boldsymbol{BA}$ 是零矩阵.

当 $\boldsymbol{AB}=\boldsymbol{BA}$ 成立时，称方阵 $\boldsymbol{A}$、$\boldsymbol{B}$ 关于乘法可交换.

题 4　设 $\boldsymbol{A}=\begin{pmatrix}1&-1&0&2\\0&3&1&1\\2&0&1&-1\end{pmatrix}$，$\boldsymbol{B}=\begin{pmatrix}1&2\\0&1\\3&1\\1&0\end{pmatrix}$，求 $\boldsymbol{AB}$ 和 $\boldsymbol{BA}$.

解：因为 $\boldsymbol{A}$ 的列数与 $\boldsymbol{B}$ 的行数均为 4，所以 $\boldsymbol{AB}$ 有意义，且 $\boldsymbol{AB}$ 为 3×2 矩阵.

$$\begin{aligned}\boldsymbol{AB}&=\begin{pmatrix}1&-1&0&2\\0&3&1&1\\2&0&1&-1\end{pmatrix}\begin{pmatrix}1&2\\0&1\\3&1\\1&0\end{pmatrix}\\&=\begin{pmatrix}1\times1+(-1)\times0+0\times3+2\times1&1\times2+(-1)\times1+0\times1+2\times0\\0\times1+3\times0+1\times3+1\times1&0\times2+3\times1+1\times1+1\times0\\2\times1+0\times0+1\times3+(-1)\times1&2\times2+0\times1+1\times1+(-1)\times0\end{pmatrix}\\&=\begin{pmatrix}3&1\\4&4\\4&5\end{pmatrix}.\end{aligned}$$

由于 $\boldsymbol{B}$ 的列数为 2,$\boldsymbol{A}$ 的行数为 3,所以 $\boldsymbol{BA}$ 无意义.

评注:当矩阵 $\boldsymbol{A}$ 的列数等于矩阵 $\boldsymbol{B}$ 的行数时,乘积 $\boldsymbol{AB}$ 有意义,本题中,乘积 $\boldsymbol{AB}$ 是三行二列矩阵,但 $\boldsymbol{BA}$ 没有意义.

题5　设 $\boldsymbol{A}=\begin{pmatrix}a_1\\a_2\\\vdots\\a_n\end{pmatrix}$,$\boldsymbol{B}=(b_1\quad b_2\quad\cdots\quad b_n)$,求 $\boldsymbol{AB}$ 和 $\boldsymbol{BA}$.

解:$\boldsymbol{AB}=\begin{pmatrix}a_1\\a_2\\\vdots\\a_n\end{pmatrix}(b_1\quad b_2\quad\cdots\quad b_n)=\begin{pmatrix}a_1b_1 & a_1b_2 & \cdots & a_1b_n\\a_2b_1 & a_2b_2 & \cdots & a_2b_n\\\vdots & \vdots & & \vdots\\a_nb_1 & a_nb_2 & \cdots & a_nb_n\end{pmatrix}$.

$$\boldsymbol{BA}=(b_1\quad b_2\quad\cdots\quad b_n)\begin{pmatrix}a_1\\a_2\\\vdots\\a_n\end{pmatrix}=(b_1a_1+b_2a_2+\cdots+b_na_n)$$

$$=a_1b_1+a_2b_2+\cdots+a_nb_n.$$

评注:一个 n 维列向量与 n 维行向量的乘积是一个 n 阶方阵;但 n 维行向量与 n 维列向量的乘积是一个数.

题6　设 $\boldsymbol{A}=\begin{pmatrix}1 & 0 & -1\\2 & 1 & 0\\3 & 2 & -1\end{pmatrix}$,$\boldsymbol{B}=\begin{pmatrix}-2 & 1 & 0\\0 & 3 & 1\\0 & 0 & 2\end{pmatrix}$,求 $|\boldsymbol{AB}|$.

解:

$$\boldsymbol{AB}=\begin{pmatrix}-2 & 1 & -2\\-4 & 5 & 1\\-6 & 9 & 0\end{pmatrix},$$

$$|\boldsymbol{AB}|=-2\begin{vmatrix}1 & 1 & -2\\2 & 5 & 1\\3 & 9 & 0\end{vmatrix}=-2\left(-2\begin{vmatrix}2 & 5\\3 & 9\end{vmatrix}-\begin{vmatrix}1 & 1\\3 & 9\end{vmatrix}\right)$$

$$=24.$$

评注:设 $\boldsymbol{A}$、$\boldsymbol{B}$ 均为三阶方阵,计算行列式 $|\boldsymbol{AB}|$ 有两种方法:其一是先求出乘积矩阵 $\boldsymbol{AB}$,然后求其行列式;其二是先求行列式 $|\boldsymbol{A}|$ 和 $|\boldsymbol{B}|$,由公式 $|\boldsymbol{AB}|=|\boldsymbol{A}||\boldsymbol{B}|$ 求得 $|\boldsymbol{AB}|$ 之值.

题7　设 $\boldsymbol{A}=\begin{pmatrix}1 & 2 & 3\\-2 & 1 & 2\end{pmatrix}$,$\boldsymbol{B}=\begin{pmatrix}1 & 2 & 0\\0 & 1 & 1\\3 & 0 & -1\end{pmatrix}$,求 $(\boldsymbol{AB})^T$.

解:

$$(\boldsymbol{AB})^T=\boldsymbol{B}^T\boldsymbol{A}^T=\begin{pmatrix}1&0&3\\2&1&0\\0&1&-1\end{pmatrix}\begin{pmatrix}1&-2\\2&1\\3&2\end{pmatrix}$$

$$=\begin{pmatrix}10&4\\4&-3\\-1&-1\end{pmatrix}.$$

评注:计算$(\boldsymbol{AB})^T$有两种方法:其一是先求乘积$\boldsymbol{AB}$,再转置;其二是利用公式$(\boldsymbol{AB})^T=\boldsymbol{B}^T\boldsymbol{A}^T$计算之.

题 8 设$\boldsymbol{A}=\begin{pmatrix}1&2\\4&3\end{pmatrix}$,$\boldsymbol{B}=\begin{pmatrix}x&1\\2&y\end{pmatrix}$,当$x,y$满足什么关系时,方阵$\boldsymbol{A},\boldsymbol{B}$关于乘法可交换,即满足$\boldsymbol{AB}=\boldsymbol{BA}$.

解:因$\boldsymbol{AB}=\begin{pmatrix}x+4&1+2y\\4x+6&4+3y\end{pmatrix}$,$\boldsymbol{BA}=\begin{pmatrix}x+4&2x+3\\2+4y&4+3y\end{pmatrix}$.

故由$\boldsymbol{AB}=\boldsymbol{BA}$,得

$$\begin{cases}1+2y=2x+3,\\4x+6=2+4y.\end{cases} \quad ①$$

求得$y=x+1$.

评注:由$\boldsymbol{AB}=\boldsymbol{BA}$,知矩阵的对应元素必须相等,解二元一次方程组①,得$y=x+1$为所求.

题 9 设$\begin{pmatrix}7&0\\x+3y&y\end{pmatrix}+\begin{pmatrix}5&y+5\\3x+y&x\end{pmatrix}=3\begin{pmatrix}4&2x\\x&y\end{pmatrix}^T$,求$x,y$之值.

解:等式两端分别计算,得

$$\begin{pmatrix}12&y+5\\4x+4y&x+y\end{pmatrix}=\begin{pmatrix}12&3x\\6x&3y\end{pmatrix}.$$

由等式两端矩阵中对应元素相等,得

$$\begin{cases}y+5=3x,\\4x+4y=6x,\\x+y=3y.\end{cases}$$

解得$x=2,y=1$.

评注:两个矩阵相等,它们对应的元素相等.

题 10 设列向量$\boldsymbol{x}=(x_1,x_2,\cdots,x_n)^T$满足$\boldsymbol{x}^T\boldsymbol{x}=1$,记$H=\boldsymbol{I}-2\boldsymbol{xx}^T$.试证:$\boldsymbol{H}$是对称矩阵,且$\boldsymbol{HH}^T=\boldsymbol{I}$.

证明:$\boldsymbol{x}^T\boldsymbol{x}=x_1^2+x_2^2+\cdots+x_n^2$是一个数,而$\boldsymbol{xx}^T$是$n$阶方阵.

$$\boldsymbol{H}^T=(\boldsymbol{I}-2\boldsymbol{xx}^T)^T=\boldsymbol{I}-2(\boldsymbol{xx}^T)^T=\boldsymbol{I}-2\boldsymbol{xx}^T=\boldsymbol{H},$$

故 $\boldsymbol{H}$ 是对称矩阵.

$$\begin{aligned}\boldsymbol{H}\boldsymbol{H}^T &= \boldsymbol{H}^2=(\boldsymbol{I}-2\boldsymbol{x}\boldsymbol{x}^T)^2=\boldsymbol{I}-4\boldsymbol{x}\boldsymbol{x}^T+4(\boldsymbol{x}\boldsymbol{x}^T)^2\\ &=\boldsymbol{I}-4\boldsymbol{x}\boldsymbol{x}^T+4\boldsymbol{x}(\boldsymbol{x}^T\boldsymbol{x})\boldsymbol{x}^T=\boldsymbol{I}-\boldsymbol{I}(\boldsymbol{x}\boldsymbol{x}^T)+4\boldsymbol{x}\boldsymbol{x}^T=\boldsymbol{I}.\end{aligned}$$

2.2 逆矩阵

1. 设 $\boldsymbol{A}$ 是一个 n 阶方阵,如果存在一个 n 阶方阵 $\boldsymbol{B}$,使得

$$\boldsymbol{AB}=\boldsymbol{BA}=\boldsymbol{I},$$

则称 $\boldsymbol{A}$ 是可逆的,又称 $\boldsymbol{B}$ 为 $\boldsymbol{A}$ 的逆矩阵,或逆阵,或逆.

显然,若 $\boldsymbol{B}$ 是 $\boldsymbol{A}$ 的逆阵,则 $\boldsymbol{A}$ 也是 $\boldsymbol{B}$ 的逆阵.

若方阵 $\boldsymbol{A}$ 可逆,则 $\boldsymbol{A}$ 的逆阵是唯一的.

2. 已给矩阵 $\boldsymbol{A}$,若能找到矩阵 $\boldsymbol{B}$,使得

$$\boldsymbol{AB}=\boldsymbol{I},$$

或者

$$\boldsymbol{BA}=\boldsymbol{I},$$

则

$$\boldsymbol{B}=\boldsymbol{A}^{-1}.$$

3. 逆矩阵的运算

若方阵 $\boldsymbol{A}$ 可逆,则

(i) $|\boldsymbol{A}^{-1}|=\dfrac{1}{|\boldsymbol{A}|}$;

(ii) $(\boldsymbol{A}^{-1})^{-1}=\boldsymbol{A}$;

(iii) $(\boldsymbol{A}^T)^{-1}=(\boldsymbol{A}^{-1})^T$;

(iv) $(k\boldsymbol{A})^{-1}=\dfrac{1}{k}\boldsymbol{A}^{-1}(k\neq 0)$;

(v) 若 $a_1a_2\cdots a_n\neq 0$,则

$$[\mathrm{diag}(a_1,a_2,\cdots,a_n)]^{-1}=\mathrm{diag}\left(\frac{1}{a_1},\frac{1}{a_2},\cdots,\frac{1}{a_n}\right);$$

(vi) 若方阵 $\boldsymbol{A}_1,\boldsymbol{A}_2,\cdots,\boldsymbol{A}_s$ 均可逆,则

$$\begin{pmatrix}\boldsymbol{A}_1 & 0 & \cdots & 0\\ 0 & \boldsymbol{A}_2 & \cdots & 0\\ \vdots & \vdots & & \vdots\\ 0 & 0 & \cdots & \boldsymbol{A}_s\end{pmatrix}^{-1}=\begin{pmatrix}\boldsymbol{A}_1^{-1} & 0 & \cdots & 0\\ 0 & \boldsymbol{A}_2^{-1} & \cdots & 0\\ \vdots & \vdots & & \vdots\\ 0 & 0 & \cdots & \boldsymbol{A}_s^{-1}\end{pmatrix};$$

(vii) 若方阵 $\boldsymbol{A},\boldsymbol{B}$ 均可逆,则

$$(\boldsymbol{AB})^{-1}=\boldsymbol{B}^{-1}\boldsymbol{A}^{-1};$$

(viii) 若 $\boldsymbol{A}_1,\boldsymbol{A}_2,\cdots,\boldsymbol{A}_s$ 均可逆,则

$$(\boldsymbol{A}_1\boldsymbol{A}_2\cdots\boldsymbol{A}_s)^{-1}=\boldsymbol{A}_s^{-1}\cdots\boldsymbol{A}_2^{-1}\boldsymbol{A}_1^{-1}.$$

(ix) 设 n 为正整数,则

$$(\boldsymbol{A}^n)^{-1}=(\boldsymbol{A}^{-1})^n.$$

4. 求逆矩阵的方法

方法一:设 $|\boldsymbol{A}|\neq 0$,A_{ij} 为行列式 $|\boldsymbol{A}|$ 中元素 a_{ij} 的代数余子式,则

$$\boldsymbol{A}^{-1}=\frac{1}{|\boldsymbol{A}|}\boldsymbol{A}^*.$$

方法二:利用矩阵的行初等变换.

设

$$(\boldsymbol{A}\ \vdots\ \boldsymbol{I})\xrightarrow[\text{行变换}]{\text{有限次}}(\boldsymbol{I}\ \vdots\ \boldsymbol{B}),$$

则

$$\boldsymbol{B}=\boldsymbol{A}^{-1}.$$

方法三:利用矩阵的列初等变换

设

$$\begin{pmatrix}\boldsymbol{A}\\ \cdots\\ \boldsymbol{I}\end{pmatrix}\xrightarrow[\text{列变换}]{\text{有限次}}\begin{pmatrix}\boldsymbol{I}\\ \cdots\\ \boldsymbol{B}\end{pmatrix},$$

则

$$\boldsymbol{B}=\boldsymbol{A}^{-1}.$$

方法四　利用分块矩阵求逆矩阵.

题 1　试判断下列矩阵是否可逆,若可逆,求其逆矩阵:

(1) $\boldsymbol{A}=\begin{pmatrix}1&2\\3&5\end{pmatrix}$;

(2) $\boldsymbol{A}=\begin{pmatrix}2&2&3\\1&-1&0\\-1&2&1\end{pmatrix}$;

(3) $\boldsymbol{A}=\begin{pmatrix}3&-1&0\\-2&1&1\\2&-1&4\end{pmatrix}$;

(4) $\boldsymbol{A}=\begin{pmatrix}1&0&1\\2&1&0\\-3&2&-5\end{pmatrix}$;

(5) $\boldsymbol{A}=\begin{pmatrix}2&2&2\\1&2&3\\1&3&6\end{pmatrix}$;

(6) $\boldsymbol{A}=\begin{pmatrix}5&0&0\\0&3&1\\0&2&1\end{pmatrix}$.

解:(1) 因为$|\boldsymbol{A}|=\begin{vmatrix}1&2\\3&5\end{vmatrix}=-1\neq0$,所以$\boldsymbol{A}$可逆,且由

$$A_{11}=5,A_{12}=-3,A_{21}=-2,A_{22}=1,$$

知

$$\boldsymbol{A}^*=\begin{pmatrix}A_{11}&A_{21}\\A_{12}&A_{22}\end{pmatrix}=\begin{pmatrix}5&-2\\-3&1\end{pmatrix},$$

于是

$$\boldsymbol{A}^{-1}=\frac{1}{|\boldsymbol{A}|}\boldsymbol{A}^*=(-1)\begin{pmatrix}5&-2\\-3&1\end{pmatrix}=\begin{pmatrix}-5&2\\3&-1\end{pmatrix}.$$

评注:因$\boldsymbol{A}$是二阶矩阵,故利用伴随矩阵求$\boldsymbol{A}^{-1}$较为方便.

设$\boldsymbol{A}=\begin{pmatrix}a&b\\c&d\end{pmatrix}$,且$|\boldsymbol{A}|=cd-bc\neq0$时,则

$$\boldsymbol{A}^{-1}=\frac{1}{ad-bc}\begin{pmatrix}d&-b\\-c&a\end{pmatrix}.$$

(2) 因为$|\boldsymbol{A}|=\begin{vmatrix}2&2&3\\1&-1&0\\-1&2&1\end{vmatrix}=-1\neq0$,所以$\boldsymbol{A}$可逆.且由

$$A_{11}=\begin{vmatrix}-1&0\\2&1\end{vmatrix}=-1,A_{12}=-\begin{vmatrix}1&0\\-1&1\end{vmatrix}=-1,A_{13}=\begin{vmatrix}1&-1\\-1&2\end{vmatrix}=1,$$

$$A_{21}=-\begin{vmatrix}2&3\\2&1\end{vmatrix}=4,\quad A_{22}=\begin{vmatrix}2&3\\-1&1\end{vmatrix}=5,\quad A_{23}=-\begin{vmatrix}2&2\\-1&2\end{vmatrix}=-6,$$

$$A_{31}=\begin{vmatrix}2&3\\-1&0\end{vmatrix}=3,\quad A_{32}=-\begin{vmatrix}2&3\\1&0\end{vmatrix}=3,\quad A_{33}=\begin{vmatrix}2&2\\1&-1\end{vmatrix}=-4,$$

知

$$\boldsymbol{A}^*=\begin{pmatrix}A_{11}&A_{21}&A_{31}\\A_{12}&A_{22}&A_{32}\\A_{13}&A_{23}&A_{33}\end{pmatrix}=\begin{pmatrix}-1&4&3\\-1&5&3\\1&-6&-4\end{pmatrix}.$$

故

$$\boldsymbol{A}^{-1}=\frac{1}{|\boldsymbol{A}|}\boldsymbol{A}^*=(-1)\begin{pmatrix}-1&4&3\\-1&5&3\\1&-6&-4\end{pmatrix}=\begin{pmatrix}1&-4&-3\\1&-5&-3\\-1&6&4\end{pmatrix}.$$

评注:先求$|\boldsymbol{A}|$,若$|\boldsymbol{A}|\neq0$,则$\boldsymbol{A}$可逆,利用代数余子式写出伴随矩阵$\boldsymbol{A}^*$,

则

$$A^{-1}=\frac{1}{|A|}A^*.$$

(3) 容易算出$|A|=5\neq 0$,故 A 可逆.计算$|A|$的各元素的代数余子式得出：

$A_{11}=5, A_{12}=10, A_{13}=0,$

$A_{21}=4, A_{22}=12, A_{23}=1,$

$A_{31}=-1, A_{32}=-3, A_{33}=1,$

于是

$$A^*=\begin{pmatrix}5 & 4 & -1\\ 10 & 12 & -3\\ 0 & 1 & 1\end{pmatrix},$$

从而

$$A^{-1}=\frac{1}{|A|}A^*=\frac{1}{5}A^*=\begin{pmatrix}1 & \frac{4}{5} & -\frac{1}{5}\\ 2 & \frac{12}{5} & -\frac{3}{5}\\ 0 & \frac{1}{5} & \frac{1}{5}\end{pmatrix}.$$

评注:因$|A|=5$,不是 1.因此,在计算 $A^{-1}=\frac{1}{|A|}A^*$时,还需作数乘运算,即用$\frac{1}{5}$数乘矩阵 A^*.

(4) 因$|A|=\begin{vmatrix}1 & 0 & 1\\ 2 & 1 & 0\\ -3 & 2 & -5\end{vmatrix}=2\neq 0$,所以 A 可逆.

$A_{11}=\begin{vmatrix}1 & 0\\ 2 & -5\end{vmatrix}=-5, A_{12}=-\begin{vmatrix}2 & 0\\ -3 & -5\end{vmatrix}=10, A_{13}=\begin{vmatrix}2 & 1\\ -3 & 2\end{vmatrix}=7,$

$A_{21}=-\begin{vmatrix}0 & 1\\ 2 & -5\end{vmatrix}=2, A_{22}=\begin{vmatrix}1 & 1\\ -3 & -5\end{vmatrix}=-2,\ A_{23}=-\begin{vmatrix}1 & 0\\ -3 & 2\end{vmatrix}=-2,$

$A_{31}=\begin{vmatrix}0 & 1\\ 1 & 0\end{vmatrix}=-1,\quad A_{32}=-\begin{vmatrix}1 & 1\\ 2 & 0\end{vmatrix}=2,\qquad A_{33}=\begin{vmatrix}1 & 0\\ 2 & 1\end{vmatrix}=1.$

伴随矩阵

$$A^*=\begin{pmatrix}A_{11} & A_{21} & A_{31}\\ A_{12} & A_{22} & A_{32}\\ A_{13} & A_{23} & A_{33}\end{pmatrix}=\begin{pmatrix}-5 & 2 & -1\\ 10 & -2 & 2\\ 7 & -2 & 1\end{pmatrix}.$$

因$|A|=2$,故

$$\boldsymbol{A}^{-1}=\frac{1}{|\boldsymbol{A}|}\boldsymbol{A}^*=\frac{1}{2}\begin{pmatrix}-5&2&-1\\10&-2&2\\7&-2&1\end{pmatrix}=\begin{pmatrix}-\frac{5}{2}&1&-\frac{1}{2}\\5&-1&1\\\frac{7}{2}&-1&\frac{1}{2}\end{pmatrix}.$$

评注:在9个代数余子式的计算中,二阶行列式前面取正号还是取负号,不可粗心.

(5) 因为$|\boldsymbol{A}|=2\neq0$,所以$\boldsymbol{A}^{-1}$存在,先求$\boldsymbol{A}$的伴随矩阵$\boldsymbol{A}^*$.

$$A_{11}=3,\quad A_{12}=-3,A_{13}=1,$$
$$A_{21}=-6,A_{22}=10,\ A_{23}=-4,$$
$$A_{31}=2,\quad A_{32}=-4,A_{33}=2,$$

所以

$$\boldsymbol{A}^*=\begin{pmatrix}3&-6&2\\-3&10&-4\\1&-4&2\end{pmatrix},$$

故

$$\boldsymbol{A}^{-1}=\frac{1}{|\boldsymbol{A}|}\boldsymbol{A}^*=\frac{1}{2}\begin{pmatrix}3&-6&2\\-3&10&-4\\1&-4&2\end{pmatrix}.$$

评注:牢记

$$\boldsymbol{A}^*=\begin{pmatrix}A_{11}&A_{21}&A_{31}\\A_{12}&A_{22}&A_{32}\\A_{13}&A_{23}&A_{33}\end{pmatrix}.$$

(6) $\boldsymbol{A}=\begin{pmatrix}5&0&0\\0&3&1\\0&2&1\end{pmatrix}=\begin{pmatrix}\boldsymbol{A}_1&\boldsymbol{O}\\\boldsymbol{O}&\boldsymbol{A}_2\end{pmatrix}$,

$$\boldsymbol{A}_1=(5),\boldsymbol{A}_1^{-1}=\left(\frac{1}{5}\right);\boldsymbol{A}_2=\begin{pmatrix}3&1\\2&1\end{pmatrix},\boldsymbol{A}_2^{-1}=\begin{pmatrix}1&-1\\-2&3\end{pmatrix}.$$

于是

$$\boldsymbol{A}^{-1}=\begin{pmatrix}\frac{1}{5}&0&0\\0&1&-1\\0&-2&3\end{pmatrix}.$$

评注:矩阵分块要尽可能多的出现零矩阵或单位矩阵,故将$\boldsymbol{A}$分块成

$$\boldsymbol{A}=\begin{pmatrix}\boldsymbol{A}_1&\boldsymbol{O}\\\boldsymbol{O}&\boldsymbol{A}_2\end{pmatrix}.$$

因 $A^{-1}=\begin{pmatrix}A_1^{-1} & O\\ O & A_2^{-1}\end{pmatrix}$,求出 A_1^{-1},A_2^{-1},即可得 A^{-1}.

题 2 若 A,B,C 是同阶矩阵,且 A 可逆,证明下列结论中(1),(3)成立,举例说明(2),(4)未必成立.

(1) 若 $AB=AC$,则 $B=C$;

(2) 若 $AB=CB$,则 $A=C$;

(3) 若 $AB=O$,则 $B=O$;

(4) 若 $BC=O$,则 $B=O$.

解:(1) 若 $AB=AC$,则

等式两边左乘 A^{-1},有

$$A^{-1}AB=A^{-1}AC.$$

因 $A^{-1}A=I$,

于是 $IB=IC$,即 $B=C$.

(2) 设 $A=\begin{pmatrix}1 & 2\\ 0 & 1\end{pmatrix}$,$B=\begin{pmatrix}1 & 1\\ 1 & 1\end{pmatrix}$,$C=\begin{pmatrix}3 & 0\\ 0 & 1\end{pmatrix}$,则

$$AB=\begin{pmatrix}1 & 2\\ 0 & 1\end{pmatrix}\begin{pmatrix}1 & 1\\ 1 & 1\end{pmatrix}=\begin{pmatrix}3 & 3\\ 1 & 1\end{pmatrix},$$

$$CB=\begin{pmatrix}3 & 0\\ 0 & 1\end{pmatrix}\begin{pmatrix}1 & 1\\ 1 & 1\end{pmatrix}=\begin{pmatrix}3 & 3\\ 1 & 1\end{pmatrix}.$$

显然,有 $AB=CB$,但 $A\neq C$.

(3) 若 $AB=O$,

等式两边左乘 A^{-1},有

$$A^{-1}AB=A^{-1}O,$$

即 $IB=O$,于是 $B=O$.

(4) 设 $B=\begin{pmatrix}1 & 1\\ 0 & 0\end{pmatrix}$,$C=\begin{pmatrix}1 & 0\\ -1 & 0\end{pmatrix}$,则

$$BC=\begin{pmatrix}1 & 1\\ 0 & 0\end{pmatrix}\begin{pmatrix}1 & 0\\ -1 & 0\end{pmatrix}=\begin{pmatrix}0 & 0\\ 0 & 0\end{pmatrix}.$$

显然,有 $BC=O$,但 $B\neq O$.

评注:(1) 若 $AB=AC$,且 A 可逆,则 $B=C$.

(2) 若 $AB=AC$,则不能断言 $B=C$.

(3) 若 $AB=O$,且 A 可逆,则 $B=O$.

(4) 若 $AB=O$,则不能断言 $B=O$ 或 $C=O$.

题 3 计算下列各题:

(1) 设$\boldsymbol{A}=\begin{pmatrix}1&0&0\\-2&-1&0\\0&-1&1\end{pmatrix}$,求$\boldsymbol{A}$的伴随矩阵$\boldsymbol{A}^*$;

(2) 设$\boldsymbol{A}=\begin{pmatrix}1&0&0\\0&-2&0\\0&0&1\end{pmatrix}$,求$(2\boldsymbol{A}-|\boldsymbol{A}|\boldsymbol{I})^{-1}$;

(3) 设$\boldsymbol{A}$为n阶方阵,$\boldsymbol{A}^3=2\boldsymbol{I}$,求$(\boldsymbol{A}-\boldsymbol{I})^{-1}$;

(4) 设$\boldsymbol{A}=\begin{pmatrix}1&0&-1\\0&-1&0\\0&0&-2\end{pmatrix}$,求:$(\boldsymbol{A}-2\boldsymbol{I})^{-1}(\boldsymbol{A}^2-4\boldsymbol{I})$;

(5) 设$\boldsymbol{A}=\begin{pmatrix}1&1&-1\\0&2&-3\\0&1&1\end{pmatrix}$,$\boldsymbol{B}=\begin{pmatrix}1&-1&3\\0&-1&4\\0&0&-4\end{pmatrix}$,求$(\boldsymbol{AB})^{-1}$.

解:(1) $A_{11}=\begin{vmatrix}-1&0\\-1&1\end{vmatrix}=-1$,$A_{12}=\begin{vmatrix}-2&0\\0&1\end{vmatrix}=2$,$A_{13}=\begin{vmatrix}-2&-1\\0&-1\end{vmatrix}=2$,

$A_{21}=-\begin{vmatrix}0&0\\-1&1\end{vmatrix}=0$,$A_{22}=\begin{vmatrix}1&0\\0&1\end{vmatrix}=1$, $A_{23}=-\begin{vmatrix}1&0\\-2&-1\end{vmatrix}=1$,

$A_{31}=\begin{vmatrix}0&0\\-1&0\end{vmatrix}=0$, $A_{32}=-\begin{vmatrix}1&0\\-2&0\end{vmatrix}=0$,$A_{33}=\begin{vmatrix}1&0\\-2&-1\end{vmatrix}=-1$.

故

$$\boldsymbol{A}^*=\begin{pmatrix}A_{11}&A_{21}&A_{31}\\A_{12}&A_{22}&A_{32}\\A_{13}&A_{23}&A_{33}\end{pmatrix}=\begin{pmatrix}-1&0&0\\2&1&0\\2&1&-1\end{pmatrix}.$$

评注:别将$\boldsymbol{A}^*$错写成

$$\boldsymbol{A}^*=\begin{pmatrix}A_{11}&A_{12}&A_{13}\\A_{21}&A_{22}&A_{23}\\A_{31}&A_{32}&A_{33}\end{pmatrix}.$$

(2) 因$|\boldsymbol{A}|=-2$,

故

$$2\boldsymbol{A}-|\boldsymbol{A}|\boldsymbol{I}=\begin{pmatrix}2&0&0\\0&-4&0\\0&0&2\end{pmatrix}+\begin{pmatrix}2&0&0\\0&2&0\\0&0&2\end{pmatrix}=\begin{pmatrix}4&0&0\\0&-2&0\\0&0&4\end{pmatrix}.$$

从而

$$(2\boldsymbol{A}-|\boldsymbol{A}|\boldsymbol{I})^{-1}=\begin{pmatrix}4&0&0\\0&-2&0\\0&0&4\end{pmatrix}^{-1}=\begin{pmatrix}\frac{1}{4}&0&0\\0&-\frac{1}{2}&0\\0&0&\frac{1}{4}\end{pmatrix}.$$

评注:若 $\boldsymbol{A}=\begin{pmatrix}a&0&0\\0&b&0\\0&0&c\end{pmatrix}$,且 $abc\neq0$,则

$$\boldsymbol{A}^{-1}=\begin{pmatrix}\frac{1}{a}&0&0\\0&\frac{1}{b}&0\\0&0&\frac{1}{c}\end{pmatrix}.$$

(3) $\boldsymbol{A}^3=2\boldsymbol{I}$,

即

$$\boldsymbol{A}^3-\boldsymbol{I}=\boldsymbol{I},$$

亦即

$$(\boldsymbol{A}-\boldsymbol{I})(\boldsymbol{A}^2+\boldsymbol{A}+\boldsymbol{I})=\boldsymbol{I}. \quad ①$$

故

$$(\boldsymbol{A}-\boldsymbol{I})^{-1}=\boldsymbol{A}^2+\boldsymbol{A}+\boldsymbol{I}.$$

评注:矩阵多项式变形为①,立知

$$(\boldsymbol{A}-\boldsymbol{I})^{-1}=\boldsymbol{A}^2+\boldsymbol{A}+\boldsymbol{I}.$$

(4) $(\boldsymbol{A}-2\boldsymbol{I})^{-1}(\boldsymbol{A}^2-4\boldsymbol{I})=(\boldsymbol{A}-2\boldsymbol{I})^{-1}(\boldsymbol{A}-2\boldsymbol{I})(\boldsymbol{A}+2\boldsymbol{I})$

$$=\boldsymbol{A}+2\boldsymbol{I}$$

$$=\begin{pmatrix}1&0&-1\\0&-1&0\\0&0&-2\end{pmatrix}+\begin{pmatrix}2&0&0\\0&2&0\\0&0&2\end{pmatrix}$$

$$=\begin{pmatrix}3&0&-1\\0&1&0\\0&0&0\end{pmatrix}.$$

评注:单位矩阵 $\boldsymbol{I}$ 具有数字 1 的类似性质.矩阵多项式 $\boldsymbol{A}^2-4\boldsymbol{I}$ 可分解为两个矩阵相乘,即

$$\boldsymbol{A}^2-4\boldsymbol{I}=(\boldsymbol{A}-2\boldsymbol{I})(\boldsymbol{A}+2\boldsymbol{I}).$$

但是 $\boldsymbol{A}^2-\boldsymbol{B}^2=(\boldsymbol{A}-\boldsymbol{B})(\boldsymbol{A}+\boldsymbol{B})$ 未必成立,仅当 $\boldsymbol{BA}=\boldsymbol{AB}$ 时,此式才成立.

(5) 方法一：$\boldsymbol{AB}=\begin{pmatrix}1&-2&11\\0&-2&20\\0&-1&0\end{pmatrix}$，$(\boldsymbol{AB})^*=\begin{pmatrix}20&-11&-18\\0&0&-20\\0&1&-2\end{pmatrix}$，

故

$$(\boldsymbol{AB})^{-1}=\frac{1}{20}\begin{pmatrix}20&-11&-18\\0&0&-20\\0&1&-2\end{pmatrix}.$$

方法二：$|\boldsymbol{A}|=5$，$\boldsymbol{A}^{-1}=\frac{1}{|\boldsymbol{A}|}\boldsymbol{A}^*=\frac{1}{5}\begin{pmatrix}5&-2&-1\\0&1&3\\0&-1&2\end{pmatrix}$.

$$|\boldsymbol{B}|=4,\boldsymbol{B}^{-1}=\frac{1}{|\boldsymbol{B}|}\boldsymbol{B}^*=\frac{1}{4}\begin{pmatrix}4&-4&-1\\0&-4&-4\\0&0&-1\end{pmatrix}.$$

故

$$(\boldsymbol{AB})^{-1}=\boldsymbol{B}^{-1}\boldsymbol{A}^{-1}=\frac{1}{20}\begin{pmatrix}4&-4&-1\\0&-4&-4\\0&0&-1\end{pmatrix}\begin{pmatrix}5&-2&-1\\0&1&3\\0&-1&2\end{pmatrix}$$

$$=\frac{1}{20}\begin{pmatrix}20&-11&-18\\0&0&-20\\0&1&-2\end{pmatrix}.$$

评注：计算$(\boldsymbol{AB})^{-1}$有两种方法：其一是先求出$\boldsymbol{AB}$，再求$\boldsymbol{AB}$的逆矩阵$(\boldsymbol{AB})^{-1}$；其二是利用公式$(\boldsymbol{AB})^{-1}=\boldsymbol{B}^{-1}\boldsymbol{A}^{-1}$.先求出$\boldsymbol{B}^{-1}$，$\boldsymbol{A}^{-1}$，然后求乘积矩阵$\boldsymbol{B}^{-1}\boldsymbol{A}^{-1}$.

题4 设$\boldsymbol{B}$为幂等矩阵(即$\boldsymbol{B}^2=\boldsymbol{B}$)，又$\boldsymbol{A}=\boldsymbol{I}+\boldsymbol{B}$，试证：$\boldsymbol{A}$可逆，且

$$\boldsymbol{A}^{-1}=\frac{1}{2}(3\boldsymbol{I}-\boldsymbol{A}).$$

证明：由$\boldsymbol{B}=\boldsymbol{A}-\boldsymbol{I}$，及$\boldsymbol{B}^2=\boldsymbol{B}$，得

$$\boldsymbol{B}^2=(\boldsymbol{A}-\boldsymbol{I})^2=\boldsymbol{A}^2-2\boldsymbol{A}+\boldsymbol{I}=\boldsymbol{B}=\boldsymbol{A}-\boldsymbol{I}.$$

故

$$\boldsymbol{A}^2-3\boldsymbol{A}=-2\boldsymbol{I},$$

即

$$\boldsymbol{A}(\boldsymbol{A}-3\boldsymbol{I})=-2\boldsymbol{I},$$

亦即

$$\boldsymbol{A}\left[\frac{1}{2}(3\boldsymbol{I}-\boldsymbol{A})\right]=\boldsymbol{I}.$$

于是

$$A^{-1}=\frac{1}{2}(3I-A).$$

评注:从幂等矩阵 $B^2=B$ 的定义出发,左、右两边均用 $B=A-I$ 代入,建立关于矩阵 A 的方程,通过变形求得 A^{-1}.

题 5 设矩阵 $A=\begin{pmatrix}1&-1\\2&3\end{pmatrix}$,$B=A^2-3A+2I$,则 $B^{-1}=$__________.

解:$B=A^2-3A+2I=(A-I)(A-2I)$,

即

$$B=\begin{pmatrix}0&-1\\2&2\end{pmatrix}\begin{pmatrix}-1&-1\\2&1\end{pmatrix}=\begin{pmatrix}-2&-1\\2&0\end{pmatrix}.$$

因 $|B|=2$,故

$$B^{-1}=\frac{1}{|B|}B^*=\frac{1}{2}\begin{pmatrix}0&1\\-2&-2\end{pmatrix}=\begin{pmatrix}0&\frac{1}{2}\\-1&-1\end{pmatrix}.$$

题 6 设 α 为三维列向量,α^T 是 α 的转置.若 $\alpha\alpha^T=\begin{pmatrix}1&-1&1\\-1&1&-1\\1&-1&1\end{pmatrix}$,则 $\alpha^T\alpha=$________.

解:因题设中的矩阵第一行与第三行相同,而第二行与第一行仅差一负号,故

$$\alpha\alpha^T=\begin{pmatrix}1\\-1\\1\end{pmatrix}(1,-1,1).$$

因此

$$\alpha^T\alpha=(1,-1,1)\begin{pmatrix}1\\-1\\1\end{pmatrix}=3.$$

题 7 设 A,B 均为三阶矩阵,已知 $AB=2A+B$,$B=\begin{pmatrix}2&0&2\\0&4&0\\2&0&2\end{pmatrix}$,则 $(A-I)^{-1}=\begin{pmatrix}0&0&1\\0&1&0\\1&0&0\end{pmatrix}$.

解：$B=2\begin{pmatrix}1&0&1\\0&2&0\\1&0&1\end{pmatrix}$，$AB=2A+B$，

即

$$A(B-2I)=B.$$

亦即

$$2A\begin{pmatrix}0&0&1\\0&1&0\\1&0&0\end{pmatrix}=B.$$

初等矩阵$\begin{pmatrix}0&0&1\\0&1&0\\1&0&0\end{pmatrix}$的逆矩阵就是$\begin{pmatrix}0&0&1\\0&1&0\\1&0&0\end{pmatrix}$.

于是

$$2A=B\begin{pmatrix}0&0&1\\0&1&0\\1&0&0\end{pmatrix}=2\begin{pmatrix}1&0&1\\0&2&0\\1&0&1\end{pmatrix}\begin{pmatrix}0&0&1\\0&1&0\\1&0&0\end{pmatrix}=2\begin{pmatrix}1&0&1\\0&2&0\\1&0&1\end{pmatrix}.$$

所以

$$A=\begin{pmatrix}1&0&1\\0&2&0\\1&0&1\end{pmatrix}.$$

$$A-I=\begin{pmatrix}0&0&1\\0&1&0\\1&0&0\end{pmatrix}.$$

因此$(A-I)^{-1}=\begin{pmatrix}0&0&1\\0&1&0\\0&0&1\end{pmatrix}$

题8 如果

$$A=\begin{pmatrix}a_1&0&\cdots&0\\0&a_2&\cdots&0\\\vdots&\vdots&&\vdots\\0&0&\cdots&a_n\end{pmatrix}，其中 a_i\neq 0(i=1,2,\cdots,n)，$$

证明：$A^{-1}=\begin{pmatrix}\frac{1}{a_1}&0&\cdots&0\\0&\frac{1}{a_2}&\cdots&0\\\vdots&\vdots&&\vdots\\0&0&\cdots&\frac{1}{a_n}\end{pmatrix}$.

证明:因 $\begin{pmatrix} a_1 & 0 & \cdots & 0 \\ 0 & a_2 & \cdots & 0 \\ \vdots & \vdots & & \vdots \\ 0 & 0 & \cdots & a_n \end{pmatrix} \begin{pmatrix} \frac{1}{a_1} & 0 & \cdots & 0 \\ 0 & \frac{1}{a_2} & \cdots & 0 \\ \vdots & \vdots & & \vdots \\ 0 & 0 & \cdots & \frac{1}{a_n} \end{pmatrix} = \boldsymbol{I}$,

且 $\begin{pmatrix} \frac{1}{a_1} & 0 & \cdots & 0 \\ 0 & \frac{1}{a_2} & \cdots & 0 \\ \vdots & \vdots & & \vdots \\ 0 & 0 & \cdots & \frac{1}{a_n} \end{pmatrix} \begin{pmatrix} a_1 & 0 & \cdots & 0 \\ 0 & a_2 & \cdots & 0 \\ \vdots & \vdots & & \vdots \\ 0 & 0 & \cdots & a_n \end{pmatrix} = \boldsymbol{I}$.

所以

$$\boldsymbol{A}^{-1} = \begin{pmatrix} \frac{1}{a_1} & 0 & \cdots & 0 \\ 0 & \frac{1}{a_2} & \cdots & 0 \\ \vdots & \vdots & & \vdots \\ 0 & 0 & \cdots & \frac{1}{a_n} \end{pmatrix}.$$

评注:已给矩阵 $\boldsymbol{A}$,若能找到 $\boldsymbol{B}$,使得 $\boldsymbol{AB}=\boldsymbol{I}$ 或 $\boldsymbol{BA}=\boldsymbol{I}$,则 $\boldsymbol{B}=\boldsymbol{A}^{-1}$.为此只需证明题目中两个矩阵的乘积为单位矩阵即可.

题 9 设 $\boldsymbol{A}=(a_{ij})$为 n 阶方阵,满足 $\boldsymbol{AA}^T=\boldsymbol{I}$,$|\boldsymbol{A}|=1$.试证:$a_{ij}=A_{ij}(i,j=1,2,\cdots,n)$,其中 A_{ij} 为行列式$|\boldsymbol{A}|$中 a_{ij} 的代数余子式.

证明:由题设,知

$$\boldsymbol{AA}^T=\boldsymbol{I}. \qquad ①$$

又

$$\boldsymbol{AA}^*=|\boldsymbol{A}|\boldsymbol{I}=\boldsymbol{I}. \qquad ②$$

由①②,得

$$\boldsymbol{AA}^*=\boldsymbol{AA}^T.$$

因$|\boldsymbol{A}|=1$,故 $\boldsymbol{A}^{-1}$存在,上式两边同时左乘 $\boldsymbol{A}^{-1}$,得 $\boldsymbol{A}^*=\boldsymbol{A}^T$,

即

$$(A_{ji})=(a_{ij})^T,$$

亦即

$$(A_{ji})=(a_{ji}).$$

故

$$a_{ij}=A_{ij}(i,j=1,2,\cdots,n).$$

题 10 设线性方程组

$$\begin{cases}a_{11}x_1+a_{12}x_2+\cdots+a_{1n}x_n=b_1,\\a_{21}x_1+a_{22}x_2+\cdots+a_{2n}x_n=b_2,\\\cdots\cdots\\a_{n1}x_1+a_{n2}x_2+\cdots+a_{nn}x_n=b_n\end{cases} \quad ①$$

的系数矩阵 $\boldsymbol{A}=(a_{ij})$ 可逆,则方程组①有唯一解,且为

$$(x_1,x_2,\cdots,x_n)^T=\left(\frac{D_1}{D},\frac{D_2}{D},\cdots,\frac{D_n}{D}\right)^T, \quad ②$$

其中 D_j 是把矩阵 $\boldsymbol{A}$ 中的第 j 列换成方程组①的常数项 $b_1,b_2,\cdots,b_n$ 所成的矩阵的行列式,即

$$D_j=\begin{vmatrix}a_{11} & \cdots & a_{1j-1} & b_1 & a_{1j+1} & \cdots & a_{1n}\\a_{21} & \cdots & a_{2j-1} & b_2 & a_{2j+1} & \cdots & a_{2n}\\\vdots & & \vdots & \vdots & \vdots & & \vdots\\a_{n1} & \cdots & a_{nj-1} & b_n & a_{nj+1} & \cdots & a_{nn}\end{vmatrix}, \quad ③$$

$j=1,2,\cdots,n$,且 $D=|\boldsymbol{A}|$,试证之.

证明:记 $\boldsymbol{b}=(b_1,b_2,\cdots,b_n)^T$,则方程组①的矩阵形式为

$$\boldsymbol{Ax}=\boldsymbol{b} \quad ④$$

因矩阵 $\boldsymbol{A}$ 可逆,用 $\boldsymbol{A}^{-1}$ 左乘式④两边,得

$$\boldsymbol{x}=\boldsymbol{A}^{-1}\boldsymbol{b}=\frac{1}{|\boldsymbol{A}|}\boldsymbol{A}^*\boldsymbol{b}=\frac{1}{|\boldsymbol{A}|}\begin{pmatrix}A_{11} & A_{21} & \cdots & A_{n1}\\A_{12} & A_{22} & \cdots & A_{n2}\\\vdots & \vdots & & \vdots\\A_{1n} & A_{2n} & \cdots & A_{nn}\end{pmatrix}\begin{pmatrix}b_1\\b_2\\\vdots\\b_n\end{pmatrix}.$$

由上式,得

$$\begin{aligned}x_j&=\frac{1}{D}(\boldsymbol{A}_{1j}b_1+\boldsymbol{A}_{2j}b_2+\cdots+\boldsymbol{A}_{nj}b_n)\\&=\frac{D_j}{D},j=1,2,\cdots,n.\end{aligned}$$

2.3 方阵的幂

1. 设 $\boldsymbol{A}$ 为 n 阶方阵,则

(1) 若 k 是正整数,规定

$\boldsymbol{A}^1=\boldsymbol{A},\boldsymbol{A}^2=\boldsymbol{A}^1\cdot\boldsymbol{A}^1=\boldsymbol{A}\cdot\boldsymbol{A},\boldsymbol{A}^3=\boldsymbol{A}^2\cdot\boldsymbol{A}^1=\boldsymbol{A}^2\cdot\boldsymbol{A},\cdots,\boldsymbol{A}^{k+1}=\boldsymbol{A}^k\cdot\boldsymbol{A}$,即

$\boldsymbol{A}^k$ 就是 k 个 $\boldsymbol{A}$ 连乘，称为 $\boldsymbol{A}$ 的 k 次幂.

(2) 当 $\boldsymbol{A}$ 可逆时，规定

$$\boldsymbol{A}^0=\boldsymbol{I}.$$

(3) 当 $\boldsymbol{A}$ 可逆时，又 $k\in\mathbf{N}^*$，规定

$$\boldsymbol{A}^{-k}=(\boldsymbol{A}^{-1})^k$$

这里将 $\boldsymbol{A}$ 的幂 $\boldsymbol{A}^k$ 推广到 k 为整数.

2. 方阵的幂的运算规律

设 r,s 均为整数，则

$$\boldsymbol{A}^r\boldsymbol{A}^s=\boldsymbol{A}^{r+s},(\boldsymbol{A}^r)^s=\boldsymbol{A}^{rs}.$$

3. 设多项式 $f(x)=x^n+a_{n-1}x^{n-1}+\cdots+a_1x+a_0$，则诱导一个矩阵多项式

$$f(\boldsymbol{A})=\boldsymbol{A}^n+a_{n-1}\boldsymbol{A}^{n-1}+\cdots+a_1\boldsymbol{A}+a_0\boldsymbol{I}.$$

4. 若存在正整数 m，使得

$$\boldsymbol{A}^m=\boldsymbol{O},$$

则称 $\boldsymbol{A}$ 为幂零矩阵，使此式成立的最小正整数 k，称为矩阵 $\boldsymbol{A}$ 的幂零指数.

若矩阵 $\boldsymbol{A}$ 满足

$$\boldsymbol{A}^2=\boldsymbol{A},$$

则称 $\boldsymbol{A}$ 为幂等矩阵.

5. 方阵的幂 $\boldsymbol{A}^k$ 的计算方法.

方法一：设 k 为正整数，且 $k\leqslant 4$，可直接计算矩阵的幂 $\boldsymbol{A}^k$.

方法二：采用不完全数学归纳法.

先求出 $\boldsymbol{A}^1,\boldsymbol{A}^2$ 或 $\boldsymbol{A}^3$ 的表达式，然后寻找规律，归纳猜测 $\boldsymbol{A}^k$ 的结果，并用数学归纳法加以证实.

方法三：设 $\boldsymbol{\alpha}$ 为 n 维列向量，$\boldsymbol{\beta}$ 为 n 维行向量，则 $\boldsymbol{\alpha\beta}$ 为 $n\times n$ 矩阵，而 $\boldsymbol{\beta\alpha}$ 是一个数，记作 $\boldsymbol{\beta\alpha}=a$.若矩阵 $\boldsymbol{A}=\boldsymbol{\alpha\beta}$，则

$$\begin{aligned}\boldsymbol{A}^n=(\boldsymbol{\alpha\beta})^n&=\boldsymbol{\alpha\beta}\times\boldsymbol{\alpha\beta}\times\cdots\times\boldsymbol{\alpha\beta}\\&=\boldsymbol{\alpha}(\boldsymbol{\beta\alpha})(\boldsymbol{\beta\alpha})\cdots(\boldsymbol{\beta\alpha})\boldsymbol{\beta}\\&=a^{n-1}(\boldsymbol{\alpha\beta}).\end{aligned}$$

方法四：若 $\boldsymbol{A}=\boldsymbol{PBP}^{-1}$（即 $\boldsymbol{AP}=\boldsymbol{PB}$），且 $\boldsymbol{B}^n$ 容易计算，当矩阵 $\boldsymbol{P}$ 已给定时，则

$$\boldsymbol{A}^n=\boldsymbol{PB}^n\boldsymbol{P}^{-1}.$$

题 1 试证：若 $\boldsymbol{A}$ 是幂等矩阵（$\boldsymbol{A}^2=\boldsymbol{A}$），则 $\boldsymbol{B}=2\boldsymbol{A}-\boldsymbol{I}$ 是对合矩阵（$\boldsymbol{B}^2=\boldsymbol{I}$），反之亦然.

证明：$\boldsymbol{B}^2=(2\boldsymbol{A}-\boldsymbol{I})^2=4\boldsymbol{A}^2-4\boldsymbol{AI}+\boldsymbol{I}^2.$ ①

因 $\boldsymbol{A}^2=\boldsymbol{A}$，故

$$\boldsymbol{B}^2=4\boldsymbol{A}^2-4\boldsymbol{AI}+\boldsymbol{I}^2=4\boldsymbol{AI}-4\boldsymbol{AI}+\boldsymbol{I}=\boldsymbol{I},$$

故 $\boldsymbol{B}$ 是对合矩阵.

反之，若 $\boldsymbol{B}$ 是对合矩阵，则由①，知

$$\boldsymbol{I}=4\boldsymbol{A}^2-4\boldsymbol{AI}+\boldsymbol{I}^2,$$

即 $\boldsymbol{A}^2=\boldsymbol{A}$，故 $\boldsymbol{A}$ 是幂等矩阵.

题 2 设矩阵 $\boldsymbol{A}=\boldsymbol{\alpha\beta}$，其中 $\boldsymbol{\alpha}=\begin{pmatrix}1\\2\\1\end{pmatrix}$，$\boldsymbol{\beta}=(2,-1,2)$，求矩阵 $\boldsymbol{A}^2$，$\boldsymbol{A}^{66}$.

解：$\boldsymbol{A}=\boldsymbol{\alpha\beta}=\begin{pmatrix}1\\2\\1\end{pmatrix}(2,-1,2)=\begin{pmatrix}2&-1&2\\4&-2&4\\2&-1&2\end{pmatrix}$.

$$\boldsymbol{\beta\alpha}=(2,-1,2)\begin{pmatrix}1\\2\\1\end{pmatrix}=2.$$

$$\boldsymbol{A}^2=(\boldsymbol{\alpha\beta})(\boldsymbol{\alpha\beta})=\boldsymbol{\alpha}(\boldsymbol{\beta\alpha})\boldsymbol{\beta}=2(\boldsymbol{\alpha\beta})=2\boldsymbol{A}.$$

$$\begin{aligned}\boldsymbol{A}^{66}=(\boldsymbol{\alpha\beta})^{66}&=(\boldsymbol{\alpha\beta})(\boldsymbol{\alpha\beta})\cdots(\boldsymbol{\alpha\beta})(\boldsymbol{\alpha\beta})\\&=\boldsymbol{\alpha}(\boldsymbol{\beta\alpha})(\boldsymbol{\beta\alpha})\cdots(\boldsymbol{\beta\alpha})\boldsymbol{\beta}\\&=2^{65}\boldsymbol{\alpha\beta}\\&=2^{65}\begin{pmatrix}2&-1&2\\4&-2&4\\2&-1&2\end{pmatrix}.\end{aligned}$$

题 3 已知矩阵

$$\boldsymbol{A}=\begin{pmatrix}2&-1&2\\4&-2&4\\2&-1&2\end{pmatrix},$$

求 $\boldsymbol{A}^n$.

解：因为 $\boldsymbol{A}=\begin{pmatrix}1\\2\\1\end{pmatrix}(2,-1,2)$，

所以 $\boldsymbol{A}^2=\begin{pmatrix}1\\2\\1\end{pmatrix}\left((2,-1,2)\begin{pmatrix}1\\2\\1\end{pmatrix}\right)(2,-1,2)=2\boldsymbol{A}$，

因此 $\boldsymbol{A}^n=2^{n-1}\boldsymbol{A}=\begin{pmatrix}2^n&-2^{n-1}&2^n\\2^{n+1}&-2^n&2^{n+1}\\2^n&-2^{n-1}&2^n\end{pmatrix}$.

评注. 矩阵 $\boldsymbol{A}$ 中，3 列元素分别对应成比例，从而可记 $\boldsymbol{A}=\begin{pmatrix}1\\2\\1\end{pmatrix}(2,-1,2)$. 按

照此式求出 $\boldsymbol{A}^2=2\boldsymbol{A}$.从而导出 $\boldsymbol{A}^n=2^{n-1}\boldsymbol{A}$.

题 4 设 $\boldsymbol{A}=\begin{pmatrix}\lambda & 1 & 0\\ 0 & \lambda & 1\\ 0 & 0 & \lambda\end{pmatrix}$,

证明:

$$\boldsymbol{A}^n=\begin{pmatrix}\lambda^n & n\lambda^{n-1} & \dfrac{n(n-1)}{2}\lambda^{n-2}\\ 0 & \lambda^n & n\lambda^{n-1}\\ 0 & 0 & \lambda^n\end{pmatrix}(n\geqslant 2\text{ 为正整数}).$$

证明:用数学归纳法来证.

当 $n=2$ 时,

$$\boldsymbol{A}^2=\begin{pmatrix}\lambda & 1 & 0\\ 0 & \lambda & 1\\ 0 & 0 & \lambda\end{pmatrix}\begin{pmatrix}\lambda & 1 & 0\\ 0 & \lambda & 1\\ 0 & 0 & \lambda\end{pmatrix}=\begin{pmatrix}\lambda^2 & 2\lambda & 1\\ 0 & \lambda^2 & 2\lambda\\ 0 & 0 & \lambda^2\end{pmatrix},$$

结论成立.

假设 $n=k$ 时,结论成立,即

$$\boldsymbol{A}^k=\begin{pmatrix}\lambda^k & k\lambda^{k-1} & \dfrac{k(k-1)}{2}\lambda^{k-2}\\ 0 & \lambda^k & k\lambda^{k-1}\\ 0 & 0 & \lambda^k\end{pmatrix},$$

则当 $n-k+1$ 时,有

$$\boldsymbol{A}^{k+1}=\boldsymbol{A}^k\cdot\boldsymbol{A}=\begin{pmatrix}\lambda^k & k\lambda^{k-1} & \dfrac{k(k-1)}{2}\lambda^{k-2}\\ 0 & \lambda^k & k\lambda^{k-1}\\ 0 & 0 & \lambda^k\end{pmatrix}\begin{pmatrix}\lambda & 1 & 0\\ 0 & \lambda & 1\\ 0 & 0 & \lambda\end{pmatrix}$$

$$=\begin{pmatrix}\lambda^{k+1} & (k+1)\lambda^k & \dfrac{(k+1)k}{2}\lambda^{k-1}\\ 0 & \lambda^{k+1} & (k+1)\lambda^k\\ 0 & 0 & \lambda^{k+1}\end{pmatrix},$$

等式得证.

评注:用数学归纳法证题时,奠基数因题而宜.因题中条件为 $n\geqslant 2$,故取 $n=2$为奠基数.

题 5 已知矩阵 $\boldsymbol{A}=\boldsymbol{PQ}$,其中 $\boldsymbol{P}=(1,2,1)^T$,$\boldsymbol{Q}=(2,-1,2)$.求矩阵 $\boldsymbol{A}$,$\boldsymbol{A}^2$,$\boldsymbol{A}^{100}$(参阅题 3).

解:$\boldsymbol{A}=\boldsymbol{PQ}=(1,2,1)^T(2,-1,2)=\begin{pmatrix}2 & -1 & 2\\ 4 & -2 & 4\\ 2 & -1 & 2\end{pmatrix}$,

$QP=(2,-1,2)(1,2,1)^T=2.$

$A^2=PQ\cdot PQ=P(QP)Q=2PQ=2A,$

$A^3=A^2\cdot A=2A\cdot A=2A^2=2^2\cdot A.$

一般地,

$$A^k=2^{k-1}A.$$

于是

$$A^{100}=2^{99}A=2^{99}\begin{pmatrix}2&-1&2\\4&-2&4\\2&-1&2\end{pmatrix}.$$

题 6 已知$AP=PB$,其中$B=\begin{pmatrix}1&0&0\\0&0&0\\0&0&-1\end{pmatrix}$,$P=\begin{pmatrix}1&0&0\\2&-1&0\\2&1&1\end{pmatrix}$,求$A$与$A^{10}$.

解:因$|P|=-1\neq 0$,故P可逆.

利用初等变换法或公式$P^{-1}=\dfrac{P^*}{|P|}$,可求得$P^{-1}=\begin{pmatrix}1&0&0\\2&-1&0\\-4&1&1\end{pmatrix}$.

又$AP=PB$,

故

$$A=PBP^{-1}=\begin{pmatrix}1&0&0\\2&-1&0\\2&1&1\end{pmatrix}\begin{pmatrix}1&0&0\\0&0&0\\0&0&-1\end{pmatrix}\begin{pmatrix}1&0&0\\2&-1&0\\-4&1&1\end{pmatrix}$$

$$=\begin{pmatrix}1&0&0\\2&0&0\\6&-1&-1\end{pmatrix}.$$

$A^{10}=PBP^{-1}PBP^{-1}\cdots PBP^{-1}=PB^{10}P^{-1}.$

而$B^2=\begin{pmatrix}1&0&0\\0&0&0\\0&0&-1\end{pmatrix}\begin{pmatrix}1&0&0\\0&0&0\\0&0&-1\end{pmatrix}=\begin{pmatrix}1&0&0\\0&0&0\\0&0&1\end{pmatrix}$,

$$B^3=B^2\cdot B=\begin{pmatrix}1&0&0\\0&0&0\\0&0&1\end{pmatrix}\begin{pmatrix}1&0&0\\0&0&0\\0&0&-1\end{pmatrix}=\begin{pmatrix}1&0&0\\0&0&0\\0&0&-1\end{pmatrix},$$

$$B^4=\begin{pmatrix}1&0&0\\0&0&0\\0&0&1\end{pmatrix}\begin{pmatrix}1&0&0\\0&0&0\\0&0&1\end{pmatrix}=\begin{pmatrix}1&0&0\\0&0&0\\0&0&1\end{pmatrix},$$

经归纳,得

$$B^{10}=\begin{pmatrix}1&0&0\\0&0&0\\0&0&1\end{pmatrix}.$$

于是

$$A^{10}=\begin{pmatrix}1&0&0\\2&-1&0\\2&1&1\end{pmatrix}\begin{pmatrix}1&0&0\\0&0&0\\0&0&1\end{pmatrix}\begin{pmatrix}1&0&0\\2&-1&0\\-4&1&1\end{pmatrix}=\begin{pmatrix}1&0&0\\2&0&0\\-2&-1&-1\end{pmatrix}.$$

评注:因 $\boldsymbol{P}$ 为下三角形矩阵,又 $|\boldsymbol{P}|=-1\neq0$,故矩阵 $\boldsymbol{P}$ 可逆,利用 $\boldsymbol{P}^{-1}=\frac{1}{|\boldsymbol{P}|}\boldsymbol{P}^{*}$,求得 $\boldsymbol{P}^{-1}$.

根据 $\boldsymbol{AP}=\boldsymbol{PB}$,多次利用矩阵乘法的结合律,得 $\boldsymbol{A}^{10}=\boldsymbol{PB}^{10}\boldsymbol{P}^{-1}$,只要求出 $\boldsymbol{B}^{10}$,就可求得 $\boldsymbol{A}^{10}$.

题 7 设 $f(x)=x^n+2x^2+1(n\in\mathbf{N}^*)$,$\mathbf{A}=\begin{pmatrix}1&1\\0&1\end{pmatrix}$,求 $f(\mathbf{A})$.

解:$f(\mathbf{A})=\mathbf{A}^n+2\mathbf{A}^2+\boldsymbol{I}$.

因

$$\mathbf{A}^2=\mathbf{A}\cdot\mathbf{A}=\begin{pmatrix}1&1\\0&1\end{pmatrix}\begin{pmatrix}1&1\\0&1\end{pmatrix}=\begin{pmatrix}1&2\\0&1\end{pmatrix}.$$

归纳猜测 $\mathbf{A}^{k-1}=\begin{pmatrix}1&k-1\\0&1\end{pmatrix}$,则

$$\mathbf{A}^k=\mathbf{A}^{k-1}\cdot\mathbf{A}=\begin{pmatrix}1&k-1\\0&1\end{pmatrix}\cdot\begin{pmatrix}1&1\\0&1\end{pmatrix}=\begin{pmatrix}1&k\\0&1\end{pmatrix}.$$

用归纳法证得

$$\mathbf{A}^n=\begin{pmatrix}1&n\\0&1\end{pmatrix}.$$

故

$$\begin{aligned}f(\mathbf{A})&=\mathbf{A}^n+2\mathbf{A}^2+\boldsymbol{I}\\&=\begin{pmatrix}1&n\\0&1\end{pmatrix}+2\begin{pmatrix}1&2\\0&1\end{pmatrix}+\begin{pmatrix}1&0\\0&1\end{pmatrix}\\&=\begin{pmatrix}4&n+4\\0&4\end{pmatrix}.\end{aligned}$$

题 8 设 $\boldsymbol{A}$ 为 n 阶维零矩阵,若 $\boldsymbol{A}^3=\boldsymbol{O}$.则( )

(A) $\boldsymbol{I}-\boldsymbol{A}$ 不可逆,$\boldsymbol{I}+\boldsymbol{A}$ 不可逆 (B) $\boldsymbol{I}-\boldsymbol{A}$ 不可逆,$\boldsymbol{I}+\boldsymbol{A}$ 可逆

(C) $\boldsymbol{I}-\boldsymbol{A}$ 可逆,$\boldsymbol{I}+\boldsymbol{A}$ 可逆 (D) $\boldsymbol{I}-\boldsymbol{A}$ 可逆,$\boldsymbol{I}+\boldsymbol{A}$ 不可逆

解:因 $\boldsymbol{A}^3=\boldsymbol{O}$,故 $\boldsymbol{A}^3+\boldsymbol{I}=\boldsymbol{I}$,即 $(\boldsymbol{A}+\boldsymbol{I})(\boldsymbol{A}^2-\boldsymbol{A}+\boldsymbol{I})=\boldsymbol{I}$,所以 $\boldsymbol{A}+\boldsymbol{I}$ 可逆.

由 $\boldsymbol{A}^3=\boldsymbol{O}$,故 $\boldsymbol{A}^3-\boldsymbol{I}=-\boldsymbol{I}$,即 $(\boldsymbol{I}-\boldsymbol{A})(\boldsymbol{A}^2+\boldsymbol{A}+\boldsymbol{I})=\boldsymbol{I}$,所以 $\boldsymbol{I}-\boldsymbol{A}$ 可逆.故选(C).

题 9　设 $\boldsymbol{A}=\begin{pmatrix}1&0&1\\0&1&0\\0&0&1\end{pmatrix}$,求 $\boldsymbol{A}^n$.

解:方法一:$\boldsymbol{A}^2=\boldsymbol{A}\cdot\boldsymbol{A}=\begin{pmatrix}1&0&2\\0&1&0\\0&0&1\end{pmatrix}$,

$\boldsymbol{A}^3=\boldsymbol{A}^2\cdot\boldsymbol{A}=\begin{pmatrix}1&0&2\\0&1&0\\0&0&1\end{pmatrix}\begin{pmatrix}1&0&1\\0&1&0\\0&0&1\end{pmatrix}=\begin{pmatrix}1&0&3\\0&1&0\\0&0&1\end{pmatrix}$.

归纳猜测

$$\boldsymbol{A}^k=\begin{pmatrix}1&0&k\\0&1&0\\0&0&1\end{pmatrix}.$$

则

$$\boldsymbol{A}^{k+1}=\boldsymbol{A}^k\cdot\boldsymbol{A}=\begin{pmatrix}1&0&k\\0&1&0\\0&0&1\end{pmatrix}\begin{pmatrix}1&0&1\\0&1&0\\0&0&1\end{pmatrix}$$

$$=\begin{pmatrix}1&0&k+1\\0&1&1\\0&0&1\end{pmatrix}.$$

由数学归纳法证得

$$\boldsymbol{A}^n=\begin{pmatrix}1&0&n\\0&1&1\\0&0&1\end{pmatrix}.$$

方法二:$\boldsymbol{A}$ 是初等矩阵,相当于对单位矩阵 $\boldsymbol{I}=\begin{pmatrix}1&0&0\\0&1&0\\0&0&1\end{pmatrix}$ 施行第一列加到第三列初等列变换而得.因此,$\boldsymbol{A}^n$ 等于对 $\boldsymbol{I}$ 施行 n 次这样列变换而得,故

$$\boldsymbol{A}^n=\begin{pmatrix}1&0&n\\0&1&0\\0&0&1\end{pmatrix}.$$

方法三:记

$$\boldsymbol{A}=\begin{pmatrix}1&0&1\\0&1&0\\0&0&1\end{pmatrix}=\boldsymbol{I}+\boldsymbol{B},$$

其中

$$B=\begin{pmatrix}0&0&1\\0&0&0\\0&0&0\end{pmatrix}.$$

注意到

$$B^2=B\cdot B=\begin{pmatrix}0&0&1\\0&0&0\\0&0&0\end{pmatrix}\begin{pmatrix}0&0&1\\0&0&0\\0&0&0\end{pmatrix}=O.$$

故 $B^k=O(k\geqslant 2)$.

$$\begin{aligned}A^n=(I+B)^n&=I^n+nI^{n-1}B+\frac{n(n-1)}{2!}I^{n-2}B^2+\cdots+B^n\\&=I^n+nI^{n-1}B\\&=I^n+nB=\begin{pmatrix}1&0&n\\0&1&0\\0&0&1\end{pmatrix}.\end{aligned}$$

题 10 设 $A=\begin{pmatrix}0&-1&0\\1&0&0\\0&0&-1\end{pmatrix}$，$B=P^{-1}AP$，其中 P 为三阶可逆矩阵，则 $B^{2004}-2A^2=$________.

解： $$A^2=\begin{pmatrix}0&-1&0\\1&0&0\\0&0&-1\end{pmatrix}\begin{pmatrix}0&-1&0\\1&0&0\\0&0&-1\end{pmatrix}=\begin{pmatrix}-1&0&0\\0&-1&0\\0&0&1\end{pmatrix}.$$

$$A^3=A^2\cdot A=\begin{pmatrix}-1&0&0\\0&-1&0\\0&0&1\end{pmatrix}\begin{pmatrix}0&-1&0\\1&0&0\\0&0&-1\end{pmatrix}=\begin{pmatrix}0&1&0\\-1&0&0\\0&0&-1\end{pmatrix}.$$

$$A^4=A^3\cdot A=\begin{pmatrix}0&1&0\\-1&0&0\\0&0&-1\end{pmatrix}\begin{pmatrix}0&-1&0\\1&0&0\\0&0&-1\end{pmatrix}=\begin{pmatrix}1&0&0\\0&1&0\\0&0&1\end{pmatrix}=I.$$

于是

$$A^{2004}=(A^4)^{501}=I^{501}=I.$$

$$B^{2004}=(P^{-1}AP)(P^{-1}AP)\cdots(P^{-1}AP)=P^{-1}A^{2004}P=P^{-1}IP=P^{-1}P=I.$$

$$B^{2004}-2A^2=I-2\begin{pmatrix}-1&0&0\\0&-1&0\\0&0&1\end{pmatrix}=\begin{pmatrix}3&0&0\\0&3&0\\0&0&-1\end{pmatrix}.$$

2.4 转置矩阵、对称矩阵、伴随矩阵，以及行列式的计算

1. $(\boldsymbol{A}^T)^T=\boldsymbol{A}$；$(k\boldsymbol{A})^T=k\boldsymbol{A}^T$（$k$ 为任意实数）；

   $(\boldsymbol{A}+\boldsymbol{B})^T=\boldsymbol{A}^T+\boldsymbol{B}^T$；$(\boldsymbol{AB})^T=\boldsymbol{B}^T\boldsymbol{A}^T$.

2. $(\boldsymbol{A}^T)^{-1}=(\boldsymbol{A}^{-1})^T$；$(\boldsymbol{A}^*)^{-1}=(\boldsymbol{A}^{-1})^*$；

   $(\boldsymbol{A}^*)^T=(\boldsymbol{A}^T)^*$；$(\boldsymbol{AB})^*=\boldsymbol{B}^*\boldsymbol{A}^*$；

   $(k\boldsymbol{A})^*=k^{n-1}\boldsymbol{A}^*$.

3. $\boldsymbol{A}^*=|\boldsymbol{A}|\boldsymbol{A}^{-1}$；$\boldsymbol{A}^*\boldsymbol{A}=\boldsymbol{AA}^*=|\boldsymbol{A}|\boldsymbol{I}$；

   $|\boldsymbol{A}^*|=|\boldsymbol{A}|^{n-1}$；$(\boldsymbol{A}^*)^*=|\boldsymbol{A}^{n-2}|\boldsymbol{A}$；

   $|\boldsymbol{AB}|=|\boldsymbol{A}|\cdot|\boldsymbol{B}|$.

题 1 设 $\boldsymbol{A}$ 是 n 阶反对称矩阵，$\boldsymbol{B}$ 是 n 阶对称矩阵，试证：$\boldsymbol{AB}+\boldsymbol{BA}$ 是 n 阶反对称矩阵.

证明：依题设，有

$$\boldsymbol{A}^T=-\boldsymbol{A},\boldsymbol{B}^T=\boldsymbol{B}.$$

欲证 $(\boldsymbol{AB}+\boldsymbol{BA})^T=-(\boldsymbol{AB}+\boldsymbol{BA})$.

事实上，$(\boldsymbol{AB}+\boldsymbol{BA})^T=(\boldsymbol{AB})^T+(\boldsymbol{BA})^T=\boldsymbol{B}^T\boldsymbol{A}^T+\boldsymbol{A}^T\boldsymbol{B}^T=\boldsymbol{B}\cdot(-\boldsymbol{A})+(-\boldsymbol{A})\cdot\boldsymbol{B}=-(\boldsymbol{AB}+\boldsymbol{BA})$，证毕.

题 2 设 $\boldsymbol{A}$ 为 n 阶方阵，如果 $\boldsymbol{A}^2=E$，则称 $\boldsymbol{A}$ 为对合矩阵，又若 $\boldsymbol{A}^{-1}=\boldsymbol{A}^T$，则称 $\boldsymbol{A}$ 为正交矩阵.试证：一方阵如果具有对合、正交和对称这三条性质中的任两条性质，则必有第三条性质成立.

证明：(1) 若 $\boldsymbol{A}^2=\boldsymbol{I}$，$\boldsymbol{A}^{-1}=\boldsymbol{A}^T$，即当 $\boldsymbol{A}$ 为对合矩阵和正交矩阵，则由 $\boldsymbol{A}^2=\boldsymbol{I}$ 右乘 $\boldsymbol{A}^{-1}$，得 $\boldsymbol{A}=\boldsymbol{A}^{-1}$，从而 $\boldsymbol{A}=\boldsymbol{A}^T$，故 $\boldsymbol{A}$ 为对称矩阵.

(2) 若 $\boldsymbol{A}^2=\boldsymbol{I}$，$\boldsymbol{A}=\boldsymbol{A}^T$，则由 $\boldsymbol{A}^2=\boldsymbol{I}$ 右乘 $\boldsymbol{A}^{-1}$，得 $\boldsymbol{A}=\boldsymbol{A}^{-1}$，从而 $\boldsymbol{A}^{-1}=\boldsymbol{A}^T$，故 $\boldsymbol{A}$ 为正交矩阵.

(3) 若 $\boldsymbol{A}^{-1}=\boldsymbol{A}^T$，$\boldsymbol{A}=\boldsymbol{A}^T$ 成立，则 $\boldsymbol{A}^{-1}=\boldsymbol{A}$，即 $\boldsymbol{A}^2=\boldsymbol{I}$，故 $\boldsymbol{A}$ 为对合矩阵.

题 3 设 n 阶矩阵 $\boldsymbol{A}$，$\boldsymbol{B}$ 均可逆，证明：

(1) $(\boldsymbol{AB})^*=\boldsymbol{B}^*\boldsymbol{A}^*$；

(2) $(\boldsymbol{A}^{-1})^*=(\boldsymbol{A}^*)^{-1}$；

(3) $(\boldsymbol{A}^T)^*=(\boldsymbol{A}^*)^T$.

证明：(1) $(\boldsymbol{AB})^*=|\boldsymbol{AB}|(\boldsymbol{AB})^{-1}=|\boldsymbol{A}||\boldsymbol{B}|\boldsymbol{B}^{-1}\boldsymbol{A}^{-1}=|\boldsymbol{B}|\boldsymbol{B}^{-1}|\boldsymbol{A}|\boldsymbol{A}^{-1}=\boldsymbol{B}^*\boldsymbol{A}^*$；

(2) $(\boldsymbol{A}^{-1})^*=|\boldsymbol{A}^{-1}|(\boldsymbol{A}^{-1})^{-1}=|\boldsymbol{A}^{-1}|\boldsymbol{A}=(|\boldsymbol{A}|\boldsymbol{A}^{-1})^{-1}=(\boldsymbol{A}^*)^{-1}$；

(3) $(\boldsymbol{A}^T)^*=|\boldsymbol{A}^T|(\boldsymbol{A}^T)^{-1}=|\boldsymbol{A}|(\boldsymbol{A}^{-1})^T=(|\boldsymbol{A}|\boldsymbol{A}^{-1})^T=(\boldsymbol{A}^*)^T$.

评注：将伴随矩阵 $(\boldsymbol{AB})^*$ 通过 $(\boldsymbol{AB})^*=|\boldsymbol{AB}|(\boldsymbol{AB})^{-1}$ 转化为 $(\boldsymbol{AB})^{-1}$，然后利用 $(\boldsymbol{AB})^{-1}=\boldsymbol{B}^{-1}\boldsymbol{A}^{-1}$ 加以证明.

题4 证明：如果 n 阶矩阵 $\boldsymbol{A}$ 可逆，则其伴随矩阵 $\boldsymbol{A}^*$ 也可逆，且 $(\boldsymbol{A}^*)^{-1}=\frac{1}{|\boldsymbol{A}|}\boldsymbol{A}$，$|\boldsymbol{A}^*|=|\boldsymbol{A}|^{n-1}$.

证明：由 $\boldsymbol{A}$ 可逆，有 $|\boldsymbol{A}|\neq 0$，且 $\boldsymbol{A}\boldsymbol{A}^{-1}=\boldsymbol{A}\ \frac{1}{|\boldsymbol{A}|}\boldsymbol{A}^*=\boldsymbol{I}$，即 $\frac{1}{|\boldsymbol{A}|}\boldsymbol{A}\boldsymbol{A}^*=\boldsymbol{I}$.

由此可知 $\boldsymbol{A}^*$ 可逆，且 $(\boldsymbol{A}^*)^{-1}=\frac{1}{|\boldsymbol{A}|}\boldsymbol{A}$.

由 $\frac{1}{|\boldsymbol{A}|}\boldsymbol{A}\boldsymbol{A}^*=\boldsymbol{I}$，有 $\boldsymbol{A}\boldsymbol{A}^*=|\boldsymbol{A}|\boldsymbol{I}$

从而有 $|\boldsymbol{A}\boldsymbol{A}^*|=||\boldsymbol{A}|\boldsymbol{I}|$，

即

$$|\boldsymbol{A}||\boldsymbol{A}^*|=|\boldsymbol{A}|^n|\boldsymbol{I}|,$$

所以 $|\boldsymbol{A}^*|=|\boldsymbol{A}|^{n-1}$.

评注：若 $\boldsymbol{A}$ 不可逆，则 $|\boldsymbol{A}|=0$，于是 $\boldsymbol{A}\boldsymbol{A}^*=\boldsymbol{O}$，故可断言 $|\boldsymbol{A}^*|=0$.

事实上，若 $|\boldsymbol{A}^*|\neq 0$，则 $\boldsymbol{A}^*$ 可逆.在 $\boldsymbol{A}\boldsymbol{A}^*=\boldsymbol{O}$ 两边右乘 $(\boldsymbol{A}^*)^{-1}$，可得 $\boldsymbol{A}=\boldsymbol{O}$，从而 $\boldsymbol{A}^*=\boldsymbol{O}$，这与 $\boldsymbol{A}^*$ 可逆矛盾，因此证得 $|\boldsymbol{A}^*|=0$，$|\boldsymbol{A}^*|=|\boldsymbol{A}|^{n-1}$ 依然成立，据此断言：对任何 n 阶方阵 $\boldsymbol{A}$，恒有

$$|\boldsymbol{A}^*|=|\boldsymbol{A}|^{n-1}.$$

题5 设 $\boldsymbol{A}$ 为 n 阶非零矩阵，当 $\boldsymbol{A}^*=\boldsymbol{A}^T$ 时，证明：$|\boldsymbol{A}|\neq 0$.

证明：设 $\boldsymbol{A}=(a_{ij})_{n\times n}$，当 $\boldsymbol{A}^*=\boldsymbol{A}^T$ 时，由

$$\boldsymbol{A}^T\boldsymbol{A}=\boldsymbol{A}^*\boldsymbol{A}=|\boldsymbol{A}|\boldsymbol{A}^{-1}\boldsymbol{A}=|\boldsymbol{A}|\boldsymbol{I},$$

得

$$\boldsymbol{A}^T\boldsymbol{A}=\begin{pmatrix} a_{11} & a_{21} & \cdots & a_{n1} \\ a_{12} & a_{22} & \cdots & a_{n2} \\ \vdots & \vdots & & \vdots \\ a_{1n} & a_{2n} & \cdots & a_{nn} \end{pmatrix}\begin{pmatrix} a_{11} & a_{12} & \cdots & a_{1n} \\ a_{21} & a_{22} & \cdots & a_{2n} \\ \vdots & \vdots & & \vdots \\ a_{n1} & a_{n2} & \cdots & a_{nn} \end{pmatrix}$$

$$=\begin{pmatrix} \sum_{i=1}^{n}a_{i1}^2 & 0 & \cdots & 0 \\ 0 & \sum_{i=1}^{n}a_{i2}^2 & \cdots & 0 \\ \vdots & \vdots & & \vdots \\ 0 & 0 & \cdots & \sum_{i=1}^{n}a_{in}^2 \end{pmatrix}$$

$$=\begin{pmatrix} |\boldsymbol{A}| & 0 & \cdots & 0 \\ 0 & |\boldsymbol{A}| & \cdots & 0 \\ \vdots & \vdots & & \vdots \\ 0 & 0 & \cdots & |\boldsymbol{A}| \end{pmatrix}. \qquad ①$$

因 $\boldsymbol{A}$ 为非零矩阵，所以存在 $a_{ij}\neq 0$.于是，$|\boldsymbol{A}|=\sum_{i=1}^{n}a_{ij}^2\neq 0$，证毕.

评注：当 $\boldsymbol{A}^*=\boldsymbol{A}^T$ 时，有 $\boldsymbol{A}^T\boldsymbol{A}=|\boldsymbol{A}|\boldsymbol{I}$ 成立.据此，知 ① 式成立.

若 $\boldsymbol{A}^2=\boldsymbol{O}$，且 $\boldsymbol{A}=\boldsymbol{A}^T$，则 $\boldsymbol{A}=\boldsymbol{O}$.

事实上，因 $\boldsymbol{A}^2=\boldsymbol{O}$，又 $\boldsymbol{A}=\boldsymbol{A}^T$，故 $\boldsymbol{A}^T\boldsymbol{A}=\boldsymbol{O}$.根据 ① 式，得

$$\sum_{i=1}^{n}a_{i1}^2=0,\sum_{i=1}^{n}a_{i2}^2=0,\cdots,\sum_{i=1}^{n}a_{in}^2=0.$$

从而

$$\forall i,j=1,2,\cdots,n,a_{ij}=0.$$

因此 $\boldsymbol{A}=\boldsymbol{O}$.

题 6　对任意的 n 阶矩阵 $\boldsymbol{A}$，证明：

(1) $\boldsymbol{A}+\boldsymbol{A}^{\mathrm{T}}$ 是对称矩阵，$\boldsymbol{A}-\boldsymbol{A}^{\mathrm{T}}$ 是反对称矩阵；

(2) $\boldsymbol{A}$ 可表示为对称矩阵与反对称矩阵之和.

解：(1) 记矩阵 $\boldsymbol{S}=\boldsymbol{A}+\boldsymbol{A}^{\mathrm{T}}$，

$$\boldsymbol{K}=\boldsymbol{A}-\boldsymbol{A}^{\mathrm{T}}$$

因 $\boldsymbol{S}^{\mathrm{T}}=(\boldsymbol{A}+\boldsymbol{A}^{\mathrm{T}})^{\mathrm{T}}=\boldsymbol{A}^{\mathrm{T}}+(\boldsymbol{A}^{\mathrm{T}})^{\mathrm{T}}=\boldsymbol{A}^{\mathrm{T}}+\boldsymbol{A}=\boldsymbol{S}$，故 $\boldsymbol{S}$ 为对称矩阵.

又 $\boldsymbol{K}^{\mathrm{T}}=(\boldsymbol{A}-\boldsymbol{A}^{\mathrm{T}})^{\mathrm{T}}=\boldsymbol{A}^{\mathrm{T}}-(\boldsymbol{A}^{\mathrm{T}})^{\mathrm{T}}=\boldsymbol{A}^{\mathrm{T}}-\boldsymbol{A}=-\boldsymbol{K}$，故 $\boldsymbol{K}$ 是反对称矩阵.

(2) 对于任意的 n 阶矩阵 $\boldsymbol{A}$，有

$$\boldsymbol{A}=\frac{1}{2}\boldsymbol{S}+\frac{1}{2}\boldsymbol{K}.$$

因 $\frac{1}{2}\boldsymbol{S}$ 为对称矩阵，而 $\frac{1}{2}\boldsymbol{K}$ 为反对称矩阵，得证.

评注：数学其他分支中也有类似的结论，比如，对于函数 $y=f(x)$，$x\in\mathbf{R}$，记 $F(x)=f(x)+f(-x)$，$G(x)=f(x)-f(-x)$，则 $F(x)$ 为偶函数，$G(x)$ 为奇函数.当然，$\frac{1}{2}F(x)$ 为偶函数，$\frac{1}{2}G(x)$ 为奇函数，而

$$f(x)=\frac{1}{2}F(x)+\frac{1}{2}G(x),$$

故可断言：函数 $f(x)$ 可表示为一个偶函数与一个奇函数之和.

题 7　设矩阵 $\boldsymbol{A}=\begin{pmatrix}1&0&0\\2&3&0\\3&5&6\end{pmatrix}$，求 $(\boldsymbol{A}^*)^{-1}$.

解：由 $\boldsymbol{A}\boldsymbol{A}^*=|\boldsymbol{A}|\boldsymbol{I}$，$|\boldsymbol{A}|=18$，得 $\frac{\boldsymbol{A}}{|\boldsymbol{A}|}\boldsymbol{A}^*=\boldsymbol{I}$.

所以 $(\boldsymbol{A}^*)^{-1}=\frac{\boldsymbol{A}}{|\boldsymbol{A}|}=\frac{1}{18}\begin{pmatrix}1&0&0\\2&3&0\\3&5&6\end{pmatrix}$.

评注：因下三角形矩阵 A 的行列式

$$|A|=1\times3\times6=18\neq0,$$

故 A 可逆.

由 $A^*=|A|A^{-1}$，得

$$(A^*)^{-1}=(|A|A^{-1})^{-1}=\frac{1}{|A|}(A^{-1})^{-1}=\frac{1}{|A|}A.$$

题 8　已知三阶矩阵 A 的逆矩阵 $A^{-1}=\begin{pmatrix}1&1&1\\1&2&1\\1&1&3\end{pmatrix}$，试求伴随矩阵 A^* 的逆矩阵 $(A^*)^{-1}$.

解：$(A^*)^{-1}=(|A|A^{-1})^{-1}=\dfrac{1}{|A|}A=|A^{-1}|A.$

因 $|A^{-1}|=2$　故 $(A^*)^{-1}=2A$.

下面用初等变换求 A^{-1} 的逆矩阵，即求 A.

$$(A^{-1}\vdots I)=\left(\begin{array}{ccc:ccc}1&1&1&1&0&0\\1&2&1&0&1&0\\1&1&3&0&0&1\end{array}\right)\xrightarrow[(3)-(1)]{(2)-(1)}\left(\begin{array}{ccc:ccc}1&1&1&1&0&0\\0&1&0&-1&1&0\\0&0&2&-1&0&1\end{array}\right)$$

$$\xrightarrow[\frac{1}{2}\times(3)]{(1)-(2)}\left(\begin{array}{ccc:ccc}1&0&1&2&-1&0\\0&1&0&-1&1&0\\0&0&1&-\frac{1}{2}&0&\frac{1}{2}\end{array}\right)\xrightarrow{(1)-(3)}\left(\begin{array}{ccc:ccc}1&0&0&\frac{5}{2}&-1&-\frac{1}{2}\\0&1&0&-1&1&0\\0&0&1&-\frac{1}{2}&0&\frac{1}{2}\end{array}\right).$$

故

$$A=\begin{pmatrix}\frac{5}{2}&-1&-\frac{1}{2}\\-1&1&0\\-\frac{1}{2}&0&\frac{1}{2}\end{pmatrix}.$$

因此，

$$(A^*)^{-1}=|A^{-1}|A=2A=\begin{pmatrix}5&-2&-1\\-2&2&0\\-1&0&1\end{pmatrix}.$$

评注：题解中需求 A^{-1} 的逆矩阵 A，利用 A^{-1} 的伴随矩阵 $(A^{-1})^*$，知

$$(A^{-1})^{-1}=\frac{1}{|A^{-1}|}(A^{-1})^*,$$

即

$$|A^{-1}|A=(A^{-1})^*.$$

亦即

$$2\boldsymbol{A}=(\boldsymbol{A}^{-1})^{*}.$$

由此推得

$$(\boldsymbol{A}^{*})^{-1}=(\boldsymbol{A}^{-1})^{*}.$$

题9 设 $\boldsymbol{A}$ 为 n 阶方阵，$\boldsymbol{A}^*$ 为 $\boldsymbol{A}$ 的伴随矩阵，试证：

$$\mathrm{r}(\boldsymbol{A}^*)=\begin{cases}n,\mathrm{r}(\boldsymbol{A})=n,\\1,\mathrm{r}(\boldsymbol{A})=n-1,\\0,\mathrm{r}(\boldsymbol{A})<n-1.\end{cases}$$

证明： (1) 当 $\mathrm{r}(\boldsymbol{A})=n$ 时，$|\boldsymbol{A}|\neq 0$，$|\boldsymbol{A}^*|=|\boldsymbol{A}|^{n-1}\neq 0$，故 $\mathrm{r}(\boldsymbol{A}^*)=n$.

(2) 当 $\mathrm{r}(\boldsymbol{A})=n-1$ 时，$|\boldsymbol{A}|=0$，$\boldsymbol{A}\boldsymbol{A}^*=|\boldsymbol{A}|\boldsymbol{I}=\boldsymbol{O}$，故 $\mathrm{r}(\boldsymbol{A})+\mathrm{r}(\boldsymbol{A}^*)\leqslant n$，即 $\mathrm{r}(\boldsymbol{A}^*)\leqslant n-\mathrm{r}(\boldsymbol{A})=l$.

因 $\mathrm{r}(\boldsymbol{A})=n-1$，即 $\boldsymbol{A}$ 存在非零的 $n-1$ 阶子式.从而 $\boldsymbol{A}^*=(A_{ij})^{\mathrm{T}}$ 中存在非零元.故 $\mathrm{r}(\boldsymbol{A}^*)\geqslant 1$，因此 $\mathrm{r}(\boldsymbol{A}^*)=1$.

(3) 当 $\mathrm{r}(\boldsymbol{A})<n-1$ 时，$\boldsymbol{A}$ 的所有 $n-1$ 阶子式都等于零，故 $\boldsymbol{A}$ 的全部代数余子式 A_{ij} 均等于零，因此 $\boldsymbol{A}^*=\boldsymbol{O}$.故 $\mathrm{r}(\boldsymbol{A}^*)=0$.

评注：若矩阵 $\mathrm{r}(\boldsymbol{A})=k$，意即矩阵 $\boldsymbol{A}$ 中非零的最高子式的阶数为 k，所有的 $k+1$阶子式全为零，隐含所有的 $k+2$ 阶子式也全为零.

题10 计算下列行列式之值：

(1) 设 $\boldsymbol{A}$ 为三阶方阵，$\boldsymbol{A}^*$ 为 $\boldsymbol{A}$ 的伴随矩阵，$|\boldsymbol{A}|=-2$，求 $||\boldsymbol{A}^*|\boldsymbol{A}|$ 之值；

(2) 设 $\boldsymbol{A}$ 是三阶方阵，且 $|\boldsymbol{A}|=\dfrac{1}{27}$，求 $|(3\boldsymbol{A})^{-1}-18\boldsymbol{A}^*|$ 之值；

(3) 设 $\boldsymbol{A}$，$\boldsymbol{B}$ 都是三阶方阵，$|\boldsymbol{A}|=\dfrac{1}{2}$，$|\boldsymbol{B}|=\dfrac{1}{3}$，求 $|\boldsymbol{A}^*\boldsymbol{B}^{-1}-\boldsymbol{A}^{-1}\boldsymbol{B}^*|$ 之值；

(4) 设 $\boldsymbol{A}$ 为三阶方阵，且 $|\boldsymbol{A}|=2$，求 $\left|\left(\dfrac{4}{3}\boldsymbol{A}\right)^{-1}-\boldsymbol{A}^*\right|$ 之值；

(5) 设 $\boldsymbol{A}$ 为三阶方阵，且 $|\boldsymbol{A}|=\dfrac{1}{3}$，求 $|(2\boldsymbol{A}^*)^{-1}-3\boldsymbol{A}|$ 之值；

(6) 设 $\boldsymbol{A}$ 为 n 阶矩阵，满足 $\boldsymbol{A}\boldsymbol{A}^{\mathrm{T}}=\boldsymbol{I}$，且 $|\boldsymbol{A}|=-1$，求 $|\boldsymbol{A}+\boldsymbol{I}|$ 之值；

(7) 设三阶方阵 $\boldsymbol{A}$，$\boldsymbol{B}$ 满足 $\boldsymbol{A}^2\boldsymbol{B}-\boldsymbol{A}-\boldsymbol{B}=\boldsymbol{I}$，若 $\boldsymbol{A}=\begin{pmatrix}1&0&1\\0&2&0\\-2&0&1\end{pmatrix}$，则 $|\boldsymbol{B}|=$________；

(8) 设矩阵 $\boldsymbol{A}=\begin{pmatrix}2&1&0\\1&2&0\\0&0&1\end{pmatrix}$，矩阵 $\boldsymbol{B}$ 满足 $\boldsymbol{A}\boldsymbol{B}\boldsymbol{A}^*=2\boldsymbol{B}\boldsymbol{A}^*+\boldsymbol{I}$，其中 $\boldsymbol{A}^*$ 为 $\boldsymbol{A}$ 的伴随矩阵，则 $|\boldsymbol{B}|=$________；

(9) 设矩阵 $\boldsymbol{A}=\begin{pmatrix}2 & 1\\ -1 & 2\end{pmatrix}$,矩阵 $\boldsymbol{B}$ 满足 $\boldsymbol{BA}=\boldsymbol{B}+2\boldsymbol{I}$,则 $|\boldsymbol{B}|=$________;

(10) 设 $\boldsymbol{A},\boldsymbol{B}$ 为三阶矩阵,且 $|\boldsymbol{A}|=3$,$|\boldsymbol{B}|=2$,$|\boldsymbol{A}^{-1}+\boldsymbol{B}|=2$,则 $|\boldsymbol{A}+\boldsymbol{B}^{-1}|=$________;

(11) 设 $\boldsymbol{A}$ 为三阶矩阵,$|\boldsymbol{A}|=3$,$\boldsymbol{A}^*$ 为 $\boldsymbol{A}$ 的伴随矩阵,若交换 $\boldsymbol{A}$ 的第一行与第二行得到矩阵 $\boldsymbol{B}$,则 $|\boldsymbol{BA}^*|=$________.

解:(1) 因 $\boldsymbol{AA}^*=|\boldsymbol{A}|\boldsymbol{I}$,故

$$|\boldsymbol{AA}^*|=\big||\boldsymbol{A}|\boldsymbol{I}\big|=|(-2)\boldsymbol{I}|=(-2)^3=-8.$$

又 $|\boldsymbol{AA}^*|=|\boldsymbol{A}|\cdot|\boldsymbol{A}^*|$,故 $|\boldsymbol{A}^*|=\dfrac{-8}{-2}=4$.

从而

$$\big||\boldsymbol{A}^*|\boldsymbol{A}\big|=|\boldsymbol{A}^*|^3\cdot|\boldsymbol{A}|=4^3\times(-2)=-128.$$

评注:设 $\boldsymbol{A}$ 为三阶矩阵,k 为非零实数,则数乘矩阵 $k\boldsymbol{A}$ 是由矩阵 $\boldsymbol{A}$ 中每一元素乘以 k 后所得的矩阵,但是

$$|k\boldsymbol{A}|=k^3|\boldsymbol{A}|.$$

若 $\boldsymbol{A}$ 是 n 阶矩阵,则

$$|k\boldsymbol{A}|=k^n|\boldsymbol{A}|.$$

(2) $$|(3\boldsymbol{A})^{-1}-18\boldsymbol{A}^*|=\left|\frac{1}{3}\boldsymbol{A}^{-1}-18|\boldsymbol{A}|\boldsymbol{A}^{-1}\right|$$

$$=\left|\frac{1}{3}\boldsymbol{A}^{-1}-\frac{2}{3}\boldsymbol{A}^{-1}\right|=\left|-\frac{1}{3}\boldsymbol{A}^{-1}\right|=\left(-\frac{1}{3}\right)^3|\boldsymbol{A}^{-1}|=-\frac{1}{27}\cdot 27=-1.$$

评注:因 $|\boldsymbol{A}+\boldsymbol{B}|=|\boldsymbol{A}|+|\boldsymbol{B}|$ 未必成立,所以应先将 $(3\boldsymbol{A})^{-1}-18\boldsymbol{A}^*$ 变形为 $-\dfrac{1}{3}\boldsymbol{A}^{-1}$.然后,利用 $|k\boldsymbol{A}^{-1}|=k^3|\boldsymbol{A}^{-1}|$ 加以计算.

(3) $$|\boldsymbol{A}^*\boldsymbol{B}^{-1}-\boldsymbol{A}^{-1}\boldsymbol{B}^*|=\big||\boldsymbol{A}|\boldsymbol{A}^{-1}\boldsymbol{B}^{-1}-\boldsymbol{A}^{-1}|\boldsymbol{B}|\boldsymbol{B}^{-1}\big|$$

$$=\left|\frac{1}{2}\boldsymbol{A}^{-1}\boldsymbol{B}^{-1}-\frac{1}{3}\boldsymbol{A}^{-1}\boldsymbol{B}^{-1}\right|=\left|\frac{1}{6}\boldsymbol{A}^{-1}\boldsymbol{B}^{-1}\right|=\frac{1}{6^3}|\boldsymbol{A}^{-1}||\boldsymbol{B}^{-1}|=\frac{1}{6^3}\times2\times3=\frac{1}{36}.$$

评注:$|\boldsymbol{AB}|=|\boldsymbol{A}|\cdot|\boldsymbol{B}|$,但是 $|\boldsymbol{A}+\boldsymbol{B}|=|\boldsymbol{A}|+|\boldsymbol{B}|$ 未必成立.

(4) 因 $\left(\dfrac{4}{3}\boldsymbol{A}\right)^{-1}=\dfrac{3}{4}\boldsymbol{A}^{-1}$,$\boldsymbol{A}^*=|\boldsymbol{A}|\boldsymbol{A}^{-1}=2\boldsymbol{A}^{-1}$.

故

$$\left|\left(\frac{4}{3}\boldsymbol{A}\right)^{-1}-\boldsymbol{A}^*\right|=\left|\frac{3}{4}\boldsymbol{A}^{-1}-2\boldsymbol{A}^{-1}\right|=\left|-\frac{5}{4}\boldsymbol{A}^{-1}\right|$$

$$=\left(-\frac{5}{4}\right)^3\cdot|\boldsymbol{A}^{-1}|=\left(-\frac{5}{4}\right)^3\cdot\frac{1}{|\boldsymbol{A}|}=-\frac{125}{126}.$$

评注：$|k\boldsymbol{A}|=k^3|\boldsymbol{A}|$（$\boldsymbol{A}$ 为三阶方阵）；

$$(k\boldsymbol{A})^{-1}=\frac{1}{k}\boldsymbol{A}^{-1}(k\neq 0)$$

(5) $$|(2\boldsymbol{A}^*)^{-1}-3\boldsymbol{A}|=|(2|\boldsymbol{A}|\boldsymbol{A}^{-1})^{-1}-3\boldsymbol{A}|=\left|\frac{3}{2}\boldsymbol{A}-3\boldsymbol{A}\right|=\left|-\frac{3}{2}\boldsymbol{A}\right|=\left(-\frac{3}{2}\right)^3|\boldsymbol{A}|=-\frac{9}{8}.$$

(6) 方法一：因

$$|\boldsymbol{A}+\boldsymbol{I}|=|\boldsymbol{A}+\boldsymbol{A}\boldsymbol{A}^{\mathrm{T}}|=|\boldsymbol{A}(\boldsymbol{I}+\boldsymbol{A}^{\mathrm{T}})|=|\boldsymbol{A}||\boldsymbol{I}+\boldsymbol{A}^{\mathrm{T}}|=-|\boldsymbol{I}+\boldsymbol{A}^{\mathrm{T}}|=-|(\boldsymbol{I}+\boldsymbol{A})^{\mathrm{T}}|=-|\boldsymbol{I}+\boldsymbol{A}|,$$

即

$$2|\boldsymbol{A}+\boldsymbol{I}|=0,$$

故

$$|\boldsymbol{A}+\boldsymbol{I}|=0.$$

方法二：矩阵 $\boldsymbol{A}+\boldsymbol{I}$ 右乘 $\boldsymbol{A}^{\mathrm{T}}$ 并取行列式，得

$$|(\boldsymbol{A}+\boldsymbol{I})\boldsymbol{A}^{\mathrm{T}}|=|\boldsymbol{A}\boldsymbol{A}^{\mathrm{T}}+\boldsymbol{A}^{\mathrm{T}}|=|\boldsymbol{I}+\boldsymbol{A}^{\mathrm{T}}|=|(\boldsymbol{I}+\boldsymbol{A})^{\mathrm{T}}|=|\boldsymbol{I}+\boldsymbol{A}|,$$

即

$$|\boldsymbol{A}+\boldsymbol{I}|\cdot|\boldsymbol{A}^{\mathrm{T}}|=|A+\boldsymbol{I}|,$$

亦即

$$(1-|\boldsymbol{A}|)|\boldsymbol{A}+\boldsymbol{I}|=0.$$

因 $|\boldsymbol{A}|=-1$，故 $|\boldsymbol{A}+\boldsymbol{I}|=0$.

评注：矩阵的乘法满足分配律；$\boldsymbol{A}=\boldsymbol{A}\boldsymbol{I}=\boldsymbol{I}\boldsymbol{A}$；$(\boldsymbol{A}+\boldsymbol{B})^{\mathrm{T}}=\boldsymbol{A}^{\mathrm{T}}+\boldsymbol{B}^{\mathrm{T}}$；$|\boldsymbol{A}\boldsymbol{B}|=|\boldsymbol{A}|\cdot|\boldsymbol{B}|$ 等等都是常用的知识.

(7) 由 $\boldsymbol{A}^2\boldsymbol{B}-\boldsymbol{A}-\boldsymbol{B}=\boldsymbol{I}$，知

$$(\boldsymbol{A}^2-\boldsymbol{I})\boldsymbol{B}=\boldsymbol{A}+\boldsymbol{I},$$

即

$$(\boldsymbol{A}+\boldsymbol{I})(\boldsymbol{A}-\boldsymbol{I})\boldsymbol{B}=\boldsymbol{A}+\boldsymbol{I},$$

易知，矩阵 $\boldsymbol{A}+\boldsymbol{I}$ 可逆，于是有 $(\boldsymbol{A}-\boldsymbol{I})\boldsymbol{B}=\boldsymbol{I}$.

两边取行列式，得 $|\boldsymbol{A}-\boldsymbol{I}||\boldsymbol{B}|=1$.

因为 $|\boldsymbol{A}-\boldsymbol{I}|=\begin{vmatrix}0&0&1\\0&1&0\\-2&0&0\end{vmatrix}=2$，

所以 $|\boldsymbol{B}|=\dfrac{1}{2}$.

(8) 所给等式两边同时右乘 $\boldsymbol{A}$，得

$$\boldsymbol{ABA}^*\boldsymbol{A}=2\boldsymbol{BA}^*\boldsymbol{A}+\boldsymbol{IA},$$

即

$$|\boldsymbol{A}|\boldsymbol{AB}=2|\boldsymbol{A}|\boldsymbol{B}+\boldsymbol{A}.$$

由于 $|\boldsymbol{A}|=3$，所以上式可以写成

$$(3\boldsymbol{A}-6\boldsymbol{I})\boldsymbol{B}=\boldsymbol{A},$$

于是

$$|3\boldsymbol{A}-6\boldsymbol{I}||\boldsymbol{B}|=|\boldsymbol{A}|.$$

从而

$$|\boldsymbol{B}|=\frac{|\boldsymbol{A}|}{|3\boldsymbol{A}-6\boldsymbol{I}|}=\frac{3}{27|\boldsymbol{A}-2\boldsymbol{I}|}=\frac{1}{9}.$$

(9) 由 $\boldsymbol{BA}=\boldsymbol{B}+2\boldsymbol{I}$，得 $\boldsymbol{B}(\boldsymbol{A}-\boldsymbol{I})=2\boldsymbol{I}$. 于是有

$$|\boldsymbol{B}||\boldsymbol{A}-\boldsymbol{I}|=4, \text{即} |\boldsymbol{B}|\begin{vmatrix}1 & 1\\ -1 & 1\end{vmatrix}=4.$$

所以，$|\boldsymbol{B}|=\frac{4}{2}=2$.

(10) 因为 $\boldsymbol{A}(\boldsymbol{A}^{-1}+\boldsymbol{B})\boldsymbol{B}^{-1}=(\boldsymbol{I}+\boldsymbol{AB})\boldsymbol{B}^{-1}=\boldsymbol{B}^{-1}+\boldsymbol{A}$，所以

$$|\boldsymbol{A}+\boldsymbol{B}^{-1}|=|\boldsymbol{A}(\boldsymbol{A}^{-1}+\boldsymbol{B})\boldsymbol{B}^{-1}|=|\boldsymbol{A}||\boldsymbol{A}^{-1}+\boldsymbol{B}||\boldsymbol{B}^{-1}|.$$

已知 $|\boldsymbol{B}|=2$，所以 $|\boldsymbol{B}^{-1}|=|\boldsymbol{B}|^{-1}=\frac{1}{2}$，

于是

$$|\boldsymbol{A}+\boldsymbol{B}^{-1}|=|\boldsymbol{A}||\boldsymbol{A}^{-1}+\boldsymbol{B}||\boldsymbol{B}^{-1}|=3\times2\times\frac{1}{2}=3.$$

(11) $|\boldsymbol{B}|=-|\boldsymbol{A}|=3$.

$|\boldsymbol{A}^*|=|\boldsymbol{A}|^2=9$.

从而 $|\boldsymbol{BA}^*|=|\boldsymbol{B}|\cdot|\boldsymbol{A}^*|=3\times9=27$.

评注：可利用矩阵性质解题，常用的性质有：

$$(k\boldsymbol{A})^{-1}=\frac{1}{k}\boldsymbol{A}^{-1}(k\neq0);(\boldsymbol{A}^{-1})^{-1}=\boldsymbol{A};$$

$$\boldsymbol{A}^*=|\boldsymbol{A}|\boldsymbol{A}^{-1};|\boldsymbol{A}^{-1}|=\frac{1}{|\boldsymbol{A}|};$$

$$|k\boldsymbol{A}|=k^n|\boldsymbol{A}|(\boldsymbol{A}\text{ 为 }n\text{ 阶方阵}).$$

2.5　分块矩阵

1. 将矩阵 $\boldsymbol{A}$ 看作是由若干个小矩阵所组成，这些小矩阵称为子矩阵或子块. 原矩阵分块后，以所分的子块作为元素的矩阵称为分块矩阵.

给定一个矩阵 $\boldsymbol{A}$，可在行间作水平线或在列间作铅直线，就可将矩阵 $\boldsymbol{A}$ 分块.

矩阵 $\boldsymbol{A}$ 可以根据需要、矩阵的特点和运算的合理性，把 $\boldsymbol{A}$ 写成多种不同形式的分块矩阵.

2. 分块矩阵运算时，把子块作为元素处理.

(1) 线性运算

设 $\boldsymbol{A}=(\boldsymbol{A}_{pq})=\begin{pmatrix}\boldsymbol{A}_{11} & \boldsymbol{A}_{12} & \cdots & \boldsymbol{A}_{1t}\\ \boldsymbol{A}_{21} & \boldsymbol{A}_{22} & \cdots & \boldsymbol{A}_{2t}\\ \vdots & \vdots & & \vdots\\ \boldsymbol{A}_{s1} & \boldsymbol{A}_{s2} & \cdots & \boldsymbol{A}_{st}\end{pmatrix}$,

$\boldsymbol{B}=(\boldsymbol{B}_{pq})=\begin{pmatrix}\boldsymbol{B}_{11} & \boldsymbol{B}_{12} & \cdots & \boldsymbol{B}_{1t}\\ \boldsymbol{B}_{21} & \boldsymbol{B}_{22} & \cdots & \boldsymbol{B}_{2t}\\ \vdots & \vdots & & \vdots\\ \boldsymbol{B}_{s1} & \boldsymbol{B}_{s2} & \cdots & \boldsymbol{B}_{st}\end{pmatrix}$,

其中对应子块 $\boldsymbol{A}_{pq}$ 与 $\boldsymbol{B}_{pq}$ 有相同的行数与相同的列数，则

$$\boldsymbol{A}+\boldsymbol{B}=(\boldsymbol{A}_{pq})+(\boldsymbol{B}_{pq})=(\boldsymbol{A}_{pq}+\boldsymbol{B}_{pq}).$$

又 k 为实数，则

$$k\boldsymbol{A}=k(\boldsymbol{A}_{pq})=(k\boldsymbol{A}_{pq}).$$

(2) 乘法运算

如果将矩阵 $\boldsymbol{A}_{m\times l}$，$\boldsymbol{B}_{l\times n}$ 分块为

$$\boldsymbol{A}_{m\times l}=(\boldsymbol{A}_{pk})=\begin{pmatrix}\boldsymbol{A}_{11} & \boldsymbol{A}_{12} & \cdots & \boldsymbol{A}_{1r}\\ \boldsymbol{A}_{21} & \boldsymbol{A}_{22} & \cdots & \boldsymbol{A}_{2r}\\ \vdots & \vdots & & \vdots\\ \boldsymbol{A}_{s1} & \boldsymbol{A}_{s2} & \cdots & \boldsymbol{A}_{sr}\end{pmatrix}$$

$$\boldsymbol{B}_{l\times n}=(\boldsymbol{B}_{kq})=\begin{pmatrix}\boldsymbol{B}_{11} & \boldsymbol{B}_{12} & \cdots & \boldsymbol{B}_{1t}\\ \boldsymbol{B}_{21} & \boldsymbol{B}_{22} & \cdots & \boldsymbol{B}_{2t}\\ \vdots & \vdots & & \vdots\\ \boldsymbol{B}_{r1} & \boldsymbol{B}_{r2} & \cdots & \boldsymbol{B}_{rt}\end{pmatrix}$$

则分块矩阵的乘积

$$\boldsymbol{C}=(\boldsymbol{A}_{pk})(\boldsymbol{B}_{kq})=\begin{pmatrix}\boldsymbol{C}_{11} & \boldsymbol{C}_{12} & \cdots & \boldsymbol{C}_{1t}\\ \boldsymbol{C}_{21} & \boldsymbol{C}_{22} & \cdots & \boldsymbol{C}_{2t}\\ \vdots & \vdots & & \vdots\\ \boldsymbol{C}_{s1} & \boldsymbol{C}_{s2} & \cdots & \boldsymbol{C}_{st}\end{pmatrix},$$

其中 $\boldsymbol{C}_{pq}=\boldsymbol{A}_{p1}\boldsymbol{B}_{1q}+\boldsymbol{A}_{p2}\boldsymbol{B}_{2q}+\cdots+\boldsymbol{A}_{pr}\boldsymbol{B}_{rq}=\sum\limits_{k=1}^{r}\boldsymbol{A}_{pk}\boldsymbol{B}_{kq}$ $(p=1,2,\cdots,s,q=1,$

$2,\cdots,t$)，每一个乘积 $\boldsymbol{A}_{pk}\boldsymbol{B}_{kq}$ 都是可行的.

3. 形如

$$\boldsymbol{A}=\begin{pmatrix}\boldsymbol{A}_1 & 0 & \cdots & 0\\ 0 & \boldsymbol{A}_2 & \cdots & 0\\ \vdots & \vdots & & \vdots\\ 0 & 0 & \cdots & \boldsymbol{A}_s\end{pmatrix}$$

的矩阵称为分块对角矩阵，又称为准对角矩阵，其中 $\boldsymbol{A}_1,\boldsymbol{A}_2,\cdots,\boldsymbol{A}_s$ 均为方阵，且其余子矩阵均为零矩阵.

又设

$$\boldsymbol{B}=\begin{pmatrix}\boldsymbol{B}_1 & 0 & \cdots & 0\\ 0 & \boldsymbol{B}_2 & \cdots & 0\\ \vdots & \vdots & & \vdots\\ 0 & 0 & \cdots & \boldsymbol{B}_s\end{pmatrix}$$

为分块对角矩阵，且 $\boldsymbol{A}_k$ 与 $\boldsymbol{B}_k(k=1,2,\cdots,s)$ 的阶数相同，则

$$\boldsymbol{AB}=\begin{pmatrix}\boldsymbol{A}_1\boldsymbol{B}_1 & 0 & \cdots & 0\\ 0 & \boldsymbol{A}_2\boldsymbol{B}_2 & \cdots & 0\\ \vdots & \vdots & & \vdots\\ 0 & 0 & \cdots & \boldsymbol{A}_s\boldsymbol{B}_s\end{pmatrix}.$$

4. (1) 设 $\boldsymbol{X}=\begin{pmatrix}\boldsymbol{B} & \boldsymbol{O}\\ \boldsymbol{O} & \boldsymbol{C}\end{pmatrix}$，方阵 $\boldsymbol{B}$、$\boldsymbol{C}$ 均可逆，则

$$\boldsymbol{X}^{-1}=\begin{pmatrix}\boldsymbol{B}^{-1} & \boldsymbol{O}\\ \boldsymbol{O} & \boldsymbol{C}^{-1}\end{pmatrix}.$$

(2) 设 $\boldsymbol{X}=\begin{pmatrix}\boldsymbol{B} & \boldsymbol{O}\\ \boldsymbol{C} & \boldsymbol{D}\end{pmatrix}$，方阵 $\boldsymbol{B}$、$\boldsymbol{D}$ 均可逆，则

$$\boldsymbol{X}^{-1}=\begin{pmatrix}\boldsymbol{B}^{-1} & \boldsymbol{O}\\ -\boldsymbol{D}^{-1}\boldsymbol{C}\boldsymbol{B}^{-1} & \boldsymbol{D}^{-1}\end{pmatrix}.$$

(3) 设 $\boldsymbol{X}=\begin{pmatrix}\boldsymbol{A} & \boldsymbol{C}\\ \boldsymbol{O} & \boldsymbol{B}\end{pmatrix}$，方阵 $\boldsymbol{A}$、$\boldsymbol{B}$ 均可逆，则

$$\boldsymbol{X}^{-1}=\begin{pmatrix}\boldsymbol{A}^{-1} & -\boldsymbol{A}^{-1}\boldsymbol{C}\boldsymbol{B}^{-1}\\ \boldsymbol{O} & \boldsymbol{B}^{-1}\end{pmatrix}.$$

(4) 设 $\boldsymbol{X}=\begin{pmatrix}\boldsymbol{O} & \boldsymbol{A}\\ \boldsymbol{C} & \boldsymbol{B}\end{pmatrix}$，方阵 $\boldsymbol{A}$，$\boldsymbol{C}$ 均可逆，则

$$\boldsymbol{X}^{-1}=\begin{pmatrix}-\boldsymbol{C}^{-1}\boldsymbol{B}\boldsymbol{A}^{-1} & \boldsymbol{C}^{-1}\\ \boldsymbol{A}^{-1} & \boldsymbol{O}\end{pmatrix}.$$

(5) 设 $\boldsymbol{X}=\begin{pmatrix} & & & \boldsymbol{A}_1 \\ & & \boldsymbol{A}_2 & \\ & \iddots & & \\ \boldsymbol{A}_s & & & \end{pmatrix}$，且 $\boldsymbol{A}_i(i=1,2,\cdots,s)$ 均可逆，则

$$\boldsymbol{X}^{-1}=\begin{pmatrix} & & & \boldsymbol{A}_s^{-1} \\ & & \boldsymbol{A}_{s-1}^{-1} & \\ & \iddots & & \\ & \boldsymbol{A}_2^{-1} & & \\ \boldsymbol{A}_1^{-1} & & & \end{pmatrix}.$$

(6) 设 $\boldsymbol{A},\boldsymbol{B}$ 均为方阵，则

$$\begin{vmatrix} \boldsymbol{A} & \boldsymbol{O} \\ \boldsymbol{O} & \boldsymbol{B} \end{vmatrix}=\begin{vmatrix} \boldsymbol{A} & \boldsymbol{C} \\ \boldsymbol{O} & \boldsymbol{B} \end{vmatrix}=\begin{vmatrix} \boldsymbol{A} & \boldsymbol{O} \\ \boldsymbol{C} & \boldsymbol{B} \end{vmatrix}=|\boldsymbol{A}|\cdot|\boldsymbol{B}|.$$

(7) $\begin{vmatrix} \boldsymbol{O} & \boldsymbol{A}_{m\times m} \\ \boldsymbol{B}_{n\times n} & \boldsymbol{O} \end{vmatrix}=(-1)^{mn}|\boldsymbol{A}||\boldsymbol{B}|.$

(8) $\begin{pmatrix} \boldsymbol{A} & \boldsymbol{O} \\ \boldsymbol{O} & \boldsymbol{B} \end{pmatrix}^*=|\boldsymbol{AB}|\begin{pmatrix} \boldsymbol{A}^{-1} & \boldsymbol{O} \\ \boldsymbol{O} & \boldsymbol{B}^{-1} \end{pmatrix}=|\boldsymbol{A}||\boldsymbol{B}|\begin{pmatrix} \boldsymbol{A}^{-1} & \boldsymbol{O} \\ \boldsymbol{O} & \boldsymbol{B}^{-1} \end{pmatrix}$

$$=\begin{pmatrix} |\boldsymbol{B}|\boldsymbol{A}^* & \boldsymbol{O} \\ \boldsymbol{O} & |\boldsymbol{A}|\boldsymbol{B}^* \end{pmatrix}.$$

5. 已给线性方程组

$$\begin{cases} a_{11}x_1+a_{12}x_2+\cdots+a_{1n}x_n=b_1, \\ a_{21}x_1+a_{22}x_2+\cdots+a_{2n}x_n=b_2, \\ \cdots\cdots \\ a_{m1}x_1+a_{m2}x_2+\cdots+a_{mn}x_n=b_m. \end{cases} \qquad ①$$

系数矩阵 $\boldsymbol{A}=(a_{ij})_{m\times n}$.

未知数向量 $\boldsymbol{x}=(x_1,x_2,\cdots,x_n)^{\mathrm{T}}$.

常数列向量 $\boldsymbol{b}=(b_1,b_2,\cdots,b_m)^{\mathrm{T}}$.

方程组①的矩阵形式为

$$\boldsymbol{Ax}=\boldsymbol{b}. \qquad ②$$

将系数矩阵 $\boldsymbol{A}$ 按列分块为

$$\boldsymbol{A}=(\boldsymbol{\alpha}_1,\boldsymbol{\alpha}_2,\cdots,\boldsymbol{\alpha}_n).$$

将 n 阶单位矩阵 $\boldsymbol{I}_n$ 也按列分块为

$$\boldsymbol{I}_n=(\boldsymbol{\varepsilon}_1,\boldsymbol{\varepsilon}_2,\cdots,\boldsymbol{\varepsilon}_n),$$

其中 $\boldsymbol{\varepsilon}_j=\begin{pmatrix}0\\ \vdots\\ 0\\ 1\\ 0\\ \vdots\\ 0\end{pmatrix}$ ——第 j 行.

则

$$\boldsymbol{A}\boldsymbol{\varepsilon}_j=\boldsymbol{\alpha}_j\ (j=1,2,\cdots,n).$$

这表明:用 $\boldsymbol{\varepsilon}_j$ 右乘矩阵 $\boldsymbol{A}$ 可得矩阵 $\boldsymbol{A}$ 的第 j 列向量.

方程组②为

$$(\boldsymbol{\alpha}_1,\boldsymbol{\alpha}_2,\cdots,\boldsymbol{\alpha}_n)\begin{pmatrix}x_1\\ x_2\\ \vdots\\ x_n\end{pmatrix}=\boldsymbol{b},$$

即

$$\boldsymbol{b}=x_1\boldsymbol{\alpha}_1+x_2\boldsymbol{\alpha}_2+\cdots+x_n\boldsymbol{\alpha}_n.$$

这表明:常数列向量 $\boldsymbol{b}$ 可写成系数矩阵 $\boldsymbol{A}$ 的列向量的线性组合.从而将分块矩阵、线性组合和方程组理论融为一体.

题 1 设

$$\boldsymbol{A}=\begin{pmatrix}1&0&0&0\\0&1&0&0\\-1&2&1&0\\1&1&0&1\end{pmatrix},\boldsymbol{B}=\begin{pmatrix}1&0&1&0\\-1&2&0&1\\1&0&4&1\\-1&-1&2&0\end{pmatrix},$$

用分块矩阵求 $\boldsymbol{AB}$.

解:$\boldsymbol{A},\boldsymbol{B}$ 分块成

$$\boldsymbol{A}=\left(\begin{array}{cc:cc}1&0&0&0\\0&1&0&0\\ \hdashline -1&2&1&0\\1&1&0&1\end{array}\right)=\begin{pmatrix}\boldsymbol{I}&\boldsymbol{O}\\ \boldsymbol{A}_1&\boldsymbol{I}\end{pmatrix},$$

$$\boldsymbol{B}=\left(\begin{array}{cc:cc}1&0&1&0\\-1&2&0&1\\ \hdashline 1&0&4&1\\-1&-1&2&0\end{array}\right)=\begin{pmatrix}\boldsymbol{B}_{11}&\boldsymbol{I}\\ \boldsymbol{B}_{21}&\boldsymbol{B}_{22}\end{pmatrix},$$

$$\boldsymbol{AB}=\begin{pmatrix}\boldsymbol{I} & \boldsymbol{O}\\ \boldsymbol{A}_1 & \boldsymbol{I}\end{pmatrix}\begin{pmatrix}\boldsymbol{B}_{11} & \boldsymbol{I}\\ \boldsymbol{B}_{21} & \boldsymbol{B}_{22}\end{pmatrix}=\begin{pmatrix}\boldsymbol{B}_{11} & \boldsymbol{I}\\ \boldsymbol{A}_1\boldsymbol{B}_{11}+\boldsymbol{B}_{21} & \boldsymbol{A}_1+\boldsymbol{B}_{22}\end{pmatrix}.$$

$$\begin{aligned}\boldsymbol{A}_1\boldsymbol{B}_{11}+\boldsymbol{B}_{21}&=\begin{pmatrix}-1 & 2\\ 1 & 1\end{pmatrix}\begin{pmatrix}1 & 0\\ -1 & 2\end{pmatrix}+\begin{pmatrix}1 & 0\\ -1 & -1\end{pmatrix}\\ &=\begin{pmatrix}-3 & 4\\ 0 & 2\end{pmatrix}+\begin{pmatrix}1 & 0\\ -1 & -1\end{pmatrix}\\ &=\begin{pmatrix}-2 & 4\\ -1 & 1\end{pmatrix},\end{aligned}$$

$$\boldsymbol{A}_1+\boldsymbol{B}_{22}=\begin{pmatrix}-1 & 2\\ 1 & 1\end{pmatrix}+\begin{pmatrix}4 & 1\\ 2 & 0\end{pmatrix}=\begin{pmatrix}3 & 3\\ 3 & 1\end{pmatrix},$$

所以

$$\boldsymbol{AB}=\left(\begin{array}{cc:cc}1 & 0 & 1 & 0\\ -1 & 2 & 0 & 1\\ \hdashline -2 & 4 & 3 & 3\\ -1 & 1 & 3 & 1\end{array}\right).$$

评注:矩阵分块必须合理,可利用分块矩阵乘法规则进行分块矩阵的乘法运算.

利用矩阵乘法求得 $\boldsymbol{AB}$,以验证本题计算的正确性.

题 2 设

$$\boldsymbol{A}=\begin{pmatrix}1 & 2 & 0 & 0 & 1\\ -2 & 1 & 0 & 0 & 0\\ 0 & 0 & 3 & 0 & 0\\ 0 & 0 & 0 & 3 & 0\\ 0 & 0 & 0 & 0 & 4\\ 0 & 0 & 0 & 0 & 0\end{pmatrix},\boldsymbol{B}=\begin{pmatrix}2 & 0\\ 0 & 2\\ 1 & 2\\ 3 & 4\\ 0 & 0\end{pmatrix},$$

用分块矩阵求 $\boldsymbol{AB}$.

解:把 $\boldsymbol{A}$ 分块成

$$\boldsymbol{A}=\left(\begin{array}{cc:cc:c}1 & 2 & 0 & 0 & 1\\ -2 & 1 & 0 & 0 & 0\\ \hdashline 0 & 0 & 3 & 0 & 0\\ 0 & 0 & 0 & 3 & 0\\ \hdashline 0 & 0 & 0 & 0 & 4\\ 0 & 0 & 0 & 0 & 0\end{array}\right)=\begin{pmatrix}\boldsymbol{A}_{11} & \boldsymbol{O}_{2\times2} & \boldsymbol{A}_{13}\\ \boldsymbol{O}_{2\times2} & 3\boldsymbol{I}_2 & \boldsymbol{O}_{2\times1}\\ \boldsymbol{O}_{2\times2} & \boldsymbol{O}_{2\times2} & \boldsymbol{A}_{33}\end{pmatrix}.$$

为使分块乘积 $\boldsymbol{AB}$ 有意义,把 $\boldsymbol{B}$ 分块成

$$B=\begin{pmatrix}2&0\\0&2\\\hdashline 1&2\\3&4\\\hdashline 0&0\end{pmatrix}=\begin{pmatrix}2\boldsymbol{I}_2\\ \boldsymbol{B}_2\\ \boldsymbol{O}_{1\times2}\end{pmatrix}.$$

于是,分块矩阵乘积

$$\boldsymbol{AB}=\begin{pmatrix}\boldsymbol{A}_{11}&\boldsymbol{O}_{2\times2}&\boldsymbol{A}_{13}\\ \boldsymbol{O}_{2\times2}&3\boldsymbol{I}_2&\boldsymbol{O}_{2\times1}\\ \boldsymbol{O}_{2\times2}&\boldsymbol{O}_{2\times2}&\boldsymbol{A}_{33}\end{pmatrix}\begin{pmatrix}2\boldsymbol{I}_2\\ \boldsymbol{B}_2\\ \boldsymbol{O}_{1\times2}\end{pmatrix}=\begin{pmatrix}2\boldsymbol{A}_{11}\\ 3\boldsymbol{B}_2\\ \boldsymbol{O}_{2\times2}\end{pmatrix}=\begin{pmatrix}2&4\\-4&2\\\hdashline 3&6\\9&12\\\hdashline 0&0\\0&0\end{pmatrix}.$$

评注:分块矩阵作乘法运算时,为避免混淆,可标出单位矩阵或零矩阵的行、列数.

题 3 计算分块矩阵 $\boldsymbol{A}=\left(\begin{array}{cc:ccc}1&2&0&0&0\\2&5&0&0&0\\\hdashline 0&0&1&1&1\\0&0&1&2&1\\0&0&1&1&3\end{array}\right)$ 的 $|\boldsymbol{A}|$、$\boldsymbol{A}^{-1}$ 和 $(\boldsymbol{A}^*)^{-1}$.

解:$|\boldsymbol{A}|=\begin{vmatrix}1&2\\2&5\end{vmatrix}\times\begin{vmatrix}1&1&1\\1&2&1\\1&1&3\end{vmatrix}=1\times2=2.$

因 $\begin{pmatrix}1&2\\2&5\end{pmatrix}^{-1}=\begin{pmatrix}5&-2\\-2&1\end{pmatrix}$, $\begin{pmatrix}1&1&1\\1&2&1\\1&1&3\end{pmatrix}^{-1}=\begin{pmatrix}\frac{5}{2}&-1&-\frac{1}{2}\\-1&1&0\\-\frac{1}{2}&0&\frac{1}{2}\end{pmatrix}$,

故 $$\boldsymbol{A}^{-1}=\begin{pmatrix}5&-2&0&0&0\\-2&1&0&0&0\\0&0&\frac{5}{2}&-1&-\frac{1}{2}\\0&0&-1&1&0\\0&0&-\frac{1}{2}&0&\frac{1}{2}\end{pmatrix}.$$

因 $$\boldsymbol{A}^{-1}=\frac{1}{|\boldsymbol{A}|}\boldsymbol{A}^*,$$

即

$$A^*=|A|A^{-1}.$$

故

$$(A^*)^{-1}=(|A|A^{-1})^{-1}=\frac{1}{|A|}\cdot A=\begin{pmatrix}\frac{1}{2}&1&0&0&0\\1&\frac{5}{2}&0&0&0\\0&0&\frac{1}{2}&\frac{1}{2}&\frac{1}{2}\\0&0&\frac{1}{2}&1&\frac{1}{2}\\0&0&\frac{1}{2}&\frac{1}{2}&\frac{3}{2}\end{pmatrix}.$$

评注：设 $A=\begin{pmatrix}A_1&O\\O&A_2\end{pmatrix}$ 可逆，且 A_1、A_2 均为方阵，则 $A^{-1}=\begin{pmatrix}A_1^{-1}&O\\O&A_2^{-1}\end{pmatrix}$，且 $|A|=|A_1|\cdot|A_2|$.

题 4　设分块矩阵 $A=\begin{pmatrix}B&O\\O&C\end{pmatrix}$，其中 $B=\begin{pmatrix}1&1\\3&2\end{pmatrix}$，$C=\begin{pmatrix}3&-2\\0&-1\end{pmatrix}$，求 A^{-1} 和 A^*.

解：由题意，知 $B^{-1}=\begin{pmatrix}-2&1\\3&-1\end{pmatrix}$，$C^{-1}=\begin{pmatrix}\frac{1}{3}&-\frac{2}{3}\\0&-1\end{pmatrix}$.

$$A^{-1}=\begin{pmatrix}B&O\\O&C\end{pmatrix}^{-1}=\begin{pmatrix}B^{-1}&O\\O&C^{-1}\end{pmatrix}=\begin{pmatrix}-2&1&0&0\\3&-1&0&0\\0&0&\frac{1}{3}&-\frac{2}{3}\\0&0&0&-1\end{pmatrix}$$

又 $|A|=\begin{vmatrix}B&O\\O&C\end{vmatrix}=|B||C|=-1\times(-3)=3.$

故 $A^*=|A|A^{-1}=3A^{-1}=\begin{pmatrix}-6&3&0&0\\9&-3&0&0\\0&0&1&-2\\0&0&0&-3\end{pmatrix}.$

评注：因 $A=\begin{pmatrix}B&O\\O&C\end{pmatrix}$，$|B|\neq0$，$|C|\neq0$，故 B、C 可逆，且

$$A^{-1}=\begin{bmatrix}B^{-1} & O\\ O & C^{-1}\end{bmatrix};$$

$$|A|=|B|\cdot|C|.$$

题 5 设$A=\begin{pmatrix}B & O\\ C & D\end{pmatrix}$,其中$B$,$D$皆为可逆矩阵,证明:$A$可逆,并求$A^{-1}$.

解:因B,D可逆,故$|B|\neq0$,$|D|\neq0$.于是$|A|=|B||D|\neq0$,从而A可逆.

设$A^{-1}=\begin{pmatrix}X & Y\\ Z & W\end{pmatrix}$,其中$X$与$B$,$W$与$D$分别是同阶方阵.

于是,由

$$\begin{pmatrix}B & O\\ C & D\end{pmatrix}\begin{pmatrix}X & Y\\ X & W\end{pmatrix}=\begin{pmatrix}BX & BY\\ CX+DZ & CY+DW\end{pmatrix}=\begin{bmatrix}I_m & O\\ O & I_n\end{bmatrix},$$

得

$$\begin{cases}BX=I_m,\\ BY=O,\\ CX+DZ=O,\\ CY+DW=I_n,\end{cases}$$

故

$$\begin{cases}X=B^{-1};\\ Y=B^{-1}\cdot O=O;\\ CB^{-1}+DZ=O,\text{得 } Z=-D^{-1}CB^{-1};\\ DW=I_n,\text{得 } W=D^{-1}.\end{cases}$$

最后

$$A^{-1}=\begin{bmatrix}B^{-1} & O\\ -D^{-1}CB^{-1} & D^{-1}\end{bmatrix}.$$

评注:若一个矩阵是可逆的下三角形矩阵,则其逆阵也是可逆的下三角形矩阵.

类似地,由$A=\begin{pmatrix}B & O\\ C & D\end{pmatrix}$,且$B$、$D$均可逆时,则$|A|=|B|\cdot|D|\neq0$,知$A$可逆,且$A^{-1}$可记作$A^{-1}=\begin{pmatrix}X & O\\ Y & Z\end{pmatrix}$,与矩阵$A$具有相同的形状.

特别,当$C=O$时,$A^{-1}=\begin{bmatrix}B^{-1} & O\\ O & D^{-1}\end{bmatrix}$.

题 6 分块方阵

$$D=\begin{pmatrix}A & C\\ O & B\end{pmatrix},$$

其中$\boldsymbol{A},\boldsymbol{B}$分别为$r$阶与$k$阶可逆矩阵,$\boldsymbol{C}$是$r\times k$矩阵,$\boldsymbol{O}$是$k\times r$零矩阵.证明:$\boldsymbol{D}$可逆,并求$\boldsymbol{D}^{-1}$.

解:设$\boldsymbol{D}$可逆,且$\boldsymbol{D}^{-1}=\begin{pmatrix}\boldsymbol{X}&\boldsymbol{Z}\\\boldsymbol{W}&\boldsymbol{Y}\end{pmatrix}$,其中$\boldsymbol{X},\boldsymbol{Y}$分别为与$\boldsymbol{A},\boldsymbol{B}$同阶的矩阵,

则

$$\boldsymbol{D}^{-1}\boldsymbol{D}=\begin{pmatrix}\boldsymbol{X}&\boldsymbol{Z}\\\boldsymbol{W}&\boldsymbol{Y}\end{pmatrix}\begin{pmatrix}\boldsymbol{A}&\boldsymbol{C}\\\boldsymbol{O}&\boldsymbol{B}\end{pmatrix}=\boldsymbol{I},$$

即

$$\begin{pmatrix}\boldsymbol{XA}&\boldsymbol{XC}+\boldsymbol{ZB}\\\boldsymbol{WA}&\boldsymbol{WC}+\boldsymbol{YB}\end{pmatrix}=\begin{bmatrix}\boldsymbol{I}_r&\boldsymbol{O}\\\boldsymbol{O}&\boldsymbol{I}_k\end{bmatrix},$$

于是

$$\boldsymbol{XA}=\boldsymbol{I}_r, \qquad ①$$

$$\boldsymbol{WA}=\boldsymbol{O}, \qquad ②$$

$$\boldsymbol{XC}+\boldsymbol{ZB}=\boldsymbol{O}, \qquad ③$$

$$\boldsymbol{WC}+\boldsymbol{YB}=\boldsymbol{I}_k. \qquad ④$$

因为$\boldsymbol{A}$可逆,用$\boldsymbol{A}^{-1}$右乘①式与②式,得

$$\boldsymbol{XAA}^{-1}=\boldsymbol{A}^{-1},\boldsymbol{WAA}^{-1}=\boldsymbol{O},$$

即

$$\boldsymbol{X}=\boldsymbol{A}^{-1},\boldsymbol{W}=\boldsymbol{O}$$

将$\boldsymbol{X}=\boldsymbol{A}^{-1}$代入③式,有

$$\boldsymbol{A}^{-1}\boldsymbol{C}=-\boldsymbol{ZB}.$$

因为$\boldsymbol{B}$可逆,用$\boldsymbol{B}^{-1}$右乘上式,得

$$\boldsymbol{A}^{-1}\boldsymbol{CB}^{-1}=-\boldsymbol{Z},$$

即

$$\boldsymbol{Z}=-\boldsymbol{A}^{-1}\boldsymbol{CB}^{-1}.$$

将$\boldsymbol{W}=\boldsymbol{O}$代入④式,有

$$\boldsymbol{YB}=\boldsymbol{I}_k.$$

再用$\boldsymbol{B}^{-1}$右乘上式,得

$$\boldsymbol{Y}=\boldsymbol{I}_k\boldsymbol{B}^{-1}=\boldsymbol{B}^{-1}.$$

于是求出$\boldsymbol{D}^{-1}=\begin{pmatrix}\boldsymbol{A}&\boldsymbol{C}\\\boldsymbol{O}&\boldsymbol{B}\end{pmatrix}^{-1}=\begin{bmatrix}\boldsymbol{A}^{-1}&-\boldsymbol{A}^{-1}\boldsymbol{CB}^{-1}\\\boldsymbol{O}&\boldsymbol{B}^{-1}\end{bmatrix}$.

容易验证$\boldsymbol{DD}^{-1}=\boldsymbol{D}^{-1}\boldsymbol{D}=\boldsymbol{I}$.

如果$\boldsymbol{D}$中子块$\boldsymbol{C}=\boldsymbol{O}$,则有

$$\begin{pmatrix}\boldsymbol{A}&\boldsymbol{O}\\\boldsymbol{O}&\boldsymbol{B}\end{pmatrix}^{-1}=\begin{bmatrix}\boldsymbol{A}^{-1}&\boldsymbol{O}\\\boldsymbol{O}&\boldsymbol{B}^{-1}\end{bmatrix}.$$

评注:当 $\boldsymbol{D}=\begin{pmatrix}\boldsymbol{A} & \boldsymbol{C}\\ \boldsymbol{O} & \boldsymbol{B}\end{pmatrix}$ 且 $\boldsymbol{A}$、$\boldsymbol{B}$ 均可逆时,则 $\boldsymbol{D}$ 可逆,且 $\boldsymbol{D}^{-1}$ 可记作 $\boldsymbol{D}=\begin{pmatrix}\boldsymbol{X} & \boldsymbol{Z}\\ \boldsymbol{O} & \boldsymbol{Y}\end{pmatrix}$ 形状,即与 $\boldsymbol{D}$ 具有相同的形状.

当 $\boldsymbol{C}=\boldsymbol{O}$ 时,$\boldsymbol{D}^{-1}=\begin{bmatrix}\boldsymbol{A}^{-1} & \boldsymbol{O}\\ \boldsymbol{O} & \boldsymbol{B}^{-1}\end{bmatrix}$.

题 7 设 $\boldsymbol{A}$,$\boldsymbol{C}$ 分别为 r 阶、s 阶可逆的矩阵,求分块矩阵

$$\boldsymbol{X}=\begin{pmatrix}\boldsymbol{O} & \boldsymbol{A}\\ \boldsymbol{C} & \boldsymbol{B}\end{pmatrix}$$

的逆矩阵.

解:设分块矩阵

$$\boldsymbol{X}^{-1}=\begin{bmatrix}\boldsymbol{X}_{11} & \boldsymbol{X}_{12}\\ \boldsymbol{X}_{21} & \boldsymbol{X}_{22}\end{bmatrix},$$

则由

$$\boldsymbol{X}\boldsymbol{X}^{-1}=\begin{pmatrix}\boldsymbol{O} & \boldsymbol{A}\\ \boldsymbol{C} & \boldsymbol{B}\end{pmatrix}\begin{bmatrix}\boldsymbol{X}_{11} & \boldsymbol{X}_{12}\\ \boldsymbol{X}_{21} & \boldsymbol{X}_{22}\end{bmatrix}=\boldsymbol{I}.$$

得

$$\begin{bmatrix}\boldsymbol{A}\boldsymbol{X}_{21} & \boldsymbol{A}\boldsymbol{X}_{22}\\ \boldsymbol{C}\boldsymbol{X}_{11}+\boldsymbol{B}\boldsymbol{X}_{21} & \boldsymbol{C}\boldsymbol{X}_{12}+\boldsymbol{B}\boldsymbol{X}_{22}\end{bmatrix}=\begin{bmatrix}\boldsymbol{I}_r & \boldsymbol{O}\\ \boldsymbol{O} & \boldsymbol{I}_s\end{bmatrix}.$$

比较等式两边对应的子块,可得矩阵方程组

$$\begin{cases}\boldsymbol{A}\boldsymbol{X}_{21}=\boldsymbol{I}_r,\\ \boldsymbol{A}\boldsymbol{X}_{22}=\boldsymbol{O},\\ \boldsymbol{C}\boldsymbol{X}_{11}+\boldsymbol{B}\boldsymbol{X}_{21}=\boldsymbol{O},\\ \boldsymbol{C}\boldsymbol{X}_{12}+\boldsymbol{B}\boldsymbol{X}_{22}=\boldsymbol{I}_s.\end{cases}$$

注意到 $\boldsymbol{A}$,$\boldsymbol{C}$ 可逆,可解得

$$\boldsymbol{X}_{21}=\boldsymbol{A}^{-1},\boldsymbol{X}_{22}=\boldsymbol{O},$$
$$\boldsymbol{X}_{11}=-\boldsymbol{C}^{-1}\boldsymbol{B}\boldsymbol{A}^{-1},\boldsymbol{X}_{12}=\boldsymbol{C}^{-1}.$$

所以

$$\boldsymbol{X}^{-1}=\begin{bmatrix}-\boldsymbol{C}^{-1}\boldsymbol{B}\boldsymbol{A}^{-1} & \boldsymbol{C}^{-1}\\ \boldsymbol{A}^{-1} & \boldsymbol{O}\end{bmatrix}.$$

特别地,当 $\boldsymbol{B}=\boldsymbol{O}$ 时,

$$\begin{pmatrix}\boldsymbol{O} & \boldsymbol{A}\\ \boldsymbol{C} & \boldsymbol{O}\end{pmatrix}^{-1}=\begin{bmatrix}\boldsymbol{O} & \boldsymbol{C}^{-1}\\ \boldsymbol{A}^{-1} & \boldsymbol{O}\end{bmatrix}.$$

评注:这一结论可推广到一般情形.若分块矩阵

$$A=\begin{pmatrix} & & & A_1 \\ & & A_2 & \\ & \iddots & & \\ A_s & & & \end{pmatrix}$$

中的子矩阵 $A_i(i=1,2,\cdots,s)$ 都可逆，则

$$A^{-1}=\begin{pmatrix} & & & A_s^{-1} \\ & & A_{s-1}^{-1} & \\ & \iddots & & \\ A_1^{-1} & & & \end{pmatrix}$$

题8 设 A,B 为 n 阶矩阵，A^*,B^* 分别为 A,B 对应的伴随矩阵，分块矩阵 $C=\begin{pmatrix} A & O \\ O & B \end{pmatrix}$，则 C 的伴随矩阵 $C^*=($　　$)$.

(A) $\begin{pmatrix} |A|A^* & O \\ O & |B|B^* \end{pmatrix}$　　(B) $\begin{pmatrix} |B|B^* & O \\ O & |A|A^* \end{pmatrix}$

(C) $\begin{pmatrix} |A|B^* & O \\ O & |B|A^* \end{pmatrix}$　　(D) $\begin{pmatrix} |B|A^* & O \\ O & |A|B^* \end{pmatrix}$

解：$C^*=|C|C^{-1}=|C|\begin{pmatrix} A^{-1} & O \\ O & B^{-1} \end{pmatrix}=|A|\cdot|B|\begin{pmatrix} \frac{1}{|A|}A^* & O \\ O & \frac{1}{|B|}B^* \end{pmatrix}$

$=\begin{pmatrix} |B|A^* & O \\ O & |A|B^* \end{pmatrix}$.

故选(D).

题9 设 A,B 均为二阶矩阵，A^*,B^* 分别为 A,B 的伴随矩阵，若 $|A|=2$，$|B|=3$，则分块矩阵 $\begin{pmatrix} O & A \\ B & O \end{pmatrix}$ 的伴随矩阵为(　　).

(A) $\begin{pmatrix} O & 3B^* \\ 2A^* & O \end{pmatrix}$　　(B) $\begin{pmatrix} O & 2B^* \\ 3A^* & O \end{pmatrix}$

(C) $\begin{pmatrix} O & 3A^* \\ 2B^* & O \end{pmatrix}$　　(D) $\begin{pmatrix} O & 2A^* \\ 3B^* & O \end{pmatrix}$

解：因为 $\begin{pmatrix} O & A \\ B & O \end{pmatrix}\begin{pmatrix} O & 3B^* \\ 2A^* & O \end{pmatrix}=\begin{pmatrix} 2|A|I & O \\ O & 3|B|I \end{pmatrix}=\begin{pmatrix} |A|^2I & O \\ O & |B|^2I \end{pmatrix}$,

$\begin{pmatrix} O & A \\ B & O \end{pmatrix}\begin{pmatrix} O & 2B^* \\ 3A^* & O \end{pmatrix}=\begin{pmatrix} 3|A|I & O \\ O & 2|B|I \end{pmatrix}=\begin{pmatrix} |A||B|I & O \\ O & |A||B|I \end{pmatrix}$

$$=|\boldsymbol{A}||\boldsymbol{B}|\begin{pmatrix}\boldsymbol{I}&\boldsymbol{O}\\\boldsymbol{O}&\boldsymbol{I}\end{pmatrix}，而\begin{vmatrix}\boldsymbol{O}&\boldsymbol{A}\\\boldsymbol{B}&\boldsymbol{O}\end{vmatrix}=|\boldsymbol{A}||\boldsymbol{B}|.$$

故选(B).

题 10 设 $\boldsymbol{A}$、$\boldsymbol{P}$ 均为三阶矩阵，$\boldsymbol{P}^{\mathrm{T}}$ 为 $\boldsymbol{P}$ 的转置矩阵，且

$$\boldsymbol{P}^{\mathrm{T}}\boldsymbol{A}\boldsymbol{P}=\begin{pmatrix}1&0&0\\0&1&0\\0&0&2\end{pmatrix},$$

若 $\boldsymbol{P}=(\boldsymbol{\alpha}_1,\boldsymbol{\alpha}_2,\boldsymbol{\alpha}_3)$，$\boldsymbol{Q}=(\boldsymbol{\alpha}_1+\boldsymbol{\alpha}_2,\boldsymbol{\alpha}_2,\boldsymbol{\alpha}_3)$，则 $\boldsymbol{Q}^{\mathrm{T}}\boldsymbol{A}\boldsymbol{Q}$ 为(　).

(A) $\begin{pmatrix}2&1&0\\1&1&0\\0&0&2\end{pmatrix}$　　(B) $\begin{pmatrix}1&1&0\\1&2&0\\0&0&2\end{pmatrix}$

(C) $\begin{pmatrix}2&0&0\\0&1&0\\0&0&2\end{pmatrix}$　　(D) $\begin{pmatrix}1&0&0\\0&2&0\\0&0&2\end{pmatrix}$

解：$\boldsymbol{Q}=(\boldsymbol{\alpha}_1+\boldsymbol{\alpha}_2,\boldsymbol{\alpha}_2,\boldsymbol{\alpha}_3)=(\boldsymbol{\alpha}_1,\boldsymbol{\alpha}_2,\boldsymbol{\alpha}_3)\begin{pmatrix}1&0&0\\1&1&0\\0&0&1\end{pmatrix}=\boldsymbol{P}\begin{pmatrix}1&0&0\\1&1&0\\0&0&1\end{pmatrix}$，

所以

$$\boldsymbol{Q}^{\mathrm{T}}\boldsymbol{A}\boldsymbol{Q}=\begin{pmatrix}1&1&0\\0&1&0\\0&0&1\end{pmatrix}\boldsymbol{P}^{\mathrm{T}}\boldsymbol{A}\boldsymbol{P}\begin{pmatrix}1&0&0\\1&1&0\\0&0&1\end{pmatrix}$$

$$=\begin{pmatrix}1&1&0\\0&1&0\\0&0&1\end{pmatrix}\begin{pmatrix}1&0&0\\0&1&0\\0&0&2\end{pmatrix}\begin{pmatrix}1&0&0\\1&1&0\\0&0&1\end{pmatrix}=\begin{pmatrix}2&1&0\\1&1&0\\0&0&2\end{pmatrix},$$

故选(A).

2.6 矩阵的初等变换与初等矩阵

1. 矩阵的行初等变换(或初等行变换)有三类：

第 1 类是换位变换，它是对调矩阵中任意两行的位置.用 $(i)\leftrightarrow(j)$ 表示对调矩阵的第 i 行与第 j 行.

第 2 类是倍法变换，它是用一个非零常数 k 乘以矩阵的某一行.用 $k(i)$ 表示 $k\neq0$ 乘以矩阵的第 i 行.

第 3 类是倍加变换，它是用某行的 k 倍加到另一行.用 $(i)+k(j)$ 表示用 k 乘以第 j 行加到第 i 行.

同样，矩阵的列初等变换(或初等行变换)也有三类：

第1类是换位变换，它是对调矩阵中任意两列的位置.用$\textcircled{i} \leftrightarrow \textcircled{j}$表示对调矩阵的第$i$列与第$j$列.

第2类是倍法变换，它是用一个非零常数k乘以矩阵的某一列.用$k\ \textcircled{i}$表示$k\neq 0$乘法矩阵的第i列。

第3类是倍加变换，它是用某列的k倍加到另一列.用$\textcircled{i}+k\ \textcircled{j}$表示用$k$乘以第$j$列加到第$i$列.

行初等变换与列初等变换统称为初等变换.

2.(1) 对单位矩阵施以一次行(列)初等变换后，所得到的矩阵称为行(列)初等矩阵.行初等矩阵与列初等矩阵统称为初等矩阵.

单位矩阵$\boldsymbol{I}$对调第i行与第j行，或者第i列与第j列，所得初等矩阵分别记作$\boldsymbol{R}_{ij}$与$\boldsymbol{C}_{ij}$.

显然，$\boldsymbol{R}_{ij}=\boldsymbol{C}_{ij}$.

(2) 单位矩阵$\boldsymbol{I}$用$k\neq 0$乘以第i行，或者乘以第i列，所得初等矩阵分别记作$\boldsymbol{R}_i(k)$与$\boldsymbol{C}_i(k)$.

显然，$\boldsymbol{R}_i(k)=\boldsymbol{C}_i(k)$.

(3) 单位矩阵$\boldsymbol{I}$用k乘以第j行加到第i行，所得初等矩阵记作$\boldsymbol{R}_{ij}(k)$；

单位矩阵$\boldsymbol{I}$用k乘以第i列加到第j列，所得初等矩阵记作$\boldsymbol{C}_{ji}(k)$.

显然，$\boldsymbol{C}_{ji}(k)=\boldsymbol{R}_{ij}(k)$.

3.(1) 初等矩阵都是可逆矩阵，且其逆矩阵亦为同类型的初等矩阵，且有

$$\boldsymbol{R}_{ij}^{-1}=\boldsymbol{R}_{ij},\boldsymbol{R}_i^{-1}(k)=\boldsymbol{R}\left(\frac{1}{k}\right),$$

$$\boldsymbol{R}_{ij}^{-1}(k)=\boldsymbol{R}_{ij}(-k),\boldsymbol{C}_{ij}^{-1}(k)=\boldsymbol{C}_{ij}(-k).$$

(2) 设$\boldsymbol{A}=(a_{ij})_{m\times n}$，则作一次行(列)初等变换所得到的矩阵$\boldsymbol{B}$等于以一个相应的$m$阶行($n$阶列)初等矩阵左(右)乘$\boldsymbol{A}$.

(3) 设矩阵$\boldsymbol{B}$可以由矩阵$\boldsymbol{A}$经过有限次初等变换得到，则存在m阶初等矩阵$\boldsymbol{R}_1,\boldsymbol{R}_2,\cdots,\boldsymbol{R}_s$及$n$阶初等矩阵$\boldsymbol{C}_1,\boldsymbol{C}_2,\cdots,\boldsymbol{C}_t$，使得

$$\boldsymbol{B}=\boldsymbol{R}_s\cdots\boldsymbol{R}_2\boldsymbol{R}_1\boldsymbol{A}\boldsymbol{C}_1\boldsymbol{C}_2\cdots\boldsymbol{C}_t.$$

(4) 令$\boldsymbol{R}=\boldsymbol{R}_s\cdots\boldsymbol{R}_2\boldsymbol{R}_1,\boldsymbol{C}=\boldsymbol{C}_1\boldsymbol{C}_2\cdots\boldsymbol{C}_t$.则

$$\boldsymbol{B}=\boldsymbol{RAC},$$

其中$\boldsymbol{R},\boldsymbol{C}$均为可逆矩阵.

4.如果矩阵$\boldsymbol{B}$可以由矩阵$\boldsymbol{A}$经过有限次初等变换得到，则称$\boldsymbol{A}$与$\boldsymbol{B}$是等价的，或称$\boldsymbol{A}$与$\boldsymbol{B}$是相抵的，记作$\boldsymbol{A}\rightarrow\boldsymbol{B}$.

(1) 从初等变换性质，知等价“$\boldsymbol{A}\rightarrow\boldsymbol{B}$”满足：

(i) 自反性.$\boldsymbol{A}\rightarrow\boldsymbol{A}$.

(ii) 对称性.若$\boldsymbol{B}\rightarrow\boldsymbol{A}$，则$\boldsymbol{A}\rightarrow\boldsymbol{B}$.

(iii) 传递性.若 $\boldsymbol{A}\to\boldsymbol{B},\boldsymbol{B}\to\boldsymbol{C}$,则 $\boldsymbol{A}\to\boldsymbol{C}$.

(2) 任意一个矩阵 $\boldsymbol{A}_{m\times n}=(a_{ij})_{m\times n}$ 经过若干次初等变换,可以化为下面形式的矩阵

$$\boldsymbol{D}=\begin{pmatrix}1 & & & & & \\ & \ddots & & & & \\ & & 1 & & & \\ & & & 0 & & \\ & & & & \ddots & \\ & & & & & 0\end{pmatrix}=\begin{pmatrix}\boldsymbol{I}_r & \boldsymbol{O}_{r\times(n-r)}\\ \boldsymbol{O}_{(m-r)\times r} & \boldsymbol{O}_{(m-r)\times(n-r)}\end{pmatrix},$$

即矩阵 $\boldsymbol{A}$ 与 $\boldsymbol{D}$ 等价.

矩阵 $\boldsymbol{D}$ 称为矩阵 $\boldsymbol{A}$ 的等价标准形.

(3) n 阶方阵 $\boldsymbol{A}$ 可逆的充分必要条件是 $\boldsymbol{A}$ 的等价标准形为 $\boldsymbol{I}_n$,换言之,$\boldsymbol{A}$ 经过有限次初等变换可化为单位矩阵 $\boldsymbol{I}_n$.

(4) n 阶方阵 $\boldsymbol{A}$ 可逆的充分必要条件是 $\boldsymbol{A}$ 可以表示为有限个初等矩阵的乘积.

5. (1) 称满足下面两个条件的 $m\times n$ 矩阵为阶梯矩阵.

(1) 第 $k+1$ 行的首非零元(每行第 1 个非零的元素)前的零元个数大于第 k 行的这种零元数,$k=1,2,\cdots,m-1$.

(2) 如果某行没有非零元,则该行下面全为零行.

换言之,条件(1)等价于每个非零行的第 1 个非零的元素的列标随行标的递增而严格增大.条件(2)等价于若有零行均放于矩阵的下方.

(3) 设 $\boldsymbol{A}=(a_{ij})$ 是 $m\times n$ 矩阵,则矩阵 $\boldsymbol{A}$ 必可通过有限次行初等变换化为阶梯矩阵.

6. 初等变换的应用

(1) 利用初等变换求矩阵 $\boldsymbol{A}$ 的逆矩阵 $\boldsymbol{A}^{-1}$.

(2) 利用初等变换将矩阵 $\boldsymbol{A}$ 化为阶梯矩阵,求矩阵 $\boldsymbol{A}$ 的秩.

(3) 利用初等变换将矩阵 $\boldsymbol{A}$ 化为等价标准形,求解线性方程组.

题 1　求矩阵 $\boldsymbol{A}=\begin{pmatrix}-4 & 1 & -3\\ -5 & 1 & -3\\ 6 & -1 & 4\end{pmatrix}$ 的逆矩阵.

解:$(\boldsymbol{A}\,\vdots\,\boldsymbol{I})=\left(\begin{array}{ccc:ccc}-4 & 1 & -3 & 1 & 0 & 0\\ -5 & 1 & -3 & 0 & 1 & 0\\ -6 & -1 & 4 & 0 & 0 & 1\end{array}\right)$

$$\xrightarrow[(1)-(2)]{}\left(\begin{array}{ccc:ccc}1 & 0 & 0 & 1 & -1 & 0\\ -5 & 1 & -3 & 0 & 1 & 0\\ 6 & -1 & 4 & 0 & 0 & 1\end{array}\right)$$

$$\xrightarrow[(3)-6(1)]{(2)+5(1)}\left(\begin{array}{ccc:ccc}1&0&0&1&-1&0\\0&1&-3&5&-4&0\\0&-1&4&-6&6&1\end{array}\right)$$

$$\xrightarrow{(3)+(2)}\left(\begin{array}{ccc:ccc}1&0&0&1&-1&0\\0&1&-3&5&-4&0\\0&0&1&-1&2&1\end{array}\right)$$

$$\xrightarrow{(2)+3(3)}\left(\begin{array}{ccc:ccc}1&0&0&1&-1&0\\0&1&0&2&2&3\\0&0&1&-1&2&1\end{array}\right)=(\boldsymbol{I}\ \vdots\ \boldsymbol{A}^{-1}),$$

所以

$$\boldsymbol{A}^{-1}=\begin{pmatrix}1&-1&0\\2&2&3\\-1&2&1\end{pmatrix}.$$

评注:首先作行的等变换(1)−(2),使得第1行第1列的元素为1.

题2 设$\boldsymbol{A}=\begin{pmatrix}0&0&1&2\\0&0&2&0\\2&1&0&0\\1&3&0&0\end{pmatrix}$,用初等变换法求$\boldsymbol{A}^{-1}$.

解:$(\boldsymbol{A}\ \vdots\ \boldsymbol{I})=\left(\begin{array}{cccc:cccc}0&0&1&2&1&0&0&0\\0&0&2&0&0&1&0&0\\2&1&0&0&0&0&1&0\\1&3&0&0&0&0&0&1\end{array}\right)$

$$\xrightarrow[(3)-2(4)]{(1)-\frac{1}{2}(2)}\left(\begin{array}{cccc:cccc}0&0&0&2&1&-\frac{1}{2}&0&0\\0&0&2&0&0&1&0&0\\0&-5&0&0&0&0&1&-2\\1&3&0&0&0&0&0&1\end{array}\right)$$

$$\xrightarrow[\substack{\frac{1}{2}\times(1)\\ \frac{1}{2}\times(2)\\ -\frac{1}{5}\times(3)\\ (4)-3(3)}]{}\left(\begin{array}{cccc:cccc}0&0&0&1&\frac{1}{2}&-\frac{1}{4}&0&0\\0&0&1&0&0&\frac{1}{2}&0&0\\0&1&0&0&0&0&-\frac{1}{5}&\frac{2}{5}\\1&0&0&0&0&0&\frac{3}{5}&-\frac{1}{5}\end{array}\right)$$

$$\xrightarrow[(2)\leftrightarrow(3)]{(1)\leftrightarrow(4)}\left(\begin{array}{cccc:cccc}1&0&0&0&0&0&\frac{3}{5}&-\frac{1}{5}\\0&1&0&0&0&0&-\frac{1}{5}&\frac{2}{5}\\0&0&0&1&0&\frac{1}{2}&0&0\\0&0&0&0&\frac{1}{2}&-\frac{1}{4}&0&0\end{array}\right)$$

故

$$A^{-1}=\begin{pmatrix}0&0&\frac{3}{5}&-\frac{1}{5}\\0&0&-\frac{1}{5}&\frac{2}{5}\\0&\frac{1}{2}&0&0\\\frac{1}{2}&-\frac{1}{4}&0&0\end{pmatrix}.$$

评注:将矩阵 $\boldsymbol{A}$ 分块,得

$$\boldsymbol{A}=\begin{pmatrix}\boldsymbol{O}&\boldsymbol{C}\\\boldsymbol{B}&\boldsymbol{O}\end{pmatrix},$$

其中 $\boldsymbol{B}=\begin{pmatrix}2&1\\1&3\end{pmatrix}$, $|\boldsymbol{B}|=5$, $\boldsymbol{B}^{-1}=\frac{1}{5}\begin{pmatrix}3&-1\\-1&2\end{pmatrix}=\begin{pmatrix}\frac{3}{5}&-\frac{1}{5}\\-\frac{1}{5}&\frac{2}{5}\end{pmatrix}$.

$\boldsymbol{C}=\begin{pmatrix}1&2\\2&0\end{pmatrix}$, $|\boldsymbol{C}|=-4$, $\boldsymbol{C}^{-1}=-\frac{1}{4}\begin{pmatrix}0&-2\\-2&1\end{pmatrix}=\begin{pmatrix}0&\frac{1}{2}\\\frac{1}{2}&-\frac{1}{4}\end{pmatrix}$.

于是

$$\boldsymbol{A}^{-1}=\begin{pmatrix}\boldsymbol{O}&\boldsymbol{B}^{-1}\\\boldsymbol{C}^{-1}&\boldsymbol{O}\end{pmatrix}=\begin{pmatrix}0&0&\frac{3}{5}&-\frac{1}{5}\\0&0&-\frac{1}{5}&\frac{2}{5}\\0&\frac{1}{2}&0&0\\\frac{1}{2}&-\frac{1}{4}&0&0\end{pmatrix}.$$

本题也可用伴随矩阵去求 $\boldsymbol{A}^{-1}$.

题3 设

$$\boldsymbol{A}=\begin{pmatrix}0&1&2\\1&1&4\\2&-1&0\end{pmatrix},$$

试用初等行变换法求 $\boldsymbol{A}^{-1}$.

解:对($\boldsymbol{A}\mid\boldsymbol{I}$)作初等行变换:

$$(\boldsymbol{A}\mid\boldsymbol{I})=\left(\begin{array}{ccc|ccc}0&1&2&1&0&0\\1&1&4&0&1&0\\2&-1&0&0&0&1\end{array}\right)$$

$$\xrightarrow{(1)\leftrightarrow(2)}\left(\begin{array}{ccc|ccc}1&1&4&0&1&0\\0&1&2&1&0&0\\2&-1&0&0&0&1\end{array}\right)$$

$$\xrightarrow{(3)-2(1)}\left(\begin{array}{ccc|ccc}1&1&4&0&1&0\\0&1&2&1&0&0\\0&-3&-8&0&-2&1\end{array}\right)$$

$$\xrightarrow{(3)+3(2)}\left(\begin{array}{ccc|ccc}1&1&4&0&1&0\\0&1&2&1&0&0\\0&0&-2&3&-2&1\end{array}\right)$$

$$\xrightarrow[(2)+(3)]{(1)-2(2)}\left(\begin{array}{ccc|ccc}1&0&0&2&-1&1\\0&1&0&4&-2&1\\0&0&-2&3&-2&1\end{array}\right)$$

$$\xrightarrow{-\frac{1}{2}\times(3)}\left(\begin{array}{ccc|ccc}1&0&0&2&-1&1\\0&1&0&4&-2&1\\0&0&1&-\frac{3}{2}&1&-\frac{1}{2}\end{array}\right).$$

于是

$$\boldsymbol{A}^{-1}=\begin{pmatrix}2&-1&1\\4&-2&1\\-\frac{3}{2}&1&-\frac{1}{2}\end{pmatrix}.$$

评注:也可以利用初等列变换的方法求逆矩阵.

$$\begin{pmatrix}\boldsymbol{A}\\ \text{----}\\ \boldsymbol{I}\end{pmatrix}\xrightarrow{\text{初等列变换}}\begin{pmatrix}\boldsymbol{I}\\ \text{----}\\ \boldsymbol{A}^{-1}\end{pmatrix},$$

此式表明：经初等列变换将 $\boldsymbol{A}$ 变成单位矩阵 $\boldsymbol{I}$ 时，则下边的单位矩阵 $\boldsymbol{I}$ 就变成 $\boldsymbol{A}^{-1}$，下面用列初等变换计算 $\boldsymbol{A}^{-1}$.

$$\begin{pmatrix}\boldsymbol{A}\\ \hdashline \boldsymbol{I}\end{pmatrix}=\left(\begin{array}{ccc}0&1&2\\1&1&4\\2&-1&0\\ \hdashline 1&0&0\\0&1&0\\0&0&1\end{array}\right)\xrightarrow[\textcircled{1}\leftrightarrow\textcircled{2}]{}\left(\begin{array}{ccc}1&0&2\\1&1&4\\-1&2&0\\ \hdashline 0&1&0\\1&0&0\\0&0&1\end{array}\right)$$

$$\xrightarrow[\textcircled{3}-2\textcircled{1}]{}\left(\begin{array}{ccc}1&0&0\\1&1&2\\-1&2&2\\ \hdashline 0&1&0\\1&0&-2\\0&0&1\end{array}\right)\xrightarrow[\textcircled{3}-2\textcircled{2}]{}\left(\begin{array}{ccc}1&0&0\\1&1&0\\-1&2&-2\\ \hdashline 0&1&-2\\1&0&-2\\0&0&1\end{array}\right)\xrightarrow[\textcircled{2}+\textcircled{3}]{}\left(\begin{array}{ccc}1&0&0\\1&1&0\\-1&0&-2\\ \hdashline 0&-1&-2\\1&-2&-2\\0&1&1\end{array}\right)$$

$$\xrightarrow[\textcircled{1}-\textcircled{2}]{}\left(\begin{array}{ccc}1&0&0\\0&1&0\\-1&0&-2\\ \hdashline 1&-1&-2\\3&-2&-2\\-1&1&1\end{array}\right)\xrightarrow[\textcircled{1}-\frac{1}{2}\textcircled{3}]{}\left(\begin{array}{ccc}1&0&0\\0&1&0\\0&0&-2\\ \hdashline 2&-1&-2\\4&-2&-2\\-\frac{3}{2}&1&1\end{array}\right)$$

$$\xrightarrow[-\frac{1}{2}\times\textcircled{3}]{}\left(\begin{array}{ccc}1&0&0\\0&1&0\\0&0&1\\ \hdashline 2&-1&1\\4&-2&1\\-\frac{3}{2}&1&-\frac{1}{2}\end{array}\right).$$

故

$$\boldsymbol{A}^{-1}=\begin{pmatrix}2&-1&1\\4&-2&1\\-\frac{3}{2}&1&-\frac{1}{2}\end{pmatrix}.$$

题 4 试用矩阵的初等变换将矩阵 $\boldsymbol{A}$ 化为阶梯矩阵，其中

$$A=\begin{pmatrix}0&2&6&5\\1&-1&-5&2\\2&5&11&1\\1&1&1&1\end{pmatrix}.$$

解:$A=\begin{pmatrix}0&2&6&5\\1&-1&-5&2\\2&5&11&1\\1&1&1&1\end{pmatrix}\xrightarrow{(1)\leftrightarrow(4)}\begin{pmatrix}1&1&1&1\\1&-1&-5&2\\2&5&11&1\\0&2&6&5\end{pmatrix}$

$$\xrightarrow[(3)-2(1)]{(2)-(1)}\begin{pmatrix}1&1&1&1\\0&-2&-6&1\\0&3&9&-1\\0&2&6&5\end{pmatrix}\xrightarrow{(2)+(3)}\begin{pmatrix}1&1&1&1\\0&1&3&0\\0&3&9&-1\\0&2&6&5\end{pmatrix}$$

$$\xrightarrow[(4)-2(2)]{(3)-3(2)}\begin{pmatrix}1&1&1&1\\0&1&3&0\\0&0&0&-1\\0&0&0&5\end{pmatrix}\xrightarrow{(4)+5(3)}\begin{pmatrix}1&1&1&1\\0&1&3&0\\0&0&0&-1\\0&0&0&0\end{pmatrix}.$$

评注:利用初等行变换将矩阵A化为阶梯矩阵与求A^{-1}有类似之处,通常要使第一行第一列的元素不为零.

题5 设$A=\begin{pmatrix}2&-1&2&1&1\\1&1&-1&0&2\\2&5&-4&-2&9\\3&3&-1&-1&8\end{pmatrix}$试用矩阵的初变等换,将$A$化为阶梯矩阵.

解:

$$A=\begin{pmatrix}2&-1&2&1&1\\1&1&-1&0&2\\2&5&-4&-2&9\\3&3&-1&-1&8\end{pmatrix}\xrightarrow{(1)\leftrightarrow(2)}\begin{pmatrix}1&1&-1&0&2\\2&-1&2&1&1\\2&5&-4&-2&9\\3&3&-1&-1&8\end{pmatrix}$$

$$\xrightarrow[\substack{(3)-2(1)\\(4)-3(1)}]{(2)-2(1)}\begin{pmatrix}1&1&-1&0&2\\0&-3&4&1&-3\\0&3&-2&-2&5\\0&0&2&-1&2\end{pmatrix}\xrightarrow{(3)+(2)}\begin{pmatrix}1&1&-1&0&2\\0&-3&4&1&-3\\0&0&2&-1&2\\0&0&2&-1&2\end{pmatrix}$$

$$\xrightarrow{(4)-(3)}\begin{pmatrix}1&1&-1&0&2\\0&-3&4&1&-3\\0&0&2&-1&2\\0&0&0&0&0\end{pmatrix}.$$

评注:根据阶梯矩阵的定义,所有零行位于阶梯矩阵的下方,并且随着行标的递增,每行首个非零元素的列标也随之递增,比如,第二行中首个非零元素,-3 的列标为 2,第三行中首个非零元素 2 的列标为 3,它们的列标由 2 递增到 3.

题 6 设 $\boldsymbol{A}=\begin{pmatrix}3&4&5\\2&3&0\\1&0&0\end{pmatrix}$,求 $\boldsymbol{A}^{-1}$,并求$(\boldsymbol{A}^*)^{-1}$.

解:$(\boldsymbol{A}\,\vdots\,\boldsymbol{I})=\left(\begin{array}{ccc:ccc}3&4&5&1&0&0\\2&3&0&0&1&0\\1&0&0&0&0&1\end{array}\right)$

$$\xrightarrow[(2)-2(3)]{(1)-3(3)}\left(\begin{array}{ccc:ccc}0&4&5&1&0&-3\\0&3&0&0&1&-2\\1&0&0&0&0&1\end{array}\right)\xrightarrow{(1)-\frac{4}{3}(2)}\left(\begin{array}{ccc:ccc}0&0&5&1&-\frac{4}{3}&-\frac{1}{3}\\0&3&0&0&1&-2\\1&0&0&0&0&1\end{array}\right)$$

$$\xrightarrow[\frac{1}{3}\times(2)]{\frac{1}{5}\times(1)}\left(\begin{array}{ccc:ccc}0&0&1&\frac{1}{5}&-\frac{4}{15}&-\frac{1}{15}\\0&1&0&0&\frac{1}{3}&\frac{2}{3}\\1&0&0&0&0&1\end{array}\right)\xrightarrow{(1)\leftrightarrow(3)}\left(\begin{array}{ccc:ccc}1&0&0&0&0&1\\0&1&0&0&\frac{1}{3}&-\frac{2}{3}\\0&0&1&\frac{1}{5}&-\frac{4}{15}&-\frac{1}{15}\end{array}\right).$$

因此

$$\boldsymbol{A}^{-1}=\begin{pmatrix}0&0&1\\0&\frac{1}{3}&-\frac{2}{3}\\\frac{1}{5}&-\frac{4}{15}&-\frac{1}{15}\end{pmatrix}.$$

$$(\boldsymbol{A}^*)^{-1}=(|\boldsymbol{A}|\boldsymbol{A}^{-1})^{-1}=\frac{1}{|\boldsymbol{A}|}\boldsymbol{A}=-\frac{1}{15}\begin{pmatrix}3&4&5\\2&3&0\\1&0&0\end{pmatrix}.$$

评注:设 $\boldsymbol{A}$ 为 n 阶可逆方阵,则

$$\begin{aligned}(k\boldsymbol{A})^*&=|k\boldsymbol{A}|(k\boldsymbol{A})^{-1}=k^n|\boldsymbol{A}|\cdot\frac{1}{k}\cdot\boldsymbol{A}^{-1}\\&=k^{n-1}|\boldsymbol{A}|\cdot\boldsymbol{A}^{-1}=k^{n-1}\boldsymbol{A}^*.\end{aligned}$$

故当 $\boldsymbol{A}$ 为 n 阶方阵时,有

$$(k\boldsymbol{A})^* = k^{n-1}\boldsymbol{A}^*.$$

本题中 $\boldsymbol{A}$ 为三阶方阵，故

$$(\boldsymbol{A}^*)^{-1} = (\boldsymbol{A}^{-1})^* = \begin{pmatrix} 0 & 0 & 1 \\ 0 & \frac{1}{3} & -\frac{2}{3} \\ \frac{1}{5} & -\frac{4}{15} & -\frac{1}{15} \end{pmatrix}^* = \left(\frac{1}{15}\begin{pmatrix} 0 & 0 & 15 \\ 0 & 5 & -10 \\ 3 & -4 & -1 \end{pmatrix}\right)^*$$

$$= \frac{1}{15^2}\begin{pmatrix} 0 & 0 & 15 \\ 0 & 5 & -10 \\ 3 & -4 & -1 \end{pmatrix}^*$$

$$= \frac{1}{15^2}\begin{pmatrix} -45 & -60 & -75 \\ -30 & -45 & 0 \\ -15 & 0 & 0 \end{pmatrix}$$

$$= -\frac{1}{15}\begin{pmatrix} 3 & 4 & 5 \\ 2 & 3 & 0 \\ 1 & 0 & 0 \end{pmatrix}.$$

题 7 设 $\boldsymbol{AX}=\boldsymbol{B}$，求 $\boldsymbol{X}$，其中

$$\boldsymbol{A} = \begin{pmatrix} 1 & 1 & \cdots & 1 \\ 0 & 1 & \cdots & 1 \\ \vdots & \vdots & & \vdots \\ 0 & 0 & \cdots & 1 \end{pmatrix}, \boldsymbol{B} = \begin{pmatrix} 1 & 2 & \cdots & n \\ 0 & 1 & \cdots & n-1 \\ \vdots & \vdots & & \vdots \\ 0 & 0 & \cdots & 1 \end{pmatrix}.$$

解：方法一：先求 $\boldsymbol{A}^{-1}$.

$$(\boldsymbol{A} \mid \boldsymbol{I}) = \left(\begin{array}{cccc:cccc} 1 & 1 & \cdots & 1 & 1 & 0 & \cdots & 0 \\ 0 & 1 & \cdots & 1 & 0 & 1 & \cdots & 0 \\ \vdots & \vdots & & \vdots & \vdots & \vdots & & \vdots \\ 0 & 0 & \cdots & 1 & 0 & 0 & \cdots & 1 \end{array}\right)$$

$$\xrightarrow[\substack{(1)-(2) \\ (2)-(3) \\ \cdots\cdots \\ (n-1)-(n)}]{} \left(\begin{array}{c:ccccc} & 1 & -1 & 0 & \cdots & 0 \\ \boldsymbol{I} & 0 & 1 & -1 & \cdots & 0 \\ & \vdots & \vdots & \vdots & & \vdots \\ & 0 & 0 & 0 & \cdots & 1 \end{array}\right).$$

故

$$\boldsymbol{A}^{-1} = \begin{pmatrix} 1 & -1 & 0 & \cdots & 0 \\ 0 & 1 & -1 & \cdots & 0 \\ \vdots & \vdots & \vdots & & \vdots \\ 0 & 0 & 0 & \cdots & 1 \end{pmatrix}.$$

易见　$\boldsymbol{A}^{-1}\boldsymbol{B}=\boldsymbol{A}$，故 $\boldsymbol{X}=\boldsymbol{A}^{-1}\boldsymbol{B}=\boldsymbol{A}$ 为所求.

方法二：构造一个 $n\times 2n$ 型矩阵$(\boldsymbol{A}\,\vdots\,\boldsymbol{B})$，并对它作行初等变换，将 $\boldsymbol{A}$ 变成 $\boldsymbol{I}$.

$$(\boldsymbol{A}\,\vdots\,\boldsymbol{B})=\left(\begin{array}{cccc:cccc}1&1&\cdots&1&1&2&\cdots&n\\0&1&\cdots&1&0&1&\cdots&n-1\\\vdots&\vdots&&\vdots&\vdots&\vdots&&\vdots\\0&0&\cdots&1&0&0&\cdots&1\end{array}\right)$$

$$\xrightarrow[\substack{(1)-(2)\\(2)-(3)\\\cdots\\(n-1)-(n)}]{}\left(\begin{array}{cccc:cccc}1&0&\cdots&0&1&1&\cdots&1\\0&1&\cdots&0&0&1&\cdots&1\\\vdots&\vdots&&\vdots&\vdots&\vdots&&\vdots\\0&1&\cdots&1&0&0&\cdots&1\end{array}\right).$$

通过上述行初等变换，将 $\boldsymbol{A}$ 变成 $\boldsymbol{I}$ 的同时，已将 $\boldsymbol{B}$ 变成 $\boldsymbol{X}$，结果为 $\boldsymbol{X}=\boldsymbol{A}$.

题 8　设 $\boldsymbol{A}$ 为三阶矩阵，将 $\boldsymbol{A}$ 的第 2 行加到第 1 行是 $\boldsymbol{B}$，再将 $\boldsymbol{B}$ 的第 1 列的 -1 倍加到第 2 列得 $\boldsymbol{C}$，记 $\boldsymbol{P}=\begin{pmatrix}1&1&0\\0&1&0\\0&0&1\end{pmatrix}$，则（　　）.

(A) $\boldsymbol{C}=\boldsymbol{P}^{-1}\boldsymbol{A}\boldsymbol{P}$　　(B) $\boldsymbol{C}=\boldsymbol{P}\boldsymbol{A}\boldsymbol{P}^{-1}$

(C) $\boldsymbol{C}=\boldsymbol{P}^{\mathrm{T}}\boldsymbol{A}\boldsymbol{P}$　　(D) $\boldsymbol{C}=\boldsymbol{P}\boldsymbol{A}\boldsymbol{P}^{\mathrm{T}}$

解：由题意，得

$$\boldsymbol{C}=\begin{pmatrix}1&1&0\\0&1&0\\0&0&1\end{pmatrix}\boldsymbol{A}\begin{pmatrix}1&-1&0\\0&1&0\\0&0&1\end{pmatrix}.\qquad①$$

由于 $\boldsymbol{P}^{-1}=\begin{pmatrix}1&1&0\\0&1&0\\0&0&1\end{pmatrix}^{-1}=\begin{pmatrix}1&-1&0\\0&1&0\\0&0&1\end{pmatrix}$.

所以①可以表示为 $\boldsymbol{C}=\boldsymbol{P}\boldsymbol{A}\boldsymbol{P}^{-1}$.

故选(B).

题 9　设 $\boldsymbol{A}$ 为三阶矩阵，将 $\boldsymbol{A}$ 的第 2 列加到第 1 列得矩阵 $\boldsymbol{B}$，再交换 $\boldsymbol{B}$ 的第 2 行与第 3 行得单位矩阵.

记 $\boldsymbol{P}_1=\begin{pmatrix}1&0&0\\1&1&0\\0&0&1\end{pmatrix}$，$\boldsymbol{P}_2=\begin{pmatrix}1&0&0\\0&0&1\\0&1&0\end{pmatrix}$，则 $\boldsymbol{A}$ 为（　　）.

(A) $\boldsymbol{P}_1\boldsymbol{P}_2$　　(B) $\boldsymbol{P}_1^{-1}\boldsymbol{P}_2$　　(C) $\boldsymbol{P}_2\boldsymbol{P}_1$　　(D) $\boldsymbol{P}_2\boldsymbol{P}_1^{-1}$

解：由于将 $\boldsymbol{A}$ 的第 2 列加到第 1 列得矩阵 $\boldsymbol{B}$，故

$$A\begin{pmatrix}1&0&0\\1&1&0\\0&0&1\end{pmatrix}=B.$$

由于交换 B 的第 2 行和第 3 行得单位矩阵,故

$$\begin{pmatrix}1&0&0\\0&0&1\\0&1&0\end{pmatrix}B=I.$$

所以 $P_2AP_1=I,A=P_2^{-1}P_1^{-1}P_2^{-1}=P_2P_2P_1^{-1}$,

故选(D).

题 10 设 A 为三阶矩阵,P 为三阶可逆矩阵,且

$$P^{-1}AP=\begin{pmatrix}1&0&0\\0&1&0\\0&0&2\end{pmatrix},$$

若 $P=(\alpha_1,\alpha_2,\alpha_3),Q=(\alpha_1+\alpha_2,\alpha_2,\alpha_3)$,

则 $Q^{-1}AQ$ 为( ).

(A) $\begin{pmatrix}1&0&0\\0&2&0\\0&0&1\end{pmatrix}$ (B) $\begin{pmatrix}1&0&0\\0&1&0\\0&0&2\end{pmatrix}$

(C) $\begin{pmatrix}2&0&0\\0&1&0\\0&0&2\end{pmatrix}$ (D) $\begin{pmatrix}2&0&0\\0&2&0\\0&0&1\end{pmatrix}$

解: 因 $Q=(\alpha_1+\alpha_2,\alpha_2,\alpha_3)=P\begin{pmatrix}1&0&0\\1&1&0\\0&0&1\end{pmatrix}$,故

$$Q^{-1}AQ=\begin{pmatrix}1&0&0\\1&1&0\\0&0&1\end{pmatrix}^{-1}.$$

于是

$$P^{-1}AP\begin{pmatrix}1&0&0\\1&1&0\\0&0&1\end{pmatrix}=\begin{pmatrix}1&0&0\\-1&1&0\\0&0&1\end{pmatrix}\begin{pmatrix}1&&\\&1&\\&&2\end{pmatrix}\begin{pmatrix}1&0&0\\1&1&0\\0&0&1\end{pmatrix}=\begin{pmatrix}1&&\\&1&\\&&2\end{pmatrix},$$

故选(B).

2.7 矩阵方程

1. 含有未知矩阵的等式称为矩阵方程.

2. 题型 1.矩阵方程为 $\boldsymbol{AX}=\boldsymbol{B}$(或 $\boldsymbol{XA}=\boldsymbol{B}$,或 $\boldsymbol{AXC}=\boldsymbol{B}$),求矩阵 $\boldsymbol{X}$.

题型 2.矩阵方程为 $f(\boldsymbol{A})=\boldsymbol{O}$,计算含有 $\boldsymbol{A}$ 的矩阵的逆矩阵.

3. 矩阵方程的解法.

方法一:利用逆矩阵.

若 $\boldsymbol{A}$ 可逆,则 $\boldsymbol{AX}=\boldsymbol{B}$ 的解为 $\boldsymbol{X}=\boldsymbol{A}^{-1}\boldsymbol{B}$.

方法二:利用行初等变换.

若 $\boldsymbol{A}$ 可逆,作

$$(\boldsymbol{A} \mid \boldsymbol{B}) \xrightarrow[\text{行初等变换}]{} (\boldsymbol{I} \mid \boldsymbol{A}^{-1}\boldsymbol{B}).$$

这表明:当 $\boldsymbol{A}$ 变成单位矩阵 $\boldsymbol{I}$ 时,矩阵 $\boldsymbol{B}$ 就变成 $\boldsymbol{A}^{-1}\boldsymbol{B}$.

方法三:若 $\boldsymbol{A}$ 不可逆,可采用待定系数法.

方法四.对矩阵方程 $f(\boldsymbol{A})=\boldsymbol{O}$ 作变形,化为"□ · □$=\boldsymbol{I}$"的形式,"□"中之一必为所求的矩阵.

题 1 设矩阵 $\boldsymbol{X}$ 满足:$\begin{pmatrix}2&1\\1&2\end{pmatrix}\boldsymbol{X}=\begin{pmatrix}1&2\\-1&4\end{pmatrix}$,求矩阵 $\boldsymbol{X}$.

解:依题设,知 $\boldsymbol{X}$ 为二阶方阵,故可设

$$\boldsymbol{X}=\begin{pmatrix}x_{11}&x_{12}\\x_{21}&x_{22}\end{pmatrix}.$$

因 $\begin{pmatrix}2&1\\1&2\end{pmatrix}\boldsymbol{X}=\begin{pmatrix}2&1\\1&2\end{pmatrix}\begin{pmatrix}x_{11}&x_{12}\\x_{21}&x_{22}\end{pmatrix}=\begin{pmatrix}2x_{11}+x_{21}&2x_{12}+x_{22}\\x_{11}+2x_{21}&x_{12}+2x_{22}\end{pmatrix}$,

故原等式化为 $\begin{pmatrix}2x_{11}+x_{21}&2x_{12}+x_{22}\\x_{11}+2x_{21}&x_{12}+2x_{22}\end{pmatrix}=\begin{pmatrix}1&2\\-1&4\end{pmatrix}$,

即

$$\begin{cases}2x_{11}+x_{21}=1,\\x_{11}+2x_{21}=-1,\end{cases}$$

$$\begin{cases}2x_{12}+x_{22}=2,\\x_{12}+2x_{22}=4.\end{cases}$$

分别解上述两个方程组,得

$$x_{11}=1, x_{21}=-1, x_{12}=0, x_{22}=2,$$

故 $\boldsymbol{X}=\begin{pmatrix}1&0\\-1&2\end{pmatrix}$.

评注:通常称本例的解法为待定系数法,根据已给条件确定矩阵 $\boldsymbol{X}$ 中 4 个元素之值.

题 2 设 n 阶方阵 $\boldsymbol{A}$ 满足 $\boldsymbol{A}^2-2\boldsymbol{A}+5\boldsymbol{I}=\boldsymbol{O}_{n\times n}$,

试问:

(1) $\boldsymbol{A}$ 是否可逆？给出理由；

(2) 若 $\boldsymbol{A}$ 可逆,求 $\boldsymbol{A}^{-1}$.

解:因 $\boldsymbol{A}(\boldsymbol{A}-2\boldsymbol{I})=-5\boldsymbol{I}$,$|\boldsymbol{A}||\boldsymbol{A}-2\boldsymbol{I}|=(-5)^n\neq0$,$|\boldsymbol{A}|\neq0$,故 $\boldsymbol{A}$ 可逆,且 $\boldsymbol{A}^{-1}=\dfrac{1}{5}(2\boldsymbol{I}-\boldsymbol{A})$.

评注:已给矩阵 $\boldsymbol{A}$,若能找到矩阵 $\boldsymbol{B}$,使得

$$\boldsymbol{AB}=\boldsymbol{I},\text{或 }\boldsymbol{BA}=\boldsymbol{I},$$

则

$$\boldsymbol{A}^{-1}=\boldsymbol{B}.$$

题 3 设 n 阶矩阵 $\boldsymbol{A}$ 满足 $a\boldsymbol{A}^2+b\boldsymbol{A}+c\boldsymbol{I}=\boldsymbol{O}$($a,b,c$ 为常数,且 $c\neq0$).

证明:$\boldsymbol{A}$ 为可逆矩阵,并求 $\boldsymbol{A}^{-1}$.

证明:

$$a\boldsymbol{A}^2+b\boldsymbol{A}+c\boldsymbol{I}=\boldsymbol{O},$$

$$a\boldsymbol{A}^2+b\boldsymbol{A}=-c\boldsymbol{I}.$$

又 $c\neq0$,故

$$-\frac{a}{c}\boldsymbol{A}^2-\frac{b}{c}\boldsymbol{A}=\boldsymbol{I},$$

即

$$\left(-\frac{a}{c}\boldsymbol{A}-\frac{b}{c}\boldsymbol{I}\right)\boldsymbol{A}=\boldsymbol{I}.$$

所以 $\boldsymbol{A}$ 可逆,且 $\boldsymbol{A}^{-1}=-\dfrac{a}{c}\boldsymbol{A}-\dfrac{b}{c}\boldsymbol{I}$.

评注:从 $c\neq0$ 作为解题突破口,将原方程变形为

$$\left(-\frac{a}{c}\boldsymbol{A}-\frac{b}{c}\boldsymbol{I}\right)\boldsymbol{A}=\boldsymbol{I}.$$

故

$$\boldsymbol{A}^{-1}=-\frac{a}{c}\boldsymbol{A}-\frac{b}{c}\boldsymbol{I}.$$

题 4 若方阵 $\boldsymbol{A}$ 满足 $\boldsymbol{A}^2-3\boldsymbol{A}-10\boldsymbol{I}=\boldsymbol{O}$,证明:$\boldsymbol{A}$ 与 $\boldsymbol{A}-4\boldsymbol{I}$ 都可逆,并求 $\boldsymbol{A}^{-1}$ 与 $(\boldsymbol{A}-4\boldsymbol{I})^{-1}$.

解:由 $\boldsymbol{A}^2-3\boldsymbol{A}-10\boldsymbol{I}=\boldsymbol{O}$,得

$$\boldsymbol{A}(\boldsymbol{A}-3\boldsymbol{I})=10\boldsymbol{I},$$

即

$$\boldsymbol{A}\left(\frac{1}{10}(\boldsymbol{A}-3\boldsymbol{I})\right)=\boldsymbol{I}. \qquad ①$$

故 $\boldsymbol{A}$ 可逆,且 $\boldsymbol{A}^{-1}=\dfrac{1}{10}(\boldsymbol{A}-3\boldsymbol{I})$.

再由 $\boldsymbol{A}^2-3\boldsymbol{A}-10\boldsymbol{I}=\boldsymbol{O}$,得

$$(\boldsymbol{A}+\boldsymbol{I})(\boldsymbol{A}-4\boldsymbol{I})=6\boldsymbol{I},$$

即

$$\frac{1}{6}(\boldsymbol{A}+\boldsymbol{I})(\boldsymbol{A}-4\boldsymbol{I})=\boldsymbol{I}. \qquad ②$$

故 $\boldsymbol{A}-4\boldsymbol{I}$ 可逆,且

$$(\boldsymbol{A}-4\boldsymbol{I})^{-1}=\frac{1}{6}(\boldsymbol{A}+\boldsymbol{I}).$$

评注:由①,知 $\boldsymbol{A}^{-1}=\frac{1}{10}(\boldsymbol{A}-3\boldsymbol{I})$,

由②,知 $(\boldsymbol{A}-4\boldsymbol{I})^{-1}=\frac{1}{6}(\boldsymbol{A}+\boldsymbol{I})$.

题 5 求下列各题中 $(\boldsymbol{A}+2\boldsymbol{I})^{-1}$:

(1) 若 n 阶矩阵 $\boldsymbol{A}$ 满足 $\boldsymbol{A}^2-\boldsymbol{A}-7\boldsymbol{I}=\boldsymbol{O}$(零矩阵),求 $(\boldsymbol{A}+2\boldsymbol{I})^{-1}$;

(2) 若方阵 $\boldsymbol{A}$ 满足 $\boldsymbol{A}^2-\boldsymbol{A}-2\boldsymbol{I}=\boldsymbol{O}$,求 $(\boldsymbol{A}+2\boldsymbol{I})^{-1}$.

解:(1) 由 $\boldsymbol{A}^2-\boldsymbol{A}-7\boldsymbol{I}=\boldsymbol{O}$,得 $\boldsymbol{A}^2-\boldsymbol{A}-6\boldsymbol{I}=\boldsymbol{I}$,

即

$$(\boldsymbol{A}+2\boldsymbol{I})(\boldsymbol{A}-3\boldsymbol{I})=\boldsymbol{I}.$$

因此

$$(\boldsymbol{A}+2\boldsymbol{I})^{-1}=\boldsymbol{A}-3\boldsymbol{I}.$$

(2) 因 $\boldsymbol{A}^2-\boldsymbol{A}-2\boldsymbol{I}=\boldsymbol{O}$,故 $\boldsymbol{A}^2-\boldsymbol{A}-6\boldsymbol{I}=-4\boldsymbol{I}$,

即

$$(\boldsymbol{A}+2\boldsymbol{I})(\boldsymbol{A}-3\boldsymbol{I})=-4\boldsymbol{I},$$

亦即

$$-\frac{1}{4}(\boldsymbol{A}-3\boldsymbol{I})(\boldsymbol{A}+2\boldsymbol{I})=\boldsymbol{I}.$$

故 $\boldsymbol{A}+2\boldsymbol{I}$ 可逆,且

$$(\boldsymbol{A}+2\boldsymbol{I})^{-1}=-\frac{1}{4}(\boldsymbol{A}-3\boldsymbol{I}).$$

评注:从 $\boldsymbol{A}^2-\boldsymbol{A}-2\boldsymbol{I}=\boldsymbol{O}$ 出发,进行恒等变形,使之矩阵乘积中含有 $\boldsymbol{A}$ 或者 $\boldsymbol{A}+2\boldsymbol{I}$.

题 6 设方阵 $\boldsymbol{A}$ 的伴随矩阵 $\boldsymbol{A}^*=\begin{pmatrix}1&0&0&0\\0&2&0&0\\1&0&2&0\\0&1&0&2\end{pmatrix}$,

(1) 计算 $|\boldsymbol{A}|$;

(2) 求 $\boldsymbol{A}^{-1}$;

(3) 若 $2\boldsymbol{A}^{-1}\boldsymbol{B}=\boldsymbol{I}-\boldsymbol{B}$,求 $\boldsymbol{B}$.

解:(1) 因 $\boldsymbol{A}^*$ 为下三角形矩阵,故

$$|\boldsymbol{A}^*|=1\times2\times2\times2=8.$$

由 $|\boldsymbol{A}^*|=|\boldsymbol{A}|^{4-1}=|\boldsymbol{A}|^3$,得 $|\boldsymbol{A}|=2$.

(2) $\boldsymbol{A}^{-1}=\dfrac{\boldsymbol{A}^*}{|\boldsymbol{A}|}=\begin{pmatrix}\frac{1}{2}&0&0&0\\0&1&0&0\\\frac{1}{2}&0&1&0\\0&\frac{1}{2}&0&1\end{pmatrix}$.

(3) $2\boldsymbol{A}^{-1}\boldsymbol{B}=\boldsymbol{I}-\boldsymbol{B}$,

即

$$2\boldsymbol{A}^{-1}\boldsymbol{B}+\boldsymbol{B}=\boldsymbol{I},$$

亦即

$$(2\boldsymbol{A}^{-1}+\boldsymbol{I})\boldsymbol{B}=\boldsymbol{I}.$$

故

$$\boldsymbol{B}=(2\boldsymbol{A}^{-1}+\boldsymbol{I})^{-1}=(\boldsymbol{A}^*+\boldsymbol{I})^{-1}=\begin{pmatrix}2&0&0&0\\0&3&0&0\\1&0&3&0\\0&1&0&3\end{pmatrix}^{-1}.$$

下面用初等变换,求此逆矩阵.

因 $\left(\begin{array}{cccc:cccc}2&0&0&0&1&0&0&0\\0&3&0&0&0&1&0&0\\1&0&3&0&0&0&1&0\\0&1&0&3&0&0&0&1\end{array}\right)\xrightarrow[\frac{1}{3}(2)]{\frac{1}{2}(1)}\left(\begin{array}{cccc:cccc}1&0&0&0&\frac{1}{2}&0&0&0\\0&1&0&0&0&\frac{1}{3}&0&0\\1&0&3&0&0&0&1&0\\0&1&0&3&0&0&0&1\end{array}\right)$

$$\xrightarrow[\substack{(3)-(1)\\(4)-(2)\\\frac{1}{3}(3)\\\frac{1}{3}(4)}]{}\left(\begin{array}{cccc:cccc}1&0&0&0&\frac{1}{2}&0&0&0\\0&1&0&0&0&\frac{1}{3}&0&0\\0&0&1&0&-\frac{1}{6}&0&\frac{1}{3}&0\\0&0&0&1&0&-\frac{1}{9}&0&\frac{1}{3}\end{array}\right).$$

故

$$\boldsymbol{B}=\begin{pmatrix}\frac{1}{2}&0&0&0\\0&\frac{1}{3}&0&0\\-\frac{1}{6}&0&\frac{1}{3}&0\\0&-\frac{1}{9}&0&\frac{1}{3}\end{pmatrix}.$$

评注：因 $\boldsymbol{A}^*$ 是下三角形矩阵，故 $|\boldsymbol{A}^*|=8$. 设 $\boldsymbol{A}$ 为 n 阶方阵，则 $|\boldsymbol{A}^*|=|\boldsymbol{A}|^{n-1}$.

假设矩阵 $\boldsymbol{C}$ 是可逆的下三角形矩阵，则 $\boldsymbol{C}^{-1}$ 也是可逆的下三角形矩阵.

题 7 求下列各题矩阵 $\boldsymbol{X}$.

(1) 设 $\boldsymbol{A}=\begin{pmatrix}2&0&-2\\-1&3&1\end{pmatrix}$，$\boldsymbol{B}=\begin{pmatrix}3&0&0\\2&3&0\\3&2&3\end{pmatrix}$ 满足 $\boldsymbol{BX}=\boldsymbol{A}^{\mathrm{T}}+2\boldsymbol{X}$，求 $\boldsymbol{X}$.

(2) 已知矩阵 $\boldsymbol{A}=\begin{pmatrix}1&-1&0\\0&1&2\\3&2&-2\end{pmatrix}$，$\boldsymbol{B}=\begin{pmatrix}-1&1\\2&0\\1&3\end{pmatrix}$，$\boldsymbol{C}=\begin{pmatrix}1&-1&0\\-3&1&-1\end{pmatrix}$，矩阵 $\boldsymbol{X}$ 满足方程 $\boldsymbol{AX}-\boldsymbol{B}=\boldsymbol{C}^{\mathrm{T}}$，求 $\boldsymbol{X}$.

(3) 设

$$\boldsymbol{A}=\begin{pmatrix}1&2&3\\2&2&1\\3&4&3\end{pmatrix},\boldsymbol{B}=\begin{pmatrix}2&1\\5&3\end{pmatrix},\boldsymbol{C}=\begin{pmatrix}1&3\\2&0\\3&1\end{pmatrix},$$

矩阵 $\boldsymbol{X}$ 满足 $\boldsymbol{AXB}=\boldsymbol{C}$. 求 $\boldsymbol{X}$.

解：(1) $\boldsymbol{BX}-2\boldsymbol{X}=\boldsymbol{BX}-2\boldsymbol{IX}=\boldsymbol{A}^{\mathrm{T}}$，

即

$$(\boldsymbol{B}-2\boldsymbol{I})\boldsymbol{X}=\boldsymbol{A}^{\mathrm{T}}，故\ \boldsymbol{X}=(\boldsymbol{B}-2\boldsymbol{I})^{-1}\boldsymbol{A}^{\mathrm{T}}.$$

因 $\boldsymbol{B}-2\boldsymbol{I}=\begin{pmatrix}3&0&0\\2&1&0\\3&2&1\end{pmatrix}$，$|\boldsymbol{B}-2\boldsymbol{I}|=3$，

而 $(\boldsymbol{B}-2\boldsymbol{I})^{-1}=\begin{pmatrix}1&0&0\\-2&1&0\\1&-2&1\end{pmatrix}$.

于是

$$X=(B-2I)^{-1}=\begin{pmatrix}1&0&0\\-2&1&0\\1&-2&1\end{pmatrix}\begin{pmatrix}2&-1\\0&3\\-2&1\end{pmatrix}=\begin{pmatrix}-2&-1\\-4&5\\0&-6\end{pmatrix}.$$

评注:求解矩阵方程 $BX=A^{\mathrm{T}}+2X$ 与逆矩阵的计算密切相关.

(2) 由题意,知 $AX=B+C^{\mathrm{T}}$.

易知 A 可逆,故 $X=A^{-1}(B+C^{\mathrm{T}})$.

利用初等行变换或利用公式 $A^{-1}=\dfrac{A^*}{|A|}$,求得 $A^{-1}=-\dfrac{1}{12}\begin{pmatrix}-6&-2&-2\\6&-2&-2\\-3&-5&1\end{pmatrix}$.

因 $B+C^{\mathrm{T}}=\begin{pmatrix}-1&1\\2&0\\1&3\end{pmatrix}+\begin{pmatrix}1&-3\\-1&1\\0&-1\end{pmatrix}=\begin{pmatrix}0&-2\\1&1\\1&2\end{pmatrix}$.

于是

$$X=-\frac{1}{12}\begin{pmatrix}-6&-2&-2\\6&-2&-2\\-3&-5&1\end{pmatrix}\begin{pmatrix}0&-2\\1&1\\1&2\end{pmatrix}=-\frac{1}{12}\begin{pmatrix}-4&6\\-4&-18\\-4&3\end{pmatrix}.$$

评注:从矩阵方程 $AX-B=C^{\mathrm{T}}$ 出发,求得 $X=A^{-1}(B+C^{\mathrm{T}})$.利用公式 $\dfrac{1}{|A|}A^*$ 去求 A^{-1} 时,由 $|A|\neq 0$,知 A^{-1} 存在.根据 $X=A^{-1}(B+C^{\mathrm{T}})$ 算出 X.

(3) 由于 $|A|=2$, $|B|=1$,故 A^{-1}, B^{-1} 存在,用 A^{-1} 左乘上式,B^{-1} 右乘上式,有 $A^{-1}AXBB^{-1}=A^{-1}CB^{-1}$,

得

$$X=A^{-1}CB^{-1}.$$

算出

$$A^{-1}=\begin{pmatrix}1&3&-2\\-\frac{3}{2}&-3&\frac{5}{2}\\1&1&-1\end{pmatrix}, B^{-1}=\begin{pmatrix}3&-1\\-5&2\end{pmatrix}.$$

于是

$$X=A^{-1}CB^{-1}=\begin{pmatrix}1&3&-2\\-\frac{3}{2}&-3&\frac{5}{2}\\1&1&-1\end{pmatrix}\begin{pmatrix}1&3\\2&0\\3&1\end{pmatrix}\begin{pmatrix}3&-1\\-5&2\end{pmatrix}$$

$$=\begin{pmatrix}1&1\\0&-2\\0&2\end{pmatrix}\begin{pmatrix}3&-1\\-5&2\end{pmatrix}=\begin{pmatrix}-2&1\\10&-4\\-10&4\end{pmatrix}.$$

评注:解矩阵方程时,要区分矩阵的左乘和右乘,因为矩阵的乘法不满足交换律,所以不能混淆左乘与右乘.

题 8 求下列各题中的矩阵 $\boldsymbol{B}$.

(1) 设三阶方阵 $\boldsymbol{A}$、$\boldsymbol{B}$ 满足 $\boldsymbol{A}^{-1}\boldsymbol{BA}=6\boldsymbol{A}+\boldsymbol{BA}$,且 $\boldsymbol{A}=\mathrm{diag}\left(\frac{1}{2},\frac{1}{4},\frac{1}{7}\right)$,求 $\boldsymbol{B}$;

(2) 设 $\boldsymbol{A}$ 可逆,且 $\boldsymbol{A}^*\boldsymbol{B}=\boldsymbol{A}^{-1}+\boldsymbol{B}$,证明:$\boldsymbol{B}$ 可逆,又当 $\boldsymbol{A}=\begin{pmatrix}2&6&0\\0&2&6\\0&0&2\end{pmatrix}$ 时,求 $\boldsymbol{B}$;

(3) 设矩阵 $\boldsymbol{A}$ 的伴随矩阵 $\boldsymbol{A}^*=\begin{pmatrix}1&0&0&0\\0&1&0&0\\1&0&1&0\\0&-3&0&8\end{pmatrix}$,且

$$\boldsymbol{ABA}^{-1}=\boldsymbol{BA}^{-1}+3\boldsymbol{I}, \qquad ①$$

求矩阵 $\boldsymbol{B}$.

解:(1) 由 $\boldsymbol{A}^{-1}\boldsymbol{BA}-\boldsymbol{BA}=6\boldsymbol{A}$,得

$$(\boldsymbol{A}^{-1}-\boldsymbol{I})\boldsymbol{BA}=6\boldsymbol{A},$$

上式两边右乘 $\boldsymbol{A}^{-1}$,得

$$(\boldsymbol{A}^{-1}-\boldsymbol{I})\boldsymbol{B}=6\boldsymbol{I}.$$

所以

$$\boldsymbol{B}=6(\boldsymbol{A}^{-1}-\boldsymbol{I})^{-1}=6\left(\begin{pmatrix}2&0&0\\0&4&0\\0&0&7\end{pmatrix}-\begin{pmatrix}1&0&0\\0&1&0\\0&0&1\end{pmatrix}\right)^{-1}$$

$$=6\begin{pmatrix}1&0&0\\0&3&0\\0&0&6\end{pmatrix}^{-1}=6\begin{pmatrix}1&0&0\\0&\frac{1}{3}&0\\0&0&\frac{1}{6}\end{pmatrix}=\begin{pmatrix}6&0&0\\0&2&0\\0&0&1\end{pmatrix}.$$

评注:从题设,得 $\boldsymbol{B}=6(\boldsymbol{A}^{-1}-\boldsymbol{I})^{-1}$.因 $\boldsymbol{A}=\mathrm{diag}\left(\frac{1}{2},\frac{1}{4},\frac{1}{7}\right)$,故 $\boldsymbol{A}^{-1}=\mathrm{diag}(2,4,7)$,算出$(\boldsymbol{A}^{-1}-\boldsymbol{I})^{-1}$,即得 $\boldsymbol{B}$.

(2) 由 $\boldsymbol{A}^*\boldsymbol{B}=\boldsymbol{A}^{-1}+\boldsymbol{B}=\boldsymbol{A}^{-1}+\boldsymbol{IB}$,得

$$(\boldsymbol{A}^*-\boldsymbol{I})\boldsymbol{B}=\boldsymbol{A}^{-1}.$$

于是$|\boldsymbol{A}^*-\boldsymbol{I}||\boldsymbol{B}|=|\boldsymbol{A}^{-1}|\neq 0$,所以$|\boldsymbol{B}|\neq 0$,即 $\boldsymbol{B}$ 可逆,再由上式,得

$$\boldsymbol{B}=(\boldsymbol{A}^*-\boldsymbol{I})^{-1}\boldsymbol{A}^{-1}=(\boldsymbol{A}(\boldsymbol{A}^*-\boldsymbol{I}))^{-1}=(|\boldsymbol{A}|\boldsymbol{I}-\boldsymbol{A})^{-1}.$$

因$|A|=8$,故

$$|A|I-A=\begin{pmatrix}8&0&0\\0&8&0\\0&0&8\end{pmatrix}-\begin{pmatrix}2&6&0\\0&2&6\\0&0&2\end{pmatrix}=6\begin{pmatrix}1&-1&0\\0&1&-1\\0&0&1\end{pmatrix}.$$

从而

$$B=\frac{1}{6}\begin{pmatrix}1&-1&0\\0&1&-1\\0&0&1\end{pmatrix}^{-1}.$$

利用代数余子式,得

$$\begin{pmatrix}1&-1&0\\0&1&-1\\0&0&-1\end{pmatrix}^{-1}=\begin{pmatrix}1&1&1\\0&1&1\\0&0&1\end{pmatrix},$$

故

$$B=\frac{1}{6}\begin{pmatrix}1&1&1\\0&1&1\\0&0&1\end{pmatrix}.$$

评注:矩阵的乘法满足分配律;$A=AI=IA$;$(AB)^{-1}=B^{-1}A^{-1}$都会经常用到.

(3) 方法一:由$|A^*|=|A|^{n-1}$,有$|A|^3=8$,得$|A|=2$.

又$(A-I)BA^{-1}=3I$,有$(A-I)B=3A$.

从而$A^{-1}(A-I)B=3I$.由此,得$(I-A^{-1})B=3I$,

即

$$\left(I-\frac{A^*}{|A|}\right)B=3I,$$

亦即

$$(2I-A^*)B=6I.$$

又$2I-A^*$为可逆矩阵,于是

$$B=6(2I-A^*)^{-1}$$

由$2I-A^*=\begin{pmatrix}1&0&0&0\\0&1&0&0\\-1&0&1&0\\0&3&0&-6\end{pmatrix}$,有

$$(2I-A^*)^{-1}=\begin{pmatrix}1&0&0&0\\0&1&0&0\\1&0&1&0\\0&\frac{1}{2}&0&-\frac{1}{6}\end{pmatrix}.$$

因此

$$B=\begin{pmatrix}6&0&0&0\\0&6&0&0\\6&0&6&0\\0&3&0&-1\end{pmatrix}.$$

方法二.由$|A^*|=|A|^{n-1}$，有$|A|^3=8$，得$|A|=2$.

又$AA^*=|A|I$，得

$$A=|A|(A^*)^{-1}=2(A^*)^{-1}$$

$$=2\begin{pmatrix}1&0&0&0\\0&1&0&0\\-1&0&1&0\\0&\frac{3}{8}&0&\frac{1}{8}\end{pmatrix}=\begin{pmatrix}2&0&0&0\\0&2&0&0\\-2&0&2&0\\0&\frac{3}{4}&0&\frac{1}{4}\end{pmatrix}.$$

可见$A-I$为可逆矩阵，于是由$(A-I)BA^{-1}=3I$，有

$$B=3(A-I)^{-1}A.$$

由$A-I=\begin{pmatrix}1&0&0&0\\0&1&0&0\\-2&0&1&0\\0&\frac{3}{4}&0&-\frac{3}{4}\end{pmatrix}$，得$(A-I)^{-1}=\begin{pmatrix}1&0&0&0\\0&1&0&0\\2&0&1&0\\0&1&0&-\frac{4}{3}\end{pmatrix}$，

因此

$$B=3\begin{pmatrix}1&0&0&0\\0&1&0&0\\2&0&1&0\\0&1&0&-\frac{4}{3}\end{pmatrix}\begin{pmatrix}2&0&0&0\\0&2&0&0\\-2&0&2&0\\0&\frac{3}{4}&0&\frac{1}{4}\end{pmatrix}=\begin{pmatrix}6&0&0&0\\0&6&0&0\\6&0&6&0\\0&3&0&-1\end{pmatrix}.$$

题9 已知矩阵$A=\begin{pmatrix}1&0&0\\1&1&0\\1&1&1\end{pmatrix}$，$B=\begin{pmatrix}0&1&1\\1&0&1\\1&1&0\end{pmatrix}$，且矩阵$X$满足$AXA+BXB=AXB+BXA+I$，求$X$.

解:由题设的关系式，得

$$AX(A-B)+BX(B-A)=I,$$

即

$$(A-B)X(A-B)=I.$$

由于行列式$|A-B|=\begin{vmatrix}1&-1&-1\\0&1&-1\\0&0&1\end{vmatrix}\neq0$，所以矩阵$A-B$可逆.

而

$$(\boldsymbol{A}-\boldsymbol{B})^{-1}=\begin{pmatrix}1&1&2\\0&1&1\\0&0&1\end{pmatrix}.$$

故

$$\boldsymbol{X}=[(\boldsymbol{A}-\boldsymbol{B})^{-1}]^2=\begin{pmatrix}1&2&5\\0&1&2\\0&0&1\end{pmatrix}.$$

题 10 已知 $\boldsymbol{A},\boldsymbol{B}$ 为三阶矩阵,且满足 $2\boldsymbol{A}^{-1}\boldsymbol{B}=\boldsymbol{B}-4\boldsymbol{I}$.

(1) 证明:矩阵 $\boldsymbol{A}-2\boldsymbol{I}$ 可逆;

(2) 若 $\boldsymbol{B}=\begin{pmatrix}1&-2&0\\1&2&0\\0&0&2\end{pmatrix}$,求矩阵 $\boldsymbol{A}$.

解:(1) 由 $2\boldsymbol{A}^{-1}\boldsymbol{B}=\boldsymbol{B}-4\boldsymbol{I}$,知

$$\boldsymbol{AB}-2\boldsymbol{B}-4\boldsymbol{A}=\boldsymbol{O},$$

从而

$$(\boldsymbol{A}-2\boldsymbol{I})(\boldsymbol{B}-4\boldsymbol{I})=8\boldsymbol{I},$$

即

$$(\boldsymbol{A}-2\boldsymbol{I})\cdot\frac{1}{8}(\boldsymbol{B}-4\boldsymbol{I})=\boldsymbol{I}.$$

故 $\boldsymbol{A}-2\boldsymbol{I}$ 可逆,且 $(\boldsymbol{A}-2\boldsymbol{I})^{-1}=\frac{1}{8}(\boldsymbol{B}-4\boldsymbol{I})$.

(2) 由(1),知 $\boldsymbol{A}=2\boldsymbol{I}+8(\boldsymbol{B}-4\boldsymbol{I})^{-1}$,

而

$$(\boldsymbol{B}-4\boldsymbol{I})^{-1}=\begin{pmatrix}-3&-2&0\\1&-2&0\\0&0&-2\end{pmatrix}^{-1}=\begin{pmatrix}-\frac{1}{4}&\frac{1}{4}&0\\-\frac{1}{8}&-\frac{3}{8}&0\\0&0&-\frac{1}{2}\end{pmatrix},$$

故

$$\boldsymbol{A}=\begin{pmatrix}0&2&0\\-1&-1&0\\0&0&-2\end{pmatrix}.$$

2.8 矩阵的秩

1. 设 $\boldsymbol{A}=(a_{ij})$ 是 $m\times n$ 矩阵,从 $\boldsymbol{A}$ 中任取 k 行 k 列($k\leqslant\min(m,n)$),位于

这些行和列的相交处的元素，保持它们原来的相对位置所构成的 k 阶行列式，称为矩阵 $\boldsymbol{A}$ 的一个 k 阶子式.

2. 设 $\boldsymbol{A}=(a_{ij})$ 是 $m\times n$ 矩阵，若存在一个 l 阶子式不为零，并且所有的 $(l+1)$ 阶子式（如果存在的话）全为零，则称矩阵 $\boldsymbol{A}$ 的秩为 l，记作 $\mathrm{r}(\boldsymbol{A})=l$.

规定：零矩阵的秩为零，即 $\mathrm{r}(\boldsymbol{O})=0$.

$\mathrm{r}(\boldsymbol{A})$ 就是 $\boldsymbol{A}$ 的非零子式的最高阶数.

3. (1) $\mathrm{r}(\boldsymbol{A}^{\mathrm{T}})=\mathrm{r}(\boldsymbol{A})$.

(2) 设 $\boldsymbol{A}$ 为 n 阶方阵，若 $|\boldsymbol{A}|\neq 0$，则 $\mathrm{r}(\boldsymbol{A})=n$，称 $\boldsymbol{A}$ 为满秩方阵（或非退化矩阵）. 可逆矩阵、非退化矩阵、非奇异矩阵、满秩方阵具有等价的含义.

(3) 矩阵 $\boldsymbol{A}$ 经有限次初等变换后，其秩不变.

(4) 若 $\boldsymbol{B}=\boldsymbol{RAC}$，且 $\boldsymbol{R},\boldsymbol{C}$ 均为满秩矩阵，则

$$\mathrm{r}(\boldsymbol{B})=\mathrm{r}(\boldsymbol{A}).$$

4. 矩阵 $\boldsymbol{A}$ 的秩 $\mathrm{r}(\boldsymbol{A})$ 的计算方法.

方法一. 若 n 阶矩阵的行列式 $|\boldsymbol{A}|\neq 0$，则 $\mathrm{r}(\boldsymbol{A})=n$.

方法二. 若 $m\leqslant 4$，用定义去求最高阶数的非零子式.

方法三. 将矩阵 $\boldsymbol{A}$ 化为阶梯矩阵，则阶梯矩阵中非零行的行数就是 $\mathrm{r}(\boldsymbol{A})$.

方法四. 若矩阵 $\boldsymbol{A}$ 的等价标准形为

$$\boldsymbol{\Lambda}=\begin{pmatrix}\boldsymbol{I}_l & \boldsymbol{O}\\ \boldsymbol{O} & \boldsymbol{O}\end{pmatrix},$$

则 $\mathrm{r}(\boldsymbol{A})=l$.

5. 矩阵的秩的一些结论.

(1) $\mathrm{r}(\boldsymbol{A})=\mathrm{r}(\boldsymbol{A}^{\mathrm{T}})=\mathrm{r}(\boldsymbol{A}^{\mathrm{T}}\boldsymbol{A})$.

(2) 若 $\boldsymbol{A}\neq\boldsymbol{O}$，则 $\mathrm{r}(\boldsymbol{A})\geqslant 1$.

(3) 若 $k\neq 0$，则 $\mathrm{r}(k\boldsymbol{A})=\mathrm{r}(\boldsymbol{A})$.

(4) $\mathrm{r}(\boldsymbol{A}+\boldsymbol{B})\leqslant\mathrm{r}(\boldsymbol{A})+\mathrm{r}(\boldsymbol{B})$.

(5) $\mathrm{r}(\boldsymbol{AB})\leqslant\min\{\mathrm{r}(\boldsymbol{A}),\mathrm{r}(\boldsymbol{B})\}$.

(6) 若 $\boldsymbol{A}$ 可逆，则 $\mathrm{r}(\boldsymbol{AB})=\mathrm{r}(\boldsymbol{B})$.

若 $\boldsymbol{C}$ 可逆，则 $\mathrm{r}(\boldsymbol{AC})=\mathrm{r}(\boldsymbol{A})$.

(7) 设 $\boldsymbol{A}$ 为 $m\times n$ 矩阵，$\boldsymbol{B}$ 为 $n\times s$ 矩阵，则

$$\mathrm{r}(\boldsymbol{AB})\geqslant\mathrm{r}(\boldsymbol{A})+\mathrm{r}(\boldsymbol{B})-n.$$

(8) 若 $\boldsymbol{AB}=\boldsymbol{O}$，则 $\mathrm{r}(\boldsymbol{A})+\mathrm{r}(\boldsymbol{B})\leqslant n$.

9. 设 $n\geqslant 2$，则

$$\mathrm{r}(\boldsymbol{A}^*)=\begin{cases}n, & \mathrm{r}(\boldsymbol{A})=n,\\ 1, & \mathrm{r}(\boldsymbol{A})=n-1,\\ 0, & \mathrm{r}(\boldsymbol{A})<n-1.\end{cases}$$

题 1　求解下列各题：

(1) 利用初等变换，化矩阵 $A=\begin{pmatrix}1&0&0&3&0\\1&-1&6&0&3\\0&-2&4&-2&2\end{pmatrix}$ 为阶梯矩阵，并求 A 的秩 $r(A)$；

(2) 设矩阵 $A=\begin{pmatrix}1&-2&2&-1&1\\2&-4&8&0&2\\-2&4&-2&3&3\\3&-6&0&-6&4\end{pmatrix}$，用初等变换法求矩阵 A 的秩；

(3) 利用初等变换，化矩阵 $A=\begin{pmatrix}1&0&1&0&0\\1&1&0&0&0\\0&1&1&0&0\\0&-1&1&0&0\end{pmatrix}$ 为等价标准形 $D=\begin{pmatrix}I_r&O\\O&O\end{pmatrix}$ 的形式，并求矩阵 A 的秩 $r(A)$.

解：(1) $A=\begin{pmatrix}1&0&0&3&0\\1&-1&6&0&3\\0&-2&4&-2&2\end{pmatrix}$

$$\xrightarrow{(2)-(1)}\begin{pmatrix}1&0&0&3&0\\0&-1&6&-3&3\\0&-2&4&-2&2\end{pmatrix}\xrightarrow{(3)-2(2)}\begin{pmatrix}1&0&0&3&0\\0&-1&6&-3&3\\0&0&-8&4&-4\end{pmatrix}$$

$$\xrightarrow[\left(-\frac{1}{4}\right)\times(3)]{(-1)\times(2)}\begin{pmatrix}1&0&0&3&0\\0&1&-6&3&-3\\0&0&2&-1&1\end{pmatrix}$$

$r(A)=3$，

评注：将矩阵 A 化为阶梯矩阵，则非零行的个数就是 $r(A)$，因为第一行、第二行与第三行都非零行，故共有 3 个非零行，因此 $r(A)=3$.

(2) $A=\begin{pmatrix}1&-2&2&-1&1\\2&-4&8&0&2\\-2&4&-2&3&3\\3&-6&0&-6&4\end{pmatrix}$

$$\xrightarrow[\substack{(3)+2(1)\\(4)-3(1)}]{(2)-2(1)}\begin{pmatrix}1&-2&2&-1&1\\0&0&4&2&0\\0&0&2&1&5\\0&0&-6&-3&1\end{pmatrix}$$

$$\xrightarrow[\substack{(3)-(2)\\(4)+3(2)}]{\frac{1}{2}\times(2)}\begin{pmatrix}1&-2&2&-1&1\\0&0&2&1&0\\0&0&0&0&5\\0&0&0&0&1\end{pmatrix}\xrightarrow[(4)-(3)]{\frac{1}{5}\times(3)}\begin{pmatrix}1&-2&2&-1&1\\0&0&2&1&0\\0&0&0&0&1\\0&0&0&0&0\end{pmatrix}.$$

因此 $r(\boldsymbol{A})=3$.

评注:将矩阵 $\boldsymbol{A}$ 往初等行变换化为阶梯矩阵.由于非零行有 3 行,故 $r(\boldsymbol{A})=3$.

(3) $$\boldsymbol{A}=\begin{pmatrix}1&0&1&0&0\\1&1&0&0&0\\0&1&1&0&0\\0&-1&1&0&0\end{pmatrix}\xrightarrow{(2)-(1)}\begin{pmatrix}1&0&1&0&0\\0&1&-1&0&0\\0&1&1&0&0\\0&-1&1&0&0\end{pmatrix}$$

$$\xrightarrow[\substack{(4)+(2)\\(3)-(2)}]{}\begin{pmatrix}1&0&1&0&0\\0&1&-1&0&0\\0&0&2&0&0\\0&0&0&0&0\end{pmatrix}\xrightarrow{\frac{1}{2}\times(3)}\begin{pmatrix}1&0&1&0&0\\0&1&-1&0&0\\0&0&1&0&0\\0&0&0&0&0\end{pmatrix}$$

$$\xrightarrow[\substack{(1)-(3)\\(2)+(3)}]{}\begin{pmatrix}1&0&0&0&0\\0&1&0&0&0\\0&0&1&0&0\\0&0&0&0&0\end{pmatrix}.$$

因 $\boldsymbol{I}_r$ 的秩为 3,故 $r(\boldsymbol{A})=3$.

评注:矩阵 $\boldsymbol{A}$ 的等阶标准形是特殊的阶梯矩阵,形如

$$\begin{pmatrix}\boldsymbol{I}_r&\boldsymbol{O}\\\boldsymbol{O}&\boldsymbol{O}\end{pmatrix}.$$

于是 $r(\boldsymbol{A})=r$.

题 2 求下列矩阵中的参数:

(1) 设矩阵

$$\boldsymbol{A}=\begin{pmatrix}k&1&1&1\\1&k&1&1\\1&1&k&1\\1&1&1&k\end{pmatrix},$$

且 $r(\boldsymbol{A})=3$,则 $k=$________.

(2) 已知矩阵 $\boldsymbol{A}=\begin{pmatrix}1&1&-6&10\\2&5&k&-1\\1&2&-1&k\end{pmatrix}$ 的秩为 2,求 k 的值.

(3) 设

$$A=\begin{pmatrix}1&-1&1&2\\3&\lambda&-1&2\\5&3&\mu&6\end{pmatrix},$$

且 $r(A)=2$,求 λ 与 μ 的值.

(4) 已知三阶方阵 $A=\begin{pmatrix}1&0&-1\\2&t&1\\1&2&1\end{pmatrix}$,$B$ 是秩为 2 的三阶方阵,且 $r(AB)=1$,求 t 的值.

解:(1) 因初等变换不改变 $r(A)$,故对矩阵 A 施以行初等变换.

$$A\xrightarrow{(1)+(2)+(3)+(4)}\begin{pmatrix}k+3&k+3&k+3&k+3\\1&k&1&1\\1&1&k&1\\1&1&1&k\end{pmatrix}.$$

易见,当 $k+3=0$,即 $k=-3$ 时,第一行为零行,

且当 $k=-3$ 时,

$$\begin{vmatrix}1&k&1\\1&1&k\\1&1&1\end{vmatrix}=\begin{vmatrix}1&-3&1\\1&1&-3\\1&1&1\end{vmatrix}=16.$$

此时,恰好 $r(A)=3$,故 $k=3$.

(2) $A=\begin{pmatrix}1&1&-6&10\\2&5&k&-1\\1&2&-1&k\end{pmatrix}\xrightarrow[(3)-(1)]{(2)-2(1)}\begin{pmatrix}1&1&-6&10\\0&3&k+12&-21\\0&1&5&k-10\end{pmatrix}$

$$\xrightarrow{(2)\leftrightarrow(3)}\begin{pmatrix}1&1&-6&10\\0&1&5&k-10\\0&3&k+12&-21\end{pmatrix}\xrightarrow{(3)-3(2)}\begin{pmatrix}1&1&-6&10\\0&1&5&k-10\\0&0&k-3&9-3k\end{pmatrix}.$$

因 $r(A)=2$,故 $k-3=0$,得 $k=3$.

评注:矩阵 A 中含有参数 k,矩阵 A 的最高子式为三阶,而 4 个三阶子式的计算量较大,故先作初等行变换,再计算最高阶的非零子式.值得注意:初等行变换不改变矩阵的秩.

(3) $A=\begin{pmatrix}1&-1&1&2\\3&\lambda&-1&2\\5&3&\mu&6\end{pmatrix}\xrightarrow[(3)-5(1)]{(2)-3(1)}\begin{pmatrix}1&-1&1&2\\0&\lambda+3&-4&-4\\0&8&\mu-5&-4\end{pmatrix}$

$$\xrightarrow{(3)-(2)}\begin{pmatrix}1&-1&1&2\\0&\lambda+3&-4&-4\\0&5-\lambda&\mu-1&0\end{pmatrix}. \qquad ①$$

由于 $r(\boldsymbol{A})=2$，则 $5-\lambda=0$，$\mu-1=0$，即 $\lambda=5$，$\mu=1$.

评注：因初等行变换不改变矩阵的秩.根据式①，以及 $r(\boldsymbol{A})=2$，知第三行为零行.据此，求得 $\lambda=5$，$\mu=1$.

(4) 若 $r(\boldsymbol{A})=3$，则由条件 $r(\boldsymbol{B})=2$，知 $r(\boldsymbol{AB})=2$，这与条件 $r(\boldsymbol{AB})=1$ 相矛盾.由此推出 $r(\boldsymbol{A})\leqslant 2$，故 $|\boldsymbol{A}|=0$，即

$$\begin{vmatrix}1&0&-1\\2&t&1\\1&2&1\end{vmatrix}=0.$$

求得 $t=3$，即为所求之值.

评注：采用排除法，排除 $r(\boldsymbol{A})=3$ 不可能，要证明这一断言，反证假设 $r(\boldsymbol{A})=3$，导出矛盾，于是 $r(\boldsymbol{A})\neq 3$.从而由 $|\boldsymbol{A}|=0$，得 $t=3$.

题 3 求下列方程的解：

(1) 设 $\boldsymbol{AX}=\boldsymbol{B}$，$\boldsymbol{YA}=\boldsymbol{B}^{\mathrm{T}}$，其中 $\boldsymbol{A}=\begin{pmatrix}1&1&-1\\0&1&0\\1&1&1\end{pmatrix}$，$\boldsymbol{B}=\begin{pmatrix}2\\3\\6\end{pmatrix}$，求 $\boldsymbol{X}$ 与 $\boldsymbol{Y}$.

(2) 设 $\boldsymbol{A}=\begin{pmatrix}1&-2&1\\2&-3&5\\3&1&2\end{pmatrix}$ 为可逆矩阵，记 $\boldsymbol{X}=\begin{pmatrix}x\\y\\z\end{pmatrix}$，$\boldsymbol{B}=\begin{pmatrix}5\\-1\\4\end{pmatrix}$，则线性方程组 $\boldsymbol{AX}=\boldsymbol{B}$ 的解为 $\boldsymbol{X}=\boldsymbol{A}^{-1}\boldsymbol{B}$.由此求出其解 x,y,z.

解：(1) 因 $|\boldsymbol{A}|=2$，故 $\boldsymbol{A}$ 可逆.

用 $\boldsymbol{A}^{-1}$ 左乘 $\boldsymbol{AX}=\boldsymbol{B}$，得 $\boldsymbol{X}=\boldsymbol{A}^{-1}\boldsymbol{B}$.

用 $\boldsymbol{A}^{-1}$ 右乘 $\boldsymbol{YA}=\boldsymbol{B}^{\mathrm{T}}$，得 $\boldsymbol{Y}=\boldsymbol{B}^{\mathrm{T}}\boldsymbol{A}^{-1}$.

矩阵 $\boldsymbol{A}$ 的伴随矩阵为

$$\boldsymbol{A}^{*}=\begin{pmatrix}1&-2&1\\0&2&0\\-1&0&1\end{pmatrix}.$$

于是

$$\boldsymbol{A}^{-1}=\frac{1}{2}\begin{pmatrix}1&-2&1\\0&2&0\\-1&0&1\end{pmatrix}.$$

从而

$$X=A^{-1}B=\frac{1}{2}\begin{pmatrix}1&-2&1\\0&2&0\\-1&0&1\end{pmatrix}\begin{pmatrix}2\\3\\6\end{pmatrix}=\begin{pmatrix}1\\3\\2\end{pmatrix}.$$

$$Y=B^{\mathrm{T}}A^{-1}=\frac{1}{2}(2,3,6)\begin{pmatrix}1&-2&1\\0&2&0\\-1&0&1\end{pmatrix}=(-2,1,4).$$

评注:利用 A^{-1} 解两个矩阵方程:$AX=B$ 与 $YA=B^{\mathrm{T}}$.要注意左乘与右乘的区分与运用.X 用列向量给出,Y 用行向量给出.

(2) 利用初等变换或利用公式 $A^{-1}=\frac{A^*}{|A|}$,求得

$$A^{-1}=-\frac{1}{22}\begin{pmatrix}-11&5&-7\\11&-1&-3\\11&-7&1\end{pmatrix}.$$

故 $A^{-1}B=-\frac{1}{22}\begin{pmatrix}-11&5&-7\\11&-1&-3\\11&-7&1\end{pmatrix}\begin{pmatrix}5\\-1\\4\end{pmatrix}=\begin{pmatrix}4\\-2\\-3\end{pmatrix}$,

由此,得 $x=4,y=-2,z=-3$.

评注:在线性方程组 $AX=B$ 中,方程的个数与未知量的个数相等,且 $|A|\neq0$;即 A 可逆.据此,得 $X=A^{-1}B$.

题 4 设矩阵 $A=\begin{pmatrix}0&1&0&0\\0&0&1&0\\0&0&0&1\\0&0&0&0\end{pmatrix}$,则 A^3 的秩为________.

解:因为 $A^2=\begin{pmatrix}0&1&0&0\\0&0&1&0\\0&0&0&1\\0&0&0&0\end{pmatrix}\begin{pmatrix}0&1&0&0\\0&0&1&0\\0&0&0&1\\0&0&0&0\end{pmatrix}=\begin{pmatrix}0&0&1&0\\0&0&0&1\\0&0&0&0\\0&0&0&0\end{pmatrix}$,

$$A^3=\begin{pmatrix}0&0&1&0\\0&0&0&1\\0&0&0&0\\0&0&0&0\end{pmatrix}\begin{pmatrix}0&1&0&0\\0&0&1&0\\0&0&0&1\\0&0&0&0\end{pmatrix}=\begin{pmatrix}0&0&0&1\\0&0&0&0\\0&0&0&0\\0&0&0&0\end{pmatrix}.$$

所以 A^3 的秩为 1.

题 5 设 A 为 n 阶可逆矩阵,B 为 $n\times m$ 矩阵,求证:

$$\mathrm{r}(AB)=\mathrm{r}(B).$$

证明:因 A 可逆,知 A 可表示成若干个初等矩阵,$P_1,P_2,\cdots,P_s$ 的乘积,

即

$$A=P_1P_2\cdots P_s.$$

从而

$$AB=P_1P_2\cdots P_sB.$$

这表明 $\boldsymbol{AB}$ 是 $\boldsymbol{B}$ 经过 s 次初等行变换而得，故 $\mathrm{r}(\boldsymbol{AB})=\mathrm{r}(\boldsymbol{B})$.

评注：因 $\boldsymbol{A}$ 是 n 阶可逆矩阵，故 $\boldsymbol{A}$ 可写成有限个满秩的初等矩阵的乘积.这些初等矩阵逐个左乘矩阵 $\boldsymbol{B}$，等价于对矩阵 $\boldsymbol{B}$ 施行相应的初等变换.由于初等变换不改变矩阵的秩，从而 $\mathrm{r}(\boldsymbol{AB})=\mathrm{r}(\boldsymbol{B})$.

题 6 设 $\boldsymbol{A}=\begin{pmatrix}a_1\\a_2\\\vdots\\a_n\end{pmatrix}(b_1,b_2,\cdots,b_n)\neq\boldsymbol{O}$，试证：$\mathrm{r}(\boldsymbol{A})=1$，且存在常数 $k\neq0$，使 $\boldsymbol{A}^2=k\boldsymbol{A}$.

证明：

$$\boldsymbol{A}=\begin{pmatrix}a_1\\a_2\\\vdots\\a_n\end{pmatrix}(b_1,b_2,\cdots,b_n)=\begin{pmatrix}a_1b_1 & a_1b_2 & \cdots & a_1b_n\\a_2b_1 & a_2b_2 & \cdots & a_2b_n\\a_nb_1 & a_nb_2 & \cdots & a_nb_n\end{pmatrix}.$$

在矩阵 $\boldsymbol{A}$ 中任意两行对应元素成比例，故行列式 $|\boldsymbol{A}|$ 中所有的二阶行列式全为零，又 $\boldsymbol{A}\neq0$，故 $\mathrm{r}(\boldsymbol{A})=1$.

$$设数(b_1,b_2,\cdots,b_n)\begin{pmatrix}a_1\\a_2\\\vdots\\a_n\end{pmatrix}=a_1b_1+a_2b_2+\cdots+a_nb_n=k,$$

则

$$\boldsymbol{A}^2=\boldsymbol{A}\cdot\boldsymbol{A}=\begin{pmatrix}a_1\\a_2\\\vdots\\a_n\end{pmatrix}\left[(b_1,b_2,\cdots,b_n)\begin{pmatrix}a_1\\a_2\\\vdots\\a_n\end{pmatrix}\right](b_1,b_2,\cdots,b_n)$$

$$=\begin{pmatrix}a_1\\a_2\\\vdots\\a_n\end{pmatrix}k(b_1,b_2,\cdots,b_n)=k\begin{pmatrix}a_1\\a_2\\\vdots\\a_n\end{pmatrix}(b_1,b_2,\cdots,b_n)=k\boldsymbol{A}，证毕.$$

题7 设三阶矩阵$\boldsymbol{A}=\begin{pmatrix}a&b&b\\b&a&b\\b&b&a\end{pmatrix}$,若$\boldsymbol{A}$的伴随矩阵的秩等于1,则必有( ).

(A) $a=b$ 或$a+2b=0$. (B) $a=b$ 或$a+2b\neq0$.

(C) $a\neq b$ 且$a+2b=0$. (D) $a\neq b$ 且$a+2b\neq0$.

解:若$\boldsymbol{A}$是n阶方阵,则当$\mathrm{r}(\boldsymbol{A})=n-1$时,$\mathrm{r}(\boldsymbol{A}^*)=1$,

因$n=3$,故$\mathrm{r}(\boldsymbol{A})=2$.

由于矩阵的初等变换不改变矩阵的秩,故由

$$\boldsymbol{A}=\begin{pmatrix}a&b&b\\b&a&b\\b&b&a\end{pmatrix}\xrightarrow[(1)+(2)+(3)]{}\begin{pmatrix}a+2b&a+2b&a+2b\\b&a&b\\b&b&a\end{pmatrix}$$

$$\xrightarrow[(2)-(3)]{}\begin{pmatrix}a+2b&a+2b&a+2b\\0&a-b&-(a-b)\\b&b&a\end{pmatrix},$$

根据$\mathrm{r}(\boldsymbol{A})=2$,故选(C).

题8 设$\boldsymbol{X}$为三维单位向量,则矩阵$\boldsymbol{I}-\boldsymbol{X}\boldsymbol{X}^{\mathrm{T}}$的秩为________.

解:设$\boldsymbol{A}=\boldsymbol{I}-\boldsymbol{X}\boldsymbol{X}^{\mathrm{T}}$,则$\boldsymbol{A}^2=\boldsymbol{A}$.

从而$\mathrm{r}(\boldsymbol{A})+\mathrm{r}(\boldsymbol{I}-\boldsymbol{A})=3$.

因为$\mathrm{r}(\boldsymbol{I}-\boldsymbol{A})=\mathrm{r}(\boldsymbol{X}\boldsymbol{X}^{\mathrm{T}})=\mathrm{r}(\boldsymbol{X})=1$.

故$\mathrm{r}(\boldsymbol{A})=2$.

题9 设$\boldsymbol{A}$是$m\times n$矩阵,$\boldsymbol{B}$是$n\times m$矩阵,若$\boldsymbol{AB}=\boldsymbol{I}$,则( ).

(A) $\mathrm{r}(\boldsymbol{A})=m,\mathrm{r}(\boldsymbol{B})=m$ (B) $\mathrm{r}(\boldsymbol{A})=m,\mathrm{r}(\boldsymbol{B})=n$.

(C) $\mathrm{r}(\boldsymbol{A})=n,\mathrm{r}(\boldsymbol{B})=m$ (D) $\mathrm{r}(\boldsymbol{A})=n,\mathrm{r}(\boldsymbol{B})=n$.

解:由题设可知$m=\mathrm{r}(\boldsymbol{I})=\mathrm{r}(\boldsymbol{AB})\leqslant\min(\mathrm{r}(\boldsymbol{A}),\mathrm{r}(\boldsymbol{B}))$,即

$$\mathrm{r}(\boldsymbol{A})\geqslant m,\mathrm{r}(\boldsymbol{B})\geqslant m.$$

又$\boldsymbol{A}$是$m\times n$矩阵,$\boldsymbol{B}$是$n\times m$矩阵,所以$\mathrm{r}(\boldsymbol{A})\leqslant m,\mathrm{r}(\boldsymbol{B})\leqslant m$.

于是$\mathrm{r}(\boldsymbol{A})=m,\mathrm{r}(\boldsymbol{B})=m$,故选(A).

题10 设$\boldsymbol{\alpha},\boldsymbol{\beta}$是三维列向量,矩阵$\boldsymbol{A}=\boldsymbol{\alpha}\boldsymbol{\alpha}^{\mathrm{T}}+\boldsymbol{\beta}\boldsymbol{\beta}^{\mathrm{T}}$,其中$\boldsymbol{\alpha}^{\mathrm{T}},\boldsymbol{\beta}^{\mathrm{T}}$分别为$\boldsymbol{\alpha},\boldsymbol{\beta}$的转置.证明:(Ⅰ)秩$\mathrm{r}(\boldsymbol{A})\leqslant2$;

(Ⅱ)若$\boldsymbol{\alpha},\boldsymbol{\beta}$线性相关,则秩$\mathrm{r}(\boldsymbol{A})<2$.

证明:(Ⅰ) $\mathrm{r}(\boldsymbol{A})=\mathrm{r}(\boldsymbol{\alpha}\boldsymbol{\alpha}^{\mathrm{T}}+\boldsymbol{\beta}\boldsymbol{\beta}^{\mathrm{T}})\leqslant\mathrm{r}(\boldsymbol{\alpha}\boldsymbol{\alpha}^{\mathrm{T}})+\mathrm{r}(\boldsymbol{\beta}\boldsymbol{\beta}^{\mathrm{T}})\leqslant\mathrm{r}(\boldsymbol{\alpha})+\mathrm{r}(\boldsymbol{\beta})\leqslant2$.

(Ⅱ)若$\boldsymbol{\alpha},\boldsymbol{\beta}$线性相关,不妨设$\boldsymbol{\beta}=k\boldsymbol{\alpha}$,于是

$$\boldsymbol{A}=\boldsymbol{\alpha}\boldsymbol{\alpha}^{\mathrm{T}}+\boldsymbol{\beta}\boldsymbol{\beta}^{\mathrm{T}}=(1+k^2)\boldsymbol{\alpha}\boldsymbol{\alpha}^{\mathrm{T}},$$

所以$\mathrm{r}(\boldsymbol{A})=\mathrm{r}((1+k^2)\boldsymbol{\alpha}\boldsymbol{\alpha}^{\mathrm{T}})=\mathrm{r}(\boldsymbol{\alpha}\boldsymbol{\alpha}^{\mathrm{T}})\leqslant\mathrm{r}(\boldsymbol{\alpha})\leqslant1<2$.

评注:$\mathrm{r}(\boldsymbol{A}+\boldsymbol{B})\leqslant\mathrm{r}(\boldsymbol{A})+\mathrm{r}(\boldsymbol{B})$.

第 3 章 线性方程组

3.1 线性方程组的消元法

1. 设线性方程组

$$\begin{cases} a_{11}x_1+a_{12}x_2+\cdots+a_{1n}x_n=b_1, \\ a_{21}x_1+a_{22}x_2+\cdots+a_{2n}x_n=b_2, \\ \cdots\cdots \\ a_{s1}x_1+a_{s2}x_2+\cdots+a_{sn}x_n=b_s, \end{cases} \quad ①$$

其中 $x_2,x_2,\cdots,x_n$ 是 n 个未知量，$a_{11},a_{12},\cdots,a_{sn}$ 是系数，$b_1,b_2,\cdots,b_s$ 是常数项，s 是方程的个数.方程组中未知量的个数 n 与方程的个数 s 不一定相等.

记系数矩阵

$$\boldsymbol{A}=\begin{pmatrix} a_{11} & a_{12} & \cdots & a_{1n} \\ a_{21} & a_{22} & \cdots & a_{2n} \\ \vdots & \vdots & & \vdots \\ a_{s1} & a_{s2} & \cdots & s_{sn} \end{pmatrix},\boldsymbol{x}=\begin{pmatrix} x_1 \\ x_2 \\ \vdots \\ x_n \end{pmatrix},\boldsymbol{b}=\begin{pmatrix} b_1 \\ b_2 \\ \vdots \\ b_s \end{pmatrix}.$$

由矩阵的乘法，知方程组①等价于

$$\boldsymbol{Ax}=\boldsymbol{b}, \quad ②$$

记增广矩阵

$$\overline{\boldsymbol{A}}=(\boldsymbol{A} \mid \boldsymbol{b})=\left(\begin{array}{cccc:c} a_{11} & a_{12} & \cdots & a_{1n} & b_1 \\ a_{21} & a_{22} & \cdots & a_{2n} & b_2 \\ \vdots & \vdots & & \vdots & \vdots \\ a_{s1} & a_{s2} & \cdots & a_{sn} & b_n \end{array}\right).$$

2. 形如

$$\begin{cases} a_{11}x_1+a_{12}x_2+\cdots+a_{1n}x_n=0, \\ a_{21}x_1+a_{22}x_2+\cdots+a_{2n}x_n=0, \\ \cdots\cdots \\ a_{s1}x_1+a_{s2}x_2+\cdots+a_{sn}x_n=0 \end{cases} \quad ③$$

的方程组称为齐次线性方程组.齐次线性方程组是线性方程组中常数项全为零的特殊情况.相应地，若线性方程组中常数项不全为零，则称为非齐次线性方程组.显然，齐次线性方程组必有零解 $x_1=x_2=\cdots=x_n=0$.

3. (1) 消元法的解题思想是反复对线性方程组施行初等变换，将方程组①的系数矩阵或增广矩阵化为阶梯矩阵.

(2) 方程组的初等变换有三种：

变换1.交换两个方程的位置.

变换2.方程乘以某一非零常数.

变换3.方程的某一个非零倍数加到另一个方程.

(3) 初等变换将线性方程组化为同解方程组.

4. 线性方程组①有解的充分必要条件为 $r(\overline{\boldsymbol{A}})=r(\boldsymbol{A})$. 当 $r(\overline{\boldsymbol{A}})=r(\boldsymbol{A})=n$ 时，方程组有唯一解；当 $r(\overline{\boldsymbol{A}})=r(\boldsymbol{A})<n$ 时，方程组有无穷多解，自由未知量共有 $n-r(\boldsymbol{A})$ 个.

5. (1) 齐次线性方程组③有非零解的充分必要条件为 $r(\boldsymbol{A})<n$.

(2) 当 $s<n$ 时，齐次线性方程组③必有非零解.

题1 求线性方程组的通解

$$\begin{cases}2x_1+x_2+11x_3+2x_4=3,\\ x_1+4x_3-x_4=1,\\ 2x_1-x_2+5x_3-6x_4=1.\end{cases}$$

解：$$\overline{\boldsymbol{A}}=\left(\begin{array}{cccc:c}2&1&11&2&3\\1&0&4&-1&1\\2&-1&5&-6&1\end{array}\right)\xrightarrow{(1)\leftrightarrow(2)}\left(\begin{array}{cccc:c}1&0&4&-1&1\\2&1&11&2&3\\2&-1&5&-6&1\end{array}\right)$$

$$\xrightarrow[(3)-2(1)]{(2)-2(1)}\left(\begin{array}{cccc:c}1&0&4&-1&1\\0&1&3&4&1\\0&-1&-3&-4&-1\end{array}\right)\xrightarrow{(3)+(2)}\left(\begin{array}{cccc:c}1&0&4&-1&1\\0&1&3&4&1\\0&0&0&0&0\end{array}\right),$$

则同解方程组为

$$\begin{cases}x_1=1-4x_3+x_4,\\ x_2=1-3x_3-4x_4.\end{cases}$$

取 x_3,x_4 为自由未知量，令 $x_3=c_1,x_4=c_2$（c_1,c_2 为任意常数），则通解为

$$x=\begin{pmatrix}x_1\\x_2\\x_3\\x_4\end{pmatrix}=\begin{pmatrix}1-4x_3+x_4\\1-3x_3-4x_4\\x_3\\x_4\end{pmatrix}=\begin{pmatrix}1\\1\\0\\0\end{pmatrix}+c_1\begin{pmatrix}-4\\-3\\1\\0\end{pmatrix}+c_2\begin{pmatrix}1\\-4\\0\\1\end{pmatrix},$$

其中 c_1,c_2 为任意常数.

评注：解线性方程组时，先对系数（或增广）矩阵作行初等变换，得到简化的同解方程组，再找到自由未知量，即可写出通解.

题2 解线性方程组

$$\begin{cases}x_1+x_2+x_3+x_4=1,\\ x_1+3x_2+2x_3-2x_4+x_5=-1,\\ x_1+2x_2+x_3-x_4+x_5=-1,\\ x_1-2x_2+x_3-x_4-3x_5=-1.\end{cases}$$

解：$\overline{A}=\begin{pmatrix}1&1&1&1&0&1\\1&3&2&-2&1&-1\\1&2&1&-1&1&-1\\1&-2&1&-1&-3&-1\end{pmatrix}$

$$\xrightarrow[(4)-(1)]{\substack{(2)-(1)\\(3)-(1)}}\begin{pmatrix}1&1&1&1&0&1\\0&2&1&-3&1&-2\\0&1&0&-2&1&-2\\0&-3&0&-2&-3&-2\end{pmatrix}$$

$$\xrightarrow{(2)\leftrightarrow(3)}\begin{pmatrix}1&1&1&1&0&1\\0&1&0&-2&1&-2\\0&2&1&-3&1&-2\\0&-3&0&-2&-3&-2\end{pmatrix}$$

$$\xrightarrow[(4)+3(2)]{(3)-2(2)}\begin{pmatrix}1&1&1&1&0&1\\0&1&0&-2&1&-2\\0&0&1&1&-1&2\\0&0&0&-8&0&-8\end{pmatrix}\xrightarrow{\left(-\frac{1}{8}\right)(4)}\begin{pmatrix}1&1&1&1&0&1\\0&1&0&-2&1&-2\\0&0&1&1&-1&2\\0&0&0&1&0&1\end{pmatrix}$$

$$\xrightarrow[(3)-(4)]{\substack{(1)-(4)\\(2)-2(4)}}\begin{pmatrix}1&1&1&0&0&0\\0&1&0&0&1&0\\0&0&1&0&-1&1\\0&0&0&1&0&-1\end{pmatrix}\xrightarrow{(1)-((2)+(3))}\begin{pmatrix}1&0&0&0&0&-1\\0&1&0&0&1&0\\0&0&1&0&-1&1\\0&0&0&1&0&1\end{pmatrix}.$$

原方程组的同解方程组为

$$\begin{cases}x_1=-1,\\x_2+x_5=0,\\x_3-x_5=1,\\x_4=1,\end{cases}$$

其中 x_5 为自由未知量，令 $x_5=c$（c 为任意常数），得方程组的一般解为

$$\begin{cases}x_1=-1,\\x_2=-c,\\x_3=1+c,\\x_4=1,\\x_5=c.\end{cases}$$

题 3 设线性方程组

$$\begin{cases}x_1+x_2-2x_3+3x_4=0,\\2x_1+x_2-6x_3+4x_4=-1,\\3x_1+2x_2+px_3+7x_4=-1,\\x_1-x_2-6x_3-x_4=t.\end{cases}$$

讨论参数 p、t 取何值时，方程组无解？有唯一解？有无穷多解？当方程组有解时，求出其解.

解：用初等行变换将其增广矩阵化为阶梯矩阵.

$$\overline{\mathbf{A}}=\begin{pmatrix}1&1&-2&3&0\\2&1&-6&4&-1\\3&2&p&7&-1\\1&-1&-6&-1&t\end{pmatrix}$$

$$\xrightarrow[\substack{(3)-(1)\\(4)-(1)}]{(2)-2(1)}\begin{pmatrix}1&1&-2&3&0\\0&-1&-2&-2&-1\\0&-1&p+6&-2&-1\\0&-2&-4&-4&t\end{pmatrix}$$

$$\xrightarrow[\substack{(3)-(2)\\(4)-2(2)}]{(1)+(2)}\begin{pmatrix}1&0&-4&1&-1\\0&-1&-2&-2&-1\\0&0&p+8&0&0\\0&0&0&0&t+2\end{pmatrix}=\overline{\mathbf{A}}_1.$$

情形1：当 $t\neq-2$ 时，$\mathrm{r}(\mathbf{A})\neq\mathrm{r}(\overline{\mathbf{A}})$，方程组无解.

情形2：当 $t=-2$ 时，$\mathrm{r}(\mathbf{A})=\mathrm{r}(\overline{\mathbf{A}})\leqslant 3<4$，方程组有无穷多组解.

(1) 当 $t=-2$ 且 $p=-8$ 时，$\mathrm{r}(\mathbf{A})=\mathrm{r}(\overline{\mathbf{A}})=2$.此时，

$$\overline{\mathbf{A}}_1=\begin{pmatrix}1&0&-4&1&-1\\0&-1&-2&-2&-1\\0&0&0&0&0\\0&0&0&0&0\end{pmatrix}.$$

原方程组的同解方程组为

$$\begin{cases}x_1-4x_3+x_4=-1,\\-x_2-2x_3-2x_4=-1,\end{cases}$$

即

$$\begin{cases}x_1=-1+4x_3-x_4,\\x_2=-1-2x_3-2x_4,\end{cases}$$

其中，x_3，x_4 是自由未知量，令 $x_3=c_1$，$x_4=c_2$（c_1，c_2 为任意常数），得方程组的一般解为

$$\begin{cases}x_1=-1+4c_3-c_4,\\x_2=-1-2c_3-2c_4,\\x_3=c_1,\\x_4=c_2.\end{cases}$$

(2) 当 $t=-2$ 且 $p\neq-8$ 时，$r(\boldsymbol{A})=r(\overline{\boldsymbol{A}})=3$.此时，同解方程组为

$$\begin{cases}x_1+x_4=-1,\\-x_2-2x_4=-1,\\x_3=0.\end{cases}$$

取 x_4 为自由未知量，令 $x_4=c$（c 为任意常数），得原方程组一般解为

$$\begin{cases}x_1=-1-x_4,\\x_2=1-2x_4,\\x_3=0,\\x_4=c,\end{cases}$$

其中 c 为任意常数.

题 4 解线性方程组

$$\begin{cases}x_1+x_2+2x_3+3x_4=1,\\2x_1+3x_2+5x_3+2x_4=-3,\\3x_1-x_2-x_3-2x_4=-4,\\3x_1+5x_2+2x_3-2x_4=-10.\end{cases}$$

解：$\overline{\boldsymbol{A}}=\left(\begin{array}{cccc:c}1&1&2&3&1\\2&3&5&2&-3\\3&-1&-1&-2&-4\\3&5&2&-2&-10\end{array}\right)$

$$\xrightarrow[(4)-3(1)]{\substack{(2)-2(1)\\(3)-3(1)}}\left(\begin{array}{cccc:c}1&1&2&3&1\\0&1&1&-4&-5\\0&-4&-7&-11&-7\\0&2&-4&-11&-13\end{array}\right)$$

$$\xrightarrow[(4)-2(2)]{\substack{(1)-(2)\\(3)+4(2)}}\left(\begin{array}{cccc:c}1&0&1&7&6\\0&1&1&-4&-5\\0&0&-3&-27&-27\\0&0&-6&-3&-3\end{array}\right)$$

$$\xrightarrow[\left(-\frac{1}{3}\right)\times(3)\ \left(-\frac{1}{3}\right)\times(4)]{(1)+\frac{1}{3}(3)\ (2)+\frac{1}{3}(3)}\left(\begin{array}{cccc:c}1&0&0&-2&-3\\0&1&0&-13&-14\\0&0&1&9&9\\0&0&2&1&1\end{array}\right)$$

$$\xrightarrow{(4)-2(3)}\left(\begin{array}{cccc:c}1&0&0&-2&-3\\0&1&0&-13&-14\\0&0&1&9&9\\0&0&0&-17&-17\end{array}\right)\xrightarrow[(3)+\frac{9}{17}(4)\ \left(-\frac{1}{17}\right)\times(4)]{(1)-\frac{2}{17}(4)\ (2)-\frac{13}{17}(4)}\left(\begin{array}{cccc:c}1&0&0&0&-1\\0&1&0&0&-1\\0&0&1&0&0\\0&0&0&1&1\end{array}\right).$$

因 $r(\overline{A})=r(A)=4$，

故原方程组有唯一解$(-1,-1,0,1)^T$.

评注：当 $r(\overline{A})=r(A)=n$ 时，非齐次线性方程组有唯一解.

题 5 用消元法解下列线性方程组：

(1) $\begin{cases}x_1-x_2+x_3-x_4=1,\\x_1-x_2-x_3+x_4=0,\\x_1-x_2-2x_3+2x_4=-\dfrac{1}{2};\end{cases}$

(2) $\begin{cases}x_1-2x_2+3x_3-4x_4=4,\\x_2-x_3+x_4=-3,\\x_1+3x_2-3x_4=1,\\-7x_2+3x_3+x_4=1;\end{cases}$

(3) $\begin{cases}x_1-x_2+4x_3-2x_4=0,\\x_1-x_2-x_3+2x_4=0,\\3x_1+x_2+7x_3-2x_4=0,\\x_1-3x_2-12x_3+6x_4=0;\end{cases}$

(4) $\begin{cases}x_1+x_2-3x_4-x_5=0,\\x_1-x_2+2x_3-x_4=0,\\4x_1-2x_2+6x_3+3x_4-4x_5=0,\\2x_1+4x_2-2x_3+4x_4-7x_5=0;\end{cases}$

(5) $\begin{cases}x_1+5x_2-x_3-x_4=-1,\\x_1-2x_2+x_3+3x_4=3,\\3x_1+8x_2-x_3-x_4=1,\\x_1-9x_2+3x_3+7x_4=7;\end{cases}$

(6) $\begin{cases} x_1-x_2+5x_3-x_4=0, \\ x_1+x_2-2x_3+3x_4=0, \\ 3x_1-x_2+8x_3+x_4=0, \\ x_1+3x_2-9x_3+7x_4=0. \end{cases}$

解:(1) 对增广矩阵$\overline{A}=(A\mid b)$作初等行变换,得

$$\overline{A}=(A\mid b)=\left(\begin{array}{cccc|c} 1 & -1 & 1 & -1 & 1 \\ 1 & -1 & -1 & 1 & 0 \\ 1 & -1 & -2 & 2 & -\frac{1}{2} \end{array}\right)$$

$$\xrightarrow[(2)-(1)]{(3)-(2)}\left(\begin{array}{cccc|c} 1 & -1 & 1 & -1 & 1 \\ 0 & 0 & -2 & 2 & -1 \\ 0 & 0 & -1 & 1 & -\frac{1}{2} \end{array}\right)$$

$$\xrightarrow[\left(-\frac{1}{2}\right)\times(2)]{\substack{(1)+(3) \\ (3)-\frac{1}{2}(2)}}\left(\begin{array}{cccc|c} 1 & -1 & 0 & 0 & \frac{1}{2} \\ 0 & 0 & 1 & -1 & \frac{1}{2} \\ 0 & 0 & 0 & 0 & 0 \end{array}\right)$$

$$=\overline{A}_1=(A_1\mid b).$$

显见,$r(\overline{A}_1)=r(A_1)=2$,故 $r(\overline{A})=r(A)=2<3$,

原方程组有无穷多解,取 x_2,x_4 为自由未知量,则该方程组的解为

$$\begin{cases} x_1=x_2+\frac{1}{2}, \\ x_2=x_2, \\ x_3=x_4+\frac{1}{2}, \\ x_4=x_4. \end{cases}$$

若取 $x_2=c_1,x_4=c_2$,其中 c_1,c_2 为任意常数,则该方程组的无穷多解可表示为:

$$\begin{cases} x_1=c_1+\frac{1}{2}, \\ x_2=c_1, \\ x_3=c_2+\frac{1}{2}, \\ x_4=c_2, \end{cases}$$

其中 c_1,c_2 为任意常数.

(2) 对增广矩阵$\overline{A}=(A \mid b)$作初等行变换,得

$$\overline{A}=(A \mid b)=\begin{pmatrix}1 & -2 & 3 & -4 & 4\\0 & 1 & -1 & 1 & -3\\1 & 3 & 0 & -3 & 1\\0 & -7 & 3 & 1 & 1\end{pmatrix}$$

$$\xrightarrow[(4)+7(2)]{(3)-(1)}\begin{pmatrix}1 & -2 & 3 & -4 & 4\\0 & 1 & -1 & 1 & -3\\0 & 5 & -3 & 1 & -3\\0 & 0 & -4 & -8 & -20\end{pmatrix}$$

$$\xrightarrow[\left(-\frac{1}{4}\right)\times(4)]{(3)-5(2)}\begin{pmatrix}1 & -2 & 3 & -4 & 4\\0 & 1 & -1 & 1 & -3\\0 & 0 & 2 & -4 & 12\\0 & 0 & 1 & -2 & 5\end{pmatrix}$$

$$\xrightarrow[\frac{1}{2}\times(3)]{(4)-\frac{1}{2}(3)}\begin{pmatrix}1 & -2 & 3 & -4 & 4\\0 & 1 & -1 & 1 & -3\\0 & 0 & 1 & -2 & 6\\0 & 0 & 0 & 0 & -1\end{pmatrix}.$$

显见 $r(\overline{A})=4, r(A)=3$,即 $r(\overline{A})\neq r(A)$,故原方程组无解.

(3) 此为齐次线性方程组,只需对系数矩阵作初等行变换:

$$A=\begin{pmatrix}1 & -1 & 4 & -2\\1 & -1 & -1 & 2\\3 & 1 & 7 & -2\\1 & -3 & -12 & 6\end{pmatrix}\xrightarrow[(4)-(1)]{\substack{(2)-(1)\\(3)-3(1)}}\begin{pmatrix}1 & -1 & 4 & -2\\0 & 0 & -5 & 4\\0 & 4 & -5 & 4\\0 & -2 & -16 & 8\end{pmatrix}$$

$$\xrightarrow[(3)-(2)]{\left(-\frac{1}{2}\right)\times(4)}\begin{pmatrix}1 & -1 & 4 & -2\\0 & 0 & -5 & 4\\0 & 4 & 0 & 0\\0 & 1 & 8 & -4\end{pmatrix}\xrightarrow[\frac{1}{4}\times(3)]{(4)-\frac{1}{4}(3)}\begin{pmatrix}1 & -1 & 4 & -2\\0 & 0 & -5 & 4\\0 & 1 & 0 & 0\\0 & 0 & 8 & -4\end{pmatrix}$$

$$\xrightarrow[(2)\leftrightarrow(3)]{(4)+\frac{8}{5}(2)}\begin{pmatrix}1 & -1 & 4 & -2\\0 & 1 & 0 & 0\\0 & 0 & -5 & 4\\0 & 0 & 0 & \frac{12}{5}\end{pmatrix}.$$

显见 $r(A)=4$,故该齐次线性方程组只有零解,即 $x_1=x_2=x_3=x_4=0$.

(4) 对系数矩阵作初等行变换:

$$A=\begin{pmatrix}1&1&0&-3&-1\\1&-1&2&-1&0\\4&-2&6&3&-4\\2&4&-2&4&-7\end{pmatrix}$$

$$\xrightarrow[(4)-2(1)]{\substack{(2)-(1)\\(3)-4(1)}}\begin{pmatrix}1&1&0&-3&-1\\0&-2&2&2&1\\0&-6&6&15&0\\0&2&-2&10&-5\end{pmatrix}\xrightarrow[(4)+(2)]{(3)-3(2)}\begin{pmatrix}1&1&0&-3&-1\\0&-2&2&2&1\\0&0&0&9&-3\\0&0&0&12&-4\end{pmatrix}$$

$$\xrightarrow[\frac{1}{12}\times(4)]{\substack{\left(-\frac{1}{2}\right)\times(2)\\\frac{1}{9}\times(3)}}\begin{pmatrix}1&1&0&-3&-1\\0&1&-1&-1&-\frac{1}{2}\\0&0&0&1&-\frac{1}{3}\\0&0&0&1&-\frac{1}{3}\end{pmatrix}\xrightarrow[(4)-(3)]{\substack{(1)+3(3)\\(2)+(3)}}\begin{pmatrix}1&1&0&0&-2\\0&1&-1&0&-\frac{5}{6}\\0&0&0&1&-\frac{1}{3}\\0&0&0&0&0\end{pmatrix}$$

$$\xrightarrow{(1)-(2)}\begin{pmatrix}1&0&1&0&-\frac{7}{6}\\0&1&-1&0&-\frac{5}{6}\\0&0&0&1&-\frac{1}{3}\\0&0&0&0&0\end{pmatrix}.$$

显见 $r(\boldsymbol{A})=3<4$,故原方程组有无穷多解.

取 x_3,x_5 为自由未知量,令 $x_3=c_1,x_5=c_2$,其中 c_1,c_2 为任意常数,故原方程组的无穷多解为:

$$\begin{cases}x_1=-c_1+\frac{7}{6}c_2,\\x_2=c_1+\frac{5}{6}c_2,\\x_3=c_1,\\x_4=\frac{1}{3}c_2,\\x_5=c_2,\end{cases}$$

其中 c_1,c_2 为任意常数.

(5) 对$\overline{\boldsymbol{A}}=(\boldsymbol{A}\,\vdots\,\boldsymbol{b})$作初等行变换,得

$$\overline{A}=(A \mid b)=\begin{pmatrix}1&5&-1&-1&\vdots&-1\\1&-2&1&3&\vdots&3\\3&8&-1&1&\vdots&1\\1&-9&3&7&\vdots&7\end{pmatrix}$$

$$\xrightarrow[(4)-(1)]{\substack{(2)-(1)\\(3)-3(1)}}\begin{pmatrix}1&5&-1&-1&\vdots&-1\\0&-7&2&4&\vdots&4\\0&-7&2&4&\vdots&4\\0&-14&4&8&\vdots&8\end{pmatrix}$$

$$\xrightarrow[\left(-\frac{1}{7}\right)\times(2)]{\substack{(3)-(2)\\(1)-2(2)}}\begin{pmatrix}1&5&-1&-1&\vdots&-1\\0&1&-\frac{2}{7}&-\frac{4}{7}&\vdots&-\frac{4}{7}\\0&0&0&0&\vdots&0\\0&0&0&0&\vdots&0\end{pmatrix}$$

$$\xrightarrow{(1)-5(2)}\begin{pmatrix}1&0&\frac{3}{7}&\frac{13}{7}&\vdots&\frac{13}{7}\\0&1&-\frac{2}{7}&-\frac{4}{7}&\vdots&-\frac{4}{7}\\0&0&0&0&\vdots&0\\0&0&0&0&\vdots&0\end{pmatrix}.$$

显见 $r(\overline{A})=r(A)=2<4$,故原方程组有无穷多解.

取 x_3,x_4 为自由未知量,令 $x_3=c_1,x_4=c_2$,其中 c_1,c_2 为任意常数,则原方程组的无穷多解为:

$$\begin{cases}x_1=-\frac{3}{7}c_1-\frac{13}{7}c_2+\frac{13}{7},\\x_2=\frac{2}{7}c_1+\frac{4}{7}c_2-\frac{4}{7},\\x_3=c_1,\\x_4=c_2,\end{cases}$$

其中 c_1,c_2 为任意常数.

(6) 对系数矩阵作初等行变换,得

$$A=\begin{pmatrix}1&-1&5&-1\\1&1&-2&3\\3&-1&8&1\\1&3&-9&7\end{pmatrix}\xrightarrow[(4)-(1)]{\substack{(2)-(1)\\(3)-3(1)}}\begin{pmatrix}1&-1&5&-1\\0&2&-7&4\\0&2&-7&4\\0&4&-14&8\end{pmatrix}$$

$$\xrightarrow[\frac{1}{2}\times(2)]{\substack{(3)-(2)\\(4)-2(2)}}\begin{pmatrix}1&-1&5&-1\\0&1&-\frac{7}{2}&2\\0&0&0&0\\0&0&0&0\end{pmatrix}\xrightarrow{(1)+(2)}\begin{pmatrix}1&0&\frac{3}{2}&1\\0&1&-\frac{7}{2}&2\\0&0&0&0\\0&0&0&0\end{pmatrix}.$$

显见 $\mathrm{r}(\boldsymbol{A})=2<4$,故原方程组有无穷多解.

取 x_3,x_4 为自由未知量,令 $x_3=c_1,x_4=c_2$,其中 c_1,c_2 为任意常数,则原方程组的无穷多解为:

$$\begin{cases}x_1=-\frac{3}{2}c_1-c_2,\\x_2=\frac{7}{2}c_1-2c_2,\\x_3=c_1,\\x_4=c_2,\end{cases}$$

其中 c_1,c_2 为任意常数.

评注:1. 解非齐次线性方程组,需对其增广矩阵 $\overline{\boldsymbol{A}}=(\boldsymbol{A}\mid\boldsymbol{b})$ 作行初等变换,可得阶梯矩阵 $\overline{\boldsymbol{A}}_1=(\boldsymbol{A}_1\mid\boldsymbol{b}_1)$.易知 $\mathrm{r}(\overline{\boldsymbol{A}})=\mathrm{r}(\overline{\boldsymbol{A}}_1)$,$\mathrm{r}(\boldsymbol{A})=\mathrm{r}(\boldsymbol{A}_1)$.则有下面结论成立:

(1) 若 $\mathrm{r}(\overline{\boldsymbol{A}})\neq\mathrm{r}(\boldsymbol{A})$,则原方程组无解;

(2) 若 $\mathrm{r}(\overline{\boldsymbol{A}})=\mathrm{r}(\boldsymbol{A})=n$,则原方程组有唯一解;

(3) 若 $\mathrm{r}(\overline{\boldsymbol{A}})=\mathrm{r}(\boldsymbol{A})<n$,则原方程组有无穷多解.

2. 解齐次线性方程组,只需对其系数矩阵 $\boldsymbol{A}$ 作行初等变换,得阶梯矩阵 $\boldsymbol{A}_1$,易知 $\mathrm{r}(\boldsymbol{A})=\mathrm{r}(\boldsymbol{A}_1)$,则有下面结论成立:

(1) 若 $\mathrm{r}(\boldsymbol{A})=n$,则原方程组仅有零解;

(2) 若 $\mathrm{r}(\boldsymbol{A})<n$,则原方程组有无穷多解.

题 6 如果方程组 $\begin{cases}\lambda x_1+x_2-x_3=0,\\x_1+\lambda x_2-x_3=0,\\2x_1-x_2+x_3=0\end{cases}$ 只有零解,则 λ 为何值?

解:因该方程组为齐次线性方程组,且只有零解,所以其系数行列式 $|\boldsymbol{A}|=0$,即

$$|\boldsymbol{A}|=\begin{vmatrix}\lambda&1&-1\\1&\lambda&-1\\2&-1&1\end{vmatrix}=\lambda^2-2+1+2\lambda-1-\lambda=\lambda^2+\lambda-2$$

$$=(\lambda-1)(\lambda+2)=0,$$

故 $\lambda=-2$ 或 $\lambda=1$.

评注:齐次线 性方程组仅有零解⇔其系数行列式 $|\boldsymbol{A}|=0$.

题 7 讨论下列方程组解的情况?

$$\begin{cases}\lambda x_1+x_2+x_3=-2,\\ x_1+\lambda x_2+x_3=-2,\\ x_1+x_2+\lambda x_3=-2.\end{cases}$$

解:对 $\overline{\boldsymbol{A}}=(\boldsymbol{A} \mid \boldsymbol{b})$ 作初等行变换,得

$$\overline{\boldsymbol{A}}=\left(\begin{array}{ccc:c}\lambda & 1 & 1 & -2\\ 1 & \lambda & 1 & -2\\ 1 & 1 & \lambda & -2\end{array}\right)\xrightarrow[(2)-(3)]{(1)-\lambda(3)}\left(\begin{array}{ccc:c}0 & 1-\lambda & 1-\lambda^2 & -2+2\lambda\\ 0 & \lambda-1 & 1-\lambda & 0\\ 1 & 1 & \lambda & -2\end{array}\right)$$

$$\xrightarrow{(1)\leftrightarrow(3)}\left(\begin{array}{ccc:c}1 & 1 & \lambda & -2\\ 0 & \lambda-1 & 1-\lambda & 0\\ 0 & 1-\lambda & 1-\lambda^2 & -2+2\lambda\end{array}\right)$$

$$\xrightarrow{(3)+(2)}\left(\begin{array}{ccc:c}1 & 1 & \lambda & -2\\ 0 & \lambda-1 & 1-\lambda & 0\\ 0 & 0 & (1-\lambda)(2+\lambda) & 2(\lambda-1)\end{array}\right).$$

情形 1:若 $\lambda=-2$,则 $r(\boldsymbol{A})=2, r(\overline{\boldsymbol{A}})=3$,即 $r(\boldsymbol{A})\neq r(\overline{\boldsymbol{A}})$,故原方程组无解;

情形 2:若 $\lambda\neq-2$ 且 $\lambda\neq1$,则 $r(\boldsymbol{A})=r(\overline{\boldsymbol{A}})=3$,故原方程组有唯一解.

此时,同解方程组为

$$\begin{cases}x_1+x_2+\lambda x_3=-2,\\ (\lambda-1)x_2+(1-\lambda)x_3=0,\\ (1-\lambda)(2+\lambda)x_3=2(\lambda-1).\end{cases}$$

求得 $\begin{cases}x_1=-\dfrac{6}{2+\lambda},\\ x_2=\dfrac{2}{2+\lambda},\\ x_3=-\dfrac{2}{2+\lambda}.\end{cases}$

情形 3:若 $\lambda=1$,则 $r(\boldsymbol{A})=r(\overline{\boldsymbol{A}})=1<3$,故原方程组有无穷多解.此时,其同解方程组为 $x_1+x_2+x_3=-2$.取 x_2,x_3 为自由未知量,令 $x_2=c_1,x_3=c_2$,其中 c_1,c_2 为任意常数,则原方程组的解为

$$\begin{cases}x_1=-2-c_1-c_2,\\ x_2=c_1,\\ x_3=c_2,\end{cases}$$

其中 c_1,c_2 为任意常数.

题 8 设方程 $\begin{pmatrix} a & 1 & 1 \\ 1 & a & 1 \\ 1 & 1 & a \end{pmatrix} \cdot \begin{pmatrix} x_1 \\ x_2 \\ x_3 \end{pmatrix} = \begin{pmatrix} 1 \\ 1 \\ -2 \end{pmatrix}$ 有无穷多个解，求常数 a.

解：由题设，知

$$|\boldsymbol{A}| = \begin{vmatrix} a & 1 & 1 \\ 1 & a & 1 \\ 1 & 1 & a \end{vmatrix} = a^3+1+1-a-a-a = a^3-3a+2$$

$$=(a^3-a)-2(a-1)=(a+2)(a-1)^2=0,$$

解得 $a=-2$ 或 1.

(1) 当 $a=1$ 时，

$$\overline{\boldsymbol{A}} = \left(\begin{array}{ccc:c} 1 & 1 & 1 & 1 \\ 1 & 1 & 1 & 1 \\ 1 & 1 & 1 & -2 \end{array}\right) \xrightarrow[(3)-(1)]{(2)-(1)} \left(\begin{array}{ccc:c} 1 & 1 & 1 & 1 \\ 0 & 0 & 0 & 0 \\ 0 & 0 & 0 & -3 \end{array}\right)$$

$$\xrightarrow{(2)\leftrightarrow(3)} \left(\begin{array}{ccc:c} 1 & 1 & 1 & 1 \\ 0 & 0 & 0 & -3 \\ 0 & 0 & 0 & 0 \end{array}\right).$$

因 $2=\mathrm{r}(\overline{\boldsymbol{A}})\neq \mathrm{r}(\boldsymbol{A})=1$，故原方程组无解.

(2) 当 $a=-2$ 时，

$$\overline{\boldsymbol{A}} - \left(\begin{array}{ccc:c} -2 & 1 & 1 & 1 \\ 1 & -2 & 1 & 1 \\ 1 & 1 & -2 & -2 \end{array}\right) \xrightarrow{(1)\leftrightarrow(2)} \left(\begin{array}{ccc:c} 1 & -2 & 1 & 1 \\ -2 & 1 & 1 & 1 \\ 1 & 1 & -2 & -2 \end{array}\right)$$

$$\xrightarrow[(3)-(1)]{(2)+2(1)} \left(\begin{array}{ccc:c} 1 & -2 & 1 & 1 \\ 0 & -3 & 3 & 3 \\ 0 & -3 & -3 & -3 \end{array}\right) \xrightarrow[\left(-\frac{1}{3}\right)\times(2)]{(3)+(2)} \left(\begin{array}{ccc:c} 1 & -2 & 1 & 1 \\ 0 & 1 & -1 & -1 \\ 0 & 0 & 0 & 0 \end{array}\right).$$

因 $\mathrm{r}(\overline{\boldsymbol{A}})=\mathrm{r}(\boldsymbol{A})=2<3$，所以原方程组有无穷多解.

综上，$a=-2$.

评注：由 Cramer 法则知：$\boldsymbol{Ax}=\boldsymbol{b}$ 中，若 $|\boldsymbol{A}|\neq 0$，则 $\boldsymbol{Ax}=\boldsymbol{b}$ 有唯一解，而本题中 $\boldsymbol{Ax}=\boldsymbol{b}$ 有无穷多解，故 $|\boldsymbol{A}|=0$，但 $|\boldsymbol{A}|=0$ 仅是 $\boldsymbol{Ax}=\boldsymbol{b}$ 的必要而非充分条件，如当 $a=1$ 时，$|\boldsymbol{A}|=0$，但 $\boldsymbol{Ax}=\boldsymbol{b}$ 无解.

题 9 已知方程组

$$\begin{pmatrix} 1 & 2 & 1 \\ 2 & 3 & a+2 \\ 1 & a & -2 \end{pmatrix} \begin{pmatrix} x_1 \\ x_2 \\ x_3 \end{pmatrix} = \begin{pmatrix} 1 \\ 3 \\ 0 \end{pmatrix}$$

无解，则 $a=$________.

解：对方程组的增广矩阵 $\overline{\boldsymbol{A}}$ 施行初等行变换：

$$\overline{A}=\left(\begin{array}{ccc:c}1&2&1&1\\2&3&a+2&3\\1&a&-2&0\end{array}\right)\xrightarrow[(3)-(1)]{(2)-2(1)}\left(\begin{array}{ccc:c}1&2&1&1\\0&-1&a&1\\0&a-2&-3&-1\end{array}\right)$$

$$\xrightarrow{(3)+(a-2)\times(2)}\left(\begin{array}{ccc:c}1&2&1&1\\0&-1&a&1\\0&0&a(a-2)-3&-1+(a-2)\end{array}\right)$$

$$=\left(\begin{array}{ccc:c}1&2&1&1\\0&-1&a&1\\0&0&(a-3)(a+1)&a-3\end{array}\right).$$

因方程组无解,故系数矩阵的秩不等于增广矩阵的秩,故 $a=-1$.

题 10 设 $\boldsymbol{A}=\begin{pmatrix}\lambda&1&1\\0&\lambda-1&0\\1&1&\lambda\end{pmatrix}$,$\boldsymbol{b}=\begin{pmatrix}a\\1\\1\end{pmatrix}$,已知线性方程组 $\boldsymbol{Ax}=\boldsymbol{b}$ 有两个不同的解.

(1) 求 λ,a;

(2) 求方程 $\boldsymbol{Ax}=\boldsymbol{b}$ 的通解.

解:由题意及 Cramer 法则,知 $|\boldsymbol{A}|=0$,即

$$|\boldsymbol{A}|=\begin{vmatrix}\lambda&1&1\\0&\lambda-1&0\\1&1&\lambda\end{vmatrix}=\lambda^2(\lambda-1)-(\lambda-1)=(\lambda-1)^2(\lambda+1)=0,$$

解得 $\lambda=-1$ 或 $\lambda=1$.

当 $\lambda=-1$ 时,

$$\overline{\boldsymbol{A}}=\left(\begin{array}{ccc:c}-1&1&1&a\\0&-2&0&1\\1&1&-1&1\end{array}\right)\xrightarrow{(3)+(1)}\left(\begin{array}{ccc:c}-1&1&1&a\\0&-2&0&1\\0&2&0&a+1\end{array}\right)$$

$$\xrightarrow{(3)+(2)}\left(\begin{array}{ccc:c}-1&1&1&a\\0&-2&0&1\\0&0&0&a+2\end{array}\right).$$

因 $\boldsymbol{Ax}=\boldsymbol{b}$ 有两个不同的解,且 $\mathrm{r}(\boldsymbol{A})=2$.

所以 $\mathrm{r}(\overline{\boldsymbol{A}})=\mathrm{r}(\boldsymbol{A})=2<3$,

即有 $a+2=0$,亦即 $a=-2$.

当 $\lambda=1$ 时,

$$\overline{\boldsymbol{A}}=\left(\begin{array}{ccc:c}1&1&1&a\\0&0&0&1\\1&1&1&1\end{array}\right)\xrightarrow{(3)-(1)}\left(\begin{array}{ccc:c}1&1&1&a\\0&0&0&1\\0&0&0&1-a\end{array}\right)$$

$$\xrightarrow{(3)-(1-a)(2)}\left(\begin{array}{ccc:c}1&1&1&a\\0&0&0&1\\0&0&0&0\end{array}\right).$$

故有 $r(\boldsymbol{A})=1, r(\overline{\boldsymbol{A}})=2$，即 $r(\boldsymbol{A})\neq r(\overline{\boldsymbol{A}})$，

从而 $\boldsymbol{Ax}=\boldsymbol{b}$ 无解.

(1) 综上 $\lambda=-1, a=-2$.

(2) 与 $\boldsymbol{Ax}=\boldsymbol{b}$ 同解的方程组为

$$\begin{cases}-x_1+x_2+x_3=-2,\\-2x_2=1.\end{cases}$$

由此，得

$$x=\begin{pmatrix}\frac{3}{2}+c\\-\frac{1}{2}\\c\end{pmatrix}=\begin{pmatrix}\frac{3}{2}\\-\frac{1}{2}\\0\end{pmatrix}+c\begin{pmatrix}1\\0\\1\end{pmatrix},$$

其中 c 为任意常数.

评注：由 Cramer 法则，知 $\boldsymbol{Ax}=\boldsymbol{b}$ 中，若 $|\boldsymbol{A}|\neq 0$，则 $\boldsymbol{Ax}=\boldsymbol{b}$ 有唯一解，而本题中 $\boldsymbol{Ax}=\boldsymbol{b}$ 至少有 2 个不同的解，故 $|\boldsymbol{A}|=0$.

3.2 n 维向量与向量组的线性组合

1. (1) 由 n 个实数组成的有序数组称为 n 维实向量(简称 n 维向量).

n 维向量行的形式为

$$\boldsymbol{\alpha}=(a_1,a_2,\cdots,a_n),$$

称其为行向量，其中 $a_i\in\boldsymbol{R}(i=1,2,\cdots,n)$ 称为向量 $\boldsymbol{\alpha}$ 的第 i 个分量.

n 维向量列的形式为

$$\boldsymbol{\beta}=\begin{pmatrix}b_1\\b_2\\\vdots\\b_n\end{pmatrix}$$

称其为列向量，其中 $b_j\in\boldsymbol{R}(j=1,2,\cdots,n)$ 称为向量 $\boldsymbol{\beta}$ 的第 j 个分量.

(2) 向量的加法和数乘运算统称为向量的线性运算.线性运算具有下面 8 条性质：

(i) 加法交换律：$\boldsymbol{\alpha}+\boldsymbol{\beta}=\boldsymbol{\beta}+\boldsymbol{\alpha}$；

(ii) 加法结合律：$(\boldsymbol{\alpha}+\boldsymbol{\beta})+\boldsymbol{\gamma}=\boldsymbol{\alpha}+(\boldsymbol{\beta}+\boldsymbol{\gamma})$；

(iii) 零向量：$\boldsymbol{\alpha}+\boldsymbol{0}=\boldsymbol{\alpha}$；

(iv) 负向量:$\boldsymbol{\alpha}+(-\boldsymbol{\alpha})=\mathbf{0}$;

(v) 数乘结合律:$k(l\boldsymbol{\alpha})=(kl)\boldsymbol{\alpha}$;

(vi) 数乘分配律:$k(\boldsymbol{\alpha}+\boldsymbol{\beta})=k\boldsymbol{\alpha}+k\boldsymbol{\beta}$;

(vii) 数乘分配律:$(k+l)\boldsymbol{\alpha}=k\boldsymbol{\alpha}+l\boldsymbol{\alpha}$;

(viii) $1\cdot\boldsymbol{\alpha}=\boldsymbol{\alpha}$,

其中 $\boldsymbol{\alpha},\boldsymbol{\beta},\boldsymbol{\gamma}$ 均为 n 维向量,k,l 均为实数.

(3) 满足上述8条性质的加法与数乘运算的全体 n 维向量构成 n 维实向量空间,记作 $\boldsymbol{R}^n$.

2. 向量 $\boldsymbol{\alpha}_1,\boldsymbol{\alpha}_2,\cdots,\boldsymbol{\alpha}_n,\boldsymbol{\beta}\in\boldsymbol{R}^n$,若存在一组数 $k_1,k_2,\cdots,k_n\in\boldsymbol{R}$,满足

$$\boldsymbol{\beta}=k_1\boldsymbol{\alpha}_1+k_2\boldsymbol{\alpha}_2+\cdots+k_n\boldsymbol{\alpha}_n=\sum_{i=1}^{n}k_i\boldsymbol{\alpha}_i,$$

则称 $\boldsymbol{\beta}$ 可由向量组 $\boldsymbol{\alpha}_1,\boldsymbol{\alpha}_2,\cdots,\boldsymbol{\alpha}_n$ 线性表示或称 $\boldsymbol{\beta}$ 是向量组 $\boldsymbol{\alpha}_1,\boldsymbol{\alpha}_2,\cdots,\boldsymbol{\alpha}_n$ 的线性组合.

3. 对§1中线性方程组①,利用向量的加法和数乘运算可写成

$$\begin{pmatrix}a_{11}\\a_{21}\\\vdots\\a_{s1}\end{pmatrix}x_1+\begin{pmatrix}a_{12}\\a_{22}\\\vdots\\a_{s2}\end{pmatrix}x_2+\cdots+\begin{pmatrix}a_{1n}\\a_{2n}\\\vdots\\a_{sn}\end{pmatrix}x_n=\begin{pmatrix}b_1\\b_2\\\vdots\\b_s\end{pmatrix}.$$

令

$$\boldsymbol{\alpha}_j=\begin{pmatrix}a_{1j}\\a_{2j}\\\vdots\\a_{sj}\end{pmatrix}(j=1,2,\cdots,n),\boldsymbol{\beta}=\begin{pmatrix}b_1\\b_2\\\vdots\\b_s\end{pmatrix},$$

则线性方程组的向量形式为

$$x_1\boldsymbol{\alpha}_1+x_2\boldsymbol{\alpha}_2+\cdots+x_n\boldsymbol{\alpha}_n=\boldsymbol{\beta}.$$

这样,线性方程组解的存在性问题就转化为常数列向量 $\boldsymbol{\beta}$ 能否由系数矩阵 $\boldsymbol{A}$ 的列向量 $\boldsymbol{\alpha}_1,\boldsymbol{\alpha}_2,\cdots,\boldsymbol{\alpha}_n$ 线性表示的问题.

题1 已知向量 $\boldsymbol{\alpha}_1=(1,2,3),\boldsymbol{\alpha}_2=(3,2,1),\boldsymbol{\alpha}_3=(-2,0,2),\boldsymbol{\alpha}_4=(1,2,4)$,求 $3\boldsymbol{\alpha}_1+2\boldsymbol{\alpha}_2-5\boldsymbol{\alpha}_3+4\boldsymbol{\alpha}_4$.

解:$3\boldsymbol{\alpha}_1+2\boldsymbol{\alpha}_2-5\boldsymbol{\alpha}_3+4\boldsymbol{\alpha}_4$

$=3(1,2,3)+2(3,2,1)-5(-2,0,2)+4(1,2,4)$

$=(3,6,9)+(6,4,2)-(-10,0,10)+(4,8,16)$

$=(23,18,17)$.

评注:$k\boldsymbol{\alpha}=k(a_1,a_2,\cdots,a_n)=(ka_1,ka_2,\cdots,ka_n)$;

$\boldsymbol{\alpha}\pm\boldsymbol{\beta}=(a_1,a_2,\cdots,a_n)\pm(b_1,b_2,\cdots,b_n)$

$=(a_1\pm b_1,a_2\pm b_2,\cdots,a_n\pm b_n)$.

题 2 已知向量 $\boldsymbol{\alpha}=(3,5,7,9)$，$\boldsymbol{\beta}=(-1,5,2,0)$，若 $\boldsymbol{\alpha}+\boldsymbol{\xi}=\boldsymbol{\beta}$，求 $\boldsymbol{\xi}$.

解：由题设，知

$$\begin{aligned}\boldsymbol{\xi}&=\boldsymbol{\beta}-\boldsymbol{\alpha}\\&=(-1,5,2,0)-(3,5,7,9)\\&=(-4,0,-5,-9).\end{aligned}$$

评注：$\boldsymbol{\alpha}+\boldsymbol{\xi}=\boldsymbol{\beta}$ 两边同时加上 $-\boldsymbol{\alpha}$，得 $\boldsymbol{\alpha}+\boldsymbol{\xi}+(-\boldsymbol{\alpha})=\boldsymbol{\beta}+(-\boldsymbol{\alpha})$，得

$$\boldsymbol{\xi}=\boldsymbol{\beta}-\boldsymbol{\alpha}.$$

题 3 判断向量 $\boldsymbol{\beta}$ 能否由向量组 $\boldsymbol{\alpha}_1,\boldsymbol{\alpha}_2,\boldsymbol{\alpha}_3$ 线性表示.若能，写出其表达式.

(1) $\boldsymbol{\alpha}_1=(0,1,1)^{\mathrm{T}}$，$\boldsymbol{\alpha}_2=(1,0,2)^{\mathrm{T}}$

$\boldsymbol{\alpha}_3=(-1,2,0)^{\mathrm{T}}$，$\boldsymbol{\beta}=(1,1,1)^{\mathrm{T}}$；

(2) $\boldsymbol{\alpha}_1=(1,1,1)^{\mathrm{T}}$，$\boldsymbol{\alpha}_2=(-1,3,0)^{\mathrm{T}}$，$\boldsymbol{\alpha}_3=(2,0,3)^{\mathrm{T}}$，$\boldsymbol{\beta}=(1,3,0)^{\mathrm{T}}$；

(3) $\boldsymbol{\alpha}_1=(1,-1,2)^{\mathrm{T}}$，$\boldsymbol{\alpha}_2=(-1,2,-3)^{\mathrm{T}}$，

$\boldsymbol{\alpha}_3=(2,-3,5)^{\mathrm{T}}$，$\boldsymbol{\beta}=(2,3,-1)^{\mathrm{T}}$.

解：设存在 x_1,x_2,x_3，满足

$$x_1\boldsymbol{\alpha}_1+x_2\boldsymbol{\alpha}_2+x_3\boldsymbol{\alpha}_3=\boldsymbol{\beta}.$$

$\boldsymbol{\beta}$ 能否由向量组 $\boldsymbol{\alpha}_1,\boldsymbol{\alpha}_2,\boldsymbol{\alpha}_3$ 线性表示，也就是此线性方程组是否有解.

(1) 线性方程组为

$$\begin{pmatrix}0\\1\\1\end{pmatrix}x_1+\begin{pmatrix}1\\0\\2\end{pmatrix}x_2+\begin{pmatrix}-1\\2\\0\end{pmatrix}x_3=\begin{pmatrix}1\\1\\1\end{pmatrix},$$

则

$$\begin{cases}x_2-x_3=1,\\x_1+2x_3=1,\\x_1+2x_2=1.\end{cases}$$

对增广矩阵 $\overline{\mathbf{A}}$ 作初等行变换.

$$\overline{\mathbf{A}}=\begin{pmatrix}0&1&-1&1\\1&0&2&1\\1&2&0&1\end{pmatrix}\xrightarrow{(3)-(2)}\begin{pmatrix}0&1&-1&1\\1&0&2&1\\0&2&-2&0\end{pmatrix}$$

$$\xrightarrow{(3)-2(1)}\begin{pmatrix}0&1&-1&1\\1&0&2&1\\0&0&0&-2\end{pmatrix},$$

因为 $0\neq-2$，故线性方程组无解，即 $\boldsymbol{\beta}$ 不能由向量组 $\boldsymbol{\alpha}_1,\boldsymbol{\alpha}_2,\boldsymbol{\alpha}_3$ 线性表示.

(2) 线性方程组为

$$\begin{pmatrix}1\\1\\1\end{pmatrix}x_1+\begin{pmatrix}-1\\3\\0\end{pmatrix}x_2+\begin{pmatrix}2\\0\\3\end{pmatrix}x_3=\begin{pmatrix}1\\3\\0\end{pmatrix},$$

即

$$\begin{cases}x_1-x_2+2x_3=1,\\x_1+3x_2=3,\\x_1+3x_3=0.\end{cases}$$

对增广矩阵$\overline{\boldsymbol{A}}$作初等行变换.

$$\overline{\boldsymbol{A}}=\begin{pmatrix}1&-1&2&1\\1&3&0&3\\1&0&3&0\end{pmatrix}\xrightarrow[(3)-(1)]{(2)-(1)}\begin{pmatrix}1&-1&2&1\\0&4&-2&2\\0&1&1&-1\end{pmatrix}$$

$$\xrightarrow[(2)-4(3)]{(1)+(3)}\begin{pmatrix}1&0&3&0\\0&0&-6&6\\0&1&1&-1\end{pmatrix}$$

$$\xrightarrow[-\frac{1}{6}(2)]{\substack{(1)+\frac{1}{2}(2)\\(3)+\frac{1}{6}(2)}}\begin{pmatrix}1&0&0&3\\0&0&1&-1\\0&1&0&0\end{pmatrix}\xrightarrow{(2)\leftrightarrow(3)}\begin{pmatrix}1&0&0&3\\0&1&0&0\\0&0&1&-1\end{pmatrix}.$$

线性方程组的解为 $x_1=3,x_2=0,x_3=-1$,则 $\boldsymbol{\beta}=3\boldsymbol{\alpha}_1-\boldsymbol{\alpha}_3$.故 $\boldsymbol{\beta}$ 可由向量组 $\boldsymbol{\alpha}_1,\boldsymbol{\alpha}_2,\boldsymbol{\alpha}_3$ 线性表示.

(3) 线性方程组为

$$\begin{pmatrix}1\\-1\\2\end{pmatrix}x_1+\begin{pmatrix}-1\\2\\-3\end{pmatrix}x_3+\begin{pmatrix}2\\-3\\5\end{pmatrix}x_3=\begin{pmatrix}2\\3\\-1\end{pmatrix},$$

即

$$\begin{cases}x_1-x_2+2x_3=2,\\-x_1+2x_2-3x_3=3,\\2x_1-3x_2+5x_3=-1.\end{cases}$$

对增广矩阵$\overline{\boldsymbol{A}}$作初等行变换.

$$\overline{\boldsymbol{A}}=\begin{pmatrix}1&-1&2&2\\-1&2&-3&3\\2&-3&5&-1\end{pmatrix}\xrightarrow[(3)-2(1)]{(2)+(1)}\begin{pmatrix}1&-1&2&2\\0&1&-1&5\\0&-1&1&-5\end{pmatrix}$$

$$\xrightarrow[(3)+(2)]{(1)+(2)}\begin{pmatrix}1&0&1&7\\0&1&-1&5\\0&0&0&0\end{pmatrix}.$$

原方程组的同解方程组为

$$\begin{cases}x_1+x_3=7,\\x_2-x_3=5,\end{cases}$$

其中 x_3 是自由未知量.

令 $x_3=c$（c 为任意实数），则方程组的一般解为 $\begin{cases}x_1=7-c,\\x_2=5+c.\end{cases}$

从而 $\boldsymbol{\beta}=(7-c)\boldsymbol{\alpha}_1+(5+c)\boldsymbol{\alpha}_2$.故 $\boldsymbol{\beta}$ 可由向量组 $\boldsymbol{\alpha}_1,\boldsymbol{\alpha}_2,\boldsymbol{\alpha}_3$ 线性表示，且表示不唯一.

特别地，取 $c=0$ 时，有 $\boldsymbol{\beta}=7\boldsymbol{\alpha}_1+5\boldsymbol{\alpha}_2$.

题 4　设向量 $\boldsymbol{\alpha}_1=(1,4,0,2)^{\mathrm{T}},\boldsymbol{\alpha}_2=(2,7,1,3)^{\mathrm{T}},\boldsymbol{\alpha}_3=(0,1,-1,a)^{\mathrm{T}},\boldsymbol{\beta}=(3,10,b,4)^{\mathrm{T}}$.

(1) 当 a,b 取何值时，$\boldsymbol{\beta}$ 不能由 $\boldsymbol{\alpha}_1,\boldsymbol{\alpha}_2,\boldsymbol{\alpha}_3$ 线性表示？

(2) 当 a,b 取何值时，$\boldsymbol{\beta}$ 可由 $\boldsymbol{\alpha}_1,\boldsymbol{\alpha}_2,\boldsymbol{\alpha}_3$ 线性表示，并求出相应的表示式.

解：写出方程组 $x_1\boldsymbol{\alpha}_1+x_2\boldsymbol{\alpha}_2+x_3\boldsymbol{\alpha}_3=\boldsymbol{\beta}$，即

$$\begin{cases}x_1+2x_2=3,\\4x_1+7x_2+x_3=10,\\x_2-x_3=b,\\2x_1+3x_2+ax_3=4.\end{cases}\qquad ①$$

对增广矩阵作初等行变换，得

$$\overline{\boldsymbol{A}}=(\boldsymbol{A}\mid\boldsymbol{b})=\begin{pmatrix}1&2&0&3\\4&7&1&10\\0&1&-1&b\\2&3&a&4\end{pmatrix}\xrightarrow[(4)-2(1)]{(2)-4(1)}\begin{pmatrix}1&2&0&3\\0&-1&1&-2\\0&1&-1&b\\0&-1&a&-2\end{pmatrix}$$

$$\xrightarrow[(4)-(2)]{(3)+(2)}\begin{pmatrix}1&2&0&3\\0&-1&1&-2\\0&0&0&b-2\\0&0&a-1&0\end{pmatrix}\xrightarrow[(-1)\times(2)]{(3)\leftrightarrow(4)}\begin{pmatrix}1&2&0&3\\0&1&-1&2\\0&0&a-1&0\\0&0&0&b-2\end{pmatrix}.$$

若 $b-2=0$，即 $b=2$，

　当 $a-1=0$，即 $a=1$ 时，$\mathrm{r}(\overline{\boldsymbol{A}})=\mathrm{r}(\boldsymbol{A})=2$；

　当 $a-1\neq0$，即 $a\neq1$ 时，$\mathrm{r}(\overline{\boldsymbol{A}})=\mathrm{r}(\boldsymbol{A})=3$.

若 $b-2\neq0$，即 $b\neq2$，

　当 $a-1=0$，即 $a=1$ 时，$3=\mathrm{r}(\overline{\boldsymbol{A}})\neq\mathrm{r}(\boldsymbol{A})=2$；

　当 $a-1\neq0$，即 $a\neq1$ 时，$4=\mathrm{r}(\overline{\boldsymbol{A}})\neq\mathrm{r}(\boldsymbol{A})=3$.

综上，知

(1) 当 $a\in\boldsymbol{R},b\neq2$ 时，方程组①无解，即 $\boldsymbol{\beta}$ 不能 由 $\boldsymbol{\alpha}_1,\boldsymbol{\alpha}_2,\boldsymbol{\alpha}_3$ 线性表示；

(2) 当 $a\in\boldsymbol{R},b=2$.

若 $a=1$，①的同解方程组为 $\begin{cases}x_1+2x_2=3,\\x_2-x_3=2.\end{cases}$

取 x_2 为自由未知量，令 $x_2=c$（c 为任意常数），可得①的解为：

$$\begin{cases}x_1=3-2c,\\x_2=c,\\x_3=c-2.\end{cases} \quad ②$$

此时，$\boldsymbol{\beta}=(3-2c)\boldsymbol{\alpha}_1+c\boldsymbol{\alpha}_2+(c-2)\boldsymbol{\alpha}_3$，其中 c 为任意常数.

若 $a\neq1$，①的同解方程组为 $\begin{cases}x_1+2x_2=3,\\x_2-x_3=2,\\x_3=0.\end{cases}$ 解得 $\begin{cases}x_1=-1,\\x_2=2,\\x_3=0.\end{cases}$ ③

显然，③包含在②中，即当②中 $c=2$ 时，得③，

故 $\boldsymbol{\beta}=(3-2c)\boldsymbol{\alpha}_1+c\boldsymbol{\alpha}_2+(c-2)\boldsymbol{\alpha}_3$，其中 c 为任意常数.

题 5　将下列各题中的向量 $\boldsymbol{\beta}$ 表示为其他向量的线性组合.

(1) $\boldsymbol{\beta}=(3,5,-6)$，$\boldsymbol{\alpha}_1=(1,0,1)$，$\boldsymbol{\alpha}_2=(1,1,1)$，$\boldsymbol{\alpha}_3=(0,-1,-1)$；

(2) $\boldsymbol{\beta}=(2,-1,5,1)$，$\boldsymbol{\varepsilon}_1=(1,0,0,0)$，$\boldsymbol{\varepsilon}_2=(0,1,0,0)$，$\boldsymbol{\varepsilon}_3=(0,0,1,0)$，$\boldsymbol{\varepsilon}_4=(0,0,0,1)$.

解：(1) 写出线性方程组 $x_1\boldsymbol{\alpha}_1+x_2\boldsymbol{\alpha}_2+x_3\boldsymbol{\alpha}_3=\boldsymbol{\beta}$，即

$$\begin{cases}x_1+x_2=3,\\x_2-x_3=5,\\x_1+x_2-x_3=-6.\end{cases} \quad ①$$

对 $\overline{\boldsymbol{A}}=(\boldsymbol{A}\,\vdots\,\boldsymbol{b})$ 作初等行变换，得

$$\overline{\boldsymbol{A}}=\left(\begin{array}{ccc:c}1&1&0&3\\0&1&-1&5\\1&1&-1&-6\end{array}\right)\xrightarrow{(3)-(1)}\left(\begin{array}{ccc:c}1&1&0&3\\0&1&-1&5\\0&0&-1&-9\end{array}\right)$$

$$\xrightarrow{(2)-(3)}\left(\begin{array}{ccc:c}1&1&0&3\\0&1&0&14\\0&0&-1&-9\end{array}\right)\xrightarrow[(-1)\times(3)]{(1)-(2)}\left(\begin{array}{ccc:c}1&0&0&-11\\0&1&0&14\\0&0&1&9\end{array}\right).$$

故①的解为 $x_1=-11$，$x_2=14$，$x_3=9$，即 $\boldsymbol{\beta}=-11\boldsymbol{\alpha}_1+14\boldsymbol{\alpha}_2+9\boldsymbol{\alpha}_3$.

(2) 显见 $\boldsymbol{\varepsilon}_1,\boldsymbol{\varepsilon}_2,\boldsymbol{\varepsilon}_3,\boldsymbol{\varepsilon}_4$ 为四维单位向量，则

$$\boldsymbol{\beta}=2\boldsymbol{\varepsilon}_1-\boldsymbol{\varepsilon}_2+5\boldsymbol{\varepsilon}_3+\boldsymbol{\varepsilon}_4.$$

评注：假设向量 $\boldsymbol{\alpha}_1,\boldsymbol{\alpha}_2,\cdots,\boldsymbol{\alpha}_n,\boldsymbol{\beta}\in\boldsymbol{R}^n$，则"$\boldsymbol{\beta}$ 是否可以由 $\boldsymbol{\alpha}_1,\boldsymbol{\alpha}_2,\cdots,\boldsymbol{\alpha}_n$ 线性表示"这一问题可以转化为线性方程组 $\boldsymbol{\alpha}_1x_1+\boldsymbol{\alpha}_2x_2+\cdots+\boldsymbol{\alpha}_nx_n=\boldsymbol{\beta}$ 的解的存在性的问题进行讨论.特别地，若 $\boldsymbol{\varepsilon}_1,\boldsymbol{\varepsilon}_2,\cdots,\boldsymbol{\varepsilon}_n$ 为 n 维单位向量，则 $\boldsymbol{\beta}$ 肯定可由 $\boldsymbol{\varepsilon}_1,\boldsymbol{\varepsilon}_2,\cdots,\boldsymbol{\varepsilon}_n$ 线性表示，且

$$\boldsymbol{\beta}=(a_1,a_2,\cdots,a_n)=a_1\boldsymbol{\varepsilon}_1+a_2\boldsymbol{\varepsilon}_2+\cdots+a_n\boldsymbol{\varepsilon}_n.$$

题 6　已给向量 $\boldsymbol{\alpha}_1=(1,1,1)$，$\boldsymbol{\alpha}_2=(1,2,3)$，$\boldsymbol{\alpha}_3=(2,-1,1)$，$\boldsymbol{\beta}=(1,-4,-4)$.试判别 $\boldsymbol{\beta}$ 是否可由 $\boldsymbol{\alpha}_1,\boldsymbol{\alpha}_2,\boldsymbol{\alpha}_3$ 线性表示？表示式是否唯一，为什么？

解:设存在数 a,b,c,使得 $\boldsymbol{\beta}=a\boldsymbol{\alpha}_1+b\boldsymbol{\alpha}_2+c\boldsymbol{\alpha}_3$,

即

$$(\boldsymbol{\alpha}_1^{\mathrm{T}},\boldsymbol{\alpha}_2^{\mathrm{T}},\boldsymbol{\alpha}_3^{\mathrm{T}})\begin{pmatrix}a\\b\\c\end{pmatrix}=\boldsymbol{\beta}^{\mathrm{T}},$$

亦即

$$\begin{pmatrix}1&1&2\\1&2&-1\\1&3&1\end{pmatrix}\begin{pmatrix}a\\b\\c\end{pmatrix}=\begin{pmatrix}1\\-4\\-4\end{pmatrix}.$$

$$\overline{\boldsymbol{A}}=\left(\begin{array}{ccc:c}1&1&2&1\\1&2&-1&-4\\1&3&1&-4\end{array}\right)\xrightarrow[(3)-(1)]{(2)-(1)}\left(\begin{array}{ccc:c}1&1&2&1\\0&1&-3&-5\\0&2&-1&-5\end{array}\right)$$

$$\xrightarrow[(3)-2(2)]{(1)-(2)}\left(\begin{array}{ccc:c}1&0&5&6\\0&1&-3&-5\\0&0&5&5\end{array}\right)\xrightarrow[\substack{(2)+\frac{3}{5}(3)\\ \frac{1}{5}\times(3)}]{(1)-(3)}\left(\begin{array}{ccc:c}1&0&0&1\\0&1&0&-2\\0&0&1&1\end{array}\right).$$

由上式,知原方程有唯一解$(a,b,c)=(1,-2,1)$,

故 $\boldsymbol{\beta}$ 由 $\boldsymbol{\alpha}_1,\boldsymbol{\alpha}_2,\boldsymbol{\alpha}_3$ 唯一的线性表示为

$$\boldsymbol{\beta}=\boldsymbol{\alpha}_1-2\boldsymbol{\alpha}_2+\boldsymbol{\alpha}_3.$$

题 7 已知向量 $\boldsymbol{\gamma}_1,\boldsymbol{\gamma}_2$ 由向量 $\boldsymbol{\beta}_1,\boldsymbol{\beta}_2,\boldsymbol{\beta}_3$ 的线性表示式为

$$\boldsymbol{\gamma}_1=3\boldsymbol{\beta}_1-\boldsymbol{\beta}_2+\boldsymbol{\beta}_3,\boldsymbol{\gamma}_2=\boldsymbol{\beta}_1+2\boldsymbol{\beta}_2+4\boldsymbol{\beta}_3.$$

向量 $\boldsymbol{\beta}_1,\boldsymbol{\beta}_2,\boldsymbol{\beta}_3$ 由向量 $\boldsymbol{\alpha}_1,\boldsymbol{\alpha}_2,\boldsymbol{\alpha}_3$ 的线性表示式为

$$\boldsymbol{\beta}_1=2\boldsymbol{\alpha}_1+\boldsymbol{\alpha}_2-5\boldsymbol{\alpha}_3,\boldsymbol{\beta}_2=\boldsymbol{\alpha}_1+3\boldsymbol{\alpha}_2+\boldsymbol{\alpha}_3,\boldsymbol{\beta}_3=-\boldsymbol{\alpha}_1+4\boldsymbol{\alpha}_2-\boldsymbol{\alpha}_3,$$

求向量 $\boldsymbol{\gamma}_1,\boldsymbol{\gamma}_2$ 由向量 $\boldsymbol{\alpha}_1,\boldsymbol{\alpha}_2,\boldsymbol{\alpha}_3$ 的线性表示式.

解:$\boldsymbol{\gamma}_1=3\boldsymbol{\beta}_1-\boldsymbol{\beta}_2+\boldsymbol{\beta}_3=3(2\boldsymbol{\alpha}_1+\boldsymbol{\alpha}_2-5\boldsymbol{\alpha}_3)-(\boldsymbol{\alpha}_1+3\boldsymbol{\alpha}_2+\boldsymbol{\alpha}_3)+(-\boldsymbol{\alpha}_1+4\boldsymbol{\alpha}_2-\boldsymbol{\alpha}_3)=4\boldsymbol{\alpha}_1+4\boldsymbol{\alpha}_2-17\boldsymbol{\alpha}_3$,

$\boldsymbol{\gamma}_2=\boldsymbol{\beta}_1+2\boldsymbol{\beta}_2+4\boldsymbol{\beta}_3=(2\boldsymbol{\alpha}_1+\boldsymbol{\alpha}_2-5\boldsymbol{\alpha}_3)+2(\boldsymbol{\alpha}_1+3\boldsymbol{\alpha}_2+\boldsymbol{\alpha}_3)+4(-\boldsymbol{\alpha}_1+4\boldsymbol{\alpha}_2-\boldsymbol{\alpha}_3)=23\boldsymbol{\alpha}_2-7\boldsymbol{\alpha}_3$.

题 8 计算下列各题:

(1) 已知向量组Ⅰ:$\boldsymbol{\beta}_1,\boldsymbol{\beta}_2,\boldsymbol{\beta}_3$ 由向量组Ⅱ:$\boldsymbol{\alpha}_1,\boldsymbol{\alpha}_2,\boldsymbol{\alpha}_3$ 的线性表示式为

$$\boldsymbol{\beta}_1=\boldsymbol{\alpha}_1-\boldsymbol{\alpha}_2+\boldsymbol{\alpha}_3,\boldsymbol{\beta}_2=\boldsymbol{\alpha}_1+\boldsymbol{\alpha}_2-\boldsymbol{\alpha}_3,\boldsymbol{\beta}_3=-\boldsymbol{\alpha}_1+\boldsymbol{\alpha}_2+\boldsymbol{\alpha}_3.$$

试验证向量组Ⅰ与向量组Ⅱ等价.

(2) 设有向量组(Ⅰ):$\boldsymbol{\alpha}_1=(1,0,2)^{\mathrm{T}},\boldsymbol{\alpha}_2=(1,1,3)^{\mathrm{T}},\boldsymbol{\alpha}_3=(1,-1,a+2)^{\mathrm{T}}$ 和向量组(Ⅱ):$\boldsymbol{\beta}_1=(1,2,a+3)^{\mathrm{T}},\boldsymbol{\beta}_2=(2,1,a+6)^{\mathrm{T}},\boldsymbol{\beta}_3=(2,1,a+4)^{\mathrm{T}}$.试问:当 a 为何值时,向量组(Ⅰ)与(Ⅱ)等价?当 a 为何值时,向量组(Ⅰ)与(Ⅱ)不等价?

解:(1) 因

$$\begin{cases}\boldsymbol{\beta}_1=\boldsymbol{\alpha}_1-\boldsymbol{\alpha}_2+\boldsymbol{\alpha}_3, & ①\\ \boldsymbol{\beta}_2=\boldsymbol{\alpha}_1+\boldsymbol{\alpha}_2-\boldsymbol{\alpha}_3, & ②\\ \boldsymbol{\beta}_3=-\boldsymbol{\alpha}_1+\boldsymbol{\alpha}_2+\boldsymbol{\alpha}_3. & ③\end{cases}$$

由①+②,得 $\boldsymbol{\beta}_1+\boldsymbol{\beta}_2=2\boldsymbol{\alpha}_1$,即 $\boldsymbol{\alpha}_1=\frac{1}{2}\boldsymbol{\beta}_1+\frac{1}{2}\boldsymbol{\beta}_2$,

由②+③,得 $\boldsymbol{\beta}_2+\boldsymbol{\beta}_3=2\boldsymbol{\alpha}_2$,即 $\boldsymbol{\alpha}_2=\frac{1}{2}\boldsymbol{\beta}_2+\frac{1}{2}\boldsymbol{\beta}_3$,

由①+③,得 $\boldsymbol{\beta}_1+\boldsymbol{\beta}_3=2\boldsymbol{\alpha}_3$,即 $\boldsymbol{\alpha}_3=\frac{1}{2}\boldsymbol{\beta}_1+\frac{1}{2}\boldsymbol{\beta}_3$.

故 $\boldsymbol{\alpha}_1,\boldsymbol{\alpha}_2,\boldsymbol{\alpha}_3$ 可由 $\boldsymbol{\beta}_1,\boldsymbol{\beta}_2,\boldsymbol{\beta}_3$ 线性表示,从而向量组Ⅰ与Ⅱ等价.

评注:两向量组等价,即两向量组可互相线性表示.

(2) 作初等行变换,有

$$(\boldsymbol{\alpha}_1,\boldsymbol{\alpha}_2,\boldsymbol{\alpha}_3 \mid \boldsymbol{\beta}_1,\boldsymbol{\beta}_2,\boldsymbol{\beta}_3)=\left(\begin{array}{ccc:ccc}1 & 1 & 1 & 1 & 2 & 2\\ 0 & 1 & -1 & 2 & 1 & 1\\ 2 & 3 & a+2 & a+3 & a+6 & a+4\end{array}\right)$$

$$\xrightarrow[(3)-(2)]{\substack{(3)-2(1)\\(1)-(2)}}\left(\begin{array}{ccc:ccc}1 & 0 & 2 & -1 & 1 & 1\\ 0 & 1 & -1 & 2 & 1 & 1\\ 0 & 0 & a+1 & a-1 & a+1 & a-1\end{array}\right).$$

(1) 当 $a\neq-1$ 时,有行列式 $|\boldsymbol{\alpha}_1\ \ \boldsymbol{\alpha}_2\ \ \boldsymbol{\alpha}_3|=a+1\neq0$,秩$(\boldsymbol{\alpha}_1,\boldsymbol{\alpha}_2,\boldsymbol{\alpha}_3)=3$,故线性方程组 $x_1\boldsymbol{\alpha}_1+x_2\boldsymbol{\alpha}_2+x_3\boldsymbol{\alpha}_3=\boldsymbol{\beta}_i(i=1,2,3)$ 有唯一解.所以 $\boldsymbol{\beta}_1,\boldsymbol{\beta}_2,\boldsymbol{\beta}_3$ 可由向量组(Ⅰ)线性表示.

同样,行列式 $|\boldsymbol{\beta}_1\ \ \boldsymbol{\beta}_2\ \ \boldsymbol{\beta}_3|=6\neq0$,秩$(\boldsymbol{\beta}_1,\boldsymbol{\beta}_2,\boldsymbol{\beta}_3)=3$,故 $\boldsymbol{\alpha}_1,\boldsymbol{\alpha}_2,\boldsymbol{\alpha}_3$ 可由向量组(Ⅱ)线性表示.因此,向量组(Ⅰ)与(Ⅱ)等阶.

(2) 当 $a=-1$ 时,有

$$(\boldsymbol{\alpha}_1,\boldsymbol{\alpha}_2,\boldsymbol{\alpha}_3 \mid \boldsymbol{\beta}_1,\boldsymbol{\beta}_2,\boldsymbol{\beta}_3)\rightarrow\left(\begin{array}{ccc:ccc}1 & 0 & 2 & -1 & 1 & 1\\ 0 & 1 & -1 & 2 & 1 & 1\\ 0 & 0 & 0 & -2 & 0 & -2\end{array}\right).$$

由于秩$(\boldsymbol{\alpha}_1,\boldsymbol{\alpha}_2,\boldsymbol{\alpha}_3)\neq$秩$(\boldsymbol{\alpha}_1,\boldsymbol{\alpha}_2,\boldsymbol{\alpha}_3 \mid \boldsymbol{\beta}_1)$,线性方程组 $x_1\boldsymbol{\alpha}_1+x_2\boldsymbol{\alpha}_2+x_3\boldsymbol{\alpha}_3=\boldsymbol{\beta}_1$ 无解.因此,向量组(Ⅰ)与(Ⅱ)不等价.

题9　设 $\boldsymbol{\alpha}_1=(1,1,t)$,$\boldsymbol{\alpha}_2=(1,t,1)$,$\boldsymbol{\alpha}_3=(t,1,1)$,$\boldsymbol{\beta}=(1,t,t^2)$.若 $\boldsymbol{\beta}$ 不是 $\boldsymbol{\alpha}_1,\boldsymbol{\alpha}_2,\boldsymbol{\alpha}_3$ 的线性组合,求 t 之值.

解:依题设,知方程组

$$x_1\boldsymbol{\alpha}_1+x_2\boldsymbol{\alpha}_2+x_3\boldsymbol{\alpha}_3=\boldsymbol{\beta} \qquad ①$$

无解.

对其增广矩阵作初等行变换,得

$$\overline{A}=(A\,\vdots\,b)=\begin{pmatrix}1&1&t&\vdots&1\\1&t&1&\vdots&t\\t&1&1&\vdots&t^2\end{pmatrix}$$

$$\xrightarrow[(3)-t(1)]{(2)-(1)}\begin{pmatrix}1&1&t&\vdots&1\\0&t-1&1-t&\vdots&t-1\\0&1-t&1-t^2&\vdots&t^2-t\end{pmatrix}$$

$$\xrightarrow{(3)+(2)}\begin{pmatrix}1&1&t&\vdots&1\\0&t-1&1-t&\vdots&t-1\\0&0&(1-t)(2+t)&\vdots&t^2-1\end{pmatrix}.$$

欲使①无解,有 $r(\overline{A})\neq r(A)$,故 $t=-2$.

评注:$\boldsymbol{\beta}$ 不能表示成 $\boldsymbol{\alpha}_1,\boldsymbol{\alpha}_2,\boldsymbol{\alpha}_3,\cdots,\boldsymbol{\alpha}_n$ 的线性组合,即 $x_2\boldsymbol{\alpha}_1+x_2\boldsymbol{\alpha}_2+\cdots+x_n\boldsymbol{\alpha}_n=\boldsymbol{\beta}$ 无解.

题 10 设向量组 $\boldsymbol{\alpha}_1=(a,2,10)^{\mathrm{T}},\boldsymbol{\alpha}_2=(-2,1,5)^{\mathrm{T}},\boldsymbol{\alpha}_3=(-1,1,4)^{\mathrm{T}},\boldsymbol{\beta}=(1,b,c)^{\mathrm{T}}$,试问:当 a,b,c 满足什么条件时,

(1) $\boldsymbol{\beta}$ 可由 $\boldsymbol{\alpha}_1,\boldsymbol{\alpha}_2,\boldsymbol{\alpha}_3$ 线性表示,且表示唯一?

(2) $\boldsymbol{\beta}$ 不能由 $\boldsymbol{\alpha}_1,\boldsymbol{\alpha}_2,\boldsymbol{\alpha}_3$ 线性表示?

(3) $\boldsymbol{\beta}$ 可由 $\boldsymbol{\alpha}_1,\boldsymbol{\alpha}_2,\boldsymbol{\alpha}_3$ 线性表示,但表示不唯一?并求出一般表达式.

解:设有一组数 x_1,x_2,x_3,使得

$$x_1\boldsymbol{\alpha}_1+x_2\boldsymbol{\alpha}_2+x_3\boldsymbol{\alpha}_3=\boldsymbol{\beta},$$

$$\text{即}\begin{cases}ax_1-2x_2-x_3=1,\\2x_1+x_2+x_3=b,\\10x_1+5x_2+4x_3=c.\end{cases}$$

该方程组的系数行列式

$$|A|=\begin{vmatrix}a&-2&-1\\2&1&1\\10&5&4\end{vmatrix}=-a-4.$$

(1) 当 $a\neq-4$ 时,行列式 $|A|\neq0$,方程组有唯一解,$\boldsymbol{\beta}$ 可由 $\boldsymbol{\alpha}_1,\boldsymbol{\alpha}_2,\boldsymbol{\alpha}_3$ 线性表示,且表示唯一.

(2) 当 $a=-4$ 时,对增广矩阵作初等行变换,有

$$\overline{A}=\begin{pmatrix}-4&-2&-1&\vdots&1\\2&1&1&\vdots&b\\10&5&4&\vdots&c\end{pmatrix}\xrightarrow{(1)\leftrightarrow(2)}\begin{pmatrix}2&1&1&\vdots&b\\-4&-2&-1&\vdots&1\\10&5&4&\vdots&c\end{pmatrix}$$

$$\xrightarrow[(3)-5(1)]{(2)+2(1)}\left(\begin{array}{ccc:c}2&1&1&b\\0&0&1&1+2b\\0&0&-1&c-5b\end{array}\right)\xrightarrow{(3)+(2)}\left(\begin{array}{ccc:c}2&1&1&b\\0&0&1&1+2b\\0&0&0&-3b+c+1\end{array}\right).$$

若 $3b-c\neq 1$,则 $r(\boldsymbol{A})\neq r(\overline{\boldsymbol{A}})$,方程组无解,$\boldsymbol{\beta}$ 不能用 $\boldsymbol{\alpha}_1,\boldsymbol{\alpha}_2,\boldsymbol{\alpha}_3$ 线性表示.

(3) 当 $a=-4$ 且 $3b-c=1$ 时,$r(\boldsymbol{A})=r(\overline{\boldsymbol{A}})=2<3$,方程组有无穷多组解.$\boldsymbol{\beta}$ 可由 $\boldsymbol{\alpha}_1,\boldsymbol{\alpha}_2,\boldsymbol{\alpha}_3$ 线性表示,但表示不唯一.解方程组,得

$x_1=\lambda,x_2=-2\lambda-b-1,x_3=2b+1$($\lambda$ 为任意常数).此时,

$$\boldsymbol{\beta}=\lambda\boldsymbol{\alpha}_1-(2\lambda+b+1)\boldsymbol{\alpha}_2+(2b+1)\boldsymbol{\alpha}_3.$$

3.3 线性相关与线性无关的向量组

1. 若不存在一组不全为零的数 $k_1,k_2,\cdots,k_s$,使得

$$k_1\boldsymbol{\alpha}_1+k_2\boldsymbol{\alpha}_2+\cdots+k_s\boldsymbol{\alpha}_s=\mathbf{0},$$

则称向量组 $\boldsymbol{\alpha}_1,\boldsymbol{\alpha}_2,\cdots,\boldsymbol{\alpha}_s$,线性无关,即当且仅当 $k_1=k_2=\cdots=k_s=0$ 时,

$$k_1\boldsymbol{\alpha}_1+k_2\boldsymbol{\alpha}_2+\cdots+k_s\boldsymbol{\alpha}_s=\mathbf{0}$$

成立,则称向量组 $\boldsymbol{\alpha}_1,\boldsymbol{\alpha}_2,\cdots,\boldsymbol{\alpha}_s$ 线性无关.否则称为线性相关.

2. 向量组 $\boldsymbol{\alpha}_1,\boldsymbol{\alpha}_2,\cdots,\boldsymbol{\alpha}_s$ 中任一向量都不能由其余向量线性表示,则称向量组 $\boldsymbol{\alpha}_1,\boldsymbol{\alpha}_2,\cdots,\boldsymbol{\alpha}_s$ 线性无关.

3. 向量组 $\boldsymbol{\alpha}_1,\boldsymbol{\alpha}_2,\cdots,\boldsymbol{\alpha}_s$ 线性无关的充要条件为齐次线性方程组 $x_1\boldsymbol{\alpha}_1+x_2\boldsymbol{\alpha}_2+\cdots+x_s\boldsymbol{\alpha}_s=\mathbf{0}$ 只有零解,即以 $\boldsymbol{\alpha}_1,\boldsymbol{\alpha}_2,\cdots,\boldsymbol{\alpha}_s$ 为列向量所构成的系数矩阵 $\boldsymbol{A}$ 的秩 $r(\boldsymbol{A})=s$.

4. 向量 $\boldsymbol{\beta}$ 可以由向量组 $\boldsymbol{\alpha}_1,\boldsymbol{\alpha}_2,\cdots,\boldsymbol{\alpha}_s$ 线性表示,则表示方法唯一的充要条件是向量组 $\boldsymbol{\alpha}_1,\boldsymbol{\alpha}_2,\cdots,\boldsymbol{\alpha}_s$ 线性无关.

5. 任意 $n+1$ 个 n 维向量必线性相关.

6. 已知向量组 $\boldsymbol{\alpha}_1,\boldsymbol{\alpha}_2,\cdots,\boldsymbol{\alpha}_s$ 与向量组 $\boldsymbol{\beta}_1,\boldsymbol{\beta}_2,\cdots,\boldsymbol{\beta}_t$ 满足

(1) 向量组 $\boldsymbol{\alpha}_1,\boldsymbol{\alpha}_2,\cdots,\boldsymbol{\alpha}_s$ 与向量组 $\boldsymbol{\beta}_1,\boldsymbol{\beta}_2,\cdots,\boldsymbol{\beta}_t$ 等价;

(2) 向量组 $\boldsymbol{\alpha}_1,\boldsymbol{\alpha}_2,\cdots,\boldsymbol{\alpha}_s$ 与向量组 $\boldsymbol{\beta}_1,\boldsymbol{\beta}_2,\cdots,\boldsymbol{\beta}_t$ 都线性无关,

则 $t=s$,即两个线性无关的等价的向量组,必含有相同个数的向量.

7. (1) 线性相关的向量组存在系数不全为零的线性组合是零向量;线性无关的向量组只有系数全为零的线性组合是零向量.

(2) 线性相关的向量组中至少有一个向量可由其余向量线性表示;线性无关的向量组中任何一个向量都不能由其余向量线性表示.

(3) 以线性相关的向量组为系数矩阵的齐次线性方程组存在非零解;以线性无关的向量组为系数矩阵的齐次线性方程组只有零解.

8. 判断向量组的线性相关性的方法.

方法一:利用定义判断.这是最基本的方法,既适用于分量已知的向量组,也

适用于分量中含有参数的向量组.

方法二:利用行列式判断.这种方法只适用于向量组中向量的个数与向量的维数相等的情形.假设 $\boldsymbol{\alpha}_1,\boldsymbol{\alpha}_2,\cdots,\boldsymbol{\alpha}_n$ 是 n 个 n 维向量,记 $\boldsymbol{A}$ 为以 $\boldsymbol{\alpha}_1,\boldsymbol{\alpha}_2,\cdots,\boldsymbol{\alpha}_n$ 为行(列)向量组成的矩阵,则 $\boldsymbol{\alpha}_1,\boldsymbol{\alpha}_2,\cdots,\boldsymbol{\alpha}_n$ 线性相关当且仅当 $|\boldsymbol{A}|=0$.

方法三:利用向量组的秩判断.一个向量组线性无关当且仅当向量组的秩等于向量组所含向量的个数,意即向量组构成的矩阵是满秩矩阵.

如果向量组所含向量的个数多于向量的维数,则此向量组线性相关.

题 1 设 n 维单位向量组

$$\boldsymbol{\varepsilon}_1=(1,0,\cdots,0),$$
$$\boldsymbol{\varepsilon}_2=(0,1,\cdots,0),$$
$$\cdots\cdots$$
$$\boldsymbol{\varepsilon}_n=(0,0,\cdots,1).$$

求证:向量组 $\boldsymbol{\varepsilon}_1,\boldsymbol{\varepsilon}_2,\cdots,\boldsymbol{\varepsilon}_n$ 线性无关,且任意 n 维向量 $\boldsymbol{\alpha}$ 均可由向量组 $\boldsymbol{\varepsilon}_1,\boldsymbol{\varepsilon}_2,\cdots,\boldsymbol{\varepsilon}_n$ 线性表示.

证明:考查齐次线性方程组

$$x_1\boldsymbol{\varepsilon}_1+x_2\boldsymbol{\varepsilon}_2+\cdots+x_n\boldsymbol{\varepsilon}_n=\boldsymbol{0},$$

其系数矩阵

$$\boldsymbol{A}=(\boldsymbol{\varepsilon}_1,\boldsymbol{\varepsilon}_2,\cdots,\boldsymbol{\varepsilon}_n)=\begin{pmatrix}1&0&\cdots&0\\0&1&\cdots&0\\&&\cdots&\\0&0&\cdots&1\end{pmatrix}$$

为 n 阶单位矩阵,故 $|\boldsymbol{A}|=1\neq0$,从而方程组只有零解,即 n 维单位向量 $\boldsymbol{\varepsilon}_1,\boldsymbol{\varepsilon}_2,\cdots,\boldsymbol{\varepsilon}_n$ 线性无关.

设 n 维向量 $\boldsymbol{\alpha}=(a_1,a_2,\cdots,a_n)$,则由

$$\boldsymbol{\alpha}=a_1\boldsymbol{\varepsilon}_1+a_2\boldsymbol{\varepsilon}_2+\cdots+a_n\boldsymbol{\varepsilon}_n,$$

知 $\boldsymbol{\alpha}$ 可以由向量组 $\boldsymbol{\varepsilon}_1,\boldsymbol{\varepsilon}_2,\cdots,\boldsymbol{\varepsilon}_n$ 线性表示.

题 2 判断下列向量组是线性相关还是线性无关?

(1) $\boldsymbol{\alpha}_1=(1,3,1,1),\boldsymbol{\alpha}_2=(-1,1,3,1),\boldsymbol{\alpha}_3=(-5,-7,3-1)$;

(2) $\boldsymbol{\beta}_1=(1,2,3,4),\boldsymbol{\beta}_2=(1,0,1,2),\boldsymbol{\beta}_3=(3,-1,2,0)$;

(3) $\boldsymbol{\alpha}_1=(1,0,-1),\boldsymbol{\alpha}_2=(-2,2,0),\boldsymbol{\alpha}_3=(-3,-5,2)$;

(4) $\boldsymbol{\beta}_1=(1,1,3,1),\boldsymbol{\beta}_2=(3,-1,2,4),\boldsymbol{\beta}_3=(2,2,7,-1)$;

(5) $\boldsymbol{\gamma}_1=(1,0,0,5,6),\boldsymbol{\gamma}_2=(1,2,0,7,8),\boldsymbol{\gamma}_3=(1,2,3,9,10)$.

解:(1) 将 $\boldsymbol{\alpha}_1,\boldsymbol{\alpha}_2,\boldsymbol{\alpha}_3$ 排成行向量作矩阵 $\boldsymbol{A}$,并对 $\boldsymbol{A}$ 施行初等行变换,得

$$\boldsymbol{A}=\begin{pmatrix}\boldsymbol{\alpha}_1\\\boldsymbol{\alpha}_2\\\boldsymbol{\alpha}_3\end{pmatrix}=\begin{pmatrix}1&3&1&1\\-1&1&3&1\\-5&-7&3&-1\end{pmatrix}\xrightarrow[(3)+5(1)]{(2)+(1)}\begin{pmatrix}1&3&1&1\\0&4&4&2\\0&8&8&4\end{pmatrix}$$

$$\xrightarrow{(3)-2(2)}\begin{pmatrix}1&3&1&1\\0&4&4&2\\0&0&0&0\end{pmatrix}=\boldsymbol{A}_1.$$

显然 $r(\boldsymbol{A}_1)=2$,故 $r(\boldsymbol{A})=2<3$,因此向量组 $\boldsymbol{\alpha}_1,\boldsymbol{\alpha}_2,\boldsymbol{\alpha}_3$ 线性相关.

(2) 将 $\boldsymbol{\beta}_1,\boldsymbol{\beta}_2,\boldsymbol{\beta}_3$ 排成列向量作矩阵 $\boldsymbol{A}$,并对 $\boldsymbol{A}$ 施行初等行变换,得

$$\boldsymbol{A}=(\boldsymbol{\beta}_1^{\mathrm{T}},\boldsymbol{\beta}_2^{\mathrm{T}},\boldsymbol{\beta}_3^{\mathrm{T}})=\begin{pmatrix}1&1&3\\2&0&-1\\3&1&2\\4&2&0\end{pmatrix}\xrightarrow[\substack{(3)-3(1)\\(4)-4(1)}]{(2)-2(1)}\begin{pmatrix}1&1&3\\0&-2&-7\\0&-2&-7\\0&-2&-12\end{pmatrix}$$

$$\xrightarrow[(4)-(2)]{(3)-(2)}\begin{pmatrix}1&1&3\\0&-2&-7\\0&0&0\\0&0&-5\end{pmatrix}\xrightarrow[(3)\leftrightarrow(4)]{(-1)\times(4)}\begin{pmatrix}1&1&3\\0&-2&-7\\0&0&5\\0&0&0\end{pmatrix}=\boldsymbol{A}_1.$$

显然 $r(\boldsymbol{A}_1)=3$,故 $r(\boldsymbol{A})=3$,因此向量组 $\boldsymbol{\beta}_1,\boldsymbol{\beta}_2,\boldsymbol{\beta}_3$ 线性无关.

(3) 因 $|\boldsymbol{A}|=|\boldsymbol{\alpha}_1^{\mathrm{T}},\boldsymbol{\alpha}_2^{\mathrm{T}},\boldsymbol{\alpha}_3^{\mathrm{T}}|=\begin{vmatrix}1&-2&3\\0&2&-5\\-1&0&2\end{vmatrix}=\begin{vmatrix}1&-2&3\\0&2&-5\\0&-2&5\end{vmatrix}=0$,

故 $\boldsymbol{\alpha}_1,\boldsymbol{\alpha}_2,\boldsymbol{\alpha}_3$ 线性相关.

(4) 写出齐次线性方程组 $x_1\boldsymbol{\beta}_1+x_2\boldsymbol{\beta}_2+x_3\boldsymbol{\beta}_3=0$,即为

$$\begin{cases}x_1+3x_2+2x_3=0,\\x_1-x_2+2x_3=0,\\3x_1+2x_2+7x_3=0,\\x_1+4x_2-x_3=0.\end{cases}$$

对其系数矩阵作初等行变换,得

$$\boldsymbol{A}=\begin{pmatrix}1&3&2\\1&-1&2\\3&2&7\\1&4&-1\end{pmatrix}\xrightarrow[4-(1)]{\substack{(2)-(1)\\(3)-3(1)}}\begin{pmatrix}1&3&2\\0&-4&0\\0&-7&1\\0&1&-3\end{pmatrix}$$

$$\xrightarrow{\left(-\frac{1}{4}\right)\times(2)}\begin{pmatrix}1&3&2\\0&1&0\\0&-7&1\\0&1&-3\end{pmatrix}\xrightarrow[(4)-(2)]{(3)+7(2)}\begin{pmatrix}1&3&2\\0&1&0\\0&0&1\\0&0&-3\end{pmatrix}.$$

显见 $r(\boldsymbol{A})=3$,故方程组只有零解,即 $x_1=x_2=x_3=0$,于是,$\boldsymbol{\beta}_1,\boldsymbol{\beta}_2,\boldsymbol{\beta}_3$ 线性无关.

(5) 令$\tilde{\boldsymbol{\gamma}}_1=(1,0,0)$，$\tilde{\boldsymbol{\gamma}}_2=(1,2,0)$，$\tilde{\boldsymbol{\gamma}}_3=(1,2,3)$，显见$\tilde{\boldsymbol{\gamma}}_1,\tilde{\boldsymbol{\gamma}}_2,\tilde{\boldsymbol{\gamma}}_3$ 线性无关，故增加 2 个分量后所得的向量组 $\boldsymbol{\gamma}_1,\boldsymbol{\gamma}_2,\boldsymbol{\gamma}_3$ 也线性无关.

题 3 试判断下列向量组的线性相关性：

(1) $\boldsymbol{\beta}_1=\boldsymbol{\alpha}_1+\boldsymbol{\alpha}_2,\boldsymbol{\beta}_2=\boldsymbol{\alpha}_2+\boldsymbol{\alpha}_3,\boldsymbol{\beta}_3=\boldsymbol{\alpha}_3-\boldsymbol{\alpha}_1$；

(2) $\boldsymbol{\gamma}_1=\boldsymbol{\alpha}_1+\boldsymbol{\alpha}_2,\boldsymbol{\gamma}_2=\boldsymbol{\alpha}_2+\boldsymbol{\alpha}_3,\boldsymbol{\gamma}_3=\boldsymbol{\alpha}_1+2\boldsymbol{\alpha}_2+\boldsymbol{\alpha}_3$.

解：(1) 因 $\boldsymbol{\beta}_3=\boldsymbol{\alpha}_3-\boldsymbol{\alpha}_1=(\boldsymbol{\alpha}_2+\boldsymbol{\alpha}_3)-(\boldsymbol{\alpha}_1+\boldsymbol{\alpha}_2)=\boldsymbol{\beta}_2-\boldsymbol{\beta}_1$，

所以由线性相关定义，知 $\boldsymbol{\beta}_1,\boldsymbol{\beta}_2,\boldsymbol{\beta}_3$ 线性相关；

(2) 因 $\boldsymbol{\gamma}_3=\boldsymbol{\alpha}_1+2\boldsymbol{\alpha}_2+\boldsymbol{\alpha}_3=(\boldsymbol{\alpha}_1+\boldsymbol{\alpha}_2)+(\boldsymbol{\alpha}_2+\boldsymbol{\alpha}_3)=\boldsymbol{\gamma}_1+\boldsymbol{\gamma}_2$，

所以由线性相关定义，知 $\boldsymbol{\gamma}_1,\boldsymbol{\gamma}_2,\boldsymbol{\gamma}_3$ 线性相关.

评注：若 $\boldsymbol{\beta}$ 可以表示成 $\boldsymbol{\alpha}_1,\boldsymbol{\alpha}_2,\cdots,\boldsymbol{\alpha}_n$ 的线性组合，则 $\boldsymbol{\alpha}_1,\boldsymbol{\alpha}_2,\cdots,\boldsymbol{\alpha}_n,\boldsymbol{\beta}$ 线性相关.

题 4 设 $\boldsymbol{\alpha}_1,\boldsymbol{\alpha}_2,\boldsymbol{\alpha}_3$ 线性无关，试问下列向量组线性相关性如何？

(1) $\boldsymbol{\beta}_1=\boldsymbol{\alpha}_1+2\boldsymbol{\alpha}_2$；$\boldsymbol{\beta}_2=2\boldsymbol{\alpha}_2+3\boldsymbol{\alpha}_3,\boldsymbol{\beta}_3=3\boldsymbol{\alpha}_3+\boldsymbol{\alpha}_1$；

(2) $\boldsymbol{\gamma}_1=\boldsymbol{\alpha}_1+\boldsymbol{\alpha}_2,\boldsymbol{\gamma}_2=\boldsymbol{\alpha}_2+2\boldsymbol{\alpha}_3,\boldsymbol{\gamma}_3=\boldsymbol{\alpha}_3-3\boldsymbol{\alpha}_1,\boldsymbol{\gamma}_4=\boldsymbol{\alpha}_2-2\boldsymbol{\alpha}_1$.

解：(1) 因 $\begin{vmatrix}1&2&0\\0&2&3\\1&0&3\end{vmatrix}=12\neq0$，

所以 $\boldsymbol{\beta}_1,\boldsymbol{\beta}_2,\boldsymbol{\beta}_3$ 线性无关.

评注：向量组线性相关(无关)$\Leftrightarrow$其所构成的齐次线性方程组有(无)非零解$\Leftrightarrow$方程组的系数行列式$|\boldsymbol{A}|=0(|\boldsymbol{A}|\neq0)$.

因行列式之值非零，所以线性无关.

(2) 因 $4>3$，

故 $\boldsymbol{\gamma}_1,\boldsymbol{\gamma}_2,\boldsymbol{\gamma}_3,\boldsymbol{\gamma}_4$ 线性相关.

题 5 设 $\boldsymbol{\alpha},\boldsymbol{\beta}$ 是三维列向量，矩阵 $\boldsymbol{A}=\boldsymbol{\alpha}\boldsymbol{\alpha}^{\mathrm{T}}+\boldsymbol{\beta}\boldsymbol{\beta}^{\mathrm{T}}$，其中 $\boldsymbol{\alpha}^{\mathrm{T}},\boldsymbol{\beta}^{\mathrm{T}}$ 分别为 $\boldsymbol{\alpha},\boldsymbol{\beta}$ 转置.

证明：(Ⅰ) 秩 $\mathrm{r}(\boldsymbol{A})\leqslant2$；

(Ⅱ) 若 $\boldsymbol{\alpha},\boldsymbol{\beta}$ 线性相关，则秩 $\mathrm{r}(\boldsymbol{A})<2$.

证明：(Ⅰ) $\mathrm{r}(\boldsymbol{A})=\mathrm{r}(\boldsymbol{\alpha}\boldsymbol{\alpha}^{\mathrm{T}}+\boldsymbol{\beta}\boldsymbol{\beta}^{\mathrm{T}})\leqslant\mathrm{r}(\boldsymbol{\alpha}\boldsymbol{\alpha}^{\mathrm{T}})+\mathrm{r}(\boldsymbol{\beta}\boldsymbol{\beta}^{\mathrm{T}})\leqslant\mathrm{r}(\boldsymbol{\alpha})+\mathrm{r}(\boldsymbol{\beta})\leqslant2$.

(Ⅱ) 若 $\boldsymbol{\alpha},\boldsymbol{\beta}$ 线性相关，不防设 $\boldsymbol{\beta}=k\boldsymbol{\alpha}$，于是

$$\boldsymbol{A}=\boldsymbol{\alpha}\boldsymbol{\alpha}^{\mathrm{T}}+\boldsymbol{\beta}\boldsymbol{\beta}^{\mathrm{T}}=(1+k^2)\boldsymbol{\alpha}\boldsymbol{\alpha}^{\mathrm{T}},$$

所以 $\mathrm{r}(\boldsymbol{A})=\mathrm{r}((1+k^2)\boldsymbol{\alpha}\boldsymbol{\alpha}^{\mathrm{T}})=\mathrm{r}(\boldsymbol{\alpha}\boldsymbol{\alpha}^{\mathrm{T}})\leqslant\mathrm{r}(\boldsymbol{\alpha})\leqslant1<2$.

评注：$\mathrm{r}(\boldsymbol{A}+\boldsymbol{B})\leqslant\mathrm{r}(\boldsymbol{A})+\mathrm{r}(\boldsymbol{B})$.

题 6 设 $\boldsymbol{A}$ 是 $m\times n(m>n)$ 矩阵，$\boldsymbol{B}$ 是 $n\times m$ 矩阵，$\boldsymbol{I}$ 是 n 阶单位矩阵，已知 $\boldsymbol{BA}=\boldsymbol{I}$，试判断 $\boldsymbol{A}$ 的列向量是否线性相关？为什么？

解：设 $\boldsymbol{\alpha}_1,\boldsymbol{\alpha}_2,\cdots,\boldsymbol{\alpha}_n$ 为 $\boldsymbol{A}$ 的 n 个列向量，即 $\boldsymbol{A}=(\boldsymbol{\alpha}_1,\boldsymbol{\alpha}_2,\cdots,\boldsymbol{\alpha}_n)$.

又设 $k_1\boldsymbol{\alpha}_1+k_2\boldsymbol{\alpha}_2+\cdots+k_n\boldsymbol{\alpha}_n=\boldsymbol{0}$，

即

$$(\boldsymbol{\alpha}_1,\boldsymbol{\alpha}_2,\cdots,\boldsymbol{\alpha}_n)\begin{pmatrix}k_1\\k_2\\\vdots\\k_n\end{pmatrix}=\begin{pmatrix}0\\0\\\vdots\\0\end{pmatrix},$$

亦即

$$\boldsymbol{A}\begin{pmatrix}k_1\\k_2\\\vdots\\k_n\end{pmatrix}=\begin{pmatrix}0\\0\\\vdots\\0\end{pmatrix}$$

注意到$\boldsymbol{BA}=\boldsymbol{I}$,将上式两端左乘$\boldsymbol{B}$,得

$$\boldsymbol{BA}\begin{pmatrix}k_1\\k_2\\\vdots\\k_n\end{pmatrix}=\begin{pmatrix}0\\0\\\vdots\\0\end{pmatrix},\text{即}\begin{pmatrix}k_1\\k_2\\\vdots\\k_n\end{pmatrix}=\begin{pmatrix}0\\0\\\vdots\\0\end{pmatrix},$$

得$k_1=k_2=\cdots=k_n=0$,故$\boldsymbol{\alpha}_1,\boldsymbol{\alpha}_2,\cdots,\boldsymbol{\alpha}_n$线性无关.

题7 计算下列选择题:

(1) 设$\boldsymbol{\alpha}_1=(0,0,c_1)$,$\boldsymbol{\alpha}_2=(0,1,c_2)$,$\boldsymbol{\alpha}_3=(1,-1,c_3)$,$\boldsymbol{\alpha}_4=(-1,1,c_4)$,其中$c_1,c_2,c_3,c_4$为任意常数,则下列向量组线性相关的是( ).

(A) $\boldsymbol{\alpha}_1,\boldsymbol{\alpha}_2,\boldsymbol{\alpha}_3$ (B) $\boldsymbol{\alpha}_1,\boldsymbol{\alpha}_2,\boldsymbol{\alpha}_4$

(C) $\boldsymbol{\alpha}_1,\boldsymbol{\alpha}_3,\boldsymbol{\alpha}_4$ (D) $\boldsymbol{\alpha}_2,\boldsymbol{\alpha}_3,\boldsymbol{\alpha}_4$

(2) 设$\boldsymbol{\alpha}_1,\boldsymbol{\alpha}_2,\cdots,\boldsymbol{\alpha}_s$均为$n$维向量,下列结论不正确的是( ).

(A) 若对于任意一组不全为零的数$k_1,k_2,\cdots,k_s$,都有$k_1\boldsymbol{\alpha}_1+k_2\boldsymbol{\alpha}_2+\cdots+k_s\boldsymbol{\alpha}_s\neq\boldsymbol{0}$.则$\boldsymbol{\alpha}_1,\boldsymbol{\alpha}_2,\cdots,\boldsymbol{\alpha}_s$线性无关

(B) 若$\boldsymbol{\alpha}_1,\boldsymbol{\alpha}_2,\cdots,\boldsymbol{\alpha}_s$线性相关,则对于任意一组不全为零的数$k_1,k_2,\cdots,k_s$,有$k_1\boldsymbol{\alpha}_1+k_2\boldsymbol{\alpha}_2+\cdots+k_s\boldsymbol{\alpha}_s=\boldsymbol{0}$

(C) $\boldsymbol{\alpha}_1,\boldsymbol{\alpha}_2,\cdots,\boldsymbol{\alpha}_s$线性无关的充分必要条件是此向量组的秩为$s$

(D) $\boldsymbol{\alpha}_1,\boldsymbol{\alpha}_2,\cdots,\boldsymbol{\alpha}_s$线性无关的必要条件是其中任意两个向量线性无关

(3) 设$\boldsymbol{A}$、$\boldsymbol{B}$为满足$\boldsymbol{AB}=\boldsymbol{O}$的任意两个非零矩阵,则必有( ).

(A) $\boldsymbol{A}$的列向量组线性相关,$\boldsymbol{B}$的行向量组线性相关

(B) $\boldsymbol{A}$的列向量组线性相关,$\boldsymbol{B}$的列向量组线性相关

(C) $\boldsymbol{A}$的行向量组线性相关,$\boldsymbol{B}$的行向量组线性相关

(D) $\boldsymbol{A}$的行向量组线性相关,$\boldsymbol{B}$的列向量组线性相关

(4) 设$\boldsymbol{\alpha}_1,\boldsymbol{\alpha}_2,\cdots,\boldsymbol{\alpha}_s$均为$n$维列向量,$\boldsymbol{A}$是$m\times n$矩阵,下列选项正确的是( ).

(A) 若 $\boldsymbol{\alpha}_1,\boldsymbol{\alpha}_2,\cdots,\boldsymbol{\alpha}_s$ 线性相关,则 $\boldsymbol{A\alpha}_1,\boldsymbol{A\alpha}_2,\cdots,\boldsymbol{A\alpha}_s$ 线性相关

(B) 若 $\boldsymbol{\alpha}_1,\boldsymbol{\alpha}_2,\cdots,\boldsymbol{\alpha}_s$ 线性相关,则 $\boldsymbol{A\alpha}_1,\boldsymbol{A\alpha}_2,\cdots,\boldsymbol{A\alpha}_s$ 线性无关

(C) 若 $\boldsymbol{\alpha}_1,\boldsymbol{\alpha}_2,\cdots,\boldsymbol{\alpha}_s$ 线性无关,则 $\boldsymbol{A\alpha}_1,\boldsymbol{A\alpha}_2,\cdots,\boldsymbol{A\alpha}_s$ 线性相关

(D) 若 $\boldsymbol{\alpha}_1,\boldsymbol{\alpha}_2,\cdots,\boldsymbol{\alpha}_s$ 线性无关,则 $\boldsymbol{A\alpha}_1,\boldsymbol{A\alpha}_2,\cdots,\boldsymbol{A\alpha}_s$ 线性无关

(5) 设向量组 $\boldsymbol{\alpha}_1,\boldsymbol{\alpha}_2,\boldsymbol{\alpha}_3$ 线性无关,向量 $\boldsymbol{\beta}_1$ 可由 $\boldsymbol{\alpha}_1,\boldsymbol{\alpha}_2,\boldsymbol{\alpha}_3$ 线性表示,而向量 $\boldsymbol{\beta}_2$ 不能由 $\boldsymbol{\alpha}_1,\boldsymbol{\alpha}_2,\boldsymbol{\alpha}_3$ 线性表示,则对任意常数 k,必有(　　).

(A) $\boldsymbol{\alpha}_1,\boldsymbol{\alpha}_2,\boldsymbol{\alpha}_3,k\boldsymbol{\beta}_1+\boldsymbol{\beta}_2$ 线性无关

(B) $\boldsymbol{\alpha}_1,\boldsymbol{\alpha}_2,\boldsymbol{\alpha}_3,k\boldsymbol{\beta}_1+\boldsymbol{\beta}_2$ 线性相关

(C) $\boldsymbol{\alpha}_1,\boldsymbol{\alpha}_2,\boldsymbol{\alpha}_3,\boldsymbol{\beta}_1+k\boldsymbol{\beta}_2$ 线性无关

(D) $\boldsymbol{\alpha}_1,\boldsymbol{\alpha}_2,\boldsymbol{\alpha}_3,\boldsymbol{\beta}_1+k\boldsymbol{\beta}_2$ 线性相关

(6) 设向量组 Ⅰ:$\boldsymbol{\alpha}_1,\boldsymbol{\alpha}_2,\cdots,\boldsymbol{\alpha}_r$ 可由向量组 Ⅱ:$\boldsymbol{\beta}_1,\boldsymbol{\beta}_2,\cdots,\boldsymbol{\beta}_s$ 线性表示,则(　　).

(A) 当 $r<s$ 时,向量组Ⅱ必线性相关

(B) 当 $r>s$ 时,向量组Ⅱ必线性相关

(C) 当 $r<s$ 时,向量组Ⅰ必线性相关

(D) 当 $r>s$ 时,向量组Ⅰ必线性相关

解:(1) 以 $\boldsymbol{\alpha}_1,\boldsymbol{\alpha}_2,\boldsymbol{\alpha}_3,\boldsymbol{\alpha}_4$ 中三个向量为列向量构成行列式,若值为 0,则线性相关.

$$因|\boldsymbol{\alpha}_1,\boldsymbol{\alpha}_3,\boldsymbol{\alpha}_4|=\begin{vmatrix}0 & 1 & -1\\ 0 & -1 & 1\\ c_1 & c_3 & c_4\end{vmatrix}-c_1\begin{vmatrix}1 & -1\\ -1 & 1\end{vmatrix}=0,$$

所以 $\boldsymbol{\alpha}_1,\boldsymbol{\alpha}_3,\boldsymbol{\alpha}_4$ 线性相关.

故选(C).

(2) (A) 由线性相关的定义,知(A)正确;

(B) 设 $\boldsymbol{\alpha}_1=(0,1),\boldsymbol{\alpha}_2(0,2)$,显然 $\boldsymbol{\alpha}_1,\boldsymbol{\alpha}_2$ 线性相关,取 $k_1=1,k_2=0$,则 $k_1\boldsymbol{\alpha}_1+k_2\boldsymbol{\alpha}_2=(0,1)\neq 0$,故(B)不正确;

根据定义知(C),(D)正确.

故选(B).

(3) 设 $\boldsymbol{A},\boldsymbol{B}$ 分别是 $m\times n$ 和 $n\times s$ 矩阵,又 $\boldsymbol{A}$ 的列向量为 $\boldsymbol{\alpha}_1,\boldsymbol{\alpha}_2,\cdots,\boldsymbol{\alpha}_n$,则由 $\boldsymbol{B}\neq\boldsymbol{O}$,知至少存在一个非零列向量,设为 $(b_1,b_2,\cdots,b_n)^{\mathrm{T}}$,于是由 $\boldsymbol{AB}=\boldsymbol{O}$,得

$$b_1\boldsymbol{\alpha}_1+b_2\boldsymbol{\alpha}_2+\cdots+b_n\boldsymbol{\alpha}_n=\boldsymbol{0}.$$

所以,$\boldsymbol{A}$ 的列向量组线性相关.

同理,由 $\boldsymbol{B}^{\mathrm{T}}\boldsymbol{A}^{\mathrm{T}}=\boldsymbol{O}$ 及 $\boldsymbol{A}^{\mathrm{T}}\neq\boldsymbol{O}$,知 $\boldsymbol{B}^{\mathrm{T}}$ 的列向量组线性相关,即 $\boldsymbol{B}$ 的行向量组线性相关,

故选(A).

(4) 设 $\boldsymbol{\alpha}_1,\boldsymbol{\alpha}_2,\cdots,\boldsymbol{\alpha}_s$ 线性相关,则存在不全为0的数 $k_1,k_2,\cdots,k_s$,使得

$$k_1\boldsymbol{\alpha}_1+k_2\boldsymbol{\alpha}_2+\cdots+k_s\boldsymbol{\alpha}_s=\mathbf{0}.$$

于是 $\boldsymbol{A}(k_1\boldsymbol{\alpha}_1+k_2\boldsymbol{\alpha}_2+\cdots+k_s\boldsymbol{\alpha}_s)=k_1\boldsymbol{A}\boldsymbol{\alpha}_1+k_2\boldsymbol{A}\boldsymbol{\alpha}_2+\cdots+k_s\boldsymbol{A}\boldsymbol{\alpha}_s=\mathbf{0}$,即 $\boldsymbol{A}\boldsymbol{\alpha}_1,\boldsymbol{A}\boldsymbol{\alpha}_2,\cdots,\boldsymbol{A}\boldsymbol{\alpha}_s$ 线性相关.

故选(A).

评注:对于C、D选项,可举反例说明.

取 $\boldsymbol{\alpha}_1=\begin{pmatrix}1\\0\end{pmatrix},\boldsymbol{\alpha}_2=\begin{pmatrix}0\\1\end{pmatrix}$.

若 $\boldsymbol{A}=\begin{pmatrix}1&0\\0&1\end{pmatrix}$,则 $\boldsymbol{A}\boldsymbol{\alpha}_1,\boldsymbol{A}\boldsymbol{\alpha}_2$ 线性无关.

若 $\boldsymbol{A}=\begin{pmatrix}0&0\\0&0\end{pmatrix}$,则 $\boldsymbol{A}\boldsymbol{\alpha}_1,\boldsymbol{A}\boldsymbol{\alpha}_2$ 线性相关.

(5) 方法一:由题设,知 $\boldsymbol{\alpha}_1,\boldsymbol{\alpha}_2,\boldsymbol{\alpha}_3,\boldsymbol{\beta}_1$ 线性相关,$\boldsymbol{\alpha}_1,\boldsymbol{\alpha}_2,\boldsymbol{\alpha}_3,\boldsymbol{\beta}_2$ 线性无关.

因 k 可取任意值,不妨设 $k=0$.则(B)、(C)与已知矛盾,故排除(B)、(C).

再取 $k=1$,由已知,得 $\boldsymbol{\alpha}_1,\boldsymbol{\alpha}_2,\boldsymbol{\alpha}_3,\boldsymbol{\beta}_1+\boldsymbol{\beta}_2$ 线性无关,故选(A).

方法二:由题设,知存在数 k_1,k_2,k_3,使得 $\boldsymbol{\beta}_1=k_1\boldsymbol{\alpha}_1+k_2\boldsymbol{\alpha}_2+k_3\boldsymbol{\alpha}_3$,且 $\boldsymbol{\alpha}_1,\boldsymbol{\alpha}_2,\boldsymbol{\alpha}_3,\boldsymbol{\beta}_2$ 线性无关.

故有 $(\boldsymbol{\alpha}_1,\boldsymbol{\alpha}_2,\boldsymbol{\alpha}_3,k\boldsymbol{\beta}_1+\boldsymbol{\beta}_2)=(\boldsymbol{\alpha}_1,\boldsymbol{\alpha}_2,\boldsymbol{\alpha}_3,kk_1\boldsymbol{\alpha}_1+kk_2\boldsymbol{\alpha}_2+kk_3\boldsymbol{\alpha}_3+\boldsymbol{\beta}_2)$
$\xrightarrow{\text{初等列变换}}(\boldsymbol{\alpha}_1,\boldsymbol{\alpha}_2,\boldsymbol{\alpha}_3,\boldsymbol{\beta}_2)$.

所以 $\mathrm{r}(\boldsymbol{\alpha}_1,\boldsymbol{\alpha}_2,\boldsymbol{\alpha}_3,k\boldsymbol{\beta}_1+\boldsymbol{\beta}_2)=\mathrm{r}(\boldsymbol{\alpha}_1,\boldsymbol{\alpha}_2,\boldsymbol{\alpha}_3,\boldsymbol{\beta}_2)=4$,

因此 $\boldsymbol{\alpha}_1,\boldsymbol{\alpha}_2,\boldsymbol{\alpha}_3,k\boldsymbol{\beta}_1+\boldsymbol{\beta}_2$ 线性无关,故选(A).

评注:因为是选择题,故可根据实际问题,采取排除法,或直接法,或两种方法并用.

(6) 对于(A)、(B)、(C),可举反例说明.

取 $\boldsymbol{\beta}_1=(1,0,0)^{\mathrm{T}},\boldsymbol{\beta}_2=(0,1,0)^{\mathrm{T}},\boldsymbol{\beta}_3(0,0,1)^{\mathrm{T}}$.若 $\boldsymbol{\alpha}_1=(1,0,0)^{\mathrm{T}},\boldsymbol{\alpha}_2=(0,1,0)^{\mathrm{T}}$,则满足题意,且 $r<s$.

此时,向量组Ⅰ、Ⅱ均线性无关,故排除(A)、(C).

若 $\boldsymbol{\alpha}_1=(1,0,0)^{\mathrm{T}},\boldsymbol{\alpha}_2=(0,1,0)^{\mathrm{T}},\boldsymbol{\alpha}_3=(2,0,0)^{\mathrm{T}},\boldsymbol{\alpha}_4=(0,2,0)$.

则满足题意,且 $r>s$,而向量组Ⅱ线性无关,排除(B).

故选(A).

题8 求下列各题中的常数 a:

(1) 设三阶矩阵 $\boldsymbol{A}=\begin{pmatrix}1&2&-2\\2&1&2\\3&0&4\end{pmatrix}$,三维列向量 $\boldsymbol{\alpha}=(a,1,1)^{\mathrm{T}}$,已知 $\boldsymbol{A}\boldsymbol{\alpha}$ 与 $\boldsymbol{\alpha}$

线性相关；

(2) 设行向量$(2,1,1,1)$，$(2,1,a,a)$，$(3,2,1,a)$，$(4,3,2,1)$线性相关，且$a\neq 1$.

解：(1) 因

$$\boldsymbol{A\alpha}=\begin{pmatrix}1&2&-2\\2&1&2\\3&0&4\end{pmatrix}\begin{pmatrix}a\\1\\1\end{pmatrix}=\begin{pmatrix}a\\2a+3\\3a+4\end{pmatrix},$$

又$\boldsymbol{A\alpha}$与$\boldsymbol{\alpha}$线性相关，显见$a\neq 0$，且它们的对应分量成比例，即

$$\frac{a}{a}=\frac{2a+3}{1}=\frac{3a+4}{1}.$$

故可解得$a=-1$.

评注：两个向量线性相关，则对应分量成比例.

(2) 设由所给向量组构成的矩阵为$\boldsymbol{A}$，则

$$|\boldsymbol{A}|=\begin{vmatrix}2&1&1&1\\2&1&a&a\\3&2&1&a\\4&3&2&1\end{vmatrix}\xlongequal[(4)-2(1)]{(2)-(1)}\begin{vmatrix}2&1&1&1\\0&0&a-1&a-1\\3&2&1&a\\0&1&0&-1\end{vmatrix}$$

$$=2\begin{vmatrix}0&a-1&a-1\\2&1&a\\1&0&-1\end{vmatrix}+3\begin{vmatrix}1&1&1\\0&a-1&a-1\\1&0&-1\end{vmatrix}$$

$$=2(a^2-a-a+1+2a-2)+3(1-a+a-1-a+1)$$

$$=2(a^2-1)-3a+3=2a^2-3a+1=(2a-1)(a-1).$$

因所给向量组线性相关，所以$|\boldsymbol{A}|=0$，即$a=\dfrac{1}{2}$或1，

又$a\neq 1$，故$a=\dfrac{1}{2}$.

评注：若一组向量中，向量的个数等于向量的维数，则其线性相关(无关)$\Leftrightarrow$其所构成的行列式$|\boldsymbol{A}|=0$($|\boldsymbol{A}|\neq 0$).

题9　设$\boldsymbol{\alpha}_1=(1,1,1)$，$\boldsymbol{\alpha}_2=(1,2,3)$，$\boldsymbol{\alpha}_3=(1,3,t)$.

(1) 问当t为何值时，向量组$\boldsymbol{\alpha}_1,\boldsymbol{\alpha}_2,\boldsymbol{\alpha}_3$线性无关；

(2) 问当t为何值时，向量组$\boldsymbol{\alpha}_1,\boldsymbol{\alpha}_2,\boldsymbol{\alpha}_3$线性相关；

(3) 当$\boldsymbol{\alpha}_1,\boldsymbol{\alpha}_2,\boldsymbol{\alpha}_3$线性相关时，将$\boldsymbol{\alpha}_3$表示为$\boldsymbol{\alpha}_1,\boldsymbol{\alpha}_2$的线性组合.

解：写出齐次线性方程组$x_1\boldsymbol{\alpha}_1+x_2\boldsymbol{\alpha}_2+x_3\boldsymbol{\alpha}_3=\boldsymbol{0}$，即

$$\begin{cases}x_1+x_2+x_3=0,\\x_1+2x_2+3x_3=0,\\x_1+3x_2+tx_3=0.\end{cases}$$

其系数行列式

$$|\boldsymbol{A}|=\begin{vmatrix}1&1&1\\1&2&3\\1&3&t\end{vmatrix}=2t+3+3-2-t-9=t-5.$$

(1) 当$|\boldsymbol{A}|\neq0$,即$t-5\neq0$,亦即$t\neq5$时,方程组只有零解$x_1=x_2=x_3=0$,故$\boldsymbol{\alpha}_1,\boldsymbol{\alpha}_2,\boldsymbol{\alpha}_3$线性无关.

(2) 当$|\boldsymbol{A}|=0$,即$t-5=0$,亦即$t=5$时,方程组有非零解,故$\boldsymbol{\alpha}_1,\boldsymbol{\alpha}_2,\boldsymbol{\alpha}_3$线性相关.

(3) 由(2),知,当$t=5$时,令$\boldsymbol{\alpha}_3=k_1\boldsymbol{\alpha}_1+k_2\boldsymbol{\alpha}_2$,即有

$$\begin{cases}1=k_1+k_2,\\3=k_1+2k_2,\\5=k_1+3k_2.\end{cases}$$

解得$k_1=-1,k_2=2$,

于是,$\boldsymbol{\alpha}_3=-\boldsymbol{\alpha}_1+2\boldsymbol{\alpha}_2$.

题10 设向量组$\boldsymbol{\alpha}_1,\boldsymbol{\alpha}_2,\boldsymbol{\alpha}_3$线性无关,向量组$l\boldsymbol{\alpha}_2-\boldsymbol{\alpha}_1,m\boldsymbol{\alpha}_3-\boldsymbol{\alpha}_2,\boldsymbol{\alpha}_1-\boldsymbol{\alpha}_3$线性相关,求$l,m$应满足的关系式.

解:设存在不全为零的数k_1,k_2,k_3,使得

$k_1(l\boldsymbol{\alpha}_2-\boldsymbol{\alpha}_1)+k_2(m\boldsymbol{\alpha}_3-\boldsymbol{\alpha}_2)+k_3(\boldsymbol{\alpha}_1-\boldsymbol{\alpha}_3)=\boldsymbol{0}$,

即$(-k_1+k_3)\boldsymbol{\alpha}_1+(lk_1-k_2)\boldsymbol{\alpha}_2+(mk_2-k_3)\boldsymbol{\alpha}_3=\boldsymbol{0}$.

因$\boldsymbol{\alpha}_1,\boldsymbol{\alpha}_2,\boldsymbol{\alpha}_3$线性无关,故有

$$\begin{cases}-k_1+k_3=0,\\lk_1-k_2=0,\\mk_2-k_3=0.\end{cases}\qquad ①$$

其系数行列式

$$|\boldsymbol{A}|=\begin{vmatrix}-1&0&1\\l&-1&0\\0&m&-1\end{vmatrix}=-1+lm.$$

由k_1,k_2,k_3不全为零,即①有非零解,得$|\boldsymbol{A}|=0$,故$-1+lm=0$,即$lm=1$.

3.4 向量组的秩及其极大无关组

1. 已知向量组$\boldsymbol{\alpha}_1,\boldsymbol{\alpha}_2,\cdots,\boldsymbol{\alpha}_s$,若其中部分组$\boldsymbol{\alpha}_{i_1},\cdots,\boldsymbol{\alpha}_{i_r}$$(1\leqslant i_j\leqslant s,j=1,\cdots,$

r)线性无关,且任意$(r+1)$个向量线性相关$(r<s)$,则称向量组$\boldsymbol{\alpha}_{i_1},\cdots,\boldsymbol{\alpha}_{i_r}$是向量组$\boldsymbol{\alpha}_1,\boldsymbol{\alpha}_2,\cdots,\boldsymbol{\alpha}_s$的极大线性无关组,简称极大无关组.

显然,全部都是零向量的向量组没有极大无关组.线性无关的向量组的极大无关组是其自身.

2. 向量组与其极大无关组等价.向量组的极大无关组可能不止一个.极大无关组所含向量的个数与极大无关组的选择无关.

向量组$\boldsymbol{\alpha}_1,\boldsymbol{\alpha}_2,\cdots,\boldsymbol{\alpha}_s$的极大无关组所含的向量的个数,称为向量组的秩,记作

$$\mathrm{r}(\boldsymbol{\alpha}_1,\boldsymbol{\alpha}_2,\cdots,\boldsymbol{\alpha}_s).$$

3. 向量组$\boldsymbol{\alpha}_1,\boldsymbol{\alpha}_2,\cdots,\boldsymbol{\alpha}_s$与向量组$\boldsymbol{\beta}_1,\boldsymbol{\beta}_2,\cdots,\boldsymbol{\beta}_t$等价,则$\mathrm{r}(\boldsymbol{\alpha}_1,\boldsymbol{\alpha}_2,\cdots,\boldsymbol{\alpha}_s)=\mathrm{r}(\boldsymbol{\beta}_1,\boldsymbol{\beta}_2,\cdots,\boldsymbol{\beta}_t)$.

4. 如果矩阵的每一行作为一个向量,矩阵的行向量组的秩称为矩阵的行秩.相应地,如果矩阵的每一列作为一个向量,矩阵的列向量组的秩称为矩阵的列秩,则矩阵的秩等于矩阵的行(列)秩.

5. 极大线性无关组的求法.

方法一:逐个删去法.对于所给的向量组中的向量,按自左至右的顺序逐个删去可由其后面的向量线性表示的向量,则所剩的向量组就是所给向量组的一个极大线性无关组.

方法二:初等行变换法.

步1,将所给向量组按列摆放构成矩阵$\boldsymbol{A}$.

步2,对$\boldsymbol{A}$作初等行变换将矩阵$\boldsymbol{A}$化为阶梯矩阵$\boldsymbol{B}$,从而求出矩阵$\boldsymbol{A}$的秩$\mathrm{r}(\boldsymbol{A})$.

步3,设$\mathrm{r}(\boldsymbol{A})=r$,在矩阵$\boldsymbol{B}$中找一个不为零的$r$阶子式,则位于这$r$阶子式所在列的矩阵$\boldsymbol{A}$的$r$个列向量一定线性无关,并构成所给向量组的一个极大线性无关组.可称这种方法为“列摆行变换法”.

6. 一个向量组的极大线性无关组不是唯一的.但是它们所含的向量的个数却是相同的,那就是向量组的秩.

题1 求下列向量组的秩及一个极大无关组,并把其余向量表示成极大无关组的线性组合.

(1) $\boldsymbol{\alpha}_1=(1,2,3,4),\boldsymbol{\alpha}_2=(2,3,4,5),\boldsymbol{\alpha}_3=(3,4,5,6),\boldsymbol{\alpha}_4=(4,5,6,7)$;

(2) $\boldsymbol{\beta}_1=(1,2,1,1)^{\mathrm{T}},\boldsymbol{\beta}_2=(2,1,0,1)^{\mathrm{T}},\boldsymbol{\beta}_3=(0,2,3,2)^{\mathrm{T}},\boldsymbol{\beta}_4=(-1,1,1,0)^{\mathrm{T}}$.

解:(1) 以$\boldsymbol{\alpha}_1,\boldsymbol{\alpha}_2,\boldsymbol{\alpha}_3,\boldsymbol{\alpha}_4$为行向量作矩阵$\boldsymbol{A}$,并对$\boldsymbol{A}$进行初等列变换,即

$$A=\begin{pmatrix}\boldsymbol{\alpha}_1\\ \boldsymbol{\alpha}_2\\ \boldsymbol{\alpha}_3\\ \boldsymbol{\alpha}_4\end{pmatrix}=\begin{pmatrix}1&2&3&4\\2&3&4&5\\3&4&5&6\\4&5&6&7\end{pmatrix}\xrightarrow[\substack{\textcircled{2}-2\textcircled{1}\\ \textcircled{3}-3\textcircled{1}\\ \textcircled{4}-4\textcircled{1}}]{}\begin{pmatrix}1&0&0&0\\2&-1&-2&-3\\3&-2&-4&-6\\4&-3&-6&-9\end{pmatrix}$$

$$\xrightarrow[\substack{\textcircled{3}-2\textcircled{3}\\ \textcircled{4}-3\textcircled{2}}]{}\begin{pmatrix}1&0&0&0\\2&-1&0&0\\3&-2&0&0\\4&-3&0&0\end{pmatrix}\xrightarrow[\textcircled{1}+2\textcircled{2}]{}\begin{pmatrix}1&0&0&0\\0&-1&0&0\\-1&-2&0&0\\-2&-3&0&0\end{pmatrix}$$

$$\xrightarrow[(-1)\times\textcircled{2}]{}\begin{pmatrix}1&0&0&0\\0&1&0&0\\-1&2&0&0\\-2&3&0&0\end{pmatrix}=\begin{pmatrix}\boldsymbol{\delta}_1\\ \boldsymbol{\delta}_2\\ \boldsymbol{\delta}_3\\ \boldsymbol{\delta}_4\end{pmatrix}=\boldsymbol{A}_1.$$

显然，$\boldsymbol{A}_1$ 中前两个行向量 $\boldsymbol{\delta}_1,\boldsymbol{\delta}_2$ 线性无关，且为 $\boldsymbol{\delta}_1,\boldsymbol{\delta}_2,\boldsymbol{\delta}_3,\boldsymbol{\delta}_4$ 的一个极大无关组；且其余两个行向量可表示成 $\boldsymbol{\delta}_1,\boldsymbol{\delta}_2$ 的线性组合，即

$$\boldsymbol{\delta}_3=-\boldsymbol{\delta}_1+2\boldsymbol{\delta}_2,\ \boldsymbol{\delta}_4=-2\boldsymbol{\delta}_1+3\boldsymbol{\delta}_2.$$

从而得到 $\boldsymbol{\alpha}_1,\boldsymbol{\alpha}_2$ 线性无关，且为向量组 $\boldsymbol{\alpha}_1,\boldsymbol{\alpha}_2,\boldsymbol{\alpha}_3,\boldsymbol{\alpha}_4$ 的一个极大无关组，故该向量组的秩 $\mathrm{r}(\boldsymbol{\alpha}_1,\boldsymbol{\alpha}_2,\boldsymbol{\alpha}_3,\boldsymbol{\alpha}_4)=2$，而且

$$\boldsymbol{\alpha}_3=-\boldsymbol{\alpha}_1+2\boldsymbol{\alpha}_2,\ \boldsymbol{\alpha}_4=-2\boldsymbol{\alpha}_1+3\boldsymbol{\alpha}_2.$$

(2) 以 $\boldsymbol{\beta}_1,\boldsymbol{\beta}_2,\boldsymbol{\beta}_3,\boldsymbol{\beta}_4$ 为列向量作矩阵 $\boldsymbol{B}$，并对 $\boldsymbol{B}$ 进行初等行变换，即

$$\boldsymbol{B}=(\boldsymbol{\beta}_1,\boldsymbol{\beta}_2,\boldsymbol{\beta}_3,\boldsymbol{\beta}_4)$$

$$=\begin{pmatrix}1&2&0&-1\\2&1&2&1\\1&0&3&1\\1&1&2&0\end{pmatrix}\xrightarrow{\substack{(2)-(1)\\(3)-(1)\\(4)-(1)}}\begin{pmatrix}1&2&0&-1\\0&-3&2&3\\0&-2&3&2\\0&-1&2&1\end{pmatrix}$$

$$\xrightarrow[(2)\leftrightarrow(4)]{}\begin{pmatrix}1&2&0&-1\\0&-1&2&1\\0&-2&3&2\\0&-3&2&3\end{pmatrix}\xrightarrow{\substack{(3)-2(2)\\(4)-3(2)}}\begin{pmatrix}1&2&0&-1\\0&-1&2&1\\0&0&-1&0\\0&0&-4&0\end{pmatrix}$$

$$\xrightarrow{\substack{(2)+2(3)\\(4)-4(3)}}\begin{pmatrix}1&2&0&-1\\0&-1&0&1\\0&0&-1&0\\0&0&0&0\end{pmatrix}\xrightarrow{\substack{(1)+2(2)\\(-1)\times(3)}}\begin{pmatrix}1&0&0&1\\0&-1&0&1\\0&0&1&0\\0&0&0&0\end{pmatrix}$$

$$=(\boldsymbol{\eta}_1,\boldsymbol{\eta}_2,\boldsymbol{\eta}_3,\boldsymbol{\eta}_4)=\boldsymbol{B}_1.$$

显然,$\boldsymbol{B}_1$ 中的前三个列向量 $\boldsymbol{\eta}_1,\boldsymbol{\eta}_2,\boldsymbol{\eta}_3$ 线性无关,又 $\boldsymbol{\eta}_4=\boldsymbol{\eta}_1-\boldsymbol{\eta}_2$.

从而得到 $\boldsymbol{\beta}_1,\boldsymbol{\beta}_2,\boldsymbol{\beta}_3$ 线性无关,且为 $\boldsymbol{\beta}_1,\boldsymbol{\beta}_2,\boldsymbol{\beta}_3,\boldsymbol{\beta}_4$ 的一个极大无关组,而且 $\boldsymbol{\beta}_4=\boldsymbol{\beta}_1-\boldsymbol{\beta}_2$.

题 2 设 $\boldsymbol{\alpha}_1,\boldsymbol{\alpha}_2,\boldsymbol{\alpha}_3$ 是一向量组的极大无关组,$\boldsymbol{\beta}_1,\boldsymbol{\beta}_2,\boldsymbol{\beta}_3$ 是该向量组的另一部分组,而 $\boldsymbol{\beta}_1=\boldsymbol{\alpha}_1+\boldsymbol{\alpha}_2+\boldsymbol{\alpha}_3$,$\boldsymbol{\beta}_2=\boldsymbol{\alpha}_1+\boldsymbol{\alpha}_2+2\boldsymbol{\alpha}_3$,$\boldsymbol{\beta}_3=\boldsymbol{\alpha}_1+2\boldsymbol{\alpha}_2+3\boldsymbol{\alpha}_3$.证明:$\boldsymbol{\beta}_1,\boldsymbol{\beta}_2,\boldsymbol{\beta}_3$ 也是该向量组的极大无关组.

证明:依题意,有

$$\begin{cases}\boldsymbol{\beta}_1=\boldsymbol{\alpha}_1+\boldsymbol{\alpha}_2+\boldsymbol{\alpha}_3,\\ \boldsymbol{\beta}_2=\boldsymbol{\alpha}_1+\boldsymbol{\alpha}_2+2\boldsymbol{\alpha}_3,\\ \boldsymbol{\beta}_3=\boldsymbol{\alpha}_1+2\boldsymbol{\alpha}_2+3\boldsymbol{\alpha}_3,\end{cases}$$

即

$$\begin{pmatrix}\boldsymbol{\beta}_1\\ \boldsymbol{\beta}_2\\ \boldsymbol{\beta}_3\end{pmatrix}=\begin{pmatrix}1&1&1\\1&1&2\\1&2&3\end{pmatrix}\begin{pmatrix}\boldsymbol{\alpha}_1\\ \boldsymbol{\alpha}_2\\ \boldsymbol{\alpha}_3\end{pmatrix}=\boldsymbol{A}\begin{pmatrix}\boldsymbol{\alpha}_1\\ \boldsymbol{\alpha}_2\\ \boldsymbol{\alpha}_3\end{pmatrix},$$

其中 $|\boldsymbol{A}|=\begin{vmatrix}1&1&1\\1&1&2\\1&2&3\end{vmatrix}=-1\neq 0$,

知矩阵 $\boldsymbol{A}$ 为可逆矩阵,则有

$$\begin{pmatrix}\boldsymbol{\alpha}_1\\ \boldsymbol{\alpha}_2\\ \boldsymbol{\alpha}_3\end{pmatrix}=\boldsymbol{A}^{-1}\begin{pmatrix}\boldsymbol{\beta}_1\\ \boldsymbol{\beta}_2\\ \boldsymbol{\beta}_3\end{pmatrix}.$$

从而 $\boldsymbol{\alpha}_1,\boldsymbol{\alpha}_2,\boldsymbol{\alpha}_3$ 可由 $\boldsymbol{\beta}_1,\boldsymbol{\beta}_2,\boldsymbol{\beta}_3$ 线性表示,且 $\boldsymbol{\beta}_1,\boldsymbol{\beta}_2,\boldsymbol{\beta}_3$ 线性无关.于是该向量组的任一向量均可由 $\boldsymbol{\beta}_1,\boldsymbol{\beta}_2,\boldsymbol{\beta}_3$ 线性表示,从而 $\boldsymbol{\beta}_1,\boldsymbol{\beta}_2,\boldsymbol{\beta}_3$ 为该向量组的一个极大无关组.

题 3 设向量组 $\boldsymbol{\alpha}_1=(1,1,2,-2)$,$\boldsymbol{\alpha}_2=(1,3,-x,-2)$,$\boldsymbol{\alpha}_3=(1,-1,6,0)$.若此向量组的秩为 2,求 x.

解:

$$\boldsymbol{A}=\begin{pmatrix}\boldsymbol{\alpha}_1\\ \boldsymbol{\alpha}_2\\ \boldsymbol{\alpha}_3\end{pmatrix}=\begin{pmatrix}1&1&2&-2\\1&3&-x&-4\\1&-1&6&0\end{pmatrix}$$

$$\xrightarrow[(3)-(1)]{(2)-(1)}\begin{pmatrix}1&1&2&-2\\0&2&-x-2&-2\\0&-2&4&2\end{pmatrix}\xrightarrow{(3)+(2)}\begin{pmatrix}1&1&2&-2\\0&2&-x-2&2\\0&0&-x+2&0\end{pmatrix}.$$

由题设,知 $\mathrm{r}(\boldsymbol{A})=2$,则 $-x+2=0$,解得 $x=2$.

评注:向量组的秩等于以向量组中向量为行(列)向量所构成的矩阵的秩.

题4 试求向量组$\boldsymbol{\alpha}_1=(1,0,-1,0)$,$\boldsymbol{\alpha}_2=(1,-1,0,1)$,$\boldsymbol{\alpha}_3=(4,-2,-2,2)$,$\boldsymbol{\alpha}_4=(0,1,-1,-1)$的秩$\mathrm{r}(\boldsymbol{\alpha}_1,\boldsymbol{\alpha}_2,\boldsymbol{\alpha}_3,\boldsymbol{\alpha}_4)$.

解:

$$令\ \boldsymbol{A}=\begin{pmatrix}\boldsymbol{\alpha}_1\\\boldsymbol{\alpha}_2\\\boldsymbol{\alpha}_3\\\boldsymbol{\alpha}_4\end{pmatrix}=\begin{pmatrix}1&0&-1&0\\1&-1&0&1\\4&-2&-2&2\\0&1&-1&-1\end{pmatrix}$$

$$\xrightarrow[(3)-4(1)]{(2)-(1)}\begin{pmatrix}1&0&-1&0\\0&-1&1&1\\0&-2&2&2\\0&1&-1&-1\end{pmatrix}\xrightarrow[(4)+(2)]{(3)-2(2)}\begin{pmatrix}1&0&-1&0\\0&-1&1&1\\0&0&0&0\\0&0&0&0\end{pmatrix},$$

故$\mathrm{r}(\boldsymbol{\alpha}_1,\boldsymbol{\alpha}_2,\boldsymbol{\alpha}_3,\boldsymbol{\alpha}_4)=2$.

评注:矩阵$\boldsymbol{A}$经初等变换所得的矩阵与$\boldsymbol{A}$具有相同的秩.

题5 设$\boldsymbol{A}$是$m\times n$矩阵,$\boldsymbol{B}$是$n\times m$矩阵,则线性方程组$(\boldsymbol{AB})\boldsymbol{x}=\boldsymbol{0}$(　　).

(A) 当$n>m$时仅有零解　　(B) 当$n>m$时必有非零解

(C) 当$m>n$时仅有零解　　(D) 当$m>n$时必有非零解

解:$(\boldsymbol{AB})_{m\times n}\boldsymbol{x}=\boldsymbol{0}$有非零解的充分必要条件为$\mathrm{r}(\boldsymbol{AB})<m$.

而当$m>n$时,有$\mathrm{r}(\boldsymbol{AB})\leqslant\min\{\mathrm{r}(\boldsymbol{A},\mathrm{r}(\boldsymbol{B})\}\leqslant n<m$.

故选(D).

题6 求向量组$\boldsymbol{\alpha}_1=(1,4,1,0,2)$,$\boldsymbol{\alpha}_2=(2,5,-1,-3,2)$,$\boldsymbol{\alpha}_3=(0,2,2,-1,0)$,$\boldsymbol{\alpha}_4(-1,2,5,6,3)$的秩和一个极大无关组,并将其余向量表示成极大无关组的线性组合.

解:把向量组作为列向量构成矩阵$\boldsymbol{A}$,并利用初等行变换将$\boldsymbol{A}$化为阶梯矩阵$\boldsymbol{B}$.

$$\boldsymbol{A}=(\boldsymbol{\alpha}_1^{\mathrm{T}},\boldsymbol{\alpha}_2^{\mathrm{T}},\boldsymbol{\alpha}_3^{\mathrm{T}},\boldsymbol{\alpha}_4^{\mathrm{T}})=\begin{pmatrix}1&2&0&-1\\4&5&2&2\\1&-1&2&5\\0&-3&-1&6\\2&2&0&2\end{pmatrix}$$

$$\xrightarrow{\substack{(2)-4(1)\\(3)-(1)\\(5)-2(1)}}\begin{pmatrix}1&2&0&-1\\0&-3&2&6\\0&-3&2&6\\0&-3&-1&6\\0&-2&0&4\end{pmatrix}\xrightarrow[\left(-\frac{1}{2}\right)\times(2)]{\substack{(3)-(2)\\(4)-(2)\\(2)\leftrightarrow(5)}}\begin{pmatrix}1&2&0&-1\\0&1&0&-2\\0&0&0&0\\0&0&0&0\\0&-3&2&6\end{pmatrix}$$

$$\xrightarrow[\frac{1}{2}\times(5)]{(5)+3(2)}\begin{pmatrix}1&2&0&-1\\0&1&0&-2\\0&0&1&0\\0&0&0&0\\0&0&0&0\end{pmatrix}.$$

由此,知矩阵 $\boldsymbol{B}$ 的第 1,2,3 列向量线性无关.由于 $\boldsymbol{A}$ 的列向量组与 $\boldsymbol{B}$ 的对应的列向量组有相同的线性组合关系.故与 $\boldsymbol{B}$ 对应的 $\boldsymbol{A}$ 的第 1,2,3 列向量线性无关,即 $\boldsymbol{\alpha}_1,\boldsymbol{\alpha}_2,\boldsymbol{\alpha}_3$ 是该向量组的一个极大无关组,$r(\boldsymbol{A})=3$.

由矩阵 $\boldsymbol{B}$,得 $\boldsymbol{\alpha}_4=3\boldsymbol{\alpha}_1-2\boldsymbol{\alpha}_2$.

题 7 求下列向量组的一个极大无关组,并将其余向量表示成极大无关组的线性组合.

(1) $\boldsymbol{\alpha}_1=(1,0,1,0,3)$,$\boldsymbol{\alpha}_2=(0,2,3,1,0)$,$\boldsymbol{\alpha}_3=(3,2,1,0,0)$,$\boldsymbol{\alpha}_4=(1,2,7,2,3)$,$\boldsymbol{\alpha}_5=(4,4,5,1,3)$;

(2) $\boldsymbol{\alpha}_1=(1,1,0)$,$\boldsymbol{\alpha}_2=(-2,4,3)$,$\boldsymbol{\alpha}_3=(-1,1,1)$.

解:

$$(1)\ (\boldsymbol{\alpha}_1^{\mathrm{T}},\boldsymbol{\alpha}_2^{\mathrm{T}},\boldsymbol{\alpha}_3^{\mathrm{T}},\boldsymbol{\alpha}_4^{\mathrm{T}},\boldsymbol{\alpha}_5^{\mathrm{T}})=\begin{pmatrix}1&0&3&1&4\\0&2&2&4&4\\1&3&1&7&5\\0&1&0&2&1\\3&0&0&3&3\end{pmatrix}$$

$$\xrightarrow[\frac{1}{2}\times(2)]{\substack{(3)-(1)\\(5)-3(1)}}\begin{pmatrix}1&0&3&1&4\\0&1&1&2&2\\0&3&-2&6&1\\0&1&0&2&1\\0&0&-9&0&-9\end{pmatrix}\xrightarrow[\left(-\frac{1}{9}\right)\times(5)]{\substack{(3)-3(4)\\(2)-(4)}}\begin{pmatrix}1&0&3&1&4\\0&0&1&0&1\\0&0&-2&0&-2\\0&1&0&2&1\\0&0&1&0&1\end{pmatrix}$$

$$\xrightarrow{\substack{(1)-3(5)\\(2)\leftrightarrow(4)}}\begin{pmatrix}1&0&0&1&1\\0&1&0&2&1\\0&0&-2&0&-2\\0&0&1&0&1\\0&0&1&0&1\end{pmatrix}\xrightarrow[\left(-\frac{1}{2}\right)\times(3)]{\substack{(4)+\frac{1}{2}(3)\\(5)+\frac{1}{2}(3)}}\begin{pmatrix}1&0&0&1&1\\0&1&0&2&1\\0&0&1&0&1\\0&0&0&0&0\\0&0&0&0&0\end{pmatrix}.$$

可见 $\boldsymbol{\alpha}_1,\boldsymbol{\alpha}_2,\boldsymbol{\alpha}_3$ 是一个极大无关组,且

$$\boldsymbol{\alpha}_4=\boldsymbol{\alpha}_1+2\boldsymbol{\alpha}_2,\boldsymbol{\alpha}_5=\boldsymbol{\alpha}_1+\boldsymbol{\alpha}_2+\boldsymbol{\alpha}_3.$$

$$(2)\ 令\ \boldsymbol{A}=\begin{pmatrix}\boldsymbol{\alpha}_1\\\boldsymbol{\alpha}_2\\\boldsymbol{\alpha}_3\end{pmatrix}=\begin{pmatrix}1&1&0\\-2&4&3\\-1&1&1\end{pmatrix}.$$

方法一：对 $\boldsymbol{A}$ 作初等列变换，得

$$\begin{pmatrix}1&1&0\\-2&4&3\\-1&1&1\end{pmatrix}\xrightarrow{\textcircled{2}-\textcircled{1}}\begin{pmatrix}1&0&0\\-2&6&3\\-1&2&1\end{pmatrix}\xrightarrow[\textcircled{1}+\frac{1}{3}\textcircled{2}]{\textcircled{3}-\frac{1}{2}\textcircled{2}}\begin{pmatrix}1&0&0\\0&6&0\\-\frac{1}{3}&2&0\end{pmatrix}$$

$$\xrightarrow{\frac{1}{6}\times\textcircled{2}}\begin{pmatrix}1&0&0\\0&1&0\\-\frac{1}{3}&\frac{1}{3}&0\end{pmatrix}=\begin{pmatrix}\boldsymbol{\beta}_1\\\boldsymbol{\beta}_2\\\boldsymbol{\beta}_3\end{pmatrix}.$$

显见，$\boldsymbol{\beta}_1,\boldsymbol{\beta}_2$ 线性无关，它为 $\boldsymbol{\beta}_1,\boldsymbol{\beta}_2,\boldsymbol{\beta}_3$ 的一个极大无关组，且

$$\boldsymbol{\beta}_3=-\frac{1}{3}\boldsymbol{\beta}_1+\frac{1}{3}\boldsymbol{\beta}_2.$$

从而 $\boldsymbol{\alpha}_1,\boldsymbol{\alpha}_2$ 线性无关，它为 $\boldsymbol{\alpha}_1,\boldsymbol{\alpha}_2,\boldsymbol{\alpha}_3$ 的一个极大无关组，且

$$\boldsymbol{\alpha}_3=-\frac{1}{3}\boldsymbol{\alpha}_1+\frac{1}{3}\boldsymbol{\alpha}_2.$$

方法二：$\begin{pmatrix}1&1&0\\-2&4&3\\-1&1&1\end{pmatrix}\xrightarrow[\textcircled{2}-\textcircled{3}]{\textcircled{1}-\textcircled{2}}\begin{pmatrix}0&1&0\\-6&1&3\\-2&0&1\end{pmatrix}\xrightarrow{\textcircled{1}+2\textcircled{3}}\begin{pmatrix}0&1&0\\0&1&3\\0&0&1\end{pmatrix}=\begin{pmatrix}\boldsymbol{\beta}_1\\\boldsymbol{\beta}_2\\\boldsymbol{\beta}_3\end{pmatrix}$，

显见，$\boldsymbol{\beta}_1,\boldsymbol{\beta}_3$ 线性无关，它为 $\boldsymbol{\beta}_1,\boldsymbol{\beta}_2,\boldsymbol{\beta}_3$ 的一个极大无关组，且 $\boldsymbol{\beta}_2=\boldsymbol{\beta}_1+3\boldsymbol{\beta}_3$.

从而 $\boldsymbol{\alpha}_1,\boldsymbol{\alpha}_3$ 线性无关，它为 $\boldsymbol{\alpha}_1,\boldsymbol{\alpha}_2,\boldsymbol{\alpha}_3$ 的一个极大无关组，且 $\boldsymbol{\alpha}_2=\boldsymbol{\alpha}_1+3\boldsymbol{\alpha}_3$.

方法三：$\begin{pmatrix}1&1&0\\-2&4&3\\-1&1&1\end{pmatrix}\xrightarrow[\textcircled{2}-\textcircled{3}]{\textcircled{1}+\textcircled{3}}\begin{pmatrix}1&1&0\\1&1&3\\0&0&1\end{pmatrix}\xrightarrow[\textcircled{3}-3\textcircled{1}]{\textcircled{2}-\textcircled{1}}\begin{pmatrix}1&0&-3\\1&0&0\\0&0&1\end{pmatrix}=\begin{pmatrix}\boldsymbol{\beta}_1\\\boldsymbol{\beta}_2\\\boldsymbol{\beta}_3\end{pmatrix}$.

显见，$\boldsymbol{\beta}_2,\boldsymbol{\beta}_3$ 线性无关，它为 $\boldsymbol{\beta}_1,\boldsymbol{\beta}_2,\boldsymbol{\beta}_3$ 的一个极大无关组，且 $\boldsymbol{\beta}_1=\boldsymbol{\beta}_2-3\boldsymbol{\beta}_3$，

从而 $\boldsymbol{\alpha}_2,\boldsymbol{\alpha}_3$ 线性无关，它为 $\boldsymbol{\alpha}_1,\boldsymbol{\alpha}_2,\boldsymbol{\alpha}_3$ 的一个极大无关组，且 $\boldsymbol{\alpha}_1=\boldsymbol{\alpha}_2-3\boldsymbol{\alpha}_3$.

评注：同一向量组的极大无关组并不是唯一的，但是极大无关组中向量的个数均相同.

题 8 求下列向量组的一个极大无关组，并把其余向量用该极大无关组线性表示：

(1) $\boldsymbol{\alpha}_1=(1,0,0,1),\boldsymbol{\alpha}_2=(0,1,0,-1),\boldsymbol{\alpha}_3=(0,0,1,-1),\boldsymbol{\alpha}_4=(2,-1,3,0)$；

(2) $\boldsymbol{\beta}_1=(1,-1,2,1,0),\boldsymbol{\beta}_2=(2,-2,4,-2,0),\boldsymbol{\beta}_3=(3,0,6,-1,1),\boldsymbol{\beta}_4=(0,3,0,0,1)$.

解：(1) 以 $\boldsymbol{\alpha}_1,\boldsymbol{\alpha}_2,\boldsymbol{\alpha}_3,\boldsymbol{\alpha}_4$ 为列向量作矩阵 $\boldsymbol{A}$，并对 $\boldsymbol{A}$ 作初等行变换，得

$$A=(\boldsymbol{\alpha}_1^T,\boldsymbol{\alpha}_2^T,\boldsymbol{\alpha}_3^T,\boldsymbol{\alpha}_4^T)=\begin{pmatrix}1&0&0&2\\0&1&0&-1\\0&0&1&3\\1&-1&-1&0\end{pmatrix}$$

$$\xrightarrow{(4)-(1)}\begin{pmatrix}1&0&0&2\\0&1&0&-1\\0&0&1&3\\0&-1&-1&-2\end{pmatrix}\xrightarrow{(4)+(2)}\begin{pmatrix}1&0&0&2\\0&1&0&-1\\0&0&1&3\\0&0&-1&-3\end{pmatrix}$$

$$\xrightarrow{(4)+(3)}\begin{pmatrix}1&0&0&2\\0&1&0&-1\\0&0&1&3\\0&0&0&0\end{pmatrix}=(\boldsymbol{\beta}_1,\boldsymbol{\beta}_2,\boldsymbol{\beta}_3,\boldsymbol{\beta}_4).$$

显见 $\boldsymbol{\beta}_1,\boldsymbol{\beta}_2,\boldsymbol{\beta}_3$ 线性无关，它为 $\boldsymbol{\beta}_1,\boldsymbol{\beta}_2,\boldsymbol{\beta}_3,\boldsymbol{\beta}_4$ 的一个极大无关组，且 $\boldsymbol{\beta}_4=2\boldsymbol{\beta}_1-\boldsymbol{\beta}_2+3\boldsymbol{\beta}_3$，从而 $\boldsymbol{\alpha}_1,\boldsymbol{\alpha}_2,\boldsymbol{\alpha}_3$ 线性无关，它为 $\boldsymbol{\alpha}_1,\boldsymbol{\alpha}_2,\boldsymbol{\alpha}_3,\boldsymbol{\alpha}_4$ 的一个极大无关组，且 $\boldsymbol{\alpha}_4=2\boldsymbol{\alpha}_1-\boldsymbol{\alpha}_2+3\boldsymbol{\alpha}_3$.

(2) 令

$$A=(\boldsymbol{\beta}_1^T,\boldsymbol{\beta}_2^T,\boldsymbol{\beta}_3^T,\boldsymbol{\beta}_4^T)=\begin{pmatrix}1&2&3&0\\-1&-2&0&3\\2&4&6&0\\1&-2&-1&0\\0&0&1&1\end{pmatrix}$$

$$\xrightarrow[(4)-(1)]{\substack{(2)+(1)\\(3)-2(1)}}\begin{pmatrix}1&2&3&0\\0&0&3&3\\0&0&0&0\\0&-4&-4&0\\0&0&1&1\end{pmatrix}\xrightarrow[\substack{(3)\leftrightarrow(4)\\\frac{1}{3}\times(2)}]{(5)-\frac{1}{3}(2)}\begin{pmatrix}1&2&3&0\\0&0&1&1\\0&-4&-4&0\\0&0&0&0\\0&0&0&0\end{pmatrix}$$

$$\xrightarrow{\left(-\frac{1}{4}\right)\times(3)}\begin{pmatrix}1&2&3&0\\0&0&1&1\\0&1&1&0\\0&0&0&0\\0&0&0&0\end{pmatrix}\xrightarrow[(1)-3(2)]{(3)-(2)}\begin{pmatrix}1&2&0&-3\\0&0&1&1\\0&1&0&-1\\0&0&0&0\\0&0&0&0\end{pmatrix}$$

$$\xrightarrow[(2)\leftrightarrow(3)]{(1)-2(3)}\begin{pmatrix}1&0&0&-1\\0&1&0&-1\\0&0&1&1\\0&0&0&0\\0&0&0&0\end{pmatrix}=(\overline{\boldsymbol{\beta}}_1,\overline{\boldsymbol{\beta}}_2,\overline{\boldsymbol{\beta}}_3,\overline{\boldsymbol{\beta}}_4).$$

显见，$\overline{\boldsymbol{\beta}}_1,\overline{\boldsymbol{\beta}}_2,\overline{\boldsymbol{\beta}}_3$ 线性无关，它为$\overline{\boldsymbol{\beta}}_1,\overline{\boldsymbol{\beta}}_2,\overline{\boldsymbol{\beta}}_3,\overline{\boldsymbol{\beta}}_4$ 的一个极大无关组，且$\overline{\boldsymbol{\beta}}_4=-\overline{\boldsymbol{\beta}}_1-\overline{\boldsymbol{\beta}}_2+\overline{\boldsymbol{\beta}}_3$，从而 $\boldsymbol{\beta}_1,\boldsymbol{\beta}_2,\boldsymbol{\beta}_3$ 线性无关，它为 $\boldsymbol{\beta}_1,\boldsymbol{\beta}_2,\boldsymbol{\beta}_3,\boldsymbol{\beta}_4$ 的一个极大无关组，且 $\boldsymbol{\beta}_4=-\boldsymbol{\beta}_1-\boldsymbol{\beta}_2+\boldsymbol{\beta}_3$.

评注：由一组向量作为列(行)向量所构成的矩阵 $\boldsymbol{A}$，作初等行(列)变换后所得的矩阵 $\boldsymbol{A}_1$ 中的列(行)向量与 $\boldsymbol{A}$ 中列(行)向量具有相同的线性关系.

题 9 已知向量组 $\boldsymbol{\beta}_1=\begin{pmatrix}0\\1\\-1\end{pmatrix},\boldsymbol{\beta}_2=\begin{pmatrix}a\\2\\1\end{pmatrix},\boldsymbol{\beta}_3=\begin{pmatrix}b\\1\\0\end{pmatrix}$ 与向量组 $\boldsymbol{\alpha}_1=\begin{pmatrix}1\\2\\-3\end{pmatrix},\boldsymbol{\alpha}_2=\begin{pmatrix}3\\0\\1\end{pmatrix},\boldsymbol{\alpha}_3=\begin{pmatrix}9\\6\\-7\end{pmatrix}$ 具有相同的秩，且 $\boldsymbol{\beta}_3$ 可由 $\boldsymbol{\alpha}_1,\boldsymbol{\alpha}_2,\boldsymbol{\alpha}_3$ 线性表示，求 a,b 的值.

解：方法一：$\boldsymbol{\alpha}_1$ 和 $\boldsymbol{\alpha}_2$ 线性无关，$\boldsymbol{\alpha}_3=3\boldsymbol{\alpha}_1+2\boldsymbol{\alpha}_2$，所以向量组 $\boldsymbol{\alpha}_1,\boldsymbol{\alpha}_2,\boldsymbol{\alpha}_3$ 线性相关，且秩为 2，$\boldsymbol{\alpha}_1,\boldsymbol{\alpha}_2$ 是它的一个极大线性无关组.

由于向量组 $\boldsymbol{\beta}_1,\boldsymbol{\beta}_2,\boldsymbol{\beta}_3$ 与 $\boldsymbol{\alpha}_1,\boldsymbol{\alpha}_2,\boldsymbol{\alpha}_3$ 具有相同的秩，故 $\boldsymbol{\beta}_1,\boldsymbol{\beta}_2,\boldsymbol{\beta}_3$ 线性相关，从而

$$\begin{vmatrix}0&a&b\\1&2&1\\-1&1&0\end{vmatrix}=0,$$

由此解得 $a=3b$.

又 $\boldsymbol{\beta}_3$ 可由 $\boldsymbol{\alpha}_1,\boldsymbol{\alpha}_2,\boldsymbol{\alpha}_3$ 线性表示，从而可由 $\boldsymbol{\alpha}_1,\boldsymbol{\alpha}_2$ 线性表示，所以 $\boldsymbol{\alpha}_1,\boldsymbol{\alpha}_2,\boldsymbol{\beta}_3$ 线性相关，于是

$$\begin{vmatrix}1&3&b\\2&0&1\\-3&1&0\end{vmatrix}=0,$$

解之得 $2b-10=0$.

于是得 $a=15,b=5$.

方法二：因 $\boldsymbol{\beta}_3$ 可由 $\boldsymbol{\alpha}_1,\boldsymbol{\alpha}_2,\boldsymbol{\alpha}_3$ 线性表示，故线性方程组

$$\begin{pmatrix}1&3&9\\2&0&6\\-3&1&-7\end{pmatrix}\begin{pmatrix}x_1\\x_2\\x_3\end{pmatrix}=\begin{pmatrix}b\\1\\0\end{pmatrix}$$

有解.

对增广矩阵作行初等变换：

$$\left(\begin{array}{ccc:c}1&3&9&b\\2&0&6&1\\-3&1&-7&0\end{array}\right)\xrightarrow[(3)+3(1)]{(2)-2(1)}\left(\begin{array}{ccc:c}1&3&9&b\\0&-6&-12&1-2b\\0&10&20&3b\end{array}\right)$$

$$\xrightarrow[\frac{1}{10}\times(3)]{\left(-\frac{1}{6}\right)\times(2)}\left(\begin{array}{ccc:c}1&3&9&b\\0&1&2&\dfrac{2b-1}{6}\\0&1&2&\dfrac{3b}{10}\end{array}\right)\xrightarrow{(3)-(2)}\left(\begin{array}{ccc:c}1&3&9&b\\0&1&2&\dfrac{2b-1}{6}\\0&0&0&\dfrac{3b}{10}-\dfrac{2b-1}{6}\end{array}\right).$$

由非齐次线性方程组有解的条件，知$\dfrac{3b}{10}-\dfrac{2b-1}{6}=0$，得 $b=5$.

又 $\boldsymbol{\alpha}_1$ 和 $\boldsymbol{\alpha}_2$ 线性无关，$\boldsymbol{\alpha}_3=3\boldsymbol{\alpha}_1+2\boldsymbol{\alpha}_2$，所以向量组 $\boldsymbol{\alpha}_1,\boldsymbol{\alpha}_2,\boldsymbol{\alpha}_3$ 的秩为 2.

由题设，知向量组 $\boldsymbol{\beta}_1,\boldsymbol{\beta}_2,\boldsymbol{\beta}_3$ 的秩也是 2，从而 $\begin{vmatrix}0&a&5\\1&2&1\\-1&1&0\end{vmatrix}=0$. 解之，得 $a=15$.

题 10 设四维向量组 $\boldsymbol{\alpha}_1=(1+a,1,1,1)^{\mathrm{T}}$，$\boldsymbol{\alpha}_2=(2,2+a,2,2)^{\mathrm{T}}$，$\boldsymbol{\alpha}_3=(3,3,3+a,3)^{\mathrm{T}}$，$\boldsymbol{\alpha}_4=(4,4,4,4+a)^{\mathrm{T}}$，问 a 为何值时，$\boldsymbol{\alpha}_1,\boldsymbol{\alpha}_2,\boldsymbol{\alpha}_3,\boldsymbol{\alpha}_4$ 线性相关？当 $\boldsymbol{\alpha}_1,\boldsymbol{\alpha}_2,\boldsymbol{\alpha}_3,\boldsymbol{\alpha}_4$ 线性相关时，求其一个极大线性无关组，并将其余向量用该极大线性无关组线性表示.

解：方法一：记以 $\boldsymbol{\alpha}_1,\boldsymbol{\alpha}_2,\boldsymbol{\alpha}_3,\boldsymbol{\alpha}_4$ 为列向量的矩阵为 $\boldsymbol{A}$，则

$$\boldsymbol{A}=\begin{pmatrix}1+a&2&3&4\\1&2+a&3&4\\1&2&3+a&4\\1&2&3&4+a\end{pmatrix}.$$

$$|\boldsymbol{A}|=(10+a)\begin{vmatrix}1&2&3&4\\1&2+a&3&4\\1&2&3+a&4\\1&2&3&4+a\end{vmatrix}=(10+a)\begin{vmatrix}1&2&3&4\\0&a&0&0\\0&0&a&0\\0&0&0&a\end{vmatrix}$$

$$=(10+a)a^3.$$

于是 $a=-10$ 或 0 时，$\boldsymbol{\alpha}_1,\boldsymbol{\alpha}_2,\boldsymbol{\alpha}_3,\boldsymbol{\alpha}_4$ 线性相关.

当 $a=-10$ 时，$\boldsymbol{A}=\begin{pmatrix}-9&2&3&4\\1&-8&3&4\\1&2&-7&4\\1&2&3&-6\end{pmatrix}$.

由于此时 $\boldsymbol{A}$ 有非零三阶子式 $\begin{vmatrix}1 & -8 & 3\\1 & 2 & -7\\1 & 2 & 3\end{vmatrix}$，因此 $\boldsymbol{\alpha}_1,\boldsymbol{\alpha}_2,\boldsymbol{\alpha}_3$ 是一个极大线性无关组，且 $\boldsymbol{\alpha}_4=-\boldsymbol{\alpha}_1-\boldsymbol{\alpha}_2-\boldsymbol{\alpha}_3$.

当 $a=0$ 时，$\boldsymbol{A}=\begin{pmatrix}1 & 2 & 3 & 4\\1 & 2 & 3 & 4\\1 & 2 & 3 & 4\\1 & 2 & 3 & 4\end{pmatrix}$.

显然 $\boldsymbol{\alpha}_1$ 是一个极大线性无关组，且 $\boldsymbol{\alpha}_2=2\boldsymbol{\alpha}_1,\boldsymbol{\alpha}_3=3\boldsymbol{\alpha}_1,\boldsymbol{\alpha}_4=4\boldsymbol{\alpha}_1$.

方法二：记 $\boldsymbol{A}=(\boldsymbol{\alpha}_1,\boldsymbol{\alpha}_2,\boldsymbol{\alpha}_3,\boldsymbol{\alpha}_4)$，对 $\boldsymbol{A}$ 施以初等行变换，有

$$\boldsymbol{A}=\begin{pmatrix}1+a & 2 & 3 & 4\\1 & 2+a & 3 & 4\\1 & 2 & 3+a & 4\\1 & 2 & 3 & 4+a\end{pmatrix}\xrightarrow[(4)-(1)]{\substack{(2)-(1)\\(3)-(1)}}\begin{pmatrix}1+a & 2 & 3 & 4\\-a & a & 0 & 0\\-a & 0 & a & 0\\-a & 0 & 0 & a\end{pmatrix}=\boldsymbol{B}.$$

当 $a=0$ 时，$\boldsymbol{A}$ 的秩为 1，因而 $\boldsymbol{\alpha}_1,\boldsymbol{\alpha}_2,\boldsymbol{\alpha}_3,\boldsymbol{\alpha}_4$ 线性相关，此时 $\boldsymbol{\alpha}_1$ 为 $\boldsymbol{\alpha}_1,\boldsymbol{\alpha}_2,\boldsymbol{\alpha}_3,\boldsymbol{\alpha}_4$ 的一个极大线性无关组，且 $\boldsymbol{\alpha}_2=2\boldsymbol{\alpha}_1,\boldsymbol{\alpha}_3=3\boldsymbol{\alpha}_1,\boldsymbol{\alpha}_4=4\boldsymbol{\alpha}_1$.

当 $a\neq 0$ 时，再对 $\boldsymbol{B}$ 施以初等行变换，有

$$\boldsymbol{B}\xrightarrow[\frac{1}{a}(4)]{\substack{\frac{1}{a}(2)\\\frac{1}{a}(3)}}\begin{pmatrix}1+a & 2 & 3 & 4\\-1 & 1 & 0 & 0\\-1 & 0 & 1 & 0\\-1 & 0 & 0 & 1\end{pmatrix}\xrightarrow{(1)-2(2)-3(3)-4(4)}\begin{pmatrix}a+10 & 0 & 0 & 0\\-1 & 1 & 0 & 0\\-1 & 0 & 1 & 0\\-1 & 0 & 0 & 1\end{pmatrix}=\boldsymbol{C}=(\boldsymbol{\gamma}_1,\boldsymbol{\gamma}_2,\boldsymbol{\gamma}_3,\boldsymbol{\gamma}_4).$$

如果 $a\neq -10$，$\boldsymbol{C}$ 的秩为 4，从而 $\boldsymbol{A}$ 的秩为 4，故 $\boldsymbol{\alpha}_1,\boldsymbol{\alpha}_2,\boldsymbol{\alpha}_3,\boldsymbol{\alpha}_4$ 线性无关.

如果 $a=-10$，$\boldsymbol{C}$ 的秩为 3，从而 $\boldsymbol{A}$ 的秩为 3，故 $\boldsymbol{\alpha}_1,\boldsymbol{\alpha}_2,\boldsymbol{\alpha}_3,\boldsymbol{\alpha}_4$ 线性相关.

由于 $\boldsymbol{\gamma}_2,\boldsymbol{\gamma}_3,\boldsymbol{\gamma}_4$ 为 $\boldsymbol{\gamma}_1,\boldsymbol{\gamma}_2,\boldsymbol{\gamma}_3,\boldsymbol{\gamma}_4$ 的一个极大线性无关组，且 $\boldsymbol{\gamma}_1=-\boldsymbol{\gamma}_2-\boldsymbol{\gamma}_3-\boldsymbol{\gamma}_4$，于是 $\boldsymbol{\alpha}_2,\boldsymbol{\alpha}_3,\boldsymbol{\alpha}_4$ 为 $\boldsymbol{\alpha}_1,\boldsymbol{\alpha}_2,\boldsymbol{\alpha}_3,\boldsymbol{\alpha}_4$ 的一个极大线性无关组，且 $\boldsymbol{\alpha}_1=-\boldsymbol{\alpha}_2-\boldsymbol{\alpha}_3-\boldsymbol{\alpha}_4$.

评注：n 个 n 维向量线性相关(无关)$\Leftrightarrow$其所构成的行列式值为零(不为零). 以 $\boldsymbol{\alpha}_1,\boldsymbol{\alpha}_2,\cdots,\boldsymbol{\alpha}_n$ 为列(行)向量所构成的矩阵为 $\boldsymbol{A}$，对 $\boldsymbol{A}$ 施以初等行(列)变换，转化为阶梯矩阵后，即可很方便地判别出极大无关组，并将其他向量用极大无关组线性表示.

3.5 基础解系与齐次线性方程组的通解

1. 考虑 n 元齐次线性方程组

$$\begin{cases}a_{11}x_1+a_{12}x_2+\cdots+a_{1n}x_n=0,\\ a_{21}x_1+a_{22}x_2+\cdots+a_{2n}x_n=0,\\ \cdots\\ a_{s1}x_1+a_{s2}x_2+\cdots+a_{sn}x_n=0,\end{cases}\qquad (*)$$

即 $\boldsymbol{Ax}=\boldsymbol{0}$,其中 $\boldsymbol{A}=(a_{ij})_{s\times n}$,$\boldsymbol{x}=(x_1,x_2,\cdots,x_n)^{\mathrm{T}}$.

显然,零向量是齐次线性方程组的解.

2. 齐次方程组的解向量有以下两个重要性质.

性质 1:设 $\boldsymbol{\xi},\boldsymbol{\eta}$ 是齐次线性方程组($*$)的两个解向量,则 $\boldsymbol{\xi}+\boldsymbol{\eta}$ 也是齐次线性方程组($*$)的解.

性质 2:设 $\boldsymbol{\xi}$ 是齐次线性方程组($*$)的解,$k\in\mathbf{R}$,则 $k\boldsymbol{\xi}$ 也是齐次线性方程组($*$)的解.

齐次线性方程组解向量的线性组合还是解向量,即对任意常数 c_1 和 c_2,若 $\boldsymbol{\xi},\boldsymbol{\eta}$ 是齐次线性方程组($*$)的解,则 $c_1\boldsymbol{\xi}+c_2\boldsymbol{\eta}$ 还是方程组($*$)的解.

3. 设 $\boldsymbol{\eta}_1,\boldsymbol{\eta}_2,\cdots,\boldsymbol{\eta}_r$ 是齐次线性方程组($*$)的一组解,满足:

(1) $\boldsymbol{\eta}_1,\boldsymbol{\eta}_2,\cdots,\boldsymbol{\eta}_r$ 线性无关.

(2) 方程组($*$)的任一解 $\boldsymbol{\eta}$ 都可以由向量组 $\boldsymbol{\eta}_1,\boldsymbol{\eta}_2,\cdots,\boldsymbol{\eta}_r$ 线性表示,则称向量组 $\boldsymbol{\eta}_1,\boldsymbol{\eta}_2,\cdots,\boldsymbol{\eta}_r$ 是齐次线性方程组($*$)的一个基础解系.

显然,齐次线性方程组的一个基础解系也就是由解向量组成的向量组的一个极大无关组.

4. 设齐次线性方程组($*$)有非零解,则存在基础解系,且基础解系中含有 $n-r$ 个解向量,其中 $r=\mathrm{r}(\boldsymbol{A})$.

5. 求 $\boldsymbol{Ax}=\boldsymbol{0}$ 一个基础解系的步骤为:

步 1,对系数矩阵 $\boldsymbol{A}$ 作初等行变换化为阶梯矩阵.

步 2,求出矩阵 $\boldsymbol{A}$ 的秩 $\mathrm{r}(\boldsymbol{A})$.

步 3,将阶梯矩阵中的非零首元所对应的未知数取作非自由未知量,其余 $n-\mathrm{r}(\boldsymbol{A})$ 个作为自由未知量.

步 4,写出阶梯矩阵所对应的齐次线性方程组,它是与原方程组同解的.

步 5,对 $(n-\mathrm{r}(\boldsymbol{A}))$ 个自由未知量分别取单位向量 $\boldsymbol{\varepsilon}_1,\boldsymbol{\varepsilon}_2,\cdots,\boldsymbol{\varepsilon}_{n-\mathrm{r}(\boldsymbol{A})}$ 代入到同解的齐次线性方程组中,得到 $(n-\mathrm{r}(\boldsymbol{A}))$ 个解向量,它构成了 $\boldsymbol{Ax}=\boldsymbol{0}$ 的一个基础解系 $\boldsymbol{\xi}_1,\boldsymbol{\xi}_2,\cdots,\boldsymbol{\xi}_{n-\mathrm{r}(\boldsymbol{A})}$.这样,原方程组的全部解为:

$$\boldsymbol{x}=c_1\boldsymbol{\xi}_1+c_2\boldsymbol{\xi}_2+\cdots+c_{n-\mathrm{r}(\boldsymbol{A})}\boldsymbol{\xi}_{n-\mathrm{r}(\boldsymbol{A})},$$

其中 $c_1,c_2,\cdots,c_{n-\mathrm{r}(\boldsymbol{A})}$ 为任意常数.

题 1 求下列各齐次线性方程组的一个基础解系.

(1) $\begin{cases}2x_1-4x_2+5x_3+3x_4=0,\\ 3x_1-6x_2+4x_3+2x_4=0,\\ 4x_1-8x_2+17x_3+11x_4=0;\end{cases}$

(2) $\begin{cases} x_1+x_2+x_3+x_4+x_5=0, \\ 3x_1+2x_2+x_3+x_4-3x_5=0, \\ x_2+2x_3+2x_4+6x_5=0, \\ 5x_1+4x_2+3x_3+3x_4-x_5=0; \end{cases}$

(3) $\begin{cases} x_1+x_2-3x_4-x_5=0; \\ x_1-x_2+2x_3-x_4=0; \\ 4x_1-2x_2+6x_3+3x_4-4x_5=0; \\ 2x_1+4x_2-2x_3+4x_4-7x_5=0; \end{cases}$

(4) $\begin{cases} x_1-2x_2+x_3+x_4-x_5=0, \\ 2x_1+x_2-x_3-x_4-x_5=0, \\ x_1+7x_2-5x_3-5x_4+5x_5=0, \\ 3x_1-x_2-2x_3+x_4-x_5=0; \end{cases}$

(5) $\begin{cases} x_1-2x_2+4x_3-7x_4=0, \\ 2x_1+x_2-2x_3+x_4=0, \\ 3x_1-x_2+2x_3-4x_4=0. \end{cases}$

解:(1) 对系数矩阵施行初等行变换,得

$$A=\begin{pmatrix} 2 & -4 & 5 & 3 \\ 3 & -6 & 4 & 2 \\ 4 & -8 & 17 & 11 \end{pmatrix} \xrightarrow[(3)-2(1)]{(2)-(1)} \begin{pmatrix} 2 & -4 & 5 & 3 \\ 1 & -2 & -1 & -1 \\ 0 & 0 & 7 & 5 \end{pmatrix}$$

$$\xrightarrow{(1)-2(2)} \begin{pmatrix} 0 & 0 & 7 & 5 \\ 1 & -2 & -1 & -1 \\ 0 & 0 & 7 & 5 \end{pmatrix} \xrightarrow[(1)\leftrightarrow(2)]{(3)-(1)} \begin{pmatrix} 1 & -2 & -1 & -1 \\ 0 & 0 & 7 & 5 \\ 0 & 0 & 0 & 0 \end{pmatrix}$$

$$\xrightarrow[\frac{1}{7}\times(2)]{(1)+\frac{1}{7}(2)} \begin{pmatrix} 1 & -2 & 0 & -\frac{2}{7} \\ 0 & 0 & 1 & \frac{5}{7} \\ 0 & 0 & 0 & 0 \end{pmatrix},$$

则原方程组的同解方程组为

$$\begin{cases} x_1-2x_2-\frac{2}{7}x_4=0, \\ x_3+\frac{5}{7}x_4=0. \end{cases}$$

取 x_2,x_4 为自由未知量,令 $\begin{pmatrix} x_2 \\ x_4 \end{pmatrix}$ 分别为 $\begin{pmatrix} 1 \\ 0 \end{pmatrix}$ 和 $\begin{pmatrix} 0 \\ 1 \end{pmatrix}$,得原方程组的一个基础解系为

$$\boldsymbol{\eta}_1=(2,1,0,0)^{\mathrm{T}},\boldsymbol{\eta}_2=(2,0,-5,7)^{\mathrm{T}}.$$

(2) $$\boldsymbol{A}=\begin{pmatrix}1&1&1&1&1\\3&2&1&1&-3\\0&1&2&2&6\\5&4&3&3&-1\end{pmatrix}\xrightarrow[(4)-5(1)]{(2)-3(1)}\begin{pmatrix}1&1&1&1&1\\0&-1&-2&-2&-6\\0&1&2&2&6\\0&-1&-2&-2&-6\end{pmatrix}$$

$$\xrightarrow[(4)-(2)]{\substack{(1)+(2)\\(3)+(2)}}\begin{pmatrix}1&0&-1&-1&-5\\0&-1&-2&-2&-6\\0&0&0&0&0\\0&0&0&0&0\end{pmatrix}\xrightarrow{(-1)\times(2)}\begin{pmatrix}1&0&-1&-1&-5\\0&1&2&2&6\\0&0&0&0&0\\0&0&0&0&0\end{pmatrix},$$

则同解方程组为

$$\begin{cases}x_1-x_3-x_4-5x_5=0,\\x_2+2x_3+2x_4+6x_5=0.\end{cases}$$

取 x_3,x_4,x_5 为自由未知量,令 $\begin{pmatrix}x_3\\x_4\\x_5\end{pmatrix}$ 分别为 $\begin{pmatrix}1\\0\\0\end{pmatrix},\begin{pmatrix}0\\1\\0\end{pmatrix},\begin{pmatrix}0\\0\\1\end{pmatrix}$,得原方程组的一个基础解系为

$$\boldsymbol{\eta}_1=(1,-2,1,0,0)^{\mathrm{T}},\boldsymbol{\eta}_2=(1,-2,0,1,0)^{\mathrm{T}},\boldsymbol{\eta}_3=(5,-6,0,0,1)^{\mathrm{T}}.$$

(3) $$\boldsymbol{A}=\begin{pmatrix}1&1&0&-3&-1\\1&-1&2&-1&0\\4&-2&6&3&-4\\2&4&-2&4&-7\end{pmatrix}$$

$$\xrightarrow[\substack{(3)-4(1)\\(4)-2(1)}]{(2)-(1)}\begin{pmatrix}1&1&0&-3&-1\\0&-2&2&2&1\\0&-6&6&15&0\\0&2&-2&10&-5\end{pmatrix}\xrightarrow[(4)+(2)]{\substack{(1)+\frac{1}{2}(2)\\(3)-3(2)}}\begin{pmatrix}1&0&1&-2&-\frac{1}{2}\\0&-2&2&2&1\\0&0&0&9&-3\\0&0&0&12&-4\end{pmatrix}$$

$$\xrightarrow[\substack{(4)-\frac{4}{3}(3)\\\frac{1}{9}\times(3)}]{\left(-\frac{1}{2}\right)\times(2)}\begin{pmatrix}1&0&1&-2&-\frac{1}{2}\\0&1&-1&-1&-\frac{1}{2}\\0&0&0&1&-\frac{1}{3}\\0&0&0&0&0\end{pmatrix}$$

$$\xrightarrow{(2)+(3)}\begin{pmatrix}1&0&1&-2&-\frac{1}{2}\\0&1&-1&0&-\frac{5}{6}\\0&0&0&1&-\frac{1}{3}\\0&0&0&0&0\end{pmatrix},$$

则同解方程组为

$$\begin{cases}x_1+x_3-2x_4-\frac{1}{2}x_5=0,\\x_2-x_3-\frac{5}{6}x_5=0,\\x_4-\frac{1}{3}x_5=0,\end{cases}$$

取 x_3,x_5 为自由未知量,令 $\begin{pmatrix}x_3\\x_5\end{pmatrix}$ 分别为 $\begin{pmatrix}1\\0\end{pmatrix}$ 和 $\begin{pmatrix}0\\6\end{pmatrix}$,得原方程组的一个基础解系为

$$\boldsymbol{\eta}_1=(-1,1,1,0,0)^{\mathrm{T}},\boldsymbol{\eta}_2=(7,5,0,2,6)^{\mathrm{T}}.$$

(4) $\boldsymbol{A}=\begin{pmatrix}1&-2&1&1&-1\\2&1&-1&-1&-1\\1&7&-5&-5&5\\3&-1&-2&1&-1\end{pmatrix}$

$$\xrightarrow[\substack{(3)-(1)\\(4)-3(1)}]{(2)-2(1)}\begin{pmatrix}1&-2&1&1&-1\\0&5&-3&-3&1\\0&9&-6&-6&6\\0&5&-5&-2&2\end{pmatrix}\xrightarrow[2\times(2)]{(4)-(2)}\begin{pmatrix}1&-2&1&1&-1\\0&10&-6&-6&2\\0&9&-6&-6&6\\0&0&-2&1&1\end{pmatrix}$$

$$\xrightarrow[\substack{(-1)\times(4)\\\frac{1}{3}\times(3)}]{(2)-(3)}\begin{pmatrix}1&-2&1&1&-1\\0&1&0&0&-4\\0&3&-2&-2&2\\0&0&2&-1&-1\end{pmatrix}\xrightarrow{\substack{(1)+2(2)\\(3)-3(2)}}\begin{pmatrix}1&0&1&1&-9\\0&1&0&0&-4\\0&0&-2&-2&14\\0&0&2&-1&-1\end{pmatrix}$$

$$\xrightarrow[\left(-\frac{1}{2}\right)\times(3)]{\substack{(4)+(3)\\(1)+\frac{1}{2}(3)}}\begin{pmatrix}1&0&0&0&-2\\0&1&0&0&-4\\0&0&1&1&-7\\0&0&0&-3&13\end{pmatrix}\xrightarrow[\left(-\frac{1}{3}\right)\times(4)]{(3)+\frac{1}{3}(4)}\begin{pmatrix}1&0&0&0&-2\\0&1&0&0&-4\\0&0&1&0&-\frac{8}{3}\\0&0&0&1&-\frac{13}{3}\end{pmatrix}.$$

则同解方程组为

$$\begin{cases} x_1-2x_5=0, \\ x_2-4x_5=0, \\ x_3-\dfrac{8}{3}x_5=0, \\ x_4-\dfrac{13}{3}x_5=0. \end{cases}$$

取 x_5 为自由未知量，令 $x_5=3$，得原方程组的基础解系为 $\boldsymbol{\eta}=(6,12,8,13,3)^{\mathrm{T}}$.

(5) 对系数矩阵 $\boldsymbol{A}$ 施行初等行变换.

$$\boldsymbol{A}=\begin{pmatrix} 1 & -2 & 4 & -7 \\ 2 & 1 & -2 & 1 \\ 3 & -1 & 2 & -4 \end{pmatrix} \xrightarrow[(3)-3(1)]{(2)-2(1)} \begin{pmatrix} 1 & -2 & 4 & -7 \\ 0 & 5 & -10 & 15 \\ 0 & 5 & -10 & 17 \end{pmatrix}$$

$$\xrightarrow[(3)-(2)]{} \begin{pmatrix} 1 & -2 & 4 & -7 \\ 0 & 5 & -10 & 15 \\ 0 & 0 & 0 & 2 \end{pmatrix} \xrightarrow[\frac{1}{5}\times(2)]{} \begin{pmatrix} 1 & -2 & 4 & -7 \\ 0 & 1 & -2 & 3 \\ 0 & 0 & 0 & 1 \end{pmatrix}$$

$$\xrightarrow[(1)+2(2)]{} \begin{pmatrix} 1 & 0 & 0 & -1 \\ 0 & 1 & -2 & 3 \\ 0 & 0 & 0 & 1 \end{pmatrix} \xrightarrow[(1)+(3)]{} \begin{pmatrix} 1 & 0 & 0 & 0 \\ 0 & 1 & -2 & 0 \\ 0 & 0 & 0 & 1 \end{pmatrix}.$$

原方程组的同解方程组为

$$\begin{cases} x_1=0, \\ x_2=2x_3, \\ x_4=0, \end{cases}$$

其中 x_3 为自由未知量.

令 $x_3=1$，得方程组的解为 $\boldsymbol{\eta}=(0,2,1,0)^{\mathrm{T}}$，

$\boldsymbol{\eta}$ 就是所给方程组的一个基础解系.

评注：将齐次线性方程组的系数矩阵经过初等行变换转化为阶梯矩阵，从而得到同解方程组.由同解方程组可很方便地得到原方程组的基础解系.

题 2 已知 $\boldsymbol{\alpha}_1,\boldsymbol{\alpha}_2,\boldsymbol{\alpha}_3,\boldsymbol{\alpha}_4$ 是 $\boldsymbol{Ax}=\boldsymbol{0}$ 的基础解系，则此方程组的基础解系还可选为(　　).

(A) $\boldsymbol{\alpha}_1+\boldsymbol{\alpha}_2,\boldsymbol{\alpha}_2+\boldsymbol{\alpha}_3,\boldsymbol{\alpha}_3+\boldsymbol{\alpha}_4,\boldsymbol{\alpha}_4+\boldsymbol{\alpha}_1$

(B) 与 $\boldsymbol{\alpha}_1,\boldsymbol{\alpha}_2,\boldsymbol{\alpha}_3,\boldsymbol{\alpha}_4$ 等价的向量组 $\boldsymbol{\beta}_1,\boldsymbol{\beta}_2,\boldsymbol{\beta}_3,\boldsymbol{\beta}_4$

(C) 与 $\boldsymbol{\alpha}_1,\boldsymbol{\alpha}_2,\boldsymbol{\alpha}_3,\boldsymbol{\alpha}_4$ 等秩的向量组 $\boldsymbol{\beta}_1,\boldsymbol{\beta}_2,\boldsymbol{\beta}_3,\boldsymbol{\beta}_4$

(D) $\boldsymbol{\alpha}_1+\boldsymbol{\alpha}_2,\boldsymbol{\alpha}_2+\boldsymbol{\alpha}_3,\boldsymbol{\alpha}_3-\boldsymbol{\alpha}_4,\boldsymbol{\alpha}_4-\boldsymbol{\alpha}_1$

解 因$(\boldsymbol{\alpha}_1+\boldsymbol{\alpha}_2)-(\boldsymbol{\alpha}_2+\boldsymbol{\alpha}_3)+(\boldsymbol{\alpha}_3+\boldsymbol{\alpha}_4)-(\boldsymbol{\alpha}_4+\boldsymbol{\alpha}_1)=\boldsymbol{0}$，可知 $\boldsymbol{\alpha}_1+\boldsymbol{\alpha}_2,\boldsymbol{\alpha}_2+\boldsymbol{\alpha}_3,\boldsymbol{\alpha}_3+\boldsymbol{\alpha}_4,\boldsymbol{\alpha}_4+\boldsymbol{\alpha}_1$ 线性相关，不能选为 $\boldsymbol{Ax}=\boldsymbol{0}$ 的基础解系，

故排除(A).

同理,因$(\boldsymbol{\alpha}_1+\boldsymbol{\alpha}_2)-(\boldsymbol{\alpha}_2+\boldsymbol{\alpha}_3)+(\boldsymbol{\alpha}_3-\boldsymbol{\alpha}_4)+(\boldsymbol{\alpha}_4-\boldsymbol{\alpha}_1)=\mathbf{0}$,故排除(D).

对于(C),等秩不能保证$\boldsymbol{\beta}_1,\boldsymbol{\beta}_2,\boldsymbol{\beta}_3,\boldsymbol{\beta}_4$是$\boldsymbol{A}\boldsymbol{x}=\mathbf{0}$的解,更不用说是$\boldsymbol{A}\boldsymbol{x}=\mathbf{0}$的基础解系,故排除(C).

故选(B).

评注:两个向量组等价是指两个向量组中的向量可相互线性表示.

题3 用基础解系表示下面齐次线性方程组的全部解.

$$\begin{cases}x_1+x_2+x_3+x_4+x_5=0,\\3x_1+2x_2+x_3+x_4-3x_5=0,\\x_2+2x_3+2x_4+6x_5=0,\\5x_1+4x_2+3x_3+3x_4-x_5=0.\end{cases}$$

解:对系数矩阵$\boldsymbol{A}$施行初等行变换.

$$\boldsymbol{A}=\begin{pmatrix}1&1&1&1&1\\3&2&1&1&-3\\0&1&2&2&6\\5&4&3&3&-1\end{pmatrix}\xrightarrow[(4)-5(1)]{(2)-3(1)}\begin{pmatrix}1&1&1&1&1\\0&-1&-2&-2&-6\\0&1&2&2&6\\0&-1&-2&-2&-6\end{pmatrix}$$

$$\xrightarrow[\substack{(3)+(2)\\(4)-(2)}]{(1)+(2)}\begin{pmatrix}1&0&-1&-1&-5\\0&-1&-2&-2&-6\\0&0&0&0&0\\0&0&0&0&0\end{pmatrix}\xrightarrow{(-1)\times(2)}\begin{pmatrix}1&0&-1&-1&-5\\0&1&2&2&6\\0&0&0&0&0\\0&0&0&0&0\end{pmatrix}.$$

原方程组的同解方程组为

$$\begin{cases}x_1=x_3+x_4+5x_5,\\x_2=-2x_3-2x_4-6x_5,\end{cases}$$

其中x_3,x_4,x_5为自由未知量.

分别取$(x_3,x_4,x_5)^{\mathrm{T}}$为$(1,0,0)^{\mathrm{T}},(0,1,0)^{\mathrm{T}},(0,0,1)^{\mathrm{T}}$,得方程组的解为

$$\boldsymbol{\eta}_1=\begin{pmatrix}1\\-2\\1\\0\\0\end{pmatrix},\boldsymbol{\eta}_2=\begin{pmatrix}1\\-2\\0\\1\\0\end{pmatrix},\boldsymbol{\eta}_3=\begin{pmatrix}5\\-6\\0\\0\\1\end{pmatrix},$$

$\boldsymbol{\eta}_1,\boldsymbol{\eta}_2,\boldsymbol{\eta}_3$就是所给方程组的一个基础解系.因此,方程组的全部解为

$$\boldsymbol{\eta}=c_1\begin{pmatrix}1\\-2\\1\\0\\0\end{pmatrix}+c_2\begin{pmatrix}1\\-2\\0\\1\\0\end{pmatrix}+c_3\begin{pmatrix}5\\-6\\0\\0\\1\end{pmatrix},$$

其中 c_1, c_2, c_3 为任意常数.

题 4 求下列齐次线性方程组的一个基础解系,并用基础解系表示其全部解

$$\begin{cases} x_1-2x_2+x_3+x_4+x_5=0, \\ 2x_1+x_2-x_3-2x_4+x_5=0, \\ x_1+7x_2-5x_3-5x_4+2x_5=0. \end{cases}$$

解: $\boldsymbol{A}=\begin{pmatrix} 1 & -2 & 1 & 1 & 1 \\ 2 & 1 & -1 & -2 & 1 \\ 1 & 7 & -5 & -5 & 2 \end{pmatrix} \xrightarrow[(3)-(1)]{(2)-(1)} \begin{pmatrix} 1 & -2 & 1 & 1 & 1 \\ 0 & 5 & -3 & -4 & -1 \\ 0 & 9 & -6 & -6 & 1 \end{pmatrix}$

$$\xrightarrow{(3)-\frac{9}{5}(2)} \begin{pmatrix} 1 & -2 & 1 & 1 & 1 \\ 0 & 5 & -3 & -4 & -1 \\ 0 & 0 & -\frac{3}{5} & \frac{6}{5} & \frac{14}{5} \end{pmatrix} \xrightarrow[\left(-\frac{5}{3}\right)\times(3)]{(2)-5(3)} \begin{pmatrix} 1 & -2 & 1 & 1 & 1 \\ 0 & 5 & 0 & -10 & -15 \\ 0 & 0 & 1 & -2 & -\frac{14}{3} \end{pmatrix}$$

$$\xrightarrow[\frac{1}{5}\times(2)]{(1)+\frac{2}{5}(2)} \begin{pmatrix} 1 & 0 & 1 & -3 & -5 \\ 0 & 1 & 0 & -2 & -3 \\ 0 & 0 & 1 & -2 & -\frac{14}{3} \end{pmatrix} \xrightarrow{(1)-(3)} \begin{pmatrix} 1 & 0 & 0 & -1 & -\frac{1}{3} \\ 0 & 1 & 0 & -2 & -3 \\ 0 & 0 & 1 & -2 & -\frac{14}{3} \end{pmatrix}.$$

因 $\mathrm{r}(\boldsymbol{A})=3<5$,故原方程有非零解.

其同解方程组为

$$\begin{cases} x_1=x_4+\frac{1}{3}x_5, \\ x_2=2x_4+3x_5, \\ x_3=2x_4+\frac{14}{3}x_5. \end{cases}$$

分别取 $\begin{pmatrix} x_4 \\ x_5 \end{pmatrix}$ 为 $\begin{pmatrix} 1 \\ 0 \end{pmatrix}$ 和 $\begin{pmatrix} 0 \\ 1 \end{pmatrix}$.

故基础解系为

$$\begin{pmatrix} 1 \\ 2 \\ 2 \\ 1 \\ 0 \end{pmatrix} \text{和} \begin{pmatrix} \frac{1}{3} \\ 3 \\ \frac{14}{3} \\ 0 \\ 1 \end{pmatrix}.$$

于是原方程组的全部解为

$$x=c_1\begin{pmatrix}1\\2\\2\\1\\0\end{pmatrix}+c_2\begin{pmatrix}\frac{1}{3}\\3\\\frac{14}{3}\\0\\1\end{pmatrix},$$

其中 c_1,c_2 为任意常数.

评注:若线性方程组中方程的个数小于变量的个数,则此方程组的解不唯一.

题5 已知三阶矩阵 $\boldsymbol{A}$ 的第一行是 (a,b,c),a,b,c 不全为零,矩阵 $\boldsymbol{B}=\begin{pmatrix}1&2&3\\2&4&6\\3&6&k\end{pmatrix}$($k$ 为常数),且 $\boldsymbol{AB}=\boldsymbol{O}$,求线性方程组 $\boldsymbol{Ax}=\boldsymbol{0}$ 的通解.

解:由于 $\boldsymbol{AB}=\boldsymbol{O}$,故 $\mathrm{r}(\boldsymbol{A})+\mathrm{r}(\boldsymbol{B})\leqslant 3$.又由 a,b,c 不全为零,可知 $\mathrm{r}(\boldsymbol{A})\geqslant 1$.

当 $k\neq 9$ 时,$\mathrm{r}(\boldsymbol{B})=2$,于是 $\mathrm{r}(\boldsymbol{A})=1$;

当 $k=9$ 时,$\mathrm{r}(\boldsymbol{B})=1$,于是 $\mathrm{r}(\boldsymbol{A})=1$ 或 $\mathrm{r}(\boldsymbol{A})=2$.

对于 $k\neq 9$,由 $\boldsymbol{AB}=\boldsymbol{O}$ 可得

$$\boldsymbol{A}\begin{pmatrix}1\\2\\3\end{pmatrix}=\boldsymbol{0} \text{ 和 } \boldsymbol{A}\begin{pmatrix}3\\6\\k\end{pmatrix}=\boldsymbol{0}.$$

由于 $\boldsymbol{\eta}_1=(1,2,3)^{\mathrm{T}}$,$\boldsymbol{\eta}_2=(3,6,k)^{\mathrm{T}}$ 线性无关,故 $\boldsymbol{\eta}_1,\boldsymbol{\eta}_2$ 为 $\boldsymbol{Ax}=\boldsymbol{0}$ 的一个基础解系,于是 $\boldsymbol{Ax}=\boldsymbol{0}$ 的通解为

$$\boldsymbol{x}=c_1\boldsymbol{\eta}_1+c_2\boldsymbol{\eta}_2,$$

其中 c_1,c_2 为任意常数.

对于 $k=9$,分别就 $\mathrm{r}(\boldsymbol{A})=2$ 和 $\mathrm{r}(\boldsymbol{A})=1$ 进行如下讨论.

如果 $\mathrm{r}(\boldsymbol{A})=2$,则 $\boldsymbol{Ax}=\boldsymbol{0}$ 的基础解系由一个向量构成.又因 $\boldsymbol{A}\begin{pmatrix}1\\2\\3\end{pmatrix}=\boldsymbol{0}$,所以 $\boldsymbol{Ax}=\boldsymbol{0}$ 的通解为 $\boldsymbol{x}=c_1(1,2,3)^{\mathrm{T}}$,其中 c_1 为任意常数.

如果 $\mathrm{r}(\boldsymbol{A})=1$,则 $\boldsymbol{Ax}=\boldsymbol{0}$ 的基础解系由两个向量构成.又因 $\boldsymbol{A}$ 的第一行为 (a,b,c) 且 a,b,c 不全为零,所以 $\boldsymbol{Ax}=\boldsymbol{0}$ 等价于 $ax_1+bx_2+cx_3=0$.不妨设

$a\neq 0$,$\boldsymbol{\eta}_1=(-b,a,0)^{\mathrm{T}}$,$\boldsymbol{\eta}_2=(-c,0,a)^{\mathrm{T}}$ 是 $\boldsymbol{Ax}=\boldsymbol{0}$ 的两个线性无关的解,故 $\boldsymbol{Ax}=\boldsymbol{0}$ 的通解为

$$\boldsymbol{x}=c_1\boldsymbol{\eta}_1+c_2\boldsymbol{\eta}_2,$$

其中 c_1,c_2 为任意常数.

评注:当 $\mathrm{r}(\boldsymbol{A})=1,k=9$ 时,矩阵 $\boldsymbol{A}$ 可经初等行变换化为

$$\begin{bmatrix} a & b & c \\ 0 & 0 & 0 \\ 0 & 0 & 0 \end{bmatrix}.$$

故 $\boldsymbol{Ax}=\boldsymbol{0}$ 的同解方程组为

$$ax_1+bx_2+cx_3=0.$$

题 6 设 $\boldsymbol{A}=(\boldsymbol{\alpha}_1,\boldsymbol{\alpha}_2,\boldsymbol{\alpha}_3,\boldsymbol{\alpha}_4)$ 是四阶矩阵,$\boldsymbol{A}^*$ 为 $\boldsymbol{A}$ 的伴随矩阵.若 $(1,0,1,0)^{\mathrm{T}}$ 是方程组 $\boldsymbol{Ax}=\boldsymbol{0}$ 的一个基础解系,则 $\boldsymbol{Ax}^*=\boldsymbol{0}$ 的基础解系为( ).

(A) $\boldsymbol{\alpha}_1,\boldsymbol{\alpha}_3$　　(B) $\boldsymbol{\alpha}_1,\boldsymbol{\alpha}_2$

(C) $\boldsymbol{\alpha}_1,\boldsymbol{\alpha}_2,\boldsymbol{\alpha}_3$　　(D) $\boldsymbol{\alpha}_2,\boldsymbol{\alpha}_3,\boldsymbol{\alpha}_4$

解:由于 $(1,0,1,0)^{\mathrm{T}}$ 是方程组 $\boldsymbol{Ax}=\boldsymbol{0}$ 的一个基础解系,

所以 $(\boldsymbol{\alpha}_1,\boldsymbol{\alpha}_2,\boldsymbol{\alpha}_3,\boldsymbol{\alpha}_4)\begin{bmatrix}1\\0\\1\\0\end{bmatrix}=\boldsymbol{0}$,即 $\boldsymbol{\alpha}_1+\boldsymbol{\alpha}_3=\boldsymbol{0}$,

且 $\mathrm{r}(\boldsymbol{A})=4-1=3$,所以 $|\boldsymbol{A}|=0$.

由此可得 $\boldsymbol{A}^*\boldsymbol{A}=|\boldsymbol{A}|\boldsymbol{I}=\boldsymbol{O}$,即 $\boldsymbol{A}^*(\boldsymbol{\alpha}_1,\boldsymbol{\alpha}_2,\boldsymbol{\alpha}_3,\boldsymbol{\alpha}_4)=\boldsymbol{0}$,

这说明 $\boldsymbol{\alpha}_1,\boldsymbol{\alpha}_2,\boldsymbol{\alpha}_3,\boldsymbol{\alpha}_4$ 是 $\boldsymbol{A}^*\boldsymbol{x}=\boldsymbol{0}$ 的解.

由于 $\mathrm{r}(\boldsymbol{A})=3$,$\boldsymbol{\alpha}_1+\boldsymbol{\alpha}_3=\boldsymbol{0}$,所以 $\boldsymbol{\alpha}_2,\boldsymbol{\alpha}_3,\boldsymbol{\alpha}_4$ 线性无关.

又由于 $\mathrm{r}(\boldsymbol{A})=3$,所以 $\mathrm{r}(\boldsymbol{A}^*)=1$,因此 $\boldsymbol{A}^*\boldsymbol{x}=\boldsymbol{0}$ 的基础解系中含有 $4-1=3$(个)线性无关的解向量.

而且 $\boldsymbol{\alpha}_2,\boldsymbol{\alpha}_3,\boldsymbol{\alpha}_4$ 线性无关,且为 $\boldsymbol{A}^*\boldsymbol{x}=\boldsymbol{0}$ 的解,

所以 $\boldsymbol{\alpha}_2,\boldsymbol{\alpha}_3,\boldsymbol{\alpha}_4$ 可作为 $\boldsymbol{A}^*\boldsymbol{x}=\boldsymbol{0}$ 的基础解系,故选(D).

题 7 设 $\boldsymbol{B}$ 是三阶非零矩阵,它的每一列都是齐次线性方程组

$$\begin{cases} x_1+2x_2-2x_3=0, \\ 2x_1-x_2+\lambda x_3=0, \\ 3x_1+x_2-x_3=0 \end{cases}$$

的解,求 λ 的值和 $|\boldsymbol{B}|$.

解:由于 $\boldsymbol{B}$ 是一个三阶非零矩阵,故 $\boldsymbol{B}$ 中至少有一个非零列向量.由题设,知方程组有非零解,从而系数行列式

$$|\boldsymbol{A}|=\begin{vmatrix} 1 & 2 & -2 \\ 2 & -1 & \lambda \\ 3 & 1 & -1 \end{vmatrix}=5(\lambda-1)=0.$$

当 $\lambda=1$ 时,$\mathrm{r}(\boldsymbol{A})=2$,从而基础解系中只含有一个解向量,因而矩阵 $\boldsymbol{B}$ 的三

个列向量必线性相关.故$|\boldsymbol{B}|=0$.

题8 设齐次线性方程组

$$\begin{cases}(1+a)x_1+x_2+x_3+x_4=0,\\2x_1+(a+2)x_2+2x_3+2x_4=0,\\3x_1+3x_2+(a+3)x_3+3x_4=0,\\4x_1+4x_2+4x_3+(a+4)x_4=0.\end{cases}$$

试问a取何值时,该方程组有非零解,并求出其全部解.

解:依题设,知

$$|\boldsymbol{A}|=\begin{vmatrix}a+1&1&1&1\\2&a+2&2&2\\3&3&a+3&3\\4&4&4&a+4\end{vmatrix}$$

$$\xlongequal{(1)+(2)+(3)+(4)}\begin{vmatrix}a+10&a+10&a+10&a+10\\2&a+2&2&2\\3&3&a+3&3\\4&4&4&a+4\end{vmatrix}$$

$$=(a+10)\begin{vmatrix}1&1&1&1\\2&a+2&2&2\\3&3&a+3&3\\4&4&4&a+4\end{vmatrix}$$

$$\xlongequal[\textcircled{4}-\textcircled{1}]{\substack{\textcircled{2}-\textcircled{1}\\\textcircled{3}-\textcircled{1}}}(a+10)\begin{vmatrix}1&0&0&0\\2&a&0&0\\3&0&a&0\\4&0&0&a\end{vmatrix}=a^3(a+10)=0.$$

故$a=0$或-10.

若$a=0$,原方程组等价于$x_1+x_2+x_3+x_4=0$,即$x_1=-x_2-x_3-x_4$.

取$\begin{pmatrix}x_2\\x_3\\x_4\end{pmatrix}$分别为$\begin{pmatrix}1\\0\\0\end{pmatrix}$、$\begin{pmatrix}0\\1\\0\end{pmatrix}$和$\begin{pmatrix}0\\0\\1\end{pmatrix}$,可得其基础解系:

$\boldsymbol{\eta}_1=(-1,1,0,0)^{\mathrm{T}}$,$\boldsymbol{\eta}_2=(-1,0,1,0)^{\mathrm{T}}$,$\boldsymbol{\eta}_3=(-1,0,0,1)^{\mathrm{T}}$.

则其全部解为

$$\boldsymbol{x}=c_1\boldsymbol{\eta}_1+c_2\boldsymbol{\eta}_2+c_3\boldsymbol{\eta}_3=c_1\begin{pmatrix}-1\\1\\0\\0\end{pmatrix}+c_2\begin{pmatrix}-1\\0\\1\\0\end{pmatrix}+c_3\begin{pmatrix}-1\\0\\0\\1\end{pmatrix},$$

其中 c_1,c_2,c_3 为任意常数.

若 $a=-10$,则

$$A=\begin{pmatrix}-9&1&1&1\\2&-8&2&2\\3&3&-7&3\\4&4&4&-6\end{pmatrix}\xrightarrow[(1)\leftrightarrow(2)]{(1)+(2)+(3)+(4)}\begin{pmatrix}2&-8&2&2\\0&0&0&0\\3&3&-7&3\\4&4&4&-6\end{pmatrix}$$

$$\xrightarrow[(2)\leftrightarrow(4)]{\frac{1}{2}\times(1)\ \frac{1}{2}\times(4)}\begin{pmatrix}1&-4&1&1\\2&2&2&-3\\3&3&-7&3\\0&0&0&0\end{pmatrix}\xrightarrow{\substack{(2)-2(1)\\(3)-3(1)}}\begin{pmatrix}1&-4&1&1\\0&10&0&-5\\0&15&-10&0\\0&0&0&0\end{pmatrix}$$

$$\xrightarrow{\frac{1}{10}\times(2)\ \frac{1}{5}\times(3)}\begin{pmatrix}1&-4&1&1\\0&1&0&-\frac{1}{2}\\0&3&-2&0\\0&0&0&0\end{pmatrix}\xrightarrow[\left(-\frac{1}{2}\right)\times(3)]{\substack{(1)+4(2)\\(3)-3(2)}}\begin{pmatrix}1&0&1&-1\\0&1&0&-\frac{1}{2}\\0&0&1&-\frac{3}{4}\\0&0&0&0\end{pmatrix}.$$

其同解方程组为$\begin{cases}x_1=-x_3+x_4,\\x_2=\dfrac{1}{2}x_4,\\x_3=\dfrac{3}{4}x_4.\end{cases}$

取 $x_4=1$,可得其基础解系:$\boldsymbol{\eta}=\left(\frac{1}{4},\frac{1}{2},\frac{3}{4},1\right)^{\mathrm{T}}$,

则其全部解为

$$\boldsymbol{x}=c\boldsymbol{\eta}=c\begin{pmatrix}\frac{1}{4}\\\frac{1}{2}\\\frac{3}{4}\\1\end{pmatrix},$$

其中 c 为任意常数.

评注:齐次线性方程有非零解⇔其系数行列式为零.

题 9 设 $\boldsymbol{\alpha}_1,\boldsymbol{\alpha}_2,\boldsymbol{\alpha}_3$ 是齐次线性方程组 $\boldsymbol{Ax}=\boldsymbol{0}$ 的一个基础解系,求常数 l,m 满足什么条件时,$l\boldsymbol{\alpha}_2-\boldsymbol{\alpha}_1,m\boldsymbol{\alpha}_3-2\boldsymbol{\alpha}_2,\boldsymbol{\alpha}_1-3\boldsymbol{\alpha}_3$ 也是 $\boldsymbol{Ax}=\boldsymbol{0}$ 的一个基础解系.

解:设 $x_1(l\boldsymbol{\alpha}_2-\boldsymbol{\alpha}_1)+x_2(m\boldsymbol{\alpha}_3-2\boldsymbol{\alpha}_2)+x_3(\boldsymbol{\alpha}_1-3\boldsymbol{\alpha}_3)=\mathbf{0}$, ①

依题知①式只有零解,且有

$$(-x_1+x_3)\boldsymbol{\alpha}_1+(lx_1-2x_2)\boldsymbol{\alpha}_2+(mx_2-3x_3)\boldsymbol{\alpha}_3=\mathbf{0}. \quad ②$$

由题设,知②式也只有零解,即有

$$\begin{cases}-x_1+x_3=0,\\ lx_1-2x_2=0,\\ mx_2-3x_3=0.\end{cases}$$

由方程组只有零解,知

$$\begin{vmatrix}-1 & 0 & 1\\ l & -2 & 0\\ 0 & m & -3\end{vmatrix}=-6+lm\neq0.$$

故 $lm\neq6$ 为所求.

题 10 设 $\boldsymbol{\alpha}_1,\boldsymbol{\alpha}_2,\cdots,\boldsymbol{\alpha}_s$ 为线性方程组 $\boldsymbol{Ax}=\mathbf{0}$ 的一个基础解系,$\boldsymbol{\beta}_1=t_1\boldsymbol{\alpha}_1+t_2\boldsymbol{\alpha}_2,\boldsymbol{\beta}_2=t_1\boldsymbol{\alpha}_2+t_2\boldsymbol{\alpha}_3,\cdots,\boldsymbol{\beta}_s=t_1\boldsymbol{\alpha}_s+t_2\boldsymbol{\alpha}_1$,其中 t_1,t_2 为实常数.

试问:t_1,t_2 满足什么条件时,$\boldsymbol{\beta}_1,\boldsymbol{\beta}_2,\cdots,\boldsymbol{\beta}_s$,也为 $\boldsymbol{Ax}=\mathbf{0}$ 的一个基础解系.

解:因 $\boldsymbol{\alpha}_1,\boldsymbol{\alpha}_2,\cdots,\boldsymbol{\alpha}_s$ 为 $\boldsymbol{Ax}=\mathbf{0}$ 的一个基础解系,

所以 $\boldsymbol{\beta}_1=t_1\boldsymbol{\alpha}_1+t_2\boldsymbol{\alpha}_2,\boldsymbol{\beta}_2=t_1\boldsymbol{\alpha}_2+t_2\boldsymbol{\alpha}_3,\cdots,\boldsymbol{\beta}_s=t_1\boldsymbol{\alpha}_s+t_2\boldsymbol{\alpha}_1$ 是 $\boldsymbol{Ax}=0$ 的解.

欲使 $\boldsymbol{\beta}_1,\boldsymbol{\beta}_2,\cdots,\boldsymbol{\beta}_s$ 为 $\boldsymbol{Ax}=\mathbf{0}$ 的基础解系,只需 $\boldsymbol{\beta}_1,\boldsymbol{\beta}_2,\cdots,\boldsymbol{\beta}_s$ 线性无关即可.

因

$$(\boldsymbol{\beta}_1,\boldsymbol{\beta}_2,\cdots,\boldsymbol{\beta}_s)=(\boldsymbol{\alpha}_1,\boldsymbol{\alpha}_2,\cdots,\boldsymbol{\alpha}_s)\begin{pmatrix}t_1 & 0 & \cdots & 0 & t_2\\ t_2 & t_1 & \cdots & 0 & 0\\ 0 & t_2 & \cdots & 0 & 0\\ \vdots & \vdots & & \vdots & \vdots\\ 0 & 0 & \cdots & t_2 & t_1\end{pmatrix}. \quad ①$$

所以,当 $\boldsymbol{\alpha}_1,\boldsymbol{\alpha}_2,\cdots,\boldsymbol{\alpha}_s$ 线性无关时,$\boldsymbol{\beta}_1,\boldsymbol{\beta}_2,\cdots,\boldsymbol{\beta}_s$ 也线性无关的充分必要条件为

$$\begin{vmatrix}t_1 & 0 & \cdots & 0 & t_2\\ t_2 & t_1 & \cdots & 0 & 0\\ 0 & t_2 & \cdots & 0 & 0\\ \vdots & \vdots & & \vdots & \vdots\\ 0 & 0 & \cdots & t_2 & t_1\end{vmatrix}=t_1^s+(-1)^{s+1}t_2^s\neq0.$$

因此,当 t_1,t_2 满足 $t_1^s+(-1)^{s+1}t_2^s\neq0$,即当 s 为偶数时,$t_1\neq\pm t_2$;当 s 为奇数时,$t_1\neq-t_2$ 时,$\boldsymbol{\beta}_1,\boldsymbol{\beta}_2,\cdots,\boldsymbol{\beta}_s$ 也是 $\boldsymbol{Ax}=\mathbf{0}$ 的一个基础解系.

评注:因 $\mathrm{r}(\boldsymbol{\alpha}_1,\boldsymbol{\alpha}_2,\cdots,\boldsymbol{\alpha}_s)=s$,故若 $\boldsymbol{\beta}_1,\boldsymbol{\beta}_2,\cdots,\boldsymbol{\beta}_s$ 线性无关,则有

$\mathrm{r}(\boldsymbol{\beta}_1,\boldsymbol{\beta}_2,\cdots,\boldsymbol{\beta}_s)=s$，结合①式及 $\mathrm{r}(\boldsymbol{AB})\leqslant\min\{\mathrm{r}(\boldsymbol{A}),\mathrm{r}(\boldsymbol{B})\}$，有

$$\begin{pmatrix} t_1 & 0 & \cdots & 0 & t_2 \\ t_2 & t_1 & \cdots & 0 & 0 \\ 0 & t_2 & \cdots & 0 & 0 \\ \vdots & \vdots & & \vdots & \vdots \\ 0 & 0 & \cdots & t_2 & t_1 \end{pmatrix}$$

的秩也为 s，则其行列式不为零.

3.6 非齐次线性方程组的通解

1. 一般的线性方程组为

$$\begin{cases} a_{11}x_1+a_{12}x_2+\cdots+a_{1n}x_n=b_1, \\ a_{21}x_1+a_{22}x_2+\cdots+a_{2n}x_n=b_2, \\ \cdots \\ a_{s1}x_1+a_{s2}x_2+\cdots+a_{sn}x_n=b_s, \end{cases} \qquad ①$$

其导出组为

$$\begin{cases} a_{11}x_1+a_{12}x_2+\cdots+a_{1n}x_n=0, \\ a_{21}x_1+a_{22}x_2+\cdots+a_{2n}x_n=0, \\ \cdots \\ a_{s1}x_1+a_{s2}x_2+\cdots+a_{sn}x_n=0, \end{cases} \qquad ②$$

系数矩阵为

$$\boldsymbol{A}=\begin{pmatrix} a_{11} & a_{12} & \cdots & a_{1n} \\ a_{21} & a_{22} & \cdots & a_{2n} \\ \vdots & \vdots & & \vdots \\ a_{s1} & a_{s2} & \cdots & a_{sn} \end{pmatrix},$$

增广矩阵为

$$\overline{\boldsymbol{A}}=(\boldsymbol{A}\mid b)=\left(\begin{array}{cccc:c} a_{11} & a_{12} & \cdots & a_{1n} & b_1 \\ a_{21} & a_{22} & \cdots & a_{2n} & b_2 \\ \vdots & \vdots & \vdots & \vdots & \vdots \\ a_{s1} & a_{s2} & \cdots & a_{sn} & b_n \end{array}\right).$$

2. 设 $\boldsymbol{\eta}_0$ 是线性方程组①的一个特解，$\boldsymbol{\eta}_1,\boldsymbol{\eta}_2,\cdots,\boldsymbol{\eta}_{n-r}$ 是其导出组②的一个基础解系，则方程组①的全部解为

$$\boldsymbol{\eta}=\boldsymbol{\eta}_0+c_1\boldsymbol{\eta}_1+c_2\boldsymbol{\eta}_2+\cdots+c_{n-r}\boldsymbol{\eta}_{n-r},$$

其中 $c_1,c_2,\cdots,c_{n-r}$ 为任意常数.

3. 求 $\boldsymbol{Ax}=\boldsymbol{b}$ 通解的步骤为：

步 1，对增广矩阵 $\overline{\boldsymbol{A}}$ 作初等行变换化为阶梯矩阵.

步 2,求出导出组 $\boldsymbol{Ax}=\boldsymbol{0}$ 的全部解:

步 3,$n-\mathrm{r}(\boldsymbol{A})$个自由未知量均取零值,并代入到同解的齐次线性方程组中得到一个特解 $\boldsymbol{\eta}_0$,则 $\boldsymbol{Ax}=\boldsymbol{b}$ 的通解为

$$\boldsymbol{x}=\boldsymbol{\eta}_0+\boldsymbol{\eta}.$$

题 1 求线性方程组

$$\begin{cases}2x_1-x_2+4x_3-3x_4=-4,\\x_1+x_3-x_4=-3,\\3x_1+x_2+x_3=1,\\7x_1+7x_3-3x_4=3.\end{cases}$$

的通解.

解:对方程组的增广矩阵$\overline{\boldsymbol{A}}=(\boldsymbol{A}\mid\boldsymbol{b})$施行初等行变换.

$$\overline{\boldsymbol{A}}=(\boldsymbol{A}\mid b)=\begin{pmatrix}2&-1&4&-3&-4\\1&0&1&-1&-3\\3&1&1&0&1\\7&0&7&-3&3\end{pmatrix}\xrightarrow{(1)\leftrightarrow(2)}\begin{pmatrix}1&0&1&-1&-3\\2&-1&4&-3&-4\\3&1&1&0&1\\7&0&7&-3&3\end{pmatrix}$$

$$\xrightarrow[(4)-7(1)]{\substack{(2)-2(1)\\(3)-3(1)}}\begin{pmatrix}1&0&1&-1&-3\\0&-1&2&-1&2\\0&1&-2&3&10\\0&0&0&4&24\end{pmatrix}\xrightarrow{(3)+(2)}\begin{pmatrix}1&0&1&-1&-3\\0&-1&2&-1&2\\0&0&0&2&12\\0&0&0&4&24\end{pmatrix}$$

$$\xrightarrow[(4)-2(3)]{(1)+\frac{1}{2}(3)}\begin{pmatrix}1&0&1&0&3\\0&-1&2&0&8\\0&0&0&2&12\\0&0&0&0&0\end{pmatrix}\xrightarrow{\frac{1}{2}\times(3)}\begin{pmatrix}1&0&1&0&3\\0&1&-2&0&-8\\0&0&0&1&6\\0&0&0&0&0\end{pmatrix}.$$

原方程组的同解方程组为

$$\begin{cases}x_1=3-x_3,\\x_2=-8+2x_3,\\x_4=6,\end{cases}$$

其中 x_3 为自由未知量.

令 $x_3=0$,得方程组的一个特解

$$\boldsymbol{\eta}_0=\begin{pmatrix}3\\-8\\0\\6\end{pmatrix}.$$

原方程组的导出组的同解方程组为

$$\begin{cases} x_1 = -x_3, \\ x_2 = 2x_3, \\ x_4 = 0, \end{cases}$$

其中 x_3 为自由未知量.

令 $x_3=1$，得导出组的一个基础解系

$$\boldsymbol{\eta} = \begin{pmatrix} -1 \\ 2 \\ 1 \\ 0 \end{pmatrix}.$$

因此，原方程组的全部解，即通解为

$$\boldsymbol{\eta} = \boldsymbol{\eta}_0 + c\boldsymbol{\eta} = \begin{pmatrix} 3 \\ -8 \\ 0 \\ 6 \end{pmatrix} + c\begin{pmatrix} -1 \\ 2 \\ 1 \\ 0 \end{pmatrix},$$

其中 c 为任意常数.

评注：题解中令 $x_3=0$，意即自由未知量取零值，代入到同解的齐次线性方程组中，可求得一个特解 $\boldsymbol{\eta}$.

题 2 求解下列线性方程组，并用特解和其导出组的基础解系表示其全部解：

(1) $\begin{cases} x_1+5x_2-x_3-x_4=-1, \\ x_1-2x_2+x_3+3x_4=3, \\ 3x_1+8x_2-x_3+x_4=1, \\ x_1-9x_2+3x_3+7x_4=7; \end{cases}$

(2) $\begin{cases} x_1-x_2+x_3+2x_4-x_5=-1, \\ 2x_1+x_2+2x_3-x_4+x_5=2, \\ 4x_1-x_2+4x_3+3x_4-x_5=0; \end{cases}$

(3) $\begin{cases} x_1+3x_2+3x_3-2x_4+x_5=3, \\ 2x_1+6x_2+x_3-3x_4=2, \\ x_1+3x_2-2x_3-x_4-x_5=-1, \\ 3x_1+9x_2+4x_3-5x_4+x_5=5. \end{cases}$

解 (1) 对方程组的增广矩阵施行初等行变换，得

$$\overline{\boldsymbol{A}} = \left(\begin{array}{cccc:c} 1 & 5 & -1 & -1 & -1 \\ 1 & -2 & 1 & 3 & 3 \\ 3 & 8 & -1 & 1 & 1 \\ 1 & -9 & -3 & 7 & 7 \end{array}\right)$$

$$\xrightarrow[(4)-(1)]{\substack{(2)-(1)\\(3)-3(1)}}\left(\begin{array}{cccc:c}1 & 5 & -1 & -1 & -1\\0 & -7 & 2 & 4 & 4\\0 & -7 & 2 & 4 & 4\\0 & -14 & 4 & 8 & 8\end{array}\right)$$

$$\xrightarrow[\left(-\frac{1}{7}\right)\times(2)]{\substack{(3)-(2)\\(4)-2(2)}}\left(\begin{array}{ccccc}1 & 5 & -1 & -1 & -1\\0 & 1 & -\frac{2}{7} & -\frac{4}{7} & -\frac{4}{7}\\0 & 0 & 0 & 0 & 0\\0 & 0 & 0 & 0 & 0\end{array}\right)$$

$$\xrightarrow{(1)-5(2)}\left(\begin{array}{cccc:c}1 & 0 & \frac{3}{7} & \frac{13}{7} & \frac{13}{7}\\0 & 1 & -\frac{2}{7} & -\frac{4}{7} & -\frac{4}{7}\\0 & 0 & 0 & 0 & 0\\0 & 0 & 0 & 0 & 0\end{array}\right)$$

则其同解方程组为

$$\begin{cases}x_1=\dfrac{13}{7}-\dfrac{3}{7}x_3-\dfrac{13}{7}x_4,\\ x_2=-\dfrac{4}{7}+\dfrac{2}{7}x_3+\dfrac{4}{7}x_4.\end{cases}$$

取 x_3,x_4 为自由未知量,令 $\begin{pmatrix}x_3\\x_4\end{pmatrix}=\begin{pmatrix}0\\0\end{pmatrix}$,得原方程组的一个特解,即

$$\boldsymbol{\eta}_0=\left(\frac{13}{7},-\frac{4}{7},0,0\right)^{\mathrm{T}}.$$

令 $\begin{pmatrix}x_3\\x_4\end{pmatrix}$ 分别为 $\begin{pmatrix}1\\0\end{pmatrix}$ 和 $\begin{pmatrix}0\\1\end{pmatrix}$,得导出组的基础解系:

$$\boldsymbol{\eta}_1=\left(-\frac{3}{7},\frac{2}{7},1,0\right)^{\mathrm{T}},\boldsymbol{\eta}_2=\left(-\frac{13}{7},\frac{4}{7},0,1\right)^{\mathrm{T}}.$$

于是,原方程组的全部解为

$$\boldsymbol{x}=\boldsymbol{\eta}_0+c_1\boldsymbol{\eta}_1+c_2\boldsymbol{\eta}_2=\begin{pmatrix}\frac{13}{7}\\-\frac{4}{7}\\0\\0\end{pmatrix}+c_1\begin{pmatrix}-\frac{3}{7}\\\frac{2}{7}\\1\\0\end{pmatrix}+c_2\begin{pmatrix}-\frac{13}{7}\\\frac{4}{7}\\0\\1\end{pmatrix}$$

其中 c_1, c_2 为任意常数.

(2) $\overline{\boldsymbol{A}}=\left(\begin{array}{ccccc:c}1 & -1 & 1 & 2 & -1 & -1\\ 2 & 1 & 2 & -1 & 1 & 2\\ 4 & -1 & 4 & 3 & -1 & 0\end{array}\right)$

$$\xrightarrow[(3)-4(1)]{(2)-2(1)}\left(\begin{array}{ccccc:c}1 & -1 & 1 & 2 & -1 & -1\\ 0 & 3 & 0 & -5 & 3 & 4\\ 0 & 3 & 0 & -5 & 3 & 4\end{array}\right)$$

$$\xrightarrow[\frac{1}{3}\times(2)]{(3)-(2)}\left(\begin{array}{ccccc:c}1 & -1 & 1 & 2 & -1 & -1\\ 0 & 1 & 0 & -\frac{5}{3} & 1 & \frac{4}{3}\\ 0 & 0 & 0 & 0 & 0 & 0\end{array}\right)$$

$$\xrightarrow{(1)+(2)}\left(\begin{array}{ccccc:c}1 & 0 & 1 & \frac{1}{3} & 0 & \frac{1}{3}\\ 0 & 1 & 0 & -\frac{5}{3} & 1 & \frac{4}{3}\\ 0 & 0 & 0 & 0 & 0 & 0\end{array}\right).$$

则其同解方程组为

$$\begin{cases}x_1=\frac{1}{3}-x_3-\frac{1}{3}x_4,\\ x_2=\frac{4}{3}+\frac{5}{3}x_4-x_5.\end{cases}$$

取 x_3, x_4, x_5 为自由未知量,令 $\begin{pmatrix}x_3\\x_4\\x_5\end{pmatrix}=\begin{pmatrix}0\\0\\0\end{pmatrix}$,得原方程组的一个特解

$$\boldsymbol{\eta}_0=\left(\frac{1}{3},\frac{4}{3},0,0,0\right)^{\mathrm{T}}.$$

令 $\begin{pmatrix}x_3\\x_4\\x_5\end{pmatrix}$ 分别为 $\begin{pmatrix}1\\0\\0\end{pmatrix}$、$\begin{pmatrix}0\\1\\0\end{pmatrix}$ 和 $\begin{pmatrix}0\\0\\1\end{pmatrix}$,得导出组的基础解系:

$\boldsymbol{\eta}_1=(-1,0,1,0,0)^{\mathrm{T}}$,$\boldsymbol{\eta}_2=\left(-\frac{1}{3},\frac{5}{3},0,1,0\right)^{\mathrm{T}}$,$\boldsymbol{\eta}_3=(0,-1,0,0,1)^{\mathrm{T}}$.

于是,原方程组的全部解为

$$x=\eta_0+c_1\eta_1+c_2\eta_2+c_3\eta_3=\begin{pmatrix}\frac{1}{3}\\\frac{4}{3}\\0\\0\\0\end{pmatrix}+c_1\begin{pmatrix}-1\\0\\1\\0\\0\end{pmatrix}+c_2\begin{pmatrix}-\frac{1}{3}\\\frac{5}{3}\\0\\1\\0\end{pmatrix}+c_3\begin{pmatrix}0\\-1\\0\\0\\1\end{pmatrix},$$

其中 c_1,c_2,c_3 为任意常数.

(3) $\overline{A}=\left(\begin{array}{ccccc:c}1&3&3&-2&1&3\\2&6&1&-3&0&2\\1&3&-2&-1&-1&-1\\3&9&4&-5&1&5\end{array}\right)$

$$\xrightarrow[(4)-3(1)]{\substack{(2)-2(1)\\(3)-(1)}}\left(\begin{array}{ccccc:c}1&3&3&-2&1&3\\0&0&-5&1&-2&-4\\0&0&-5&1&-2&-4\\0&0&-5&1&-2&-4\end{array}\right)$$

$$\xrightarrow[\left(-\frac{1}{5}\right)\times(2)]{\substack{(3)-(2)\\(4)-(2)}}\left(\begin{array}{ccccc:c}1&3&3&-2&1&3\\0&0&1&-\frac{1}{5}&\frac{2}{5}&\frac{4}{5}\\0&0&0&0&0&0\\0&0&0&0&0&0\end{array}\right)$$

$$\xrightarrow{(1)-3(2)}\left(\begin{array}{ccccc:c}1&3&0&-\frac{7}{5}&-\frac{1}{5}&\frac{3}{5}\\0&0&1&-\frac{1}{5}&\frac{2}{5}&\frac{4}{5}\\0&0&0&0&0&0\\0&0&0&0&0&0\end{array}\right).$$

则其同解方程组为

$$\begin{cases}x_1=\frac{3}{5}-3x_2+\frac{7}{5}x_4+\frac{1}{5}x_5,\\x_3=\frac{4}{5}+\frac{1}{5}x_4-\frac{2}{5}x_5.\end{cases}$$

取 x_2,x_4,x_5 为自由未知量,令 $\begin{pmatrix}x_2\\x_4\\x_5\end{pmatrix}=\begin{pmatrix}0\\0\\0\end{pmatrix}$,得原方程组的一个特解

$$\boldsymbol{\eta}_0=\left(\frac{3}{5},0,\frac{4}{5},0,0\right)^{\mathrm{T}}.$$

令 $\begin{pmatrix}x_2\\x_4\\x_5\end{pmatrix}$ 分别为 $\begin{pmatrix}1\\0\\0\end{pmatrix}$、$\begin{pmatrix}0\\1\\0\end{pmatrix}$ 和 $\begin{pmatrix}0\\0\\1\end{pmatrix}$，得导出组的基础解系：

$$\boldsymbol{\eta}_1=(-3,1,0,0,0)^{\mathrm{T}},\boldsymbol{\eta}_2=\left(\frac{7}{5},0,\frac{1}{5},1,0\right)^{\mathrm{T}},\boldsymbol{\eta}_3=\left(\frac{1}{5},0,-\frac{2}{5},0,1\right)^{\mathrm{T}}.$$

于是，原方程组的全部解为

$$\boldsymbol{x}=\boldsymbol{\eta}_0+c_1\boldsymbol{\eta}_1+c_2\boldsymbol{\eta}_2+c_3\boldsymbol{\eta}_3=\begin{pmatrix}\frac{3}{5}\\0\\\frac{4}{5}\\0\\0\end{pmatrix}+c_1\begin{pmatrix}-3\\1\\0\\0\\0\end{pmatrix}+c_2\begin{pmatrix}\frac{7}{5}\\0\\\frac{1}{5}\\1\\0\end{pmatrix}+c_3\begin{pmatrix}\frac{1}{5}\\0\\-\frac{2}{5}\\0\\1\end{pmatrix},$$

其中 c_1,c_2,c_3 为任意常数.

题 3 设四元非齐次线性方程组 $\boldsymbol{Ax}=\boldsymbol{b}$ 有三个特解 $\boldsymbol{\alpha}_1=(-3,-4,0,0)^{\mathrm{T}}$，$\boldsymbol{\alpha}_2=(-4,-3,0,0)^{\mathrm{T}}$，$\boldsymbol{\alpha}_3=(-2,-3,1,1)^{\mathrm{T}}$.若 $\mathrm{r}(\boldsymbol{A})=2$，求 $\boldsymbol{Ax}=\boldsymbol{b}$ 的通解.

解:依题设，$\boldsymbol{\alpha}_2-\boldsymbol{\alpha}_1$ 与 $\boldsymbol{\alpha}_3-\boldsymbol{\alpha}_1$ 均为 $\boldsymbol{Ax}=\boldsymbol{0}$ 的解，故

$$\boldsymbol{A}(\boldsymbol{\alpha}_2-\boldsymbol{\alpha}_1)=\boldsymbol{0},\boldsymbol{A}(\boldsymbol{\alpha}_3-\boldsymbol{\alpha}_1)=\boldsymbol{0}.$$

又 $\boldsymbol{\alpha}_2-\boldsymbol{\alpha}_1=(-1,1,0,0)^{\mathrm{T}}$，$\boldsymbol{\alpha}_3-\boldsymbol{\alpha}_1=(1,1,1,1)^{\mathrm{T}}$，且显见 $\boldsymbol{\alpha}_2-\boldsymbol{\alpha}_1$ 与 $\boldsymbol{\alpha}_3-\boldsymbol{\alpha}_1$ 线性无关.

因 $\mathrm{r}(\boldsymbol{A})=2$，故 $\boldsymbol{\alpha}_2-\boldsymbol{\alpha}_1$ 与 $\boldsymbol{\alpha}_3-\boldsymbol{\alpha}_1$ 是 $\boldsymbol{Ax}=\boldsymbol{0}$ 的一个基础解系.
于是，$\boldsymbol{Ax}=\boldsymbol{b}$ 的通解为

$$\boldsymbol{x}=\begin{pmatrix}-3\\-4\\0\\0\end{pmatrix}+c_1\begin{pmatrix}-1\\1\\0\\0\end{pmatrix}+c_2\begin{pmatrix}1\\1\\1\\1\end{pmatrix},$$

其中 c_1,c_2 为任意常数.

评注:若 $\boldsymbol{\alpha}_1,\boldsymbol{\alpha}_2$ 为 $\boldsymbol{Ax}=\boldsymbol{b}$ 的解，即有 $\boldsymbol{A\alpha}_1=\boldsymbol{b}$，$\boldsymbol{A\alpha}_2=\boldsymbol{b}$，两式相减，则 $\boldsymbol{A}(\boldsymbol{\alpha}_2-\boldsymbol{\alpha}_1)=\boldsymbol{0}$，故 $\boldsymbol{\alpha}_2-\boldsymbol{\alpha}_1$ 为 $\boldsymbol{Ax}=\boldsymbol{0}$ 的解.

题 4 设三元非齐次线性方程组 $\boldsymbol{Ax}=\boldsymbol{b}$ 有三个特解 $\boldsymbol{\alpha}_1,\boldsymbol{\alpha}_2,\boldsymbol{\alpha}_3$，且满足 $\boldsymbol{\alpha}_3-\boldsymbol{\alpha}_2=(1,0,0)^{\mathrm{T}}$，$\boldsymbol{\alpha}_1+2\boldsymbol{\alpha}_2+3\boldsymbol{\alpha}_3=(1,1,1)^{\mathrm{T}}$.若 $\mathrm{r}(\boldsymbol{A})=2$，求 $\boldsymbol{Ax}=\boldsymbol{b}$ 的通解.

解:因 $\mathrm{r}(\boldsymbol{A})=2$，故齐次方程组 $\boldsymbol{Ax}=\boldsymbol{0}$ 的基础解系中仅有一个线性无关的向量，而 $\boldsymbol{\alpha}_3-\boldsymbol{\alpha}_2$ 为 $\boldsymbol{Ax}=\boldsymbol{0}$ 的解，故可取 $\boldsymbol{\alpha}_3-\boldsymbol{\alpha}_2=(1,0,0)^{\mathrm{T}}$ 为 $\boldsymbol{Ax}=\boldsymbol{0}$ 的基础解系

中的解向量.

因 $\boldsymbol{A\alpha}_1=\boldsymbol{b}$，$\boldsymbol{A\alpha}_2=\boldsymbol{b}$，$\boldsymbol{A\alpha}_3=\boldsymbol{b}$，所以

$$\boldsymbol{A}\left(\frac{1}{6}(\boldsymbol{\alpha}_1+2\boldsymbol{\alpha}_2+3\boldsymbol{\alpha}_3)\right)=\frac{1}{6}\boldsymbol{A\alpha}_1+\frac{1}{3}\boldsymbol{A\alpha}_2+\frac{1}{2}\boldsymbol{A\alpha}_3$$
$$=\left(\frac{1}{6}+\frac{1}{3}+\frac{1}{2}\right)\boldsymbol{b}=\boldsymbol{b},$$

即 $\frac{1}{6}(\boldsymbol{\alpha}_1+2\boldsymbol{\alpha}_2+3\boldsymbol{\alpha}_3)=\frac{1}{6}(1,1,1)^{\mathrm{T}}$ 也是 $\boldsymbol{Ax}=\boldsymbol{b}$ 的解.

于是 $\boldsymbol{Ax}=\boldsymbol{b}$ 的通解为

$$\boldsymbol{x}=\frac{1}{6}\begin{pmatrix}1\\1\\1\end{pmatrix}+c\begin{pmatrix}1\\0\\0\end{pmatrix},$$

其中 c 为任意常数.

评注：本题中，$\boldsymbol{A}(\boldsymbol{\alpha}_1+2\boldsymbol{\alpha}_2+3\boldsymbol{\alpha}_3)=\boldsymbol{A\alpha}_1+2\boldsymbol{A\alpha}_2+3\boldsymbol{A\alpha}_3=6\boldsymbol{b}$，故想到 $\frac{1}{6}(\boldsymbol{\alpha}_1+2\boldsymbol{\alpha}_2+3\boldsymbol{\alpha}_3)$ 也是 $\boldsymbol{Ax}=\boldsymbol{b}$ 的解.

题 5 用基础解系表示下列方程组的全部解

$$\begin{cases}x_1+3x_2-2x_3+4x_4+x_5=7,\\2x_1+6x_2+5x_4+2x_5=5,\\4x_1+11x_2+8x_3+5x_5=3,\\x_1+3x_2+2x_3+x_4+x_5=-2.\end{cases}$$

解：
$$\overline{\boldsymbol{A}}=\left(\begin{array}{ccccc:c}1&3&-2&4&1&7\\2&6&0&5&2&5\\4&11&8&0&5&3\\1&3&2&1&1&-2\end{array}\right)$$

$$\xrightarrow[(4)-(1)]{\substack{(2)-2(1)\\(3)-4(1)}}\left(\begin{array}{ccccc:c}1&3&-2&4&1&7\\0&0&4&-3&0&-9\\0&-1&16&-16&1&-25\\0&0&4&-3&0&-9\end{array}\right)$$

$$\xrightarrow[(4)-(2)]{\substack{(1)+3(3)\\(-1)\times(3)}}\left(\begin{array}{ccccc:c}1&0&46&-44&4&-68\\0&0&4&-3&0&-9\\0&1&-16&16&-1&25\\0&0&0&0&0&0\end{array}\right)$$

$$\xrightarrow[\frac{1}{4}\times(2)]{\substack{(1)-\frac{23}{2}(2)\\(3)+4(2)}}\left(\begin{array}{ccccc:c}1&0&0&-\frac{19}{2}&4&\frac{71}{2}\\0&0&1&-\frac{3}{4}&0&-\frac{9}{4}\\0&1&0&4&-1&-11\\0&0&0&0&0&0\end{array}\right)$$

$$\xrightarrow{(2)\leftrightarrow(3)}\left(\begin{array}{ccccc:c}1&0&0&-\frac{19}{2}&4&\frac{71}{2}\\0&1&0&4&-1&-11\\0&0&1&-\frac{3}{4}&0&-\frac{9}{4}\\0&0&0&0&0&0\end{array}\right).$$

因 $r(\overline{A})=r(A)=3<5$，

故原方程组有无穷多解，且同解方程组为

$$\begin{cases}x_1=\frac{71}{2}+\frac{19}{2}x_4-4x_5,\\x_2=-11-4x_4+x_5,\\x_3=-\frac{9}{4}+\frac{3}{4}x_4.\end{cases}$$

其导出组的基础解系为

$$\boldsymbol{\eta}_1=\left(\frac{19}{2},-4,\frac{3}{4},1,0\right)^{\mathrm{T}},\boldsymbol{\eta}_2=(-4,1,0,0,1)^{\mathrm{T}}.$$

则原方程组的全部解为

$$x=\begin{pmatrix}\frac{71}{2}\\-11\\-\frac{9}{4}\\0\\0\end{pmatrix}+c_1\begin{pmatrix}\frac{19}{2}\\-4\\\frac{3}{4}\\1\\0\end{pmatrix}+c_2\begin{pmatrix}-4\\1\\0\\0\\1\end{pmatrix},$$

其中 c_1,c_2 为任意常数.

评注：设 $\boldsymbol{\eta}_0$ 为非齐次线性方程组的一个特解，$\boldsymbol{\eta}_1,\boldsymbol{\eta}_2,\cdots,\boldsymbol{\eta}_{n-r}$ 为其导出组的基础解系，则其全部解 $\boldsymbol{x}=\boldsymbol{\eta}_0+c_1\boldsymbol{\eta}_1+c_2\boldsymbol{\eta}_2+\cdots+c_{n-r}\boldsymbol{\eta}_{n-r}$，其中 $c_1,c_2,\cdots,c_{n-r}$ 为任意常数.

题 6 设 $\boldsymbol{A}$ 是 3×4 矩阵，秩 $r(\boldsymbol{A})=3$，$\boldsymbol{b}$ 是三维列向量，已知线性方程组 $\boldsymbol{Ax}=\boldsymbol{b}$ 有两个不相等的特解 $\boldsymbol{x}=\boldsymbol{\alpha}$ 与 $\boldsymbol{x}=\boldsymbol{\beta}$，求其全部解.

解 因 $r(\boldsymbol{A})=3$，且由题知，$r(\overline{\boldsymbol{A}})\leqslant 3$.

若 $r(\overline{\boldsymbol{A}})<3$，则 $r(\boldsymbol{A})\neq r(\overline{\boldsymbol{A}})$，故 $\boldsymbol{Ax}=\boldsymbol{b}$ 无解，此与题设矛盾.

故 $r(\overline{\boldsymbol{A}})=3$，即有 $r(\overline{\boldsymbol{A}})=r(\boldsymbol{A})=3<4$.

此时 $\boldsymbol{Ax}=\boldsymbol{b}$ 有无穷多解，且其导出组的基础解系中含有 $4-3=1$(个)解向量.

又因 $\boldsymbol{\alpha},\boldsymbol{\beta}$ 为 $\boldsymbol{Ax}=\boldsymbol{b}$ 的不相等的解，

所以 $\boldsymbol{\alpha}-\boldsymbol{\beta}\neq\boldsymbol{0}$，且 $\boldsymbol{\alpha}-\boldsymbol{\beta}$ 为 $\boldsymbol{Ax}=\boldsymbol{0}$ 的解.

故 $\boldsymbol{\alpha}-\boldsymbol{\beta}$ 可以作为 $\boldsymbol{Ax}=\boldsymbol{b}$ 的导出组的基础解系.

于是 $\boldsymbol{Ax}=\boldsymbol{b}$ 的全部解为

$$\boldsymbol{x}=\boldsymbol{\alpha}+c(\boldsymbol{\alpha}-\boldsymbol{\beta})\text{或 }\boldsymbol{x}=\boldsymbol{\beta}+c(\boldsymbol{\alpha}-\boldsymbol{\beta}).$$

其中 c 为任意常数.

评注：本题用到了非齐次线性方程组的解的结构定理.

题 7 设有齐次线性方程组 $\boldsymbol{Ax}=\boldsymbol{0}$ 和 $\boldsymbol{Bx}=\boldsymbol{0}$，其中 $\boldsymbol{A}$、$\boldsymbol{B}$ 均为 $m\times n$ 矩阵，现有四个命题：① 若 $\boldsymbol{Ax}=\boldsymbol{0}$ 的解均是 $\boldsymbol{Bx}=\boldsymbol{0}$ 的解，则秩$(\boldsymbol{A})\geqslant$秩$(\boldsymbol{B})$

② 若秩$(A)\geqslant$秩(B)，则 $\boldsymbol{Ax}=\boldsymbol{0}$ 的解均是 $\boldsymbol{Bx}=\boldsymbol{0}$ 的解

③ 若 $\boldsymbol{Ax}=\boldsymbol{0}$ 与 $\boldsymbol{Bx}=\boldsymbol{0}$ 同解，则秩$(\boldsymbol{A})=$秩$(\boldsymbol{B})$

④ 若秩$(\boldsymbol{A})=$秩$(\boldsymbol{B})$，则 $\boldsymbol{Ax}=\boldsymbol{0}$ 与 $\boldsymbol{Bx}=\boldsymbol{0}$ 同解.

以上命题正确的是(　　).

(A) ①②　　(B) ①③　　(C) ②③　　(D) ③④

解 若 $\boldsymbol{Ax}=\boldsymbol{0}$ 的解均是 $\boldsymbol{Bx}=\boldsymbol{0}$ 的解，则

$$n-r(\boldsymbol{A})\leqslant n-r(\boldsymbol{B}),$$

即有 $r(\boldsymbol{A})\geqslant r(\boldsymbol{B})$.

故①正确，从而③也正确.故选(B).

评注：若 $A=\begin{pmatrix}1&0\\0&0\end{pmatrix}$，$B=\begin{pmatrix}1&1\\0&0\end{pmatrix}$，则有 $r(\boldsymbol{A})\geqslant r(B)$，

解 $\boldsymbol{Ax}=\boldsymbol{0}$，得 $\boldsymbol{x}=c\begin{pmatrix}0\\1\end{pmatrix}$.

再解 $\boldsymbol{Bx}=\boldsymbol{0}$，得 $\overline{\boldsymbol{x}}=c\begin{pmatrix}1\\-1\end{pmatrix}$

显然，$\boldsymbol{x}$ 与 $\overline{\boldsymbol{x}}$ 除了 $\begin{pmatrix}0\\0\end{pmatrix}$ 外，均不相同，故②、④不正确.

题 8 设 $\boldsymbol{A}$ 为 4×3 矩阵，$\boldsymbol{\eta}_1,\boldsymbol{\eta}_2,\boldsymbol{\eta}_3$ 是非齐次线性方程组 $\boldsymbol{Ax}=\boldsymbol{\beta}$ 的 3 个线性无关的解，k_1,k_2 为任意常数，则 $\boldsymbol{Ax}=\boldsymbol{\beta}$ 的通解为(　　).

(A) $\dfrac{\boldsymbol{\eta}_2+\boldsymbol{\eta}_3}{2}+k_1(\boldsymbol{\eta}_2-\boldsymbol{\eta}_1)$

(B) $\dfrac{\boldsymbol{\eta}_2-\boldsymbol{\eta}_3}{2}+k_1(\boldsymbol{\eta}_2-\boldsymbol{\eta}_1)$

(C) $\dfrac{\boldsymbol{\eta}_2+\boldsymbol{\eta}_3}{2}+k_1(\boldsymbol{\eta}_2-\boldsymbol{\eta}_1)+k_2(\boldsymbol{\eta}_3-\boldsymbol{\eta}_1)$

(D) $\dfrac{\boldsymbol{\eta}_2-\boldsymbol{\eta}_3}{2}+k_1(\boldsymbol{\eta}_2-\boldsymbol{\eta}_1)+k_2(\boldsymbol{\eta}_3-\boldsymbol{\eta}_1)$

解:因 $\boldsymbol{\eta}_1,\boldsymbol{\eta}_2,\boldsymbol{\eta}_3$ 是 $\boldsymbol{Ax}=\boldsymbol{\beta}$ 的 3 个线性无关的解,

故$\dfrac{\boldsymbol{\eta}_2+\boldsymbol{\eta}_3}{2}$也是 $\boldsymbol{Ax}=\boldsymbol{\beta}$ 的解,且 $\boldsymbol{\eta}_2-\boldsymbol{\eta}_1,\boldsymbol{\eta}_3-\boldsymbol{\eta}_1$ 也线性无关,并且为 $\boldsymbol{Ax}=\boldsymbol{0}$ 的解,从而 $\boldsymbol{Ax}=\boldsymbol{\beta}$ 的通解可表示为

$$x=\frac{\boldsymbol{\eta}_2+\boldsymbol{\eta}_3}{2}+k_1(\boldsymbol{\eta}_2-\boldsymbol{\eta}_1)+k_2(\boldsymbol{\eta}_3-\boldsymbol{\eta}_1),$$

其中 k_1,k_2 为任意常数.故选(C).

评注:本题也可采用排除法,因 $\boldsymbol{\eta}_1,\boldsymbol{\eta}_2,\boldsymbol{\eta}_3$ 是 $\boldsymbol{Ax}=\boldsymbol{\beta}$ 的解,则 $\boldsymbol{\eta}_1,\boldsymbol{\eta}_2,\boldsymbol{\eta}_3$ 必为通解中 k_1,k_2 取特定值的向量,而(A)、(B)、(D)中无论 k_1,k_2 取何值,均无法得到 $\boldsymbol{\eta}_1$,故排除(A)、(B)、(D),只能选(C).

题 9 设四元非齐次线性方程组 $\boldsymbol{Ax}=\boldsymbol{b}$ 的系数矩阵 $\boldsymbol{A}$ 的秩为 3,已知它的 3 个解向量为 $\boldsymbol{\xi}_1,\boldsymbol{\xi}_2,\boldsymbol{\xi}_3$,其中

$$\boldsymbol{\xi}_1=\begin{pmatrix}3\\-4\\1\\2\end{pmatrix},\boldsymbol{\xi}_2+\boldsymbol{\xi}_3=\begin{pmatrix}4\\6\\8\\0\end{pmatrix},$$

求该方程组的解.

解:因四元非齐次线性方程组 $\boldsymbol{Ax}=\boldsymbol{b}$ 的系数矩阵 $\boldsymbol{A}$ 的秩为 3,则其导出组 $\boldsymbol{Ax}=\boldsymbol{0}$ 的基础解系含有 $4-3=1$(个)解向量,故导出组 $\boldsymbol{Ax}=\boldsymbol{0}$ 的任何一个非零解都可作为其方程组的基础解系.由解的性质,易知

$$\boldsymbol{\xi}_1-\frac{1}{2}(\boldsymbol{\xi}_2+\boldsymbol{\xi}_3)=\begin{pmatrix}3\\-4\\1\\2\end{pmatrix}-\frac{1}{2}\begin{pmatrix}4\\6\\8\\0\end{pmatrix}=\begin{pmatrix}1\\-7\\-3\\2\end{pmatrix}\neq\boldsymbol{0}$$

是导出组 $\boldsymbol{Ax}=\boldsymbol{0}$ 的一个非零解,故原方程组的通解为

$$\boldsymbol{x}=\boldsymbol{\xi}_1+\boldsymbol{k}\left[\boldsymbol{\xi}_1-\frac{1}{2}(\boldsymbol{\xi}_2+\boldsymbol{\xi}_3)\right]$$

$$=\begin{pmatrix}3\\-4\\1\\2\end{pmatrix}+\begin{pmatrix}1\\-7\\-3\\2\end{pmatrix}(k\text{ 为任意常数}).$$

题 10 设 $\boldsymbol{A}$ 是 n 阶矩阵，$\boldsymbol{\alpha}$ 是 n 维列向量，若 $\mathrm{r}\begin{pmatrix}\boldsymbol{A} & \boldsymbol{\alpha}\\ \boldsymbol{\alpha}^{\mathrm{T}} & \boldsymbol{O}\end{pmatrix}=\mathrm{r}(\boldsymbol{A})$，则线性方程组（ ）.

(A) $\boldsymbol{Ax}=\boldsymbol{\alpha}$ 必有无穷多解.

(B) $\boldsymbol{Ax}=\boldsymbol{\alpha}$ 必有唯一解.

(C) $\begin{pmatrix}\boldsymbol{A} & \boldsymbol{\alpha}\\ \boldsymbol{\alpha}^{\mathrm{T}} & \boldsymbol{O}\end{pmatrix}\begin{pmatrix}x\\ y\end{pmatrix}=\boldsymbol{0}$ 仅有零解.

(D) $\begin{pmatrix}\boldsymbol{A} & \boldsymbol{\alpha}\\ \boldsymbol{\alpha}^{\mathrm{T}} & \boldsymbol{O}\end{pmatrix}\begin{pmatrix}x\\ y\end{pmatrix}=\boldsymbol{0}$ 必有非零解.

解：因 $\mathrm{r}\begin{pmatrix}\boldsymbol{A} & \boldsymbol{\alpha}\\ \boldsymbol{\alpha}^{\mathrm{T}} & \boldsymbol{O}\end{pmatrix}=\mathrm{r}(\boldsymbol{A})\leqslant n<n+1$，故 $\begin{vmatrix}\boldsymbol{A} & \boldsymbol{\alpha}\\ \boldsymbol{\alpha}^{\mathrm{T}} & \boldsymbol{O}\end{vmatrix}=0$.

从而 $(n+1)$ 元齐次线性方程组 $\begin{pmatrix}\boldsymbol{A} & \boldsymbol{\alpha}\\ \boldsymbol{\alpha}^{\mathrm{T}} & \boldsymbol{O}\end{pmatrix}\begin{pmatrix}x\\ y\end{pmatrix}=\boldsymbol{0}$ 必有非零解.故选(D).

评注：对于 $\boldsymbol{Ax}=\boldsymbol{\alpha}$ 的解可能有各种情况，如 $\boldsymbol{A}=(1)$，$\boldsymbol{\alpha}=(0)$，满足 $\mathrm{r}\begin{pmatrix}1 & 0\\ 0 & 0\end{pmatrix}=\mathrm{r}(1)=1$，而 $\boldsymbol{Ax}=\boldsymbol{\alpha}$ 仅为零解. 又如 $\boldsymbol{A}=\begin{pmatrix}1 & -1\\ -1 & 1\end{pmatrix}$，$\boldsymbol{\alpha}=\begin{pmatrix}0\\ 0\end{pmatrix}$ 满足 $\mathrm{r}\begin{pmatrix}1 & -1 & 0\\ -1 & -1 & 0\\ 0 & 0 & 0\end{pmatrix}=\mathrm{r}\begin{pmatrix}1 & -1\\ -1 & 1\end{pmatrix}=1$，而 $\boldsymbol{Ax}=\boldsymbol{\alpha}$ 有无穷多解 $\boldsymbol{x}=c\begin{pmatrix}1\\ 1\end{pmatrix}$.

3.7 含有参数的线性方程组的求解

题 1 当参数 λ 取何值时，方程组

$$\begin{cases}\lambda x_1+x_2+x_3=\lambda-3\\ x_1+\lambda x_2+x_3=-2\\ x_1+x_2+\lambda x_3=-2\end{cases}.$$

(1) 无解；(2) 有唯一解；(3)有无穷多个解，并用导出组的基础解系表示原方程组的全部解.

解：对增广矩阵施行初等行变换，得

$$\overline{\boldsymbol{A}}=\left(\begin{array}{ccc:c}\lambda & 1 & 1 & \lambda-3\\ 1 & \lambda & 1 & -2\\ 1 & 1 & \lambda & -2\end{array}\right)\xrightarrow{(1)\leftrightarrow(3)}\left(\begin{array}{ccc:c}1 & 1 & \lambda & -2\\ 1 & \lambda & 1 & -2\\ \lambda & 1 & 1 & \lambda-3\end{array}\right)$$

$$\xrightarrow[(3)-\lambda(1)]{(2)-(1)}\left(\begin{array}{ccc:c}1 & 1 & \lambda & -2\\ 0 & \lambda-1 & 1-\lambda & 0\\ 0 & 1-\lambda & 1-\lambda^2 & 3(\lambda-1)\end{array}\right)$$

$$\xrightarrow{(3)+(2)} \begin{bmatrix} 1 & 1 & \lambda & \vdots & -2 \\ 0 & \lambda-1 & 1-\lambda & \vdots & 0 \\ 0 & 0 & (1-\lambda)(2+\lambda) & \vdots & 3(\lambda-1) \end{bmatrix}$$

当 $\lambda=-2$ 时，$2=r(\boldsymbol{A})<r(\overline{\boldsymbol{A}})=3$，原方程组无解；

当 $\lambda\neq-2$ 且 $\lambda\neq1$ 时，$r(\overline{\boldsymbol{A}})=r(\boldsymbol{A})=3$，原方程组有唯一解.

当 $\lambda=1$ 时，$r(\overline{\boldsymbol{A}})=r(\boldsymbol{A})=1$，原方程组有无穷多解，此时

$$\overline{\boldsymbol{A}}\to \begin{bmatrix} 1 & 1 & 1 & \vdots & -2 \\ 0 & 0 & 0 & \vdots & 0 \\ 0 & 0 & 0 & \vdots & 0 \end{bmatrix}$$

则其同解方程组为 $x_1=-2-x_2-x_3$，

导出组基础解系为 $(-1,1,0)^{\mathrm{T}}$ 和 $(-1,0,1)^{\mathrm{T}}$，

原方程组的全部解为

$$\boldsymbol{x}=\begin{bmatrix} -2 \\ 0 \\ 0 \end{bmatrix}+c_1\begin{bmatrix} -1 \\ 1 \\ 0 \end{bmatrix}+c_2\begin{bmatrix} -1 \\ 0 \\ 1 \end{bmatrix},$$

其中 c_1,c_2 为任意常数.

题 2 设 $\boldsymbol{A}=\begin{bmatrix} 1 & a & 0 & 0 \\ 0 & 1 & a & 0 \\ 0 & 0 & 1 & a \\ a & 0 & 0 & 1 \\ a & 0 & 0 & 1 \end{bmatrix},\boldsymbol{b}=\begin{bmatrix} 1 \\ -1 \\ 0 \\ 0 \end{bmatrix}.$

(1) 求 $|\boldsymbol{A}|$；

(2) 已知线性方程组 $\boldsymbol{Ax}=\boldsymbol{b}$ 有无穷多解，求 a，并求出 $\boldsymbol{Ax}=\boldsymbol{b}$ 的通解.

解: (1) $|\boldsymbol{A}|=\begin{vmatrix} 1 & a & 0 & 0 \\ 0 & 1 & a & 0 \\ 0 & 0 & 1 & a \\ a & 0 & 0 & 1 \end{vmatrix}=\begin{vmatrix} 1 & a & 0 \\ 0 & 1 & a \\ 0 & 0 & 1 \end{vmatrix}-a\begin{vmatrix} 0 & a & 0 \\ 0 & 1 & a \\ a & 0 & 1 \end{vmatrix}=1-a(a^3)=1-a^4.$

(2) $\overline{\boldsymbol{A}}=\begin{bmatrix} 1 & a & 0 & 0 & \vdots & 1 \\ 0 & 1 & a & 0 & \vdots & -1 \\ 0 & 0 & 1 & a & \vdots & 0 \\ a & 0 & 0 & 1 & \vdots & 0 \end{bmatrix}\xrightarrow{(4)-a(1)}\begin{bmatrix} 1 & a & 0 & 0 & \vdots & 1 \\ 0 & 1 & a & 0 & \vdots & -1 \\ 0 & 0 & 1 & a & \vdots & 0 \\ 0 & -a^2 & 0 & 1 & \vdots & -a \end{bmatrix}$

$$\xrightarrow{(4)+a^2(2)}\begin{bmatrix} 1 & a & 0 & 0 & \vdots & 1 \\ 0 & 1 & a & 0 & \vdots & -1 \\ 0 & 0 & 1 & a & \vdots & 0 \\ 0 & 0 & a^3 & 1 & \vdots & -a(a+1) \end{bmatrix}$$

$$\xrightarrow[(4)-a^3(3)]{(1)-a(2)}\left(\begin{array}{cccc:c}1 & 0 & -a^2 & 0 & 1+a \\ 0 & 1 & a & 0 & -1 \\ 0 & 0 & 1 & a & 0 \\ 0 & 0 & 0 & 1-a^4 & -a(a+1)\end{array}\right)$$

$$\xrightarrow[(2)-a(3)]{(1)+a^2(3)}\left(\begin{array}{cccc:c}1 & 0 & 0 & a^3 & 1+a \\ 0 & 1 & 0 & -a^2 & -1 \\ 0 & 0 & 1 & a & 0 \\ 0 & 0 & 0 & 1-a^4 & -a(a+1)\end{array}\right).$$

依题意,知

$$\begin{cases}1-a^4=0\\ -a(a+1)=0\end{cases},$$

解得 $a=-1$.

此时,

$$\overline{\mathbf{A}}\to\left(\begin{array}{cccc:c}1 & 0 & 0 & -1 & 0 \\ 0 & 1 & 0 & -1 & -1 \\ 0 & 0 & 1 & -1 & 0 \\ 0 & 0 & 0 & 0 & 0\end{array}\right),$$

其同解方程组为

$$\begin{cases}x_1=x_4,\\ x_2=-1+x_4,\\ x_3=x_4.\end{cases}$$

显见其特解为$(0,-1,0,0)^{\mathrm{T}}$,其导出组的基础解系为$(1,1,1,1)^{\mathrm{T}}$,故原方程组的全部解,即通解为

$$\boldsymbol{x}=\begin{pmatrix}0\\-1\\0\\0\end{pmatrix}+c\begin{pmatrix}1\\1\\1\\1\end{pmatrix},$$

其中 c 为任意常数.

评注:对于含待定常数 a 的题目,解题基本方法仍与无待定常数的题目类似,只是在不确定 a 是否为 0 时,不可出现 a 作为分母的情况,即在初等变换中,不可用$\frac{1}{a}$乘以某一行.

题 3 讨论方程组

$$\begin{cases}x_1+x_2+2x_3+3x_4=1,\\ x_1+3x_2+6x_3+x_4=3,\\ 3x_1-x_2-ax_3+15x_4=3,\\ x_1-5x_2-10x_3+12x_4=b.\end{cases}$$

解的情况.

解：
$$\overline{\boldsymbol{A}}=\left(\begin{array}{cccc:c}1&1&2&3&1\\1&3&6&1&3\\3&-1&-a&15&3\\1&-5&-10&12&b\end{array}\right)$$

$$\xrightarrow[(4)-(1)]{\substack{(2)-(1)\\(3)-3(1)}}\left(\begin{array}{cccc:c}1&1&2&3&1\\0&2&4&-2&2\\0&-4&-a-b&6&0\\0&-6&-12&9&b-1\end{array}\right)$$

$$\xrightarrow{\substack{(4)+3(2)\\\frac{1}{2}\times(2)}}\left(\begin{array}{cccc:c}1&1&2&3&1\\0&1&2&-1&1\\0&-4&-a-6&6&0\\0&0&0&3&b+5\end{array}\right)$$

$$\xrightarrow{\substack{(1)-(2)\\(3)+4(2)}}\left(\begin{array}{cccc:c}1&0&0&4&0\\0&1&2&-1&1\\0&0&-a+2&2&4\\0&0&0&3&b+5\end{array}\right).$$

(1) 当 $a\neq 2$ 时，方程组有唯一解；

(2) 当 $a=2$ 时，

$$\overline{\boldsymbol{A}}\longrightarrow\left(\begin{array}{cccc:c}1&0&0&4&0\\0&1&2&-1&1\\0&0&0&2&4\\0&0&0&3&b+5\end{array}\right)\xrightarrow[\frac{1}{2}\times(3)]{\substack{(2)+\frac{1}{2}(3)\\(4)-\frac{3}{2}(3)}}\left(\begin{array}{cccc:c}1&0&0&4&0\\0&1&2&0&3\\0&0&0&1&2\\0&0&0&0&b-1\end{array}\right).$$

若 $b\neq 1$，则 $4=r(\overline{\boldsymbol{A}})\neq r(\boldsymbol{A})=3$，原方程组无解；

若 $b=1$，则 $r(\overline{\boldsymbol{A}})=r(\boldsymbol{A})=3<4$，原方程组有无穷多解.此时，同解方程组为

$$\begin{cases}x_1=-4x_4,\\x_2=3-2x_3,\\x_4=2,\end{cases}$$

即

$$\begin{cases}x_1=-8,\\x_2=3-2x_3,\\x_3=x_3,\\x_4=2.\end{cases}$$

取 x_3 为自由未知量,令 $x_3=0$,则原方程组的一个特解为 $\begin{pmatrix}-8\\3\\0\\2\end{pmatrix}$.

令 $x_3=1$,则导出组的基础解系为 $(0,-2,1,0)^{\mathrm{T}}$.

故原方程组的全部解为

$$\boldsymbol{x}=\begin{pmatrix}-8\\3\\0\\2\end{pmatrix}+c\begin{pmatrix}0\\-2\\1\\0\end{pmatrix},$$

其中 c 为任意常数.

题4 当 a,b 取何值时,线性方程组

$$\begin{cases}x_1+x_2+x_3+x_4=0,\\x_2+2x_3+2x_4=1,\\-x_2+(a-3)x_3-2x_4=b,\\3x_1+2x_2+x_3+ax_4=-1\end{cases}$$

有唯一解?无解?有无穷多解?当方程组有解时,求出它的解.

解:

$$\overline{\boldsymbol{A}}=\left(\begin{array}{cccc:c}1&1&1&1&0\\0&1&2&2&1\\0&-1&a-3&-2&b\\3&2&1&a&-1\end{array}\right)$$

$$\xrightarrow[(4)-3(1)]{(3)+(2)}\left(\begin{array}{cccc:c}1&1&1&1&0\\0&1&2&2&1\\0&0&a-1&0&b+1\\0&-1&-2&a-3&-1\end{array}\right)$$

$$\xrightarrow[(4)+(2)]{(1)-(2)}\left(\begin{array}{cccc:c}1&0&-1&-1&-1\\0&1&2&2&1\\0&0&a-1&0&b+1\\0&0&0&a-1&0\end{array}\right).$$

情形1. 当 $a-1\neq0$,即 $a\neq1$ 时,$\mathrm{r}(\overline{\boldsymbol{A}})=\mathrm{r}(\boldsymbol{A})=4$,原方程组有唯一解.此时,同解方程组为

$$\begin{cases}x_1-x_3-x_4=-1,\\x_2+2x_3+2x_4=1,\\(a-1)x_3=b+1,\\(a-1)x_4=0.\end{cases}$$

唯一解为$\left(\dfrac{b-a+2}{a-1},\dfrac{a-2b-3}{a-1},\dfrac{b+1}{a-1},0\right)^{\mathrm{T}}$.

情形 2.当$a-1=0,b+1\neq 0$,即$a=1,b\neq -1$时,$3=\mathrm{r}(\overline{\boldsymbol{A}})\neq \mathrm{r}(\boldsymbol{A})=2$,原方程组无解.

情形 3.当$a-1=0$且$b+1=0$,即$a=1,b=-1$时,$\mathrm{r}(\overline{\boldsymbol{A}})=\mathrm{r}(\boldsymbol{A})=2<4$,原方程组有无穷多解,此时,同解方程组为

$$\begin{cases}x_1-x_3-x_4=-1,\\x_2+2x_3+2x_4=1,\end{cases}$$

即$\begin{cases}x_1=-1+x_3+x_4,\\x_2=1-2x_3-2x_4.\end{cases}$

取x_3,x_4为自由未知量,令$x_3=c_1,x_4=c_2$(c_1,c_2为任意常数),则原方程组的全部解为

$$\boldsymbol{x}=\begin{pmatrix}-1\\1\\0\\0\end{pmatrix}+c_1\begin{pmatrix}1\\-2\\1\\0\end{pmatrix}+c_2\begin{pmatrix}1\\-2\\0\\1\end{pmatrix},$$

其中c_1,c_2为任意常数.

题 5 已知非齐次线性方程组

$$\begin{cases}x_1+x_2+x_3+x_4=-1,\\4x_1+3x_2+5x_3-x_4=-1,\\ax_1+x_2+3x_3+bx_4=1\end{cases}$$

有三个线性无关的解.

(1) 证明方程组系数矩阵$\boldsymbol{A}$的秩$\mathrm{r}(\boldsymbol{A})=2$;

(2) 求a,b的值及方程组的通解.

解:(1) 因$\boldsymbol{A}=\begin{pmatrix}1&1&1&1\\4&3&5&-1\\a&1&3&b\end{pmatrix}\xrightarrow[(3)-a(1)]{(2)-4(1)}\begin{pmatrix}1&1&1&1\\0&-1&1&-5\\0&1-a&3-a&b-a\end{pmatrix}$

$$\xrightarrow{(3)+(1-a)(2)}\begin{pmatrix}1&1&1&1\\0&-1&1&-5\\0&0&4-2a&4a+b-5\end{pmatrix}.$$

故

$$\mathrm{r}(\boldsymbol{A})=2\text{ 或 }3. \qquad ①$$

又所给非齐次线性方程组有 3 个线性无关的解,记为$\boldsymbol{\alpha}_1,\boldsymbol{\alpha}_2,\boldsymbol{\alpha}_3$,则$\boldsymbol{\alpha}_1-\boldsymbol{\alpha}_2,\boldsymbol{\alpha}_1-\boldsymbol{\alpha}_3$是对应的导出组的解,并且线性无关.

事实上,若存在数k_1,k_2,使得$k_1(\boldsymbol{\alpha}_1-\boldsymbol{\alpha}_2)+k_2(\boldsymbol{\alpha}_1-\boldsymbol{\alpha}_3)=\boldsymbol{0}$,

即$(k_1+k_2)\boldsymbol{\alpha}_1-k_1\boldsymbol{\alpha}_2-k_2\boldsymbol{\alpha}_3=\mathbf{0}$,

因$\boldsymbol{\alpha}_1,\boldsymbol{\alpha}_2,\boldsymbol{\alpha}_3$线性无关,故$k_1=k_2=0$,即有$\boldsymbol{\alpha}_1-\boldsymbol{\alpha}_2,\boldsymbol{\alpha}_1-\boldsymbol{\alpha}_3$线性无关.
故导出组的基础解系中解向量个数至少为2个,即$4-\mathrm{r}(\boldsymbol{A})\geqslant 2$,即$\mathrm{r}(\boldsymbol{A})\leqslant 2$.结合①,知$\mathrm{r}(\boldsymbol{A})=2$.

(2) 由(1),知

$$\begin{cases}4-2a=0,\\4a+b-5=0.\end{cases}\text{解得}\begin{cases}a=2,\\b=-3.\end{cases}$$

则

$$\overline{\boldsymbol{A}}=\left(\begin{array}{cccc:c}1&1&1&1&-1\\4&3&5&-1&-1\\2&1&3&-3&1\end{array}\right)\xrightarrow[(3)-2(1)]{(2)-4(1)}\left(\begin{array}{cccc:c}1&1&1&1&-1\\0&-1&1&-5&3\\0&-1&1&-5&3\end{array}\right)$$

$$\xrightarrow[(-1)\times(2)]{\substack{(1)+(2)\\(3)-(2)}}\left(\begin{array}{cccc:c}1&0&2&-4&2\\0&1&-1&5&-3\\0&0&0&0&0\end{array}\right),$$

其同解方程组为$\begin{cases}x_1=2-2x_3+4x_4,\\x_2=-3+x_3-5x_4,\end{cases}$

其导出组的基础解系为$(-2,1,1,0)^{\mathrm{T}},(4,-5,0,1)^{\mathrm{T}}$.

故原方程组的通解为

$$\boldsymbol{x}=\begin{pmatrix}2\\-3\\0\\0\end{pmatrix}+c_1\begin{pmatrix}-2\\1\\1\\0\end{pmatrix}+c_2\begin{pmatrix}4\\-5\\0\\1\end{pmatrix},$$

其中c_1,c_2为任意常数.

评注:(1)的证明中,结论$\mathrm{r}(\boldsymbol{A})=2$或3,可以用$\mathrm{r}(\boldsymbol{A})\geqslant 2$替代.其实,因(1,1,1,1)与(4,3,5,−1)线性无关,显见$\mathrm{r}(\boldsymbol{A})\geqslant 2$.

题6　设线性方程组

$$\begin{cases}px_1+x_2+x_3=4,\\x_1+tx_2+x_3=3,\\x_1+2tx_2+x_3=4.\end{cases}$$

试就p,t讨论方程组的解的情况,有解时则求出其解.

解:对增广矩阵进行初等行变换

$$\overline{\boldsymbol{A}}=\begin{pmatrix}p&1&1&4\\1&t&1&3\\1&2t&1&4\end{pmatrix}\xrightarrow{\substack{(1)\leftrightarrow(2)\\(2)\leftrightarrow(3)}}\begin{pmatrix}1&t&1&3\\1&2t&1&4\\p&1&1&4\end{pmatrix}$$

$$\xrightarrow[(3)-p(1)]{(2)-(1)}\begin{pmatrix}1 & t & 1 & 3\\ 0 & t & 0 & 1\\ 0 & 1-pt & 1-p & 4-3p\end{pmatrix}$$

$$\xrightarrow{(3)+p(2)}\begin{pmatrix}1 & t & 1 & 3\\ 0 & t & 0 & 1\\ 0 & 1 & 1-p & 4-2p\end{pmatrix}$$

$$\xrightarrow[(3)-t(2)]{(2)\leftrightarrow(3)}\begin{pmatrix}1 & t & 1 & 3\\ 0 & 1 & 1-p & 4-2p\\ 0 & 0 & (p-1)t & 1-4t+2pt\end{pmatrix}.$$

(1) 当$(p-1)t\neq 0$(即 $p\neq 1,t\neq 0$)时,$R(\boldsymbol{A})=R(\overline{\boldsymbol{A}})=3$,方程组有唯一解

$$x_1=\frac{2t-1}{(p-1)t},x_2=\frac{1}{t},x_3=\frac{1-4t+2pt}{(p-1)t}.$$

(2) 当 $p=1$,且 $1-4t+2pt=1-2t=0$,即 $t=\dfrac{1}{2}$时,$R(\boldsymbol{A})=R(\widetilde{\boldsymbol{A}})=2<3$,方程组有无穷多解,此时

$$\overline{\boldsymbol{A}}\to\begin{pmatrix}1 & \frac{1}{2} & 1 & 3\\ 0 & 1 & 0 & 2\\ 0 & 0 & 0 & 0\end{pmatrix}\xrightarrow{(1)-\frac{1}{2}(2)}\begin{pmatrix}1 & 0 & 1 & 2\\ 0 & 1 & 0 & 2\\ 0 & 0 & 0 & 0\end{pmatrix},$$

于是方程组的一般解为

$$\boldsymbol{x}=\begin{pmatrix}2\\2\\0\end{pmatrix}+k\begin{pmatrix}-1\\0\\1\end{pmatrix}(k\text{ 为任意常数}).$$

(3) 当 $p=1$,但 $1-4t+2pt=1-2t\neq 0$,即 $t\neq\dfrac{1}{2}$时,$\mathrm{r}(\boldsymbol{A})=2\neq\mathrm{r}(\overline{\boldsymbol{A}})=3$,方程组无解.

(4) 当 $t=0$ 时,$1-4t+2pt=1\neq 0$,此时,$\mathrm{r}(\boldsymbol{A})=2\neq\mathrm{r}(\overline{\boldsymbol{A}})=3$,故方程组也无解.

题 7 就参数 p、q,讨论方程组.

$$\begin{cases}x_1+x_2+x_3+x_4=1,\\ x_2-x_3+2x_4=1,\\ 2x_1+3x_2+(p+2)x_3+4x_4=q+3,\\ 3x_1+5x_2+x_3+(p+8)x_4=5\end{cases}$$

何时有解?何时有唯一解?何时有无穷多解?在无穷多解的情况下,用导出组的基础解系表示原方程组的全部解.

解：$\overline{A}=\begin{pmatrix}1&1&1&1&1&\vdots&1\\0&1&-1&-1&2&\vdots&1\\2&3&p+2&p+2&4&\vdots&q+3\\3&5&1&1&p+8&\vdots&5\end{pmatrix}$

$$\xrightarrow[(4)-3(1)]{(3)-2(1)}\begin{pmatrix}1&1&1&1&\vdots&1\\0&1&-1&2&\vdots&1\\0&1&p&2&\vdots&q+1\\0&2&-2&p+5&\vdots&2\end{pmatrix}$$

$$\xrightarrow[(4)-2(2)]{\substack{(1)-(2)\\(3)-(2)}}\begin{pmatrix}1&0&2&-1&\vdots&0\\0&1&-1&2&\vdots&1\\0&0&p+1&0&\vdots&q\\0&0&0&p+1&\vdots&0\end{pmatrix}.$$

当 $p+1=0, q\neq 0$，即 $p=-1, q\neq 0$ 时，

$$3=\mathrm{r}(\overline{\boldsymbol{A}})\neq \mathrm{r}(\boldsymbol{A})=2,$$

故方程组无解；

当 $p+1\neq 0$，即 $p\neq -1$ 时，

$$\mathrm{r}(\overline{\boldsymbol{A}})=\mathrm{r}(\boldsymbol{A})=4,$$

故方程组有唯一解；

当 $p+1=0$ 且 $q=0$，即 $p=-1, q=0$ 时，

$$\mathrm{r}(\overline{\boldsymbol{A}})=\mathrm{r}(\boldsymbol{A})=2,$$

故方程组有无穷多解.此时，同解方程组为

$$\begin{cases}x_1=-2x_3+x_4,\\x_2=x_3-2x_4+1,\end{cases}$$

其导出组的基础解系为

$$\boldsymbol{\eta}_1=(-2,1,1,0)^{\mathrm{T}},\boldsymbol{\eta}_2=(1,-2,0,1)^{\mathrm{T}}.$$

于是方程组的全部解为

$$\boldsymbol{x}=\begin{pmatrix}0\\1\\0\\0\end{pmatrix}+c_1\begin{pmatrix}-2\\1\\1\\0\end{pmatrix}+c_2\begin{pmatrix}1\\-2\\0\\1\end{pmatrix},$$

其中 c_1, c_2 为任意常数.

题 8 当 a, b 取什么值时，方程组

$$\begin{cases}x_1+x_2+x_3+x_4+x_5=1,\\3x_1+2x_2+x_3+x_4-3x_5=a,\\x_2+2x_3+2x_4+6x_5=4,\\5x_1+4x_2+3x_3+3x_4-x_5=b\end{cases}$$

无解,有解,在有解时,用基础解系表示其全部解.

$$\text{解}:\overline{\boldsymbol{A}}=\left(\begin{array}{ccccc:c}1&1&1&1&1&1\\3&2&1&1&-3&a\\0&2&2&2&6&4\\5&4&3&3&-1&b\end{array}\right)$$

$$\xrightarrow[(4)-5(1)]{(2)-3(1)}\left(\begin{array}{ccccc:c}1&1&1&1&1&1\\0&-1&-2&-2&-6&a-3\\0&1&2&2&6&4\\0&-1&-2&-2&-6&b-5\end{array}\right)$$

$$\xrightarrow[(4)+(3)]{\substack{(1)-(3)\\(2)+(3)}}\left(\begin{array}{ccccc:c}1&0&-1&-1&-5&-3\\0&0&0&0&0&a+1\\0&1&2&2&6&4\\0&0&0&0&0&b-1\end{array}\right)$$

$$\xrightarrow{(2)\leftrightarrow(3)}\left(\begin{array}{ccccc:c}1&0&-1&-1&-5&-3\\0&1&2&2&6&4\\0&0&0&0&0&a+1\\0&0&0&0&0&b-1\end{array}\right)$$

若 $a+1\neq 0$ 或 $b-1\neq 0$,即 $a\neq -1,b\neq 1$ 时,

$$\mathrm{r}(\boldsymbol{A})=2,\mathrm{r}(\overline{\boldsymbol{A}})\geqslant 3,$$

则有 $\mathrm{r}(\overline{\boldsymbol{A}})\neq\mathrm{r}(\boldsymbol{A})$,故方程组无解;

若 $a+1=0$ 且 $b-1=0$,即 $a=-1,b=1$ 时,

$$\mathrm{r}(\overline{\boldsymbol{A}})=\mathrm{r}(\boldsymbol{A})=2<5,$$

故方程组有无穷多解,其同解方程组为

$$\begin{cases}x_1=-3+x_3+x_4+5x_5,\\x_2=4-2x_3-2x_4-6x_5.\end{cases}$$

其导出组的基础解系为

$$\boldsymbol{\eta}_1=(1,-2,1,0,0)^{\mathrm{T}},\boldsymbol{\eta}_2=(1,-2,0,1,0)^{\mathrm{T}},\boldsymbol{\eta}_3=(5,-6,0,0,1)^{\mathrm{T}},$$

故原方程组的全部解为

$$\boldsymbol{x}=\begin{pmatrix}-3\\4\\0\\0\\0\end{pmatrix}+c_1\begin{pmatrix}1\\-2\\1\\0\\0\end{pmatrix}+c_2\begin{pmatrix}1\\-2\\0\\1\\0\end{pmatrix}+c_3\begin{pmatrix}5\\-6\\0\\0\\1\end{pmatrix}.$$

其中 c_1,c_2,c_3 为任意常数.

题 9 已知线性方程组

$$\begin{cases} x_1+x_2+x_3+x_4+x_5=a, \\ 3x_1+2x_2+x_3+x_4-3x_5=0, \\ x_2+2x_3+2x_4+6x_5=b, \\ 5x_1+4x_2+3x_3+3x_4-x_5=2. \end{cases}$$

(1) 当 a,b 取何值时,方程组有解;

(2) 当方程组有解时,求出方程组的导出组的一个基础解系;

(3) 当方程组有解时,求出方程组的全部解.

解:$\overline{\boldsymbol{A}}=\left(\begin{array}{ccccc:c} 1 & 1 & 1 & 1 & 1 & a \\ 3 & 2 & 1 & 1 & -3 & 0 \\ 0 & 1 & 2 & 2 & 6 & b \\ 5 & 4 & 3 & 3 & -1 & 2 \end{array}\right)$

$$\xrightarrow[(4)-5(1)]{(2)-3(1)}\left(\begin{array}{ccccc:c} 1 & 1 & 1 & 1 & 1 & a \\ 0 & -1 & -2 & -2 & -6 & -3a \\ 0 & 1 & 2 & 2 & 6 & b \\ 0 & -1 & -2 & -2 & -6 & 2-5a \end{array}\right)$$

$$\xrightarrow[\substack{(1)+(2)\\(-1)\times(2)}]{\substack{(3)+(2)\\(4)-(2)}}\left(\begin{array}{ccccc:c} 1 & 0 & -1 & -1 & -5 & -2a \\ 0 & 1 & 2 & 2 & 6 & 3a \\ 0 & 0 & 0 & 0 & 0 & b-3a \\ 0 & 0 & 0 & 0 & 0 & 2-2a \end{array}\right).$$

显见 $\mathrm{r}(\boldsymbol{A})=2$.

(1) 若 $\begin{cases} b-3a=0, \\ 2-2a=0, \end{cases}$ 即当 $\begin{cases} a=1, \\ b=3 \end{cases}$ 时,$\mathrm{r}(\overline{\boldsymbol{A}})=\mathrm{r}(\boldsymbol{A})=2$,原方程组有解;

(2) 当 $a=1,b=3$ 时,

$$\overline{\boldsymbol{A}}=\left(\begin{array}{ccccc:c} 1 & 0 & -1 & -1 & -5 & -2 \\ 0 & 1 & 2 & 2 & 6 & 3 \\ 0 & 0 & 0 & 0 & 0 & 0 \\ 0 & 0 & 0 & 0 & 0 & 0 \end{array}\right),$$

其同解方程组为

$$\begin{cases} x_1=-2+x_3+x_4+5x_5, \\ x_2=3-2x_3-2x_4-6x_5. \end{cases}$$

取 x_3,x_4,x_5 为自由未知量,令 $\begin{pmatrix} x_3 \\ x_4 \\ x_5 \end{pmatrix}$ 分别为 $\begin{pmatrix} 1 \\ 0 \\ 0 \end{pmatrix}$、$\begin{pmatrix} 0 \\ 1 \\ 0 \end{pmatrix}$ 和 $\begin{pmatrix} 0 \\ 0 \\ 1 \end{pmatrix}$,得导出组的一个基础解系为

$\boldsymbol{\eta}_1=(1,-2,1,0,0)^{\mathrm{T}},\boldsymbol{\eta}_2=(1,-2,0,1,0)^{\mathrm{T}},\boldsymbol{\eta}_3=(5,-6,0,0,1)^{\mathrm{T}}$.

(3) 由(2),令 $\begin{pmatrix}x_3\\x_4\\x_5\end{pmatrix}=\begin{pmatrix}0\\0\\0\end{pmatrix}$,得原方程组的一个特解$(-2,3,0,0,0)^{\mathrm{T}}$.

故原方程组的全部解为

$$\boldsymbol{x}=\begin{pmatrix}-2\\3\\0\\0\\0\end{pmatrix}+c_1\begin{pmatrix}1\\-2\\1\\0\\0\end{pmatrix}+c_2\begin{pmatrix}1\\-2\\0\\1\\0\end{pmatrix}+c_3\begin{pmatrix}5\\-6\\0\\0\\1\end{pmatrix},$$

其中 c_1,c_2,c_3 为任意常数.

题 10 设 n 元线性方程组 $\boldsymbol{Ax}=\boldsymbol{b}$,其中矩阵

$$\boldsymbol{A}=\begin{pmatrix}2a&1&\cdots&0&0\\a^2&2a&\cdots&0&0\\\vdots&\vdots&\vdots&\vdots&\vdots\\0&0&\cdots&2a&1\\0&0&\cdots&a^2&2a\end{pmatrix}_{n\times n},\boldsymbol{x}=(x_1,x_2,\cdots,x_n)^{\mathrm{T}},\boldsymbol{b}=(1,0,\cdots,0)^{\mathrm{T}}.$$

(1) 证明行列式 $|\boldsymbol{A}|=(n+1)a^n$;

(2) 当 a 为何值时,该方程组有唯一解,并求 x_1;

(3) 当 a 为何值时,该方程组有无穷多解,并求全部解.

解:(1) $D_n=|\boldsymbol{A}|=\begin{vmatrix}2a&1&\cdots&0&0\\a^2&2a&\cdots&0&0\\\vdots&\vdots&&\vdots&\vdots\\0&0&\cdots&2a&1\\0&0&\cdots&a^2&2a\end{vmatrix}=2aD_{n-1}-a^2D_{n-2}.$

用数学归纳法证明上述结论.

当 $n=2$ 时,$D_2=\begin{vmatrix}2a&1\\a^2&2a\end{vmatrix}=3a^2=(k+1)a^2$.

设 $n\leqslant k$ 时,$D_k=(k+1)a^k$,

则 $n=k+1$ 时,有 $D_{k+1}=2aD_k-a^2D_{k-1}=2a(k+1)a^k-a^2\cdot k\cdot a^{k-1}$
$=(k+2)a^{k+1}$.

综上,$|\boldsymbol{A}|=(n+1)a^n$.

(2) 当 $|\boldsymbol{A}|=(n+1)a^n\neq0$,即 $a\neq0$ 时,方程组有唯一解.

设将 $\boldsymbol{A}$ 的第一列用 $\boldsymbol{b}$ 替换后所得矩阵为 $\boldsymbol{A}_1$,则据 Cramer 法则,有

$$x_1=\frac{|\boldsymbol{A}_1|}{|\boldsymbol{A}|}=\frac{D_{n-1}}{D_n}=\frac{na^{n-1}}{(n+1)a^n}=\frac{n}{(n+1)a}.$$

(3) 当$|\boldsymbol{A}|=(n+1)a^n=0$,即$a=0$时,方程组有无穷多解.

$$\overline{\boldsymbol{A}}=\left(\begin{array}{cccccc:c}0&1&0&\cdots&0&1\\0&0&1&\cdots&0&0\\\vdots&\vdots&\vdots&&\vdots&\vdots\\0&0&0&\cdots&1&0\\0&0&0&\cdots&0&0\end{array}\right).$$

其同解方程组为$\begin{cases}x_2=1,\\x_3=0,\\\vdots\\x_n=0.\end{cases}$

其导出组的基础解系为$(1,0,\cdots,0)^{\mathrm{T}}$,

又$\boldsymbol{Ax}=\boldsymbol{b}$的一个特解为$(0,1,0,\cdots,0)^{\mathrm{T}}$.

故方程组的全部解为

$$\boldsymbol{x}=\begin{pmatrix}0\\1\\0\\\vdots\\0\end{pmatrix}+c\begin{pmatrix}1\\0\\\vdots\\0\end{pmatrix},$$

其中c为任意常数.

3.8 综合题

题1 设$\boldsymbol{A}=\begin{pmatrix}1&-1&-1\\-1&1&1\\0&-4&-2\end{pmatrix}$,$\boldsymbol{\xi}_1=\begin{pmatrix}1\\1\\-2\end{pmatrix}$.

(1) 求满足$\boldsymbol{A\xi}_2=\boldsymbol{\xi}_1$,$\boldsymbol{A}^2\boldsymbol{\xi}_3=\boldsymbol{\xi}_1$的所有向量$\boldsymbol{\xi}_2,\boldsymbol{\xi}_3$;

(2) 对(1)中的任意向量$\boldsymbol{\xi}_2,\boldsymbol{\xi}_3$,证明$\boldsymbol{\xi}_1,\boldsymbol{\xi}_2,\boldsymbol{\xi}_3$线性无关.

解:(1) $\overline{\boldsymbol{A}}=\left(\begin{array}{ccc:c}1&-1&-1&-1\\-1&1&1&1\\0&-4&-2&-2\end{array}\right)$

$$\xrightarrow[\left(-\frac{1}{2}\right)\times(3)]{(2)+(1)}\left(\begin{array}{ccc:c}1&-1&-1&-1\\0&0&0&0\\0&2&1&1\end{array}\right)\xrightarrow[(2)\leftrightarrow(3)]{(1)+(3)}\left(\begin{array}{ccc:c}1&1&0&0\\0&2&1&1\\0&0&0&0\end{array}\right).$$

显见$r(\overline{\boldsymbol{A}})=r(\boldsymbol{A})=2$,取$x_2$为自由未知量,可得

$$x_1=-x_2,x_3=-2x_2+1.$$

令$x_2=c$(c为任意常数),

故

$$\boldsymbol{\xi}_2=\begin{pmatrix}-x_2\\x_2\\-2x_2+1\end{pmatrix}=\begin{pmatrix}0\\0\\1\end{pmatrix}+c\begin{pmatrix}-1\\1\\-2\end{pmatrix},$$

其中 c 为任意常数.

(2) 设 $\boldsymbol{B}=\boldsymbol{A}^2=\begin{pmatrix}1&-1&-1\\-1&1&1\\0&-4&-2\end{pmatrix}\begin{pmatrix}1&-1&-1\\-1&1&1\\0&-4&-2\end{pmatrix}=\begin{pmatrix}2&2&0\\-2&-2&0\\4&4&0\end{pmatrix}$,

则 $\overline{\boldsymbol{B}}=\left(\begin{array}{ccc:c}2&2&0&-1\\-2&-2&0&1\\4&4&0&-2\end{array}\right)\xrightarrow[(3)-2(1)]{(2)+(1)}\left(\begin{array}{ccc:c}2&2&0&-1\\0&0&0&0\\0&0&0&0\end{array}\right)$

$$\xrightarrow{\frac{1}{2}\times(1)}\left(\begin{array}{ccc:c}1&1&0&-\frac{1}{2}\\0&0&0&0\\0&0&0&0\end{array}\right).$$

显见 $r(\overline{\boldsymbol{B}})=r(\boldsymbol{B})=1$,取 x_2,x_3 为自由未知量,可得

$x_1=-\frac{1}{2}-x_2$,令 $x_2=c_1,x_3=c_2$(c_1,c_2 为任意常数)

故

$$\boldsymbol{\xi}_3=\begin{pmatrix}-\frac{1}{2}-x_2\\x_2\\x_3\end{pmatrix}=\begin{pmatrix}-\frac{1}{2}\\0\\0\end{pmatrix}+c_1\begin{pmatrix}-1\\1\\0\end{pmatrix}+c_2\begin{pmatrix}0\\0\\1\end{pmatrix},$$

其中 c_1,c_2 为任意常数.

由(1),知

$$|\boldsymbol{\xi}_1,\boldsymbol{\xi}_2,\boldsymbol{\xi}_3|=\begin{vmatrix}-1&-c&-c_1-\frac{1}{2}\\1&c&c_1\\-2&-2c+1&c_2\end{vmatrix}$$

$$\xlongequal[(3)-2(1)]{(2)+(1)}\begin{vmatrix}-1&-c&-c_1-\frac{1}{2}\\0&0&-\frac{1}{2}\\0&1&c_2+2c_1+1\end{vmatrix}$$

$$=(-1)\cdot\frac{1}{2}=-\frac{1}{2}\neq0.$$

故 ξ_1,ξ_2,ξ_3 线性无关.

评注:求 $\boldsymbol{\xi}_2,\boldsymbol{\xi}_3$ 的过程,即求 $\boldsymbol{A}\boldsymbol{x}=\boldsymbol{\xi}_1,\boldsymbol{A}^2\boldsymbol{x}=\boldsymbol{\xi}_1$ 的全部解的过程.

题2 求解下列各题:

(1) 设 n 阶矩阵 $\boldsymbol{A}$ 的伴随矩阵 $\boldsymbol{A}^*\neq\boldsymbol{O}$,若 $\boldsymbol{\xi}_1,\boldsymbol{\xi}_2,\boldsymbol{\xi}_3,\boldsymbol{\xi}_4$ 是非齐次线性方程组 $\boldsymbol{A}\boldsymbol{x}=\boldsymbol{b}$ 的互不相等的解,则对应的齐次线性方程组 $\boldsymbol{A}\boldsymbol{x}=\boldsymbol{0}$ 的基础解系(　　).

(A) 不存在

(B) 仅含有一个非零解向量.

(C) 含有两个线性无关的解向量.

(D) 含有三个线性无关的解向量.

(2) 设 n 阶矩阵 $\boldsymbol{A}$ 的秩为 r,证明存在秩为 $n-r$ 的方阵 $\boldsymbol{C}$,使 $\boldsymbol{AC}=\boldsymbol{O}$.

解:(1) 对于 $\mathrm{r}(\boldsymbol{A}^*)$ 有下面3个结论:

(i) $\mathrm{r}(\boldsymbol{A}^*)=n\Leftrightarrow\mathrm{r}(\boldsymbol{A})=n$;

(ii) $\mathrm{r}(\boldsymbol{A}^*)=1\Leftrightarrow\mathrm{r}(\boldsymbol{A})=n-1$;

(iii) $\mathrm{r}(\boldsymbol{A}^*)=0\Leftrightarrow\mathrm{r}(\boldsymbol{A})<n-1$.

若 $\mathrm{r}(\boldsymbol{A})=n$,则 $|\boldsymbol{A}|\neq\boldsymbol{O}$,故 $\boldsymbol{A}\boldsymbol{x}=\boldsymbol{b}$ 有唯一解,此与题设矛盾.

因 $\boldsymbol{A}^*\neq\boldsymbol{O}$,故 $\mathrm{r}(\boldsymbol{A}^*)\neq0$,

故 $\mathrm{r}(\boldsymbol{A})<n-1$ 不成立.

综上,必有 $\mathrm{r}(\boldsymbol{A})=n-1$,从而 $\boldsymbol{A}\boldsymbol{x}=\boldsymbol{0}$ 的基础解系中仅含有一个非零解向量,故选(B).

(2) 因 $\mathrm{r}(\boldsymbol{A})=r$,故 $\boldsymbol{A}\boldsymbol{x}=\boldsymbol{0}$ 的一个基础解系中所含向量的个数为$(n-r)$.

若 $\mathrm{r}(\boldsymbol{A})=r=n$,则 $\boldsymbol{A}\boldsymbol{x}=\boldsymbol{0}$ 只有零解.

取 $\boldsymbol{C}=\boldsymbol{O}_{n\times n}$,则 $\boldsymbol{AC}=\boldsymbol{O}$,且 $\mathrm{r}(\boldsymbol{C})=0=n-r$.

若 $\mathrm{r}(\boldsymbol{A})=r<n$,取 $\boldsymbol{A}\boldsymbol{x}=\boldsymbol{0}$ 的一个基础解系 $\boldsymbol{\alpha}_1,\boldsymbol{\alpha}_2,\cdots,\boldsymbol{\alpha}_{n-r}$,则有

$$\boldsymbol{A}\boldsymbol{\alpha}_1=\boldsymbol{0},\boldsymbol{A}\boldsymbol{\alpha}_2=\boldsymbol{0},\cdots,\boldsymbol{A}\boldsymbol{\alpha}_{n-r}=\boldsymbol{0}.$$

令 $\boldsymbol{C}=(\boldsymbol{\alpha}_1,\boldsymbol{\alpha}_2,\cdots,\boldsymbol{\alpha}_{n-r},\underbrace{\boldsymbol{0},\cdots,\boldsymbol{0}}_{r\text{个}n\text{维零向量}})$.

显见 $\boldsymbol{AC}=\boldsymbol{O}$,且 $\mathrm{r}(\boldsymbol{C})=n-r$.

综上,结论成立.

题3 确定常数 a,使向量组 $\boldsymbol{\alpha}_1=(1,1,a)^{\mathrm{T}},\boldsymbol{\alpha}_2=(1,a,1)^{\mathrm{T}},\boldsymbol{\alpha}_3=(a,1,1)^{\mathrm{T}}$ 可由向量组 $\boldsymbol{\beta}_1=(1,1,a)^{\mathrm{T}},\boldsymbol{\beta}_2=(-2,a,4)^{\mathrm{T}},\boldsymbol{\beta}_3=(-2,a,a)^{\mathrm{T}}$ 线性表示,但向量组 $\boldsymbol{\beta}_1,\boldsymbol{\beta}_2,\boldsymbol{\beta}_3$ 不能由向量组 $\boldsymbol{\alpha}_1,\boldsymbol{\alpha}_2,\boldsymbol{\alpha}_3$ 线性表示.

解:记 $\boldsymbol{A}=(\boldsymbol{\alpha}_1,\boldsymbol{\alpha}_2,\boldsymbol{\alpha}_3)$,$\boldsymbol{B}=(\boldsymbol{\beta}_1,\boldsymbol{\beta}_2,\boldsymbol{\beta}_3)$,由于 $\boldsymbol{\beta}_1,\boldsymbol{\beta}_2,\boldsymbol{\beta}_3$ 不能由 $\boldsymbol{\alpha}_1,\boldsymbol{\alpha}_2,\boldsymbol{\alpha}_3$ 线性表示,故秩 $\mathrm{r}(\boldsymbol{A})<3$,从而 $|\boldsymbol{A}|=-(a-1)^2(a+2)=0$,所以 $a=1$ 或 $a=-2$.

当 $a=1$ 时,$\boldsymbol{\alpha}_1=\boldsymbol{\alpha}_2=\boldsymbol{\alpha}_3=\boldsymbol{\beta}_1=(1,1,1)^{\mathrm{T}}$,故 $\boldsymbol{\alpha}_1,\boldsymbol{\alpha}_2,\boldsymbol{\alpha}_3$ 可由 $\boldsymbol{\beta}_1,\boldsymbol{\beta}_2,\boldsymbol{\beta}_3$ 线性

表示,但 $\boldsymbol{\beta}_2=(-2,1,4)^{\mathrm{T}}$ 不能由 $\boldsymbol{\alpha}_1,\boldsymbol{\alpha}_2,\boldsymbol{\alpha}_3$ 线性表示,所以 $a=1$ 符合题意.

当 $a=-2$ 时,由于

$$(\boldsymbol{B}\mid\boldsymbol{A})=\left(\begin{array}{ccc|ccc}1&-2&-2&1&1&-2\\1&-2&-2&1&-2&1\\-2&4&-2&-2&1&1\end{array}\right)$$

$$\xrightarrow[(2)\leftrightarrow(3)]{\substack{(2)-(1)\\(3)+2(1)}}\left(\begin{array}{ccc|ccc}1&-2&-2&1&1&-2\\0&0&-6&0&3&-3\\0&0&0&0&-3&3\end{array}\right),$$

考虑线性方程组 $\boldsymbol{Bx}=\boldsymbol{\alpha}_2$,因为秩 $\mathrm{r}(\boldsymbol{B})=2$,秩 $\mathrm{r}(\boldsymbol{B}\mid\boldsymbol{\alpha}_2)=3$,所以方程组 $\boldsymbol{Bx}=\boldsymbol{\alpha}_2$ 无解,即 $\boldsymbol{\alpha}_2$ 不能由 $\boldsymbol{\beta}_1,\boldsymbol{\beta}_2,\boldsymbol{\beta}_3$ 线性表示,与题设矛盾.因此 $a=1$.

题 4 n 维实向量空间 $\boldsymbol{R}^n$ 的基、基变换与坐标变换公式.

(1) 在 $\boldsymbol{R}^n$ 中,如果存在 n 个向量 $\boldsymbol{\alpha}_1,\boldsymbol{\alpha}_2,\cdots,\boldsymbol{\alpha}_n$ 满足:

(i) $\boldsymbol{\alpha}_1,\boldsymbol{\alpha}_2,\cdots,\boldsymbol{\alpha}_n$ 线性无关;

(ii) $\boldsymbol{R}^n$ 中任一向量都可由 $\boldsymbol{\alpha}_1,\boldsymbol{\alpha}_2,\cdots,\boldsymbol{\alpha}_n$ 线性表示,那么,$\boldsymbol{\alpha}_1,\boldsymbol{\alpha}_2,\cdots,\boldsymbol{\alpha}_n$ 就称为 $\boldsymbol{R}^n$ 的一个基.

(2) 设 $\boldsymbol{\alpha}_1,\boldsymbol{\alpha}_2,\cdots,\boldsymbol{\alpha}_n$ 是 $\boldsymbol{R}^n$ 的一个基,则对于任一向量 $\boldsymbol{\alpha}\in\boldsymbol{R}^n$,有且仅有一组有序实数 $x_1,x_2,\cdots,x_n$,使

$$\boldsymbol{\alpha}=x_1\boldsymbol{\alpha}_1+x_2\boldsymbol{\alpha}_2+\cdots+x_n\boldsymbol{\alpha}_n,$$

则称 $x_1,x_2,\cdots,x_n$ 这组有序数为 $\boldsymbol{\alpha}$ 的基 $\boldsymbol{\alpha}_1,\boldsymbol{\alpha}_2,\cdots,\boldsymbol{\alpha}_n$ 下的坐标,记作 $(x_1,x_2,\cdots,x_n)^{\mathrm{T}}$.

(3) 设 $\boldsymbol{\alpha}_1,\boldsymbol{\alpha}_2,\cdots,\boldsymbol{\alpha}_n$ 及 $\boldsymbol{\beta}_1,\boldsymbol{\beta}_2,\cdots,\boldsymbol{\beta}_n$ 是 $\boldsymbol{R}^n$ 的两个基,且

$$\begin{cases}\boldsymbol{\beta}_1=c_{11}\boldsymbol{\alpha}_1+c_{21}\boldsymbol{\alpha}_2+\cdots+c_{n1}\boldsymbol{\alpha}_n,\\\boldsymbol{\beta}_2=c_{12}\boldsymbol{\alpha}_1+c_{22}\boldsymbol{\alpha}_2+\cdots+c_{n2}\boldsymbol{\alpha}_n,\\\quad\cdots\cdots\\\boldsymbol{\beta}_n=c_{1n}\boldsymbol{\alpha}_1+c_{2n}\boldsymbol{\alpha}_2+\cdots+c_{nn}\boldsymbol{\alpha}_n.\end{cases}\qquad①$$

式①即

$$(\boldsymbol{\beta}_1,\boldsymbol{\beta}_2,\cdots,\boldsymbol{\beta}_n)=(\boldsymbol{\alpha}_1,\boldsymbol{\alpha}_2,\cdots,\boldsymbol{\alpha}_n)\begin{pmatrix}c_{11}&c_{12}&\cdots&c_{1n}\\c_{21}&c_{22}&\cdots&c_{2n}\\\vdots&\vdots&&\vdots\\c_{n1}&c_{n2}&\cdots&c_{nn}\end{pmatrix}$$

$$=(\boldsymbol{\alpha}_1,\boldsymbol{\alpha}_2,\cdots,\boldsymbol{\alpha}_n)\boldsymbol{C},\qquad②$$

其中 $\boldsymbol{C}=(c_{ij})$.

式①和式②称为基变换公式,可逆矩阵 $\boldsymbol{C}$ 称为由基 $\boldsymbol{\alpha}_1,\boldsymbol{\alpha}_2,\cdots,\boldsymbol{\alpha}_n$ 到基 $\boldsymbol{\beta}_1,\boldsymbol{\beta}_2,\cdots,\boldsymbol{\beta}_n$ 的过渡矩阵.

(4) 设 $\boldsymbol{\alpha}\in\boldsymbol{R}^n$,$\boldsymbol{\alpha}$ 在基 $\boldsymbol{\alpha}_1,\boldsymbol{\alpha}_2,\cdots,\boldsymbol{\alpha}_n$ 下的坐标为 $(x_1,x_2,\cdots,x_n)^{\mathrm{T}}$,在基 $\boldsymbol{\beta}_1$,

$\boldsymbol{\beta}_2,\cdots,\boldsymbol{\beta}_n$ 下的坐标为$(x_1',x_2',\cdots,x_n')^{\mathrm{T}}$，且基变换公式为式②，则

$$(x_1,x_2,\cdots,x_n)^{\mathrm{T}}=\boldsymbol{C}(x_1',x_2',\cdots,x_n')^{\mathrm{T}},$$

或

$$(x_1',x_2',\cdots,x_n')^{\mathrm{T}}=C^{-1}(x_1,x_2,\cdots,x_n)^{\mathrm{T}}.\qquad ③$$

事实上，因 $(\boldsymbol{\alpha}_1,\boldsymbol{\alpha}_2,\cdots,\boldsymbol{\alpha}_n)(x_1,x_2,\cdots,x_n)^{\mathrm{T}}$

$$=\boldsymbol{\alpha}=(\boldsymbol{\beta}_1,\boldsymbol{\beta}_2,\cdots,\boldsymbol{\beta}_n)(x_1',x_2',\cdots,x_n')^{\mathrm{T}}$$
$$=(\boldsymbol{\alpha}_1,\boldsymbol{\alpha}_2,\cdots,\boldsymbol{\alpha}_n)\boldsymbol{C}(x_1',x_2',\cdots,x_n')^{\mathrm{T}}.$$

又 $\boldsymbol{\alpha}_1,\boldsymbol{\alpha}_2,\cdots,\boldsymbol{\alpha}_n$ 线性无关，故式③成立，证毕.

题 5　设 $\boldsymbol{\alpha}_i=(a_{i1},a_{i2},\cdots,a_{in})^{\mathrm{T}}(i=1,2,\cdots,r;r<n)$ 是 n 维实向量，且 $\boldsymbol{\alpha}_1,\boldsymbol{\alpha}_2,\cdots,\boldsymbol{\alpha}_r$ 线性无关，已知 $\boldsymbol{\beta}=(b_1,b_2,\cdots,b_n)^{\mathrm{T}}$ 是线性方程组

$$\begin{cases}a_{11}x_1+a_{12}x_2+\cdots a_{1n}x_n=0,\\ a_{21}x_1+a_{22}x_2+\cdots+a_{2n}x_n=0,\\ \cdots\cdots\\ a_{r1}x_1+a_{r2}x_2+\cdots+a_{rn}x_n=0.\end{cases}$$

的非零解向量.试判断向量组 $\boldsymbol{\alpha}_1,\boldsymbol{\alpha}_2,\cdots,\boldsymbol{\alpha}_r,\boldsymbol{\beta}$ 的线性相关性.

解：设 $\boldsymbol{\alpha}_1,\boldsymbol{\alpha}_2,\cdots,\boldsymbol{\alpha}_r,\boldsymbol{\beta}$ 线性相关，则由 $\boldsymbol{\alpha}_1,\boldsymbol{\alpha}_2,\cdots,\boldsymbol{\alpha}_r$ 线性无关，知 $\boldsymbol{\beta}$ 可由 $\boldsymbol{\alpha}_1,\boldsymbol{\alpha}_2,\cdots,\boldsymbol{\alpha}_r$ 线性表示，即存在数 $k_1,k_2,\cdots,k_r$，使得

$$\boldsymbol{\beta}=k_1\boldsymbol{\alpha}_1+k_2\boldsymbol{\alpha}_2+\cdots+k_r\boldsymbol{\alpha}_r=(\boldsymbol{\alpha}_1,\boldsymbol{\alpha}_2,\cdots,\boldsymbol{\alpha}_r)(k_1,k_2,\cdots,k_r)^{\mathrm{T}}.$$

记 $\boldsymbol{A}=(\boldsymbol{\alpha}_1,\boldsymbol{\alpha}_2,\cdots,\boldsymbol{\alpha}_r)$，$\boldsymbol{\gamma}=(k_1,k_2,\cdots,k_r)^{\mathrm{T}}$，则有 $\boldsymbol{\beta}=\boldsymbol{A\gamma}$.

又因 $\boldsymbol{\beta}$ 是 $\boldsymbol{A}^{\mathrm{T}}\boldsymbol{x}=\boldsymbol{0}$ 的解，即 $\boldsymbol{A}^{\mathrm{T}}\boldsymbol{\beta}=\boldsymbol{0}$，从而有

$$\boldsymbol{\beta}^{\mathrm{T}}\boldsymbol{\beta}=(\boldsymbol{A\gamma})^{\mathrm{T}}(\boldsymbol{A\gamma})=\boldsymbol{\gamma}^{\mathrm{T}}\boldsymbol{A}^{\mathrm{T}}\boldsymbol{A\gamma}=\boldsymbol{\gamma}^{\mathrm{T}}\boldsymbol{A}^{\mathrm{T}}\boldsymbol{\beta}=\boldsymbol{0},$$

这与 $\boldsymbol{\beta}$ 是非零向量矛盾，此矛盾表明 $\boldsymbol{\alpha}_1,\boldsymbol{\alpha}_2,\cdots,\boldsymbol{\alpha}_r,\boldsymbol{\beta}$ 线性无关.

评注：若 $\boldsymbol{\alpha}_1,\boldsymbol{\alpha}_2,\cdots,\boldsymbol{\alpha}_r,\boldsymbol{\beta}$ 线性相关，则必存在不全为零的常数 $k_1,k_2,\cdots,k_r,k$，使得

$$k_1\boldsymbol{\alpha}_1+k_2\boldsymbol{\alpha}_2+\cdots+k_r\boldsymbol{\alpha}_r+k\boldsymbol{\beta}=\boldsymbol{0},\qquad ①$$

且必有 $k\neq0$(因若 $k=0$，则有 $k_1\boldsymbol{\alpha}_1+k_2\boldsymbol{\alpha}_2+\cdots+k_r\boldsymbol{\alpha}_r=\boldsymbol{0}$，据 $\boldsymbol{\alpha}_1,\boldsymbol{\alpha}_2,\cdots,\boldsymbol{\alpha}_r$ 线性无关，必有 $k_1=k_2=\cdots=k_r=0$，此与 $\boldsymbol{\alpha}_1,\boldsymbol{\alpha}_2,\cdots,\boldsymbol{\alpha}_r,\boldsymbol{\beta}$ 线性相关矛盾).对①式移项，得 $k\boldsymbol{\beta}=-k_1\boldsymbol{\alpha}_1-k_2\boldsymbol{\alpha}_2-\cdots-k_r\boldsymbol{\alpha}_r$，两边同时除以 k，得 $\boldsymbol{\beta}=-\dfrac{k_1}{k}\boldsymbol{\alpha}_1-\dfrac{k_2}{k}\boldsymbol{\alpha}_2-\cdots-\dfrac{k_r}{k}\boldsymbol{\alpha}_r$，即 $\boldsymbol{\beta}$ 可由 $\boldsymbol{\alpha}_1,\boldsymbol{\alpha}_2,\cdots,\boldsymbol{\alpha}_r$ 线性表示.

题 6　设四元齐次线性方程组(Ⅰ)为

$$\begin{cases}2x_1+3x_2-x_3=0,\\ x_1+2x_2+x_3-x_4=0.\end{cases}$$

且已知另一四元齐次线性方程组(Ⅱ)的一个基础解系为

$$\boldsymbol{\alpha}_1=(2,-1,a+2,1)^{\mathrm{T}},\boldsymbol{\alpha}_2=(-1,2,4,a+8)^{\mathrm{T}}.$$

(1) 求方程组(Ⅰ)的一个基础解系；

(2) 当 a 为何值时，方程组(Ⅰ)与(Ⅱ)有非零公共解？在有非零公共解时，求出全部非零公共解.

解:方法一:(1) 对方程组(Ⅰ)的系数矩阵作行初等变换，有

$$\boldsymbol{A}=\begin{pmatrix}2&3&-1&0\\1&2&1&-1\end{pmatrix}\xrightarrow[\substack{(1)+2(2)\\(-1)\times(3)}]{\substack{(1)\leftrightarrow(2)\\(2)-2(1)}}\begin{pmatrix}1&0&-5&3\\0&1&3&-2\end{pmatrix}.$$

得方程(Ⅰ)的同解方程组

$$\begin{cases}x_1=5x_3-3x_4,\\x_2=-3x_3+2x_4.\end{cases}$$

由此可得方程组(Ⅰ)的一个基础解系为

$$\boldsymbol{\beta}_1=(5,-3,1,0)^{\mathrm{T}},\boldsymbol{\beta}_2=(-3,2,0,1)^{\mathrm{T}}.$$

(2) 由题设条件，方程组(Ⅱ)的全部解为

$$\begin{pmatrix}x_1\\x_2\\x_3\\x_4\end{pmatrix}=k_1\boldsymbol{\alpha}_1+k_2\boldsymbol{\alpha}_2=\begin{pmatrix}2k_1-k_2\\-k_1+2k_2\\(a+2)k_1+4k_2\\k_1+(a+8)k_2\end{pmatrix},\qquad ①$$

其中 k_1,k_2 为任意常数.

将上式代入方程组(Ⅰ)，得

$$\begin{cases}(a+1)k_1=0,\\(a+1)k_1-(a+1)k_2=0.\end{cases}\qquad ②$$

要使方程组(Ⅰ)与(Ⅱ)有非零公共解，只需关于 k_1,k_2 的方程组②有非零解.因为

$$\begin{vmatrix}a+1&0\\a+1&-(a+1)\end{vmatrix}=-(a+1)^2,$$

所以，当 $a\neq-1$ 时，方程组(Ⅰ)与(Ⅱ)无非零公共解.

当 $a=-1$ 时，方程组②有非零解，且 k_1,k_2 为不全为零的任意常数.此时，由①可得方程组(Ⅰ)与(Ⅱ)的全部非零公共解为

$$\begin{pmatrix}x_1\\x_2\\x_3\\x_4\end{pmatrix}=k_1\begin{pmatrix}2\\-1\\1\\1\end{pmatrix}+k_2\begin{pmatrix}-1\\2\\4\\7\end{pmatrix},$$

其中 k_1,k_2 为不全为零的任意常数.

方法二:(1) 对方程组(Ⅰ)的系数矩阵作行初等变换，有

$$A=\begin{pmatrix}2&3&-1&0\\1&2&1&-1\end{pmatrix}\xrightarrow[(2)+(1)]{\substack{(-1)\times(1)\\(-1)\times 2}}\begin{pmatrix}-2&-3&1&0\\-3&-5&0&1\end{pmatrix}.$$

得方程组(Ⅰ)的同解方程组

$$\begin{cases}x_3=2x_1+3x_2,\\x_4=3x_1+5x_2.\end{cases}$$

由此可得方程组(Ⅰ)的一个基础解系为

$$\boldsymbol{\beta}_1=(1,0,2,3)^{\mathrm{T}},\boldsymbol{\beta}_2=(0,1,3,5)^{\mathrm{T}}.$$

(2) 设方程组(Ⅰ)与(Ⅱ)的公共解为 η,则有数 k_1,k_2,k_3,k_4,使得

$$\eta=k_1\boldsymbol{\beta}_1+k_2\boldsymbol{\beta}_2=k_3\boldsymbol{\alpha}_1+k_4\boldsymbol{\alpha}_2.$$

由此得线性方程组(Ⅲ)

$$\begin{cases}-k_1+2k_3-k_4=0,\\-k_2-k_3+2k_4=0,\\-2k_1-3k_2+(a+2)k_3+4k_4=0,\\-3k_1-5k_2+k_3+(a+8)k_4=0.\end{cases}$$

对方程组(Ⅲ)的系数矩阵作行初等变换,有

$$\begin{bmatrix}-1&0&2&-1\\0&-1&-1&2\\-2&-3&a+2&4\\-3&-5&1&a+8\end{bmatrix}\xrightarrow[\substack{(-1)\times(2)\\(3)+3(2)\\(4)+5(2)}]{\substack{(-1)\times(1)\\(3)+2(1)\\(4)+3(1)}}\begin{bmatrix}1&0&-2&1\\0&1&1&-2\\0&0&a+1&0\\0&0&0&a+1\end{bmatrix}.$$

由此可知,当 $a\neq-1$ 时,方程组(Ⅲ)仅有零解,故方程组(Ⅰ)与(Ⅱ)无非零公共解.

当 $a=-1$ 时,方程组(Ⅲ)的同解方程组为

$$\begin{cases}k_1=2k_3-k_4,\\k_2=-k_3+2k_4.\end{cases}$$

令 $k_3=c_1,k_4=c_2$,得方程组(Ⅰ)与(Ⅱ)的非零公共解为

$$\boldsymbol{\eta}=c_1\begin{pmatrix}2\\-1\\1\\1\end{pmatrix}+c_2\begin{pmatrix}-1\\2\\4\\7\end{pmatrix}(c_1,c_2\text{ 为不全为零的任意常数}).$$

题 7 设线性方程组

$$\begin{cases}x_1+\lambda x_2+\mu x_3+x_4=0,\\2x_1+x_2+x_3+2x_4=0,\\3x_1+(2+\lambda)x_2+(4+\mu)x_3+4x_4=1,\end{cases}$$

已知 $(1,-1,1,-1)^{\mathrm{T}}$ 是该方程组的一个解.试求

(1) 方程组的全部解,并用对应的齐次线性方程组的基础解系表示全部解;

(2) 该方程组满足 $x_2=x_3$ 的全部解.

解:将$(1,-1,1,-1)^{\mathrm{T}}$ 代入方程组,得 $\lambda=\mu$.对方程组的增广矩阵施以初等行变换,得

$$\overline{\mathbf{A}}=\left(\begin{array}{cccc:c}1&\lambda&\lambda&1&0\\2&1&1&2&0\\3&2+\lambda&4+\lambda&4&1\end{array}\right)\xrightarrow[\substack{(2)\leftrightarrow(3)\\(3)-(1-2\lambda)(1)}]{\substack{(2)-2(1)\\(3)-3(1)\\(3)-(2)\\(1)-\lambda(3)}}\left(\begin{array}{cccc:c}1&0&-2\lambda&1-\lambda&-\lambda\\0&1&3&1&1\\0&0&2(2\lambda-1)&2\lambda-1&2\lambda-1\end{array}\right).$$

(1) 当 $\lambda\neq\dfrac{1}{2}$ 时,有

$$\overline{\mathbf{A}}\xrightarrow[\frac{1}{2(2\lambda-1)}\times(3)]{\substack{(1)+\frac{\lambda}{2\lambda-1}(3)\\(2)-\frac{3}{2(2\lambda-1)}\times 3}}\left(\begin{array}{cccc:c}1&0&0&1&0\\0&1&0&-\dfrac{1}{2}&-\dfrac{1}{2}\\0&0&1&\dfrac{1}{2}&\dfrac{1}{2}\end{array}\right).$$

因 $r(\overline{\mathbf{A}})=r(\mathbf{A})=3<4$,故方程组有无穷多解,全部解为

$$\boldsymbol{\xi}=\left(0,-\frac{1}{2},\frac{1}{2},0\right)^{\mathrm{T}}+k(-2,1,-1,2)^{\mathrm{T}},$$

其中 k 为任意常数.

当 $\lambda=\dfrac{1}{2}$ 时,有

$$\overline{\mathbf{A}}\to\left(\begin{array}{cccc:c}1&0&-1&\dfrac{1}{2}&-\dfrac{1}{2}\\0&1&3&1&1\\0&0&0&0&0\end{array}\right).$$

因 $r(\overline{\mathbf{A}})=r(\mathbf{A})=2<4$,故方程组有无穷多解,全部解为

$$\boldsymbol{\xi}=\left(-\frac{1}{2},1,0,0\right)^{\mathrm{T}}+k_1(1,-3,1,0)^{\mathrm{T}}+k_2(-1,-2,0,2)^{\mathrm{T}},$$

其中 k_1,k_2 为任意常数.

(2) 当 $\lambda\neq\dfrac{1}{2}$ 时,由于 $x_2=x_3$,即

$$-\frac{1}{2}+k=\frac{1}{2}-k.$$

解得 $k=\dfrac{1}{2}$,方程组的解为

$$\boldsymbol{\xi}=\left(0,-\frac{1}{2},\frac{1}{2},0\right)^{\mathrm{T}}+\frac{1}{2}(-2,1,-1,2)^{\mathrm{T}}=(-1,0,0,1)^{\mathrm{T}}.$$

当 $\lambda=\dfrac{1}{2}$ 时，由于 $x_2=x_3$，即

$$1-3k_1-2k_2=k_1.$$

解得 $k_1=\dfrac{1}{4}-\dfrac{1}{2}k_2$，故全部解为

$$\boldsymbol{\xi}=\left(-\frac{1}{4},\frac{1}{4},\frac{1}{4},0\right)^{\mathrm{T}}+k_2\left(-\frac{3}{2},-\frac{1}{2},-\frac{1}{2},2\right)^{\mathrm{T}},$$

其中 k_2 为任意常数.

评注：在题(2)中，当 $\lambda=\dfrac{1}{2}$ 时，也可解得 $k_2=\dfrac{1}{2}-2k_1$ 时，全部解也可以表示为

$$\boldsymbol{\xi}=(-1,0,0,1)^{\mathrm{T}}+k_1(3,1,1,-4)^{\mathrm{T}},$$

其中 k_1 为任意常数.

题8 设齐次线性方程组

$$\begin{cases}(1+a)x_1+x_2+\cdots+x_n=0,\\ 2x_1+(2+a)x_2+\cdots+2x_n=0, \qquad (n\geqslant 2)\\ \cdots\cdots\\ nx_1+nx_2+\cdots+(n+a)x_n=0.\end{cases}$$

试问 a 取何值时，该方程组有非零解，并求出其全部解.

解：$$\boldsymbol{A}=\begin{pmatrix}1+a & 1 & \cdots & 1\\ 2 & 2+a & \cdots & 2\\ \vdots & \vdots & & \vdots\\ n & n & \cdots & n+a\end{pmatrix}\xrightarrow[(i=2,3,\cdots,n)]{(i)-i(1)}\begin{pmatrix}1+a & 1 & \cdots & 1\\ -2a & a & \cdots & 0\\ \vdots & \vdots & & \vdots\\ -na & 0 & \cdots & a\end{pmatrix}.$$

当 $a=0$ 时，

$$\boldsymbol{A}\to\begin{pmatrix}1 & 1 & \cdots & 1\\ 0 & 0 & \cdots & 0\\ \vdots & \vdots & & \vdots\\ 0 & 0 & \cdots & 0\end{pmatrix},$$

此时，方程组有非零解，其同解方程组为

$$x_1=-x_2-x_3-\cdots-x_n.$$

从而，有基础解系

$$\boldsymbol{\eta}_1=(-1,1,0,\cdots,0)^{\mathrm{T}},\boldsymbol{\eta}_2=(-1,0,1,\cdots,0)^{\mathrm{T}},\cdots,\boldsymbol{\eta}_{n-1}=(-1,0,0,\cdots,1)^{\mathrm{T}}.$$

故方程组的全部解为

$$\boldsymbol{x}=c_1\begin{pmatrix}-1\\1\\0\\\vdots\\0\end{pmatrix}+c_2\begin{pmatrix}-1\\0\\1\\\vdots\\0\end{pmatrix}+\cdots+c_{n-1}\begin{pmatrix}-1\\0\\0\\\vdots\\1\end{pmatrix},$$

其中 $c_1,c_2,\cdots,c_{n-1}$ 为任意常数.

当 $a\neq 0$ 时,

$$\boldsymbol{A}\xrightarrow[(i=2,3,\cdots,n)]{\frac{1}{a}\times(i)}\begin{pmatrix}1+a & 1 & \cdots & 1\\ -2 & 1 & \cdots & 0\\ \vdots & \vdots & & \vdots\\ -n & 0 & \cdots & 1\end{pmatrix}\xrightarrow[(i=2,3,\cdots,n)]{(1)-(i)}\begin{pmatrix}a+\frac{n(n+1)}{2} & 0 & \cdots & 0\\ -2 & 1 & \cdots & 0\\ \vdots & \vdots & & \vdots\\ -n & 0 & \cdots & 1\end{pmatrix}.$$

当 $a\neq\frac{n(n+1)}{2}$ 时, $|\boldsymbol{A}|\neq 0$,知原方程组仅有零解,不作考虑.

当 $a=-\frac{n(n+1)}{2}$ 时, $\mathrm{r}(\boldsymbol{A})=n-1$,原方程组有非零解,其同解方程组为

$$\begin{cases}-2x_1+x_2=0,\\ -3x_1+x_3=0,\\ -nx_1+x_n=0,\end{cases}$$

即

$$\begin{cases}x_2=2x_1,\\ x_3=3x_1,\\ \cdots\cdots\\ x_n=nx_1.\end{cases}$$

从而有基础解系 $\boldsymbol{\eta}=(1,2,3,\cdots,n)^{\mathrm{T}}$,从而方程组的全部解为

$$\boldsymbol{x}=c\begin{pmatrix}1\\2\\ \vdots\\ n\end{pmatrix},$$

其中 c 为任意常数.

题 9 已知齐次线性方程组

$$\begin{cases}(a_1+b)x_1+a_2x_2+a_3x_3+\cdots+a_nx_n=0,\\ a_1x_1+(a_2+b)x_2+a_3x_3+\cdots+a_nx_n=0,\\ a_1x_1+a_2x_2+(a_3+b)x_3+\cdots+a_nx_n=0,\\ \cdots\cdots\\ a_1x_1+a_2x_2+a_3x_3+\cdots+(a_n+b)x_n=0,\end{cases}$$

其中 $\sum_{r=1}^{n}a_r\neq 0$,试讨论 $a_1,a_2,\cdots,a_n$ 和 b 满足何种关系时,

(1) 方程组仅有零解;

(2) 方程组有非零解,在有非零解时,求此方程组的一个基础解系.

解：$|\boldsymbol{A}|=\begin{vmatrix} a_1+b & a_2 & \cdots & a_n \\ a_1 & a_2+b & \cdots & a_n \\ \vdots & \vdots & & \vdots \\ a_1 & a_2 & \cdots & a_n+b \end{vmatrix}$

$$\xlongequal[(i=2,3,\cdots,n)]{\widehat{1}+\widehat{i}}\left(\sum_{i=1}^{n}a_i+b\right)\begin{vmatrix} 1 & a_2 & \cdots & a_n \\ 1 & a_2+b & \cdots & a_n \\ \vdots & \vdots & & \\ 1 & a_2 & \cdots & a_n+b \end{vmatrix}$$

$$\xlongequal[(i=2,3,\cdots,n)]{\widehat{i}-a_i\widehat{1}}\left(\sum_{i=1}^{n}a_i+b\right)\begin{vmatrix} 1 & 0 & \cdots & 0 \\ 1 & b & \cdots & 0 \\ \vdots & & & \vdots \\ 1 & 0 & \cdots & b \end{vmatrix}$$

$$=\left(\sum_{i=1}^{n}a_i+b\right)b^{n-1}.$$

(1) 当 $|\boldsymbol{A}|\neq 0$，即 $b\neq 0$ 且 $\sum_{i=1}^{n}a_i+b\neq 0$ 时，方程组只有零解；

(2) 当 $|\boldsymbol{A}|=0$，即 $b=0$ 或 $\sum_{i=1}^{n}a_i+b=0$ 时，方程组有非零解.

(i) 若 $b=0$，其同解方程组为

$$a_1x_1+a_2x_2+\cdots+a_nx_n=0. \qquad ①$$

由于 $\sum_{i=1}^{n}a_i\neq 0$，所以 $a_1,a_2,\cdots,a_n$ 不全为零.

不妨设 $a_1\neq 0$，则①有基础解系：

$\boldsymbol{\eta}_1=\left(-\dfrac{a_2}{a_1},1,0,\cdots,0\right)^{\mathrm{T}},\boldsymbol{\eta}_2=\left(-\dfrac{a_3}{a_1},0,1,\cdots,0\right)^{\mathrm{T}},\cdots,$

$\boldsymbol{\eta}_{n-1}=\left(-\dfrac{a_n}{a_1},0,\cdots,1\right)^{\mathrm{T}}.$

(ii) 若 $\sum_{i=1}^{n}a_i+b=0$，即 $b=-\sum_{i=1}^{n}a_i\neq 0$.

$$\boldsymbol{A}\xrightarrow[(i=2,3,\cdots,n)]{(i)-(1)}\begin{pmatrix} a_1+b & a_2 & a_3 & \cdots & a_n \\ -b & b & 0 & \cdots & 0 \\ -b & 0 & b & \cdots & 0 \\ \vdots & \vdots & \vdots & & \vdots \\ -b & 0 & 0 & \cdots & b \end{pmatrix}.$$

此时,由 $b=-\sum_{i=1}^{n}a_i\neq 0$,知上式右边矩阵中有 $(n-1)$ 阶非零子式

$$\begin{vmatrix} b & 0 & \cdots & 0 \\ 0 & b & \cdots & 0 \\ \vdots & \vdots & & \vdots \\ 0 & 0 & \cdots & b \end{vmatrix}$$

,从而 $r(\boldsymbol{A})\geqslant n-1$,且由 $|\boldsymbol{A}|=0$,知 $r(\boldsymbol{A})\neq n$,故 $r(\boldsymbol{A})=n-1$.

故方程组的基础解系中仅有一个非零向量,显然,可选为 $(1,1,\cdots,1)^{\mathrm{T}}$.

评注:因 $\sum_{i=1}^{n}a_i\neq 0$,故(2)中 $b=0$ 和 $\sum_{i=1}^{n}a_i+b=0$ 不可能同时存在.

题 10 设齐次线性方程组

$$\begin{cases} ax_1+bx_2+bx_3+\cdots+bx_n=0, \\ bx_1+ax_2+bx_3+\cdots+bx_n=0, \\ \qquad\qquad \cdots\cdots \\ bx_1+bx_2+bx_3+\cdots+ax_n=0, \end{cases}$$

其中 $a\neq 0, b\neq 0, n\geqslant 2$,试讨论 a,b 为何值时,方程组仅有零解?有无穷多解?在有无穷多解时,用基础解系表示全部解.

解:
$$|\boldsymbol{A}|=\begin{vmatrix} a & b & \cdots & b \\ b & a & \cdots & b \\ \vdots & \vdots & & \vdots \\ b & b & \cdots & a \end{vmatrix}=[a+(n-1)b](a-b)^{n-1}.$$

故

(1) 当 $a+(n-1)b\neq 0$ 且 $a\neq b$ 时,$|\boldsymbol{A}|\neq 0$,则所给方程组只有零解;

(2) 当 $a+(n-1)b=0$ 或 $a=b$ 时,$|\boldsymbol{A}|=0$,则 $r(\boldsymbol{A})<n$,即所给方程组有无穷多解.

(i) 当 $a+(n-1)b=0$ 且 $a\neq b$ 时,

$$\boldsymbol{A}\xrightarrow[i=2,\cdots,n]{(i)-(1)}\begin{pmatrix} a & b & b & \cdots & b \\ b-a & a-b & 0 & \cdots & 0 \\ b-a & 0 & a-b & \cdots & 0 \\ \vdots & \vdots & \vdots & & \vdots \\ b-a & 0 & 0 & \cdots & a-b \end{pmatrix}=\boldsymbol{B}.$$

因 $\boldsymbol{B}$ 中有不为零的 $(n-1)$ 阶子式
$$\begin{vmatrix} a-b & 0 & \cdots & 0 \\ 0 & a-b & \cdots & 0 \\ \vdots & \vdots & & \\ 0 & 0 & \cdots & a-b \end{vmatrix},$$

所以 $r(\boldsymbol{A})=n-1$，则所给方程组的基础解系中只有一个非零解向量 $(1,1,\cdots,1)^{\mathrm{T}}$，从而其全部解为

$$\boldsymbol{x}=c\begin{pmatrix}1\\1\\\vdots\\1\end{pmatrix},$$

其中 c 为任意常数.

(ii) 当 $a=b$ 时，其同解方程组为 $x_1+x_2+\cdots+x_n=0$.

显见，其基础解系为

$$\boldsymbol{\eta}_1=(-1,1,0,\cdots,0,0)^{\mathrm{T}},\boldsymbol{\eta}_2=(-1,0,1,\cdots,0,0)^{\mathrm{T}},\cdots,\boldsymbol{\eta}_{n-1}=(-1,0,0,\cdots,0,1)^{\mathrm{T}}.$$

从而其全部解为

$$\begin{aligned}\boldsymbol{x}&=c_1\eta_1+c_2\eta_2+\cdots+c_{n-1}\eta_{n-1}\\&=c_1\begin{pmatrix}-1\\1\\0\\\vdots\\0\\0\end{pmatrix}+c_2\begin{pmatrix}-1\\0\\1\\\vdots\\0\\0\end{pmatrix}+\cdots+c_{n-1}\begin{pmatrix}-1\\0\\0\\\vdots\\0\\1\end{pmatrix},\end{aligned}$$

其中 $c_i(i=1,\cdots,n-1)$ 为任意常数.

第 4 章　矩阵的特征值·二次型

4.1　矩阵的特征值与特征向量的计算(一)

1. 设 $\boldsymbol{A}=(a_{ij})$ 为 n 阶方阵,如果存在常数 λ 和 n 维非零向量 $\boldsymbol{\alpha}$,使得

$$\boldsymbol{A\alpha}=\lambda\boldsymbol{\alpha}, \tag{①}$$

则称 λ 为矩阵 $\boldsymbol{A}$ 的一个特征值,$\boldsymbol{\alpha}$ 称为矩阵 $\boldsymbol{A}$ 的属于特征值 λ 的特征向量,或称为对应于特征值 λ 的特征向量.

2. 由于①式可以写为 $(\lambda\boldsymbol{I}-\boldsymbol{A})\boldsymbol{\alpha}=\boldsymbol{0}$,因为 $\boldsymbol{\alpha}\neq\boldsymbol{0}$,所以齐次线性方程组

$$(\lambda\boldsymbol{I}-\boldsymbol{A})\boldsymbol{x}=\boldsymbol{0} \tag{②}$$

有非零解,从而其系数行列式

$$|\lambda\boldsymbol{I}-\boldsymbol{A}|=\begin{vmatrix}\lambda-a_{11} & -a_{12} & \cdots & -a_{1n}\\ -a_{21} & \lambda-a_{22} & \cdots & -a_{2n}\\ \vdots & \vdots & & \vdots\\ -a_{n1} & -a_{n2} & \cdots & \lambda-a_{nn}\end{vmatrix}=0. \tag{③}$$

矩阵 $\lambda\boldsymbol{I}-\boldsymbol{A}$ 称为 $\boldsymbol{A}$ 的特征矩阵,其行列式 $|\boldsymbol{I}-\boldsymbol{A}|$ 称为 $\boldsymbol{A}$ 的特征多项式,记为 $f_{\boldsymbol{A}}(\lambda)$ 或 $f(\lambda)$.

$$f_{\boldsymbol{A}}(\lambda)=|\lambda\boldsymbol{I}-\boldsymbol{A}|=0$$

称为特征方程,其在实数域 $\boldsymbol{R}$ 中的根,称为 $\boldsymbol{A}$ 的特征值(根).

设 λ_0 是 $\boldsymbol{A}$ 的一个特征值,则齐次线性方程组

$$(\lambda_0\boldsymbol{I}-\boldsymbol{A})\begin{pmatrix}x_1\\x_2\\\vdots\\x_n\end{pmatrix}=\boldsymbol{0} \tag{④}$$

的一个非零解,称为 $\boldsymbol{A}$ 的属于特征值 λ_0 的一个特征向量.

3. (1) 矩阵 $\boldsymbol{A}$ 的迹,记为 $\mathrm{tr}(\boldsymbol{A})$.

$$\mathrm{tr}(\boldsymbol{A})=a_{11}+a_{22}+\cdots+a_{nn}.$$

(2) 设 $\boldsymbol{A}$、$\boldsymbol{B}$ 均为 n 阶方阵,则迹具有下面的性质:

$$\mathrm{tr}(\boldsymbol{A}+\boldsymbol{B})=\mathrm{tr}(\boldsymbol{A})+\mathrm{tr}(\boldsymbol{B}),$$

$$\mathrm{tr}(k\boldsymbol{A})=k(\mathrm{tr}\boldsymbol{A})\ (k\text{ 为任意常数}).$$

(3) $f_{\mathrm{A}}(\lambda)=\lambda^n-\mathrm{tr}(\boldsymbol{A})\lambda^{n-1}+\cdots+(-1)^n|\boldsymbol{A}|$.

(4) 设矩阵 $\boldsymbol{A}$ 共有 n 个特征值,记为 $\lambda_1,\lambda_2,\cdots,\lambda_n$,则

$$\lambda_1+\lambda_2+\cdots+\lambda_n=\mathrm{tr}(\boldsymbol{A}),$$

$$\lambda_1\lambda_2\cdots\lambda_n=|\boldsymbol{A}|.$$

4. 方阵可逆的充分必要条件是 $\boldsymbol{A}$ 无零特征值，即 $\boldsymbol{A}$ 的特征值全不为零.

5. 对于特征值 λ_0，有 $|\lambda_0\boldsymbol{I}-\boldsymbol{A}|=0$，故齐次线性方程组④有非零解.所以，对于特征值 λ_0，方阵 $\boldsymbol{A}$ 必有特征向量.今设 $\begin{pmatrix}x_1\\x_2\\\vdots\\x_n\end{pmatrix}\neq\boldsymbol{0}$ 是矩阵 $\boldsymbol{A}$ 属于特征值 λ_0 的特征向量，则有

$$(\lambda_0\boldsymbol{I}-\boldsymbol{A})\begin{pmatrix}x_1\\x_2\\\vdots\\x_n\end{pmatrix}=\boldsymbol{0},\text{或 }\boldsymbol{A}\begin{pmatrix}x_1\\x_2\\\vdots\\x_n\end{pmatrix}=\lambda_0\begin{pmatrix}x_1\\x_2\\\vdots\\x_n\end{pmatrix}.$$

6. 求 n 阶矩阵 $\boldsymbol{A}$ 的特征值、特征向量的步骤可归结如下：

步骤 1，计算 $\boldsymbol{A}$ 的特征多项式 $f_{\boldsymbol{A}}(\lambda)=|\lambda\boldsymbol{I}-\boldsymbol{A}|$；

步骤 2，求出 $\boldsymbol{A}$ 的特征方程 $|\lambda\boldsymbol{I}-\boldsymbol{A}|=0$ 的全部根，即 $\boldsymbol{A}$ 的全部特征值；

步骤 3，对于 $\boldsymbol{A}$ 的每一个特征值 λ_0，求出对应的齐次线性方程组 $(\lambda_0\boldsymbol{I}-\boldsymbol{A})\boldsymbol{x}=\boldsymbol{0}$ 的基础解系 $\boldsymbol{\xi}_1,\boldsymbol{\xi}_2,\cdots,\boldsymbol{\xi}_k$，则 $\boldsymbol{A}$ 的对应于特征值 λ_0 的全部特征向量为

$$c_1\boldsymbol{\xi}_1+c_2\boldsymbol{\xi}_2+\cdots+c_k\boldsymbol{\xi}_k,$$

其中 $c_1,c_2,\cdots,c_k$ 为不全为零的任意常数.

题 1 求下列矩阵 $\boldsymbol{A}$ 的特征值与特征向量

$$\boldsymbol{A}=\begin{pmatrix}0&0&0&1\\0&0&1&0\\0&1&0&0\\1&0&0&0\end{pmatrix}.$$

解：$\boldsymbol{A}$ 的特征多项式为

$$|\lambda\boldsymbol{I}-\boldsymbol{A}|=\begin{vmatrix}\lambda&0&0&-1\\0&\lambda&-1&0\\0&-1&\lambda&0\\-1&0&0&\lambda\end{vmatrix}=(\lambda+1)^2(\lambda-1)^2,$$

所以 $\boldsymbol{A}$ 的特征值为 $-1,-1,1,1$.

对于 $\lambda_1=\lambda_2=-1$，解齐次线性方程组 $(-\boldsymbol{I}-\boldsymbol{A})\boldsymbol{x}=\boldsymbol{0}$，由

$$\begin{pmatrix}-1&0&0&-1\\0&-1&-1&0\\0&-1&-1&0\\-1&0&0&-1\end{pmatrix}\xrightarrow[\substack{(3)+(2)\\(4)-(1)}]{\substack{(-1)\times(1)\\(-1)\times(2)}}\begin{pmatrix}1&0&0&1\\0&1&1&0\\0&0&0&0\\0&0&0&0\end{pmatrix},$$

得基础解系 $\boldsymbol{\xi}_1=\begin{pmatrix}0\\-1\\1\\0\end{pmatrix},\boldsymbol{\xi}_2=\begin{pmatrix}-1\\0\\0\\1\end{pmatrix}$.

因此,$\boldsymbol{A}$ 的对应于特征值-1的全部特征向量为

$$k_1\boldsymbol{\xi}_1+l_1\boldsymbol{\xi}_2=\begin{pmatrix}-l_1\\-k_1\\k_1\\l_1\end{pmatrix},$$

其中任意常数 k_1 与 l_1 不同时为零.

对于 $\lambda_3=\lambda_4=1$,解齐次线性方程组$(\boldsymbol{I}-\boldsymbol{A})\boldsymbol{x}=\boldsymbol{0}$,由

$$\begin{pmatrix}1&0&0&-1\\0&1&-1&0\\0&-1&1&0\\-1&0&0&1\end{pmatrix}\xrightarrow[(4)+(1)]{(3)+(2)}\begin{pmatrix}1&0&0&-1\\0&1&-1&0\\0&0&0&0\\0&0&0&0\end{pmatrix},$$

得基础解系 $\boldsymbol{\xi}_3=\begin{pmatrix}0\\1\\1\\0\end{pmatrix},\boldsymbol{\xi}_4=\begin{pmatrix}1\\0\\0\\1\end{pmatrix}$.

因此,$\boldsymbol{A}$ 的对应于特征值 1 的全部特征向量为 $k_2\boldsymbol{\xi}_3+l_2\boldsymbol{\xi}_4$,其中任意常数 k_2,l_2 不同时为零.

题 2 求下列矩阵 $\boldsymbol{A}$ 的特征值及特征向量:

(1) $\boldsymbol{A}=\begin{pmatrix}0&-2&-2\\2&2&-2\\-2&-2&2\end{pmatrix}$; (2) $\boldsymbol{A}=\begin{pmatrix}-1&1&1\\1&-1&1\\1&1&-1\end{pmatrix}$.

解:(1) $\boldsymbol{A}$ 的特征多项式为

$$|\lambda\boldsymbol{I}-\boldsymbol{A}|=\begin{vmatrix}\lambda&2&2\\-2&\lambda-2&2\\2&2&\lambda-2\end{vmatrix}=\begin{vmatrix}\lambda&2&2\\-2&\lambda-2&2\\0&\lambda&\lambda\end{vmatrix}=\lambda^2(\lambda-4).$$

于是 $\boldsymbol{A}$ 的特征值为 4,0,0.

对于 $\lambda_1=4$,解齐次线性方程组$(4\boldsymbol{I}-\boldsymbol{A})\boldsymbol{x}=\boldsymbol{0}$,由

$$\begin{pmatrix}4&2&2\\-2&2&2\\2&2&2\end{pmatrix}\xrightarrow[\substack{\frac{1}{3}(2)\\(2)-(1)\\\frac{1}{2}\times(1)}]{\substack{\frac{1}{2}(1)\\(3)+(2)\\(2)+(1)\\(3)-\frac{4}{3}(2)}}\begin{pmatrix}1&0&0\\0&1&1\\0&0&0\end{pmatrix},$$

得基础解系 $\boldsymbol{\xi}_1=\begin{pmatrix}0\\-1\\1\end{pmatrix}$.

因此 $\boldsymbol{A}$ 的对应于特征值 $\lambda_1=4$ 的全部特征向量为

$$k\boldsymbol{\xi}_1=\begin{pmatrix}0\\-k\\k\end{pmatrix},k\neq0.$$

对 $\lambda_2=0$,解齐次线性方程组 $-\boldsymbol{Ax}=\boldsymbol{0}$,由

$$\begin{pmatrix}0&2&2\\-2&-2&2\\2&2&-2\end{pmatrix}\xrightarrow[\substack{\frac{1}{2}\times(1)\\(1)\leftrightarrow(2)}]{\substack{(3)+(2)\\(2)+(1)\\-\frac{1}{2}\times(2)}}\begin{pmatrix}1&0&-2\\0&1&1\\0&0&0\end{pmatrix},$$

得基础解系 $\boldsymbol{\xi}_2=(2,-1,1)^{\mathrm{T}}$.

因此 $\boldsymbol{A}$ 的对应于特征值 $\lambda_2=0$ 的全部特征向量为

$$l\boldsymbol{\xi}_2=\begin{pmatrix}2l\\-l\\l\end{pmatrix},l\neq0.$$

(2) $\boldsymbol{A}$ 的特征多项式为

$$|\lambda\boldsymbol{I}-\boldsymbol{A}|=\begin{vmatrix}\lambda+1&-1&-1\\-1&\lambda+1&-1\\-1&-1&\lambda+1\end{vmatrix}=(\lambda-1)(\lambda+2)^2.$$

因此 $\boldsymbol{A}$ 的特征值为 $\lambda_1=1,\lambda_2=\lambda_3=-2$.

对于 $\lambda_1=1$,解齐次线性方程组

$$\begin{pmatrix}2&-1&-1\\-1&2&-1\\-1&-1&2\end{pmatrix}\begin{pmatrix}x_1\\x_2\\x_3\end{pmatrix}=\begin{pmatrix}0\\0\\0\end{pmatrix},$$

得基础解系 $\boldsymbol{\xi}_1=\begin{pmatrix}1\\1\\1\end{pmatrix}$.

因此 $\boldsymbol{A}$ 的对应于特征值 $\lambda_1=1$ 的全部特征向量为

$$k\boldsymbol{\xi}_1=\begin{pmatrix}k\\k\\k\end{pmatrix},k\neq 0.$$

对于 $\lambda_2=\lambda_3=-2$,解齐次线性方程组

$$\begin{pmatrix}-1&-1&-1\\-1&-1&-1\\-1&-1&-1\end{pmatrix}\begin{pmatrix}x_1\\x_2\\x_3\end{pmatrix}=\begin{pmatrix}0\\0\\0\end{pmatrix},$$

得基础解系 $\boldsymbol{\xi}_2=\begin{pmatrix}1\\-1\\0\end{pmatrix},\boldsymbol{\xi}_3=\begin{pmatrix}1\\0\\-1\end{pmatrix}$.

因此 $\boldsymbol{A}$ 的对应于特征值 $\lambda_2=\lambda_3=-2$ 的全部特征向量为

$$k\boldsymbol{\xi}_2+l\boldsymbol{\xi}_3=\begin{pmatrix}k+l\\-k\\-l\end{pmatrix},$$

其中 k 与 l 不同时为零的任意常数.

题 3 矩阵 $\begin{pmatrix}0&-2&-2\\2&2&-2\\-2&-2&2\end{pmatrix}$ 的非零特征值是____.

解:设 $\boldsymbol{A}=\begin{pmatrix}0&-2&-2\\2&2&-2\\-2&-2&2\end{pmatrix}$,则 $\boldsymbol{A}$ 的特征多项式为

$$|\lambda\boldsymbol{I}-\boldsymbol{A}|=\begin{vmatrix}\lambda&2&2\\-2&\lambda-2&\lambda\\2&2&\lambda-2\end{vmatrix}\xlongequal{(2)+(3)}\begin{vmatrix}\lambda&2&2\\0&\lambda&\lambda\\2&2&\lambda-2\end{vmatrix}$$

$$=\lambda\begin{vmatrix}\lambda&2&2\\0&1&1\\2&2&\lambda-2\end{vmatrix}\xlongequal[\textcircled{3}-\textcircled{2}]{}\lambda\begin{vmatrix}\lambda&2&2\\0&1&0\\2&2&\lambda-4\end{vmatrix}$$

$$=\lambda^2(\lambda-4).$$

故非零特征值为 4.

题 4 已知矩阵 $\boldsymbol{A}=\begin{pmatrix}2&-1&2\\5&a&3\\-1&b&-2\end{pmatrix}$ 有一个特征向量 $\boldsymbol{\alpha}_1=\begin{pmatrix}1\\1\\-1\end{pmatrix}$,求常数

a,b 的值以及 $\boldsymbol{\alpha}_1$ 所对应的 $\boldsymbol{A}$ 的特征值 λ_1.

解:由于 $\boldsymbol{A}\boldsymbol{\alpha}_1=\lambda_1\boldsymbol{\alpha}_1$,故

$$\begin{pmatrix}2 & -1 & 2\\ 5 & a & 3\\ -1 & b & -2\end{pmatrix}\begin{pmatrix}1\\1\\-1\end{pmatrix}=\lambda_1\begin{pmatrix}1\\1\\-1\end{pmatrix},$$

于是

$$\begin{cases}-1=\lambda_1,\\ 2+a=\lambda_1,\\ 1+b=-\lambda_1.\end{cases}$$

解之,得

$$\begin{cases}\lambda_1=-1,\\ a=-3,\\ b=0.\end{cases}$$

题5　设矩阵 $\boldsymbol{A}=\begin{pmatrix}2 & 1 & 1\\ 1 & 2 & 1\\ 1 & 1 & 2\end{pmatrix}$,若 $\boldsymbol{\alpha}=\begin{pmatrix}1\\k\\1\end{pmatrix}$ 是 $\boldsymbol{A}^{-1}$ 的特征向量,求常数 k 以及 $\boldsymbol{\alpha}$ 所对应的特征值.

解:设 $\boldsymbol{\alpha}$ 对应于特征值 λ,由于 $\boldsymbol{A}^{-1}$ 是可逆的,故 $\lambda\neq0$.

于是 $\boldsymbol{A}^{-1}\boldsymbol{\alpha}=\lambda\boldsymbol{\alpha}$,$\boldsymbol{A}\boldsymbol{\alpha}=\dfrac{1}{\lambda}\boldsymbol{\alpha}$.

令 $\mu=\dfrac{1}{\lambda}$,则

$$\begin{pmatrix}2 & 1 & 1\\ 1 & 2 & 1\\ 1 & 1 & 2\end{pmatrix}\begin{pmatrix}1\\k\\1\end{pmatrix}=\mu\begin{pmatrix}1\\k\\1\end{pmatrix},$$

即

$$\begin{cases}2+k+1=\mu,\\ 1+2k+1=\mu k,\\ 1+k+2=\mu.\end{cases}$$

由此,解得

$$\begin{cases}k(k+3)=2(k+1),\\ \mu=k+3.\end{cases}$$

所以 $k=1$ 或 $k=-2$.

当 $k=1$ 时,$\mu=4$,$\lambda=\dfrac{1}{\mu}=\dfrac{1}{4}$;

当 $k=-2$ 时，$\mu=1,\lambda=\dfrac{1}{\mu}=1$.

题 6　设矩阵 $A=\begin{pmatrix} a & -1 & c \\ 5 & b & 3 \\ 1-c & 0 & -a \end{pmatrix}$，其行列式 $|A|=-1$. 又 A 的伴随矩阵 A^* 有一个特征值为 λ_0，属于 λ_0 的一个特征向量 $\alpha=(-1,-1,1)^T$，求 a,b,c 和 λ_0 的值.

解：由题设，有 $A^*\alpha=\lambda_0\alpha$，于是 $AA^*\alpha=A(\lambda_0\alpha)=\lambda_0A\alpha$.

又 $AA^*=|A|I=-I$，所以有 $-\alpha=\lambda_0A\alpha$，

即

$$\lambda_0\begin{pmatrix} a & -1 & c \\ 5 & b & 3 \\ 1-c & 0 & -a \end{pmatrix}\begin{pmatrix} -1 \\ -1 \\ 1 \end{pmatrix}=-\begin{pmatrix} -1 \\ -1 \\ 1 \end{pmatrix}.$$

由此，可得

$$\begin{cases} \lambda_0(-a+1+c)=1, \\ \lambda_0(-5-b+3)=1, \\ \lambda_0(-1+c-a)=-1. \end{cases}$$

将第 1 式减去第 3 式，得 $\lambda_0=1$，代入第 2 式和第 1 式，得 $b=-3,a=c$.

又由 $|A|=-1$ 和 $a=c$，有

$$-1=|A|=\begin{vmatrix} a & -1 & a \\ 5 & -3 & 3 \\ 1-a & 0 & -a \end{vmatrix}=a-3.$$

故 $a=c=2$，因此 $a=2,b=-3,c=2,\lambda_0=1$.

题 7　已知向量 $\alpha=(1,k,1)^T$ 是矩阵 $A=\begin{pmatrix} 3 & 1 & 1 \\ 1 & 3 & 1 \\ 1 & 1 & 3 \end{pmatrix}$ 的逆矩阵 A^{-1} 的特征向量，试求常数 k 的值.

解：设 α 是 A^{-1} 的对应于特征值 λ 的特征向量，则

$$A^{-1}\alpha=\lambda\alpha.$$

两边左乘 A，得 $\alpha=\lambda A\alpha$，

即

$$\begin{pmatrix} 1 \\ k \\ 1 \end{pmatrix}=\lambda\begin{pmatrix} 3 & 1 & 1 \\ 1 & 3 & 1 \\ 1 & 1 & 3 \end{pmatrix}\begin{pmatrix} 1 \\ k \\ 1 \end{pmatrix}=\lambda\begin{pmatrix} 4+k \\ 2+3k \\ 4+k \end{pmatrix}.$$

由此，可得

$$\begin{cases}\lambda(4+k)=1,\\ \lambda(2+3k)=k.\end{cases}$$

求得

$$\begin{cases}k=-2,\\ \lambda=\dfrac{1}{2}\end{cases}\text{或}\begin{cases}k=1,\\ \lambda=\dfrac{1}{5}.\end{cases}$$

因此，当 $k=-2$ 或 $k=1$ 时，$\boldsymbol{\alpha}$ 为 $\boldsymbol{A}^{-1}$ 的特征向量.

题 8　已知三阶方阵 $\boldsymbol{A}$ 的特征值为 $-1,0,1$，对应的特征向量分别为 $\boldsymbol{\alpha}_1=\begin{pmatrix}a\\a+3\\a+2\end{pmatrix}$，$\boldsymbol{\alpha}_2=\begin{pmatrix}a-2\\-1\\a+1\end{pmatrix}$，$\boldsymbol{\alpha}_3=\begin{pmatrix}1\\2a\\-1\end{pmatrix}$，且有 $\begin{vmatrix}a&-5&8\\0&a+1&8\\0&3a+3&25\end{vmatrix}=0$，试确定参数 a 的值，并求矩阵 $\boldsymbol{A}$.

解：由 $\begin{vmatrix}a&-5&8\\0&a+1&8\\0&3a+3&25\end{vmatrix}=\begin{vmatrix}a&-5&8\\0&a+1&8\\0&0&1\end{vmatrix}=a(a+1)=0$，得 $a=-1,a=0$.

当 $a=-1$ 时，$\boldsymbol{\alpha}_1=(-1,2,1)^{\mathrm{T}}$，$\boldsymbol{\alpha}_2=(-3,-1,0)^{\mathrm{T}}$，$\boldsymbol{\alpha}_3=(1,-2,-1)^{\mathrm{T}}$.易知 $\boldsymbol{\alpha}_1$、$\boldsymbol{\alpha}_2$、$\boldsymbol{\alpha}_3$ 线性相关($\boldsymbol{\alpha}_1+\boldsymbol{\alpha}_3=\boldsymbol{0}$)，而 $\boldsymbol{A}$ 有 3 个不同的特征值，故 $\boldsymbol{\alpha}_1$、$\boldsymbol{\alpha}_2$、$\boldsymbol{\alpha}_3$ 应线性无关，因此 $a\neq-1$.

当 $a=0$ 时，$\boldsymbol{\alpha}_1=(0,3,2)^{\mathrm{T}}$，$\boldsymbol{\alpha}_2=(-2,-1,1)^{\mathrm{T}}$，$\boldsymbol{\alpha}_3=(1,0,-1)^{\mathrm{T}}$，因 $|\boldsymbol{\alpha}_1,\boldsymbol{\alpha}_2,\boldsymbol{\alpha}_3|=-1\neq0$，故 $\boldsymbol{\alpha}_1,\boldsymbol{\alpha}_2,\boldsymbol{\alpha}_3$ 线性无关，因此 $a=0$ 为所求.

由特征值和特征向量定义，知

$$\boldsymbol{A}\boldsymbol{\alpha}_1=-1\cdot\boldsymbol{\alpha}_1=-\boldsymbol{\alpha}_1,$$
$$\boldsymbol{A}\boldsymbol{\alpha}_2=0\cdot\boldsymbol{\alpha}_2=\boldsymbol{0},\ \boldsymbol{A}\boldsymbol{\alpha}_3=1\cdot\boldsymbol{\alpha}_3=\boldsymbol{\alpha}_3.$$

所以

$$\boldsymbol{A}(\boldsymbol{\alpha}_1,\boldsymbol{\alpha}_2,\boldsymbol{\alpha}_3)=(-\boldsymbol{\alpha}_1,\boldsymbol{0},\boldsymbol{\alpha}_3),$$

从而

$$\boldsymbol{A}=(-\boldsymbol{\alpha}_1,\boldsymbol{0},\boldsymbol{\alpha}_3)(\boldsymbol{\alpha}_1,\boldsymbol{\alpha}_2,\boldsymbol{\alpha}_3)^{-1}=\begin{pmatrix}0&0&1\\-3&0&0\\-2&0&-1\end{pmatrix}\begin{pmatrix}0&-2&1\\3&-1&0\\2&1&-1\end{pmatrix}^{-1}$$

$$=\begin{pmatrix}0&0&1\\-3&0&0\\-2&0&-1\end{pmatrix}\begin{pmatrix}-1&1&-1\\-3&2&-3\\-5&4&-6\end{pmatrix}=\begin{pmatrix}-5&4&-6\\3&-3&3\\7&-6&8\end{pmatrix}.$$

题 9　设矩阵 $\boldsymbol{A}=\begin{pmatrix}2&1&1\\1&2&1\\1&1&a\end{pmatrix}$ 可逆，向量 $\boldsymbol{\alpha}=\begin{pmatrix}1\\b\\1\end{pmatrix}$ 是矩阵 $\boldsymbol{A}^*$ 的一个特征向

量,λ 是 $\boldsymbol{\alpha}$ 对应的特征值,其中 $\boldsymbol{A}^*$ 是矩阵 $\boldsymbol{A}$ 的伴随矩阵,试求 a,b 和 λ 的值.

解:矩阵 $\boldsymbol{A}^*$ 的属于特征值 λ 的特征向量为 $\boldsymbol{\alpha}$,由于矩阵 $\boldsymbol{A}$ 可逆,故 $\boldsymbol{A}^*$ 可逆. 于是 $\lambda\neq 0$,$|\boldsymbol{A}|\neq 0$,且

$$\boldsymbol{A}^*\cdot\boldsymbol{\alpha}=\lambda\boldsymbol{\alpha}.$$

两边同时左乘矩阵 $\boldsymbol{A}$,得

$$\boldsymbol{A}\boldsymbol{A}^*\cdot\boldsymbol{\alpha}=\lambda\boldsymbol{A}\boldsymbol{\alpha}.$$

故

$$\boldsymbol{A}\boldsymbol{\alpha}=\frac{|\boldsymbol{A}|}{\lambda}\boldsymbol{\alpha},$$

即

$$\begin{pmatrix}2&1&1\\1&2&1\\1&1&a\end{pmatrix}\begin{pmatrix}1\\b\\1\end{pmatrix}=\frac{|\boldsymbol{A}|}{\lambda}\begin{pmatrix}1\\b\\1\end{pmatrix}.$$

由此,得方程组

$$\begin{cases}3+b=\dfrac{|\boldsymbol{A}|}{\lambda}, & ①\\[2ex] 2+2b=\dfrac{|\boldsymbol{A}|}{\lambda}b, & ②\\[2ex] a+b+1=\dfrac{|\boldsymbol{A}|}{\lambda}. & ③\end{cases}$$

由式①、②,解得

$$b=1\text{ 或 }b=-2;$$

由式①、③,解得

$$a=2.$$

由于

$$|\boldsymbol{A}|=\begin{vmatrix}2&1&1\\1&2&1\\1&1&a\end{vmatrix}=3a-2=4,$$

根据①式,知特征向量 $\boldsymbol{\alpha}$ 所对应的特征值

$$\lambda=\frac{|\boldsymbol{A}|}{3+b}=\frac{4}{3+b}.$$

所以,当 $b=1$ 时,$\lambda=1$;当 $b=-2$ 时,$\lambda=4$.

题 10 设矩阵 $\boldsymbol{A}=\begin{pmatrix}3&2&2\\2&3&2\\2&2&3\end{pmatrix}$,$\boldsymbol{P}=\begin{pmatrix}0&1&0\\1&0&1\\0&0&1\end{pmatrix}$,$\boldsymbol{B}=\boldsymbol{P}^{-1}\boldsymbol{A}^*\boldsymbol{P}$,求 $\boldsymbol{B}+2\boldsymbol{I}$ 的特征值与特征向量,其中 $\boldsymbol{A}^*$ 为 $\boldsymbol{A}$ 的伴随矩阵.

解:方法一:经计算,得

$$A^*=\begin{pmatrix}5&-2&-2\\-2&5&-2\\-2&-2&5\end{pmatrix},$$

$$P^{-1}=\begin{pmatrix}0&1&-1\\1&0&0\\0&0&1\end{pmatrix},$$

$$B=P^{-1}A^*P=\begin{pmatrix}7&0&0\\-2&5&-4\\-2&-2&3\end{pmatrix}.$$

从而

$$B+2I=\begin{pmatrix}9&0&0\\-2&7&-4\\-2&-2&5\end{pmatrix},$$

$$|\lambda I-(B+2I)|=\begin{vmatrix}\lambda-9&0&0\\2&\lambda-7&4\\2&2&\lambda-5\end{vmatrix}=(\lambda-9)^2(\lambda-3),$$

故 $B+2I$ 的特征值为 9,9,3.

当 $\lambda_1=\lambda_2=9$ 时,对应的线性无关特征向量可取为

$$\eta_1=\begin{pmatrix}-1\\1\\0\end{pmatrix},\eta_2=\begin{pmatrix}-2\\0\\1\end{pmatrix},$$

所以对应于特征值 9 的全部特征向量为

$$k_1\eta_1+k_2\eta_2=k_1\begin{pmatrix}-1\\1\\0\end{pmatrix}+k_2\begin{pmatrix}-2\\0\\1\end{pmatrix},$$

其中 k_1,k_2 是不全为零的任意常数.

当 $\lambda_3=3$ 时,对应的一个特征向量为

$$\eta_3=\begin{pmatrix}0\\1\\1\end{pmatrix},$$

所以对应于特征值 3 的全部特征向量为

$$k_3\eta_3=k_3\begin{pmatrix}0\\1\\1\end{pmatrix},$$

其中 k_3 是非零的任意常数.

方法二：设 $\boldsymbol{A}$ 的特征值为 λ，对应的特征向量为 $\boldsymbol{\eta}$，即 $\boldsymbol{A\eta}=\lambda\boldsymbol{\eta}$. 由于 $|\boldsymbol{A}|=7\neq 0$，所以 $\lambda\neq 0$.

又因 $\boldsymbol{A}^*\boldsymbol{A}=|\boldsymbol{A}|\boldsymbol{I}$，故有 $\boldsymbol{A}^*\boldsymbol{\eta}=\dfrac{|\boldsymbol{A}|}{\lambda}\boldsymbol{\eta}$.

于是有

$$\boldsymbol{B}(\boldsymbol{P}^{-1}\boldsymbol{\eta})=\boldsymbol{P}^{-1}\boldsymbol{A}^*\boldsymbol{P}(\boldsymbol{P}^{-1}\boldsymbol{\eta})=\frac{|\boldsymbol{A}|}{\lambda}(\boldsymbol{P}^{-1}\boldsymbol{\eta}),$$

$$(\boldsymbol{B}+2\boldsymbol{I})\boldsymbol{P}^{-1}\boldsymbol{\eta}=\left(\frac{|\boldsymbol{A}|}{\lambda}+2\right)\boldsymbol{P}^{-1}\boldsymbol{\eta}.$$

因此，$\dfrac{|\boldsymbol{A}|}{\lambda}+2$ 为 $\boldsymbol{B}+2\boldsymbol{I}$ 的特征值，对应的特征向量为 $\boldsymbol{P}^{-1}\boldsymbol{\eta}$.

由于

$$|\lambda\boldsymbol{I}-\boldsymbol{A}|=\begin{vmatrix}\lambda-3 & -2 & -2\\ -2 & \lambda-3 & -2\\ -2 & -2 & \lambda-3\end{vmatrix}=(\lambda-1)^2(\lambda-7),$$

故 $\boldsymbol{A}$ 的特征值为 $\lambda_1=\lambda_2=1,\lambda_3=7$.

当 $\lambda_1=\lambda_2=1$ 时，对应的线性无关特征向量可取为

$$\boldsymbol{\eta}_1=\begin{pmatrix}-1\\1\\0\end{pmatrix},\boldsymbol{\eta}_2=\begin{pmatrix}-1\\0\\1\end{pmatrix}.$$

当 $\lambda_3=7$ 时，对应的一个特征向量为

$$\boldsymbol{\eta}_3=\begin{pmatrix}1\\1\\1\end{pmatrix}.$$

由 $\boldsymbol{P}^{-1}=\begin{pmatrix}0&1&-1\\1&0&0\\0&0&1\end{pmatrix}$，得

$$\boldsymbol{P}^{-1}\boldsymbol{\eta}_1=\begin{pmatrix}1\\-1\\0\end{pmatrix},\boldsymbol{P}^{-1}\boldsymbol{\eta}_2=\begin{pmatrix}-1\\-1\\1\end{pmatrix},\boldsymbol{P}^{-1}\boldsymbol{\eta}_3=\begin{pmatrix}0\\1\\1\end{pmatrix}.$$

因此，$\boldsymbol{B}+2\boldsymbol{I}$ 的三个特征值分别为 9，9，3.

对应于特征值 9 的全部特征向量为

$$k_1\boldsymbol{P}^{-1}\boldsymbol{\eta}_1+k_2\boldsymbol{P}^{-1}\boldsymbol{\eta}_2=k_1\begin{pmatrix}1\\-1\\0\end{pmatrix}+k_2\begin{pmatrix}-1\\-1\\1\end{pmatrix},$$

其中 k_1,k_2 是不全为零的任意常数;

对应于特征值3的全部特征向量为

$$k_3\boldsymbol{P}^{-1}\boldsymbol{\eta}_3=k_3\begin{pmatrix}0\\1\\1\end{pmatrix},$$

其中 k_3 是不为零的任意常数.

4.2 矩阵的特征值与特征向量的计算(二)

1. 若行列式 $|\boldsymbol{A}|=0$,则 $\lambda=0$ 为 $\boldsymbol{A}$ 的特征值,并且 $\boldsymbol{Ax}=\boldsymbol{0}$ 的基础解系是属于 $\lambda=0$ 的线性无关的特征向量.

2. 特征值与特征向量的基本性质.

性质1 矩阵 $\boldsymbol{A}$ 的每一个特征向量只能属于一个特征值.

性质2 设 $\boldsymbol{\xi},\boldsymbol{\eta}$ 是矩阵 $\boldsymbol{A}$ 的属于特征值 λ_0 的特征向量,则

(1) 若 $k\neq 0$,则 $k\boldsymbol{\xi}$ 也是属于 λ_0 的特征向量;

(2) 若 $\boldsymbol{\xi}+\boldsymbol{\eta}\neq\boldsymbol{0}$,则 $\boldsymbol{\xi}+\boldsymbol{\eta}$ 也是属于 λ_0 的特征向量.

性质3 矩阵 $\boldsymbol{A}$ 的属于特征值 λ_0 的特征向量的非零线性组合也是属于 λ_0 的特征向量.

性质4 设 λ_0 是 n 阶矩阵 $\boldsymbol{A}$ 的特征值,$\boldsymbol{\alpha}$ 是属于特征值 λ_0 的特征向量,则

(1) λ_0^2 是 $\boldsymbol{A}^2$ 的一个特征值;

(2) 若 $\boldsymbol{A}$ 可逆,则 $\dfrac{1}{\lambda_0}$ 是 $\boldsymbol{A}^{-1}$ 的一个特征值,$\dfrac{|\boldsymbol{A}|}{\lambda_0}$ 是 $\boldsymbol{A}^*$ 的一个特征值($\boldsymbol{A}^*$ 为 $\boldsymbol{A}$ 的伴随矩阵);

(3) $k-\lambda_0$ 是矩阵 $k\boldsymbol{I}-\boldsymbol{A}$ 的一个特征值,其中 k 为常数;

(4) 设 $\varphi(\lambda)$ 是多项式,则有

$$\varphi(\boldsymbol{A})\boldsymbol{\alpha}=\varphi(\lambda_0)\boldsymbol{\alpha}.$$

3. 矩阵 $\boldsymbol{A}$ 与 $\boldsymbol{A}^{\mathrm{T}}$ 有相同的特征值,但特征向量不一定相同.

4. 设 $\boldsymbol{\alpha}_1,\boldsymbol{\alpha}_2,\cdots,\boldsymbol{\alpha}_m$ 是 n 阶矩阵 $\boldsymbol{A}$ 的分别属于 m 个互不相同的特征值 $\lambda_1,\lambda_2,\cdots,\lambda_m$ 的特征向量,则 $\boldsymbol{\alpha}_1,\boldsymbol{\alpha}_2,\cdots,\boldsymbol{\alpha}_m$ 线性无关.

5. **Hamilton-Caylay** 定理.

设 $\boldsymbol{A}$ 为 n 阶矩阵,$f_{\boldsymbol{A}}(\lambda)=|\lambda\boldsymbol{I}-\boldsymbol{A}|=\lambda^n+a_{n-1}\lambda^{n-1}+\cdots+a_1\lambda+a_0$,

则有 $f_{\boldsymbol{A}}(\boldsymbol{A})=\boldsymbol{A}^n+a_{n-1}\boldsymbol{A}^{n-1}+\cdots+a_1\boldsymbol{A}+a_0\boldsymbol{I}=\boldsymbol{O}$.

意即矩阵 $\boldsymbol{A}$ 是其特征多项式 $f_{\boldsymbol{A}}(\lambda)$ 的根.

6. 当 λ 是矩阵 $\boldsymbol{A}$ 的 k 重特征值时,矩阵 $\boldsymbol{A}$ 属于 λ 的线性无关的特征向量的个数不超过 k 个.

7. 若 $\mathrm{r}(\boldsymbol{A})=1$,则 $\boldsymbol{A}$ 的 n 个特征值为

$$\lambda_1=a_{11}+a_{22}+\cdots+a_{nn},\lambda_2=\lambda_3=\cdots=\lambda_n=0.$$

8. 两类问题：一是已给矩阵 $\boldsymbol{A}$，计算 $\boldsymbol{A}$ 的特征值与特征向量；二是已给矩阵 $\boldsymbol{A}$ 的特征值或特征向量的某些条件，要求确定矩阵 $\boldsymbol{A}$，或者确定 $\boldsymbol{A}$ 中含有的字母 a,b,c 等.

题 1 设 $\boldsymbol{A}^2=\boldsymbol{I}$，证明：$\boldsymbol{A}$ 的特征值只能是 1 或 -1.

证明：设 $\boldsymbol{\alpha}$ 是 $\boldsymbol{A}$ 的属于特征值 λ 的特征向量，即

$$\boldsymbol{A\alpha}=\lambda\boldsymbol{\alpha}.$$

两边左乘 $\boldsymbol{A}$，得

$$\boldsymbol{A}^2\boldsymbol{\alpha}=\boldsymbol{A}(\lambda\boldsymbol{\alpha})=\lambda\boldsymbol{A\alpha}=\lambda^2\boldsymbol{\alpha}.$$

又 $\boldsymbol{A}^2=\boldsymbol{I}$，故

$$\boldsymbol{A}^2\boldsymbol{\alpha}=\boldsymbol{\alpha}.$$

因此

$$\lambda^2\boldsymbol{\alpha}=\boldsymbol{\alpha},$$

即

$$(\lambda^2-1)\boldsymbol{\alpha}=\boldsymbol{0}.$$

又 $\boldsymbol{\alpha}\neq\boldsymbol{0}$，故 $\lambda^2-1=0$，得 $\lambda=1$ 或 -1.

题 2 设 n 阶方阵 $\boldsymbol{A}$ 满足 $\boldsymbol{A}^2-3\boldsymbol{A}+2\boldsymbol{I}=\boldsymbol{O}$，证明其特征值只能取值 1 或 2.

证明：设 λ 是 $\boldsymbol{A}$ 的特征值，对应特征向量设为 $\boldsymbol{\alpha}\neq\boldsymbol{0}$，则

$$\boldsymbol{A\alpha}=\lambda\boldsymbol{\alpha},$$

由 $\boldsymbol{A}^2-3\boldsymbol{A}+2\boldsymbol{I}=\boldsymbol{O}$，得

$$\boldsymbol{0}=(\boldsymbol{A}^2-3\boldsymbol{A}+2\boldsymbol{I})\boldsymbol{\alpha}=\boldsymbol{A}^2\boldsymbol{\alpha}-3\boldsymbol{A\alpha}+2\boldsymbol{I\alpha}=(\lambda^2-3\lambda+2)\boldsymbol{\alpha},$$

因为 $\boldsymbol{\alpha}\neq\boldsymbol{0}$，故 $\lambda^2-3\lambda+2=0$，得 $\lambda=1$ 或 $\lambda=2$.

题 3 设三阶矩阵 $\boldsymbol{A}$ 满足 $\boldsymbol{A}^2-5\boldsymbol{A}+6\boldsymbol{I}=\boldsymbol{0}$，且 $|\boldsymbol{A}|=12$. 试求 $\boldsymbol{A}$ 的特征值.

解：设 $\boldsymbol{\alpha}$ 是 $\boldsymbol{A}$ 对应于特征值 λ 的特征向量，则 $\boldsymbol{A\alpha}=\lambda\boldsymbol{\alpha}$.

由 $\boldsymbol{A}^2-5\boldsymbol{A}+6\boldsymbol{I}=\boldsymbol{O}$，得

$$(\boldsymbol{A}^2-5\boldsymbol{A}+6\boldsymbol{I})\boldsymbol{\alpha}=\boldsymbol{A}^2\boldsymbol{\alpha}-5\boldsymbol{A\alpha}+6\boldsymbol{\alpha}=\lambda^2\boldsymbol{\alpha}-5\lambda\boldsymbol{\alpha}+6\boldsymbol{\alpha}=(\lambda^2-5\lambda+6)\boldsymbol{\alpha}=\boldsymbol{0}.$$

因为 $\boldsymbol{\alpha}\neq\boldsymbol{0}$，故 $\lambda^2-5\lambda+6=0$，从而 $\lambda=2$ 或 $\lambda=3$.

又 $|\boldsymbol{A}|=\lambda_1\lambda_2\lambda_3=12$，$\lambda_i=2$ 或 3，$i=1,2,3$.

故 $\lambda_1=\lambda_2=2$，$\lambda_3=3$.

题 4 设四阶方阵 $\boldsymbol{A}$ 满足 $|3\boldsymbol{I}+\boldsymbol{A}|=0$，$\boldsymbol{AA}^{\mathrm{T}}=2\boldsymbol{I}$，$|\boldsymbol{A}|<0$，求方阵 $\boldsymbol{A}$ 的伴随矩阵 $\boldsymbol{A}^*$ 的一个特征值.

解：由 $|3\boldsymbol{I}+\boldsymbol{A}|=|\boldsymbol{A}-(-3\boldsymbol{I})|=0$，知 $\boldsymbol{A}$ 有一个特征值 $\lambda=-3$. 又由 $\boldsymbol{AA}^{\mathrm{T}}=2\boldsymbol{I}$，得 $|\boldsymbol{AA}^{\mathrm{T}}|=|2\boldsymbol{I}|$，即 $|\boldsymbol{A}|\cdot|\boldsymbol{A}^{\mathrm{T}}|=|\boldsymbol{A}|^2=2^4|\boldsymbol{I}|=16$，从而 $|\boldsymbol{A}|=\pm4$.

因 $|\boldsymbol{A}|<0$，所以 $|\boldsymbol{A}|=-4$.

故 $\boldsymbol{A}^*$ 有一个特征值为 $\frac{1}{\lambda}|\boldsymbol{A}|=\frac{-4}{-3}=\frac{4}{3}$.

题5　设 $\boldsymbol{A}$ 是 n 阶矩阵，且 $\boldsymbol{A}^{\mathrm{T}}\boldsymbol{A}=\boldsymbol{I}$，$|\boldsymbol{A}|=-1$，试证：$-1$ 是 $\boldsymbol{A}$ 的一个特征值.

证明：由于 $|\boldsymbol{A}|=|\boldsymbol{A}^{\mathrm{T}}|=-1$.

$|-\boldsymbol{I}-\boldsymbol{A}|=|-\boldsymbol{A}^{\mathrm{T}}\boldsymbol{A}-\boldsymbol{A}|=|(-\boldsymbol{A}^{\mathrm{T}}-\boldsymbol{I})\boldsymbol{A}|=|\boldsymbol{A}|\cdot|-\boldsymbol{I}-\boldsymbol{A}^{\mathrm{T}}|=-|-\boldsymbol{I}-\boldsymbol{A}|$.

从而 $2|-\boldsymbol{I}-\boldsymbol{A}|=0$，即 $|-\boldsymbol{I}-\boldsymbol{A}|=0$.

所以 -1 是 $\boldsymbol{A}$ 的一个特征值.

题6　如果 n 阶矩阵 $\boldsymbol{A}$ 满足 $\boldsymbol{A}^2=\boldsymbol{A}$，则称 $\boldsymbol{A}$ 为幂等矩阵.试证：幂等矩阵的特征值只能是 0 或 1.

证明：设 $\boldsymbol{\alpha}$ 是 $\boldsymbol{A}$ 的属于特征值 λ 的特征向量，即

$$\boldsymbol{A\alpha}=\lambda\boldsymbol{\alpha}.$$

两边左乘 $\boldsymbol{A}$，得 $\boldsymbol{A}^2\boldsymbol{\alpha}=\boldsymbol{A}(\lambda\boldsymbol{\alpha})=\lambda\boldsymbol{A}\alpha=\lambda(\lambda\boldsymbol{\alpha})=\lambda^2\boldsymbol{\alpha}$.

又因 $\boldsymbol{A}^2=\boldsymbol{A}$，故

$$\lambda\boldsymbol{\alpha}=\lambda^2\boldsymbol{\alpha},$$

即

$$(\lambda^2-\lambda)\boldsymbol{\alpha}=\boldsymbol{0}.$$

又 $\boldsymbol{\alpha}\neq\boldsymbol{0}$，故 $\lambda^2-\lambda=0$，得 $\lambda=0$ 或 1.

题7　设 λ_1,λ_2 为 n 阶矩阵 $\boldsymbol{A}$ 的两个不同特征值，$\boldsymbol{\alpha}_1,\boldsymbol{\alpha}_2$ 分别是 $\boldsymbol{A}$ 的属于 λ_1,λ_2 的特征向量，试证：$\boldsymbol{\alpha}_1+\boldsymbol{\alpha}_2$ 不是 $\boldsymbol{A}$ 的特征向量.

证明：采用反证法.假设 $\boldsymbol{\alpha}_1+\boldsymbol{\alpha}_2$ 是 $\boldsymbol{A}$ 属于某特征值 λ 的特征向量，则

$$\boldsymbol{A}(\boldsymbol{\alpha}_1+\boldsymbol{\alpha}_2)=\lambda(\boldsymbol{\alpha}_1+\boldsymbol{\alpha}_2).$$

由题设，知 $\boldsymbol{A\alpha}_1=\lambda_1\boldsymbol{\alpha}_1$，$\boldsymbol{A\alpha}_2=\lambda_2\boldsymbol{\alpha}_2$，故

$$\boldsymbol{A}(\boldsymbol{\alpha}_1+\boldsymbol{\alpha}_2)=\boldsymbol{A\alpha}_1+\boldsymbol{A\alpha}_2=\lambda_1\boldsymbol{\alpha}_1+\lambda_2\boldsymbol{\alpha}_2.$$

从而

$$\lambda_1\boldsymbol{\alpha}_1+\lambda_2\boldsymbol{\alpha}_2=\lambda(\boldsymbol{\alpha}_1+\boldsymbol{\alpha}_2),$$

即

$$(\lambda-\lambda_1)\boldsymbol{\alpha}_1+(\lambda-\lambda_2)\boldsymbol{\alpha}_2=\boldsymbol{0}.$$

因为 $\boldsymbol{\alpha}_1,\boldsymbol{\alpha}_2$ 属于不同的特征值，所以 $\boldsymbol{\alpha}_1,\boldsymbol{\alpha}_2$ 线性无关.因此

$$\lambda-\lambda_1=0,\lambda-\lambda_2=0.$$

即

$$\lambda=\lambda_1=\lambda_2.$$

这与题设矛盾，所以 $\boldsymbol{\alpha}_1+\boldsymbol{\alpha}_2$ 不是 $\boldsymbol{A}$ 的特征向量.

题8　设三阶矩阵 $\boldsymbol{A}$ 的特征值互不相同，若行列式 $|\boldsymbol{A}|=0$，求矩阵 $\boldsymbol{A}$ 的秩.

解：设矩阵 $\boldsymbol{A}$ 的 3 个互不相同的特征值为 $\lambda_1,\lambda_2,\lambda_3$.

则由$|\boldsymbol{A}|=0$,知$\lambda_1,\lambda_2,\lambda_3$中至少有一个为零.因为$\lambda_1,\lambda_2,\lambda_3$互不相同,从而仅有一个特征值为零,故矩阵$\boldsymbol{A}$的秩为2.

评注:若$|\boldsymbol{A}|=0$,则$\boldsymbol{A}$至少有一个特征值为零.反之亦然,即若$\boldsymbol{A}$的一个特征值为零,则$|\boldsymbol{A}|=0$.

题9 若三维列向量$\boldsymbol{\alpha},\boldsymbol{\beta}$满足$\boldsymbol{\alpha}^{\mathrm{T}}\boldsymbol{\beta}=2$,其中$\boldsymbol{\alpha}^{\mathrm{T}}$为$\boldsymbol{\alpha}$的转置,求矩阵$\boldsymbol{\beta\alpha}^{\mathrm{T}}$的非零特征值.

解:由题设,知$\boldsymbol{\beta\alpha}^{\mathrm{T}}\cdot\boldsymbol{\beta\alpha}^{\mathrm{T}}=2\boldsymbol{\beta\alpha}^{\mathrm{T}}$,设$\boldsymbol{\beta\alpha}^{\mathrm{T}}$的非零特征值为$\lambda$,则由$(\boldsymbol{\beta\alpha}^{\mathrm{T}})^2=2(\boldsymbol{\beta\alpha}^{\mathrm{T}})$,知$\lambda^2=2\lambda$,得$\lambda=2,\lambda=0$(舍).故$\boldsymbol{\beta\alpha}^{\mathrm{T}}$的非零特征值为2.

评注:设$\boldsymbol{A\alpha}=\lambda\boldsymbol{\alpha}$,则

$$\boldsymbol{A}^2\boldsymbol{\alpha}=\boldsymbol{A}(\boldsymbol{A\alpha})=\boldsymbol{A}(\lambda\boldsymbol{\alpha})=\lambda\boldsymbol{A\alpha}=\lambda^2\boldsymbol{\alpha}.$$

这表明$\boldsymbol{A}^2$的特征值为λ^2.

题10 设$\boldsymbol{A}$为三阶矩阵,$\boldsymbol{\alpha}_1,\boldsymbol{\alpha}_2$为$\boldsymbol{A}$的分别属于特征值$-1,1$的特征向量,向量$\boldsymbol{\alpha}_3$满足$\boldsymbol{A\alpha}_3=\boldsymbol{\alpha}_2+\boldsymbol{\alpha}_3$.

(1) 证明$\boldsymbol{\alpha}_1,\boldsymbol{\alpha}_2,\boldsymbol{\alpha}_3$线性无关;

(2) 令$\boldsymbol{P}=(\boldsymbol{\alpha}_1,\boldsymbol{\alpha}_2,\boldsymbol{\alpha}_3)$,求$\boldsymbol{P}^{-1}\boldsymbol{AP}$.

证明:方法一:假设$\boldsymbol{\alpha}_1,\boldsymbol{\alpha}_2,\boldsymbol{\alpha}_3$线性相关,因为$\boldsymbol{\alpha}_1,\boldsymbol{\alpha}_2$是不同特征值的特征向量,所以线性无关,则$\boldsymbol{\alpha}_3$可由$\boldsymbol{\alpha}_1,\boldsymbol{\alpha}_2$线性表示.

不妨设$\boldsymbol{\alpha}_3=l_1\boldsymbol{\alpha}_1+l_2\boldsymbol{\alpha}_2$,其中$l_1,l_2$不全为零(若$l_1,l_2$同时为零,则$\boldsymbol{\alpha}_3$为$\boldsymbol{0}$,由$\boldsymbol{A\alpha}_3=\boldsymbol{\alpha}_2+\boldsymbol{\alpha}_3$,可知$\boldsymbol{\alpha}_2=\boldsymbol{0}$).

因为$\boldsymbol{A\alpha}_1=-\boldsymbol{\alpha}_1,\boldsymbol{A\alpha}_2=\boldsymbol{\alpha}_2$.

所以$\boldsymbol{A\alpha}_3=\boldsymbol{\alpha}_2+\boldsymbol{\alpha}_3=\boldsymbol{\alpha}_2+l_1\boldsymbol{\alpha}_1+l_2\boldsymbol{\alpha}_2$.

又$\boldsymbol{A\alpha}_3=\boldsymbol{A}(l_1\boldsymbol{\alpha}_1+l_2\boldsymbol{\alpha}_2)=-l_1\boldsymbol{\alpha}_1+l_2\boldsymbol{\alpha}_2$.

所以

$$-l_1\boldsymbol{\alpha}_1+l_2\boldsymbol{\alpha}_2=\boldsymbol{\alpha}_2+l_1\boldsymbol{\alpha}_1+l_2\boldsymbol{\alpha}_2,$$

整理得:$2l_1\boldsymbol{\alpha}_1+\boldsymbol{\alpha}_2=\boldsymbol{0}$.

则$\boldsymbol{\alpha}_1,\boldsymbol{\alpha}_2$线性相关,矛盾(因为$\boldsymbol{\alpha}_1,\boldsymbol{\alpha}_2$分别属于不同特征值的特征向量,故$\boldsymbol{\alpha}_1,\boldsymbol{\alpha}_2$线性无关.)

故$\boldsymbol{\alpha}_1,\boldsymbol{\alpha}_2,\boldsymbol{\alpha}_3$线性无关.

方法二:因为$\boldsymbol{\alpha}_1,\boldsymbol{\alpha}_2$分别属于不同的特征值的特征向量,所以线性无关.

假设

$$k_1\boldsymbol{\alpha}_1+k_2\boldsymbol{\alpha}_2+k_3\boldsymbol{\alpha}_3=\boldsymbol{0}, \quad ①$$

则

$$k_1\boldsymbol{A\alpha}_1+k_2\boldsymbol{A\alpha}_2+k_3\boldsymbol{A\alpha}_3=\boldsymbol{0},$$
$$-k_1\boldsymbol{\alpha}_1+k_2\boldsymbol{\alpha}_2+k_3(\boldsymbol{\alpha}_2+\boldsymbol{\alpha}_3)=\boldsymbol{0}. \quad ②$$

由①-②,得$2k_1\boldsymbol{\alpha}_1-k_3\boldsymbol{\alpha}_2=\boldsymbol{0}$,

所以 $k_1=k_3=0$.

从而由①,得 $k_2\boldsymbol{\alpha}_2=\mathbf{0}$,故 $k_2=0$,

所以 $\boldsymbol{\alpha}_1,\boldsymbol{\alpha}_2,\boldsymbol{\alpha}_3$ 线性无关.

(2) 记 $\boldsymbol{P}=(\boldsymbol{\alpha}_1,\boldsymbol{\alpha}_2,\boldsymbol{\alpha}_3)$,则 $\boldsymbol{P}$ 可逆,

$$\begin{aligned}\boldsymbol{A}(\boldsymbol{\alpha}_1,\boldsymbol{\alpha}_2,\boldsymbol{\alpha}_3)&=(\boldsymbol{A}\boldsymbol{\alpha}_1,\boldsymbol{A}\boldsymbol{\alpha}_2,\boldsymbol{A}\boldsymbol{\alpha}_3)\\&=(-\boldsymbol{\alpha}_1,\boldsymbol{\alpha}_2,\boldsymbol{\alpha}_2+\boldsymbol{\alpha}_3)\\&=(\boldsymbol{\alpha}_1,\boldsymbol{\alpha}_2,\boldsymbol{\alpha}_3)\begin{pmatrix}-1&0&0\\0&1&1\\0&0&1\end{pmatrix},\end{aligned}$$

即

$$\boldsymbol{AP}=\boldsymbol{P}\begin{pmatrix}-1&0&0\\0&1&1\\0&0&1\end{pmatrix},$$

亦即

$$\boldsymbol{P}^{-1}\boldsymbol{AP}=\begin{pmatrix}-1&0&0\\0&1&1\\0&0&1\end{pmatrix}.$$

评注:要证明 $\boldsymbol{\alpha}_1,\boldsymbol{\alpha}_2,\boldsymbol{\alpha}_3$ 线性相关,通常有两种方法:

方法一:采用反证法.

方法二:设 $k_1\boldsymbol{\alpha}_1+k_2\boldsymbol{\alpha}_2+k_3\boldsymbol{\alpha}_3=\mathbf{0}$,只需证明 k_1,k_2,k_3 不全为零.

4.3　相似矩阵的性质

1. 设 $\boldsymbol{A}$ 与 $\boldsymbol{B}$ 都是 n 阶矩阵,若存在 n 阶可逆矩阵 $\boldsymbol{P}$,使得 $\boldsymbol{P}^{-1}\boldsymbol{AP}=\boldsymbol{B}$,则称矩阵 $\boldsymbol{A}$ 与 $\boldsymbol{B}$ 相似,记作 $\boldsymbol{A}\sim\boldsymbol{B}$.

2. 矩阵的相似是一种等价关系,即满足

(1) 自反性:对任意矩阵 $\boldsymbol{A}$,$\boldsymbol{A}\sim\boldsymbol{A}$;

(2) 对称性:若 $\boldsymbol{A}\sim\boldsymbol{B}$,则 $\boldsymbol{B}\sim\boldsymbol{A}$;

(3) 传递性:若 $\boldsymbol{A}\sim\boldsymbol{B}$,$\boldsymbol{B}\sim\boldsymbol{C}$,则 $\boldsymbol{A}\sim\boldsymbol{C}$.

3. 相似矩阵的性质

如果 n 阶矩阵 $\boldsymbol{A}$ 与 $\boldsymbol{B}$ 相似,则

(1) $\boldsymbol{A}$ 与 $\boldsymbol{B}$ 有相同的特征值、特征多项式;

(2) $\boldsymbol{A}$ 与 $\boldsymbol{B}$ 有相同的秩,相同的行列式;

(3) $\boldsymbol{A}$ 与 $\boldsymbol{B}$ 有相同的迹;

(4) $\boldsymbol{A}^{\mathrm{T}}\sim\boldsymbol{B}^{\mathrm{T}}$;

(5) 当 $\boldsymbol{A}$ 可逆时,$\boldsymbol{A}^{-1}\sim\boldsymbol{B}^{-1}$,$\boldsymbol{A}^{*}\sim\boldsymbol{B}^{*}$;

(6) 设 $f(x)$ 为多项式，则 $f(\boldsymbol{A})\sim f(\boldsymbol{B})$；

(7) $\mathrm{r}(\boldsymbol{A})=\mathrm{r}(\boldsymbol{B})$；

(8) $\boldsymbol{A}$ 与 $\boldsymbol{B}$ 等价(矩阵的等价是指矩阵 $\boldsymbol{A}$ 经过有限次的初等变换可以化为矩阵 $\boldsymbol{B}$，或者存在可逆矩阵 $\boldsymbol{P},\boldsymbol{Q}$，使得 $\boldsymbol{PAQ}=\boldsymbol{B}$).

4. 若 $|\lambda\boldsymbol{I}-\boldsymbol{A}|=|\lambda\boldsymbol{I}-\boldsymbol{B}|$，不能断言 $\boldsymbol{A}\sim\boldsymbol{B}$.

题 1　设 $\boldsymbol{A}$ 可逆，证明：$\boldsymbol{AB}$ 与 $\boldsymbol{BA}$ 相似.

证明：由于 $\boldsymbol{A}^{-1}$ 存在，故 $\boldsymbol{A}^{-1}(\boldsymbol{AB})\boldsymbol{A}=(\boldsymbol{A}^{-1}\boldsymbol{A})(\boldsymbol{BA})=\boldsymbol{BA}$.
从而 $\boldsymbol{AB}$ 与 $\boldsymbol{BA}$ 相似.

题 2　设 $\boldsymbol{A}\sim\boldsymbol{B}$，证明：$\boldsymbol{A}^m\sim\boldsymbol{B}^m$($m$ 为正整数).

证明：由于 $\boldsymbol{A}\sim\boldsymbol{B}$，故存在可逆矩阵 $\boldsymbol{P}$，使得 $\boldsymbol{P}^{-1}\boldsymbol{AP}=\boldsymbol{B}$.

于是

$$\underbrace{(\boldsymbol{P}^{-1}\boldsymbol{AP})(\boldsymbol{P}^{-1}\boldsymbol{AP})(\boldsymbol{P}^{-1}\boldsymbol{AP})\cdots(\boldsymbol{P}^{-1}\boldsymbol{AP})}_{m\text{个}}=\boldsymbol{B}^m=\boldsymbol{P}^{-1}\underbrace{\boldsymbol{A}\cdot\boldsymbol{A}\cdots\boldsymbol{A}}_{m\text{个}}\boldsymbol{P}=\boldsymbol{P}^{-1}\boldsymbol{A}^m\boldsymbol{P},$$

即

$$\boldsymbol{P}^{-1}\boldsymbol{A}^m\boldsymbol{P}=\boldsymbol{B}^m.$$

所以 $\boldsymbol{A}^m\sim\boldsymbol{B}^m$.

题 3　设二阶矩阵 $\boldsymbol{A}$ 的行列式为负数，证明：$\boldsymbol{A}$ 可以相似于一个对角矩阵.

证明：设 λ_1,λ_2 是 $\boldsymbol{A}$ 的特征值，由于 $|\boldsymbol{A}|=\lambda_1\lambda_2<0$，
故 $\lambda_1\neq\lambda_2$，即二阶矩阵 A 有两个不同的特征值，从而有两个线性无关的特征向量，故可以相似于一个对角矩阵.

题 4　n 阶矩阵 $\boldsymbol{A}$ 与 $\boldsymbol{B}$ 相似的充分条件是(　　).

(A) $|\boldsymbol{A}|=|\boldsymbol{B}|$

(B) $\mathrm{r}(\boldsymbol{A})=\mathrm{r}(\boldsymbol{B})$

(C) $\boldsymbol{A}$ 与 $\boldsymbol{B}$ 有相同的特征多项式

(D) n 阶矩阵 $\boldsymbol{A}$ 与 $\boldsymbol{B}$ 有相同的特征值且 n 个特征值互不相同

解：(A)、(B)、(C)都是两矩阵相似的必要非充分条件，只有(D)是两矩阵相似的充分条件，故选(D).

题 5　设 $\boldsymbol{A},\boldsymbol{B}$ 为 n 阶矩阵，且 $\boldsymbol{A}$ 与 $\boldsymbol{B}$ 相似，则(　　).

(A) $\lambda\boldsymbol{I}-\boldsymbol{A}=\lambda\boldsymbol{I}-\boldsymbol{B}$

(B) $\boldsymbol{A}$ 与 $\boldsymbol{B}$ 有相同的特征值和特征向量

(C) $\boldsymbol{A}$ 与 $\boldsymbol{B}$ 都相似于一个对角矩阵

(D) 对任意常数 t，$t\boldsymbol{I}-\boldsymbol{A}$ 与 $t\boldsymbol{I}-\boldsymbol{B}$ 相似

解：若 $\boldsymbol{A}\sim\boldsymbol{B}$，则 $|\lambda\boldsymbol{I}-\boldsymbol{A}|=|\lambda\boldsymbol{I}-\boldsymbol{B}|$. 由此可知 $\boldsymbol{A}$ 与 $\boldsymbol{B}$ 有相同的特征值.若 $\lambda\boldsymbol{I}-\boldsymbol{A}=\lambda\boldsymbol{I}-\boldsymbol{B}$，则 $\boldsymbol{A}=\boldsymbol{B}$，但相似矩阵未必相等，可见 $\lambda\boldsymbol{I}-\boldsymbol{A}$ 未必等于 $\lambda\boldsymbol{I}-\boldsymbol{B}$，由此排除(A).

因 $\boldsymbol{A}$ 与 $\boldsymbol{B}$ 的特征向量未必相同，排除(B).

相似矩阵 $\boldsymbol{A},\boldsymbol{B}$ 未必能对角化，即未必能与对角阵相似，于是排除(C).

(D)是正确的，因为由 $\boldsymbol{A}\sim\boldsymbol{B}$，知存在可逆矩阵 $\boldsymbol{P}$，使 $\boldsymbol{P}^{-1}\boldsymbol{A}\boldsymbol{P}=\boldsymbol{B}$.

从而 $\boldsymbol{P}^{-1}(t\boldsymbol{I}-\boldsymbol{A})\boldsymbol{P}=t\boldsymbol{P}^{-1}\boldsymbol{P}-\boldsymbol{P}^{-1}\boldsymbol{A}\boldsymbol{P}=t\boldsymbol{I}-\boldsymbol{B}$.

即 $t\boldsymbol{I}-\boldsymbol{A}$ 与 $t\boldsymbol{I}-\boldsymbol{B}$ 相似.

故选(D).

题6　设 $\boldsymbol{A}$ 为二阶矩阵，$\boldsymbol{\alpha}_1,\boldsymbol{\alpha}_2$ 为线性无关的二维列向量，$\boldsymbol{A}\boldsymbol{\alpha}_1=\boldsymbol{0}$，$\boldsymbol{A}\boldsymbol{\alpha}_2=2\boldsymbol{\alpha}_1+\boldsymbol{\alpha}_2$，则 $\boldsymbol{A}$ 的非零特征值为________.

解：方法一：由题设，得 $\boldsymbol{A}(\boldsymbol{\alpha}_1,\boldsymbol{\alpha}_2)=(\boldsymbol{\alpha}_1,\boldsymbol{\alpha}_2)\begin{pmatrix}0&2\\0&1\end{pmatrix}$.

令 $\boldsymbol{P}=(\boldsymbol{\alpha}_1,\boldsymbol{\alpha}_2)$，所以 $\boldsymbol{P}^{-1}\boldsymbol{A}\boldsymbol{P}=\begin{pmatrix}0&2\\0&1\end{pmatrix}=\boldsymbol{B}$，即 $\boldsymbol{A},\boldsymbol{B}$ 相似，它们有相同的特征值.易求出 $\boldsymbol{B}$ 的特征值为 0，1，所以 $\boldsymbol{A}$ 的非零特征值为 1.

方法二：因为 $\boldsymbol{\alpha}_1,\boldsymbol{\alpha}_2$ 线性无关，所以

$$\boldsymbol{A}\boldsymbol{\alpha}_2=2\boldsymbol{\alpha}_1+\boldsymbol{\alpha}_2\neq\boldsymbol{0}.$$

上式两端左乘矩阵 $\boldsymbol{A}$，得 $\boldsymbol{A}(\boldsymbol{A}\boldsymbol{\alpha}_2)=2\boldsymbol{A}\boldsymbol{\alpha}_1+\boldsymbol{A}\boldsymbol{\alpha}_2=\boldsymbol{A}\boldsymbol{\alpha}_2$.

故 $\boldsymbol{A}$ 的非零特征值为 1(其对应的特征向量为 $\boldsymbol{A}\boldsymbol{\alpha}_2$).

评注：若两个矩阵相似，则具有相同的特征值.

题7　设 $\boldsymbol{\alpha}=(1,1,1)^{\mathrm{T}}$，$\boldsymbol{\beta}=(1,0,k)^{\mathrm{T}}$，若矩阵 $\boldsymbol{\alpha}\boldsymbol{\beta}^{\mathrm{T}}$ 相似于 $\begin{pmatrix}3&0&0\\0&0&0\\0&0&0\end{pmatrix}$，则 $k=$________.

解：$\boldsymbol{\beta}^{\mathrm{T}}\boldsymbol{\alpha}$ 为一常数，其值等于矩阵 $\boldsymbol{\alpha}\boldsymbol{\beta}^{\mathrm{T}}$ 的主对角线元素之和.

因为矩阵 $\boldsymbol{\alpha}\boldsymbol{\beta}^{\mathrm{T}}$ 相似于 $\begin{pmatrix}3&0&0\\0&0&0\\0&0&0\end{pmatrix}$，所以 $\mathrm{tr}(\boldsymbol{\alpha}\boldsymbol{\beta}^{\mathrm{T}})=\mathrm{tr}\begin{pmatrix}3&0&0\\0&0&0\\0&0&0\end{pmatrix}=3$.

故由

$$3=\boldsymbol{\beta}^{\mathrm{T}}\boldsymbol{\alpha}=1+k,$$

得 $k=2$.

评注：设列向量 $\boldsymbol{\alpha}=(a_1,a_2,a_3)^{\mathrm{T}}$，$\boldsymbol{\beta}=(b_1,b_2,b_3)^{\mathrm{T}}$，则

$$\boldsymbol{\beta}^{\mathrm{T}}\boldsymbol{\alpha}=(b_1,b_2,b_3)\begin{pmatrix}a_1\\a_2\\a_3\end{pmatrix}=a_1b_1+a_2b_2+a_3b_3.$$

$$\boldsymbol{\alpha}\boldsymbol{\beta}^{\mathrm{T}}=\begin{pmatrix}a_1\\a_2\\a_3\end{pmatrix}\cdot(b_1,b_2,b_3)=\begin{pmatrix}a_1b_1&a_1b_2&a_1b_3\\a_2b_1&a_2b_2&a_2b_3\\a_3b_1&a_3b_2&a_3b_3\end{pmatrix}.$$

于是

$$\boldsymbol{\beta}^{\mathrm{T}}\boldsymbol{\alpha}=\mathrm{tr}(\boldsymbol{\alpha}\boldsymbol{\beta}^{\mathrm{T}}).$$

题 8 设 $\boldsymbol{\alpha}$,$\boldsymbol{\beta}$ 为三维列向量,$\boldsymbol{\beta}^{\mathrm{T}}$ 为 $\boldsymbol{\beta}$ 的转置,若矩阵 $\boldsymbol{\alpha}\boldsymbol{\beta}^{\mathrm{T}}$ 相似于 $\begin{pmatrix}2&0&0\\0&0&0\\0&0&0\end{pmatrix}$,则 $\boldsymbol{\beta}^{\mathrm{T}}\boldsymbol{\alpha}=$________.

解:令 $t=\boldsymbol{\beta}^{\mathrm{T}}\boldsymbol{\alpha}$,$\boldsymbol{A}=\boldsymbol{\alpha}\boldsymbol{\beta}^{\mathrm{T}}$,它的特征值为 λ,则

$$\boldsymbol{A}^2=\boldsymbol{\alpha}\boldsymbol{\beta}^{\mathrm{T}}\boldsymbol{\alpha}\boldsymbol{\beta}^{\mathrm{T}}=\boldsymbol{\alpha}(\boldsymbol{\beta}^{\mathrm{T}}\boldsymbol{\alpha})\boldsymbol{\beta}^{\mathrm{T}}=t\boldsymbol{A},$$

所以 $\lambda^2=t\lambda$,得 $\lambda=0$ 或 $\lambda=t$.

因为 $\boldsymbol{A}=\boldsymbol{\alpha}\boldsymbol{\beta}^{\mathrm{T}}$ 相似于 $\begin{pmatrix}2&0&0\\0&0&0\\0&0&0\end{pmatrix}$,所以 $\boldsymbol{A}$ 的特征值为 2,0,0.

故 $t=\boldsymbol{\beta}^{\mathrm{T}}\boldsymbol{\alpha}=2$.

评注:因 $\boldsymbol{\alpha}$,$\boldsymbol{\beta}$ 为三维列向量,故 $\boldsymbol{\alpha}\boldsymbol{\beta}^{\mathrm{T}}$ 为三阶方阵,而 $\boldsymbol{\beta}^{\mathrm{T}}\boldsymbol{\alpha}$ 为数.又若 $\boldsymbol{A}$ 的特征值为 λ,则 $\boldsymbol{A}^2$ 的特征值为 λ^2,注意到矩阵 $\boldsymbol{\alpha}\boldsymbol{\beta}^{\mathrm{T}}$ 相似于 $\begin{pmatrix}2&0&0\\0&0&0\\0&0&0\end{pmatrix}$,所以 $\boldsymbol{\alpha}\boldsymbol{\beta}^{\mathrm{T}}$ 的特征值为 0 或 2.

题 9 证明 $\boldsymbol{A}=\begin{pmatrix}a_1&&\\&a_2&\\&&a_3\end{pmatrix}$ 与 $\boldsymbol{B}=\begin{pmatrix}a_2&&\\&a_1&\\&&a_3\end{pmatrix}$ 相似.

证明:取 $\boldsymbol{P}=\begin{pmatrix}0&1&0\\1&0&0\\0&0&1\end{pmatrix}$,则 $\boldsymbol{P}^{-1}=\boldsymbol{P}$.于是

$$\boldsymbol{P}^{-1}\boldsymbol{A}\boldsymbol{P}=\begin{pmatrix}0&1&0\\1&0&0\\0&0&1\end{pmatrix}\begin{pmatrix}a_2&&\\&a_1&\\&&a_3\end{pmatrix}\begin{pmatrix}0&1&0\\1&0&0\\0&0&1\end{pmatrix}$$

$$=\begin{pmatrix}0&a_2&0\\a_1&0&0\\0&0&a_3\end{pmatrix}\begin{pmatrix}0&1&0\\1&0&0\\0&0&1\end{pmatrix}=\begin{pmatrix}a_2&&\\&a_1&\\&&a_3\end{pmatrix}=\boldsymbol{B},$$

故 $\boldsymbol{A}\sim\boldsymbol{B}$.

评注:选取的矩阵 $\boldsymbol{P}$ 是初等矩阵.

题 10 设 $\boldsymbol{A}=\begin{pmatrix}1&1&-a\\1&a&-1\\-a&-1&1\end{pmatrix}$,存在可逆阵 $\boldsymbol{P}$,使 $\boldsymbol{P}^{-1}\boldsymbol{A}\boldsymbol{P}=\boldsymbol{\Lambda}=$

$\begin{pmatrix}1&0&0\\0&2&0\\0&0&-2\end{pmatrix}$，求常数 a.

解：方法一：因 $\boldsymbol{A}\sim\boldsymbol{\Lambda}$，故 $\mathrm{tr}\,\boldsymbol{A}=\mathrm{tr}\,\boldsymbol{\Lambda}$，即

$$1+a+1=1+2+(-2).$$

由此，得

$$a+2=1,$$

故 $a=-1$.

方法二：方阵 $\boldsymbol{A}$ 的三个特征值为 2，1，−2.

$$|\lambda\boldsymbol{I}-\boldsymbol{A}|=\begin{vmatrix}\lambda-1&-1&a\\-1&\lambda-a&1\\a&1&\lambda-1\end{vmatrix}=(\lambda+a-1)(\lambda-a+1)(\lambda-a-2).$$

由 $a+2=1,a-1=-2,-a+1=2$，得 $a=-1$.

4.4　矩阵的相似对角化

1. 设 $\boldsymbol{A}$ 为 n 阶矩阵，若存在可逆矩阵 $\boldsymbol{P}$，使得 $\boldsymbol{P}^{-1}\boldsymbol{AP}=\boldsymbol{\Lambda}$，其中

$$\boldsymbol{\Lambda}=\begin{pmatrix}\lambda_1&&&\\&\lambda_2&&\\&&\ddots&\\&&&\lambda_n\end{pmatrix},$$

则称矩阵 $\boldsymbol{A}$ 可相似对角化（简称 $\boldsymbol{A}$ 可对角化），矩阵 $\boldsymbol{\Lambda}$ 称为 $\boldsymbol{A}$ 的相似对角（矩）阵，$\boldsymbol{P}$ 称为 $\boldsymbol{A}$ 的相似变换矩阵.换言之，矩阵 $\boldsymbol{A}$ 可相似对角化，意即矩阵 $\boldsymbol{A}$ 可与一个对角矩阵相似.

相似对角阵 $\boldsymbol{\Lambda}$ 中主对角线上的元素恰好是矩阵 $\boldsymbol{A}$ 的 n 个特征值.

2. n 阶矩阵相似于对角矩阵的条件.

(1) n 阶矩阵 $\boldsymbol{A}$ 可对角化的充分必要条件是 $\boldsymbol{A}$ 有 n 个线性无关的特征向量.

(2) 若 n 阶矩阵 $\boldsymbol{A}$ 有 n 个不同的特征值，则 $\boldsymbol{A}$ 可对角化.

(3) n 阶矩阵 $\boldsymbol{A}$ 可对角化的充分必要条件是对于 $\boldsymbol{A}$ 的每一个 n_i 重特征根 λ_i，都有 $\mathrm{r}(\lambda_i\boldsymbol{I}-\boldsymbol{A})=n-n_i$.换言之，矩阵 $\boldsymbol{A}$ 属于特征值 λ_i 有 n_i 个线性无关的特征向量.

(4) $\boldsymbol{A}$ 是实对称矩阵.

(5) 若 $\boldsymbol{A}\sim\boldsymbol{\Lambda},\boldsymbol{B}\sim\boldsymbol{\Lambda}$，则 $\boldsymbol{A}\sim\boldsymbol{B}$.

(6) 若 $\boldsymbol{A}\sim\boldsymbol{B}$，则

(i) $|\boldsymbol{A}|=|\boldsymbol{B}|$；

(ii) $\operatorname{tr}\boldsymbol{A}=\operatorname{tr}\boldsymbol{B}$；

(iii) 对任何的 λ，有 $|\lambda\boldsymbol{I}-\boldsymbol{A}|=|\lambda\boldsymbol{I}-\boldsymbol{B}|$.

上述 3 条结论只要有一条不成立，就可断言 $\boldsymbol{A}$ 与 $\boldsymbol{B}$ 不相似.

3. 对于给定的 n 阶矩阵 $\boldsymbol{A}$，要求可逆矩阵 $\boldsymbol{P}$，使得 $\boldsymbol{P}^{-1}\boldsymbol{A}\boldsymbol{P}$ 为对角矩阵，可按如下的步骤进行.

步 1，求出 $\boldsymbol{A}$ 的全部特征值，设不同的特征值为 $\lambda_1,\lambda_2,\cdots,\lambda_k$，相应的重数为 $n_1,n_2,\cdots,n_k$；

步 2，对每一个特征值 λ_i，如果 $r(\lambda_i\boldsymbol{I}-\boldsymbol{A})=n-n_i$，则 $\boldsymbol{A}$ 可对角化；

步 3，求出每一个特征值 λ_i 对应的齐次线性方程组 $(\lambda_i\boldsymbol{I}-\boldsymbol{A})\boldsymbol{x}=\boldsymbol{0}$ 的基础解系 $\boldsymbol{\alpha}_{i1},\boldsymbol{\alpha}_{i2},\cdots,\boldsymbol{\alpha}_{in_i}$，其为 $\boldsymbol{A}$ 的属于 $\boldsymbol{\lambda}_i$ 的 n_i 个线性无关的特征向量，$i=1,2,\cdots,k$.这些特征向量合起来 $\boldsymbol{\alpha}_{11},\cdots,\boldsymbol{\alpha}_{1n_1},\boldsymbol{\alpha}_{21},\cdots,\boldsymbol{\alpha}_{2n_2},\cdots,\boldsymbol{\alpha}_{k1},\cdots,\boldsymbol{\alpha}_{kn_k}$，构成 $\boldsymbol{A}$ 的 n 个线性无关的特征向量，取 $\boldsymbol{P}=(\boldsymbol{\alpha}_{11},\cdots,\boldsymbol{\alpha}_{1n_1},\boldsymbol{\alpha}_{21},\cdots,\boldsymbol{\alpha}_{2n_2},\cdots,\boldsymbol{\alpha}_{k1},\cdots,\boldsymbol{\alpha}_{kn_k})$，则 $\boldsymbol{P}$ 可逆，且 $\boldsymbol{P}^{-1}\boldsymbol{A}\boldsymbol{P}=\boldsymbol{\Lambda}$，其中

$$\boldsymbol{\Lambda}=\begin{pmatrix}\lambda_1 & & & & & & & & \\ & \ddots & & & & & & & \\ & & \lambda_1 & & & & & & \\ & & & \lambda_2 & & & & & \\ & & & & \ddots & & & & \\ & & & & & \lambda_2 & & & \\ & & & & & & \ddots & & \\ & & & & & & & \lambda_k & \\ & & & & & & & & \ddots \\ & & & & & & & & & \lambda_k\end{pmatrix}.$$

评注：将上述特征向量按不同次序排列，可得相应的可逆矩阵 $\boldsymbol{P}$，其所对应的对角矩阵中对角元的排列次序应与 $\boldsymbol{P}$ 的列向量的排列次序相对应.

题 1 判断下列每组的两个矩阵是否相似，并说明理由.

(1) $\boldsymbol{A}_1=\begin{pmatrix}3&0&0\\0&3&0\\0&0&3\end{pmatrix}$，$\quad\boldsymbol{B}_1=\begin{pmatrix}3&1&0\\0&3&1\\0&0&3\end{pmatrix}$；

(2) $\boldsymbol{A}_2=\begin{pmatrix}1&0&0\\0&1&0\\0&0&2\end{pmatrix}$，$\quad\boldsymbol{B}_2=\begin{pmatrix}1&0&1\\0&1&0\\0&0&2\end{pmatrix}$；

(3) $\boldsymbol{A}_3=\begin{pmatrix}2&1&0\\0&5&1\\0&0&3\end{pmatrix}$，$\quad\boldsymbol{B}_3=\begin{pmatrix}3&0&0\\0&5&0\\2&1&2\end{pmatrix}$；

(4) $\boldsymbol{A}_4=\begin{pmatrix}1&1&1\\1&1&1\\1&1&1\end{pmatrix}$,　　$\boldsymbol{B}_4=\begin{pmatrix}3&0&0\\0&0&0\\0&0&0\end{pmatrix}$.

解:(1) $\boldsymbol{A}_1$ 是一个对角矩阵,3 是三重特征值.$\boldsymbol{B}_1$ 也有三重特征值 3,但

$$3\boldsymbol{I}-\boldsymbol{B}_1=\begin{pmatrix}0&-1&0\\0&0&-1\\0&0&0\end{pmatrix},\mathrm{r}(3\boldsymbol{I}-\boldsymbol{B}_1)=2\neq 3-3,$$

故 $\boldsymbol{B}_1$ 不可对角化,所以 $\boldsymbol{A}_1$ 与 $\boldsymbol{B}_1$ 不相似.

(2) $\boldsymbol{A}_2,\boldsymbol{B}_2$ 的特征值都为 1,1,2.

对于特征值 1,$\boldsymbol{I}-\boldsymbol{B}_2=\begin{pmatrix}0&0&-1\\0&0&0\\0&0&-1\end{pmatrix},\mathrm{r}(\boldsymbol{I}-\boldsymbol{B}_2)=1=3-2$,

对于特征值 2,$2\boldsymbol{I}-\boldsymbol{B}_2=\begin{pmatrix}1&0&-1\\0&1&0\\0&0&0\end{pmatrix},\mathrm{r}(2\boldsymbol{I}-\boldsymbol{B}_2)=2=3-1$,

故 $\boldsymbol{B}_2$ 可以对角化,故 $\boldsymbol{A}_2$ 与 $\boldsymbol{B}_2$ 相似.

(3) $\boldsymbol{A}_3,\boldsymbol{B}_3$ 的特征值都为 2,3,5,且特征值互异,故 $\boldsymbol{A}_3,\boldsymbol{B}_3$ 都可对角化,所以 $\boldsymbol{A}_3$ 与 $\boldsymbol{B}_3$ 相似.

(4) $|\lambda\boldsymbol{I}-\boldsymbol{A}_4|=\lambda^2(\lambda-3)$,故 $\boldsymbol{A}_4$ 的特征值为 3,0,0.又因为 $\boldsymbol{A}_4$ 为实对称矩阵,故必可以对角化,从而 $\boldsymbol{A}_4$ 与 $\boldsymbol{B}_4$ 相似.

题 2　判断下列矩阵 $\boldsymbol{A}$ 能否对角化?若能,求出使 $\boldsymbol{A}$ 相似于对角矩阵的相似变换矩阵 $\boldsymbol{P}$,并写出这个对角矩阵.

(1) $\boldsymbol{A}=\begin{pmatrix}2&-1&2\\5&-3&3\\-1&0&-2\end{pmatrix}$;　　(2) $\boldsymbol{A}=\begin{pmatrix}0&1&0\\0&0&1\\-6&-11&-6\end{pmatrix}$.

解:(1) 先求出 $\boldsymbol{A}$ 的特征值,由 $|\lambda\boldsymbol{I}-\boldsymbol{A}|=\begin{vmatrix}\lambda-2&1&-2\\-5&\lambda+3&-3\\1&0&\lambda+2\end{vmatrix}=(1+\lambda)^3$,

得 $\boldsymbol{A}$ 的特征值为 $\lambda_1=\lambda_2=\lambda_3=-1$.

再求出 $\boldsymbol{A}$ 的特征向量,解方程组 $(-\boldsymbol{I}-\boldsymbol{A})\boldsymbol{x}=\boldsymbol{0}$,即 $(\boldsymbol{I}+\boldsymbol{A})\boldsymbol{x}=\boldsymbol{0}$,

由

$$\boldsymbol{I}+\boldsymbol{A}=\begin{pmatrix}3&-1&2\\5&-2&3\\-1&0&-1\end{pmatrix}\xrightarrow[\substack{(3)-3(1)\\ \left(-\frac{1}{2}\right)\times(2)\\ (3)+(2)}]{\substack{(-1)\times(3)\\ (1)\leftrightarrow(3)\\ (2)-5(1)}}\begin{pmatrix}1&0&1\\0&1&1\\0&0&0\end{pmatrix},\text{得基础解系}$$

$$\boldsymbol{\xi}=(1,1,-1)^{\mathrm{T}},$$

即 $\boldsymbol{A}$ 只有一个线性无关的特征向量，故 $\boldsymbol{A}$ 不能对角化.

(2) 由 $\boldsymbol{A}$ 的特征多项式为 $|\lambda\boldsymbol{I}-\boldsymbol{A}|=\begin{vmatrix}\lambda & -1 & 0\\ 0 & \lambda & -1\\ 6 & 11 & \lambda+6\end{vmatrix}=(\lambda+1)(\lambda+2)(\lambda+3)$，得 $\boldsymbol{A}$ 的特征值为 $\lambda_1=-1,\lambda_2=-2,\lambda_3=-3$.

因为 $\boldsymbol{A}$ 有三个不同的特征值，故一定有三个线性无关的特征向量，所以 $\boldsymbol{A}$ 可以对角化.

当 $\lambda_1=-1$ 时，解方程组 $(\lambda\boldsymbol{I}-\boldsymbol{A})\boldsymbol{x}=\boldsymbol{0}$，即 $(\boldsymbol{I}+\boldsymbol{A})\boldsymbol{x}=\boldsymbol{0}$，
由

$$\boldsymbol{A}+\boldsymbol{I}=\begin{pmatrix}1 & 1 & 0\\ 0 & 1 & 1\\ -6 & -11 & -5\end{pmatrix}\xrightarrow[(3)+5(2)]{(3)+6(1)}\begin{pmatrix}1 & 1 & 0\\ 0 & 1 & 1\\ 0 & 0 & 0\end{pmatrix},$$

得特征向量 $\boldsymbol{\xi}_1=(1,-1,1)^{\mathrm{T}}$.

当 $\lambda_2=-2$ 时，解方程组 $(-2\boldsymbol{I}-\boldsymbol{A})\boldsymbol{x}=\boldsymbol{0}$，由系数矩阵

$$\begin{pmatrix}-2 & -1 & 0\\ 0 & -2 & -1\\ 6 & 11 & 4\end{pmatrix}\xrightarrow[(-1)\times(2)]{\substack{(3)+3(1)\\(-1)\times(1)\\(3)+4(2)}}\begin{pmatrix}2 & 1 & 0\\ 0 & 2 & 1\\ 0 & 0 & 0\end{pmatrix},$$

得特征向量 $\boldsymbol{\xi}_2=(1,-2,4)^{\mathrm{T}}$.

当 $\lambda_3=-3$ 时，解方程组 $(-3\boldsymbol{I}-\boldsymbol{A})\boldsymbol{x}=\boldsymbol{0}$，由系数矩阵

$$\begin{pmatrix}-3 & -1 & 0\\ 0 & -3 & -1\\ 6 & 11 & 3\end{pmatrix}\xrightarrow[\substack{(3)+3(2)\\(-1)\times(2)}]{\substack{(3)+2(1)\\(-1)\times(1)}}\begin{pmatrix}3 & 1 & 0\\ 0 & 3 & 1\\ 0 & 0 & 0\end{pmatrix},$$

得特征向量 $\boldsymbol{\xi}_3=(1,-3,9)^{\mathrm{T}}$.

令 $\boldsymbol{P}=(\boldsymbol{\xi}_1,\boldsymbol{\xi}_2,\boldsymbol{\xi}_3)=\begin{pmatrix}1 & 1 & 1\\ -1 & -2 & -3\\ 1 & 4 & 9\end{pmatrix}$.

则 $\boldsymbol{P}$ 即为所求的相似变换矩阵，且有

$$\boldsymbol{P}^{-1}\boldsymbol{A}\boldsymbol{P}=\begin{pmatrix}-1 & & \\ & -2 & \\ & & -3\end{pmatrix},$$

它为所求的对角矩阵.

题 3 已知 $\boldsymbol{\alpha}=\begin{pmatrix}1\\ 1\\ -1\end{pmatrix}$ 是矩阵 $\boldsymbol{A}=\begin{pmatrix}2 & -1 & 2\\ 5 & a & 3\\ -1 & b & -2\end{pmatrix}$ 的一个特征向量，

(1) 试确定参数 a,b 及特征向量 $\boldsymbol{\alpha}$ 所对应的特征值；

(2) 问 $\boldsymbol{A}$ 能否相似于对角阵？说明理由.

解：(1) 设特征向量 $\boldsymbol{\alpha}$ 所对应的特征值为 λ，则

$$(\lambda\boldsymbol{I}-\boldsymbol{A})\boldsymbol{\alpha}=\begin{pmatrix}\lambda-2 & 1 & -2\\ -5 & \lambda-a & -3\\ 1 & -b & \lambda+2\end{pmatrix}\begin{pmatrix}1\\1\\-1\end{pmatrix}=\begin{pmatrix}0\\0\\0\end{pmatrix},$$

即

$$\begin{cases}\lambda-2+1+2=0,\\ -5+\lambda-a+3=0,\\ 1-b-\lambda-2=0,\end{cases}$$

解得 $a=-3,b=0,\lambda=-1$.

(2) 由于 $\boldsymbol{A}=\begin{pmatrix}2 & -1 & 2\\ 5 & -3 & 3\\ -1 & 0 & -2\end{pmatrix}$，

$$|\lambda\boldsymbol{I}-\boldsymbol{A}|=\begin{vmatrix}\lambda-2 & 1 & -2\\ -5 & \lambda+3 & -3\\ 1 & 0 & \lambda+2\end{vmatrix}=(\lambda+1)^3,$$

知 $\lambda=-1$ 是 $\boldsymbol{A}$ 的三重特征值，但

$$\mathrm{r}(-\boldsymbol{I}-\boldsymbol{A})=\mathrm{r}\begin{pmatrix}-3 & 1 & -2\\ -5 & 2 & -3\\ 1 & 0 & 1\end{pmatrix}=2,$$

从而 $\lambda=-1$ 对应的线性无关的特征向量只有一个，故 $\boldsymbol{A}$ 不能相似于对角阵.

题4　设矩阵 $\boldsymbol{A}=\begin{pmatrix}2 & 0 & 1\\ 3 & 1 & x\\ 4 & 0 & 5\end{pmatrix}$ 可相似对角化，求 x.

解：$|\lambda\boldsymbol{I}-\boldsymbol{A}|=\begin{vmatrix}\lambda-2 & 0 & -1\\ -3 & \lambda-1 & x\\ -4 & 0 & \lambda-5\end{vmatrix}=(\lambda-6)(\lambda-1)^2$，

得 $\lambda_1=6,\lambda_2=\lambda_3=1$.

对于 $\lambda_1=6$，可求得线性无关的特征向量恰有一个.

故矩阵 $\boldsymbol{A}$ 可相似对角化的充要条件是 $\lambda_2=\lambda_3=1$ 有两个线性无关的特征向量，即方程组 $(\boldsymbol{I}-\boldsymbol{A})\boldsymbol{x}=\boldsymbol{0}$ 有两个线性无关的解，亦即 $\mathrm{r}(\boldsymbol{I}-\boldsymbol{A})=1$.

由

$$\boldsymbol{I}-\boldsymbol{A}=\begin{pmatrix}-1 & 0 & -1\\ -3 & 0 & -x\\ -4 & 0 & -4\end{pmatrix}\xrightarrow[(3)+4(1)]{\substack{(-1)\times(1)\\ (2)+3(1)}}\begin{pmatrix}1 & 0 & 1\\ 0 & 0 & 3-x\\ 0 & 0 & 0\end{pmatrix},$$

因此 $x-3=0$，即 $x=3$.

题 5 设矩阵 $\boldsymbol{A}$ 与 $\boldsymbol{B}$ 相似，其中

$$\boldsymbol{A}=\begin{pmatrix}1&-1&1\\2&4&-2\\-3&-3&a\end{pmatrix},\boldsymbol{B}=\begin{pmatrix}2&&\\&2&\\&&b\end{pmatrix},$$

(1) 求 a,b 的值；

(2) 求可逆矩阵 $\boldsymbol{P}$，使 $\boldsymbol{P}^{-1}\boldsymbol{A}\boldsymbol{P}=\boldsymbol{B}$.

解：因 $\boldsymbol{A}$ 与 $\boldsymbol{B}$ 相似，故 $\boldsymbol{A}$ 与 $\boldsymbol{B}$ 有相同的特征值与相同的迹.
矩阵 $\boldsymbol{B}$ 的特征值为 $\lambda=2,2,b$，矩阵 $\boldsymbol{A}$ 的行列式为 $6a-6$.
由

$$\begin{cases}6a-6=4b,\\5+a=4+b,\end{cases}$$

求得 $a=5,b=6$，故

$$\boldsymbol{A}=\begin{pmatrix}1&-1&1\\2&4&-2\\-3&-3&5\end{pmatrix}.$$

$\lambda=2$ 时，解方程 $(2\boldsymbol{I}-\boldsymbol{A})\boldsymbol{x}=\boldsymbol{0}$，
由

$$2\boldsymbol{I}-\boldsymbol{A}=\begin{pmatrix}1&1&-1\\-2&-2&2\\3&3&-3\end{pmatrix}\xrightarrow[(3)-3(1)]{(2)+2(1)}\begin{pmatrix}1&1&-1\\0&0&0\\0&0&0\end{pmatrix},$$

得 $\lambda=2$ 对应的两个线性无关的特征向量为

$$\boldsymbol{\alpha}_1=(-1,1,0)^{\mathrm{T}},\boldsymbol{\alpha}_2=(1,0,1)^{\mathrm{T}},$$

$\lambda=6$ 时，解方程 $(6\boldsymbol{I}-\boldsymbol{A})\boldsymbol{x}=\boldsymbol{0}$，由于

$$6\boldsymbol{I}-\boldsymbol{A}=\begin{pmatrix}5&1&-1\\-2&2&2\\3&3&1\end{pmatrix}\xrightarrow[\substack{(-1)\times(2)\\ \frac{1}{6}\times(1)\\ (2)\leftrightarrow(1)\\ (1)+(2)}]{\substack{(3)-(2)-(1)\\ \frac{1}{2}\times(2)\\ (1)+5(2)}}\begin{pmatrix}1&0&-\frac{1}{3}\\0&1&\frac{2}{3}\\0&0&0\end{pmatrix},$$

得 $\lambda=6$ 对应的特征向量为 $\boldsymbol{\alpha}_3=(1,-2,3)^{\mathrm{T}}$，
令

$$\boldsymbol{P}=(\boldsymbol{\alpha}_1\boldsymbol{\alpha}_2\boldsymbol{\alpha}_3)=\begin{pmatrix}-1&1&1\\1&0&-2\\0&1&3\end{pmatrix},$$

则 $\boldsymbol{P}$ 为可逆矩阵，使得 $\boldsymbol{P}^{-1}\boldsymbol{A}\boldsymbol{P}=\boldsymbol{B}$.

题 6　设 $\boldsymbol{A}=\begin{bmatrix}1 & -1 & 0\\ -1 & \sqrt{2} & 2\\ 0 & 2 & \sqrt{3}\end{bmatrix}$，$\boldsymbol{B}=\begin{bmatrix}0 & 1 & 2\\ 0 & -1 & 3\\ 0 & 0 & 1\end{bmatrix}$，

$$\boldsymbol{C}=\begin{bmatrix}-1 & 1 & 2\\ 0 & -1 & 1\\ 0 & 0 & 1\end{bmatrix},\quad \boldsymbol{D}=\begin{bmatrix}1 & -1 & 1\\ 0 & 3 & -1\\ 0 & 0 & 1\end{bmatrix}.$$

试判定其中哪些能与对角矩阵相似，哪些不能与对角矩阵相似，并说明理由.

解：$\boldsymbol{A}$ 为实对称矩阵，$\boldsymbol{B}$ 有三个互异的特征值，因此 $\boldsymbol{A}$ 与 $\boldsymbol{B}$ 能与对角矩阵相似.

$\boldsymbol{C}$ 有二重特征根 $\lambda_1=\lambda_2=-1$，矩阵 $(\lambda_1\boldsymbol{I}-\boldsymbol{C})=\begin{pmatrix}0 & -1 & -2\\ 0 & 0 & -1\\ 0 & 0 & -2\end{pmatrix}\xrightarrow[\substack{(1)+2(2)\\(-1)\times(1)}]{\substack{(-1)\times(2)\\(3)+2(2)}}$

$\begin{pmatrix}0 & 1 & 0\\ 0 & 0 & 1\\ 0 & 0 & 0\end{pmatrix}$，而 $\mathrm{r}(-\boldsymbol{I}-\boldsymbol{C})=2\neq 3-2=1$.

$\boldsymbol{D}$ 有二重根 $\lambda_1=\lambda_2=1$，矩阵 $(\lambda_i\boldsymbol{I}-\boldsymbol{D})=\begin{pmatrix}0 & 1 & -1\\ 0 & -2 & 1\\ 0 & 0 & 0\end{pmatrix}\xrightarrow[(1)+(2)]{\substack{(2)+2(1)\\(-1)\times(2)}}$

$\begin{pmatrix}0 & 1 & 0\\ 0 & 0 & 1\\ 0 & 0 & 0\end{pmatrix}$，而 $\mathrm{r}(\boldsymbol{I}-\boldsymbol{D})=2\neq 3-2=1$.

故 $\boldsymbol{C}$ 与 $\boldsymbol{D}$ 不能与对角形矩阵相似.

题 7　设矩阵 $\boldsymbol{A}=\begin{pmatrix}1 & -1 & 1\\ x & 4 & y\\ -3 & -3 & 5\end{pmatrix}$，已知 $\boldsymbol{A}$ 有三个线性无关的特征向量，$\lambda=2$ 是 $\boldsymbol{A}$ 的二重特征值，试求可逆矩阵 $\boldsymbol{P}$，使得 $\boldsymbol{P}^{-1}\boldsymbol{A}\boldsymbol{P}$ 为对角矩阵.

解：因为 $\boldsymbol{A}$ 有三个线性无关的特征向量，$\lambda=2$ 是 $\boldsymbol{A}$ 的二重特征值，所以 $\boldsymbol{A}$ 的对应于 $\lambda=2$ 的线性无关的特征向量有两个，故

$$\mathrm{r}(2\boldsymbol{I}-\boldsymbol{A})=1.$$

$$2\boldsymbol{I}-\boldsymbol{A}=\begin{pmatrix}1 & 1 & -1\\ -x & -2 & -y\\ 3 & 3 & -3\end{pmatrix}\xrightarrow{\substack{(3)-3(1)\\(2)+2(1)}}\begin{pmatrix}1 & 1 & -1\\ 2-x & 0 & -2-y\\ 0 & 0 & 0\end{pmatrix},$$

得 $x=2$，$y=-2$.

矩阵$A=\begin{pmatrix}1&-1&1\\2&4&-2\\-3&-3&5\end{pmatrix}$的特征多项式为

$$|\lambda I-A|=\begin{vmatrix}\lambda-1&1&-1\\-2&\lambda-4&2\\3&3&\lambda-5\end{vmatrix}=(\lambda-2)^2(\lambda-6),$$

得特征值$\lambda_1=\lambda_2=2,\lambda_3=6$.

对于$\lambda_1=\lambda_2=2$,解方程组$(2I-A)x=\mathbf{0}$,得两个线性无关的特征向量

$$\xi_1=(1,-1,0)^T,\xi_2=(1,0,1)^T.$$

对于$\lambda_3=6$,解方程组$(6I-A)x=\mathbf{0}$,得特征向量

$$\xi_3=(1,-2,3)^T.$$

令

$$P=(\xi_1,\xi_2,\xi_3)=\begin{pmatrix}1&1&1\\-1&0&-2\\0&1&3\end{pmatrix},$$

则

$$P^{-1}AP=\begin{pmatrix}2&0&0\\0&2&0\\0&0&6\end{pmatrix}.$$

题 8 设矩阵$A=\begin{pmatrix}1&2&-3\\-1&4&-3\\1&a&5\end{pmatrix}$的特征方程有一个二重根,求 a 的值,并讨论A是否可相似对角化.

解:A 的特征多项式为

$$\begin{vmatrix}\lambda-1&-2&3\\1&\lambda-4&3\\-1&-a&\lambda-5\end{vmatrix}=\begin{vmatrix}\lambda-2&2-\lambda&0\\1&\lambda-4&3\\-1&-a&\lambda-5\end{vmatrix}$$

$$=(\lambda-2)\begin{vmatrix}1&-1&0\\1&\lambda-4&3\\-1&-a&\lambda-5\end{vmatrix}$$

$$=(\lambda-2)\begin{vmatrix}1&0&0\\1&\lambda-3&3\\-1&-a-1&\lambda-5\end{vmatrix}$$

$$=(\lambda-2)(\lambda^2-8\lambda+18+3a).$$

若$\lambda=2$是特征方程的二重根,则有$2^2-16+18+3a=0$,解得$a=-2$.

当 $a=-2$ 时,$\boldsymbol{A}$ 的特征值为 2,2,6,矩阵 $2\boldsymbol{I}-\boldsymbol{A}=\begin{pmatrix}1&-2&3\\1&-2&3\\-1&2&-3\end{pmatrix}$ 的秩为 1,故 $\lambda=2$ 对应的线性无关的特征向量有两个,从而 $\boldsymbol{A}$ 可相似对角化.

若 $\lambda=2$ 不是特征方程的二重根,则 $\lambda^2-8\lambda+18+3a$ 为完全平方,从而 $18+3a=16$,解得 $a=-\dfrac{2}{3}$.

当 $a=-\dfrac{2}{3}$ 时,$\boldsymbol{A}$ 的特征值为 2,4,4,矩阵 $4\boldsymbol{I}-\boldsymbol{A}=\begin{pmatrix}3&-2&3\\1&0&3\\-1&\dfrac{2}{3}&-1\end{pmatrix}$ 的秩为 2,故 $\lambda=4$ 对应的线性无关的特征向量只有一个,从而 $\boldsymbol{A}$ 不可相似对角化.

题 9　设 $\boldsymbol{A}$ 为三阶矩阵,$\boldsymbol{\alpha}_1,\boldsymbol{\alpha}_2,\boldsymbol{\alpha}_3$ 是线性无关的三维列向量,且满足:

$$\boldsymbol{A}\boldsymbol{\alpha}_1=\boldsymbol{\alpha}_1+\boldsymbol{\alpha}_2+\boldsymbol{\alpha}_3,\boldsymbol{A}\boldsymbol{\alpha}_2=2\boldsymbol{\alpha}_2+\boldsymbol{\alpha}_3,\boldsymbol{A}\boldsymbol{\alpha}_3=2\boldsymbol{\alpha}_2+3\boldsymbol{\alpha}_3.$$

(1) 求矩阵 $\boldsymbol{B}$,使得 $\boldsymbol{A}(\boldsymbol{\alpha}_1,\boldsymbol{\alpha}_2,\boldsymbol{\alpha}_3)=(\boldsymbol{\alpha}_1,\boldsymbol{\alpha}_2,\boldsymbol{\alpha}_3)\boldsymbol{B}$;

(2) 求矩阵 $\boldsymbol{A}$ 的特征值;

(3) 求可逆矩阵 $\boldsymbol{P}$,使得 $\boldsymbol{P}^{-1}\boldsymbol{A}\boldsymbol{P}$ 为对角矩阵.

解:(1) 由条件,知

$$\boldsymbol{A}(\boldsymbol{\alpha}_1,\boldsymbol{\alpha}_2,\boldsymbol{\alpha}_3)=(\boldsymbol{\alpha}_1,\boldsymbol{\alpha}_2,\boldsymbol{\alpha}_3)\begin{pmatrix}1&0&0\\1&2&2\\1&1&3\end{pmatrix},$$

所以

$$\boldsymbol{B}=\begin{pmatrix}1&0&0\\1&2&2\\1&1&3\end{pmatrix}.$$

(2) 因为 $\boldsymbol{\alpha}_1,\boldsymbol{\alpha}_2,\boldsymbol{\alpha}_3$ 是线性无关的三维列向量,可知矩阵 $\boldsymbol{C}=(\boldsymbol{\alpha}_1,\boldsymbol{\alpha}_2,\boldsymbol{\alpha}_3)$ 可逆.由(1),知　$\boldsymbol{C}^{-1}\boldsymbol{A}\boldsymbol{C}=\boldsymbol{B}$,即 $\boldsymbol{A}\sim\boldsymbol{B}$.

从而 $\boldsymbol{A}$ 与 $\boldsymbol{B}$ 有相同的特征值.

由

$$|\lambda\boldsymbol{I}-\boldsymbol{B}|=\begin{vmatrix}\lambda-1&0&0\\-1&\lambda-2&-2\\-1&-1&\lambda-3\end{vmatrix}=(\lambda-1)^2(\lambda-4)=0,$$

得矩阵 $\boldsymbol{B}$ 的特征值,即矩阵 $\boldsymbol{A}$ 的特征值为

$$\lambda_1=\lambda_2=1,\lambda_3=4.$$

(3) 对于 $\lambda_1=\lambda_2=1$,解齐次线性方程组 $(\boldsymbol{I}-\boldsymbol{B})\boldsymbol{x}=\boldsymbol{0}$,得基础解系

$$\boldsymbol{\beta}_1=(-1,1,0)^{\mathrm{T}},\boldsymbol{\beta}_2=(-2,0,1)^{\mathrm{T}};$$

对于 $\lambda_3=4$，解齐次线性方程组 $(4\boldsymbol{I}-\boldsymbol{B})\boldsymbol{x}=\boldsymbol{0}$，得基础解系

$$\boldsymbol{\beta}_3=(0,1,1)^{\mathrm{T}}.$$

令

$$\boldsymbol{Q}=(\boldsymbol{\beta}_1,\boldsymbol{\beta}_2,\boldsymbol{\beta}_3)=\begin{pmatrix}-1&-2&0\\1&0&1\\0&1&1\end{pmatrix},$$

则

$$\boldsymbol{Q}^{-1}\boldsymbol{B}\boldsymbol{Q}=\boldsymbol{Q}^{-1}\boldsymbol{C}^{-1}\boldsymbol{A}\boldsymbol{C}\boldsymbol{Q}=(\boldsymbol{C}\boldsymbol{Q})^{-1}\boldsymbol{A}(\boldsymbol{C}\boldsymbol{Q})=\begin{pmatrix}1&0&0\\0&1&0\\0&0&4\end{pmatrix}.$$

令

$$\begin{aligned}\boldsymbol{P}=\boldsymbol{C}\boldsymbol{Q}&=(\boldsymbol{\alpha}_1,\boldsymbol{\alpha}_2,\boldsymbol{\alpha}_3)\begin{pmatrix}-1&-2&0\\1&0&1\\0&1&1\end{pmatrix}\\&=(-\boldsymbol{\alpha}_1+\boldsymbol{\alpha}_2,-2\boldsymbol{\alpha}_1+\boldsymbol{\alpha}_3,\boldsymbol{\alpha}_2+\boldsymbol{\alpha}_3),\end{aligned}$$

则 $\boldsymbol{P}$ 即为所求的可逆矩阵.

题 10 设 n 阶矩阵

$$\boldsymbol{A}=\begin{pmatrix}1&b&\cdots&b\\b&1&\cdots&b\\\vdots&\vdots&&\vdots\\b&b&\cdots&1\end{pmatrix}.$$

(1) 求 $\boldsymbol{A}$ 的特征值和特征向量；

(2) 求可逆矩阵 $\boldsymbol{P}$，使得 $\boldsymbol{P}^{-1}\boldsymbol{A}\boldsymbol{P}$ 为对角矩阵.

解：(1) 1°当 $b\neq 0$ 时，

$$\begin{aligned}|\lambda\boldsymbol{I}-\boldsymbol{A}|&=\begin{vmatrix}\lambda-1&-b&\cdots&-b\\-b&\lambda-1&\cdots&-b\\\vdots&\vdots&&\vdots\\-b&-b&\cdots&\lambda-1\end{vmatrix}\\&=[\lambda-1-(n-1)b][\lambda-(1-b)]^{n-1},\end{aligned}$$

故 $\boldsymbol{A}$ 的特征值为 $\lambda_1=1+(n-1)b$，$\lambda_2=\cdots=\lambda_n=1-b$.

对于 $\lambda_1=1+(n-1)b$，设 $\boldsymbol{A}$ 的属于特征值 λ_1 的一个特征向量为 $\boldsymbol{\xi}_1$，则

$$\begin{pmatrix}1&b&\cdots&b\\b&1&\cdots&b\\\vdots&\vdots&&\vdots\\b&b&\cdots&1\end{pmatrix}\boldsymbol{\xi}_1=[1+(n-1)b]\boldsymbol{\xi}_1,$$

解得 $\boldsymbol{\xi}_1=(1,1,\cdots,1)^{\mathrm{T}}$，所以全部特征向量为

$$k\boldsymbol{\xi}_1=k(1,1,\cdots,1)^{\mathrm{T}}\quad(k\text{ 为任意非零常数}).$$

对于 $\lambda_2=\cdots=\lambda_n=1-b$，解齐次线性方程组 $[(1-b)\boldsymbol{I}-\boldsymbol{A}]\boldsymbol{x}=\boldsymbol{0}$，由

$$(1-b)\boldsymbol{I}-\boldsymbol{A}=\begin{pmatrix}-b&-b&\cdots&-b\\-b&-b&\cdots&-b\\\vdots&\vdots&&\vdots\\-b&-b&\cdots&-b\end{pmatrix}\xrightarrow[\left(-\frac{1}{b}\right)\times(1)]{\substack{(i)-(1)\\ i=2,3,\cdots,n}}\begin{pmatrix}1&1&\cdots&1\\0&0&\cdots&0\\\vdots&\vdots&&\vdots\\0&0&\cdots&0\end{pmatrix},$$

解得基础解系

$$\boldsymbol{\xi}_2=(1,-1,0,\cdots,0)^{\mathrm{T}},$$
$$\boldsymbol{\xi}_3=(1,0,-1,\cdots,0)^{\mathrm{T}},$$
$$\cdots\cdots$$
$$\boldsymbol{\xi}_n=(1,0,0,\cdots,-1)^{\mathrm{T}}.$$

故全部特征向量为

$$k_2\boldsymbol{\xi}_2+k_3\boldsymbol{\xi}_3+\cdots+k_n\boldsymbol{\xi}_n\quad(k_2,\cdots,k_n\text{ 是不全为零的任意常数}).$$

2°当 $b=0$ 时，特征值 $\lambda_1=\cdots=\lambda_n=1$，任意非零列向量均为特征向量.

(2) 1°当 $b\neq0$ 时，$\boldsymbol{A}$ 有 n 个线性无关的特征向量，令 $\boldsymbol{P}=(\boldsymbol{\xi}_1,\boldsymbol{\xi}_2,\cdots,\boldsymbol{\xi}_n)$，则

$$\boldsymbol{P}^{-1}\boldsymbol{AP}=\mathrm{diag}\{1+(n-1)b,1-b,\cdots,1-b\}.$$

2°当 $b=0$ 时，$\boldsymbol{A}=\boldsymbol{I}$，对任意可逆矩阵 $\boldsymbol{P}$，均有

$$\boldsymbol{P}^{-1}\boldsymbol{AP}=\boldsymbol{I}.$$

4.5 向量的内积与正交矩阵

1. 设 $\boldsymbol{\alpha}=\begin{pmatrix}a_1\\a_2\\\vdots\\a_n\end{pmatrix}$，$\boldsymbol{\beta}=\begin{pmatrix}b_1\\b_2\\\vdots\\b_n\end{pmatrix}$ 是 $\boldsymbol{R}^n$ 中的两个向量，称

$$\boldsymbol{\alpha}^{\mathrm{T}}\boldsymbol{\beta}=(a_1,a_2,\cdots,a_n)\begin{pmatrix}b_1\\b_2\\\vdots\\b_n\end{pmatrix}=a_1b_1+a_2b_2+\cdots+a_nb_n=\sum_{i=1}^{n}a_ib_i$$

为向量 $\boldsymbol{\alpha}$ 与 $\boldsymbol{\beta}$ 的内积，记作 $(\boldsymbol{\alpha},\boldsymbol{\beta})$.

2. 向量的内积具有下述性质：

(1) 对称性：$(\boldsymbol{\alpha},\boldsymbol{\beta})=(\boldsymbol{\beta},\boldsymbol{\alpha})$；

(2) 线性性：$(k\boldsymbol{\alpha},\boldsymbol{\beta})=k(\boldsymbol{\alpha},\boldsymbol{\beta})$；$(\boldsymbol{\alpha}+\boldsymbol{\beta},\boldsymbol{\gamma})=(\boldsymbol{\alpha},\boldsymbol{\gamma})+(\boldsymbol{\beta},\boldsymbol{\gamma})$；

(3) 正定性：$(\boldsymbol{\alpha},\boldsymbol{\alpha})\geqslant0$，当且仅当 $\boldsymbol{\alpha}=\boldsymbol{0}$ 时等号成立.

其中 $\boldsymbol{\alpha},\boldsymbol{\beta},\boldsymbol{\gamma}$ 是 $\boldsymbol{R}^n$ 中的向量，k 为实数.

3. 对于 $\mathbf{R}^n$ 中的向量 $\boldsymbol{\alpha}=\begin{pmatrix}a_1\\a_2\\\vdots\\a_n\end{pmatrix}$，称 $\sqrt{(\boldsymbol{\alpha},\boldsymbol{\alpha})}=\sqrt{a_1^2+a_2^2+\cdots+a_n^2}$ 为向量 $\boldsymbol{\alpha}$ 的模或长度(范数)，记作 $\|\boldsymbol{\alpha}\|$，$\|\boldsymbol{\alpha}\|\geqslant 0$.

若 $\|\boldsymbol{\alpha}\|=1$，则称向量 $\boldsymbol{\alpha}$ 为单位向量，用 $\frac{1}{\|\boldsymbol{\alpha}\|}$ 去乘以 $\boldsymbol{\alpha}$，称为将 $\boldsymbol{\alpha}$ 单位化(单位标准化).

$\forall\boldsymbol{\alpha}\neq\mathbf{0}$，则 $\frac{\boldsymbol{\alpha}}{\|\boldsymbol{\alpha}\|}$ 是单位向量，

4. 向量的模的性质：

(1) 非负性：$\|\boldsymbol{\alpha}\|\geqslant 0$，当且仅当 $\boldsymbol{\alpha}=\mathbf{0}$ 时等号成立；

(2) 齐次性：$\|k\boldsymbol{\alpha}\|=|k|\cdot\|\boldsymbol{\alpha}\|$($k$ 为实数)；

(3) **Cauchy-Schwarz** 不等式：

$$|(\boldsymbol{\alpha},\boldsymbol{\beta})|\leqslant\|\boldsymbol{\alpha}\|\cdot\|\boldsymbol{\beta}\|,$$

当且仅当 $\boldsymbol{\alpha},\boldsymbol{\beta}$ 线性相关时等号成立.

设 $\boldsymbol{\alpha}=(a_1,a_2,\cdots,a_n)^{\mathrm{T}}$，$\boldsymbol{\beta}=(b_1,b_2,\cdots,b_n)^{\mathrm{T}}$，则

$$\left|\sum_{i=1}^{n}a_ib_i\right|\leqslant\sqrt{\sum_{i=1}^{n}a_i^2}\cdot\sqrt{\sum_{i=1}^{n}b_i^2};$$

(4) 三角不等式：

$$\|\boldsymbol{\alpha}+\boldsymbol{\beta}\|\leqslant\|\boldsymbol{\alpha}\|+\|\boldsymbol{\beta}\|.$$

推广式为：

$$\|\boldsymbol{\alpha}_1+\boldsymbol{\alpha}_2+\cdots+\boldsymbol{\alpha}_s\|\leqslant\|\boldsymbol{\alpha}_1\|+\|\boldsymbol{\alpha}_2\|+\cdots+\|\boldsymbol{\alpha}_s\|,$$

其中 $\boldsymbol{\alpha}_1,\boldsymbol{\alpha}_2,\cdots,\boldsymbol{\alpha}_s$ 为 $\mathbf{R}^n$ 中的向量.

5. (1) 如果两个向量 $\boldsymbol{\alpha}$ 与 $\boldsymbol{\beta}$ 的内积为零，即 $(\boldsymbol{\alpha},\boldsymbol{\beta})=0$，则称 $\boldsymbol{\alpha}$ 与 $\boldsymbol{\beta}$ 互相正交(垂直)，记为 $\boldsymbol{\alpha}\perp\boldsymbol{\beta}$.

(2) 正交向量的性质：

① 零向量与任意向量 $\boldsymbol{\alpha}$ 正交，即 $\forall\boldsymbol{\alpha}$，$(\boldsymbol{\alpha},\mathbf{0})=0$；

② 只有零向量与自身正交，即若 $(\boldsymbol{\alpha},\boldsymbol{\alpha})=0$，则 $\boldsymbol{\alpha}=\mathbf{0}$；

③ $\boldsymbol{\alpha}\perp\boldsymbol{\beta}$ 当且仅当 $\boldsymbol{\beta}\perp\boldsymbol{\alpha}$；

④ $\boldsymbol{\alpha}\perp\boldsymbol{\beta}$ 当且仅当 $k\boldsymbol{\alpha}\perp\boldsymbol{\beta}$($k$ 为非零常数).

(3) **勾股定理**　向量 $\boldsymbol{\alpha}$ 与 $\boldsymbol{\beta}$ 正交当且仅当 $\|\boldsymbol{\alpha}+\boldsymbol{\beta}\|^2=\|\boldsymbol{\alpha}\|^2+\|\boldsymbol{\beta}\|^2$.

推论　若向量 $\boldsymbol{\alpha}_1,\boldsymbol{\alpha}_2,\cdots,\boldsymbol{\alpha}_s$ 两两正交，则

$$\|\boldsymbol{\alpha}_1+\boldsymbol{\alpha}_2+\cdots+\boldsymbol{\alpha}_s\|^2=\|\boldsymbol{\alpha}_1\|^2+\|\boldsymbol{\alpha}_2\|^2+\cdots+\|\boldsymbol{\alpha}_s\|^2.$$

6. 标准正交向量组

(1) 如果 $\boldsymbol{R}^n$ 中的一组非零向量组 $\boldsymbol{\alpha}_1,\boldsymbol{\alpha}_2,\cdots,\boldsymbol{\alpha}_s$ 两两正交，则称该向量组为 $\boldsymbol{R}^n$ 中的一个正交向量组.若它们又都是单位向量，则称 $\boldsymbol{\alpha}_1,\boldsymbol{\alpha}_2,\cdots,\boldsymbol{\alpha}_s$ 为标准正交向量组.

(2) 若向量组 $\boldsymbol{\alpha}_1,\boldsymbol{\alpha}_2,\cdots,\boldsymbol{\alpha}_s(s>1)$ 是一个正交向量组，则

$$(\boldsymbol{\alpha}_i,\boldsymbol{\alpha}_j)=\begin{cases}0, i\neq j,\\ \|\boldsymbol{\alpha}_i\|^2>0, i=j,\end{cases}$$

$i,j=1,2,\cdots,s.$

(3) 对于标准正交向量组 $\boldsymbol{\alpha}_1,\boldsymbol{\alpha}_2,\cdots,\boldsymbol{\alpha}_s(s>1)$，则有

$$(\boldsymbol{\alpha}_i,\boldsymbol{\alpha}_j)=\begin{cases}0, i\neq j,\\ 1, i=j,\end{cases}$$

$i,j=1,2,\cdots,s.$

(4) $\boldsymbol{R}^n$ 中任一个正交向量组都线性无关.

7. 设 $\boldsymbol{\alpha}_1,\boldsymbol{\alpha}_2,\cdots,\boldsymbol{\alpha}_s$ 是一组线性无关的向量组.

(1) 令 $\boldsymbol{\beta}_1=\boldsymbol{\alpha}_1$；

$$\boldsymbol{\beta}_2=\boldsymbol{\alpha}_2-\frac{(\boldsymbol{\alpha}_2,\boldsymbol{\beta}_1)}{(\boldsymbol{\beta}_1,\boldsymbol{\beta}_1)}\boldsymbol{\beta}_1;$$

$$\boldsymbol{\beta}_3=\boldsymbol{\alpha}_3-\frac{(\boldsymbol{\alpha}_3,\boldsymbol{\beta}_1)}{(\boldsymbol{\beta}_1,\boldsymbol{\beta}_1)}\boldsymbol{\beta}_1-\frac{(\boldsymbol{\alpha}_3,\boldsymbol{\beta}_2)}{(\boldsymbol{\beta}_2,\boldsymbol{\beta}_2)}\boldsymbol{\beta}_2;$$

……

$$\boldsymbol{\beta}_s=\boldsymbol{\alpha}_s-\frac{(\boldsymbol{\alpha}_s,\boldsymbol{\beta}_1)}{(\boldsymbol{\beta}_1,\boldsymbol{\beta}_1)}\boldsymbol{\beta}_1-\frac{(\boldsymbol{\alpha}_s,\boldsymbol{\beta}_2)}{(\boldsymbol{\beta}_2,\boldsymbol{\beta}_2)}\boldsymbol{\beta}_2-\cdots-\frac{(\boldsymbol{\alpha}_s,\boldsymbol{\beta}_{s-1})}{(\boldsymbol{\beta}_{s-1},\boldsymbol{\beta}_{s-1})}\boldsymbol{\beta}_{s-1}.$$

可以验证：$\boldsymbol{\beta}_1,\boldsymbol{\beta}_2,\cdots,\boldsymbol{\beta}_s$ 是正交向量组，且 $\boldsymbol{\beta}_1,\boldsymbol{\beta}_2,\cdots,\boldsymbol{\beta}_s$ 与 $\boldsymbol{\alpha}_1,\boldsymbol{\alpha}_2,\cdots,\boldsymbol{\alpha}_s$ 等价.上述正交化的过程称为**施密特(Schimidt)正交化**.

(2) 再将 $\boldsymbol{\beta}_1,\boldsymbol{\beta}_2,\cdots,\boldsymbol{\beta}_s$ 单位化，即取

$$\boldsymbol{\gamma}_1=\frac{1}{\|\boldsymbol{\beta}_1\|}\boldsymbol{\beta}_1,\boldsymbol{\gamma}_2=\frac{1}{\|\boldsymbol{\beta}_2\|}\boldsymbol{\beta}_2,\cdots,\boldsymbol{\gamma}_s=\frac{1}{\|\boldsymbol{\beta}_s\|}\boldsymbol{\beta}_s,$$

则 $\boldsymbol{\gamma}_1,\boldsymbol{\gamma}_2,\cdots,\boldsymbol{\gamma}_s$ 是两两正交的，每个长度都为1，是与 $\boldsymbol{\alpha}_1,\boldsymbol{\alpha}_2,\cdots,\boldsymbol{\alpha}_s$ 等价的标准正交向量组(或单位正交向量组).

(1)与(2)的过程又称为**施密特(Schimidt)标准正交化**方法.

8. (1) 设n阶实矩阵 $\boldsymbol{Q}$ 满足 $\boldsymbol{Q}^{\mathrm{T}}\boldsymbol{Q}=\boldsymbol{I}$，则称 $\boldsymbol{Q}$ 为正交矩阵.

(2) 正交矩阵具有下列性质：

① 矩阵 $\boldsymbol{Q}$ 为正交矩阵的充分必要条件是 $\boldsymbol{Q}$ 可逆，且 $\boldsymbol{Q}^{-1}=\boldsymbol{Q}^{\mathrm{T}}$；

② 若 $\boldsymbol{Q}$ 为正交矩阵，则 $\boldsymbol{Q}\boldsymbol{Q}^{\mathrm{T}}=\boldsymbol{I}$；

③ 若 $\boldsymbol{Q}$ 为正交矩阵，则 $|\boldsymbol{Q}|=\pm1$；

④ 若 $\boldsymbol{Q}$ 为正交矩阵，则 $\boldsymbol{Q}^{-1}$ 和 $\boldsymbol{Q}^*$ 也是正交矩阵.

⑤ n 阶实矩阵 $\boldsymbol{Q}$ 为正交矩阵当且仅当其列(行)向量组是单位正交向量组.

9. 设矩阵 $\boldsymbol{A}$ 可对角化,则存在正交矩阵 $\boldsymbol{P}$,使 $\boldsymbol{P}^{-1}\boldsymbol{AP}=\boldsymbol{\Lambda}$.今以三阶矩阵 $\boldsymbol{A}$ 为例,给出下面解题步骤.

步 1:求出 $\boldsymbol{A}$ 的 3 个特征值.

步 2:因 $\boldsymbol{A}$ 可对角化,故可求得三个线性无关的特征向量 $\boldsymbol{\alpha}_1,\boldsymbol{\alpha}_2,\boldsymbol{\alpha}_3$.

步 3:运用施密特标准正交化方法,求得标准正交向量组 $\boldsymbol{\gamma}_1,\boldsymbol{\gamma}_2,\boldsymbol{\gamma}_3$.

步 4:令 $\boldsymbol{P}=(\boldsymbol{\gamma}_1,\boldsymbol{\gamma}_2,\boldsymbol{\gamma}_3)$,则 $\boldsymbol{P}$ 为正交矩阵,且

$$\boldsymbol{P}^{-1}\boldsymbol{AP}=\boldsymbol{\Lambda}.$$

题 1 计算下列向量 $\boldsymbol{\alpha}$ 与 $\boldsymbol{\beta}$ 的内积:

(1) $\boldsymbol{\alpha}=(1,-2,2)^{\mathrm{T}},\boldsymbol{\beta}=(2,2,-1)^{\mathrm{T}}$;

(2) $\boldsymbol{\alpha}=\left(\frac{\sqrt{2}}{2},-\frac{1}{2},\frac{\sqrt{2}}{4},-1\right)^{\mathrm{T}},\boldsymbol{\beta}=\left(-\frac{\sqrt{2}}{2},-2,\sqrt{2},\frac{1}{2}\right)^{\mathrm{T}}$.

解:(1) $(\boldsymbol{\alpha},\boldsymbol{\beta})=\boldsymbol{\alpha}^{\mathrm{T}}\boldsymbol{\beta}=(1,-2,2)\begin{pmatrix}2\\2\\-1\end{pmatrix}=2-4-2=-4$.

(2)
$$\begin{aligned}(\boldsymbol{\alpha},\boldsymbol{\beta})=\boldsymbol{\alpha}^{\mathrm{T}}\boldsymbol{\beta}&=\left(\frac{\sqrt{2}}{2},-\frac{1}{2},\frac{\sqrt{2}}{4},-1\right)\begin{pmatrix}-\frac{\sqrt{2}}{2}\\-2\\\sqrt{2}\\\frac{1}{2}\end{pmatrix}\\&=-\frac{\sqrt{2}}{2}\times\frac{\sqrt{2}}{2}+\frac{1}{2}\times2+\frac{\sqrt{2}}{4}\times\sqrt{2}-1\times\frac{1}{2}\\&=-\frac{1}{2}+1+\frac{1}{2}-\frac{1}{2}\\&=\frac{1}{2}.\end{aligned}$$

题 2 设 $\boldsymbol{\alpha}$ 为 n 维列向量,$\boldsymbol{A}$ 为 n 阶正交矩阵,证明:$\|\boldsymbol{A\alpha}\|=\|\boldsymbol{\alpha}\|$.

证:因 $\boldsymbol{A\alpha}$ 仍为 n 维列向量,有

$$\|\boldsymbol{A\alpha}\|=\sqrt{(\boldsymbol{A\alpha})^{\mathrm{T}}(\boldsymbol{A\alpha})}=\sqrt{\boldsymbol{\alpha}^{\mathrm{T}}(\boldsymbol{A}^{\mathrm{T}}\boldsymbol{A})\boldsymbol{\alpha}}=\sqrt{\boldsymbol{\alpha}^{\mathrm{T}}\boldsymbol{\alpha}}=\|\boldsymbol{\alpha}\|.$$

题 3 判断下列矩阵是否为正交矩阵:

(1) $\boldsymbol{P}=\begin{pmatrix}\frac{\sqrt{3}}{2}&-\frac{1}{2}\\\frac{1}{2}&\frac{\sqrt{3}}{2}\end{pmatrix}$; (2) $\boldsymbol{Q}=\begin{pmatrix}\frac{1}{9}&-\frac{8}{9}&-\frac{4}{9}\\-\frac{8}{9}&\frac{1}{9}&-\frac{4}{9}\\-\frac{4}{9}&-\frac{4}{9}&\frac{7}{9}\end{pmatrix}$.

解:(1) 因为 $P^TP=\begin{pmatrix}\frac{\sqrt{3}}{2} & -\frac{1}{2}\\ -\frac{1}{2} & \frac{\sqrt{3}}{2}\end{pmatrix}\begin{pmatrix}\frac{\sqrt{3}}{2} & -\frac{1}{2}\\ \frac{1}{2} & \frac{\sqrt{3}}{2}\end{pmatrix}=\begin{pmatrix}1 & 0\\ 0 & 1\end{pmatrix}$,

所以 P 为正交矩阵.

(2) $Q^TQ=\begin{pmatrix}\frac{1}{9} & -\frac{8}{9} & -\frac{4}{9}\\ -\frac{8}{9} & \frac{1}{9} & -\frac{4}{9}\\ -\frac{4}{9} & -\frac{4}{9} & \frac{7}{9}\end{pmatrix}\begin{pmatrix}\frac{1}{9} & -\frac{8}{9} & -\frac{4}{9}\\ -\frac{8}{9} & \frac{1}{9} & -\frac{4}{9}\\ -\frac{4}{9} & -\frac{4}{9} & \frac{7}{9}\end{pmatrix}=\begin{pmatrix}1 & 0 & 0\\ 0 & 1 & 0\\ 0 & 0 & 1\end{pmatrix}$,

所以 Q 为正交矩阵.

题 4 将下列线性无关的向量组正交化:

(1) $\boldsymbol{\alpha}_1=(1,2,2,-1)^T,\boldsymbol{\alpha}_2=(1,1,-5,3)^T,\boldsymbol{\alpha}_3=(3,2,8,-7)^T$;

(2) $\boldsymbol{\alpha}_1=(1,-2,2)^T,\boldsymbol{\alpha}_2=(-1,0,-1)^T,\boldsymbol{\alpha}_3=(5,-3,-7)^T$.

解:(1) 利用施密特正交化方法,

令

$$\boldsymbol{\beta}_1=\boldsymbol{\alpha}_1=(1,2,2,-1)^T.$$

$$\boldsymbol{\beta}_2=\boldsymbol{\alpha}_2-\frac{\boldsymbol{\alpha}_2^T\boldsymbol{\beta}_1}{\boldsymbol{\beta}_1^T\boldsymbol{\beta}_1}\boldsymbol{\beta}_1=(1,1,-5,3)^T+\frac{10}{10}(1,2,2,-1)^T$$

$$=(2,3,-3,2)^T.$$

$$\boldsymbol{\beta}_3=\boldsymbol{\alpha}_3-\frac{\boldsymbol{\alpha}_3^T\boldsymbol{\beta}_1}{\boldsymbol{\beta}_1^T\boldsymbol{\beta}_1}\boldsymbol{\beta}_1-\frac{\boldsymbol{\alpha}_3^T\boldsymbol{\beta}_2}{\boldsymbol{\beta}_2^T\boldsymbol{\beta}_2}\boldsymbol{\beta}_2$$

$$=(3,2,8,-7)^T-\frac{30}{10}(1,2,2,-1)^T+\frac{26}{26}(2,3,-3,2)^T$$

$$=(2,-1,-1,-2)^T.$$

则 $\boldsymbol{\beta}_1,\boldsymbol{\beta}_2,\boldsymbol{\beta}_3$ 为所求的正交向量组.

(2) 利用施密特正交化方法,

令

$$\boldsymbol{\beta}_1=(1,-2,2)^T.$$

$$\boldsymbol{\beta}_2=\boldsymbol{\alpha}_2-\frac{\boldsymbol{\alpha}_2^T\boldsymbol{\beta}_1}{\boldsymbol{\beta}_1^T\boldsymbol{\beta}_1}\boldsymbol{\beta}_1=(-1,0,-1)^T+\frac{3}{9}(1,-2,2)^T$$

$$=\left(-\frac{2}{3},-\frac{2}{3},-\frac{1}{3}\right)^T.$$

$$\boldsymbol{\beta}_3=\boldsymbol{\alpha}_3-\frac{\boldsymbol{\alpha}_3^T\boldsymbol{\beta}_1}{\boldsymbol{\beta}_1^T\boldsymbol{\beta}_1}\boldsymbol{\beta}_1-\frac{\boldsymbol{\alpha}_3^T\boldsymbol{\beta}_2}{\boldsymbol{\beta}_2^T\boldsymbol{\beta}_2}\boldsymbol{\beta}_2$$

$$=(5,-3,-7)^{\mathrm T}+\frac{1}{3}(1,-2,2)^{\mathrm T}-\frac{1}{1}\left(-\frac{2}{3},-\frac{2}{3},-\frac{1}{3}\right)^{\mathrm T}$$

$$=(6,-3,-6)^{\mathrm T}.$$

则 $\boldsymbol\beta_1,\boldsymbol\beta_2,\boldsymbol\beta_3$ 为所求的正交向量组.

题 5 设 $\boldsymbol\alpha_1=\begin{pmatrix}1\\1\\1\end{pmatrix}$，求 $\boldsymbol\alpha_2,\boldsymbol\alpha_3$ 使 $\boldsymbol\alpha_1,\boldsymbol\alpha_2,\boldsymbol\alpha_3$ 相互正交.

解:设所求的向量为 $\boldsymbol x=\begin{pmatrix}x_1\\x_2\\x_3\end{pmatrix}$，因为正交，所以 $\boldsymbol x^{\mathrm T}\boldsymbol\alpha_1=0$，

即 $x_1+x_2+x_3=0$，亦即 $x_1=-x_2-x_3$.

取 $\boldsymbol\beta_1=\begin{pmatrix}1\\-1\\0\end{pmatrix}$，$\boldsymbol\beta_2=\begin{pmatrix}1\\0\\-1\end{pmatrix}$.则

$$\boldsymbol\alpha_2=\boldsymbol\beta_1=\begin{pmatrix}1\\-1\\0\end{pmatrix},\boldsymbol\alpha_3=\boldsymbol\beta_2-\frac{(\boldsymbol\beta_2,\boldsymbol\alpha_2)}{(\boldsymbol\alpha_2,\boldsymbol\alpha_2)}\boldsymbol\alpha_2=\begin{pmatrix}1\\0\\-1\end{pmatrix}-\frac{1}{2}\begin{pmatrix}1\\-1\\0\end{pmatrix}=\begin{pmatrix}\frac{1}{2}\\\frac{1}{2}\\-1\end{pmatrix},$$

此时，$\boldsymbol\alpha_1,\boldsymbol\alpha_2,\boldsymbol\alpha_3$ 相互正交，即为所求.

题 6 已知 $\boldsymbol A=\begin{pmatrix}a_{11}&a_{12}&a_{13}\\a_{21}&a_{22}&a_{23}\\a_{31}&a_{32}&a_{33}\end{pmatrix}$ 为正交矩阵，且 $a_{22}=1$，$\boldsymbol b=(0,2,0)^{\mathrm T}$，求解线性方程组 $\boldsymbol{Ax}=\boldsymbol b$.

解:因 $\boldsymbol A$ 为正交矩阵，故 $\boldsymbol A^{-1}=\boldsymbol A^{\mathrm T}$，且各列(行)向量的长度为 1. 由于 $a_{22}=1$，所以 $a_{21}=a_{23}=a_{12}=a_{32}=0$.

因此，

$$\boldsymbol x=\boldsymbol A^{-1}\boldsymbol b=\boldsymbol A^{\mathrm T}\boldsymbol b=\begin{pmatrix}a_{11}&0&a_{13}\\0&1&0\\a_{31}&0&a_{33}\end{pmatrix}\begin{pmatrix}0\\2\\0\end{pmatrix}=\begin{pmatrix}0\\2\\0\end{pmatrix}.$$

题 7 已知矩阵 $\boldsymbol A=\begin{pmatrix}a&-\frac{3}{7}&\frac{2}{7}\\b&\frac{6}{7}&c\\-\frac{3}{7}&\frac{2}{7}&d\end{pmatrix}$ 为正交矩阵，求 a、b、c、d 的值.

解:因 $\boldsymbol{A}$ 为正交矩阵,则行(列)向量两两正交且为单位向量.

由第一行、第三行,分别有

$$a^2+\left(-\frac{3}{7}\right)^2+\left(\frac{2}{7}\right)^2=1,\left(-\frac{3}{7}\right)^2+\left(\frac{2}{7}\right)^2+d^2=1.$$

解之,得 $a=\pm\frac{6}{7},d=\pm\frac{6}{7}$.

又由第一行、第三行向量正交,有

$$-\frac{3}{7}a-\frac{6}{49}+\frac{2}{7}d=0.$$

因此,只能 $a=-\frac{6}{7},d=-\frac{6}{7}$.再由列向量组正交性,得 $b=-\frac{2}{7},c=\frac{3}{7}$.

题8 设矩阵 $\boldsymbol{A}=\begin{pmatrix}1&1&a\\1&a&1\\a&1&1\end{pmatrix},\boldsymbol{\beta}=\begin{pmatrix}1\\1\\-2\end{pmatrix}$,已知线性方程组 $\boldsymbol{AX}=\boldsymbol{\beta}$ 有解但不唯一,试求

(1) a 的值;

(2) 正交矩阵 $\boldsymbol{Q}$,使 $\boldsymbol{Q}^T\boldsymbol{AQ}$ 为对角矩阵.

解:方法一:(1) 对线性方程组 $\boldsymbol{AX}=\boldsymbol{\beta}$ 的增广矩阵作初等行变换,有

$$(\boldsymbol{A}\,\vdots\,\boldsymbol{\beta})=\left(\begin{array}{ccc:c}1&1&a&1\\1&a&1&1\\a&1&1&-2\end{array}\right)\xrightarrow[(3)+(2)]{\substack{(2)-(1)\\(3)-a(1)}}\left(\begin{array}{ccc:c}1&1&a&1\\0&a-1&1-a&0\\0&0&(a-1)(a+2)&a+2\end{array}\right).$$

因为方程组 $\boldsymbol{AX}=\boldsymbol{\beta}$ 有解但不唯一,则秩($\boldsymbol{A}$)=秩($\boldsymbol{A\beta}$)<3,故 $a=-2$.

(2) 由(1),有

$$\boldsymbol{A}=\begin{pmatrix}1&1&-2\\1&-2&1\\-2&1&1\end{pmatrix}.$$

$\boldsymbol{A}$ 的特征多项式

$$|\lambda\boldsymbol{I}-\boldsymbol{A}|=\lambda(\lambda-3)(\lambda+3),$$

故 $\boldsymbol{A}$ 的特征值为

$$\lambda_1=3,\lambda_2=-3,\lambda_3=0.$$

对应的特征向量依次是

$$\boldsymbol{\alpha}_1=(1,0,-1)^{\mathrm{T}},\boldsymbol{\alpha}_2=(1,-2,1)^T,\boldsymbol{\alpha}_3=(1,1,1)^{\mathrm{T}}.$$

将 $\boldsymbol{\alpha}_1,\boldsymbol{\alpha}_2,\boldsymbol{\alpha}_3$ 单位化,得

$$\boldsymbol{\beta}_1=\left(\frac{1}{\sqrt{2}},0,-\frac{1}{\sqrt{2}}\right)^{\mathrm{T}},\boldsymbol{\beta}_2=\left(\frac{1}{\sqrt{6}},-\frac{2}{\sqrt{6}},\frac{1}{\sqrt{6}}\right)^{\mathrm{T}},\boldsymbol{\beta}_3=\left(\frac{1}{\sqrt{3}},\frac{1}{\sqrt{3}},\frac{1}{\sqrt{3}}\right)^{\mathrm{T}}.$$

令

$$Q=\begin{pmatrix}\frac{1}{\sqrt{2}} & \frac{1}{\sqrt{6}} & \frac{1}{\sqrt{3}}\\ 0 & -\frac{2}{\sqrt{6}} & \frac{1}{\sqrt{3}}\\ -\frac{1}{\sqrt{2}} & \frac{1}{\sqrt{6}} & \frac{1}{\sqrt{3}}\end{pmatrix},$$

则有

$$Q^{\mathrm{T}}AQ=\begin{pmatrix}3 & 0 & 0\\ 0 & -3 & 0\\ 0 & 0 & 0\end{pmatrix}.$$

方法二:(1) 因为线性方程组 $AX=\beta$ 有解但不唯一,所以

$$|A|=\begin{vmatrix}1 & 1 & a\\ 1 & a & 1\\ a & 1 & 1\end{vmatrix}=-(a-1)^2(a+2)=0.$$

当 $a=1$ 时,秩(A)不等于秩($A\beta$).此时,方程组无解;当 $a=-2$ 时,秩(A)等于秩($A\beta$).此时,方程组的解存在但不唯一,于是,$a=-2$.

(2) 同方法一.

题 9 设 α,β 为三维单位列向量,且 $\alpha^{\mathrm{T}}\beta=0$.令 $A=\alpha\beta^{\mathrm{T}}+\beta\alpha^{\mathrm{T}}$,证明:$A$ 与 $\begin{pmatrix}1 & & \\ & -1 & \\ & & 0\end{pmatrix}$ 相似.

证明:因 $\alpha^{\mathrm{T}}\beta=0$,所以 $\beta^{\mathrm{T}}\alpha=(\alpha^{\mathrm{T}}\beta)^{\mathrm{T}}=0$.

又

$$A\alpha=\alpha\beta^{\mathrm{T}}\alpha+\beta\alpha^{\mathrm{T}}\alpha=\beta,$$
$$A\beta=\alpha\beta^{\mathrm{T}}\beta+\beta\alpha^{\mathrm{T}}\beta=\alpha,$$

所以

$$A(\alpha+\beta)=\alpha+\beta, A(\alpha-\beta)=-(\alpha-\beta).$$

又因 $\alpha_1\beta$ 为单位正交向量组,所以 α,β 线性无关.

$\alpha+\beta\neq 0,\alpha-\beta\neq 0$.而 $1,-1$ 是 A 的两个特征值.

再因 $r(A)=r(\alpha\beta^{\mathrm{T}}+\beta\alpha^{\mathrm{T}})\leqslant r(\alpha\beta^{\mathrm{T}})+r(\beta\alpha^{\mathrm{T}})=2$,

所以 A 不可逆,0 是 A 的特征值.

A 有三个不同的特征值 $1,-1,0$,故

$$A \text{ 与 } \begin{pmatrix}1 & & \\ & -1 & \\ & & 0\end{pmatrix} \text{ 相似.}$$

题10　求正交矩阵 $\boldsymbol{P}$，使 $\boldsymbol{P}^{-1}\boldsymbol{AP}$ 为对角阵：

(1) $\boldsymbol{A}=\begin{pmatrix}0&1&-1\\1&0&1\\-1&1&0\end{pmatrix}$；　(2) $\boldsymbol{A}=\begin{pmatrix}2&1&0\\1&3&1\\0&1&2\end{pmatrix}$；

(3) $\boldsymbol{A}=\begin{pmatrix}1&2&0\\2&2&-2\\0&-2&3\end{pmatrix}$；　(4) $\boldsymbol{A}=\begin{pmatrix}1&-2&2\\-2&-2&4\\2&4&-2\end{pmatrix}$.

解：(1) 由 $|\lambda\boldsymbol{I}-\boldsymbol{A}|=\begin{vmatrix}\lambda&-1&1\\-1&\lambda&-1\\1&-1&\lambda\end{vmatrix}=(\lambda-1)^2(\lambda+2)$，得 $\boldsymbol{A}$ 的特征值为 $\lambda_1=\lambda_2=1,\lambda_3=-2$.

当 $\lambda_1=\lambda_2=1$ 时，可求得对应的特征向量为

$$\boldsymbol{\xi}_1=(1,1,0)^{\mathrm{T}},\boldsymbol{\xi}_2=(1,0,-1)^{\mathrm{T}}.$$

将 $\boldsymbol{\xi}_1,\boldsymbol{\xi}_2$ 正交化，有 $\boldsymbol{\eta}_1=(1,1,0)^{\mathrm{T}},\boldsymbol{\eta}_2=\boldsymbol{\xi}_2-\dfrac{(\boldsymbol{\xi}_2,\boldsymbol{\eta}_1)}{(\boldsymbol{\eta}_1,\boldsymbol{\eta}_1)}\boldsymbol{\eta}_1=\dfrac{1}{2}(1,-1,-2)^{\mathrm{T}}$.再单位化，有 $\boldsymbol{\gamma}_1=\dfrac{1}{\sqrt{2}}(1,1,0)^{\mathrm{T}},\boldsymbol{\gamma}_2=\dfrac{1}{\sqrt{6}}(1,-1,-2)^{\mathrm{T}}$.

当 $\lambda_3=-2$ 时，可求得对应的特征向量为

$$\boldsymbol{\xi}_3=(1,-1,1)^{\mathrm{T}}.$$

再单位化，得 $\boldsymbol{\gamma}_3=\dfrac{1}{\sqrt{3}}(1,-1,1)^{\mathrm{T}}$.

令

$$\boldsymbol{P}=(\boldsymbol{\gamma}_1,\boldsymbol{\gamma}_2,\boldsymbol{\gamma}_3)=\begin{pmatrix}\frac{1}{\sqrt{2}}&\frac{1}{\sqrt{6}}&\frac{1}{\sqrt{3}}\\\frac{1}{\sqrt{2}}&-\frac{1}{\sqrt{6}}&-\frac{1}{\sqrt{3}}\\0&-\frac{2}{\sqrt{6}}&\frac{1}{\sqrt{3}}\end{pmatrix},$$

则 $\boldsymbol{P}$ 为正交矩阵，且

$$\boldsymbol{P}^{\mathrm{T}}\boldsymbol{AP}=\boldsymbol{P}^{-1}\boldsymbol{AP}=\begin{pmatrix}1&&\\&1&\\&&-2\end{pmatrix}.$$

(2) 由

$$|\lambda\boldsymbol{I}-\boldsymbol{A}|=\begin{vmatrix}\lambda-2&-1&0\\-1&\lambda-3&-1\\0&-1&\lambda-2\end{vmatrix}=(\lambda-1)(\lambda-2)(\lambda-4),$$

得 $\boldsymbol{A}$ 的特征值为 $\lambda_1=1,\lambda_2=2,\lambda_3=4$.

由 $\lambda_1=1$,得齐次线性方程组 $(\boldsymbol{I}-\boldsymbol{A})\boldsymbol{x}=\boldsymbol{0}$,解之,得基础解系

$$\boldsymbol{\alpha}_1=(1,-1,1)^{\mathrm{T}}.$$

由 $\lambda_2=2$,得齐次线性方程组 $(2\boldsymbol{I}-\boldsymbol{A})\boldsymbol{x}=\boldsymbol{0}$,解之,得基础解系

$$\boldsymbol{\alpha}_2=(1,0,-1)^{\mathrm{T}}.$$

由 $\lambda_3=4$,得齐次线性方程组 $(4\boldsymbol{I}-\boldsymbol{A})\boldsymbol{x}=\boldsymbol{0}$,解之,得基础解系

$$\boldsymbol{\alpha}_3=(1,2,1)^{\mathrm{T}}.$$

将 $\boldsymbol{\alpha}_1,\boldsymbol{\alpha}_2,\boldsymbol{\alpha}_3$ 单位化,得

$$\boldsymbol{\gamma}_1=\frac{1}{\sqrt{3}}(1,-1,1)^{\mathrm{T}},\boldsymbol{\gamma}_2=\frac{1}{\sqrt{2}}(1,0,-1)^{\mathrm{T}},\boldsymbol{\gamma}_3=\frac{1}{\sqrt{6}}(1,2,1)^{\mathrm{T}}.$$

令

$$\boldsymbol{P}(\boldsymbol{\gamma}_1,\boldsymbol{\gamma}_2,\boldsymbol{\gamma}_3)=\begin{pmatrix}\frac{1}{\sqrt{3}} & \frac{1}{\sqrt{2}} & \frac{1}{\sqrt{6}}\\ -\frac{1}{\sqrt{3}} & 0 & \frac{2}{\sqrt{6}}\\ \frac{1}{\sqrt{3}} & -\frac{1}{\sqrt{2}} & \frac{1}{\sqrt{6}}\end{pmatrix},$$

则 $\boldsymbol{P}$ 为正交矩阵,且

$$\boldsymbol{P}^{\mathrm{T}}\boldsymbol{A}\boldsymbol{P}=\boldsymbol{P}^{-1}\boldsymbol{A}\boldsymbol{P}=\begin{pmatrix}1 & & \\ & 2 & \\ & & 4\end{pmatrix}.$$

(3) 由 $|\lambda\boldsymbol{I}-\boldsymbol{A}|=\begin{vmatrix}\lambda-1 & -2 & 0\\ -2 & \lambda-2 & 2\\ 0 & 2 & \lambda-3\end{vmatrix}=(\lambda+1)(\lambda-2)(\lambda-5)$,

得 $\boldsymbol{A}$ 的特征值 $\lambda_1=-1,\lambda_2=2,\lambda_3=5$.

当 $\lambda_1=-1$ 时,

$$(-\boldsymbol{I}-\boldsymbol{A})=\begin{pmatrix}-2 & -2 & 0\\ -2 & -3 & 2\\ 0 & 2 & -4\end{pmatrix}\xrightarrow{(2)-(1)}\begin{pmatrix}-2 & -2 & 0\\ 0 & -1 & 2\\ 0 & 2 & -4\end{pmatrix}\xrightarrow[\left(-\frac{1}{2}\right)\times(1)]{\substack{(3)+2(2)\\(1)+2(2)}}\begin{pmatrix}1 & 0 & 2\\ 0 & 1 & -2\\ 0 & 0 & 0\end{pmatrix},$$

得

$$\boldsymbol{\alpha}_1=\begin{pmatrix}-2\\ 2\\ 1\end{pmatrix}.$$

当 $\lambda_2=2$ 时,

$$(2\boldsymbol{I}-\boldsymbol{A})=\begin{pmatrix}1&-2&0\\-2&0&2\\0&2&-1\end{pmatrix}\xrightarrow{(2)+2(1)}\begin{pmatrix}1&-2&0\\0&-4&2\\0&2&-1\end{pmatrix}\xrightarrow[\left(-\frac{1}{4}\right)\times(2)]{(3)+\frac{1}{2}(2)}\begin{pmatrix}1&0&-1\\0&1&-\frac{1}{2}\\0&0&0\end{pmatrix},$$

得

$$\boldsymbol{\alpha}_2=\begin{pmatrix}2\\1\\2\end{pmatrix}.$$

当 $\lambda_3=5$ 时,

$$(5\boldsymbol{I}-\boldsymbol{A})=\begin{pmatrix}4&-2&0\\-2&3&2\\0&2&2\end{pmatrix}\xrightarrow[\substack{\frac{1}{4}\times(1)\\ \frac{1}{2}\times(2)}]{\substack{(2)+\frac{1}{2}(1)\\(3)-(2)\\(1)+(2)}}\begin{pmatrix}1&0&\frac{1}{2}\\0&1&1\\0&0&0\end{pmatrix},$$

得

$$\boldsymbol{\alpha}_3=\begin{pmatrix}2\\1\\2\end{pmatrix}.$$

可以验证 $\boldsymbol{\alpha}_1,\boldsymbol{\alpha}_2,\boldsymbol{\alpha}_3$ 是正交向量组.
将 $\boldsymbol{\alpha}_1,\boldsymbol{\alpha}_2,\boldsymbol{\alpha}_3$ 单位化,得

$$\boldsymbol{\beta}_1=\begin{pmatrix}-\frac{2}{3}\\ \frac{2}{3}\\ \frac{1}{3}\end{pmatrix},\boldsymbol{\beta}_2=\begin{pmatrix}\frac{2}{3}\\ \frac{1}{3}\\ \frac{2}{3}\end{pmatrix},\boldsymbol{\beta}_3=\begin{pmatrix}\frac{1}{3}\\ \frac{2}{3}\\ -\frac{2}{3}\end{pmatrix},$$

令

$$\boldsymbol{P}=\begin{pmatrix}-\frac{2}{3}&\frac{2}{3}&\frac{1}{3}\\ \frac{2}{3}&\frac{1}{3}&\frac{2}{3}\\ \frac{1}{3}&\frac{2}{3}&-\frac{2}{3}\end{pmatrix},$$

则 $\boldsymbol{P}^{-1}\boldsymbol{A}\boldsymbol{P}=\begin{pmatrix}-1&0&0\\0&2&0\\0&0&5\end{pmatrix}$.

(4) 特征方程 $|\lambda\boldsymbol{I}-\boldsymbol{A}|=0$，即

$$(\lambda-2)^2(\lambda+7)=0,$$

特征根为 $\lambda_1=\lambda_2=2,\lambda_3=-7$.

对于二重根 $\lambda_1=2$，解齐次线性方程组 $(\lambda_1\boldsymbol{I}-\boldsymbol{A})\boldsymbol{x}=\boldsymbol{0}$，

$$\begin{pmatrix}1&2&-2\\2&4&-4\\-2&-4&4\end{pmatrix}\begin{pmatrix}x_1\\x_2\\x_3\end{pmatrix}=\begin{pmatrix}0\\0\\0\end{pmatrix},$$

得两个线性无关的特征向量

$$\boldsymbol{\alpha}_1=(2,-1,0)^{\mathrm{T}},\boldsymbol{\alpha}_2=(2,0,1)^{\mathrm{T}}.$$

用施密特正交化方法：

取 $\boldsymbol{\beta}_1=\boldsymbol{\alpha}_1$，

$$\boldsymbol{\beta}_2=\boldsymbol{\alpha}_2-\frac{(\boldsymbol{\alpha}_2,\boldsymbol{\beta}_1)}{(\boldsymbol{\beta}_1,\boldsymbol{\beta}_1)}\boldsymbol{\beta}_1=\begin{pmatrix}2\\0\\1\end{pmatrix}-\frac{4}{5}\begin{pmatrix}2\\-1\\0\end{pmatrix}=\frac{1}{5}\begin{pmatrix}2\\4\\5\end{pmatrix}.$$

再取

$$\boldsymbol{\gamma}_1=\frac{\boldsymbol{\beta}_1}{\|\boldsymbol{\beta}_1\|}=\left(\frac{2\sqrt{5}}{5},-\frac{\sqrt{5}}{5},0\right)^{\mathrm{T}},$$

$$\boldsymbol{\gamma}_2=\frac{\boldsymbol{\beta}_2}{\|\boldsymbol{\beta}_2\|}=\left(\frac{2\sqrt{5}}{15},\frac{4\sqrt{5}}{15},\frac{\sqrt{5}}{3}\right)^{\mathrm{T}}.$$

对于单根 $\lambda_3=-7$，解齐次线性方程组 $(\lambda_3\boldsymbol{I}-\boldsymbol{A})\boldsymbol{x}=\boldsymbol{0}$，即

$$\begin{pmatrix}-8&2&-2\\2&-5&-4\\-2&-4&5\end{pmatrix}\begin{pmatrix}x_1\\x_2\\x_3\end{pmatrix}=\begin{pmatrix}0\\0\\0\end{pmatrix},$$

得特征向量 $\boldsymbol{\alpha}_3=(1,2,-2)^{\mathrm{T}}$.

于是

$$\boldsymbol{\gamma}_3=\left(\frac{1}{3},\frac{2}{3},-\frac{2}{3}\right)^{\mathrm{T}}.$$

取正交矩阵

$$\boldsymbol{P}=(\boldsymbol{\gamma}_1,\boldsymbol{\gamma}_2,\boldsymbol{\gamma}_3)=\begin{pmatrix}\frac{2\sqrt{5}}{5}&\frac{2\sqrt{5}}{15}&\frac{1}{3}\\-\frac{\sqrt{5}}{5}&\frac{4\sqrt{5}}{15}&\frac{2}{3}\\0&\frac{\sqrt{5}}{3}&-\frac{2}{3}\end{pmatrix}.$$

于是

$$P^{-1}AP=\mathrm{diag}(\lambda_1,\lambda_2,\lambda_3)=\mathrm{diag}(2,2,-7)$$

$$=\begin{pmatrix}2 & & \\ & 2 & \\ & & -7\end{pmatrix}.$$

4.6　实对称矩阵

设 A 为实对称矩阵，即 $A^{\mathrm{T}}=A$，则下述结论成立：

1. 实对称矩阵的特征值全是实数.

2. 实对称矩阵的对应于不同特征值的特征向量相互正交.

3. 实对称矩阵必可对角化.

4. 设 A 为 n 阶实对称矩阵，则存在 n 阶正交矩阵 Q，使得 $Q^{-1}AQ=\Lambda$ 为对角矩阵，称 Q 为正交变换矩阵.

$$\Lambda=\begin{pmatrix}\lambda_1 & & & \\ & \lambda_2 & & \\ & & \ddots & \\ & & & \lambda_n\end{pmatrix},$$

其中 $\lambda_1,\lambda_2,\cdots,\lambda_n$ 是 A 的全部特征值.

题1　已知实对称矩阵 $A=\begin{pmatrix}2 & -2 & 0\\ -2 & 1 & -2\\ 0 & -2 & 0\end{pmatrix}$，求可逆矩阵 P，使 $P^{-1}AP$ 为对角矩阵.

解：可求得 $|\lambda I-A|=(\lambda+2)(\lambda-1)(\lambda-4)$，所以 A 的特征值为 $-2,1,4$. 又对应各特征值的特征向量依次为

$$\alpha_1=(1,2,2)^{\mathrm{T}},\alpha_2=(-2,-1,2)^{\mathrm{T}},\alpha_3=(2,-2,1)^{\mathrm{T}}.$$

再单位化，得

$$\beta_1=\frac{1}{3}(1,2,2)^{\mathrm{T}},\beta_2=\frac{1}{3}(-2,-1,2)^{\mathrm{T}},\beta_3=\frac{1}{3}(2,-2,1)^{\mathrm{T}}.$$

故所求的可逆矩阵

$$P=(\beta_1,\beta_2,\beta_3)=\frac{1}{3}\begin{pmatrix}1 & -2 & 2\\ 2 & -1 & -2\\ 2 & 2 & 1\end{pmatrix}.$$

使得

$$P^{\mathrm{T}}AP=P^{-1}AP=\begin{pmatrix}-2 & & \\ & 1 & \\ & & 4\end{pmatrix}.$$

题 2 设实对称矩阵 $\boldsymbol{A}=\begin{pmatrix}a&1&1\\1&a&-1\\1&-1&a\end{pmatrix}$，求可逆矩阵 $\boldsymbol{P}$，使 $\boldsymbol{P}^{-1}\boldsymbol{AP}$ 为对角矩阵，并计算行列式 $|\boldsymbol{A}-\boldsymbol{I}|$ 的值.

解：矩阵 $\boldsymbol{A}$ 的特征多项式

$$|\lambda\boldsymbol{I}-\boldsymbol{A}|=\begin{vmatrix}\lambda-a&-1&-1\\-1&\lambda-a&1\\-1&1&\lambda-a\end{vmatrix}=(\lambda-a-1)^2(\lambda-a+2).$$

由此，得矩阵 $\boldsymbol{A}$ 的特征值 $\lambda_1=\lambda_2=a+1,\lambda_3=a-2$.

对于特征值 $\lambda_1=\lambda_2=a+1$，可得对应的两个线性无关的特征向量

$$\boldsymbol{\alpha}_1=(1,1,0)^{\mathrm{T}},\boldsymbol{\alpha}_2=(1,0,1)^{\mathrm{T}}.$$

对于特征值 $\lambda_3=a-2$，可得对应的特征向量.

$$\boldsymbol{\alpha}_3=(-1,1,1)^{\mathrm{T}}.$$

令

$$\boldsymbol{P}=(\boldsymbol{\alpha}_1,\boldsymbol{\alpha}_2,\boldsymbol{\alpha}_3)=\begin{pmatrix}1&1&-1\\1&0&1\\0&1&1\end{pmatrix},\boldsymbol{\Lambda}=\begin{pmatrix}a+1&&\\&a+1&\\&&a-2\end{pmatrix},$$

则

$$\boldsymbol{P}^{-1}\boldsymbol{AP}=\boldsymbol{\Lambda}=\begin{pmatrix}a+1&&\\&a+1&\\&&a-2\end{pmatrix}.$$

又

$$\begin{aligned}|\boldsymbol{A}-\boldsymbol{I}|&=|\boldsymbol{P\Lambda P}^{-1}-\boldsymbol{PP}^{-1}|\\&=|\boldsymbol{P}|\cdot|\boldsymbol{\Lambda}-\boldsymbol{I}|\cdot|\boldsymbol{P}^{-1}|\\&=\begin{vmatrix}a&0&0\\0&a&0\\0&0&a-3\end{vmatrix}\\&=a^2(a-3).\end{aligned}$$

题 3 设 $\boldsymbol{A}$ 为三阶实对称矩阵，$\boldsymbol{A}$ 的秩为 2，且

$$\boldsymbol{A}\begin{pmatrix}1&1\\0&0\\-1&1\end{pmatrix}=\begin{pmatrix}-1&1\\0&0\\1&1\end{pmatrix}.$$

(1) 求 $\boldsymbol{A}$ 的所有特征值与特征向量；

(2) 求矩阵 $\boldsymbol{A}$.

解：(1) 由于 $\boldsymbol{A}$ 的秩为 2，故 0 是 $\boldsymbol{A}$ 的一个特征值.

由题设，得

$$A\begin{pmatrix}1\\0\\-1\end{pmatrix}=-\begin{pmatrix}1\\0\\-1\end{pmatrix},A\begin{pmatrix}1\\0\\1\end{pmatrix}=\begin{pmatrix}1\\0\\1\end{pmatrix}.$$

所以-1是A的一个特征值，且属于-1的特征向量为

$$k_1\begin{pmatrix}1\\0\\-1\end{pmatrix},k_1\neq 0.$$

1也是A的一个特征值，且属于1的特征向量为

$$k_2\begin{pmatrix}1\\0\\1\end{pmatrix},k_2\neq 0.$$

设$\begin{pmatrix}x_1\\x_2\\x_3\end{pmatrix}$是$A$属于0的特征向量，由于$A$为实对称矩阵，则

$$(1,0,-1)\begin{pmatrix}x_1\\x_2\\x_3\end{pmatrix}=0,(1,0,1)\begin{pmatrix}x_1\\x_2\\x_3\end{pmatrix}=0,$$

即

$$\begin{cases}x_1-x_3=0,\\x_1+x_3=0.\end{cases}$$

故$x_1=0,x_3=0$.

于是属于0的特征向量为$k_3\begin{pmatrix}0\\1\\0\end{pmatrix},k_3\neq 0.$

(2) 令$P=\begin{pmatrix}1&1&0\\0&0&1\\-1&1&0\end{pmatrix}$，则$P^{-1}AP=\begin{pmatrix}-1&0&0\\0&1&0\\0&0&0\end{pmatrix}$，

于是

$$A=P\begin{pmatrix}-1&0&0\\0&1&0\\0&0&0\end{pmatrix}P^{-1}$$

$$=\begin{pmatrix}1&1&0\\0&0&1\\-1&1&0\end{pmatrix}\begin{pmatrix}-1&0&0\\0&1&0\\0&0&0\end{pmatrix}\begin{pmatrix}\frac{1}{2}&0&-\frac{1}{2}\\\frac{1}{2}&0&\frac{1}{2}\\0&1&0\end{pmatrix}$$

$$=\begin{pmatrix}0&0&1\\0&0&0\\1&0&0\end{pmatrix}.$$

题 4 设三阶实对称矩阵 $\boldsymbol{A}$ 的秩为 2，$\lambda_1=\lambda_2=6$ 是 $\boldsymbol{A}$ 的二重特征值.若 $\boldsymbol{\alpha}_1=(1,1,0)^{\mathrm{T}}$，$\boldsymbol{\alpha}_2=(2,1,1)^{\mathrm{T}}$，$\boldsymbol{\alpha}_3=(-1,2,-3)^{\mathrm{T}}$ 都是 $\boldsymbol{A}$ 的属于特征值 6 的特征向量.

(1) 求 $\boldsymbol{A}$ 的另一特征值和对应的特征向量；

(2) 求矩阵 $\boldsymbol{A}$.

解：(1) 因为 $\lambda_1=\lambda_2=6$ 是 $\boldsymbol{A}$ 的二重特征值，故 $\boldsymbol{A}$ 的属于特征值 6 的线性无关的特征向量有两个.由题设可得 $\boldsymbol{\alpha}_1,\boldsymbol{\alpha}_2,\boldsymbol{\alpha}_3$ 的一个极大无关组为 $\boldsymbol{\alpha}_1,\boldsymbol{\alpha}_2$，故 $\boldsymbol{\alpha}_1$，$\boldsymbol{\alpha}_2$ 为 $\boldsymbol{A}$ 的属于特征值 6 的线性无关的特征向量.

由 $\mathrm{r}(\boldsymbol{A})=2$，知 $|\boldsymbol{A}|=0$，所以 $\boldsymbol{A}$ 的另一特征值 $\lambda_3=0$.

设 $\lambda_3=0$ 所对应的特征向量为 $\boldsymbol{\alpha}=(x_1,x_2,x_3)^{\mathrm{T}}$，则有 $\boldsymbol{\alpha}_1^{\mathrm{T}}\boldsymbol{\alpha}=0$，$\boldsymbol{\alpha}_2^{\mathrm{T}}\boldsymbol{\alpha}=0$，即

$$\begin{cases}x_1+x_2=0,\\2x_1+x_2+x_3=0.\end{cases}$$

解得此方程组的基础解系为 $\boldsymbol{\alpha}=(-1,1,1)^{\mathrm{T}}$，即 $\boldsymbol{A}$ 的属于特征值 $\lambda_3=0$ 的特征向量为 $c\boldsymbol{\alpha}=c(-1,1,1)^{\mathrm{T}}$($c$ 为非零的任意常数).

(2) 令矩阵 $\boldsymbol{P}=(\boldsymbol{\alpha}_1,\boldsymbol{\alpha}_2,\boldsymbol{\alpha})$，则

$$\boldsymbol{P}^{-1}\boldsymbol{A}\boldsymbol{P}=\begin{pmatrix}6&0&0\\0&6&0\\0&0&0\end{pmatrix},$$

所以

$$\boldsymbol{A}=\boldsymbol{P}\begin{pmatrix}6&0&0\\0&6&0\\0&0&0\end{pmatrix}\boldsymbol{P}^{-1}.$$

又

$$\boldsymbol{P}^{-1}=\begin{pmatrix}0&1&-1\\\frac{1}{3}&-\frac{1}{3}&\frac{2}{3}\\-\frac{1}{3}&\frac{1}{3}&\frac{1}{3}\end{pmatrix},$$

故

$$\boldsymbol{A}=\begin{pmatrix}4&2&2\\2&4&-2\\2&-2&4\end{pmatrix}.$$

题 5 设 $\boldsymbol{A}$ 为四阶实对称矩阵，且 $\boldsymbol{A}^2+\boldsymbol{A}=\boldsymbol{O}$，若 $\boldsymbol{A}$ 的秩为 3，则 $\boldsymbol{A}$ 相似于 (　　).

(A) $\begin{pmatrix} 1 & & & \\ & 1 & & \\ & & 1 & \\ & & & 0 \end{pmatrix}$ (B) $\begin{pmatrix} 1 & & & \\ & 1 & & \\ & & -1 & \\ & & & 0 \end{pmatrix}$

(C) $\begin{pmatrix} 1 & & & \\ & -1 & & \\ & & -1 & \\ & & & 0 \end{pmatrix}$ (D) $\begin{pmatrix} -1 & & & \\ & -1 & & \\ & & -1 & \\ & & & 0 \end{pmatrix}$

解:因为 $\boldsymbol{A}$ 为四阶实对称矩阵,所以 $\boldsymbol{A}$ 必可相似对角化,且 $\boldsymbol{A}$ 的特征值全为实数.

设 λ 为 $\boldsymbol{A}$ 的特征值,则 $\lambda^2+\lambda=0$,得 $\lambda=0,\lambda=-1$.

又 $\boldsymbol{A}$ 的秩为 3,则 $\boldsymbol{A}$ 的特征值为 $-1,-1,-1,0$.

故选(D).

题 6 设三阶实对称矩阵 $\boldsymbol{A}$ 的全部特征值为 $\lambda_1=1,\lambda_2=\lambda_3=-1$.又知属于 λ_1 的特征向量 $\boldsymbol{\xi}_1=(1,2,-2)^{\mathrm{T}}$,求矩阵 $\boldsymbol{A}$.

解:方法一.设特征值 $\lambda_2=\lambda_3=-1$ 对应的特征向量为 $(x_1,x_2,x_3)^{\mathrm{T}}$,它与 $\boldsymbol{\xi}_1$ 正交,即有 $x_1+2x_2-2x_3=0$,得基础解系 $\boldsymbol{\xi}_2=(-2,1,0)^{\mathrm{T}},\boldsymbol{\xi}_3=(2,0,1)^{\mathrm{T}}$,则 $\boldsymbol{\xi}_1,\boldsymbol{\xi}_2,\boldsymbol{\xi}_3$ 是矩阵 $\boldsymbol{A}$ 的三个线性无关的特征向量.

令

$$\boldsymbol{P}=(\boldsymbol{\xi}_1,\boldsymbol{\xi}_2,\boldsymbol{\xi}_3)=\begin{pmatrix} 1 & -2 & 2 \\ 2 & 1 & 0 \\ -2 & 0 & 1 \end{pmatrix},$$

设对角矩阵

$$\boldsymbol{\Lambda}=\begin{pmatrix} \lambda_1 & & \\ & \lambda_2 & \\ & & \lambda_3 \end{pmatrix}=\begin{pmatrix} 1 & & \\ & -1 & \\ & & -1 \end{pmatrix},$$

由 $\boldsymbol{P}^{-1}\boldsymbol{A}\boldsymbol{P}=\boldsymbol{\Lambda}$,得 $\boldsymbol{A}=\boldsymbol{P}\boldsymbol{\Lambda}\boldsymbol{P}^{-1}$.

经计算 $\boldsymbol{P}^{-1}=\dfrac{1}{9}\begin{pmatrix} 1 & 2 & -2 \\ -2 & 5 & 4 \\ 2 & 4 & 5 \end{pmatrix}$,故所求矩阵为

$$\boldsymbol{A}=\boldsymbol{P}\boldsymbol{\Lambda}\boldsymbol{P}^{-1}=\frac{1}{9}\begin{pmatrix} 1 & -2 & 2 \\ 2 & 1 & 0 \\ -2 & 0 & 1 \end{pmatrix}\begin{pmatrix} 1 & & \\ & -1 & \\ & & -1 \end{pmatrix}\begin{pmatrix} 1 & 2 & -2 \\ -2 & 5 & 4 \\ 2 & 4 & 5 \end{pmatrix}$$

$$=\frac{1}{9}\begin{pmatrix} -7 & 4 & -4 \\ 4 & -1 & -8 \\ -4 & -8 & -1 \end{pmatrix}.$$

方法二. 将 $\boldsymbol{\xi}_1=(1,2,-2)^{\mathrm{T}},\boldsymbol{\xi}_2=(-2,1,0)^{\mathrm{T}},\boldsymbol{\xi}_3=(2,0,1)^{\mathrm{T}}$ 单位正交化,得

$$\boldsymbol{\gamma}_1=\left(\frac{1}{3},\frac{2}{3},-\frac{2}{3}\right)^{\mathrm{T}},\boldsymbol{\gamma}_2=\left(-\frac{2}{\sqrt{5}},\frac{1}{\sqrt{5}},0\right)^{\mathrm{T}},\boldsymbol{\gamma}_3=\left(\frac{2}{3\sqrt{5}},\frac{4}{3\sqrt{5}},\frac{5}{3\sqrt{5}}\right)^{\mathrm{T}}.$$

$$令\ \boldsymbol{P}=(\boldsymbol{\gamma}_1,\boldsymbol{\gamma}_2,\boldsymbol{\gamma}_3)=\begin{pmatrix}\frac{1}{3} & -\frac{2}{\sqrt{5}} & \frac{2}{3\sqrt{5}}\\ \frac{2}{3} & \frac{1}{\sqrt{5}} & \frac{4}{3\sqrt{5}}\\ -\frac{2}{3} & 0 & \frac{5}{3\sqrt{5}}\end{pmatrix},$$

故

$$\boldsymbol{A}=\boldsymbol{P\Lambda P}^{-1}=\begin{pmatrix}\frac{1}{3} & -\frac{2}{\sqrt{5}} & \frac{2}{3\sqrt{5}}\\ \frac{2}{3} & \frac{1}{\sqrt{5}} & \frac{4}{3\sqrt{5}}\\ -\frac{2}{3} & 0 & \frac{5}{3\sqrt{5}}\end{pmatrix}\begin{pmatrix}1 & & \\ & -1 & \\ & & -1\end{pmatrix}\begin{pmatrix}\frac{1}{3} & \frac{2}{3} & -\frac{2}{3}\\ -\frac{2}{\sqrt{5}} & \frac{1}{\sqrt{5}} & 0\\ \frac{2}{3\sqrt{5}} & \frac{4}{3\sqrt{5}} & \frac{5}{3\sqrt{5}}\end{pmatrix}$$

$$=\frac{1}{9}\begin{pmatrix}-7 & 4 & -4\\ 4 & -1 & -8\\ -4 & -8 & -1\end{pmatrix}.$$

题 7 设 $\boldsymbol{A}$ 是 n 阶实对称矩阵,$\boldsymbol{P}$ 是 n 阶可逆矩阵,已知 n 维列向量 $\boldsymbol{\alpha}$ 是 $\boldsymbol{A}$ 的属于特征值 λ 的特征向量,则矩阵 $(\boldsymbol{P}^{-1}\boldsymbol{AP})^{\mathrm{T}}$ 属于特征值 λ 的特征向量是(　　).

(A) $\boldsymbol{P}^{-1}\boldsymbol{\alpha}$　　(B) $\boldsymbol{P}^{\mathrm{T}}\boldsymbol{\alpha}$　　(C) $\boldsymbol{P\alpha}$　　(D) $(\boldsymbol{P}^{-1})^{\mathrm{T}}\boldsymbol{\alpha}$

解:由于 $\boldsymbol{\alpha}$ 是 $\boldsymbol{A}$ 属于 λ 的特征向量,得 $\boldsymbol{A\alpha}=\lambda\boldsymbol{\alpha}$.又由于 $\boldsymbol{A}$ 是实对称的,所以

$$(\boldsymbol{P}^{-1}\boldsymbol{AP})^{\mathrm{T}}\boldsymbol{P}^{\mathrm{T}}\boldsymbol{\alpha}=\boldsymbol{P}^{\mathrm{T}}\boldsymbol{A}^{\mathrm{T}}(\boldsymbol{P}^{\mathrm{T}})^{-1}\boldsymbol{P}^{\mathrm{T}}\boldsymbol{\alpha}=\boldsymbol{P}^{\mathrm{T}}\boldsymbol{A\alpha}=\lambda(\boldsymbol{P}^{\mathrm{T}}\boldsymbol{\alpha}),$$

所以 $\boldsymbol{P}^{\mathrm{T}}\boldsymbol{\alpha}$ 是矩阵 $(\boldsymbol{P}^{-1}\boldsymbol{AP})^{\mathrm{T}}$ 的属于特征值 λ 的特征向量.

故选(B).

题 8 设 $\boldsymbol{A},\boldsymbol{B}$ 为同阶方阵.

(1) 如果 $\boldsymbol{A},\boldsymbol{B}$ 相似,试证 $\boldsymbol{A},\boldsymbol{B}$ 的特征多项式相等.

(2) 举一个二阶方阵的例子说明(1)的逆命题不成立.

(3) 当 $\boldsymbol{A},\boldsymbol{B}$ 均为实对称矩阵时,试证(1)的逆命题成立.

证明:(1) 若 $\boldsymbol{A},\boldsymbol{B}$ 相似,那么存在可逆矩阵 $\boldsymbol{P}$,使 $\boldsymbol{P}^{-1}\boldsymbol{AP}=\boldsymbol{B}$,故

$$\begin{aligned}|\lambda\boldsymbol{I}-\boldsymbol{B}|&=|\lambda\boldsymbol{I}-\boldsymbol{P}^{-1}\boldsymbol{AP}|=|\boldsymbol{P}^{-1}\lambda\boldsymbol{IP}-\boldsymbol{P}^{-1}\boldsymbol{AP}|\\&=|\boldsymbol{P}^{-1}(\lambda\boldsymbol{I}-\boldsymbol{A})\boldsymbol{P}|=|\boldsymbol{P}^{-1}||\lambda\boldsymbol{I}-\boldsymbol{A}||\boldsymbol{P}|\\&=|\boldsymbol{P}^{-1}||\boldsymbol{P}||\lambda\boldsymbol{I}-\boldsymbol{A}|=|\lambda\boldsymbol{I}-\boldsymbol{A}|.\end{aligned}$$

(2) 令 $\boldsymbol{A}=\begin{pmatrix}0&1\\0&0\end{pmatrix}$,$\boldsymbol{B}=\begin{pmatrix}0&0\\0&0\end{pmatrix}$,那么

$$|\lambda\boldsymbol{I}-\boldsymbol{A}|=\lambda^2=|\lambda\boldsymbol{I}-\boldsymbol{B}|,$$

但 $\boldsymbol{A}$,$\boldsymbol{B}$ 不相似.否则,若存在可逆矩阵 $\boldsymbol{P}$,使

$$\boldsymbol{P}^{-1}\boldsymbol{AP}=\boldsymbol{B}=\boldsymbol{O},$$

从而 $\boldsymbol{A}=\boldsymbol{POP}^{-1}=\boldsymbol{O}$,矛盾.

(3) 由 $\boldsymbol{A}$,$\boldsymbol{B}$ 均为实对称矩阵知,$\boldsymbol{A}$,$\boldsymbol{B}$ 均相似于对角阵.

若 $\boldsymbol{A}$,$\boldsymbol{B}$ 的特征多项式相等,记特征多项式的根为 $\lambda_1,\cdots,\lambda_n$,则有

$$\boldsymbol{A}\text{ 相似于}\begin{pmatrix}\lambda_1&&\\&\ddots&\\&&\lambda_n\end{pmatrix},$$

$$\boldsymbol{B}\text{ 也相似于}\begin{pmatrix}\lambda_1&&\\&\ddots&\\&&\lambda_n\end{pmatrix},$$

且存在可逆矩阵 $\boldsymbol{P}$,$\boldsymbol{Q}$ 使

$$\boldsymbol{P}^{-1}\boldsymbol{AP}=\begin{pmatrix}\lambda_1&&\\&\ddots&\\&&\lambda_n\end{pmatrix}=\boldsymbol{Q}^{-1}\boldsymbol{BQ}.$$

于是

$$(\boldsymbol{PQ}^{-1})^{-1}\boldsymbol{A}(\boldsymbol{PQ}^{-1})=\boldsymbol{B}.$$

由 $\boldsymbol{PQ}^{-1}$ 为可逆矩阵,知 $\boldsymbol{A}$ 与 $\boldsymbol{B}$ 相似.

题9 设三阶实对称矩阵 $\boldsymbol{A}$ 的特征值 $\lambda_1=1,\lambda_2=2,\lambda_3=-2$,且 $\boldsymbol{\alpha}_1=(1,-1,1)^{\mathrm{T}}$ 是 $\boldsymbol{A}$ 的属于 λ_1 的一个特征向量,记 $\boldsymbol{B}=\boldsymbol{A}^5-4\boldsymbol{A}^3+\boldsymbol{I}$.

(1) 验证 $\boldsymbol{\alpha}_1$ 是矩阵 $\boldsymbol{B}$ 的特征向量,并求 $\boldsymbol{B}$ 的全部特征值与特征向量;

(2) 求矩阵 $\boldsymbol{B}$.

解:(1) 由 $\boldsymbol{A\alpha}_1=\lambda_1\boldsymbol{\alpha}_1$,知

$$\begin{aligned}\boldsymbol{B\alpha}_1&=(\boldsymbol{A}^5-4\boldsymbol{A}^3+\boldsymbol{I})\boldsymbol{\alpha}_1\\&=(\lambda_1^5-4\lambda_1^3+1)\boldsymbol{\alpha}_1\\&=-2\boldsymbol{\alpha}_1,\end{aligned}$$

故 $\boldsymbol{\alpha}_1$ 是 $\boldsymbol{B}$ 的属于特征值-2 的一个特征向量.

因为 $\boldsymbol{A}$ 的全部特征值为$\lambda_1,\lambda_2,\lambda_3$,所以 $\boldsymbol{B}$ 的全部特征值为$\lambda_i^5-4\lambda_i^3+1(i=1,2,3)$,即 $\boldsymbol{B}$ 的全部特征值为$-2,1,1$.

由 $\boldsymbol{B\alpha}_1=-2\boldsymbol{\alpha}_1$,知 $\boldsymbol{B}$ 的属于特征值-2 的全部特征向量为 $k_1\boldsymbol{\alpha}_1$,其中 k_1 是不为零的任意常数.

因为 $\boldsymbol{A}$ 是实对称矩阵,所以 $\boldsymbol{B}$ 也是实对称矩阵.设$(x_1,x_2,x_3)^{\mathrm{T}}$ 为 $\boldsymbol{B}$ 的属

于特征值 1 的任一特征向量.因为实对称矩阵属于不同特征值的特征向量正交，所以$(x_1,x_2,x_3)\cdot\boldsymbol{\alpha}_1=0$,即

$$x_1-x_2+x_3=0.$$

该方程组的基础解系为

$$\boldsymbol{\alpha}_2=(1,1,0)^{\mathrm{T}},\boldsymbol{\alpha}_3=(-1,0,1)^{\mathrm{T}},$$

故 $\boldsymbol{B}$ 的属于特征值 1 的全部特征向量为 $k_2\boldsymbol{\alpha}_2+k_3\boldsymbol{\alpha}_3$,其中 k_2,k_3 为不全为零的任意常数.

(2) 令 $\boldsymbol{P}=(\boldsymbol{\alpha}_1,\boldsymbol{\alpha}_2,\boldsymbol{\alpha}_3)=\begin{pmatrix}1&1&-1\\-1&1&0\\1&0&1\end{pmatrix}$,则

$$\boldsymbol{P}^{-1}=\begin{pmatrix}\frac{1}{3}&-\frac{1}{3}&\frac{1}{3}\\\frac{1}{3}&\frac{2}{3}&\frac{1}{3}\\-\frac{1}{3}&\frac{1}{3}&\frac{2}{3}\end{pmatrix}.$$

因为

$$\boldsymbol{P}^{-1}\boldsymbol{B}\boldsymbol{P}=\begin{pmatrix}-2&0&0\\0&1&0\\0&0&1\end{pmatrix},$$

所以

$$\boldsymbol{B}=\boldsymbol{P}\begin{pmatrix}-2&0&0\\0&1&0\\0&0&1\end{pmatrix}\boldsymbol{P}^{-1}$$

$$=\begin{pmatrix}0&1&-1\\1&0&1\\-1&1&0\end{pmatrix}.$$

题 10 设三阶实对称矩阵 $\boldsymbol{A}$ 的各行元素之和均为 3,向量 $\boldsymbol{\alpha}_1=(-1,2,-1)^{\mathrm{T}},\boldsymbol{\alpha}_2=(0,-1,1)^{\mathrm{T}}$ 是线性方程组 $\boldsymbol{Ax}=\boldsymbol{0}$ 的两个解.

(1) 求 $\boldsymbol{A}$ 的特征值与特征向量;

(2) 求正交矩阵 $\boldsymbol{Q}$ 和对角矩阵 λ,使得 $\boldsymbol{Q}^{\mathrm{T}}\boldsymbol{AQ}=\boldsymbol{\Lambda}$.

(3) 求 $\boldsymbol{A}$ 及 $\left(\boldsymbol{A}-\frac{3}{2}\boldsymbol{I}\right)^6$.

解:(1) 由于 $\boldsymbol{A}$ 的各行元素之和均为 3,所以有

$$A\begin{pmatrix}1\\1\\1\end{pmatrix}=3\begin{pmatrix}1\\1\\1\end{pmatrix},$$

因此$\lambda=3$是$\boldsymbol{A}$的特征值,它对应的特征向量为$c(1,1,1)^{\mathrm{T}}$,其中c是不为零的任意常数.

由于线性方程组$\boldsymbol{Ax}=\boldsymbol{0}$有两个解$\boldsymbol{\alpha}_1=(-1,2,-1)^{\mathrm{T}},\boldsymbol{\alpha}_2=(0,-1,1)^{\mathrm{T}}$,所以有

$$\boldsymbol{A\alpha}_1=0\boldsymbol{\alpha}_1,\boldsymbol{A\alpha}_2=0\boldsymbol{\alpha}_2.$$

因此$\lambda=0$是$\boldsymbol{A}$的二重特征值,它对应的特征向量为

$$c_1\boldsymbol{\alpha}_1+c_2\boldsymbol{\alpha}_2=c_1(-1,2,-1)^{\mathrm{T}}+c_2(0,-1,1)^{\mathrm{T}},$$

其中c_1,c_2是不全为零的任意常数.

(2) 记$\boldsymbol{\xi}_1=(1,1,1)^{\mathrm{T}}$,则$\boldsymbol{\xi}_1,\boldsymbol{\alpha}_1,\boldsymbol{\alpha}_2$是$\boldsymbol{A}$的三个特征向量,现将$\boldsymbol{\alpha}_1,\boldsymbol{\alpha}_2$正交化,

$$\begin{aligned}\boldsymbol{\xi}_2&=\boldsymbol{\alpha}_1=(-1,2,-1)^{\mathrm{T}},\\ \boldsymbol{\xi}_3&=\boldsymbol{\alpha}_2-\frac{(\boldsymbol{\alpha}_2,\boldsymbol{\xi}_2)}{(\boldsymbol{\xi}_2,\boldsymbol{\xi}_2)}\boldsymbol{\xi}_2=(0,-1,1)^{\mathrm{T}}-\frac{-3}{6}(-1,2,-1)^{\mathrm{T}}\\ &=\left(-\frac{1}{2},0,\frac{1}{2}\right)^{\mathrm{T}},\end{aligned}$$

于是$\boldsymbol{\xi}_1,\boldsymbol{\xi}_2,\boldsymbol{\xi}_3$是正交向量组.现将它们单位化:

$$\boldsymbol{\beta}_1=\frac{1}{\|\boldsymbol{\xi}_1\|}\boldsymbol{\xi}_1=\left(\frac{1}{\sqrt{3}},\frac{1}{\sqrt{3}},\frac{1}{\sqrt{3}}\right)^{\mathrm{T}},$$

$$\boldsymbol{\beta}_2=\frac{1}{\|\boldsymbol{\xi}_2\|}\boldsymbol{\xi}_2=\left(-\frac{1}{\sqrt{6}},\frac{2}{\sqrt{6}},-\frac{1}{\sqrt{6}}\right)^{\mathrm{T}},$$

$$\boldsymbol{\beta}_3=\frac{1}{\|\boldsymbol{\xi}_3\|}\boldsymbol{\xi}_3=\left(-\frac{1}{\sqrt{2}},0,\frac{1}{\sqrt{2}}\right)^{\mathrm{T}}.$$

因此,所求的正交矩阵

$$\boldsymbol{Q}=(\boldsymbol{\beta}_1,\boldsymbol{\beta}_2,\boldsymbol{\beta}_3)=\begin{pmatrix}\frac{1}{\sqrt{3}}&-\frac{1}{\sqrt{6}}&-\frac{1}{\sqrt{2}}\\ \frac{1}{\sqrt{3}}&\frac{2}{\sqrt{6}}&0\\ \frac{1}{\sqrt{3}}&-\frac{1}{\sqrt{6}}&\frac{1}{\sqrt{2}}\end{pmatrix}.$$

对角阵$\boldsymbol{\Lambda}=\begin{pmatrix}3&&\\&0&\\&&0\end{pmatrix}$,且$\boldsymbol{Q}^{\mathrm{T}}\boldsymbol{AQ}=\boldsymbol{\Lambda}$.

(3) 由(2)，知 $Q^{\mathrm{T}}AQ=\Lambda$，所以

$$A=Q\Lambda Q^{\mathrm{T}}=\begin{pmatrix}\frac{1}{\sqrt{3}} & -\frac{1}{\sqrt{6}} & -\frac{1}{\sqrt{2}}\\ \frac{1}{\sqrt{3}} & \frac{2}{\sqrt{6}} & 0\\ \frac{1}{\sqrt{3}} & -\frac{1}{\sqrt{6}} & \frac{1}{\sqrt{2}}\end{pmatrix}\begin{pmatrix}3 & & \\ & 0 & \\ & & 0\end{pmatrix}\begin{pmatrix}\frac{1}{\sqrt{3}} & \frac{1}{\sqrt{3}} & \frac{1}{\sqrt{3}}\\ -\frac{1}{\sqrt{6}} & \frac{2}{\sqrt{6}} & -\frac{1}{\sqrt{6}}\\ -\frac{1}{\sqrt{2}} & 0 & \frac{1}{\sqrt{2}}\end{pmatrix}$$

$$=\begin{pmatrix}\sqrt{3} & 0 & 0\\ \sqrt{3} & 0 & 0\\ \sqrt{3} & 0 & 0\end{pmatrix}\begin{pmatrix}\frac{1}{\sqrt{3}} & \frac{1}{\sqrt{3}} & \frac{1}{\sqrt{3}}\\ -\frac{1}{\sqrt{6}} & \frac{2}{\sqrt{6}} & -\frac{1}{\sqrt{6}}\\ -\frac{1}{\sqrt{2}} & 0 & \frac{1}{\sqrt{2}}\end{pmatrix}=\begin{pmatrix}1 & 1 & 1\\ 1 & 1 & 1\\ 1 & 1 & 1\end{pmatrix}.$$

由于 $A-\frac{3}{2}I=Q\left(\Lambda-\frac{3}{2}I\right)Q^{\mathrm{T}}$，故

$$\left(A-\frac{3}{2}I\right)^{6}=Q^{\mathrm{T}}\left(A-\frac{3}{2}I\right)^{6}Q=(Q^{\mathrm{T}}AQ-\frac{3}{2}Q^{\mathrm{T}}IQ)^{6}$$

$$=\left[\begin{pmatrix}3 & & \\ & 0 & \\ & & 0\end{pmatrix}-\begin{pmatrix}\frac{3}{2} & & \\ & \frac{3}{2} & \\ & & \frac{3}{2}\end{pmatrix}\right]^{6}=\begin{pmatrix}\frac{3}{2} & & \\ & -\frac{3}{2} & \\ & & -\frac{3}{2}\end{pmatrix}^{6}$$

$$=\begin{pmatrix}\left(\frac{3}{2}\right)^{6} & & \\ & \left(\frac{3}{2}\right)^{6} & \\ & & \left(\frac{3}{2}\right)^{6}\end{pmatrix}.$$

4.7　行列式与方阵的幂的计算

1. 设 $\lambda_1,\lambda_2,\cdots,\lambda_n$ 为矩阵 A 的 n 个特征值，则

$$|A|=\lambda_1\lambda_2\cdots\lambda_n.$$

2. 若 $A\sim B$，则 $|A|=|B|$.

3. 若有可逆矩阵 P，使得 $P^{-1}AP=\Lambda$（相似对角阵），则

$$A^n=P\Lambda^nP^{-1}\ (n\ 为正整数)$$

4. $|\boldsymbol{A}|=0\Leftrightarrow$矩阵$\boldsymbol{A}$至少有一特征值为零.

$$|\boldsymbol{A}|=0\Leftrightarrow \mathrm{r}(\boldsymbol{A})<n.$$

题 1 设三阶矩阵$\boldsymbol{A}$满足$|\boldsymbol{I}+\boldsymbol{A}|=|\boldsymbol{A}-2\boldsymbol{I}|=|3\boldsymbol{I}-\boldsymbol{A}|=0$,求$|\boldsymbol{A}^*|$.

解:由题意,知$\boldsymbol{A}$的三个特征值为$-1,2,3$,故

$$|\boldsymbol{A}|=(-1)\times 2\times 3=-6.$$

$$\boldsymbol{A}^*=|\boldsymbol{A}|\boldsymbol{A}^{-1},|\boldsymbol{A}^*|=|-6\boldsymbol{A}^{-1}|=(-6)^3|\boldsymbol{A}^{-1}|=(-6)^3\frac{1}{|\boldsymbol{A}|}=36.$$

题 2 设$\boldsymbol{A}$为四阶矩阵,$\boldsymbol{A}^*$的特征值为$1,-2,2,2$,求行列式$|2\boldsymbol{A}^3-5\boldsymbol{A}+\boldsymbol{I}|$.

解:由$|\boldsymbol{A}^*|=1\cdot(-2)\cdot 2\cdot 2=-8$及$|\boldsymbol{A}^*|=|\boldsymbol{A}|^{4-1}=|\boldsymbol{A}|^3$,得$|\boldsymbol{A}|=-2$,由此可知$\boldsymbol{A}^*$和$\boldsymbol{A}$都是可逆的,

于是由$\boldsymbol{A}^{-1}=\frac{1}{|\boldsymbol{A}|}\boldsymbol{A}^*$,得$\boldsymbol{A}=|\boldsymbol{A}|(\boldsymbol{A}^*)^{-1}$.

由$\boldsymbol{A}^*$的特征值为1、-2、2、2及$|\boldsymbol{A}|=-2$,得$\boldsymbol{A}$的特征值为-2、1、-1、-1,则$2\boldsymbol{A}^3-5\boldsymbol{A}+\boldsymbol{I}$的特征值为$-5$、$-2$、$4$、$4$,所以

$$|2\boldsymbol{A}^3-5\boldsymbol{A}+\boldsymbol{I}|=(-5)\cdot(-2)\cdot 4\cdot 4=160.$$

题 3 设$-2,1,3$为三阶矩阵$\boldsymbol{A}$的特征值,求$\left|\boldsymbol{I}+\left(\frac{1}{2}\boldsymbol{A}^3\right)^{-1}\right|$.

解:设所求的为矩阵$\varphi(\boldsymbol{A})=\boldsymbol{I}+\left(\frac{1}{2}\boldsymbol{A}^3\right)^{-1}$的行列式,则$\varphi(\boldsymbol{A})$的特征值为

$$\varphi(\lambda)=1+\left(\frac{1}{2}\lambda^3\right)^{-1}=1+\frac{2}{\lambda^3}.$$

故$\varphi(\boldsymbol{A})$的特征值为$\varphi(-2)=\frac{3}{4}$,$\varphi(1)=3$,$\varphi(3)=\frac{29}{27}$.

于是

$$\left|\boldsymbol{I}+\left(\frac{1}{2}\boldsymbol{A}^3\right)^{-1}\right|=\frac{3}{4}\times 3\times\frac{29}{27}=\frac{29}{12}.$$

题 4 设$\boldsymbol{A}$是n阶方阵,$2,4,\cdots,2n$是$\boldsymbol{A}$的n个特征值,$\boldsymbol{I}$是n阶单位矩阵,求行列式$|\boldsymbol{A}-3\boldsymbol{I}|$的值.

解:设$\boldsymbol{A}$有特征值λ,对应的特征向量为$\boldsymbol{\alpha}$,则$\boldsymbol{A\alpha}=\lambda\boldsymbol{\alpha}$.

由于

$$(\boldsymbol{A}-3\boldsymbol{I})\boldsymbol{\alpha}=\boldsymbol{A\alpha}-3\boldsymbol{\alpha}=(\lambda-3)\boldsymbol{\alpha},$$

所以矩阵$\boldsymbol{A}-3\boldsymbol{I}$有特征值$\lambda-3$.由于$\boldsymbol{A}$有$n$个特征值$2,4,\cdots,2n$,因此

$\boldsymbol{A}-3\boldsymbol{I}$有特征值$-1,1,3,\cdots,2n-3$.

$$|\boldsymbol{A}-3\boldsymbol{I}|=-1\times 1\times 3\times\cdots\times(2n-3)=-[(2n-3)!!].$$

题 5 若四阶矩阵$\boldsymbol{A}$与$\boldsymbol{B}$相似,矩阵$\boldsymbol{A}$的特征值为$\frac{1}{2},\frac{1}{3},\frac{1}{4},\frac{1}{5}$,求行列式

$|\boldsymbol{B}^{-1}-\boldsymbol{I}|$.

解:因 $\boldsymbol{A}\sim\boldsymbol{B}$,故 $\boldsymbol{A}$ 与 $\boldsymbol{B}$ 有相同的特征值 $\frac{1}{2},\frac{1}{3},\frac{1}{4},\frac{1}{5}$.

从而 $\boldsymbol{B}^{-1}$ 的特征值为 2,3,4,5.故 $\boldsymbol{B}^{-1}-\boldsymbol{I}$ 的特征值为 1,2,3,4.

于是

$$|\boldsymbol{B}^{-1}-\boldsymbol{I}|=1\times2\times3\times4=24.$$

题 6 设三阶方阵 $\boldsymbol{A}$ 的三个特征值为 1,2,3,对应的特征向量分别为 $\boldsymbol{\alpha}_1=(1,-2,-1)^{\mathrm{T}}$,$\boldsymbol{\alpha}_2=(1,-1,1)^{\mathrm{T}}$,$\boldsymbol{\alpha}_3=(1,0,1)^{\mathrm{T}}$,向量 $\boldsymbol{\beta}=\boldsymbol{\alpha}_3-3\boldsymbol{\alpha}_2$,求 $\boldsymbol{A}^3\boldsymbol{\beta}$.

解:$\boldsymbol{A}^3\boldsymbol{\beta}=\boldsymbol{A}^3(\boldsymbol{\alpha}_3-3\boldsymbol{\alpha}_2)=\boldsymbol{A}^3\boldsymbol{\alpha}_3-3\boldsymbol{A}^3\boldsymbol{\alpha}_2$

$$=3^3\boldsymbol{\alpha}_3-3\times2^3\boldsymbol{\alpha}_2=\begin{pmatrix}3^3\\0\\3^3\end{pmatrix}-3\begin{pmatrix}2^3\\-2^3\\2^3\end{pmatrix}=\begin{pmatrix}27-24\\24\\27-24\end{pmatrix}=\begin{pmatrix}3\\24\\3\end{pmatrix}.$$

题 7 设 $\boldsymbol{A}=\begin{pmatrix}1&-1\\-2&0\end{pmatrix}$,求 $\boldsymbol{A}^{99}$.

解:$|\lambda\boldsymbol{I}-\boldsymbol{A}|=\begin{vmatrix}\lambda-1&1\\2&\lambda\end{vmatrix}=\lambda^2-\lambda-2=(\lambda-2)(\lambda+1)$,

故 $\boldsymbol{A}$ 的特征值为 $\lambda_1=2,\lambda_2=-1$.

当 $\lambda=2$ 时,解齐次方程组 $(2\boldsymbol{I}-\boldsymbol{A})\boldsymbol{x}=\boldsymbol{0}$,得特征向量 $\boldsymbol{\alpha}_1=\begin{pmatrix}-1\\1\end{pmatrix}$.

当 $\lambda=-1$ 时,解齐次方程组 $(-\boldsymbol{I}-\boldsymbol{A})\boldsymbol{x}=\boldsymbol{0}$,得特征向量 $\boldsymbol{\alpha}_2=\begin{pmatrix}1\\2\end{pmatrix}$.

令 $\boldsymbol{P}=\begin{pmatrix}-1&1\\1&2\end{pmatrix}$,则 $\boldsymbol{P}^{-1}=\begin{bmatrix}-\frac{2}{3}&\frac{1}{3}\\\frac{1}{3}&\frac{1}{3}\end{bmatrix}$,

$$\boldsymbol{P}^{-1}\boldsymbol{A}\boldsymbol{P}=\begin{pmatrix}2&0\\0&-1\end{pmatrix},\boldsymbol{A}=\boldsymbol{P}\begin{pmatrix}2&0\\0&-1\end{pmatrix}\boldsymbol{P}^{-1}.$$

故

$$\boldsymbol{A}^{99}=\boldsymbol{P}\begin{pmatrix}2&0\\0&-1\end{pmatrix}^{99}\boldsymbol{P}^{-1}=\begin{pmatrix}-1&1\\1&2\end{pmatrix}\begin{pmatrix}2^{99}&0\\0&-1\end{pmatrix}\begin{bmatrix}-\frac{2}{3}&\frac{1}{3}\\\frac{1}{3}&\frac{1}{3}\end{bmatrix}$$

$$=\begin{bmatrix}\frac{1}{3}(2^{100}-1)&-\frac{1}{3}(2^{99}+1)\\-\frac{1}{3}(2^{100}+2)&\frac{1}{3}(2^{99}-2)\end{bmatrix}.$$

题 8　设三阶矩阵 $\boldsymbol{A}$ 的特征值分别为 $\lambda_1=-1,\lambda_2=1,\lambda_3=3$.
对应的特征向量依次为 $\boldsymbol{\alpha}_1=\begin{pmatrix}1\\-1\\0\end{pmatrix},\boldsymbol{\alpha}_2=\begin{pmatrix}1\\-1\\1\end{pmatrix},\boldsymbol{\alpha}_3=\begin{pmatrix}0\\1\\-1\end{pmatrix}$，向量 $\boldsymbol{\beta}=(3,-2,0)^{\mathrm{T}}$.

(1) 试将 $\boldsymbol{\beta}$ 用 $\boldsymbol{\alpha}_1,\boldsymbol{\alpha}_2,\boldsymbol{\alpha}_3$ 线性表示；

(2) 求 $\boldsymbol{A}^n\boldsymbol{\beta}$（$n$ 为正整数）.

解：(1) 设 $\boldsymbol{\beta}=x_1\boldsymbol{\alpha}_1+x_2\boldsymbol{\alpha}_2+x_3\boldsymbol{\alpha}_3$，得方程组

$$\begin{pmatrix}1&1&0\\-1&-1&1\\0&1&-1\end{pmatrix}\begin{pmatrix}x_1\\x_2\\x_3\end{pmatrix}=\begin{pmatrix}3\\-2\\0\end{pmatrix}.$$

由于

$$\left(\begin{array}{ccc:c}1&1&0&3\\-1&-1&1&-2\\0&1&-1&0\end{array}\right)\xrightarrow{(2)+(1)}\left(\begin{array}{ccc:c}1&1&0&3\\0&0&1&1\\0&1&-1&0\end{array}\right)\xrightarrow[\substack{(1)-(3)\\(2)\leftrightarrow(3)}]{(3)+(2)}\left(\begin{array}{ccc:c}1&0&0&2\\0&1&0&1\\0&0&1&1\end{array}\right),$$

从而得 $x_1=2,x_2=1,x_3=1$，故 $\boldsymbol{\beta}=2\boldsymbol{\alpha}_1+\boldsymbol{\alpha}_2+\boldsymbol{\alpha}_3$.

(2) $\boldsymbol{A}\boldsymbol{\alpha}_i=\lambda_i\boldsymbol{\alpha}_i,\qquad \boldsymbol{A}^n\boldsymbol{\alpha}_i=\lambda_i^n\boldsymbol{\alpha}_i\quad(i=1,2,3)$.

故

$$\begin{aligned}\boldsymbol{A}^n\boldsymbol{\beta}&=\boldsymbol{A}^n(2\boldsymbol{\alpha}_1+\boldsymbol{\alpha}_2+\boldsymbol{\alpha}_3)=2\lambda_1^n\boldsymbol{\alpha}_1+\lambda_2^n\boldsymbol{\alpha}_2+\lambda_3^n\boldsymbol{\alpha}_3\\&=2(-1)^n\begin{pmatrix}1\\-1\\0\end{pmatrix}+1^n\begin{pmatrix}1\\-1\\1\end{pmatrix}+3^n\begin{pmatrix}0\\1\\-1\end{pmatrix}\\&=\begin{pmatrix}2(-1)^n+1\\2(-1)^{n+1}+3^n-1\\1-3^n\end{pmatrix}.\end{aligned}$$

题 9　已知三阶矩阵 $\boldsymbol{A}$ 与三维向量 $\boldsymbol{\alpha}$，使得向量组 $\boldsymbol{\alpha},\boldsymbol{A\alpha},\boldsymbol{A}^2\boldsymbol{\alpha}$ 线性无关，且满足 $\boldsymbol{A}^3\boldsymbol{\alpha}=3\boldsymbol{A\alpha}-2\boldsymbol{A}^2\boldsymbol{\alpha}$.

(1) 记 $\boldsymbol{P}=(\boldsymbol{\alpha},\boldsymbol{A\alpha},\boldsymbol{A}^2\boldsymbol{\alpha})$，求三阶矩阵 $\boldsymbol{B}$，使 $\boldsymbol{A}=\boldsymbol{PBP}^{-1}$；

(2) 计算行列式 $|\boldsymbol{A}+\boldsymbol{I}|$.

解：(1) 由于 $\boldsymbol{A}^3\boldsymbol{\alpha}=3\boldsymbol{A\alpha}-2\boldsymbol{A}^2\boldsymbol{\alpha}$，故有

$$\begin{aligned}\boldsymbol{A}(\boldsymbol{\alpha},\boldsymbol{A\alpha},\boldsymbol{A}^2\boldsymbol{\alpha})&=(\boldsymbol{A\alpha},\boldsymbol{A}^2\boldsymbol{\alpha},\boldsymbol{A}^3\boldsymbol{\alpha})\\&=(\boldsymbol{A\alpha},\boldsymbol{A}^2\boldsymbol{\alpha},3\boldsymbol{A\alpha}-2\boldsymbol{A}^2\boldsymbol{\alpha})=(\boldsymbol{\alpha},\boldsymbol{A\alpha},\boldsymbol{A}^2\boldsymbol{\alpha})\begin{pmatrix}0&0&0\\1&0&3\\0&1&-2\end{pmatrix}\\&=\boldsymbol{P}\begin{pmatrix}0&0&0\\1&0&3\\0&1&-2\end{pmatrix}.\end{aligned}$$

由 $\boldsymbol{\alpha},\boldsymbol{A\alpha},\boldsymbol{A}^2\boldsymbol{\alpha}$ 线性无关，知 $\boldsymbol{P}$ 可逆，且

$$\boldsymbol{B}=\boldsymbol{P}^{-1}\boldsymbol{AP}=\begin{pmatrix}0&0&0\\1&0&3\\0&1&-2\end{pmatrix}.$$

(2) 由(1)，知 $\boldsymbol{A}\sim\boldsymbol{B}$，从而 $\boldsymbol{A}+\boldsymbol{I}$ 与 $\boldsymbol{B}+\boldsymbol{I}$ 相似，故

$$|\boldsymbol{A}+\boldsymbol{I}|=|\boldsymbol{B}+\boldsymbol{I}|=\begin{vmatrix}1&0&0\\1&1&3\\0&1&-1\end{vmatrix}=-4.$$

题 10 设三阶矩阵 $\boldsymbol{A}$ 的特征值是 $1,2,2$，$\boldsymbol{I}$ 为 3 阶单位矩阵，求 $|4\boldsymbol{A}^{-1}-\boldsymbol{I}|$.

解：因 $\boldsymbol{A}^{-1}$ 的特征值是 $1,\frac{1}{2},\frac{1}{2}$，从而 $4\boldsymbol{A}^{-1}-\boldsymbol{I}$ 的特征值是 $3,1,1$，故

$$|4\boldsymbol{A}^{-1}-\boldsymbol{I}|=3\times1\times1=3.$$

评注：若 $\boldsymbol{A}$ 的特征值为 $\lambda(\neq0)$，则 $\boldsymbol{A}^{-1}$ 的特征值为 $\frac{1}{\lambda}$.

4.8 二次型的性质与线性替换

1. 实二次型为二次齐次多项式

$$\begin{aligned}f(x_1,x_2,\cdots,x_n)=&a_{11}x_1^2+2a_{12}x_1x_2+2a_{13}x_1x_3+\cdots+2a_{1n}x_1x_n\\&+a_{22}x_2^2+2a_{23}x_2x_3+\cdots+2a_{2n}x_2x_n\\&+\cdots\\&+a_{nn}x_n^2\\=&\sum_{i=1}^{n}a_{ii}x_i^2+2\sum_{1\leqslant i\leqslant j\leqslant n}a_{ij}x_ix_j,\end{aligned}\qquad ①$$

二次型的矩阵

$$\boldsymbol{A}=\begin{pmatrix}a_{11}&a_{12}&\cdots&a_{1n}\\a_{21}&a_{22}&\cdots&a_{2n}\\\vdots&\vdots&&\vdots\\a_{n1}&a_{n2}&\cdots&a_{nn}\end{pmatrix}$$

其中 $a_{ij}=a_{ji}(i<j,i,j=1,2,\cdots,n)$.

则

$$f(x_1,x_2,\cdots,x_n)=\sum_{i=1}^{n}\sum_{j=1}^{n}a_{ij}x_ix_j,\qquad ②$$

$\mathrm{r}(\boldsymbol{A})$ 称为二次型的秩.

二次型 $f(x_1,x_2,\cdots,x_n)$ 的矩阵乘积表示式为

$$f(x_1,x_2,\cdots,x_n)=(x_1,x_2,\cdots,x_n)\begin{pmatrix}a_{11} & a_{12} & \cdots & a_{1n}\\ a_{21} & a_{22} & \cdots & a_{2n}\\ \vdots & \vdots & & \vdots\\ a_{n1} & a_{n2} & \cdots & a_{nn}\end{pmatrix}\begin{pmatrix}x_1\\ x_2\\ \vdots\\ x_n\end{pmatrix}, \qquad ③$$

即

$$f(x_1,x_2,\cdots,x_n)=f(\boldsymbol{x})=\boldsymbol{x}^{\mathrm{T}}\boldsymbol{A}\boldsymbol{x}, \qquad ④$$

其中 $\boldsymbol{x}=(x_1,x_2,\cdots,x_n)^{\mathrm{T}}$.

每个二次型 $f(x_1,x_2,\cdots,x_n)$ 必对应于一个对称矩阵 $\boldsymbol{A}$；反之，对于任何一个对称矩阵 $\boldsymbol{A}$，可由 $f(\boldsymbol{x})=\boldsymbol{x}^{\mathrm{T}}\boldsymbol{A}\boldsymbol{x}$ 确定一个二次型.

2. (1) 两个 n 阶矩阵 $\boldsymbol{A}$ 与 $\boldsymbol{B}$ 称为合同(相合)的，意即存在可逆的 n 阶矩阵 $\boldsymbol{C}$，使得 $\boldsymbol{B}=\boldsymbol{C}^{\mathrm{T}}\boldsymbol{A}\boldsymbol{C}$.

(2) 合同关系具有以下性质：

①若矩阵 $\boldsymbol{A}$ 与 $\boldsymbol{B}$ 合同，则 $\boldsymbol{A}$ 与 $\boldsymbol{B}$ 等价，从而秩相等；

② 若矩阵 $\boldsymbol{A}$ 与 $\boldsymbol{B}$ 合同，且 $\boldsymbol{A}$ 对称，则 $\boldsymbol{B}$ 也对称；

③ 合同关系是一个等价关系，即满足：

(i) 自反性：对任一个方阵 $\boldsymbol{A}$，$\boldsymbol{A}$ 与 $\boldsymbol{A}$ 合同；

(ii) 对称性：如果 $\boldsymbol{A}$ 与 $\boldsymbol{B}$ 合同，则 $\boldsymbol{B}$ 与 $\boldsymbol{A}$ 合同；

(iii) 传递性：如果 $\boldsymbol{A}$ 与 $\boldsymbol{B}$ 合同，$\boldsymbol{B}$ 与 $\boldsymbol{C}$ 合同，则 $\boldsymbol{A}$ 与 $\boldsymbol{C}$ 合同.

3. (1) 令

$$x_i=\sum_{j=1}^{n}c_{ij}y_j, i=1,2,\cdots,n. \qquad ⑤$$

称它为从 $\boldsymbol{x}$ 到 $\boldsymbol{y}$ 的线性替换(或线性变换)，其矩阵形式为

$$\boldsymbol{x}=\boldsymbol{C}\boldsymbol{y},$$

其中 $\boldsymbol{x}=(x_1,x_2,\cdots,x_n)^{\mathrm{T}}$，$\boldsymbol{y}=(y_1,y_2,\cdots,y_n)^{\mathrm{T}}$，

矩阵 $\boldsymbol{C}=(c_{ij})_n$ 称为线性替换的矩阵.若 $\boldsymbol{C}$ 为非退化的矩阵，则称 $\boldsymbol{x}=\boldsymbol{C}\boldsymbol{y}$ 为非退化的线性替换.

(2) 线性替换可以将一个二次型变成另一个二次型，意即

$$f(x_1,x_2,\cdots,x_n)\xrightleftharpoons[\boldsymbol{y}=\boldsymbol{C}^{-1}\boldsymbol{x}]{\boldsymbol{x}=\boldsymbol{C}\boldsymbol{y},|\boldsymbol{C}|\neq 0}g(y_1,y_2,\cdots,y_n),$$

这里 $\boldsymbol{y}=\boldsymbol{C}^{-1}\boldsymbol{x}$ 称为 $\boldsymbol{x}=\boldsymbol{C}\boldsymbol{y}$ 的逆变换.

(3) 对二次型先作线性替换 $\boldsymbol{x}=\boldsymbol{C}_1\boldsymbol{y}$，再作 $\boldsymbol{y}=\boldsymbol{C}_2\boldsymbol{z}$，则相当于作线性替换 $\boldsymbol{x}=(\boldsymbol{C}_1\boldsymbol{C}_2)\boldsymbol{z}$.

(4) 若二次型 $f(x_1,x_2,\cdots,x_n)$ 经过 $\boldsymbol{x}=\boldsymbol{C}\boldsymbol{y}$ ($|\boldsymbol{C}|\neq 0$) 变成二次型 $g(y_1,y_2,\cdots,y_n)$，则称 $f(x_1,x_2,\cdots,x_n)$ 与 $g(y_1,y_2,\cdots,y_n)$ 是合同的或相合的.

(5) 二次型 $f(\boldsymbol{x})=\boldsymbol{x}^{\mathrm{T}}\boldsymbol{A}\boldsymbol{x}$ ($\boldsymbol{A}^{\mathrm{T}}=\boldsymbol{A}$) 与 $g(\boldsymbol{y})=\boldsymbol{y}^{\mathrm{T}}\boldsymbol{B}\boldsymbol{y}$ ($\boldsymbol{B}^{\mathrm{T}}=\boldsymbol{B}$) 合同的充分必

要条件是矩阵 $\boldsymbol{A}$ 与 $\boldsymbol{B}$ 合同.

4. 二次型 $f(x_1,x_2,\cdots,x_n)$.若经过非退化线性替换变成如下形式

$$d_1y_1^2+d_2y_2^2+\cdots+d_ny_n^2,$$

这样的二次型称为 $f(x_1,x_2,\cdots,x_n)$的一个标准形,标准形的矩阵为

$$\begin{pmatrix} d_1 & & & \\ & d_2 & & \\ & & \ddots & \\ & & & d_n \end{pmatrix}.$$

5. 任一个二次型必可经过非退化线性替换变成标准形.

6. (1) 如果线性变换的系数矩阵是正交矩阵,则称它为正交变换.

(2) 对于二次型 $f(x_1,x_2,\cdots,x_n)=\boldsymbol{x}^{\mathrm{T}}\boldsymbol{A}\boldsymbol{x}$,一定存在正交矩阵 $\boldsymbol{Q}$,使得经过正交变换 $\boldsymbol{x}=\boldsymbol{Q}\boldsymbol{y}$ 后能把它化为标准形

$$f=\lambda_1y_1^2+\lambda_2y_2^2+\cdots+\lambda_ny_n^2,$$

其中 $\lambda_1,\lambda_2,\cdots,\lambda_n$ 是二次型 $f(x_1,x_2,\cdots,x_n)$的矩阵 $\boldsymbol{A}$ 的全部特征值.

7. 二次型化为标准形的方法很多,主要介绍三种方法.

方法一:正交变换法.

因为二次型的矩阵为实对称矩阵,所以化标准形的步骤与实对称矩阵通过正交矩阵对角化的过程是一致的.

正交变换法既是合同变换又是相似变换,合同变换保留秩数不变和"对称性";相似变换不一定保留"对称性",但保留秩数不变与特征值不变.正交变换平方项的系数恰好是矩阵 $\boldsymbol{A}$ 的特征值.

方法二:配方法.

如果二次型中含有变量 x_i 的平方项,则先把含有 x_i 的各项配成关于 x_i 的完全平方式,然后再选其余变量进行配方,依次类推,通过非退化线性变换,得到标准型.

如果二次型中不含平方项,但有某个 $a_{ij}\neq0(i\neq j)$.
则先作可逆线性变换

$$\begin{cases} x_i=y_i+y_j, \\ x_j=y_i-y_j, \quad (k=1,2,\cdots,n;k\neq i,j), \\ x_k=y_k \end{cases}$$

使二次型出现平方项,再按上述方法配方.

方法三:初等变换法.

对 $2n\times n$ 矩阵 $\begin{pmatrix}\boldsymbol{A}\\ \cdots \\ \boldsymbol{I}\end{pmatrix}$ 施行相同的初等行变换与初等列变换,将 $\boldsymbol{A}$ 化为对角矩

阵$\boldsymbol{\Lambda}$.同时,下方的单位矩阵$\boldsymbol{I}$施行与上相同的初等列变换化为矩阵$\boldsymbol{C}$,令$\boldsymbol{x}=\boldsymbol{C}\boldsymbol{y}$,则二次型$f$可化为标准型 $g=\boldsymbol{y}^{\mathrm{T}}\boldsymbol{\Lambda}\boldsymbol{y}$.

配方法与初等变换法比较简单,但仅保留秩数不变,标准形中平方项的系数不一定都是$\boldsymbol{A}$的特征值.

题1 求二次型$f(x_1,x_2,x_3)=(a_1x_1+a_2x_2+a_3x_3)^2$对应的矩阵.

解:
$$f(x_1,x_2,x_3)=(a_1x_1+a_2x_2+a_3x_3)(a_1x_1+a_2x_2+a_3x_3)$$
$$=(x_1,x_2,x_3)\begin{pmatrix}a_1\\a_2\\a_3\end{pmatrix}(a_1,a_2,a_3)\begin{pmatrix}x_1\\x_2\\x_3\end{pmatrix}$$
$$=(x_1,x_2,x_3)\begin{pmatrix}a_1^2&a_1a_2&a_1a_3\\a_1a_2&a_2^2&a_2a_3\\a_1a_3&a_2a_3&a_3^2\end{pmatrix}\begin{pmatrix}x_1\\x_2\\x_3\end{pmatrix}$$

故f的矩阵为$\boldsymbol{A}=\begin{pmatrix}a_1^2&a_1a_2&a_1a_3\\a_1a_2&a_2^2&a_2a_3\\a_1a_3&a_2a_3&a_3^2\end{pmatrix}$.

题2 若二次曲面的方程$x^2+3y^2+z^2+2axy+2xz+2yz=4$经过正交变换化为$y_1^2+4z_1^2=4$,则$a=$________.

解:由于二次型通过正交变换所得到的标准形前面的系数为二次型对应矩阵的特征值,故其特征值为0,1,4.

由于二次型对应的矩阵$\boldsymbol{A}=\begin{pmatrix}1&a&1\\a&3&1\\1&1&1\end{pmatrix}$,

而$|\boldsymbol{A}|=0\times1\times4=0$,故$\begin{vmatrix}1&a&1\\a&3&1\\1&1&1\end{vmatrix}=0$,得$a=1$.

题3 设二次型$f(x_1,x_2,x_3)=\boldsymbol{x}^{\mathrm{T}}\boldsymbol{A}\boldsymbol{x}$的秩为1,$\boldsymbol{A}$的各行元素之和为3,求$f$在正交变换$\boldsymbol{x}=\boldsymbol{Q}\boldsymbol{y}$下的标准形.

解:由题意,知$\boldsymbol{A}$的行元素之和为3,从而有
$$\boldsymbol{A}\begin{pmatrix}1\\1\\1\end{pmatrix}=3\begin{pmatrix}1\\1\\1\end{pmatrix},$$

因此3为$\boldsymbol{A}$的一个特征值,

又因为$\boldsymbol{A}$的秩为1,即$\boldsymbol{A}$只有1个非零特征值,

从而$\lambda_1=3,\lambda_2=\lambda_3=0$,

则 $f(x_1,x_2,x_3)$ 的标准形为 $f=3y_1^2$.

题 4　求二次型 $f(x_1,x_2,x_3)=(x_1+x_2)^2+(x_2-x_3)^2+(x_3+x_1)^2$ 的秩.

解:由于 $f(x_1,x_2,x_3)=(x_1+x_2)^2+(x_2-x_3)^2+(x_3+x_1)^2$

$$=2x_1^2+2x_2^2+2x_3^2+2x_1x_2+2x_1x_3-2x_2x_3,$$

二次型的矩阵

$$A=\begin{pmatrix}2&1&1\\1&2&-1\\1&-1&2\end{pmatrix}\xrightarrow{(3)+(2)-(1)}\begin{pmatrix}2&1&1\\1&2&-1\\0&0&0\end{pmatrix}.$$

所以 $r(A)=2$,即二次型的秩为 2.

题 5　设二次型 $f=x_1^2-2x_2^2-2x_3^2-4x_1x_2+4x_1x_3+8x_2x_3$,试问:$f=1$ 表示何种二次曲面(参阅下节题 1).

解:二次型 f 的矩阵

$$A=\begin{pmatrix}1&-2&2\\-2&-2&4\\2&4&-2\end{pmatrix}.$$

特征多项式为 $|\lambda I-A|=-(\lambda+7)(\lambda-2)^2$,矩阵 A 的特征值为 $\lambda_1=-7$,$\lambda_2=\lambda_3=2$.

当 $\lambda_1=-7$ 时,特征向量为 $\boldsymbol{\xi}_1=(1,2,-2)^{\mathrm T}$;

当 $\lambda_2=2$ 时,特征向量为 $\boldsymbol{\xi}_2=(-2,1,0)^{\mathrm T}$ 和 $\boldsymbol{\xi}_3=(2,0,1)^{\mathrm T}$.

将 $\boldsymbol{\xi}_1,\boldsymbol{\xi}_2,\boldsymbol{\xi}_3$ 单位正交化,得

$$\boldsymbol{\beta}_1=\frac{1}{3}(1,2,-2)^{\mathrm T},\boldsymbol{\beta}_2=\frac{1}{\sqrt5}(-2,1,0)^{\mathrm T},\boldsymbol{\beta}_3=\frac{1}{3\sqrt5}(2,4,5)^{\mathrm T}.$$

取正交矩阵

$$P=\begin{vmatrix}\frac{1}{3}&-\frac{2}{\sqrt5}&\frac{2}{3\sqrt5}\\\frac{1}{3}&\frac{1}{\sqrt5}&\frac{4}{3\sqrt5}\\\frac{1}{3}&0&\frac{5}{3\sqrt5}\end{vmatrix},$$

在正交变换 $x=Py$ 下,二次型 f 化为标准形 $-7y_1^2+2y_2^2+2y_3^2$.

于是 $f=1$ 表示的曲面为单叶双曲面.

题 6　设 $A=\begin{pmatrix}0&-1&4\\-1&3&a\\4&a&0\end{pmatrix}$,正交矩阵 Q 使得 $Q^{\mathrm T}AQ$ 为对角矩阵,若 Q 的

第 1 列为$\frac{1}{\sqrt{6}}(1,2,1)^{T}$,求 a,$\boldsymbol{Q}$.

解:由于 $\boldsymbol{A}=\begin{pmatrix}0&-1&4\\-1&3&a\\4&a&0\end{pmatrix}$,存在正交矩阵 $\boldsymbol{Q}$,使得 $\boldsymbol{Q}^{T}\boldsymbol{A}\boldsymbol{Q}$ 为对角阵,且 $\boldsymbol{Q}$ 的第一列为$\frac{1}{\sqrt{6}}(1,2,1)^{T}$,故 $\boldsymbol{A}$ 对应于 λ_1 的特征向量为 $\boldsymbol{\xi}_1=\frac{1}{\sqrt{6}}(1,2,1)^{T}$,因此

$$\boldsymbol{A}\begin{pmatrix}\frac{1}{\sqrt{6}}\\\frac{2}{\sqrt{6}}\\\frac{1}{\sqrt{6}}\end{pmatrix}=\lambda_1\begin{pmatrix}\frac{1}{\sqrt{6}}\\\frac{2}{\sqrt{6}}\\\frac{1}{\sqrt{6}}\end{pmatrix},$$

即

$$\begin{pmatrix}0&-1&4\\-1&3&a\\4&a&0\end{pmatrix}\begin{pmatrix}1\\2\\1\end{pmatrix}=\lambda_1\begin{pmatrix}1\\2\\1\end{pmatrix},$$

由此可得 $a=-1$,$\lambda_1=2$.

$\boldsymbol{A}=\begin{pmatrix}0&-1&4\\-1&3&-1\\4&-1&0\end{pmatrix}$,由 $|\lambda\boldsymbol{I}-\boldsymbol{A}|=\begin{vmatrix}\lambda&1&-4\\1&\lambda-3&1\\-4&1&\lambda\end{vmatrix}=0$,可得

$$\begin{vmatrix}\lambda&1&-4\\1&\lambda-3&1\\-4&1&\lambda\end{vmatrix}=\begin{vmatrix}\lambda&1&-4\\1&\lambda-3&1\\-4-\lambda&0&\lambda+4\end{vmatrix}=\begin{vmatrix}\lambda-4&1&-4\\2&\lambda-3&1\\0&0&\lambda+4\end{vmatrix}$$

$$=(\lambda+4)\begin{vmatrix}\lambda-4&1\\2&\lambda-3\end{vmatrix}=(\lambda+4)(\lambda-2)(\lambda-5)=0,$$

故 $\boldsymbol{A}$ 的特征值为 $\lambda_1=2$,$\lambda_2=-4$,$\lambda_3=5$,且对应于 $\lambda_1=2$ 的特征向量为 $\boldsymbol{\xi}_1=\frac{1}{\sqrt{6}}(1,2,1)^{T}$.

解齐次方程组 $(\lambda_2\boldsymbol{I}-\boldsymbol{A})\boldsymbol{x}=\boldsymbol{0}$,即

$$\begin{pmatrix}-4&1&-4\\1&-7&1\\-4&1&-4\end{pmatrix}\begin{pmatrix}x_1\\x_2\\x_3\end{pmatrix}=\begin{pmatrix}0\\0\\0\end{pmatrix},$$

由

$$\begin{pmatrix}-4 & 1 & -4\\ 1 & -7 & 1\\ -4 & 1 & -4\end{pmatrix}\xrightarrow[\substack{(1)+4(1)}]{\substack{(3)-(1)\\(1)\leftrightarrow(2)}}\begin{pmatrix}1 & -7 & 1\\ 0 & -27 & 0\\ 0 & 0 & 0\end{pmatrix}\xrightarrow[(1)+7(2)]{\left(-\frac{1}{27}\right)\times(2)}\begin{pmatrix}1 & 0 & 1\\ 0 & 1 & 0\\ 0 & 0 & 0\end{pmatrix},$$

可得对应于 $\lambda_2=-4$ 的特征向量 $\boldsymbol{\xi}_2=(-1,0,1)^{\mathrm{T}}$.

解齐次方程组 $(\lambda_3\boldsymbol{I}-\boldsymbol{A})\boldsymbol{x}=\boldsymbol{0}$，即

$$\begin{pmatrix}5 & 1 & -4\\ 1 & 2 & 1\\ -4 & 1 & 5\end{pmatrix}\begin{pmatrix}x_1\\ x_2\\ x_3\end{pmatrix}=\begin{pmatrix}0\\ 0\\ 0\end{pmatrix},$$

由

$$\begin{pmatrix}5 & 1 & -4\\ 1 & 2 & 1\\ -4 & 1 & 5\end{pmatrix}\xrightarrow[(2)\leftrightarrow(3)]{\substack{(1)-5(2)\\(3)+4(2)\\(1)\leftrightarrow(2)}}\begin{pmatrix}1 & 2 & 1\\ 0 & 9 & 9\\ 0 & -9 & -9\end{pmatrix}\xrightarrow{\substack{(3)+(2)\\ \frac{1}{9}(2)}}\begin{pmatrix}1 & 2 & 1\\ 0 & 1 & 1\\ 0 & 0 & 0\end{pmatrix}$$

$$\xrightarrow{(1)-2(2)}\begin{pmatrix}1 & 0 & -1\\ 0 & 1 & 1\\ 0 & 0 & 0\end{pmatrix},$$

可得对应于 $\lambda_3=5$ 的特征向量 $\boldsymbol{\xi}_3=(1,-1,1)^{\mathrm{T}}$.

由于 $\boldsymbol{A}$ 为实对称矩阵，$\boldsymbol{\xi}_1,\boldsymbol{\xi}_2,\boldsymbol{\xi}_3$ 为对应于不同特征值的特征向量，所以 $\boldsymbol{\xi}_1,\boldsymbol{\xi}_2,\boldsymbol{\xi}_3$ 相互正交，只需单位化：

$$\boldsymbol{\eta}_1=\frac{\boldsymbol{\xi}_1}{\|\boldsymbol{\xi}_1\|}=\frac{1}{\sqrt{6}}(1,2,1)^{\mathrm{T}},$$

$$\boldsymbol{\eta}_2=\frac{\boldsymbol{\xi}_2}{\|\boldsymbol{\xi}_2\|}=\frac{1}{\sqrt{2}}(-1,0,1)^{\mathrm{T}},$$

$$\boldsymbol{\eta}_3=\frac{\boldsymbol{\xi}_3}{\|\boldsymbol{\xi}_3\|}=\frac{1}{\sqrt{3}}(1,-1,1)^{\mathrm{T}}.$$

取

$$\boldsymbol{Q}=(\boldsymbol{\eta}_1,\boldsymbol{\eta}_2,\boldsymbol{\eta}_3)=\begin{pmatrix}\frac{1}{\sqrt{6}} & -\frac{1}{\sqrt{2}} & \frac{1}{\sqrt{3}}\\ \frac{2}{\sqrt{6}} & 0 & -\frac{1}{\sqrt{3}}\\ \frac{1}{\sqrt{6}} & \frac{1}{\sqrt{2}} & \frac{1}{\sqrt{3}}\end{pmatrix},$$

则

$$\boldsymbol{Q}^{\mathrm{T}}\boldsymbol{A}\boldsymbol{Q}=\boldsymbol{\Lambda}=\begin{pmatrix}2 & & \\ & -4 & \\ & & 5\end{pmatrix}.$$

题 7 求一个正交变换将下列二次型化为标准形：

(1) $f(x_1,x_2,x_3)=x_1^2+4x_2^2+4x_3^2-4x_1x_2+4x_1x_3-8x_2x_3$；

(2) $f(x_1,x_2,x_3)=-x_1^2-x_2^2-x_3^2+4x_1x_2+4x_1x_3-4x_2x_3$.

解：(1) 二次型的矩阵为

$$\boldsymbol{A}=\begin{pmatrix}1&-2&2\\-2&4&-4\\2&-4&4\end{pmatrix},$$

它的特征多项式为

$$|\lambda\boldsymbol{I}-\boldsymbol{A}|=\begin{vmatrix}\lambda-1&2&-2\\2&\lambda-4&4\\-2&4&\lambda-4\end{vmatrix}=\lambda^2(\lambda-9).$$

故特征值为 $\lambda_1=\lambda_2=0,\lambda_3=9$.

当 $\lambda_1=\lambda_2=0$ 时，解方程组 $\boldsymbol{Ax}=\boldsymbol{0}$，由

$$\boldsymbol{A}=\begin{pmatrix}1&-2&2\\-2&4&-4\\2&-4&4\end{pmatrix}\xrightarrow[(2)+2(1)]{(3)+(2)}\begin{pmatrix}1&-2&2\\0&0&0\\0&0&0\end{pmatrix},$$

可得基础解系

$$\boldsymbol{\alpha}_1=(0,1,1)^{\mathrm{T}},\boldsymbol{\alpha}_2=(4,1,-1)^{\mathrm{T}}.$$

单位化，得

$$\boldsymbol{\beta}_1=\left(0,\frac{1}{\sqrt{2}},\frac{1}{\sqrt{2}}\right)^{\mathrm{T}},\boldsymbol{\beta}_2=\left(\frac{4}{3\sqrt{2}},\frac{1}{3\sqrt{2}},\frac{-1}{3\sqrt{2}}\right)^{\mathrm{T}}.$$

当 $\lambda_3=9$ 时，解方程组 $(9\boldsymbol{I}-\boldsymbol{A})\boldsymbol{x}=\boldsymbol{0}$，由

$$9\boldsymbol{I}-\boldsymbol{A}=\begin{pmatrix}8&2&-2\\2&5&4\\-2&4&5\end{pmatrix}\to\begin{pmatrix}2&0&-1\\0&1&1\\0&0&0\end{pmatrix}.$$

得基础解系 $\boldsymbol{\alpha}_3=(1,-2,2)^{\mathrm{T}}$.

单位化，得 $\boldsymbol{\beta}_3=\left(\frac{1}{3},-\frac{2}{3},\frac{2}{3}\right)^{\mathrm{T}}$.

于是正交变换为

$$\begin{pmatrix}x_1\\x_2\\x_3\end{pmatrix}=\begin{pmatrix}0&\frac{4}{3\sqrt{2}}&\frac{1}{3}\\\frac{1}{\sqrt{2}}&\frac{1}{3\sqrt{2}}&-\frac{2}{3}\\\frac{1}{\sqrt{2}}&-\frac{1}{3\sqrt{2}}&\frac{2}{3}\end{pmatrix}\begin{pmatrix}y_1\\y_2\\y_3\end{pmatrix},$$

且有 $f(y_1,y_2,y_3)=9y_3^2$.

(2) $\boldsymbol{A}=\begin{pmatrix}-1 & 2 & 2\\ 2 & -1 & -2\\ 2 & 2 & -1\end{pmatrix}$为二次型的矩阵.

$$|\lambda\boldsymbol{I}-\boldsymbol{A}|=\begin{vmatrix}\lambda+1 & -2 & -2\\ -2 & \lambda+1 & 2\\ -2 & 2 & \lambda+1\end{vmatrix}=(\lambda-1)^2(\lambda+5).$$

当 $\lambda_1=\lambda_2=1$ 时,

$$(1\times\boldsymbol{I}-\boldsymbol{A})=\begin{pmatrix}2 & -2 & -2\\ -2 & 2 & 2\\ -2 & 2 & 2\end{pmatrix}\xrightarrow[\left(-\frac{1}{2}\right)(1)]{\substack{(2)+(1)\\(3)+(1)}}\begin{pmatrix}1 & -1 & -1\\ 0 & 0 & 0\\ 0 & 0 & 0\end{pmatrix},$$

取 $\boldsymbol{\alpha}_1=\begin{pmatrix}1\\1\\0\end{pmatrix},\boldsymbol{\alpha}_2=\begin{pmatrix}1\\0\\1\end{pmatrix}$.

正交化:

$$\boldsymbol{\gamma}_1=\boldsymbol{\alpha}_1,$$

$$\boldsymbol{\gamma}_2=\boldsymbol{\alpha}_2-\frac{\langle\boldsymbol{\alpha}_2,\boldsymbol{\gamma}_1\rangle}{\langle\boldsymbol{\gamma}_1,\boldsymbol{\gamma}_1\rangle}\boldsymbol{\gamma}_1=\begin{pmatrix}1\\0\\1\end{pmatrix}-\frac{1}{2}\begin{pmatrix}1\\1\\0\end{pmatrix}=\begin{pmatrix}\frac{1}{2}\\-\frac{1}{2}\\1\end{pmatrix}.$$

单位化:

$$\boldsymbol{\beta}_1=\begin{pmatrix}\frac{1}{\sqrt{2}}\\\frac{1}{\sqrt{2}}\\0\end{pmatrix},\boldsymbol{\beta}_2=\begin{pmatrix}\frac{1}{\sqrt{6}}\\-\frac{1}{\sqrt{6}}\\\frac{2}{\sqrt{6}}\end{pmatrix}.$$

当 $\lambda_3=-5$ 时,

$$(-5\boldsymbol{I}-\boldsymbol{A})=\begin{pmatrix}-4 & -2 & -2\\ -2 & -4 & 2\\ -2 & 2 & -4\end{pmatrix}\xrightarrow[(3)-2(1)]{\substack{(1)\leftrightarrow(3)\\(2)-(1)}}\begin{pmatrix}-2 & 2 & -4\\ 0 & -6 & 6\\ 0 & -6 & 6\end{pmatrix}$$

$$\xrightarrow[\left(-\frac{1}{6}\right)\times(2)]{\substack{\left(-\frac{1}{2}\right)\times(1)\\(3)-(2)}}\begin{pmatrix}1 & -1 & 2\\ 0 & 1 & -1\\ 0 & 0 & 0\end{pmatrix}\xrightarrow{(2)+(1)}\begin{pmatrix}1 & 0 & 1\\ 0 & 1 & -1\\ 0 & 0 & 0\end{pmatrix}.$$

取

$$\boldsymbol{\alpha}_3=\begin{pmatrix}-1\\1\\1\end{pmatrix},\boldsymbol{\beta}_3=\begin{pmatrix}-\frac{1}{\sqrt{3}}\\\frac{1}{\sqrt{3}}\\\frac{1}{\sqrt{3}}\end{pmatrix}.$$

取 $\boldsymbol{C}=\begin{pmatrix}\frac{1}{\sqrt{2}}&\frac{1}{\sqrt{6}}&-\frac{1}{\sqrt{3}}\\\frac{1}{\sqrt{2}}&-\frac{1}{\sqrt{6}}&\frac{1}{\sqrt{3}}\\0&\frac{2}{\sqrt{6}}&\frac{1}{\sqrt{3}}\end{pmatrix}$.

作线性替换 $\boldsymbol{x}=\boldsymbol{C}\boldsymbol{y}$，

得 $f=\boldsymbol{x}^{\mathrm{T}}\boldsymbol{A}\boldsymbol{x}=\boldsymbol{y}^{\mathrm{T}}\boldsymbol{C}^{\mathrm{T}}\boldsymbol{A}\boldsymbol{C}\boldsymbol{y}=y_1^2+y_2^2-5y_3^2$.

题8　设二次型

$$f(x_1,x_2,x_3)=\boldsymbol{x}^{\mathrm{T}}\boldsymbol{A}\boldsymbol{x}=ax_1^2+2x_2^2-2x_3^2+2bx_1x_3\ (b>0),$$

其中二次型的矩阵 $\boldsymbol{A}$ 的特征值之和为1，特征值之积为－12.

(1) 求 a,b 的值；

(2) 利用正交变换将二次型 f 化为标准形，并写出所用的正交变换和对应的正交矩阵.

解：方法一.(1) 二次型 f 的矩阵为

$$\boldsymbol{A}=\begin{pmatrix}a&0&b\\0&2&0\\b&0&-2\end{pmatrix}.$$

设 $\boldsymbol{A}$ 的特征值为 $\lambda_i(i=1,2,3)$.由题设，有

$$\lambda_1+\lambda_2+\lambda_3=a+2+(-2)=1,$$

$$\lambda_1\lambda_2\lambda_3=\begin{vmatrix}a&0&b\\0&2&0\\b&0&-2\end{vmatrix}=-4a-2b^2=-12.$$

解得 $a=1,b=2$.

(2) 由矩阵 $\boldsymbol{A}$ 的特征多项式

$$|\lambda\boldsymbol{I}-\boldsymbol{A}|=\begin{vmatrix}\lambda-1&0&-2\\0&\lambda-2&0\\-2&0&\lambda+2\end{vmatrix}=(\lambda-2)^2(\lambda+3),$$

得 $\boldsymbol{A}$ 的特征值 $\lambda_1=\lambda_2=2,\lambda_3=-3$.

对于 $\lambda_1=\lambda_2=2$,解齐次线性方程组 $(2\boldsymbol{I}-\boldsymbol{A})\boldsymbol{x}=\boldsymbol{0}$,得基础解系

$$\boldsymbol{\xi}_1=(2,0,1)^{\mathrm{T}},\boldsymbol{\xi}_2=(0,1,0)^{\mathrm{T}}.$$

对于 $\lambda_3=-3$,解齐次线性方程组 $(-3\boldsymbol{I}-\boldsymbol{A})\boldsymbol{x}=\boldsymbol{0}$,得基础解系

$$\boldsymbol{\xi}_3=(1,0,-2)^{\mathrm{T}}.$$

由于 $\boldsymbol{\xi}_1,\boldsymbol{\xi}_2,\boldsymbol{\xi}_3$ 已是正交向量组,为得到单位正交向量组,只需将 $\boldsymbol{\xi}_1,\boldsymbol{\xi}_2,\boldsymbol{\xi}_3$ 单位化.由此,得

$$\boldsymbol{\eta}_1=\left(\frac{2}{\sqrt{5}},0,\frac{1}{\sqrt{5}}\right)^{\mathrm{T}},\boldsymbol{\eta}_2=(0,1,0)^{\mathrm{T}},\boldsymbol{\eta}_3=\left(\frac{1}{\sqrt{5}},0,-\frac{2}{\sqrt{5}}\right)^{\mathrm{T}}.$$

令矩阵

$$\boldsymbol{Q}=(\boldsymbol{\eta}_1,\boldsymbol{\eta}_2,\boldsymbol{\eta}_3)=\begin{pmatrix}\frac{2}{\sqrt{5}} & 0 & \frac{1}{\sqrt{5}}\\ 0 & 1 & 0\\ \frac{1}{\sqrt{5}} & 0 & -\frac{2}{\sqrt{5}}\end{pmatrix},$$

则 $\boldsymbol{Q}$ 为正交矩阵,在正交变换 $\boldsymbol{x}=\boldsymbol{Q}\boldsymbol{y}$ 下,有

$$\boldsymbol{Q}^{\mathrm{T}}\boldsymbol{A}\boldsymbol{Q}=\begin{pmatrix}2 & 0 & 0\\ 0 & 2 & 0\\ 0 & 0 & -3\end{pmatrix},$$

且二次型的标准形为

$$f=2y_1^2+2y_2^2-3y_3^2.$$

方法二:(1) 二次型 f 的矩阵为

$$\boldsymbol{A}=\begin{pmatrix}a & 0 & b\\ 0 & 2 & 0\\ b & 0 & -2\end{pmatrix},$$

$\boldsymbol{A}$ 的特征多项式为

$$|\lambda\boldsymbol{I}-\boldsymbol{A}|=\begin{vmatrix}\lambda-a & 0 & -b\\ 0 & \lambda-2 & 0\\ -b & 0 & \lambda+2\end{vmatrix}=(\lambda-2)[\lambda^2-(a-2)\lambda-(2a+b^2)].$$

设 $\boldsymbol{A}$ 的特征值为 $\lambda_1,\lambda_2,\lambda_3$,则 $\lambda_1=2,\lambda_2+\lambda_3=a-2,\lambda_2\lambda_3=-(2a+b^2)$.由题设,得

$$\lambda_1+\lambda_2+\lambda_2=2+(a-2)=1,$$
$$\lambda_1\lambda_2\lambda_3=-2(2a+b^2)=-12.$$

解得 $a=1,b=2$.

(2) 由(1),可得 $\boldsymbol{A}$ 的特征值为

$$\lambda_1=\lambda_2=2,\lambda_3=-3.$$

下同方法一.

题9 已知二次型

$$f(x_1,x_2,x_3)=(1-a)x_1^2+(1-a)x_2^2+2x_3^2+2(1+a)x_1x_2$$

的秩为2.

(1) 求 a 的值；

(2) 求正交变换 $\boldsymbol{x}=\boldsymbol{Q}\boldsymbol{y}$，把 $f(x_1,x_2,x_3)$ 化成标准形；

(3) 求方程 $f(x_1,x_2,x_3)=0$ 的解.

解：(1) 由于二次型 f 的秩为2，对应的矩阵 $\boldsymbol{A}=\begin{pmatrix}1-a & 1+a & 0\\ 1+a & 1-a & 0\\ 0 & 0 & 2\end{pmatrix}$ 的秩为2，所以有

$$\begin{vmatrix}1-a & 1+a\\ 1+a & 1-a\end{vmatrix}=-4a=0,$$

得 $a=0$.

(2) 当 $a=0$ 时，

$$\boldsymbol{A}=\begin{pmatrix}1 & 1 & 0\\ 1 & 1 & 0\\ 0 & 0 & 2\end{pmatrix},$$

$$|\lambda\boldsymbol{I}-\boldsymbol{A}|=\begin{vmatrix}\lambda-1 & -1 & 0\\ -1 & \lambda-1 & 0\\ 0 & 0 & \lambda-2\end{vmatrix}=\lambda(\lambda-2)^2,$$

可知 $\boldsymbol{A}$ 的特征值为 $\lambda_1=\lambda_2=2,\lambda_3=0$.

$\boldsymbol{A}$ 的属于 $\lambda_1=2$ 的线性无关的特征向量为

$$\boldsymbol{\eta}_1=(1,1,0)^{\mathrm{T}},\boldsymbol{\eta}_2=(0,0,1)^{\mathrm{T}};$$

$\boldsymbol{A}$ 的属于 $\lambda_3=0$ 的线性无关的特征向量为

$$\boldsymbol{\eta}_3=(-1,1,0)^{\mathrm{T}}.$$

易见 $\boldsymbol{\eta}_1,\boldsymbol{\eta}_2,\boldsymbol{\eta}_3$ 两两正交.

将 $\boldsymbol{\eta}_1,\boldsymbol{\eta}_2,\boldsymbol{\eta}_3$ 单位化，得

$$\boldsymbol{e}_1=\frac{1}{\sqrt{2}}(1,1,0)^{\mathrm{T}},\boldsymbol{e}_2=(0,0,1)^{\mathrm{T}},\boldsymbol{e}_3=\frac{1}{\sqrt{2}}(-1,1,0)^{\mathrm{T}},$$

取 $\boldsymbol{Q}=(\boldsymbol{e}_1,\boldsymbol{e}_2,\boldsymbol{e}_3)$，则 $\boldsymbol{Q}$ 为正交矩阵.

令 $\boldsymbol{x}=\boldsymbol{Q}\boldsymbol{y}$，得

$$f(x_1,x_2,x_3)=\lambda_1y_1^2+\lambda_2y_2^2+\lambda_3y_3^2=2y_1^2+2y_2^2.$$

(3) 方法一：在正交变换 $\boldsymbol{x}=\boldsymbol{Q}\boldsymbol{y}$ 下，$f(x_1,x_2,x_3)=0$ 化成 $2y_1^2+2y_2^2=0$，解之，得 $y_1=y_2=0$，从而

$$\boldsymbol{x}=\boldsymbol{Q}\begin{pmatrix}0\\ 0\\ y_3\end{pmatrix}=(\boldsymbol{e}_1,\boldsymbol{e}_2,\boldsymbol{e}_3)\begin{pmatrix}0\\ 0\\ y_3\end{pmatrix}=y_3\boldsymbol{e}_3=k(-1,1,0)^{\mathrm{T}},$$

其中 k 为任意常数.

方法二:由于

$$f(x_1,x_2,x_3)=x_1^2+x_2^2+2x_3^2+2x_1x_2=(x_1+x_2)^2+2x_3^2=0,$$

所以

$$\begin{cases}x_1+x_2=0,\\ x_3=0,\end{cases}$$

其通解为 $\boldsymbol{x}=k(-1,1,0)^{\mathrm{T}}$,其中 k 为任意常数.

题 10 用正交变换把下面的二次型化为标准形,并写出所作的正交变换.

$$f(x_1,x_2,x_3)=2x_1^2+4x_1x_2-4x_1x_3+5x_2^2-8x_2x_3+5x_3^2.$$

解:二次型的矩阵为

$$\boldsymbol{A}=\begin{pmatrix}2&2&-2\\2&5&-4\\-2&-4&5\end{pmatrix},$$

则 $\boldsymbol{A}$ 的特征方程为

$$|\lambda\boldsymbol{I}-\boldsymbol{A}|=(\lambda-1)^2(\lambda-10)=0,$$

得特征值 $\lambda_1=\lambda_2=1,\lambda_3=10$.

对于二重根 $\lambda_1=\lambda_2=1$,解齐次线性方程$(\lambda_1\boldsymbol{I}-\boldsymbol{A})=\boldsymbol{0}$,即

$$\begin{pmatrix}-1&-2&2\\-2&-4&4\\4&4&-4\end{pmatrix}\begin{pmatrix}x_1\\x_2\\x_3\end{pmatrix}=\begin{pmatrix}0\\0\\0\end{pmatrix}.$$

因

$$\begin{pmatrix}-1&-2&2\\-2&-4&4\\2&4&-4\end{pmatrix}\xrightarrow[(3)+2(1)]{(2)-2(1)}\begin{pmatrix}-1&-2&2\\0&0&0\\0&0&0\end{pmatrix}.$$

故同解方程组为

$$x_1+2x_2-2x_3=0.$$

两个线性无关的特征向量为

$$\boldsymbol{\alpha}_1=(-2,1,0)^{\mathrm{T}},\boldsymbol{\alpha}_2=(2,0,1)^{\mathrm{T}}.$$

运用施密特正交化方法.取

$$\boldsymbol{\beta}_1=\boldsymbol{\alpha}_1=(-2,1,0)^{\mathrm{T}},$$

$$\boldsymbol{\beta}_2=\boldsymbol{\alpha}_2-\frac{(\boldsymbol{\alpha}_1,\boldsymbol{\beta}_1)}{(\boldsymbol{\beta}_1,\boldsymbol{\beta}_1)}\boldsymbol{\beta}_1$$

$$=\begin{pmatrix}2\\0\\1\end{pmatrix}-\frac{-4}{5}\begin{pmatrix}-2\\1\\0\end{pmatrix}=\frac{1}{5}\begin{pmatrix}2\\4\\5\end{pmatrix}.$$

将 $\boldsymbol{\beta}_1,\boldsymbol{\beta}_2$ 单位化,得

$$\boldsymbol{\gamma}_1=\frac{\boldsymbol{\beta}_1}{\|\boldsymbol{\beta}_1\|}=\begin{pmatrix}\frac{-2}{\sqrt{5}}\\\frac{1}{\sqrt{5}}\\0\end{pmatrix},$$

$$\boldsymbol{\gamma}_2=\frac{\boldsymbol{\beta}_2}{\|\boldsymbol{\beta}_2\|}=\begin{pmatrix}\frac{2\sqrt{5}}{15}\\\frac{4\sqrt{5}}{15}\\\frac{\sqrt{5}}{3}\end{pmatrix}.$$

对于单根$\lambda_3=10$,解齐次线性方程组 $(\lambda_3\boldsymbol{I}-\boldsymbol{A})\boldsymbol{x}=\boldsymbol{0}$,即

$$\begin{pmatrix}8&-2&2\\-2&5&4\\2&4&5\end{pmatrix}\begin{pmatrix}x_1\\x_2\\x_2\end{pmatrix}=\begin{pmatrix}0\\0\\0\end{pmatrix}.$$

因

$$\begin{pmatrix}8&-2&2\\-2&5&4\\2&4&5\end{pmatrix}\xrightarrow[\frac{1}{2}\times(1)]{(2)+(3)}\begin{pmatrix}4&-1&1\\0&9&9\\2&4&5\end{pmatrix}\xrightarrow{(1)-2(3)}\begin{pmatrix}0&-9&-9\\0&9&9\\2&4&5\end{pmatrix}$$

$$\xrightarrow[\frac{1}{9}\times(2)]{(1)+(2)}\begin{pmatrix}0&0&0\\0&1&1\\2&4&5\end{pmatrix}.$$

同解方程组为

$$\begin{cases}x_2+x_3=0,\\2x_1+4x_2+5x_3=0.\end{cases}$$

属于$\lambda_3=10$的特征向量$\boldsymbol{\alpha}_3=(1,2,-2)^{\mathrm{T}}$.

单位化,得$\boldsymbol{\gamma}_3=\frac{1}{3}(1,2,-2)^{\mathrm{T}}$.

易见

$$\boldsymbol{Q}=(\boldsymbol{\gamma}_1,\boldsymbol{\gamma}_2,\boldsymbol{\gamma}_3)=\begin{pmatrix}-\frac{2}{5}\sqrt{5}&\frac{2}{15}\sqrt{5}&\frac{1}{3}\\\frac{1}{5}\sqrt{5}&\frac{4}{15}\sqrt{5}&\frac{2}{3}\\0&\frac{1}{3}\sqrt{5}&-\frac{2}{3}\end{pmatrix}$$

为正交矩阵.

因此,作正交变换 $\boldsymbol{x}=\boldsymbol{Q}\boldsymbol{y}$,可将二次型 $f(x_1,x_2,x_3)$化为

$$y_1^2+y_2^2+10y_3^2.$$

4.9 规范形与惯性定理

1. 任意的二次型 $\boldsymbol{x}^{\mathrm{T}}\boldsymbol{A}\boldsymbol{x}$(其中 $\boldsymbol{A}^{\mathrm{T}}=\boldsymbol{A}$)都可以通过非退化线性变换 $\boldsymbol{x}=\boldsymbol{C}\boldsymbol{y}$,化成标准形

$$d_1x_1^2+d_2x_2^2+\cdots+d_px_p^2-d_{p+1}x_{p+1}^2-\cdots-d_rx_r^2, \quad ①$$

其中 $d_i>0(i=1,2,\cdots,r)$,r 是矩阵$\boldsymbol{A}$ 的秩.

换言之,任意的一个 n 阶实对称矩阵$\boldsymbol{A}$ 总可以合同于一个对角矩阵.

2. (1) 通过非退化线性替换

$$\begin{cases} x_i=\dfrac{1}{\sqrt{d_i}}y_i\,(i=1,2,\cdots,r), \\ x_j=y_j\,(j=r+1,\cdots,n). \end{cases}$$

二次型①可化为

$$y_1^2+\cdots+y_p^2-y_{p+1}^2-\cdots-y_r^2,$$

这种形式的二次型称为二次型的规范形.

(2) 凡二次型都可通过非退化线性变换化为规范形,规范形是由二次型本身唯一决定,与所作的非退化线性变换无关.

规范形中正项的个数 p 称为二次型或二次型矩阵的正惯性指数,负项个数 $q=r-p$ 称为二次型或二次型矩阵的负惯性指数,r 是二次型的秩.

3. 惯性定理,设二次型 $f=\boldsymbol{x}^{\mathrm{T}}\boldsymbol{A}\boldsymbol{x}$,其秩为 r,若有两个非退化的线性变换 $\boldsymbol{x}=\boldsymbol{C}\boldsymbol{y}$与 $\boldsymbol{x}=\boldsymbol{P}\boldsymbol{z}$,使

$$f=k_1y_1^2+k_2y_2^2+\cdots+k_ry_r^2 \quad (k_i\neq 0,i=1,2,\cdots,r),$$

及

$$f=l_1z_1^2+l_2z_2^2+\cdots+l_rz_r^2 \quad (l_i\neq 0,i=1,2,\cdots,r),$$

则 $k_1,k_2,\cdots,k_r$ 中正数的个数与 $l_1,l_2,\cdots,l_r$ 中正数的个数相同.

4. 合同的对称矩阵具有相同是正惯性指数和秩.

5. 设二次型 $f(x_1,x_2,\cdots,x_n)=\boldsymbol{x}^{\mathrm{T}}\boldsymbol{A}\boldsymbol{x}$,若 $\forall\,\boldsymbol{x}^{\mathrm{T}}=(x_1,x_2,\cdots,x_n)^{\mathrm{T}}\neq\boldsymbol{0}$,都有

$f(x_1,x_2,\cdots,x_n)=\boldsymbol{x}^{\mathrm{T}}\boldsymbol{A}\boldsymbol{x}>0$,则称 $f(x_1,x_2,\cdots,x_n)$为正定二次型;

$f(x_1,x_2,\cdots,x_n)=\boldsymbol{x}^{\mathrm{T}}\boldsymbol{A}\boldsymbol{x}<0$,则称 $f(x_1,x_2,\cdots,x_n)$为负定二次型;

$f(x_1,x_2,\cdots,x_n)=\boldsymbol{x}^{\mathrm{T}}\boldsymbol{A}\boldsymbol{x}\geqslant 0$,则称 $f(x_1,x_2,\cdots,x_n)$为半正定二次型;

$f(x_1,x_2,\cdots,x_n)=\boldsymbol{x}^{\mathrm{T}}\boldsymbol{A}\boldsymbol{x}\leqslant 0$,则称 $f(x_1,x_2,\cdots,x_n)$为半负定二次型.

不具有上述特征的二次型称为不定二次型.

这些二次型所对应的矩阵 $\boldsymbol{A}$ 分别称为正定、负定、半正定、半负定、不定矩阵.

正定矩阵具有下述性质:

(1) 正定矩阵的前提是实对称矩阵;

(2) 若 $\boldsymbol{A}$ 是正定矩阵,则 $|\boldsymbol{A}|>0$;

(3) 若 $\boldsymbol{A}$ 是正定矩阵,则 $k\boldsymbol{A}(k>0),\boldsymbol{A}^{-1},\boldsymbol{A}^*,\boldsymbol{A}^{\mathrm{T}}$ 均为正定矩阵;

(4) 若 $\boldsymbol{A},\boldsymbol{B}$ 是正定矩阵,则 $\boldsymbol{A}+\boldsymbol{B}$ 也是正定矩阵,但 $\boldsymbol{AB}$ 与 $\boldsymbol{BA}$ 不一定是正定矩阵.

6. 设 $\boldsymbol{A}=(a_{ij})$ 是 n 阶实对称矩阵,则下列命题等价.

(1) $f(\boldsymbol{x})=\boldsymbol{x}^{\mathrm{T}}\boldsymbol{A}\boldsymbol{x}$ 是正定二次型(或 $\boldsymbol{A}$ 是正定矩阵);

(2) $\boldsymbol{A}$ 的正惯性指数为 n;

(3) $\boldsymbol{A}$ 与单位矩阵 $\boldsymbol{I}$ 合同;

(4) 存在可逆矩阵 $\boldsymbol{P}$,使得 $\boldsymbol{A}=\boldsymbol{P}^{\mathrm{T}}\boldsymbol{P}$;

(5) $\boldsymbol{A}$ 的 n 个特征值 $\lambda_1,\lambda_2,\cdots,\lambda_n$ 全大于零;

(6) $f(\boldsymbol{x})$ 的规范形为 $y_1^2+y_2^2+\cdots+y_n^2$;

(7) $\boldsymbol{A}$ 的一切顺序主子式均大于零,即

$$a_{11}>0,\begin{vmatrix} a_{11} & a_{12} \\ a_{21} & a_{21} \end{vmatrix}>0,\begin{vmatrix} a_{11} & a_{12} & a_{13} \\ a_{21} & a_{22} & a_{23} \\ a_{31} & a_{32} & a_{33} \end{vmatrix}>0,\cdots,\begin{vmatrix} a_{11} & a_{12} & \cdots & a_{1n} \\ a_{21} & a_{22} & \cdots & a_{2n} \\ \vdots & \vdots & & \vdots \\ a_{n1} & a_{n2} & \cdots & a_{nn} \end{vmatrix}>0.$$

题 1 计算下列各题:

(1) 用正交变换化二次型 $f(x_1,x_2,x_3)=x_1^2+3x_2^2+x_3^2+2x_1x_2+2x_1x_3+2x_2x_3$ 为标准形,写出所作的正交变换矩阵 $\boldsymbol{C}$,并判断 f 是否为正定型;

(2) 判定二次型 $f=2x_1^2+5x_2^2+5x_3^2+4x_1x_2-4x_1x_3-8x_2x_3$ 的正定性.

解:(1) 因 f 的矩阵

$$\boldsymbol{A}=\begin{pmatrix} 1 & 1 & 1 \\ 1 & 3 & 1 \\ 1 & 1 & 1 \end{pmatrix},$$

$$|\lambda\boldsymbol{I}-\boldsymbol{A}|=\begin{vmatrix} \lambda-1 & -1 & -1 \\ -1 & \lambda-3 & -1 \\ -1 & -1 & \lambda-1 \end{vmatrix}=\lambda(\lambda-1)(\lambda-4).$$

因而 $\boldsymbol{A}$ 的特征值为 $\lambda_1=0,\lambda_2=1,\lambda_3=4$.

对于 $\lambda_1=0$,

$$(0\boldsymbol{I}-\boldsymbol{A})=\begin{pmatrix} -1 & -1 & -1 \\ -1 & -3 & -1 \\ -1 & -1 & -1 \end{pmatrix}\xrightarrow[(-1)\times(1)]{\substack{(2)-(1)\\(3)-(1)}}\begin{pmatrix} 1 & 1 & 1 \\ 0 & -2 & 0 \\ 0 & 0 & 0 \end{pmatrix},$$

得 $\boldsymbol{\alpha}_1=\begin{pmatrix}-1\\0\\1\end{pmatrix}$.

对于 $\lambda_2=1$,

$$(\boldsymbol{I}-\boldsymbol{A})=\begin{pmatrix}0&-1&-1\\-1&-2&-1\\-1&-1&0\end{pmatrix}\xrightarrow[\substack{(2)+(1)\\(-1)\times(2)}]{\substack{(-1)\times(3)\\(1)\leftrightarrow(3)}}\begin{pmatrix}1&1&0\\0&1&1\\0&0&0\end{pmatrix},$$

得 $\boldsymbol{\alpha}_2=\begin{pmatrix}1\\-1\\1\end{pmatrix}$.

对于 $\lambda_3=4$,

$$(4\boldsymbol{I}-\boldsymbol{A})=\begin{pmatrix}3&-1&-1\\-1&1&-1\\-1&-1&3\end{pmatrix}\xrightarrow[\substack{(3)+(2)\\\frac{1}{2}\times(2)\\(-1)\times(1)\\(1)+(2)}]{\substack{(1)\leftrightarrow(2)\\(3)-(1)\\(2)+3(1)}}\begin{pmatrix}1&0&-1\\0&1&-2\\0&0&0\end{pmatrix},$$

得 $\boldsymbol{\alpha}_3=\begin{pmatrix}1\\2\\1\end{pmatrix}$,

可以验证 $\boldsymbol{\alpha}_1,\boldsymbol{\alpha}_2,\boldsymbol{\alpha}_3$ 相互正交.

将其单位化,得

$$\boldsymbol{\beta}_1=\begin{pmatrix}-\frac{1}{\sqrt{2}}\\0\\\frac{1}{\sqrt{2}}\end{pmatrix},\boldsymbol{\beta}_2=\begin{pmatrix}\frac{1}{\sqrt{3}}\\-\frac{1}{\sqrt{3}}\\\frac{1}{\sqrt{3}}\end{pmatrix},\boldsymbol{\beta}_3=\begin{pmatrix}\frac{1}{\sqrt{6}}\\\frac{2}{\sqrt{6}}\\\frac{1}{\sqrt{6}}\end{pmatrix},$$

取

$$\boldsymbol{C}=\begin{pmatrix}-\frac{1}{\sqrt{2}}&\frac{1}{\sqrt{3}}&\frac{1}{\sqrt{6}}\\0&-\frac{1}{\sqrt{3}}&\frac{2}{\sqrt{6}}\\\frac{1}{\sqrt{2}}&\frac{1}{\sqrt{3}}&\frac{1}{\sqrt{6}}\end{pmatrix},$$

f 的标准形为

$$f=y_2^2+4y_3^2.$$

又因 $\lambda_1=0$,所以 f 不是正定二次型.

(2) 方法一:利用配方法.

$$\begin{aligned}f&=2(x_1^2+2x_1x_2-2x_1x_3)+5x_2^2+5x_3^2-8x_2x_3\\&=2[(x_1+x_2-x_3)^2-x_2^2-x_3^2+2x_2x_3]+5x_2^2+5x_3^2-8x_2x_3\\&=2(x_1+x_2-x_3)^2+3x_2^2+3x_3^2-4x_2x_3\\&=2(x_1+x_2-x_3)^2+3\left[x_2^2-\frac{4}{3}x_2x_3+\left(\frac{2}{3}x_3\right)^2\right]+3x_3^2-\frac{4}{3}x_3^2\\&=2(x_1+x_2-x_3)^2+3\left(x_2-\frac{2}{3}x_3\right)^2+\frac{5}{3}x_3^2.\end{aligned}$$

因为3个平方项的系数全为正数,故 f 是正定的.

方法二:

$$f=(x_1,x_2,x_3)\begin{pmatrix}2&2&-2\\2&5&-4\\-2&-4&5\end{pmatrix}\begin{pmatrix}x_1\\x_2\\x_3\end{pmatrix},$$

记

$$\boldsymbol{A}=\begin{pmatrix}2&2&-2\\2&5&-4\\-2&-4&5\end{pmatrix}.$$

矩阵 $\boldsymbol{A}$ 的特征方程为 $|\lambda\boldsymbol{I}-\boldsymbol{A}|=0$,即

$$\begin{vmatrix}\lambda-2&-2&2\\-2&\lambda-5&4\\2&4&\lambda-5\end{vmatrix}=0.$$

求得3个特征根为 $\lambda_1=\lambda_2=1,\lambda_3=10$.

3个特征根均为正数,故 f 是正定二次型.

方法三:矩阵 $\boldsymbol{A}$ 的3个顺序主子式为2,

$$\begin{vmatrix}2&2\\2&5\end{vmatrix}=6,$$

$$\begin{vmatrix}2&2&-2\\2&5&-4\\-2&-4&5\end{vmatrix}=\begin{vmatrix}2&2&-2\\0&3&-2\\0&-2&3\end{vmatrix}=10,$$

3个主子式均为正数,故 f 是正定的.

题2 设 $\boldsymbol{A}$ 为 $m\times n$ 实矩阵,$\boldsymbol{I}$ 为 n 阶单位矩阵,已知矩阵 $\boldsymbol{B}=\lambda\boldsymbol{I}+\boldsymbol{A}^{\mathrm{T}}\boldsymbol{A}$,试证:当 $\lambda>0$ 时,矩阵 $\boldsymbol{B}$ 为正定矩阵.

解:因为 $\boldsymbol{B}^{\mathrm{T}}=(\lambda\boldsymbol{I}+\boldsymbol{A}^{\mathrm{T}}\boldsymbol{A})^{\mathrm{T}}=\lambda\boldsymbol{I}+\boldsymbol{A}^{\mathrm{T}}\boldsymbol{A}=\boldsymbol{B}$,所以 $\boldsymbol{B}$ 为 n 阶对称矩阵.对于

任意的实 n 维向量 x，有

$$\boldsymbol{x}^{\mathrm{T}}\boldsymbol{B}\boldsymbol{x}=\boldsymbol{x}^{\mathrm{T}}(\lambda\boldsymbol{I}+\boldsymbol{A}^{\mathrm{T}}\boldsymbol{A})\boldsymbol{x}=\lambda\boldsymbol{x}^{\mathrm{T}}\boldsymbol{x}+\boldsymbol{x}^{\mathrm{T}}\boldsymbol{A}^{\mathrm{T}}\boldsymbol{A}\boldsymbol{x}=\lambda\boldsymbol{x}^{\mathrm{T}}\boldsymbol{x}+(\boldsymbol{A}\boldsymbol{x})^{\mathrm{T}}\boldsymbol{A}\boldsymbol{x}.$$

当 $\boldsymbol{x}\neq\boldsymbol{0}$ 时，有 $\boldsymbol{x}^{\mathrm{T}}\boldsymbol{x}>0$，$(\boldsymbol{A}\boldsymbol{x})^{\mathrm{T}}\boldsymbol{A}\boldsymbol{x}\geqslant 0$. 因为，当 $\lambda>0$ 时，对任意的 $\boldsymbol{x}\neq\boldsymbol{0}$，有

$$\boldsymbol{x}^{\mathrm{T}}\boldsymbol{B}\boldsymbol{x}=\lambda\boldsymbol{x}^{\mathrm{T}}\boldsymbol{x}+(\boldsymbol{A}\boldsymbol{x})^{\mathrm{T}}\boldsymbol{A}\boldsymbol{x}>0,$$

故 $\boldsymbol{B}$ 为正定矩阵.

题 3 已知二次型 $f(x_1,x_2,x_3)=\boldsymbol{x}^{\mathrm{T}}\boldsymbol{A}\boldsymbol{x}$ 在正交变换 $\boldsymbol{x}=\boldsymbol{Q}\boldsymbol{y}$ 下的标准形为 $y_1^2+y_2^2$，且 $\boldsymbol{Q}$ 的第 3 列为 $\left(\frac{\sqrt{2}}{2},0,\frac{\sqrt{2}}{2}\right)^{\mathrm{T}}$.

(1) 求矩阵 $\boldsymbol{A}$；

(2) 证明矩阵 $\boldsymbol{A}+\boldsymbol{I}$ 为正定矩阵.

解：由题设，知 $\boldsymbol{A}$ 的特征值为 1，1，0，且 $(1,0,1)^{\mathrm{T}}$ 为 $\boldsymbol{A}$ 的属于特征值 0 的一个特征向量.

设 $\boldsymbol{x}=(x_1,x_2,x_3)^{\mathrm{T}}$ 为 $\boldsymbol{A}$ 的属于特征值 1 的特征向量. 因为 $\boldsymbol{A}$ 的属于不同特征值的特征向量正交，所以 $\boldsymbol{x}^{\mathrm{T}}(1,0,1)^{\mathrm{T}}=x_1+x_3=0$.

取 $\left(\frac{1}{\sqrt{2}},0,-\frac{1}{\sqrt{2}}\right)^{\mathrm{T}}$，$(0,1,0)^{\mathrm{T}}$ 为 $\boldsymbol{A}$ 的属于特征值 1 的两个相互正交的单位特征向量.

令

$$\boldsymbol{Q}=\begin{pmatrix}\frac{1}{\sqrt{2}} & 0 & \frac{1}{\sqrt{2}}\\ 0 & 1 & 0\\ -\frac{1}{\sqrt{2}} & 0 & \frac{1}{\sqrt{2}}\end{pmatrix},$$

则有

$$\boldsymbol{Q}^{\mathrm{T}}\boldsymbol{A}\boldsymbol{Q}=\begin{pmatrix}1 & & \\ & 1 & \\ & & 0\end{pmatrix}.$$

(1) $\boldsymbol{A}=\boldsymbol{Q}\begin{pmatrix}1 & & \\ & 1 & \\ & & 0\end{pmatrix}\boldsymbol{Q}^{\mathrm{T}}$

$$=\begin{pmatrix}\frac{1}{\sqrt{2}} & 0 & \frac{1}{\sqrt{2}}\\ 0 & 1 & 0\\ -\frac{1}{\sqrt{2}} & 0 & \frac{1}{\sqrt{2}}\end{pmatrix}\begin{pmatrix}1 & & \\ & 1 & \\ & & 0\end{pmatrix}\begin{pmatrix}\frac{1}{\sqrt{2}} & 0 & -\frac{1}{\sqrt{2}}\\ 0 & 1 & 0\\ \frac{1}{\sqrt{2}} & 0 & \frac{1}{\sqrt{2}}\end{pmatrix}=\begin{pmatrix}\frac{1}{2} & 0 & -\frac{1}{2}\\ 0 & 1 & 0\\ -\frac{1}{2} & 0 & \frac{1}{2}\end{pmatrix}.$$

(2)由(1),知 $\boldsymbol{A}$ 的特征值为 1,1,0,则 $\boldsymbol{A}+\boldsymbol{I}$ 的特征值为 2,2,1,均大于零.又 $\boldsymbol{A}+\boldsymbol{I}$ 为实对称矩阵,所以 $\boldsymbol{A}+\boldsymbol{I}$ 为正定矩阵.

题 4 设 $\boldsymbol{D}=\begin{pmatrix}\boldsymbol{A} & \boldsymbol{C}\\ \boldsymbol{C}^{\mathrm{T}} & \boldsymbol{B}\end{pmatrix}$ 为正定矩阵,其中 $\boldsymbol{A},\boldsymbol{B}$ 分别为 m 阶、n 阶对称矩阵,$\boldsymbol{C}$ 为 $m\times n$ 矩阵.

(1) 计算 $\boldsymbol{P}^{\mathrm{T}}\boldsymbol{D}\boldsymbol{P}$,其中 $\boldsymbol{P}=\begin{bmatrix}\boldsymbol{I}_m & -\boldsymbol{A}^{-1}\boldsymbol{C}\\ \boldsymbol{O} & \boldsymbol{I}_n\end{bmatrix}$;

(2) 利用(1)的结果判断矩阵 $\boldsymbol{B}-\boldsymbol{C}^{\mathrm{T}}\boldsymbol{A}^{-1}\boldsymbol{C}$ 是否为正定矩阵,并证明你的结论.

解:(1)因 $\boldsymbol{P}^{\mathrm{T}}=\begin{bmatrix}\boldsymbol{I}_m & \boldsymbol{O}\\ -\boldsymbol{C}^{\mathrm{T}}\boldsymbol{A}^{-1} & \boldsymbol{I}_n\end{bmatrix}$,

有

$$\begin{aligned}\boldsymbol{P}^{\mathrm{T}}\boldsymbol{D}\boldsymbol{P}&=\begin{bmatrix}\boldsymbol{I}_m & \boldsymbol{O}\\ -\boldsymbol{C}^{\mathrm{T}}\boldsymbol{A}^{-1} & \boldsymbol{I}_n\end{bmatrix}\begin{pmatrix}\boldsymbol{A} & \boldsymbol{C}\\ \boldsymbol{C}^{\mathrm{T}} & \boldsymbol{B}\end{pmatrix}\begin{bmatrix}\boldsymbol{I}_m & -\boldsymbol{A}^{-1}\boldsymbol{C}\\ \boldsymbol{O} & \boldsymbol{I}_n\end{bmatrix}\\ &=\begin{pmatrix}\boldsymbol{A} & \boldsymbol{C}\\ \boldsymbol{O} & \boldsymbol{B}-\boldsymbol{C}^{\mathrm{T}}\boldsymbol{A}^{-1}\boldsymbol{C}\end{pmatrix}\begin{bmatrix}\boldsymbol{I}_m & -\boldsymbol{A}^{-1}\boldsymbol{C}\\ \boldsymbol{O} & \boldsymbol{I}_n\end{bmatrix}\\ &=\begin{pmatrix}\boldsymbol{A} & \boldsymbol{O}\\ \boldsymbol{O} & \boldsymbol{B}-\boldsymbol{C}^{\mathrm{T}}\boldsymbol{A}^{-1}\boldsymbol{C}\end{pmatrix}.\end{aligned}$$

(2) 由(1)的结果,知矩阵 $\boldsymbol{D}$ 合同于矩阵

$$\boldsymbol{M}=\begin{pmatrix}\boldsymbol{A} & \boldsymbol{O}\\ \boldsymbol{O} & \boldsymbol{B}-\boldsymbol{C}^{\mathrm{T}}\boldsymbol{A}^{-1}\boldsymbol{C}\end{pmatrix}.$$

又 $\boldsymbol{D}$ 为正定矩阵,可知矩阵 $\boldsymbol{M}$ 为正定矩阵.

因矩阵 $\boldsymbol{M}$ 为对称矩阵,故 $\boldsymbol{B}-\boldsymbol{C}^{\mathrm{T}}\boldsymbol{A}^{-1}\boldsymbol{C}$ 为对称矩阵.对 $\boldsymbol{x}=\underbrace{(0,0,\cdots,0)}_{m}{}^{\mathrm{T}}$ 及任意的 $\boldsymbol{y}=(y_1,y_2,\cdots,y_n)^{\mathrm{T}}\neq\boldsymbol{0}$,有

$$(\boldsymbol{x}^{\mathrm{T}},\boldsymbol{y}^{\mathrm{T}})\begin{pmatrix}\boldsymbol{A} & \boldsymbol{O}\\ \boldsymbol{O} & \boldsymbol{B}-\boldsymbol{C}^{\mathrm{T}}\boldsymbol{A}^{-1}\boldsymbol{C}\end{pmatrix}\begin{pmatrix}\boldsymbol{x}\\ \boldsymbol{y}\end{pmatrix}>0,$$

即 $\boldsymbol{y}^{\mathrm{T}}(\boldsymbol{B}-\boldsymbol{C}^{\mathrm{T}}\boldsymbol{A}^{-1}\boldsymbol{C})\boldsymbol{y}>0$.故 $\boldsymbol{B}-\boldsymbol{C}^{\mathrm{T}}\boldsymbol{A}^{-1}\boldsymbol{C}$ 为正定矩阵.

题 5 设二次型

$$f(x_1,x_2,\cdots,x_n)=(x_1+a_1x_2)^2+(x_2+a_2x_3)^2+\cdots+(x_{n-1}+a_{n-1}x_n)^2+(x_n+a_nx_1)^2,$$

其中 $a_i(i=1,2,\cdots,n)$ 为实数.

试问:当 $a_1,a_2,\cdots,a_n$ 满足何种条件时,二次型 $f(x_1,x_2,\cdots,x_n)$ 为正定二次型.

解:由题设条件,知对于任意的 $x_1,x_2,\cdots,x_n$,有

$$f(x_1,x_2,\cdots,x_n)\geqslant 0,$$

其中等号成立当且仅当

$$\begin{cases}x_1+a_1x_2=0,\\ x_2+a_2x_3=0,\\ \quad\cdots\cdots\\ x_{n-1}+a_{n-1}x_n=0,\\ x_n+a_nx_1=0.\end{cases} \qquad ①$$

方程组①仅有零解的充分必要条件是其系数行列式

$$\begin{vmatrix}1 & a_1 & 0 & \cdots & 0 & 0\\ 0 & 1 & a_2 & \cdots & 0 & 0\\ \vdots & \vdots & \vdots & & \vdots & \vdots\\ 0 & 0 & 0 & \cdots & 1 & a_{n-1}\\ a_n & 0 & 0 & \cdots & 0 & 1\end{vmatrix}=1+(-1)^{n+1}a_1a_2\cdots a_n\neq 0.$$

所以,当 $1+(-1)^{n+1}a_1a_2\cdots a_n\neq 0$ 时,对于任意的不全为零的 $x_1,x_2,\cdots,x_n$,有

$$f(x_1,x_2,\cdots,x_n)>0,$$

即当 $a_1a_2\cdots a_n\neq(-1)^n$ 时,二次型 $f(x_1,x_2,\cdots,x_n)$ 为正定二次型.

题 6 设矩阵 $\boldsymbol{A}=\begin{pmatrix}2 & -1 & -1\\ -1 & 2 & -1\\ -1 & -1 & 2\end{pmatrix}$,$\boldsymbol{B}=\begin{pmatrix}1 & 0 & 0\\ 0 & 1 & 0\\ 0 & 0 & 0\end{pmatrix}$,则 $\boldsymbol{A}$ 与 $\boldsymbol{B}$( ).

(A) 合同且相似

(B) 合同但不相似

(C) 不合同但相似

(D) 既不合同,也不相似

解:由 $|\lambda\boldsymbol{I}-\boldsymbol{A}|=\begin{vmatrix}\lambda-2 & 1 & 1\\ 1 & \lambda-2 & 1\\ 1 & 1 & \lambda-2\end{vmatrix}=\lambda(\lambda-3)^2=0$,得 $\boldsymbol{A}$ 的特征值为 3(二重)与 0.而 $\boldsymbol{B}$ 的特征值为 1(二重)与 0.所以 $\boldsymbol{A}$ 与 $\boldsymbol{B}$ 的特征值不全相同,因此 $\boldsymbol{A}$ 与 $\boldsymbol{B}$ 不相似.但是分别以 $\boldsymbol{A}$,$\boldsymbol{B}$ 为矩阵的二次型 f 和 g 都有正惯性指数 2 和负惯性指数 0,所以通过可逆线性变换可将 f 变为 g,从而 $\boldsymbol{A}$ 与 $\boldsymbol{B}$ 合同,故选(B).

题 7 求解下列各题:

(1) 若实对称矩阵 $\boldsymbol{A}$ 与矩阵 $\boldsymbol{B}=\begin{pmatrix}1 & 0 & 0\\ 0 & 0 & 2\\ 0 & 2 & 0\end{pmatrix}$ 合同,求二次型 $\boldsymbol{x}^{\mathrm{T}}\boldsymbol{A}\boldsymbol{x}$ 的规范形.

(2) 已知二次型 $f(x_1,x_2,x_3)=x_1^2+4x_2^2+4x_3^2+2ax_1x_2-2x_1x_3+4x_2x_3$ 为正定型,求 a 的取值范围.

(3) 设五阶实对称阵 $\boldsymbol{A}$ 满足 $\boldsymbol{A}^2=\boldsymbol{A}$ 且 $\mathrm{r}(\boldsymbol{A})=3$，

(i) 求 $\boldsymbol{A}$ 的全部特征值；

(ii) 欲使 $\boldsymbol{A}-k\boldsymbol{I}$（其中 $\boldsymbol{I}$ 是五阶单位阵）为正定阵，求 k 的取值范围.

(4) 用非退化线性替换将二次型

$$f(x_1,x_2,x_3)=x_1^2+2x_2^2-x_3^2+4x_1x_2-4x_1x_3-4x_2x_3$$

化为标准形，并求出所作的线性替换.

解：(1) 因为 $\boldsymbol{A}$ 与 $\boldsymbol{B}$ 合同，所以 $\boldsymbol{A}$ 与 $\boldsymbol{B}$ 的秩和正惯性指数相同.可求得 $\boldsymbol{B}$ 的特征值为 $\lambda_1=1,\lambda_2=2,\lambda_3=-2$.从而 $\boldsymbol{B}$ 的秩为3.正惯性指数为2，故 $\boldsymbol{A}$ 的秩为3且正惯性指数为2，因此 $\boldsymbol{x}^{\mathrm{T}}\boldsymbol{A}\boldsymbol{x}$ 的规范形是 $y_1^2+y_2^2-y_3^2$.

(2) 二次型 f 的矩阵为

$$\boldsymbol{A}=\begin{pmatrix}1 & a & -1\\ a & 4 & 2\\ -1 & 2 & 4\end{pmatrix}.$$

由于 f 为正定二次型，故 $\boldsymbol{A}$ 的各阶顺序主子式均大于 $\mathbf{0}$，即

$$\begin{cases}1>0,\\ \begin{vmatrix}1 & a\\ a & 4\end{vmatrix}>0,\\ \begin{vmatrix}1 & a & -1\\ a & 4 & 2\\ -1 & 2 & 4\end{vmatrix}>0,\end{cases}$$

亦即

$$\begin{cases}4-a^2>0,\\ 4(a+2)(1-a)>0.\end{cases}$$

故 $-2<a<1$.

(3) 设 $\boldsymbol{A}\boldsymbol{\alpha}=\lambda\boldsymbol{\alpha}$，则 $\boldsymbol{A}^2\boldsymbol{\alpha}=\lambda^2\boldsymbol{\alpha}$.因 $\boldsymbol{A}^2=\boldsymbol{A}$，故 $(\lambda^2-\lambda)\boldsymbol{\alpha}=\mathbf{0}$.由于 $\boldsymbol{\alpha}\neq\mathbf{0}$，故 $\lambda(\lambda-1)=0$，于是 $\boldsymbol{A}$ 的特征值为0与1.

因 $\boldsymbol{A}$ 是五阶实对称矩阵，故可对角化，即存在正交阵 $\boldsymbol{C}$，使

$$\boldsymbol{C}^{\mathrm{T}}\boldsymbol{A}\boldsymbol{C}=\boldsymbol{\Lambda}=\begin{pmatrix}\lambda_1 & & & & \\ & \lambda_2 & & & \\ & & \lambda_3 & & \\ & & & \lambda_4 & \\ & & & & \lambda_5\end{pmatrix}.$$

又因 $\mathrm{r}(\boldsymbol{A})=3$，故 $\lambda_1=\lambda_2=\lambda_3=1,\lambda_4=\lambda_5=0$.

于是 $\boldsymbol{A}-k\boldsymbol{I}$ 的特征值为 $1-k,1-k,1-k,-k,-k$.

因为$A^{T}=A$，故$(A-kI)^{T}=(A^{T}-kI^{T})=A-kI$，即$(A-kI)$对称.

欲使$A-kI$正定，则

$$\begin{cases}1-k>0,\\-k>0,\end{cases}$$

得

$$\begin{cases}k<1,\\k<0.\end{cases}$$

故$k<0$为所求.

(4) $$\begin{aligned}f(x_1,x_2,x_3)&=(x_1^2+4x_1x_2-4x_1x_3)+2x_2^2-x_3^2-4x_2x_3\\&=(x_1+2x_2-2x_3)^2-4x_2^2-4x_3^2+8x_2x_3+2x_2^2-x_3^2-4x_2x_3\\&=(x_1+2x_2-2x_3)^2-2x_2^2-5x_3^2+4x_2x_3.\end{aligned}$$

令

$$\begin{cases}y_1=x_1+2x_2-2x_3,\\y_2=x_2,\\y_3=x_3,\end{cases}$$

或

$$\begin{cases}x_1=y_1-2y_2+2y_3,\\x_2=y_2,\\x_3=y_3.\end{cases}$$

令

$$C_1=\begin{pmatrix}1&-2&2\\0&1&0\\0&0&1\end{pmatrix},$$

则在$x=C_1y(|C_1|\neq0)$之下，

$$\begin{aligned}f(x_1,x_2,x_3)&=y_1^2-2y_2^2-5y_3^2+4y_2y_3\\&=y_1^2-2(y_2^2-2y_2y_3)-5y_3^2\\&=y_1^2-2[(y_2-y_3)^2-y_3^2]-5y_3^2\\&=y_1^2-2(y_2-y_3)^2-3y_3^2.\end{aligned}$$

再令

$$\begin{cases}z_1=y_1,\\z_2=y_2-y_3,\\z_3=y_3,\end{cases}$$

或

$$\begin{cases}y_1=z_1,\\y_2=z_2+z_3,\\y_3=z_3.\end{cases}$$

令

$$C_2=\begin{pmatrix}1&0&0\\0&1&1\\0&0&1\end{pmatrix},$$

则在 $y=C_2z(|C_2|\neq0)$ 之下，

$$f(x_1,x_2,x_3)=z_1^2-2z_2^2-3z_3^2,$$

故经非退化线性替换 $x=(C_1C_2)z$，即

$$\begin{pmatrix}x_1\\x_2\\x_3\end{pmatrix}=\begin{pmatrix}1&-2&2\\0&1&0\\0&0&1\end{pmatrix}\begin{pmatrix}1&0&0\\0&1&1\\0&0&1\end{pmatrix}\begin{pmatrix}z_1\\z_2\\z_3\end{pmatrix}=\begin{pmatrix}1&-2&0\\0&1&1\\0&0&1\end{pmatrix}\begin{pmatrix}z_1\\z_2\\z_3\end{pmatrix},$$

$f(x_1,x_2,x_3)$可化为标准形 $z_1^2-2z_2^2-3z_3^2$.

评注 1：由本例可见，求二次型的标准形的方法为依次运用配方法，先选一个变量，如 x_1 进行配方，然后再选变量 x_2 进行配方，依次类推.

2：配方过程可用矩阵来验证：

因

$$A=\begin{pmatrix}1&2&-2\\2&2&-2\\-2&-2&-1\end{pmatrix},$$

$$C_1^{\mathrm{T}}AC_1=\begin{pmatrix}1&0&0\\-2&1&0\\2&0&1\end{pmatrix}\begin{pmatrix}1&2&-2\\2&2&-2\\-2&-2&-1\end{pmatrix}\begin{pmatrix}1&-2&2\\0&1&0\\0&0&1\end{pmatrix}=\begin{pmatrix}1&0&0\\0&-2&2\\0&2&-5\end{pmatrix}=A_1,$$

$$C_2^{\mathrm{T}}A_1C_2=\begin{pmatrix}1&0&0\\0&1&0\\0&1&1\end{pmatrix}\begin{pmatrix}1&0&0\\0&-2&2\\0&2&-5\end{pmatrix}\begin{pmatrix}1&0&0\\0&1&1\\0&0&1\end{pmatrix}=\begin{pmatrix}1&0&0\\0&-2&0\\0&0&-3\end{pmatrix}.$$

3：配方过程可一次完成.

如上例中

$$\begin{aligned}f(x_1,x_2,x_3)&=(x_1^2+4x_1x_2-4x_1x_3)+2x_2^2-x_3^2-4x_2x_3\\&=(x_1+2x_2-2x_3)^2-2x_2^2+4x_2x_3-5x_3^2\\&=(x_1+2x_2-2x_3)^2-2(x_2^2-2x_2x_3)-5x_3^2\\&=(x_1+2x_2-2x_3)^2-2[(x_2-x_3)^2-x_3^2]-5x_3^2\\&=(x_1+2x_2-2x_3)^2-2(x_2-x_3)^2-3x_3^2.\end{aligned}$$

令

$$\begin{cases}\tilde{y}_1=x_1+2x_2-2x_3,\\\tilde{y}_2=x_2-x_3,\\\tilde{y}_3=x_3,\end{cases}$$

或

$$\begin{cases} x_1=\tilde{y}_1-2\tilde{y}_2, \\ x_2=\tilde{y}_2+\tilde{y}_3, \\ x_3=\tilde{y}_3. \end{cases}$$

再令

$$\boldsymbol{C}=\begin{pmatrix} 1 & -2 & 0 \\ 0 & 1 & 1 \\ 0 & 0 & 1 \end{pmatrix},$$

在 $\boldsymbol{x}=\boldsymbol{C}\boldsymbol{y}(|\boldsymbol{C}|\neq 0)$ 之下，$f(x_1,x_2,x_3)$ 可化为标准形 $\tilde{y}_1^2-2\tilde{y}_2^2-3\tilde{y}_3^2$.

题 8 求下列二次型正惯性指数：

(1) $f(x_1,x_2,x_3)=x_1^2+3x_2^2+x_3^2+2x_1x_2+2x_1x_3+2x_2x_3$；

(2) $f(x_1,x_2,x_3)=x_1^2-3x_2^2+4x_3^2-2x_1x_2+2x_1x_3-6x_2x_3$.

解：(1) 方法一：f 的正惯性指数为所对应矩阵正的特征值的个数.
由于二次型 f 对应矩阵

$$\boldsymbol{A}=\begin{pmatrix} 1 & 1 & 1 \\ 1 & 3 & 1 \\ 1 & 1 & 1 \end{pmatrix},$$

$$|\lambda \boldsymbol{I}-\boldsymbol{A}|=\begin{vmatrix} \lambda-1 & -1 & -1 \\ 1 & \lambda-3 & -1 \\ -1 & -1 & \lambda-1 \end{vmatrix}=\begin{vmatrix} \lambda & 0 & -\lambda \\ -1 & \lambda-3 & -1 \\ -1 & -1 & \lambda-1 \end{vmatrix}$$

$$=\begin{vmatrix} \lambda & 0 & 0 \\ -1 & \lambda-3 & -2 \\ -1 & -1 & \lambda-2 \end{vmatrix}=\lambda\begin{vmatrix} \lambda-3 & -2 \\ -1 & \lambda-2 \end{vmatrix}$$

$$=\lambda(\lambda-1)(\lambda-4).$$

故 $\lambda_1=0,\lambda_2=1,\lambda_3=4$.

因此 f 的正惯性指数为 2.

方法二：$f(x_1,x_2,x_3)=x_1^2+3x_2^2+x_3^2+2x_1x_2+2x_1x_3+2x_2x_3$
$=(x_1+x_2+x_3)^2-x_2^2-2x_2x_3-x_3^2+3x_2^2+x_3^2+2x_2x_3$
$=(x_1+x_2+x_3)^2+2x_2^2$.

令

$$\begin{cases} y_1=x_1+x_2+x_3, \\ y_2=x_2, \\ y_3=x_3, \end{cases}$$

则 $f=y_1^2+2y_2^2$，故 f 的正惯性指数为 2.

(2) $f(x_1,x_2,x_3)=(x_1-x_2+x_3)^2-4x_2^2+3x_3^2-4x_2x_3$

$=(x_1-x_2+x_3)^2-(4x_2^2+4x_2x_3+x_3^2)+4x_3^2$

$=(x_1-x_2+x_3)^2-(2x_2+x_3)^2+4x_3^2.$

作线性变换

$$\begin{cases}y_1=x_1-x_2+x_3,\\ y_2=2x_2+x_3,\\ y_3=x_3,\end{cases}$$

即作线性变换

$$\begin{cases}x_1=y_1+\dfrac{1}{2}y_2-\dfrac{3}{2}y_3,\\ x_2=\dfrac{1}{2}y_2-\dfrac{1}{2}y_3,\\ x_3=y_3,\end{cases}$$

可将二次型化为标准形 $f=y_1^2-y_2^2+4y_3^2$，

所用变换矩阵为

$$\boldsymbol{C}=\begin{pmatrix}1 & \dfrac{1}{2} & -\dfrac{3}{2}\\ 0 & \dfrac{1}{2} & -\dfrac{1}{2}\\ 0 & 0 & 1\end{pmatrix}\left(|\boldsymbol{C}|=\frac{1}{2}\neq 0\right)$$

二次型的秩为3，正惯性指数为2.

题9　设二次型 $f(x_1,x_2,x_3)=ax_1^2+ax_2^2+(a-1)x_3^2+2x_1x_3-2x_2x_3$.

(1) 求二次型 f 的矩阵的所有特征值；

(2) 若二次型 f 的规范形为 $y_1^2+y_2^2$，求 a 的值.

解：(1) 由题设，知二次型 f 的矩阵为

$$\boldsymbol{A}=\begin{pmatrix}a & 0 & 1\\ 0 & a & -1\\ 1 & -1 & a-1\end{pmatrix}.$$

由于

$$(\lambda\boldsymbol{I}-\boldsymbol{A})=\begin{vmatrix}\lambda-a & 0 & -1\\ 0 & \lambda-a & 1\\ -1 & 1 & \lambda-a+1\end{vmatrix}=\begin{vmatrix}\lambda-a & \lambda-a & 0\\ 0 & \lambda-a & 1\\ -1 & 1 & \lambda-a+1\end{vmatrix}$$

$$=(\lambda-a)\begin{vmatrix}1 & 1 & 0\\ 0 & \lambda-a & 1\\ -1 & 1 & \lambda-a+1\end{vmatrix}$$

$$
\begin{aligned}
&=(\lambda-a)\begin{vmatrix}1 & 1 & 0\\ 0 & \lambda-a & 1\\ 0 & 2 & \lambda-a+1\end{vmatrix}\\
&=(\lambda-a)[(\lambda-a)(\lambda-a+1)-2]\\
&=(\lambda-a)[\lambda^2-(2a-1)\lambda+a^2-a-2]\\
&=(\lambda-a)(\lambda-a+2)(\lambda-a-1).
\end{aligned}
$$

于是 f 的矩阵 $\boldsymbol{A}$ 所有的特征值为 $\lambda_1=a,\lambda_2=a-2,\lambda_3=a+1$.

(2) 若二次型 f 的规范形为 $y_1^2+y_2^2$,则它的正惯性指数为 2.于是 f 的矩阵 $\boldsymbol{A}$ 的特征值中有两个大于零,一个为零.显然 $\lambda_3>\lambda_1>\lambda_2$,所以 $\lambda_2=a-2=0$,即 $a=2$.

题 10 设 $\boldsymbol{A}$ 为 n 阶实对称矩阵,秩$(\boldsymbol{A})=n$,A_{ij} 是 $\boldsymbol{A}=(a_{ij})_{n\times n}$ 中元素 a_{ij} 的代数余子式($i,j=1,2,\cdots,n$),二次型

$$f(x_1,x_2,\cdots,x_n)=\sum_{i=1}^{n}\sum_{j=1}^{n}\frac{A_{ij}}{|\boldsymbol{A}|}x_ix_j.$$

(1) 记 $\boldsymbol{x}=(x_1,x_2,\cdots,x_n)^{\mathrm{T}}$,把 $f(x_1,x_2,\cdots,x_n)$ 写成矩阵形式,并证明二次型 $f(\boldsymbol{x})$ 的矩阵为 $\boldsymbol{A}^{-1}$;

(2) 二次型 $g(\boldsymbol{x})=\boldsymbol{x}^{\mathrm{T}}\boldsymbol{A}\boldsymbol{x}$ 与 $f(\boldsymbol{x})$ 的规范形是否相同? 说明理由.

解:方法一:(1) 二次型 $f(x_1,x_2,\cdots,x_n)$ 的矩阵形式为

$$f(\boldsymbol{x})=(x_1,x_2,\cdots,x_n)\frac{1}{|\boldsymbol{A}|}\begin{pmatrix}A_{11} & A_{21} & \cdots & A_{n1}\\ A_{12} & A_{22} & \cdots & A_{n2}\\ \vdots & \vdots & & \vdots\\ A_{1n} & A_{2n} & \cdots & A_{nn}\end{pmatrix}\begin{pmatrix}x_1\\ x_2\\ \vdots\\ x_n\end{pmatrix}.$$

因秩$(\boldsymbol{A})=n$,故 $\boldsymbol{A}$ 可逆,且

$$\boldsymbol{A}^{-1}=\frac{1}{|\boldsymbol{A}|}\boldsymbol{A}^*.$$

从而

$$(\boldsymbol{A}^{-1})^{\mathrm{T}}=(\boldsymbol{A}^{\mathrm{T}})^{-1}=\boldsymbol{A}^{-1}.$$

故 $\boldsymbol{A}^{-1}$ 也是实对称矩阵,因此二次型 $f(\boldsymbol{x})$ 的矩阵为 $\boldsymbol{A}^{-1}$.

(2) 因为

$$(\boldsymbol{A}^{-1})^{\mathrm{T}}\boldsymbol{A}\boldsymbol{A}^{-1}=(\boldsymbol{A}^{\mathrm{T}})^{-1}\boldsymbol{I}=\boldsymbol{A}^{-1},$$

所以 $\boldsymbol{A}$ 与 $\boldsymbol{A}^{-1}$ 合同,于是 $g(\boldsymbol{x})=\boldsymbol{x}^{\mathrm{T}}\boldsymbol{A}\boldsymbol{x}$ 与 $f(\boldsymbol{x})$ 有相同的规范形.

方法二:(1) 同方法一.

(2) 对二次型 $g(\boldsymbol{x})=\boldsymbol{x}^{\mathrm{T}}\boldsymbol{A}\boldsymbol{x}$ 作可逆线性变换 $\boldsymbol{x}=\boldsymbol{A}^{-1}\boldsymbol{y}$,其中 $\boldsymbol{y}=(y_1,y_2,\cdots,y_n)^{\mathrm{T}}$.则

$$
\begin{aligned}
g(\boldsymbol{x})&=\boldsymbol{x}^{\mathrm{T}}\boldsymbol{A}\boldsymbol{x}=(\boldsymbol{A}^{-1}\boldsymbol{y})^{\mathrm{T}}\boldsymbol{A}(\boldsymbol{A}^{-1}\boldsymbol{y})\\
&=\boldsymbol{y}^{\mathrm{T}}(\boldsymbol{A}^{-1})^{\mathrm{T}}\boldsymbol{A}\boldsymbol{A}^{-1}\boldsymbol{y}
\end{aligned}
$$

$$=\boldsymbol{y}^{\mathrm{T}}(\boldsymbol{A}^{\mathrm{T}})^{-1}\boldsymbol{A}\boldsymbol{A}^{-1}\boldsymbol{y}$$
$$=\boldsymbol{y}^{\mathrm{T}}\boldsymbol{A}^{-1}\boldsymbol{y}.$$

由此,知 $\boldsymbol{A}$ 与 $\boldsymbol{A}^{-1}$ 合同.于是 $f(\boldsymbol{x})$ 与 $g(\boldsymbol{x})$ 必有相同的规范形.

4.10 线性代数的应用范例

题1 二次曲面的化简.方程

$$a_{11}x^2+a_{22}y^2+a_{33}z^2+2a_{12}xy+2a_{23}yz+2a_{13}xz+2b_1x+2b_2y+2b_3z+k=0 \quad ①$$

代表一个曲面,因方程中未知量的最高次数为2,因此,称①所代表的曲面为二次曲面,①是二次曲面的一般方程.

本例将借助于二次型相似对角化的理论,将方程①化为标准形.

记矩阵

$$\boldsymbol{A}=\begin{pmatrix} a_{11} & a_{12} & a_{13} \\ a_{21} & a_{22} & a_{23} \\ a_{31} & a_{32} & a_{33} \end{pmatrix}$$

其中 $a_{ij}=a_{ji}(i,j=1,2,3)$.

列向量 $\boldsymbol{\alpha}=(x,y,z)^{\mathrm{T}}$, $\boldsymbol{\beta}=(b_1,b_2,b_3)^{\mathrm{T}}$.

则①可写成

$$\boldsymbol{\alpha}^{\mathrm{T}}\boldsymbol{A}\boldsymbol{\alpha}+2\boldsymbol{\beta}^{\mathrm{T}}\boldsymbol{\alpha}+k=0. \quad ②$$

因 $\boldsymbol{A}$ 为实对称矩阵,故存在正交矩阵 $\boldsymbol{P}$,使得

$$\boldsymbol{P}\boldsymbol{A}\boldsymbol{P}^{-1}=\boldsymbol{\Lambda}=\begin{pmatrix} \lambda_1 & & \\ & \lambda_2 & \\ & & \lambda_3 \end{pmatrix}, \quad ③$$

其中 $\lambda_1,\lambda_2,\lambda_3$ 是矩阵 $\boldsymbol{A}$ 的3个特征值.

由③,得

$$\boldsymbol{A}=\boldsymbol{P}^{-1}\boldsymbol{\Lambda}\boldsymbol{P}. \quad ④$$

作非退化线性变换

$$\boldsymbol{\alpha}=\boldsymbol{P}\boldsymbol{\alpha}_1, \quad ⑤$$

记 $\boldsymbol{\alpha}_1=(x',y',z')^{\mathrm{T}}$,则⑤即为

$$(x,y,z)^{\mathrm{T}}=\boldsymbol{P}(x',y',z')^{\mathrm{T}}.$$

于是

$$\boldsymbol{\alpha}^{\mathrm{T}}\boldsymbol{A}\boldsymbol{\alpha}=(\boldsymbol{P}\boldsymbol{\alpha}_1)^{\mathrm{T}}\boldsymbol{A}(\boldsymbol{P}\boldsymbol{\alpha}_1)=\boldsymbol{\alpha}_1^{\mathrm{T}}(\boldsymbol{P}^{\mathrm{T}}\boldsymbol{A}\boldsymbol{P})\boldsymbol{\alpha}_1=\boldsymbol{\alpha}_1^{\mathrm{T}}(\boldsymbol{P}^{-1}\boldsymbol{A}\boldsymbol{P})\boldsymbol{\alpha}_1=\boldsymbol{\alpha}_1^{\mathrm{T}}\boldsymbol{\Lambda}\boldsymbol{\alpha}_1,$$

故

$$\boldsymbol{\alpha}^{\mathrm{T}}\boldsymbol{A}\boldsymbol{\alpha}=\lambda_1x'^2+\lambda_2y'^2+\lambda_3z'^2. \quad ⑥$$

再记 $\boldsymbol{\beta}=\boldsymbol{P}\boldsymbol{\beta}_1$,设 $\boldsymbol{\beta}_1=(b_1',b_2',b_3')^{\mathrm{T}}$,则

$$\boldsymbol{\beta}^{\mathrm{T}}\boldsymbol{\alpha}=(\boldsymbol{P}\boldsymbol{\beta}_1)^{\mathrm{T}}\boldsymbol{P}\boldsymbol{\alpha}_1=\boldsymbol{\beta}_1^{\mathrm{T}}(\boldsymbol{P}^{\mathrm{T}}\boldsymbol{P})\boldsymbol{\alpha}_1=\boldsymbol{\beta}_1^{\mathrm{T}}\boldsymbol{\alpha}_1=b_1'x'+b_2'y'+b_3'z'. \quad ⑦$$

利用⑥,⑦,得二次曲面方程:

$$\lambda_1x'^2+\lambda_2y'^2+\lambda_3z'^2+2b_1'x'+2b_2'y'+2b_3'z'+k=0. \quad ⑧$$

人们感兴趣的是弯曲的曲面方程,因此不讨论平面的方程,重点给出九种常见的二次曲面的方程.

根据特征值 $\lambda_1,\lambda_2,\lambda_3$ 的取值情况,给出九种常见的曲面方程.

类型 1:$\lambda_1,\lambda_2,\lambda_3$ 均不为零,对式⑧进行配方,通过坐标轴的平移,可得 4 种标准方程:

$$\frac{x^2}{a^2}+\frac{y^2}{b^2}+\frac{z^2}{c^2}-1=0,(\text{椭球面})$$

$$\frac{x^2}{a^2}+\frac{y^2}{b^2}-\frac{z^2}{c^2}-1=0,(\text{单叶双曲面})$$

$$\frac{x^2}{a^2}-\frac{y^2}{b^2}-\frac{z^2}{c^2}-1=0,(\text{双叶双曲面})$$

$$\frac{x^2}{a^2}+\frac{y^2}{b^2}-\frac{z^2}{c^2}=0,(\text{二阶锥面})$$

类型 2:$\lambda_1,\lambda_2,\lambda_3$ 中只有一个特征值为零,不妨设 $\lambda_3=0$.有 4 种标准方程:

$$\frac{x^2}{a^2}+\frac{y^2}{b^2}-z=0,(\text{椭圆抛物面})$$

$$\frac{x^2}{a^2}-\frac{y^2}{b^2}-z=0,(\text{双曲抛物面})$$

$$\frac{x^2}{a^2}+\frac{y^2}{b^2}-1=0,(\text{椭圆柱面})$$

$$\frac{x^2}{a^2}-\frac{y^2}{b^2}-1=0.(\text{双曲柱面})$$

类型 3:$\lambda_1,\lambda_2,\lambda_3$ 中有两个特征值为零,不妨设 $\lambda_2=\lambda_3=0$.有 1 种标准方程:

$$y^2=2px.(\text{抛物柱面})$$

求类型 2、类型 3 标准方程时,除作坐标轴平移外,还会用到平面上直角坐标系的旋转公式.下面给出九种标准方程的图形.

椭圆抛物面

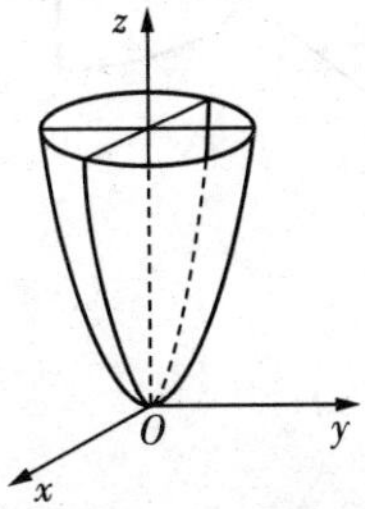

双曲抛物面

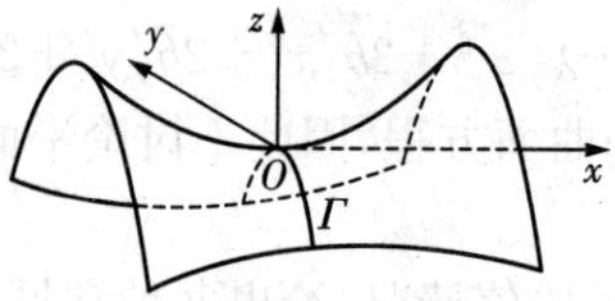

椭圆柱面

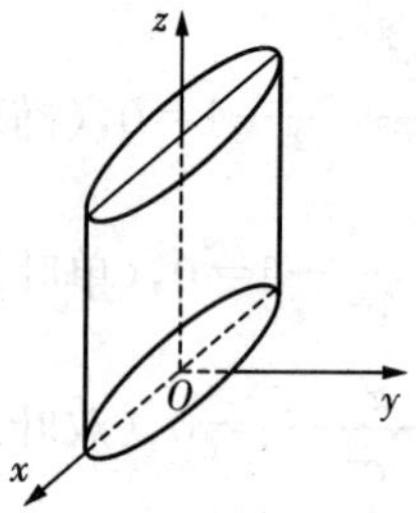

双面柱面

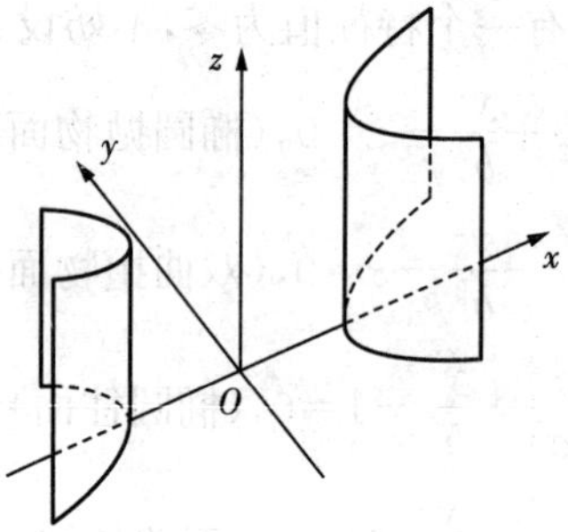

抛物柱面

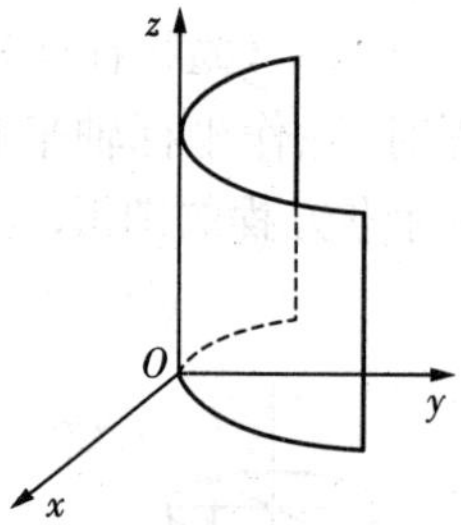

椭球面

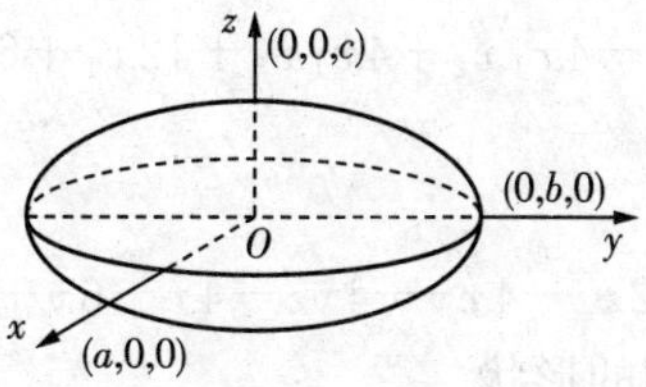

单叶双曲面

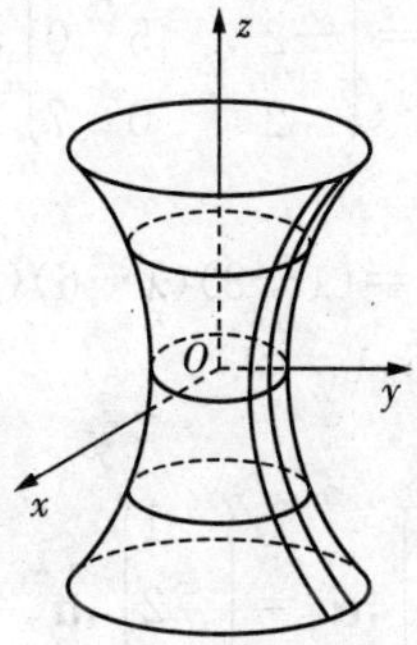

双叶双曲面

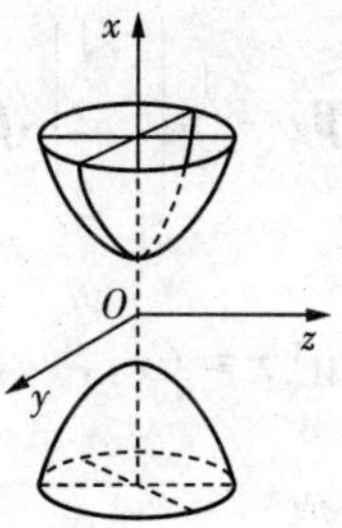

二阶锥面

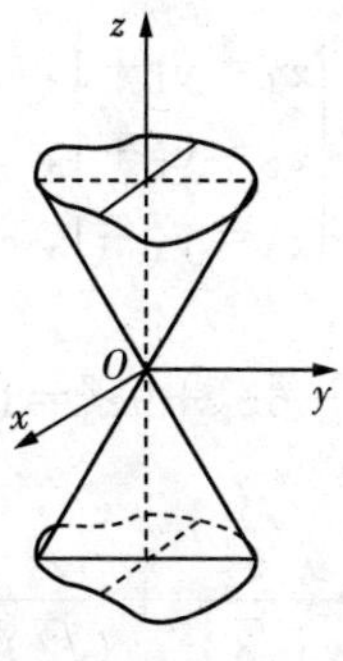

题 2　求解下列各题：

(1) 试用正交变换化简二次曲面方程

$$6x_1^2+5x_2^2+7x_3^2-4x_1x_2+4x_1x_3+12x_1+6x_2+18x_3=0,$$

并判断它是何种曲面；

(2) 化二次曲面

$$x^2+2y^2+2z^2-4xy-4yz-4x+6y+2z+1=0 \qquad ①$$

为标准形，并指出它们的形状.

解：(1) 方程左端对应的矩阵为

$$\boldsymbol{A}=\begin{pmatrix}6&-2&2\\-2&5&0\\2&0&7\end{pmatrix},$$

可求得特征多项式为

$$|\lambda\boldsymbol{I}-\boldsymbol{A}|=(\lambda-3)(\lambda-6)(\lambda-9),$$

矩阵 $\boldsymbol{A}$ 的特征值为 $\lambda_1=3,\lambda_2=6,\lambda_3=9$.

对应的特征向量分别为

$$\boldsymbol{\alpha}_1=\begin{pmatrix}2\\2\\-1\end{pmatrix},\boldsymbol{\alpha}_2=\begin{pmatrix}-1\\2\\2\end{pmatrix},\boldsymbol{\alpha}_3=\begin{pmatrix}2\\-1\\2\end{pmatrix}.$$

将它们分别单位化，得

$$\boldsymbol{\beta}_1=\frac{1}{3}\begin{pmatrix}2\\2\\-1\end{pmatrix},\boldsymbol{\beta}_2=\frac{1}{3}\begin{pmatrix}-1\\2\\2\end{pmatrix},\boldsymbol{\beta}_3=\frac{1}{3}\begin{pmatrix}2\\-1\\2\end{pmatrix}.$$

设 $\boldsymbol{Q}=\frac{1}{3}\begin{pmatrix}2&-1&2\\2&2&-1\\-1&2&2\end{pmatrix}$，记 $\boldsymbol{x}=(x_1,x_2,x_3)^{\mathrm{T}},\boldsymbol{y}=(y_1,y_2,y_3)^{\mathrm{T}}$.

令 $\boldsymbol{x}=\boldsymbol{Q}\boldsymbol{y}$，代入原曲面方程，得

$$3y_1^2+6y_2^2+9y_3^2+6y_1+12y_2+18y_3=0.$$

再令

$$\begin{cases}z_1=y_1+1,\\z_2=y_2+1,\\z_3=y_3+1,\end{cases}$$

得曲面方程：

$$3z_1^2+6z_2^2+9z_3^2=18.$$

其标准方程为

$$\frac{z_1^2}{(\sqrt{6})^2}+\frac{z_2^2}{(\sqrt{3})^2}+\frac{z_3^2}{(\sqrt{2})^2}=1,$$

这是一个椭球面，所用的正交变换为

$$\begin{cases} x_1=\dfrac{1}{3}(2z_1-z_2+2z_3)-1, \\ x_2=\dfrac{1}{3}(2x_1+2z_2-z_3)-1, \\ x_3=\dfrac{1}{3}(-z_1+2z_2+2z_3)-1. \end{cases}$$

评注：因为 $\boldsymbol{A}$ 的各阶顺序主子式 $6>0$，$\begin{vmatrix} 6 & -2 \\ -2 & 5 \end{vmatrix}26>0$，$|\boldsymbol{A}|=162>0$，故 $\boldsymbol{A}$ 为正定矩阵，从而对应的二次型所表示的曲面为椭球面.

(2) 记

$$\boldsymbol{A}=\begin{pmatrix} 1 & -2 & 0 \\ -2 & 2 & -2 \\ 0 & -2 & 3 \end{pmatrix},\boldsymbol{\alpha}=\begin{pmatrix} x \\ y \\ z \end{pmatrix},\boldsymbol{\beta}=\begin{pmatrix} -2 \\ 3 \\ 1 \end{pmatrix}.$$

则①可写成

$$\boldsymbol{\alpha}^{\mathrm{T}}\boldsymbol{A}\boldsymbol{\alpha}+2\boldsymbol{\beta}^{\mathrm{T}}\boldsymbol{\alpha}+1=0. \quad ②$$

先求矩阵 $\boldsymbol{A}$ 的特征值，特征方程为 $|\lambda\boldsymbol{I}-\boldsymbol{A}|=0$，

即

$$\begin{vmatrix} \lambda-1 & 2 & 0 \\ 2 & \lambda-2 & 2 \\ 0 & 2 & \lambda-3 \end{vmatrix}=0,$$

求得 3 个特征根 $\lambda_1=2,\lambda_2=5,\lambda_3=-1$.

对于 $\lambda_1=2$，解齐次线性方程组

$$(2\boldsymbol{I}-\boldsymbol{A})(x,y,z)^{\mathrm{T}}=0,$$

即

$$\begin{cases} x+2y=0, \\ 2x+2z=0, \\ 2y-z=0, \end{cases}$$

得特征向量 $\boldsymbol{\xi}_1=(2,-1,-2)^{\mathrm{T}}$.

同理，对于 $\lambda_2=5$，得特征向量 $\boldsymbol{\xi}_2=(1,-2,2)^{\mathrm{T}}$；

对于 $\lambda_3=-1$，得特征向量 $\boldsymbol{\xi}_3=(2,2,1)^{\mathrm{T}}$.

因为不同的特征值所对应的特征向量彼此正交，故只需将 $\boldsymbol{\xi}_1,\boldsymbol{\xi}_2,\boldsymbol{\xi}_3$ 单位化.经单位化后，得

$$\boldsymbol{\eta}_1=\frac{1}{3}(2,-1,-2)^{\mathrm{T}},\boldsymbol{\eta}_2=\frac{1}{3}(1,-2,2)^{\mathrm{T}},\boldsymbol{\eta}_3=\frac{1}{3}(2,2,1).$$

令

$$P=(\boldsymbol{\eta}_1,\boldsymbol{\eta}_2,\boldsymbol{\eta}_3)=\frac{1}{3}\begin{pmatrix}2&1&2\\-1&-2&2\\-2&2&1\end{pmatrix},$$

则 P 为正交矩阵.

记 $\boldsymbol{\alpha}_1=(x',y',z')^{\mathrm{T}}$，作非退化线性变换

$$\boldsymbol{\alpha}=P\boldsymbol{\alpha}_1, \tag{③}$$

即

$$\begin{pmatrix}x\\y\\z\end{pmatrix}=\frac{1}{3}\begin{pmatrix}2&1&2\\-1&-2&2\\-2&2&1\end{pmatrix}\begin{pmatrix}x'\\y'\\z'\end{pmatrix},$$

亦即

$$\begin{cases}x=\dfrac{1}{3}(2x'+y'+2z'),\\ y=\dfrac{1}{3}(-x'-2y'+2z'),\\ y=\dfrac{1}{3}(-2x'+2y'+z').\end{cases} \tag{④}$$

此时，

$$\boldsymbol{\alpha}^{\mathrm{T}}A\boldsymbol{\alpha}=\lambda_1x'^2+\lambda_2y'^2+\lambda_3z'^2,$$

即

$$\boldsymbol{\alpha}^{\mathrm{T}}A\boldsymbol{\alpha}=2x'^2+5y'^2-z'^2. \tag{⑤}$$

$$\begin{aligned}\boldsymbol{\beta}^{\mathrm{T}}\boldsymbol{\alpha}&=\boldsymbol{\beta}^{\mathrm{T}}P\boldsymbol{\alpha}_1=\frac{1}{3}(-2,3,1)\begin{pmatrix}2&1&2\\-1&-2&2\\-2&2&1\end{pmatrix}\begin{pmatrix}x'\\y'\\z'\end{pmatrix}\\&=\frac{1}{3}(-9,-6,3)\begin{pmatrix}x'\\y'\\z'\end{pmatrix}=(-3,-2,1)\begin{pmatrix}x'\\y'\\z'\end{pmatrix}=3x'-2y'+z'.\end{aligned} \tag{⑥}$$

将⑤，⑥代入②，有

$$2x'^2+5y'^2-z'^2-6x'-4y'+2z'+1=0.$$

将上式配方，得

$$2\left(x'-\frac{3}{2}\right)^2+5\left(y'-\frac{2}{5}\right)^2-(z'-1)^2-\frac{33}{10}=0.$$

作平移

$$\begin{cases} x''=x'-\dfrac{3}{2}, \\ y''=y'-\dfrac{2}{5}, \\ z''=z'-1. \end{cases}$$

得

$$2x''^2+5y''^2-z''^2-\frac{33}{10}=0,$$

即

$$\frac{x''^2}{\left(\sqrt{\frac{33}{20}}\right)^2}+\frac{y''^2}{\left(\sqrt{\frac{33}{50}}\right)^2}-\frac{z''^2}{\left(\sqrt{\frac{33}{10}}\right)^2}=1.$$

它代表单叶双曲面.

题 3 讨论形如

$$ax^2+2bxy+cy^2=1(ac-b^2\neq 0)$$

的方程所表示的二次曲线问题.

解:令

$$\boldsymbol{A}=\begin{pmatrix} a & b \\ b & c \end{pmatrix}, \boldsymbol{x}=\begin{pmatrix} x \\ y \end{pmatrix},$$

则二次曲线的方程可表示为

$$\boldsymbol{x}^{\mathrm{T}}\boldsymbol{A}\boldsymbol{x}=1.$$

设矩阵 $\boldsymbol{A}$ 的特征值分别为 λ_1,λ_2,因 $ac-b^2\neq 0$,故 λ_1,λ_2 都不为零.设对应的单位特征向量为 $\boldsymbol{\alpha}_1,\boldsymbol{\alpha}_2$,则正交变换 $\boldsymbol{x}=\boldsymbol{P}\boldsymbol{y}$,其中 $\boldsymbol{P}=(\boldsymbol{\alpha}_1,\boldsymbol{\alpha}_2)$,$\boldsymbol{y}=\begin{pmatrix} x' \\ y' \end{pmatrix}$把二次型 $\boldsymbol{x}^{T}\boldsymbol{A}\boldsymbol{x}$ 化为标准形

$$\lambda_1 x'^2+\lambda_2 y'^2,$$

于是曲线方程可化为

$$\lambda_1 x'^2+\lambda_2 y'^2=1.$$

由此可得:

(1) 当 $\lambda_1>0,\lambda_2>0$,即二次型 $\boldsymbol{x}^{\mathrm{T}}\boldsymbol{A}\boldsymbol{x}$ 为正定时,方程表示椭圆;

(2) 当 $\lambda_1\lambda_2<0$,即二次型 $\boldsymbol{x}^{\mathrm{T}}\boldsymbol{A}\boldsymbol{x}$ 为不定时,方程表示双曲线;

(3) 当 $\lambda_1<0,\lambda_2<0$,即二次型 $\boldsymbol{x}^{\mathrm{T}}\boldsymbol{A}\boldsymbol{x}$ 为负定时,方程不表示任何曲线.

当方程表示椭圆或双曲线时,其两条半轴长分别为$\dfrac{1}{\sqrt{|\lambda_1|}},\dfrac{1}{\sqrt{|\lambda_2|}}$.

在标准位置上的椭圆或双曲线以两条坐标轴为对称轴(主轴),在两坐标轴上分别取单位向量

$$\boldsymbol{e}_1=\begin{pmatrix} 1 \\ 0 \end{pmatrix}, \boldsymbol{e}_2=\begin{pmatrix} 0 \\ 1 \end{pmatrix},$$

设 $\boldsymbol{\alpha}_1=\begin{pmatrix}a_{11}\\a_{21}\end{pmatrix}$，$\boldsymbol{\alpha}_2=\begin{pmatrix}a_{12}\\a_{22}\end{pmatrix}$，则 $\boldsymbol{P}=\begin{pmatrix}a_{11}&a_{12}\\a_{21}&a_{22}\end{pmatrix}$.

于是

$$\boldsymbol{e}_1'=\boldsymbol{P}^{\mathrm{T}}\boldsymbol{e}_1=\begin{pmatrix}a_{11}&a_{21}\\a_{12}&a_{22}\end{pmatrix}\begin{pmatrix}1\\0\end{pmatrix}=\begin{pmatrix}a_{11}\\a_{12}\end{pmatrix},$$

$$\boldsymbol{e}_2'=\boldsymbol{P}^{\mathrm{T}}\boldsymbol{e}_2=\begin{pmatrix}a_{11}&a_{21}\\a_{12}&a_{22}\end{pmatrix}\begin{pmatrix}0\\1\end{pmatrix}=\begin{pmatrix}a_{21}\\a_{22}\end{pmatrix}.$$

因 $\boldsymbol{e}_1'$，$\boldsymbol{e}_2'$为二次曲线在新坐标系中的对称轴，故 $\boldsymbol{\alpha}_1$，$\boldsymbol{\alpha}_2$ 为二次曲线在新坐标系中的对称轴.

举例如下：判别二次方程 $x^2-8xy-5y^2=21$ 表示何种曲线，并画出其图形.

解：方程左端的二次型对应的矩阵为 $\boldsymbol{A}=\begin{pmatrix}1&-4\\-4&-5\end{pmatrix}$，$\boldsymbol{A}$ 的特征值是 3，-7，对应的特征向量为

$$\boldsymbol{\alpha}_1=\begin{pmatrix}\dfrac{2}{\sqrt{5}}\\-\dfrac{1}{\sqrt{5}}\end{pmatrix},\boldsymbol{\alpha}_2=\begin{pmatrix}\dfrac{1}{\sqrt{5}}\\\dfrac{2}{\sqrt{5}}\end{pmatrix},$$

所以该二次方程所表示的二次曲线为双曲线，主轴为 $\boldsymbol{\alpha}_1$，$\boldsymbol{\alpha}_2$.在新坐标系中的方程为

$$\frac{x'^2}{(\sqrt{7})^2}-\frac{y'^2}{(\sqrt{3})^2}=1.$$

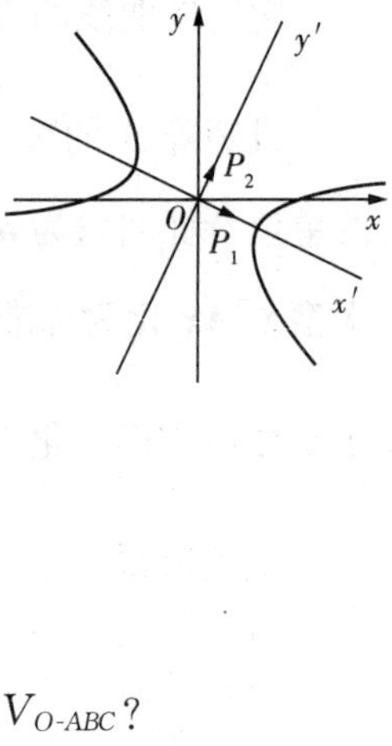

如右图所示.

评注：所作的正交变换为

$$\begin{pmatrix}x\\y\end{pmatrix}=\begin{pmatrix}\dfrac{2}{\sqrt{5}}&\dfrac{1}{\sqrt{5}}\\-\dfrac{1}{\sqrt{5}}&\dfrac{2}{\sqrt{5}}\end{pmatrix}\begin{pmatrix}x'\\y'\end{pmatrix}.$$

题 4　欧拉(Euler)四面体问题.

如何用四面体的 6 条棱长表出四面体 O-ABC 的体积 $V_{O\text{-}ABC}$？

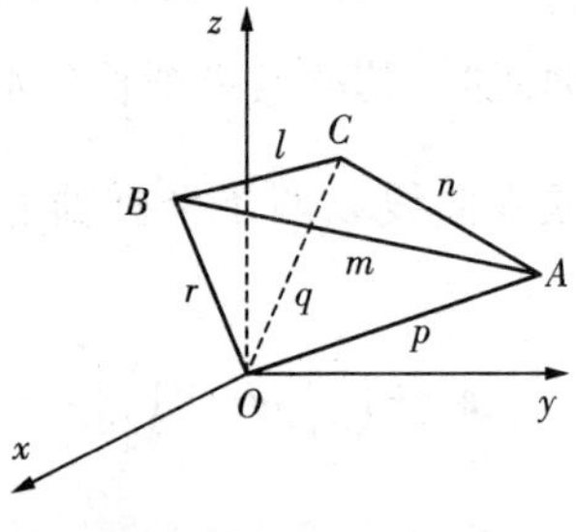

解:选取 O 为直角坐标系的原点,建立如上图所示的直角坐标.设 $A(a_1,b_1,c_1)$,$B(a_2,b_2,c_2)$,$C(a_3,b_3,c_3)$.又 6 条棱长分别为 l,m,n,p,q,r.记以$\overrightarrow{OA}$,$\overrightarrow{OB}$,$\overrightarrow{OC}$为棱的平行六面体的体积为 V_6,则 $V_{O\text{-}ABC}=\frac{1}{6}V_6$.当$\overrightarrow{OA}$,$\overrightarrow{OB}$,$\overrightarrow{OC}$构成右手系时,

$$V_6=(\overrightarrow{OA}\times\overrightarrow{OB})\cdot\overrightarrow{OC}=\begin{vmatrix}a_1&b_1&c_1\\a_2&b_2&c_2\\a_3&b_3&c_3\end{vmatrix},$$

故

$$6V_{O\text{-}ABC}=\begin{vmatrix}a_1&b_1&c_1\\a_2&b_2&c_2\\a_3&b_3&c_3\end{vmatrix}.$$

因为行列式转置后其值不变,且行列式的乘积等于乘积的行列式,从而

$$\begin{aligned}36V_{O\text{-}ABC}^2&=\begin{vmatrix}a_1&b_1&c_1\\a_2&b_2&c_2\\a_3&b_3&c_3\end{vmatrix}\cdot\begin{vmatrix}a_1&b_1&c_1\\a_2&b_2&c_2\\a_3&b_3&c_3\end{vmatrix}\\&=\begin{vmatrix}a_1&b_1&c_1\\a_2&b_2&c_2\\a_3&b_3&c_3\end{vmatrix}\cdot\begin{vmatrix}a_1&a_2&a_3\\b_1&b_2&b_3\\c_1&c_2&c_3\end{vmatrix}\\&=\begin{vmatrix}a_1^2+b_1^2+c_1^2&a_1a_2+b_1b_2+c_1c_2&a_1a_3+b_1b_3+c_1c_3\\a_1a_2+b_1b_2+c_1c_2&a_2^2+b_2^2+c_2^2&a_2a_3+b_2b_3+c_2c_3\\a_1a_3+b_1b_3+c_1c_3&a_2a_3+b_2b_3+c_2c_3&a_3^2+b_3^2+c_3^2\end{vmatrix}.\end{aligned}$$

由于

$\overrightarrow{OA}\cdot\overrightarrow{OA}=a_1^2+b_1^2+c_1^2$,$\overrightarrow{OB}\cdot\overrightarrow{OB}=a_2^2+b_2^2+c_2^2$,$\overrightarrow{OC}\cdot\overrightarrow{OC}=a_3^2+b_3^2+c_3^2$;

$\overrightarrow{OA}\cdot\overrightarrow{OB}=a_1a_2+b_1b_2+c_1c_2$,$\overrightarrow{OB}\cdot\overrightarrow{OC}=a_2a_3+b_2b_3+c_2c_3$,

$\overrightarrow{OA}\cdot\overrightarrow{OC}=a_1a_3+b_1b_3+c_1c_3$.

又

$$\overrightarrow{OA}\cdot\overrightarrow{OA}=p^2,\overrightarrow{OB}\cdot\overrightarrow{OB}=q^2,\overrightarrow{OC}\cdot\overrightarrow{OC}=r^2.$$

运用余弦定理,知

$$\overrightarrow{OA}\cdot\overrightarrow{OB}=p\cdot q\cdot\cos\overrightarrow{OA}\,\hat{,}\,\overrightarrow{OB}=\frac{p^2+q^2-n^2}{2}.$$

同理可得

$$\overrightarrow{OB}\cdot\overrightarrow{OC}=\frac{q^2+r^2-l^2}{2},\overrightarrow{OA}\cdot\overrightarrow{OC}=\frac{p^2+r^2-m^2}{2}.$$

最后

$$V_{O\text{-}ABC}^2=\frac{1}{36}\begin{vmatrix} p^2 & p^2+q^2-n^2 & p^2+\frac{r^2}{2}-m^2 \\ p^2+q^2-n^2 & q^2 & q^2+\frac{r^2}{2}-l^2 \\ \frac{p^2+r^2-m^2}{2} & \frac{q^2+r^2-l^2}{2} & r^2 \end{vmatrix}.$$

题5 斐波那契数列.

意大利数学家斐波那契(Fibonacci)在1202年所著《算法之书》中提出了一个问题:如果一对兔子,第二个月成年,第三个月产下一对小兔,以后每个月都生产一对小兔,而所生小兔也在第二个月成年,第三个月开始每月生产一对小兔,假定每产一对小兔必为一雌一雄,且均无死亡.试问:一年后共有几对小兔?

解:设1月初为一对兔子,则一个月后即2月初,这对兔子还未开始繁殖,依然是一对;3月初,它们生了一对兔子,此时有两对兔子;从3月开始,每月的兔子总数等于它前面两个月的兔子总数之和.由

$$1,1,2,3,5,8,13,21,34,55,89,144 \qquad ①$$

可见,一年后的兔子共有144对.

将①有限项数列按上述规律写成无限项数列称为斐波那契数列,数列的每一项称为斐波那契数.

斐波那契数列的递推关系式为

$$F_{n+2}=F_{n+1}+F_n\,(n=1,2,\cdots), \qquad ②$$

其中 $F_1=F_2=1$.

$$\begin{pmatrix} F_{n+2} \\ F_{n+1} \end{pmatrix}=\begin{pmatrix} F_{n+1}+F_n \\ F_{n+1} \end{pmatrix}=\begin{pmatrix} 1 & 1 \\ 1 & 0 \end{pmatrix}\begin{pmatrix} F_{n+1} \\ F_n \end{pmatrix}, \qquad ③$$

$$\begin{pmatrix} F_2 \\ F_1 \end{pmatrix}=\begin{pmatrix} 1 \\ 1 \end{pmatrix}.$$

记 $\boldsymbol{\alpha}_n=\begin{pmatrix} F_{n+1} \\ F_n \end{pmatrix}$,$\boldsymbol{A}=\begin{pmatrix} 1 & 1 \\ 1 & 0 \end{pmatrix}$,则③可写作

$$\boldsymbol{\alpha}_{n+1}=\boldsymbol{A}\boldsymbol{\alpha}_n\,(n=1,2,\cdots). \qquad ④$$

由此,可得递推式

$$\boldsymbol{\alpha}_n=\boldsymbol{A}^{n-1}\boldsymbol{\alpha}_1 \quad (n=1,2,\cdots). \qquad ⑤$$

这样,求 F_n 的问题归结为求 $\boldsymbol{A}^{n-1}$ 的问题.

矩阵 $\boldsymbol{A}$ 的特征方程为

$$|\lambda\boldsymbol{I}-\boldsymbol{A}|=0,$$

即

$$\begin{vmatrix} \lambda-1 & -1 \\ -1 & \lambda \end{vmatrix}=0,$$

亦即

$$\lambda^2-\lambda-1=0.$$

两个特征根为

$$\lambda_1=\frac{1+\sqrt{5}}{2},\lambda_2=\frac{1-\sqrt{5}}{2}. \qquad ⑥$$

将 λ_1,λ_2 代入齐次方程组 $(\lambda_i \boldsymbol{I}-\boldsymbol{A})\boldsymbol{x}=\boldsymbol{0}$，可求得相应的特征向量

$$\boldsymbol{p}_1=\begin{pmatrix}\lambda_1\\1\end{pmatrix},\boldsymbol{p}_2=\begin{pmatrix}\lambda_2\\p\end{pmatrix}.$$

令

$$\boldsymbol{P}=(\boldsymbol{p}_1,\boldsymbol{p}_2)=\begin{pmatrix}\lambda_1 & \lambda_2\\1 & 1\end{pmatrix}.$$

$\boldsymbol{P}$ 的逆矩阵

$$\boldsymbol{P}^{-1}=\frac{1}{\lambda_1-\lambda_2}\begin{pmatrix}1 & -\lambda_2\\-1 & \lambda_1\end{pmatrix}.$$

从而

$$\boldsymbol{P}^{-1}\boldsymbol{A}\boldsymbol{P}=\begin{pmatrix}\lambda_1 & 0\\0 & \lambda_2\end{pmatrix},$$

即

$$\boldsymbol{A}=\boldsymbol{P}\begin{pmatrix}\lambda_1 & 0\\0 & \lambda_2\end{pmatrix}\boldsymbol{P}^{-1}.$$

因此

$$\boldsymbol{A}^{n-1}=\left[\boldsymbol{P}\begin{pmatrix}\lambda_1 & 0\\0 & \lambda_2\end{pmatrix}\boldsymbol{P}^{-1}\right]^{n-1}=\boldsymbol{P}\begin{pmatrix}\lambda_1 & 0\\0 & \lambda_2\end{pmatrix}^{n-1}\boldsymbol{P}^{-1}$$

$$=\boldsymbol{P}\begin{pmatrix}\lambda_1^{n-1} & 0\\0 & \lambda_2^{n-1}\end{pmatrix}\boldsymbol{P}^{-1}$$

$$=\frac{1}{\lambda_1-\lambda_2}\begin{pmatrix}\lambda_1^n-\lambda_2^n & \lambda_1\lambda_2^n-\lambda_2\lambda_1^n\\ \lambda_1^{n-1}-\lambda_2^{n-1} & \lambda_1\lambda_2^{n-1}-\lambda_2\lambda_1^{n-1}\end{pmatrix}.$$

由⑤，得

$$\begin{pmatrix}F_{n+1}\\F_n\end{pmatrix}=\boldsymbol{A}^{n-1}\begin{pmatrix}1\\1\end{pmatrix}=\frac{1}{\lambda_1-\lambda_2}\begin{pmatrix}\lambda_1^n(1-\lambda_2)+\lambda_2^n(\lambda_1-1)\\ \lambda_1^{n-1}(1-\lambda_2)+\lambda_2^{n-1}(\lambda_1-1)\end{pmatrix}.$$

利用 $\lambda_1+\lambda_2=1$，有

$$\begin{pmatrix} F_{n+1} \\ F_n \end{pmatrix} = \frac{1}{\lambda_1 - \lambda_2} \begin{pmatrix} \lambda_1^{n+1} - \lambda_2^{n+1} \\ \lambda_1^n - \lambda_2^n \end{pmatrix}.$$

将⑥代入上式，得

$$F_n = \frac{1}{\sqrt{5}} \left(\left(\frac{1+\sqrt{5}}{2} \right)^n - \left(\frac{1-\sqrt{5}}{2} \right)^n \right).$$

题6 矩阵加密问题：

在密码学中，称原来的消息为明文，经过伪装的明文则为密文，由明文变成密文的过程称为加密，改变明文的方法称为密码.密码在军事上和商业上是一种保密通信技术.用矩阵加密是其中一种加密方法.

首先，进行信息编码.把26个字母$A,B,C,\cdots,Z$分别映射到$1,2,3,\cdots,26$.在字母和数字间建立一一对应关系，即

$$\begin{array}{ccccc} A & B & C & \cdots & Z \\ \updownarrow & \updownarrow & \updownarrow & & \updownarrow \\ 1 & 2 & 3 & \cdots & 26 \end{array}$$

假设我们要送出信息“Action now”，则此信息编码为1,3,20,9,15,14,14,15,23，将这9个数字写成3×3矩阵，即

$$\boldsymbol{M} = \begin{pmatrix} 1 & 9 & 14 \\ 3 & 15 & 15 \\ 20 & 14 & 23 \end{pmatrix}.$$

其次，用矩阵对编码加密，选择一个矩阵$\boldsymbol{A}$，其元素均为整数，且行列式$|\boldsymbol{A}|=1$或-1，那么由$\boldsymbol{A}^{-1}=\dfrac{\boldsymbol{A}^*}{|\boldsymbol{A}|}$，知$\boldsymbol{A}^{-1}$的元素均为整数，称矩阵$\boldsymbol{A}$为加密矩阵，称$\boldsymbol{A}^{-1}$为解密矩阵.

例如，取$\boldsymbol{A}=\begin{pmatrix} 2 & 2 & 3 \\ 1 & -1 & 0 \\ -1 & 2 & 1 \end{pmatrix}$，其逆矩阵$\boldsymbol{A}^{-1}=\begin{pmatrix} 1 & -4 & -3 \\ 1 & -5 & -3 \\ -1 & 6 & 4 \end{pmatrix}$，将要发的信息矩阵$\boldsymbol{M}$与矩阵$\boldsymbol{A}$相乘，得

$$\boldsymbol{AM} = \begin{pmatrix} 2 & 2 & 3 \\ 1 & -1 & 0 \\ -1 & 2 & 1 \end{pmatrix} \begin{pmatrix} 1 & 9 & 14 \\ 3 & 15 & 15 \\ 20 & 14 & 23 \end{pmatrix} = \begin{pmatrix} 68 & 90 & 127 \\ -2 & -6 & -1 \\ 25 & 35 & 39 \end{pmatrix}.$$

加密后，对应发出的密文编码为68,−2,25,90,−6,35,127,−1,39.

接下来，对编码解密，合法用户接到密文编码矩阵后，用$\boldsymbol{A}^{-1}$左乘密文编码矩阵，即可解密得到明文：

$$\boldsymbol{A}^{-1}(\boldsymbol{AM}) = \begin{pmatrix} 1 & -4 & -3 \\ 1 & -5 & -3 \\ -1 & 6 & 4 \end{pmatrix} \begin{pmatrix} 68 & 90 & 127 \\ -2 & -6 & -1 \\ 25 & 35 & 39 \end{pmatrix} = \begin{pmatrix} 1 & 9 & 14 \\ 3 & 15 & 15 \\ 20 & 14 & 23 \end{pmatrix}.$$

查编码表，可得信息“Action now”.

题 7　交通流量问题.

在某城市的中心区，几条单行道彼此交叉，每个道路交叉口的交通流量(以每小时经过交叉口的平均车辆数计)如下图所示.试确定这个交通流量图的一般模型.

分析本问题的解.关于交通流量的基本假设是:(1) 交通网络的总流入量等于总流出量;(2) 全部流入每一个路口的流量等于全部流出此路口的流量.

根据各路口进出流量平衡关系，在每个交叉路口车辆驶入数目等于车辆驶出数目.如下表所示.

交叉路口	车辆驶入数目		车辆驶出数目
A	$300+500$	$=$	x_1+x_2
B	x_2+x_4	$=$	x_3+300
C	$100+400$	$=$	x_4+x_5
D	x_1+x_5	$=$	600

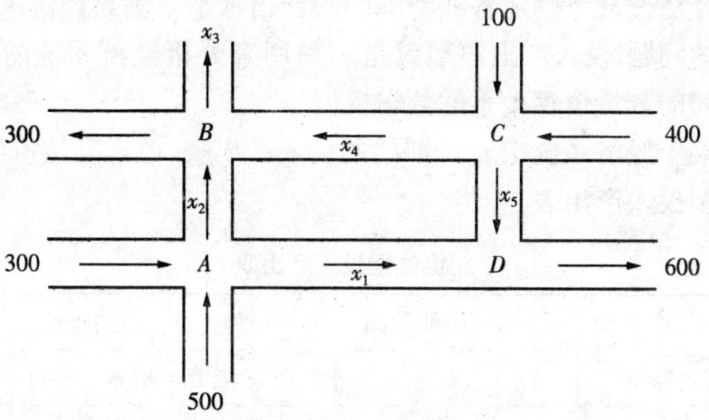

另外，该交通网络中的总流入量等于总流出量，即

$$300+500+100+400=300+x_3+600.$$

整理后，5 个方程联立可得下面的方程组：

$$\begin{cases} x_1+x_2=800, \\ x_2-x_3+x_4=300, \\ x_4+x_5=500, \\ x_1+x_5=600, \\ x_3=400. \end{cases}$$

根据此方程组的特点，类似于消元法，可将 x_5 看成自由变量.除 $x_3=400$ 外，其余三个变量 x_1,x_2,x_4 均可用 x_5 表示，即

$$\begin{cases}x_1=600-x_5,\\x_2=200+x_5,\\x_3=400,\\x_4=500-x_5.\end{cases}$$

由此可知，方程组有无穷多组解.

由于本问题中的道路是单行路，不能有负值变量，从而 $0\leqslant x_5\leqslant 500$，其他变量的约束条件为

$$100\leqslant x_1\leqslant 600,\ 200\leqslant x_2\leqslant 700,\ 0\leqslant x_4\leqslant 500.$$

实际生活中的网络流量问题也可用相同的方法来说明.

题 8 投入产出模型.

投入产出模型是一种研究一个经济系统各部门之间“投入”与“产出”关系的线性模型.在一个经济系统中，每个部门作为生产者，既要为该系统内各个部门(包括本部门)进行生产提供一定产品，又要满足系统外部对该产品的需求，即为“产出”;另一方面，每个部门为了生产其产品，必然又是消耗者，要消耗本部门和该系统内部其他部门所生产的产品，如原材料、设备、能源、人力等，即为“投入”.如何在特定经济形式下确定各经济部门的产出水平以满足经济系统的需要是一个十分重要的问题.投入产出模型就是一种用来分析经济系统内部各部门的生产和分配之间的数量依存关系的数学模型.

下表是某个经济系统中 n 个部门的投入产出表，此表是按价值形式编制的，也称为价值型投入产出表

价值型投入产出表

投入 \ 产出			中间产品				最终产品				总产品
			1	2	…	n	消费	积累	出口	小计	
生产资料补偿价值	生产部门	1	x_{11}	x_{12}	…	x_{1n}				y_1	x_1
		2	x_{21}	x_{22}	…	x_{2n}				y_2	x_2
		⋮	⋮	⋮		⋮				⋮	⋮
		n	x_{n1}	x_{n2}	…	x_{nn}				y_n	x_n
	固定资产折旧		d_1	d_2	…	d_n					
新创造价值	劳动报酬		v_1	v_2	…	v_n					
	纯收入		m_1	m_2	…	m_n					
	合计		z_1	z_2	…	z_n					
总产值			x_1	x_2	…	x_n					

对价值型投入产出表做以下说明：

(1) x_i 表示第 i 个部门的总产值，$x_i \geqslant 0 (i=1,2,\cdots,n)$；

x_{ij} 表示第 i 个部门分配给第 j 个部门的产值数，或者说第 j 个部门消耗第 i 个部门的产值数；

y_i 表示第 i 个部门的最终产值，$y_i \geqslant 0 (i=1,2,\cdots,n)$；

d_j 表示第 j 个部门的固定资产折旧$(j=1,2,\cdots,n)$；

v_j 表示第 j 个部门的劳动报酬$(j=1,2,\cdots,n)$；

m_j 表示第 j 个部门的纯收入$(j=1,2,\cdots,n)$；

z_j 表示第 j 个部门新创造的价值，即 $z_j=v_j+m_j (j=1,2,\cdots,n)$.

(2) 投入产出表分 4 个部分，称为 4 个象限.

左上角为第一象限，反映了各部门之间的出产技术联系，是投入产出表最基本的部分，每个部门都以生产者和消费者的双重身份出现，作为生产部门时，以自己的产品分配给各部门；作为消耗部门时，它在生产过程中消耗各部门的产品.

右上角为第二象限，反映了各部门最终产品分配情况.

左下角为第三象限，包括各生产部门的固定资产折旧和新创造价值部分，反映了收入的初次分配情况.

右下角为第四象限，反映收入的再分配过程，比较复杂，有待进一步研究，故在编表时略去.

从表中第一、二象限每一行来看，每个部门分配给各部门的产值加上该部门的最终产值，应等于该部门的总产值，即

$$\begin{cases} x_1=x_{11}+x_{12}+\cdots+x_{1n}+y_1, \\ x_2=x_{21}+x_{22}+\cdots+x_{2n}+y_2, \\ \qquad\cdots\cdots \\ x_n=x_{n1}+x_{n2}+\cdots+x_{nn}+y_n. \end{cases} \qquad ①$$

或简写为

$$x_i=\sum_{j=1}^{n} x_{ij}+y_i (i=1,2,\cdots,n). \qquad ②$$

①式或②式称为分配平衡方程组.

从表中第一、三象限每一列来看，每个部门作为消耗部门时，各部门对它的投入产值加上该部门的固定资产折扣、新创造价值之和等于该部门的总产值，即

$$\begin{cases} x_1=x_{11}+x_{21}+\cdots+x_{n1}+d_1+z_1, \\ x_2=x_{12}+x_{22}+\cdots+x_{n2}+d_2+z_2, \\ \qquad\cdots\cdots \\ x_n=x_{1n}+x_{2n}+\cdots+x_{nn}+d_n+z_n. \end{cases} \qquad ③$$

或简写为

$$x_j=\sum_{i=1}^{n}x_{ij}+d_j+z_j(j=1,2,\cdots,n). \quad ④$$

③式或④式称为消耗平衡方程组.

若记第 j 个部门生产单位产品直接消耗第 i 个部门的产品量为 a_{ij}，即

$$a_{ij}=\frac{x_{ij}}{x_j}(i,j=1,2,\cdots,n), \quad ⑤$$

并称 a_{ij} 为第 j 个部门对第 i 个部门的直接消耗系数.

由直接消耗系数构成的 n 阶方阵

$$\boldsymbol{A}=\begin{pmatrix} a_{11} & a_{12} & \cdots & a_{1n} \\ a_{21} & a_{22} & \cdots & a_{2n} \\ \vdots & \vdots & & \vdots \\ a_{n1} & a_{n2} & \cdots & a_{nn} \end{pmatrix}$$

称为直接消耗矩阵.

将 $x_{ij}=a_{ij}x_j$ 代入分配平衡方程组①，得

$$\begin{cases} x_1=a_{11}x_1+a_{12}x_2+\cdots+a_{1n}x_n+y_1, \\ x_2=a_{21}x_1+a_{22}x_2+\cdots+a_{2n}x_n+y_2, \\ \qquad\cdots\cdots \\ x_n=a_{n1}x_1+a_{n2}x_2+\cdots+a_{nn}x_n+y_n. \end{cases} \quad ⑥$$

记 $\boldsymbol{x}=(x_1,x_2,\cdots,x_n)^{\mathrm{T}}$，$\boldsymbol{y}=(y_1,y_2,\cdots,y_n)^{\mathrm{T}}$，则⑥式可写成

$$\boldsymbol{x}=\boldsymbol{A}\boldsymbol{x}+\boldsymbol{y},$$

或

$$(\boldsymbol{I}-\boldsymbol{A})\boldsymbol{x}=\boldsymbol{y}. \quad ⑦$$

若将 $x_{ij}=a_{ij}x_j$ 代入消耗平衡方程组③，得

$$\begin{cases} x_1=a_{11}x_1+a_{21}x_1+\cdots+a_{n1}x_1+d_1+z_1, \\ x_2=a_{12}x_2+a_{22}x_2+\cdots+a_{n2}x_2+d_2+z_2, \\ \qquad\cdots\cdots \\ x_n=a_{1n}x_n+a_{2n}x_n+\cdots+a_{nn}x_n+d_n+z_n. \end{cases} \quad ⑧$$

记 $\boldsymbol{x}=(x_1,x_2,\cdots,x_n)^{\mathrm{T}}$，$\boldsymbol{z}=(z_1,z_2,\cdots,z_n)^{\mathrm{T}}$，$\boldsymbol{d}=(d_1,d_2,\cdots,d_n)^{\mathrm{T}}$，

$$\boldsymbol{C}=\begin{pmatrix} \sum_{i=1}^{n}a_{i1} & & & \\ & \sum_{i=1}^{n}a_{i2} & & \\ & & \ddots & \\ & & & \sum_{i=1}^{n}a_{in} \end{pmatrix}$$

则⑧式可写成

$$\boldsymbol{x}=\boldsymbol{C}\boldsymbol{x}+\boldsymbol{d}+\boldsymbol{z},$$

或

$$(\boldsymbol{I}-\boldsymbol{C})\boldsymbol{x}=\boldsymbol{d}+\boldsymbol{z}. \qquad ⑨$$

在利用投入产出数学模型进行经济分析时，首先根据该经济系统报告期的数据求出直接消耗系数矩阵 $\boldsymbol{A}$，并假设在未来一段时期内直接消耗系数 $a_{ij}(i,j=1,2,\cdots,n)$ 不发生变化，则可由⑦式和⑨式求得平衡方程组的解.

$$\boldsymbol{x}=(\boldsymbol{I}-\boldsymbol{A})^{-1}\boldsymbol{y}, \text{或 } \boldsymbol{x}=(\boldsymbol{I}-\boldsymbol{C})^{-1}(\boldsymbol{d}+\boldsymbol{z}).$$

题 9 劳动力就业转移问题.

某中小城市共 30 万人从事农、工、商工作，假定这个总人数在若干年内保持不变，经社会调查表明：

(1) 在这 30 万就业人员中，约有 15 万人从事农业工作，9 万人从事工业工作，6 万人经商；

(2) 在务农人员中，每年约有 20%转为务工，10%转为经商；

(3) 在务工人员中，每年约有 20%转为务农，10%转为经商；

(4) 在经商人员中，每年约有 10%转为务农，10%转为务工.

现在预测一年后从事各职业人员的人数，以及经过多年之后，从事各职业人员总数的发展趋势.

分析：用向量 $\boldsymbol{\alpha}_k=(x_k,y_k,z_k)^{\mathrm{T}}$ 表示第 k 年后从事这三种职业的人员数，则 $\boldsymbol{\alpha}_0=(15,9,6)^{\mathrm{T}}$ 为初始人数，于是一年后从事农、工、商三种职业的人数分别为

$$\begin{cases} x_1=0.7x_0+0.2y_0+0.1z_0, \\ y_1=0.2x_0+0.7y_0+0.1z_0, \\ z_0=0.1x_0+0.1y_0+0.8z_0, \end{cases}$$

即

$$\begin{pmatrix} x_1 \\ y_1 \\ z_1 \end{pmatrix}=\begin{pmatrix} 0.7 & 0.2 & 0.1 \\ 0.2 & 0.7 & 0.1 \\ 0.1 & 0.1 & 0.8 \end{pmatrix}\begin{pmatrix} x_0 \\ y_0 \\ z_0 \end{pmatrix},$$

亦即 $\boldsymbol{\alpha}_1=\boldsymbol{A}\boldsymbol{\alpha}_0$，其中

$$\boldsymbol{A}=\begin{pmatrix} 0.7 & 0.2 & 0.1 \\ 0.2 & 0.7 & 0.1 \\ 0.1 & 0.1 & 0.8 \end{pmatrix}.$$

又 $\boldsymbol{\alpha}_0=(15,9,6)^{\mathrm{T}}$，代入得 $\boldsymbol{\alpha}_1=(x_1,y_1,z_1)^{\mathrm{T}}=(12,9,9.9,7.2)^{\mathrm{T}}$.

同理，由 $\boldsymbol{\alpha}_2=\boldsymbol{A}^2\boldsymbol{\alpha}_0$，可得 $\boldsymbol{\alpha}_2=(11.73,10.23,8.04)^{\mathrm{T}}$，即两年后从事各职业的人数分别为 11.73 万人，10.23 万人，8.04 万人.

依此类推，$\boldsymbol{\alpha}_k=\boldsymbol{A}\boldsymbol{\alpha}_{k-1}=\cdots=\boldsymbol{A}^k\boldsymbol{\alpha}_0$，即

$$\begin{pmatrix}x_k\\y_k\\z_k\end{pmatrix}=\begin{pmatrix}0.7&0.2&0.1\\0.2&0.7&0.1\\0.1&0.1&0.8\end{pmatrix}^k\begin{pmatrix}x_0\\y_0\\z_0\end{pmatrix}.$$

令 $\boldsymbol{\alpha}_0=(x_0,y_0,z_0)^{\mathrm{T}}=(15,9,6)^{\mathrm{T}}$，$\boldsymbol{\alpha}_k=(x_k,y_k,z_k)^{\mathrm{T}}$，

$\boldsymbol{A}=\begin{pmatrix}0.7&0.2&0.1\\0.2&0.7&0.1\\0.1&0.1&0.8\end{pmatrix}$，$\boldsymbol{A}$ 为实对称矩阵，①式即为

$$\boldsymbol{\alpha}_k=\boldsymbol{A}^k\boldsymbol{\alpha}_0. \qquad ②$$

矩阵 $\boldsymbol{A}$ 的特征方程为 $|\lambda\boldsymbol{I}-\boldsymbol{A}|=0$，即

$$\begin{vmatrix}\lambda-0.7&-0.2&-0.1\\-0.2&\lambda-0.7&-0.1\\-0.1&-0.1&\lambda-0.8\end{vmatrix}=0,$$

而

$$\begin{vmatrix}\lambda-0.7&-0.2&-0.1\\-0.2&\lambda-0.7&-0.1\\-0.1&-0.1&\lambda-0.8\end{vmatrix}\xlongequal{(2)-2(3)}\begin{vmatrix}\lambda-0.7&-0.2&-0.1\\0&\lambda-0.5&-2\lambda+1.5\\-0.1&-0.1&\lambda-0.8\end{vmatrix}$$

$$\xlongequal[\widehat{2}-2\widehat{3}]{}\begin{vmatrix}\lambda-0.7&0&-0.1\\0&5\lambda-3.5&-2\lambda+1.5\\-0.1&-2\lambda+1.5&\lambda-0.8\end{vmatrix}$$

$$\begin{aligned}&=(\lambda-0.7)[5(\lambda-0.7)(\lambda-0.8)-(2\lambda-1.5)^2]\\&\quad-0.1\times0.5(\lambda-0.7)\\&=(\lambda-0.7)(\lambda^2-1.5\lambda+0.5)\\&=(\lambda-0.7)(\lambda-1)(\lambda-0.5).\end{aligned}$$

因此，矩阵 $\boldsymbol{A}$ 的三个特征值为 $\lambda_1=1$，$\lambda_2=0.7$，$\lambda_3=0.5$.

对于 $\lambda_1=1$，解齐次线性方程组 $(\lambda_1\boldsymbol{I}-\boldsymbol{A})\boldsymbol{x}=\boldsymbol{0}$，即

$$\begin{pmatrix}0.3&-0.2&-0.1\\-0.2&0.3&-0.1\\-0.1&-0.1&0.2\end{pmatrix}\begin{pmatrix}x_1\\x_2\\x_3\end{pmatrix}=\begin{pmatrix}0\\0\\0\end{pmatrix},$$

得特征向量 $\boldsymbol{\alpha}_1=(1,1,1)^{\mathrm{T}}$.

对于 $\lambda_2=0.7$，解齐次线性方程组 $(\lambda_2\boldsymbol{I}-\boldsymbol{A})\boldsymbol{x}=\boldsymbol{0}$，即

$$\begin{pmatrix}0&-0.2&-0.1\\-0.2&0&-0.1\\-0.1&-0.1&-0.1\end{pmatrix}\begin{pmatrix}x_1\\x_2\\x_3\end{pmatrix}=\begin{pmatrix}0\\0\\0\end{pmatrix},$$

得特征向量 $\boldsymbol{\alpha}_2=(1,1,-2)^{\mathrm{T}}$.

对于 $\lambda_3=0.5$,解齐次线性方程组 $(\lambda_3\boldsymbol{I}-\boldsymbol{A})\boldsymbol{x}=\boldsymbol{0}$,即

$$\begin{pmatrix}-0.2 & -0.2 & -0.1\\ -0.2 & -0.2 & -0.1\\ -0.1 & -0.1 & -0.3\end{pmatrix}\begin{pmatrix}x_1\\ x_2\\ x_3\end{pmatrix}=\begin{pmatrix}0\\ 0\\ 0\end{pmatrix},$$

得特征向量 $\boldsymbol{\alpha}_3=(-1,1,0)^{\mathrm{T}}$.

因 $\boldsymbol{\alpha}_1,\boldsymbol{\alpha}_2,\boldsymbol{\alpha}_3$ 为互不相等的特征值,知 $\boldsymbol{\alpha}_1,\boldsymbol{\alpha}_2,\boldsymbol{\alpha}_3$ 两两正交,将 $\boldsymbol{\alpha}_1,\boldsymbol{\alpha}_2,\boldsymbol{\alpha}_3$ 单位化,得

$$\boldsymbol{\beta}_1=\left(\frac{1}{\sqrt{3}},\frac{1}{\sqrt{3}},\frac{1}{\sqrt{3}}\right)^{\mathrm{T}},\boldsymbol{\beta}_2=\left(\frac{1}{\sqrt{6}},\frac{1}{\sqrt{6}},-\frac{2}{\sqrt{6}}\right)^{\mathrm{T}},\boldsymbol{\beta}_3=\left(-\frac{1}{\sqrt{2}},\frac{1}{\sqrt{2}},0\right)^{\mathrm{T}}.$$

令

$$\boldsymbol{Q}=(\boldsymbol{\beta}_1,\boldsymbol{\beta}_2,\boldsymbol{\beta}_3)=\begin{pmatrix}\frac{1}{\sqrt{3}} & \frac{1}{\sqrt{6}} & -\frac{1}{\sqrt{2}}\\ \frac{1}{\sqrt{3}} & \frac{1}{\sqrt{6}} & \frac{1}{\sqrt{2}}\\ \frac{1}{\sqrt{3}} & -\frac{2}{\sqrt{6}} & 0\end{pmatrix},$$

$$\boldsymbol{\Lambda}=\begin{pmatrix}1 & & \\ & 0.7 & \\ & & 0.5\end{pmatrix}.$$

于是 $\boldsymbol{Q}^{-1}\boldsymbol{A}\boldsymbol{Q}=\boldsymbol{\Lambda}$,即 $\boldsymbol{A}=\boldsymbol{Q}\boldsymbol{\Lambda}\boldsymbol{Q}^{-1}$.

因 $\boldsymbol{Q}$ 为正交矩阵,有 $\boldsymbol{Q}^{-1}=\boldsymbol{Q}^{\mathrm{T}}$,所以

$$\boldsymbol{A}^k=\boldsymbol{Q}\boldsymbol{\Lambda}^k\boldsymbol{Q}^{-1}=\begin{pmatrix}\frac{1}{\sqrt{3}} & \frac{1}{\sqrt{6}} & -\frac{1}{\sqrt{2}}\\ \frac{1}{\sqrt{3}} & \frac{1}{\sqrt{6}} & \frac{1}{\sqrt{2}}\\ \frac{1}{\sqrt{3}} & -\frac{2}{\sqrt{6}} & 0\end{pmatrix}\begin{pmatrix}1^k & & \\ & 0.7^k & \\ & & 0.5^k\end{pmatrix}\begin{pmatrix}\frac{1}{\sqrt{3}} & \frac{1}{\sqrt{3}} & \frac{1}{\sqrt{3}}\\ \frac{1}{\sqrt{6}} & \frac{1}{\sqrt{6}} & -\frac{2}{\sqrt{6}}\\ -\frac{1}{\sqrt{2}} & \frac{1}{\sqrt{2}} & 0\end{pmatrix},$$

当 $k\to+\infty$ 时,有 $\lim\limits_{k\to+\infty}0.7^k=0,\lim\limits_{k\to+\infty}0.5^k=0$,

故当 $k\to+\infty$ 时,

$$\boldsymbol{A}^k\to\begin{pmatrix}\frac{1}{\sqrt{3}} & \frac{1}{\sqrt{6}} & -\frac{1}{\sqrt{2}}\\ \frac{1}{\sqrt{3}} & \frac{1}{\sqrt{6}} & \frac{1}{\sqrt{2}}\\ \frac{1}{\sqrt{3}} & -\frac{2}{\sqrt{6}} & 0\end{pmatrix}\begin{pmatrix}1 & & \\ & 0 & \\ & & 0\end{pmatrix}\begin{pmatrix}\frac{1}{\sqrt{3}} & \frac{1}{\sqrt{3}} & \frac{1}{\sqrt{3}}\\ \frac{1}{\sqrt{6}} & \frac{1}{\sqrt{6}} & -\frac{2}{\sqrt{6}}\\ -\frac{1}{\sqrt{2}} & \frac{1}{\sqrt{2}} & 0\end{pmatrix}$$

$$=\begin{pmatrix}\frac{1}{\sqrt{3}} & 0 & 0\\ \frac{1}{\sqrt{3}} & 0 & 0\\ \frac{1}{\sqrt{3}} & 0 & 0\end{pmatrix}\begin{pmatrix}\frac{1}{\sqrt{3}} & \frac{1}{\sqrt{3}} & \frac{1}{\sqrt{3}}\\ \frac{1}{\sqrt{6}} & \frac{1}{\sqrt{6}} & -\frac{2}{\sqrt{6}}\\ -\frac{1}{\sqrt{2}} & \frac{1}{\sqrt{2}} & 0\end{pmatrix}=\frac{1}{3}\begin{pmatrix}1 & 1 & 1\\ 1 & 1 & 1\\ 1 & 1 & 1\end{pmatrix}.$$

于是，当 $k\to+\infty$ 时，

$$\boldsymbol{\alpha}^k\to\frac{1}{3}\begin{pmatrix}1 & 1 & 1\\ 1 & 1 & 1\\ 1 & 1 & 1\end{pmatrix}\begin{pmatrix}15\\ 9\\ 6\end{pmatrix}=\begin{pmatrix}10\\ 10\\ 10\end{pmatrix},$$

这表明：多年之后，从事各职业的人数趋于相等，均为 10 万人.

题 10 某试验性生产线每年一月份进行熟练工与非熟练工的人数统计，然后将 $\frac{1}{6}$ 熟练工支援其他生产部门，其缺额由招收新的非熟练工补齐. 新、老非熟练工经过培训及实践至年终考核有 $\frac{2}{5}$ 成为熟练工. 设第 n 年一月份统计的熟练工和非熟练工所占百分比分别为 x_n 和 y_n，记成向量 $\begin{pmatrix}x_n\\ y_n\end{pmatrix}$.

(1) 求 $\begin{pmatrix}x_{n+1}\\ y_{n+1}\end{pmatrix}$ 与 $\begin{pmatrix}x_n\\ y_n\end{pmatrix}$ 的关系式并写成矩阵形式：$\begin{pmatrix}x_{n+1}\\ y_{n+1}\end{pmatrix}=\boldsymbol{A}\begin{pmatrix}x_n\\ y_n\end{pmatrix}$；

(2) 验证 $\boldsymbol{\eta}_1=\begin{pmatrix}4\\ 1\end{pmatrix}$，$\boldsymbol{\eta}_2=\begin{pmatrix}-1\\ 1\end{pmatrix}$ 是 $\boldsymbol{A}$ 的两个线性无关的特征向量，并求出相应的特征值；

(3) 当 $\begin{pmatrix}x_1\\ y_1\end{pmatrix}=\begin{pmatrix}\frac{1}{2}\\ \frac{1}{2}\end{pmatrix}$ 时，求 $\begin{pmatrix}x_{n+1}\\ y_{n+1}\end{pmatrix}$.

解：(1) $\begin{cases}x_{n+1}=\frac{5}{6}x_n+\frac{2}{5}\left(\frac{1}{6}x_n+y_n\right),\\ y_{n+1}=\frac{3}{5}\left(\frac{1}{6}x_n+y_n\right).\end{cases}$

化简，得

$$\begin{cases}x_{n+1}=\frac{9}{10}x_n+\frac{2}{5}y_n,\\ y_{n+1}=\frac{1}{10}x_n+\frac{3}{5}y_n,\end{cases}$$

即

$$\begin{pmatrix} x_{n+1} \\ y_{n+1} \end{pmatrix} = \begin{pmatrix} \frac{9}{10} & \frac{2}{5} \\ \frac{1}{10} & \frac{3}{5} \end{pmatrix} \begin{pmatrix} x_n \\ y_n \end{pmatrix},$$

于是

$$\boldsymbol{A} = \begin{pmatrix} \frac{9}{10} & \frac{2}{5} \\ \frac{1}{10} & \frac{3}{5} \end{pmatrix}.$$

(2) 令 $\boldsymbol{P}=(\boldsymbol{\eta}_1,\boldsymbol{\eta}_2)=\begin{pmatrix} 4 & -1 \\ 1 & 1 \end{pmatrix}$,则由 $|\boldsymbol{P}|=5\neq 0$,知 $\boldsymbol{\eta}_1,\boldsymbol{\eta}_2$ 线性无关.

因 $\boldsymbol{A\eta}_1=\begin{pmatrix} 4 \\ 1 \end{pmatrix}=\boldsymbol{\eta}_1$,故 $\boldsymbol{\eta}_1$ 为 $\boldsymbol{A}$ 的特征向量,且相应的特征值 $\lambda_1=1$;

又因 $\boldsymbol{A\eta}_2=\begin{pmatrix} -\frac{1}{2} \\ \frac{1}{2} \end{pmatrix}=\frac{1}{2}\boldsymbol{\eta}_2$,故 $\boldsymbol{\eta}_2$ 为 $\boldsymbol{A}$ 的特征向量,且相应的特征值 $\lambda_2=\frac{1}{2}$.

(3) $\begin{pmatrix} x_{n+1} \\ y_{n+1} \end{pmatrix}=\boldsymbol{A}\begin{pmatrix} x_n \\ y_n \end{pmatrix}=\boldsymbol{A}^2\begin{pmatrix} x_{n-1} \\ y_{n-1} \end{pmatrix}=\cdots=\boldsymbol{A}^n\begin{pmatrix} x_1 \\ y_1 \end{pmatrix}=\boldsymbol{A}^n\begin{pmatrix} \frac{1}{2} \\ \frac{1}{2} \end{pmatrix}$.

由 $\boldsymbol{P}^{-1}\boldsymbol{AP}=\begin{pmatrix} \lambda_1 & 0 \\ 0 & \lambda_2 \end{pmatrix}$,有 $\boldsymbol{A}=\boldsymbol{P}\begin{pmatrix} \lambda_1 & 0 \\ 0 & \lambda_2 \end{pmatrix}\boldsymbol{P}^{-1}$.

于是

$$\boldsymbol{A}^n=\boldsymbol{P}\begin{pmatrix} \lambda_1 & 0 \\ 0 & \lambda_2 \end{pmatrix}^n\boldsymbol{P}^{-1}.$$

又 $\boldsymbol{P}^{-1}=\frac{1}{5}\begin{pmatrix} 1 & 1 \\ -1 & 4 \end{pmatrix}$,故

$$\boldsymbol{A}^n=\frac{1}{5}\begin{pmatrix} 4 & -1 \\ 1 & 1 \end{pmatrix}\begin{pmatrix} 1 & 0 \\ 0 & \left(\frac{1}{2}\right)^n \end{pmatrix}\begin{pmatrix} 1 & 1 \\ -1 & 4 \end{pmatrix}=\frac{1}{5}\begin{pmatrix} 4+\left(\frac{1}{2}\right)^n & 4-4\left(\frac{1}{2}\right)^n \\ 1-\left(\frac{1}{2}\right)^n & 1+4\left(\frac{1}{2}\right)^n \end{pmatrix}.$$

因此

$$\begin{pmatrix} x_{n+1} \\ y_{n+1} \end{pmatrix}=\boldsymbol{A}^n\begin{pmatrix} \frac{1}{2} \\ \frac{1}{2} \end{pmatrix}=\frac{1}{10}\begin{pmatrix} 8-3\left(\frac{1}{2}\right)^n \\ 2+3\left(\frac{1}{2}\right)^n \end{pmatrix}.$$

参考文献

［1］马传渔，等．线性代数．南京：南京大学出版社．2013．

［2］邵进，等．艺术数学．北京：科学出版社．2012．

［3］马传渔．空间解析几何学．南京：南京大学出版社．1991．

［4］马传渔．微积分（下）．北京：高等教育出版社．2007．

［5］居余马．线性代数．北京：清华大学出版社．2002．

［6］赵树嫄．线性代数．北京：中国人民大学出版社．2008．

［7］卢刚．线性代数．北京：高等教育出版社．2009．

［8］肖马成．线性代数．北京：高等教育出版社．2011．

［9］戴斌祥．线性代数．北京：北京邮电大学出版社．2009．

［10］程迪祥．线性代数．北京：清华大学出版社．2010．

［11］邵珠艳．线性代数．北京：北京大学出版社．2013．

［12］何斌．线性代数（经管类）．北京：科学出版社．2003．

［13］胡显佑．线性代数．北京；高等教育出版社．2012．

［14］吴赣昌．线性代数．北京：中国人民大学出版社．2012．

［15］盛骤．线性代数．北京：高等教育出版社．2012．

［16］费伟劲．线性代数．上海：复旦大学出版社．2012．

［17］张民悦．线性代数与概率统计．上海：同济大学出版社．2011．

［18］姚慕生．线性代数．上海：复旦大学出版社．2004．

［19］方文波．线性代数．北京：高等教育出版社．2004．

［20］Chris Rorres. Applications of Linear Algebra，John Wiley and Sons.1984.

［21］H. D. Ikramov. Linear Algebra，English translation Mir

Publishers. 1983.

[22] Mathematics in Industrial Problems. Spinger-Verlag New York Inc. 1989.

[23] Thomas S. Shores. Applied Linear Algebra and Matrix Analysis. 2007.

[24] Gilbert Strang. Linear Algebra and its applications. 2007.

[25] Henneth Hoffman. Linear Algebra. 2008.

[26] Ward Cheney. Linear Algebra. 2012.

内 容 提 要

本书按《线性代数》主要内容:行列式、矩阵、线性方程组、矩阵的特征值和二次型进行分类.对全书400余道题目作思维分析、详尽解答、方法总结和题末评注.通过强化训练,旨在提高分析问题、解决问题和应试的能力.

本书每节题目强调“三基”训练,突出解题方法;层次铺垫到位,便于自学和应用.

本书是作者编著的《线性代数》的配套教材,可作为高等学校教学或数学参考书.

图书在版编目(CIP)数据

线性代数解题方法与技巧 / 马传渔等编著.—南京:南京大学出版社,2014.3

ISBN 978-7-305-12910-0

Ⅰ.①线… Ⅱ.①马… Ⅲ.①线性代数—高等学校—教学参考资料 Ⅳ.①O151.2

中国版本图书馆CIP数据核字(2014)第044057号

出版发行 南京大学出版社
社　　址 南京市汉口路22号　　邮　编 210093
网　　址 http://www.NjupCo.com
出 版 人 左　健

书　　名 线性代数解题方法与技巧
编　　著 马传渔 等
责任编辑 陈亚明　王振义

照　　排 南京紫藤制版印务中心
印　　刷 南京京新印刷厂
开　　本 787×960　1/16　印张21.75　字数414千
版　　次 2013年7月第1版　2013年7月第1次印刷
ISBN 978-7-305-12910-0
定　　价 50.00元

发行热线 025-83594756　83686452
电子邮箱 Press@NjupCo.com
　　　　 Sales@NjupCo.com(市场部)